UNTERSUCHUNGEN

ÜBER

DEPSIDE UND GERBSTOFFE

(1908—1919)

UNTERSUCHUNGEN

ÜBER

DEPSIDE UND GERBSTOFFE

(1908—1919)

VON

EMIL FISCHER

SPRINGER-VERLAG
BERLIN HEIDELBERG GMBH
1919

ISBN 978-3-642-98685-7   ISBN 978-3-642-99500-2 (eBook)
DOI 10.1007/ 978-3-642-99500-2

Vorwort.

Die Gerbstoffe haben zwar nicht die allgemeine biologische Bedeutung der Fette, Kohlenhydrate, Proteine und Purinkörper, weil sie nicht zu den unentbehrlichen Bestandteilen der lebenden Zelle gehören; aber sie sind im Pflanzenreiche doch so weit verbreitet und finden in der Gerberei so ausgedehnte Verwendung, daß der Kreis der Personen, die sich mit ihnen beschäftigen müssen, recht groß ist. Zeugnis für ihre Wichtigkeit geben die zahlreichen ihnen gewidmeten wissenschaftlichen Arbeiten von Botanikern, Chemikern und Gerbereitechnikern, die meines Wissens am sorgfältigsten in dem Werk von J. Dekker über Gerbstoffe zusammengestellt sind. Da ihre chemische Erforschung durch die unbequemen physikalischen Eigenschaften außerordentlich erschwert wird und auf rein analytischem Wege kaum durchgeführt werden kann, so habe ich vor sieben Jahren im Anschluß an eine Untersuchung über die Depside für diesen Zweck die Hilfsmittel der Synthese herangezogen. So sind die „Versuche über das Tannin und die Synthese ähnlicher Stoffe" entstanden, die ich zuerst in Gemeinschaft mit Herrn Karl Freudenberg und zuletzt mit Herrn Max Bergmann anstellte. Durch sie ist, wie ich hoffe, eine dauernde Grundlage für die chemische Aufklärung zunächst der tanninartigen Stoffe gegeben. Die dabei gemachten Erfahrungen werden aber voraussichtlich auch für die ganze Klasse von Nutzen sein.

Da ich durch die traurigen Folgen des Krieges und vorgerücktes Alter verhindert bin, weiter daran teilzunehmen, so habe ich mich entschlossen, sie hier zusammenzufassen nicht allein zu dem Zwecke, sie einem weiteren Kreise zugänglich zu machen, sondern auch in der Hoffnung, dadurch jüngeren Kräften die Anregung zu ihrer Fortführung zu geben. Das vorliegende Werk enthält meine sämtlichen Experimentaluntersuchungen über Gerbstoffe und die damit in Zusammenhang stehenden Depside, welche in dem Zeitraum von 1908 bis 1919 veröffentlicht wurden. Zusammengefaßt sind die Resultate in den beiden ersten Abhandlungen, einer Wiedergabe von zwei Vorträgen, die ich 1913 auf der Naturforscherversammlung zu Wien und Ende 1918 in der Akademie der Wissenschaften zu Berlin gehalten habe. Die einzelnen Abhandlungen experimentellen Inhaltes sind nach den Abschnitten „Depside“ und „Gerbstoffe“ soweit als möglich systematisch, im übrigen aber chronologisch geordnet. Den Schluß bildet eine Arbeit meines langjährigen Mitarbeiters Karl Freudenberg über Hamameli-Tannin, die mit unseren früheren gemeinsamen Versuchen in Zusammenhang steht und die ich im Einverständnis mit dem Verfasser hier aufgenommen habe.

Den zahlreichen in Fußnoten gegebenen Hinweisen auf die Originalliteratur ist der Bequemlichkeit halber in Kursivschrift die Seitenzahl dieses Buches beigefügt. Im übrigen sind die Abhandlungen wortgetreu wiedergegeben, so daß sie direkt als Literaturquelle benutzt werden können.

Nr. 13 ist bisher in keiner chemischen Zeitschrift erschienen, aber dem Inhalte nach in der Inauguraldissertation von R. Lepsius, Berlin 1911, veröffentlicht. Ebenso ist Nr. 31 ein kurzer aber wortgetreuer Auszug aus einer größeren Abhandlung in den Berichten der deutschen chemichen Gesellschaft.

Das alphabetische Sachregister ist von meinem Mitarbeiter Herrn Max Bergmann angefertigt. Ich sage ihm dafür ebenso wie für das Mitlesen der Korrektur auch hier besten Dank.

Berlin, im Juli 1919.

Emil Fischer.

Inhalt.

Zusammenfassende Abhandlungen.

1. Emil Fischer: Synthese von Depsiden, Flechtenstoffen und Gerbstoffen I.

Berichte der deutschen chemischen Gesellschaft **46**, 3253 [1913].

(Vortrag, gehalten auf der Naturforscherversammlung zu Wien am 23. September 1913[1]).)

Meine Herren!

Die im Titel genannten Stoffe sind esterartige Derivate der Phenol-carbonsäuren, zu denen die im Pflanzenreich weit verbreitete und schon 1786 von C. W. Scheele entdeckte Gallussäure, sowie die als Heilmittel berühmte Salicylsäure gehören, und die deshalb als Körperklasse nicht allein den Chemiker, sondern auch den Pflanzenphysiologen und Mediziner interessieren.

Ihr Studium nimmt einen breiten Raum in der Geschichte der aromatischen Gruppe ein, und ich freue mich, darauf hinweisen zu können, daß an keinem Ort so viel über sie gearbeitet worden ist, wie gerade hier in Wien. Es genügt, an die Untersuchungen von F. Rochleder, H. Hlasiwetz, L. Barth und neuerdings von J. Herzig und seinen Schülern zu erinnern.

Diese Phenol-carbonsäuren besitzen u. a. die Fähigkeit, mit ihresgleichen Anhydride zu bilden in der Weise, daß das Carboxyl des ersten Moleküls in die Phenolgruppe des zweiten esterartig eingreift. Als einfachstes Beispiel führe ich das erste Anhydrid der Oxy-benzoesäure an:

$$HO.C_6H_4.CO.O.C_6H_4.COOH.$$

[1]) Der Vorstand der deutschen chemischen Gesellschaft hat vor mehreren Monaten im Einverständnis mit der Geschäftsleitung der Deutschen Naturforscher-Gesellschaft in Aussicht genommen, sich in Zukunft an den Versammlungen dieser Gesellschaft durch Veranstaltung von zusammenfassenden Vorträgen zu beteiligen. Ich habe den ersten dieser Vorträge um so lieber übernommen, als es ohnehin mein Wunsch war, den Fachgenossen eine Zusammenstellung der Versuche zu geben, die ich seit 5 Jahren über Depside, Flechtenstoffe und Gerbstoffe anstellte. Dazu kam noch eine freundliche Einladung, die mir von der Geschäftsführung in Wien, insbesondere von Herrn Guido Goldschmidt, direkt zuging.   E. Fischer.

Durch gleichartige Kupplung eines dritten Moleküls Oxy-benzoesäure entsteht folgendes System:

$$HO.C_6H_4.CO.O.C_6H_4.CO.O.C_6H_4.CO\,OH.$$

Solche esterartige Anhydride haben Freudenberg und ich ,,Dep-
side" genannt[1]). Das Wort ist abgeleitet von dem griechischen δέψειν
(gerben), weil manche dieser Körper mit den Gerbstoffen Ähnlichkeit
zeigen.

Je nach der Zahl der Carbonsäuren, die zusammengekuppelt sind,
unterscheidet man Didepside, Tri- und Tetradepside. Sie sehen, daß
die Nomenklatur derjenigen der Polysaccharide und der Polypeptide
nachgebildet ist.

Solche Depside sind keineswegs neu; denn gerade die beiden eben
genannten Stoffe, das Di- und Tridepsid der p-Oxy-benzoesäure hat
Klepl schon im Jahre 1883[2]) durch bloßes Erhitzen der p-Oxy-benzoe-
säure erhalten. Aber sein einfaches Verfahren ist bei den meisten anderen
Phenol-carbonsäuren nicht anwendbar, weil sie die dafür nötige hohe
Temperatur nicht vertragen. Noch älter sind die umfangreichen Untersuchungen von H. Schiff[3]) über die Bildung ähnlicher Stoffe aus
den Phenol-carbonsäuren durch die Wirkung wasserentziehender
Mittel.

Durch Behandlung von Gallussäure mit Phosphoroxychlorid, durch
welches schon Ch. Gerhardt[4]) 1853 aus salicylsaurem Natrium amorphe
Anhydride der Salicylsäure darstellte, erhielt er ein amorphes Produkt,
das die Rektionen der Gerbstoffe zeigte und das er für Digallussäure,
$C_{14}H_{10}O_9$, erklärte. Schon vorher hatte J. Löwe[5]) beobachtet, daß
Gallussäure beim Erhitzen mit Arsensäure in einen gerbstoffartigen
Körper umgewandelt wird. Durch Wiederholung der Versuche kam
Schiff zu dem Schluß, daß auch dieses Produkt Digallussäure sei.
Später hat er zusammen mit seinen Schülern die Anhydrisierung durch
Phosphoroxychlorid auf eine ganze Reihe von anderen Phenol-carbonsäuren, die Protocatechussäure, Salicylsäure, Metaoxybenzoesäure, Kre-
sotinsäure, Phloretinsäure, Pyrogallol-carbonsäure, übertragen. Je nach
den Bedingungen sollen Didepside oder komplizertere Anhydride entstehen.

---

[1]) Liebigs Annal. d. Chem. **372**, 35 [1910]. (*S. 104.*)
[2]) Journ. f. prakt. Chem. [2] **28**, 208.
[3]) Berichte d. d. chem. Gesellsch. **4**, 232, 967 [1871]; Liebigs Annal. d.
Chem. **170**, 43 [1873]; **163**, 218, 229 [1872]; **172**, 356 [1874]; Berichte d. d. chem.
Gesellsch. **15**, 2588 [1882]; Gaz. chim. **17**, 552 [1887]; Liebigs Annal. d. Chem.
252, 87 [1889].
[4]) Liebigs Annal. d. Chem. **87**, 159.
[5]) Jahresber. f. Chem. **1868**, 559.

Leider sind die meisten von Schiff beschriebenen Depside amorph und haben deshalb der Kritik in Bezug auf Einheitlichkeit und Zusammensetzung nicht standgehalten. Insbesondere hat auch seine Ansicht, daß die amorphe Digallussäure identisch mit Tannin sei, sich nicht behaupten können[1]). Davon wird später noch die Rede sein.

Dagegen hat das Verfahren von Schiff in anderen Händen wiederholt zu scharf definierten Didepsiden geführt. So wird in einem Patent der Firma C. F. Böhringer & Söhne[2]) ein brauchbares Verfahren zur Bereitung der Disalicylsäure mit Phosphoroxychlorid angeführt, und ich habe zusammen mit Freudenberg gezeigt, daß bei der gleichen Behandlung der p-Oxy-benzoesäure unter geeigneten Bedingungen in reichlicher Menge das von Klepl entdeckte Didepsid der Säure entsteht[3]).

Außer den Depsiden, welche ausgesprochene Säuren sind, vermögen die Phenol-carbonsäuren auch neutrale Anhydride zu bilden. Dahin gehört das p-Oxy-benzid, $(C_7H_4O_2)_x$, von Klepl, dann die verschiedenen Salicylide, die Kresotide, Phloretide und wahrscheinlich auch das Tetra-p-oxybenzoid von Schiff[4]), von denen hier nicht weiter die Rede sein kann.

Die Veranlassung, mich mit dem Aufbau der Depside zu beschäftigen, gab folgende Beobachtung bei der Synthese von Polypeptiden des Tyrosins.

Für die Bereitung des Glycyl-tyrosyl-glycins war ein Chlorid des Chloracetyl-tyrosins nötig. Da aber bei der Einwirkung von Chlorphosphor die freie Phenolgruppe hinderlich schien, so kam ich auf den Gedanken, letztere durch Einführung einer Gruppe festzulegen, die hinterher leicht entfernt werden konnte, und wählte dafür die Carbomethoxygruppe[5]). Die Übertragung dieses Verfahrens auf die gewöhnlichen Phenol-carbonsäuren ist der Ausgangspunkt für alles das geworden, was ich Ihnen heute vortragen will. Ich habe mich dabei der wertvollen Hilfe verschiedener jüngerer Fachgenossen erfreut, deren Anteil aus dem Titel der Einzelabhandlungen ersichtlich ist, von denen ich aber besonders Herrn Karl Freudenberg nennen will.

---

[1]) Freda, Gaz. chim. 8, 9, 363; 9, 327 [1879]; Biginelli, Chem. Centralblatt 1909, II, 1861—63; 1910, II, 23; vgl. ferner die spätere Geschichte des Tannins.

[2]) D. R. P. 211 403; vgl. Chem. Centralblatt 1909, II, 319, 1285.

[3]) Liebigs Annal. d. Chem. 372, 45 [1910]. (S. 112.)

[4]) Berichte d. d. chem. Gesellsch. 15, 2588 [1882].

[5]) Berichte d. d. chem. Gesellsch. 41, 2860 [1908].

Carbomethoxylierung der Phenol-carbonsäuren.

Carboalkyloxyderivate der gewöhnlichen Phenole waren längst bekannt. Dagegen fehlten diese Produkte bei ihren Carbonsäuren mit einer einzigen Ausnahme[1]), die ich später ausführlich besprechen werde.

Es zeigte sich nun, daß derartige Stoffe leicht durch Einwirkung von Chlorkohlensäure-alkylester und Alkali auf Phenol-carbonsäuren in kalter wäßriger Lösung entstehen[2]).

Besonders glatt verläuft die Reaktion, wenn die Phenolgruppe in *meta*- oder *para*-Stellung zum Carboxyl sich befindet, und auch die Anhäufung von Hydroxylen ist dann kein Hindernis; denn Protocatechu- und Gallussäure lassen sich ebenfalls mit wenig mehr als der theoretischen Menge Chlorkohlensäure-methylester völlig carbomethoxylieren.

Etwas anders liegen die Verhältnisse, wenn ein Hydroxyl benachbart zum Carboxyl steht. Manchmal gelingt auch dann die völlige Carbomethoxylierung in wäßrig-alkalischer Lösung mit einem Überschuß von Chlorkohlensäure-methylester, wie das Beispiel der Orsellin-säure[3]) und der Pyrogallol-carbonsäure[4]) beweist.

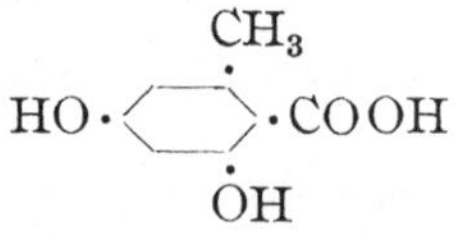

$$\text{HO}\cdot\overset{\overset{\text{CH}_3}{|}}{\underset{\underset{\text{OH}}{|}}{\bigcirc}}\cdot\text{COOH} \qquad\qquad \text{HO}\underset{\text{OH OH}}{\bigcirc}\cdot\text{COOH}$$

Orsellinsäure 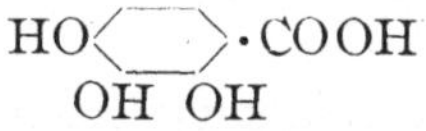   Pyrogallol-carbonsäure.

In anderen Fällen bleibt aber die Carbomethoxylierung in der *ortho*-Stellung unter den gleichen Bedingungen unvollständig, selbst wenn ein erheblicher Überschuß der Reagenzien angewandt wird. Genauer untersucht wurde der Vorgang bei der β-Resorcylsäure[5]):

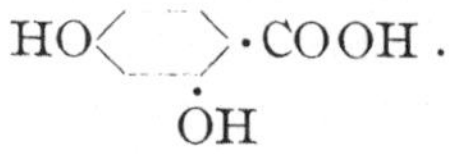

$$\text{HO}\underset{\underset{\text{OH}}{|}}{\bigcirc}\cdot\text{COOH}.$$

Ähnlich steht er bei der Salicylsäure. Die völlige Carbomethoxylierung dieser Säuren läßt sich aber erreichen durch Behandlung mit Chlorkohlensäure-methylester bei Gegenwart von Dimethylanilin in einem indifferenten Lösungsmittel, z. B. Benzol. Das Verfahren ist zuerst von Fritz Hofmann zur Darstellung der Carboäthoxysalicyl-säure benutzt, aber nur in einem amerikanischen Patent Nr. 1639,174

---

[1]) Carboäthoxy-salicylsäure von F. Hofmann.

[2]) E. Fischer, Berichte d. d. chem. Gesellsch. **41**, 2875 [1908]. (*S. 63.*)

[3]) E. Fischer und K. Hoesch, Liebigs Annal. d. Chem. **391**, 366 [1912]. (*S. 170.*)

[4]) E. Fischer und M. Rapaport, Berichte d. d. chem. Gesellsch. **46**, 2389 [1913]. (*S. 187.*)

[5]) E. Fischer und K. Freudenberg, Liebigs Annal. d. Chem. **384**, 234 [1911]. (*S. 136.*)

vom 12. Dezember 1899 beschrieben worden, welches weder in die wissenschaftliche Literatur, noch in die Sammelwerke der chemischen Patente übergegangen war. Ich bin nur zufällig durch eine Privatmitteilung des Hrn. A. Einhorn damit bekannt geworden, gerade zu einer Zeit, wo ich selbst mit der Ausarbeitung einer solchen Methode beschäftigt war. Wir haben seitdem das Verfahren nicht allein bei der Salicylsäure[1]), sondern auch bei einigen anderen *o*-Phenol-carbonsäuren, z. B. der eben genannten β-Resorcylsäure[2]) und der isomeren Gentisinsäure[3]) (Hydrochinon-carbonsäure) mit Erfolg angewandt. Selbst bei der Phloroglucin-carbonsäure, die in wäßrig-alkalischer Lösung nur eine Carbomethoxygruppe aufnimmt[4]), führt das Verfahren zum Ziele, wenn man einen erheblichen Überschuß von Chlorkohlensäure-methylester und Dimethylanilin anwendet. Allerdings wird dann auch das Carboxyl in Mitleidenschaft gezogen, und es bilden sich indifferente Produkte, wahrscheinlich säureanhydrid-artiger Natur; aber diese lassen sich, wie ich in Gemeinschaft mit H. Strauß feststellen konnte, in acetonischer Lösung durch Bicarbonat zerstören, ohne daß die Carbomethoxygruppe abgespalten wird.

Durch diesen Kunstgriff, der auch in anderen Fällen anwendbar ist, gelang ohne Schwierigkeit die Darstellung des Tricarbomethoxy-phloroglucin-carbonsäure[5]), und dadurch ist, wie es scheint, die Methode so vollkommen geworden, daß sie für alle Phenol-carbonsäuren ausreicht.

Bemerkenswert ist, daß die Schwierigkeit, welche die *ortho*-Stellung der Phenolgruppe macht, wegfällt, wenn das Carboxyl nicht direkt an Benzol gebunden ist; denn die *o*-Cumarsäure (*o*-Oxy-zimtsäure) läßt sich in wäßrig-alkalischer Lösung sehr leicht carbomethoxylieren. Bisher sind folgende Säuren völlig carbomethoxyliert worden.

a) In wäßrig-alkalischer Lösung:

p-Oxy-benzoesäure (B. **41**, 2877 [1908]*), *S. 65*),
m-Oxy-benzoesäure (*S. 206*),
Vanillinsäure (A. **372**, 47 [1910], *S. 113*),
o-Cumarsäure (B. **42**, 226 [1909], *S. 92*),
Phloretinsäure (B. **47**, 317 [1914], *S. 200*),
Kaffeesäure (B. **46**, 4029 [1913], *S. 235*),
Ferulasäure (A. **391**, 357 [1912], *S. 163*),

---

[1]) Berichte d. d. chem. Gesellsch. **42**, 218 [1909]. (*S. 83.*)
[2]) Berichte d. d. chem. Gesellsch. **42**, 225 [1909]. (*S. 90.*)
[3]) Berichte d. d. chem. Gesellsch. **42**, 223 [1909]. (*S. 88.*)
[4]) Liebigs Annal. d. Chem. **371**, 306 [1910]. (*S. 225.*)
[5]) E. Fischer und H. Strauß, Berichte d. d. chem. Gesellsch. **46**, 2400 [1913]. (*S. 199.*) Vgl. auch *S. 200 ff.*
*) *In der Tabelle sind der Kürze halber die „Berichte der deutschen chemischen Gesellschaft" mit „B." und „Liebigs Annalen der Chemie" mit „A." bezeichnet.*

Protocatechusäure (B. **41**, 2881 [1908], *S. 68*),
α-Resorcylsäure (B. **46**, 1145 [1913], *S. 183*),
Orsellinsäure (A. **391**, 366 [1912], *S. 170*),
Gallussäure (B. **41**, 2882 [1908], *S. 70*),
Pyrogallol-carbonsäure (B. **46**, 2390 [1913], *S. 188*),
Syringasäure (*S. 209*).

b) Nach dem Verfahren von F. H o f m a n n:
Salicylsäure (B. **42**, 218 [1909], *S. 83*),
α- u. β-Oxy-naphthoesäure (A. **391**, 352 u. 355 [1912], *S. 159 u. S. 161*),
β-Resorcylsäure (B. **42**, 225 [1909], *S. 90*),
Gentisinsäure (B. **42**, 223 [1909], *S. 88*),
Phloroglucin-carbonsäure (A. **371**, 306 und B. **47**, 317 [1914], *S. 225 u. S. 200*).

Bei den Polyphenol-carbonsäuren ist natürlich auch die Möglichkeit der partiellen Carbomethoxylierung gegeben. Sie wird erleichtert durch den orientierenden Einfluß, den das Carboxyl auf den Eintritt der Carbomethoxygruppe ausübt. Darüber wurden bisher folgende Erfahrungen gesammelt.

Bei den *o, p*-Dioxybenzoesäuren tritt die Carbomethoxygruppe vorzugsweise in die *para*-Stellung, und wenn man die Menge des Chlorkohlensäureesters auf 1 Mol. beschränkt, so gelingt es bei Gentisinsäure[1]), β-Resorcylsäure und Orsellinsäure[2]), die *p*-Monocarbomethoxyverbindung in ziemlich reinem Zustand zu isolieren.

Anders steht es bei der Gallussäure; denn hier tritt das erste Carboxyl vorzugsweise in die *meta*-Stellung[3]), vielleicht weil das *p*-Hydroxyl durch die Nachbarschaft der beiden anderen Hydroxyle an Verbindungsfähigkeit eingebüßt hat. Leicht gelingt wieder die partielle Carbomethoxylierung bei der Phloroglucincarbonsäure; denn sie nimmt in wäßriger Lösung nur eine Carbomethoxygruppe auf, und das geschieht höchstwahrscheinlich in der *para*-Stellung[4]).

Die Rückverwandlung der Carbomethoxyverbindungen in Phenolcarbonsäuren erfolgt außerordentlich leicht durch überschüssiges, kaltes, wäßriges Alkali. Ebenso, wenn auch etwas langsamer, wirkt wäßriges n-Ammoniak; nur wird dann die Carbomethoxygruppe größtenteils nicht als Carbonat, sondern als Urethan abgespalten. Neutrale Alkalicarbonate wirken ebenfalls schon in der Kälte, aber langsamer, während Bicarbonat ziemlich indifferent ist und deshalb in der Mehrzahl der

---

[1]) Berichte d. d. chem. Gesellsch. **42**, 222 und 224 [1909]. (*S. 87 u. S. 89.*)
[2]) E. F i s c h e r und K. H o e s c h, Liebigs Annal. d. Chem. **391**, 364 [1912]. (*S. 169.*)
[3]) E. F i s c h e r und K. F r e u d e n b e r g, Berichte d. d. chem. Gesellsch. **45**, 2716 [1912]. (*S. 294.*)
[4]) Liebigs Annal. d. Chem. **371**, 306 [1910]. (*S. 225.*)

Fälle zum Umlösen der Säuren sich eignet. Nur vereinzelt stößt man dabei auf schwer lösliche Alkalisalze.

Durch ungenügende Mengen von Alkali läßt sich auch eine partielle Entfernung der Carbomethoxygruppen erzielen. So wurde aus der Dicarbomethoxy-protocatechusäure die *m*-Monocarbomethoxyverbindung[1]) und aus der Tricarbomethoxy-gallussäure die 3.5-Dicarbomethoxyverbindung[2]) gewonnen. In beiden Fällen wird also vorzugsweise die *para*-ständige Carbomethoxygruppe abgespalten.

Diese partiell carbomethoxylierten Substanzen haben eine Rolle bei der Synthese von Didepsiden gespielt, wovon noch die Rede sein wird.

Ferner lassen sie sich durch Diazomethan methylieren, wobei das Carboxyl verestert und alle freien Phenolgruppen methyliert werden. Diese Ester liefern dann bei doppelter Verseifung die entsprechenden partiell methylierten Phenol-carbonsäuren. Auf solche Weise wurde die Struktur der Monocarbomethoxy-protocatechusäure[3]) und der 3.5-Dicarbomethoxy-gallussäure[4]) ermittelt.

Dasselbe Verfahren ist auch geeignet für die praktische Gewinnung von solchen partiell methylierten Stoffen, die auf andere Weise schwer zu bereiten sind. Auf diese Art wurden die *o*-Methyläther der Gentisinsäure[5]), *β*-Resorcylsäure[5]) und Orsellinsäure[6]), sowie der *o, o*-Dimethyläther der Phloroglucin-carbonsäure[5]), der *p*-Methyläther[5]) und der *m, p*-Dimethyläther der Gallussäure[7]) hergestellt.

Beachtenswert ist die Beobachtung, daß bei den eben erwähnten Estern von carbomethoxylierten Phenolcarbonsäuren die Estergruppe leichter durch kalte, konzentrierte Schwefelsäure, die Carbomethoxygruppe dagegen leichter durch kaltes Alkali entfernt wird[5]).

Chloride der Carbomethoxy-phenol-carbonsäuren.

Sie entstehen durch Einwirkung von Phosphorpentachlorid auf die Säuren, krystallisieren in der Regel und zeigen die wichtigsten Verwandlungen des Benzoylchlorids. Da ferner die Carbomethoxygruppe nachträglich leicht entfernt werden kann, so sind sie ein wertvolles Material für die Synthese geworden.

---

[1]) E. Fischer und K. Freudenberg, Liebigs Annal. d. Chem. **384**, 235 [1911]. (*S. 136.*)

[2]) E. Fischer, Berichte d. d. chem. Gesellsch. **41**, 2885 [1908] (*S. 73*); ferner E. Fischer und K. Freudenberg, Liebigs Annal. d. Chem. **384**, 240 [1911]. (*S. 140.*) Vgl. E. Fischer und O. Pfeffer, ebenda **389**, 211—214 [1912]. (*S. 153—155.*)

[3]) E. Fischer und K. Freudenberg, ebenda **384**, 236 [1911]. (*S. 137.*)

[4]) E. Fischer und O. Pfeffer, ebenda **389**, 199 [1912]. (*S. 144.*)

[5]) E. Fischer und O. Pfeffer, ebenda **389**, 199ff. [1912]. (*S. 144 ff.*)

[6]) E. Fischer und K. Hoesch, ebenda **391**, 372 [1912]. (*S. 171.*)

[7]) E. Fischer und K. Freudenberg, Berichte d. d. chem. Gesellsch. **45**, 2717 [1912]. (*S. 295.*)

Es wäre natürlich noch einfacher, an ihrer Stelle die Chloride der Phenol-carbonsäuren selbst zu benutzen, aber ihre Bereitung bietet Schwierigkeiten. Bei der Wirkung von Chlorphosphor wird bekanntlich außer dem Carboxyl die Phenolgruppe angegriffen, wie R. Anschütz an manchen Beispielen gezeigt hat. Nur wenn das Hydroxyl zwischen ein benachbartes Carboxyl und einen zweiten o-Substituenten eingeklemmt ist, wird es der Wirkung des Chlorphosphors entzogen und dadurch die Darstellung des einfachen Säurechlorids ermöglicht[1]).

Allerdings lassen sich die Chloride der Phenol-carbonsäuren nach H. Meyer[2]) in der Regel direkt durch Erwärmen mit Thionylchlorid bereiten; aber die Produkte sind mit seltenen Ausnahmen Öle, deren Einheitlichkeit mir zweifelhaft erscheint und aus denen der Entdecker, abgesehen von den Estern, keine anderen Derivate der Phenol-carbonsäuren bereitet hat. Sie können also in bezug auf Brauchbarkeit nicht mit den schön gearteten und relativ beständigen Chloriden der Carbomethoxy-phenol-carbonsäuren verglichen werden.

Das Verfahren von Meyer ist neuerdings von Kopetschni und Karczag dadurch verbessert worden, daß an Stelle der freien Säuren die Alkalisalze mit Thionylchlorid behandelt werden. So gelang es ihnen, Salicylsäurechlorid krystallisiert zu erhalten[3]).

Längst bekannt sind endlich die Chloride der völlig methylierten oder acetylierten Phenol-carbonsäuren. Sie sind auch beständig genug, um für Synthesen zu dienen. Aber die spätere Entfernung der Methyl- oder Acetylgruppen erfordert energische Behandlung mit Säuren oder Alkalien und ist deshalb bei allen Produkten, die durch diese Behandlung weitergehende Veränderungen erfahren, z. B. bei den esterartigen Derivaten der Phenol-carbonsäuren, ausgeschlossen*).

Von allen zuvor genannten carbomethoxylierten Phenol-carbonsäuren sind die Chloride mit Hilfe von Phosphorpentachlorid dargestellt worden, entweder durch gelindes Erwärmen oder bei empfindlichen Substanzen durch Schütteln von Säure und Pentachlorid mit trocknem Chloroform. Wenn das Chlorid schwer krystallisiert, so ist es ratsam, das Phosphoroxychlorid durch Verdunsten der Chloroformlösung und durch langes, ganz gelindes Erwärmen des Rückstandes im Hochvakuum möglichst zu entfernen.

---

[1]) Anschütz, Berichte d. d. chem. Gesellsch. **30**, 221 [1897].
[2]) Monatsh. **22**, 415 [1901].
[3]) Chem. Centralblatt **1913**, II, 728.
*) *Für die Acetylkörper gilt dieser Satz nicht mehr; denn wie sich nachträglich herausgestellt hat, sind sie für die Synthese von Depsiden ebenso gut geeignet wie die Carbomethoxykörper (S. 259 u. S. 432).*

Die allermeisten Chloride wurden krystallisiert erhalten, nur bei der
Tricarbomethoxy-phloroglucin-carbonsäure*), der Carbomethoxy-salicylsäure und der Carbomethoxy-phloretinsäure*) sind sie bisher ölig geblieben. Aber die beiden letzteren ließen sich durch Destillation im
Hochvakuum genügend reinigen.

Diese Chloride wurden bisher für folgende Synthesen benutzt:

1. Mit Alkoholen bilden sie sofort Ester, die durch nachträgliche
Verseifung mit Alkali in die Ester der freien Phenol-carbonsäuren verwandelt werden. Ein Beispiel ist die Gewinnung von Gallussäureäthylester[1]. Praktische Bedeutung hat hier die Methode natürlich nicht, weil
die Veresterung der Phenol-carbonsäuren mit den einwertigen Alkoholen
nach den älteren Methoden viel bequemer erreicht wird. Große Wichtigkeit erlangte dagegen das Verfahren in seiner Anwendung auf die
mehrwertigen Alkohole und besonders auf die Zuckerarten. Davon
wird später ausführlich die Rede sein.

2. Die Chloride wirken energisch auf die Ester der Aminosäuren
und lassen sich auch mit Aminosäuren in wäßrig-alkalischer Lösung
kuppeln. Durch nachträgliche Abspaltung der Carbomethoxygruppe
entsteht schließlich das Derivat der Phenol-carbonsäure. Als Beispiel
mag dienen die Synthese der p-Oxy-hippursäure (p-Oxy-benzursäure)[2],
die sich nach folgenden Gleichungen vollzieht:

$$CH_3CO_2.O.C_6H_4.CO.Cl + 2\,NH_2.CH_2.CO_2C_2H_5$$
$$= CH_3\,CO_2.OC_6H_4.CO.NH.CH_2.CO_2C_2H_5 + HCl,\ NH_2.CH_2.CO_2C_2H_5,$$
$$CH_3\,CO_2.O.C_6H_4.CO.NH.CH_2.CO_2C_2H_5 + 3\,Na\,OH$$
$$= HO.C_6H_4.CO.NH.CH_2.COONa + Na_2CO_3 + C_2H_6O + CH_4O.$$

Ebenso wurde die isomere Salicylursäure[3] gewonnen. Das Verfahren scheint mir erheblich besser zu sein, als das etwas früher von
B o n d i[4] für die Synthese der Salicylursäure aus Glykokoll und Salicylsäureazid angewandte. Endlich ist noch zu erwähnen die Synthese der
3.4-Dioxy-hippursäure aus dem Chlorid der Dicarbomethoxy-protocatechusäure und Glykokollester[5], sowie des Vanilloyl-glycins aus
dem Chlorid der Carbomethoxy-vanillinsäure[6]. Ich zweifle nicht daran,

---

[1] Berichte d. d. chem. Gesellsch. **42**, 1022 [1909]. (*S. 101.*)

[2] Berichte d. d. chem. Gesellsch. **41**, 2880 [1908]. (*S. 67.*)

[3] Berichte d. d. chem. Gesellsch. **42**, 219 [1909]. (*S. 85.*)

[4] Zeitschr. f. physiol. Chem. **52**, 170 [1907].

[5] T. K a m e t a k a, Berichte d. d. chem. Gesellsch. **42**, 1482 [1909].

[6] E. F i s c h e r und K. F r e u d e n b e r g, Liebigs Annal. d. Chem. **372**, 66
[1910]. (*S. 113.*)

*) *Die Chloride der beiden mit* *) *bezeichneten Säuren sind nachträglich
krystallisiert gewonnen worden, vgl. Berichte d. d. chem. Gesellsch.* **47**, *320 und
321 (S. 204 u. S. 205).*

daß diese Methode für die Bereitung zahlreicher Kombinationen gleicher Art ausreichen wird.

3. Unter dem Einfluß von Aluminiumchlorid vereinigen sich die Chloride leicht mit Benzol, und durch nachträgliche Abspaltung der Carbomethoxygruppe entstehen unsymmetrische Oxyderivate des Benzophenons. Für das p-Oxy-benzophenon[1]) verläuft die Synthese nach folgenden Gleichungen:

$$CH_3CO_2.O.C_6H_4.CO.Cl + C_6H_6 = CH_3CO_2.O.C_6H_4.CO.C_6H_5 + HCl,$$
$$CH_3 CO_2.O.C_6H_4.CO.C_6H_5 + 3\,NaOH$$
$$= Na_2 CO_3 + CH_3.OH + H_2O + NaO.C_6H_4.CO.C_6H_5.$$

Auf dieselbe Art wurde aus α-Resorcylsäure das 3.5-Dioxy-benzophenon[2]), ferner aus Gallussäure das 3.4.5-Trioxy-benzophenon[3]) und aus β-Resorcylsäure das schon bekannte 2.4-Dioxy-benzophenon[4]) gewonnen. Endlich gab die Pyrogallol-carbonsäure das isomere 2.3.4-Trioxy-benzophenon[5]), und dieses war identisch mit dem unter dem Namen Alizaringelb A bekannten Beizenfarbstoff, wodurch dessen Struktur endgültig festgestellt ist.

4. Die Chloride lassen sich mit den freien Phenol-carbonsäuren kuppeln, und durch nachträgliche Abspaltung der Carbomethoxygruppe entstehen Didepside. Durch Wiederholung der Operation werden Tri- und Tetradepside gewonnen. Das Verfahren ist in mannigfaltigster Weise varriiert worden, wie die folgenden Abschitte zeigen werden.

Mit diesen Reaktionen ist sicherlich die Verwendbarkeit der Chloride für die Synthesen noch nicht erschöpft. Vielmehr darf man erwarten, daß sie in den allermeisten Fällen brauchbar sind, wo Benzoylchlorid und seine Verwandten sich schon bewährt haben, und wo es darauf ankommt, hinterher die Phenolgruppen durch sehr gelinde Verseifung wiederherzustellen. So glaube ich ohne Bedenken das Chlorid der Carbomethoxy-ferulasäure für die Versuche zum Aufbau des Curcumins empfehlen zu können, nachdem es V. Lampe und J. Milobedzka (B. 46, 2235 [1913]) gelungen ist, das ähnliche Dicinnamoyl-methan darzustellen.

Didepside.

Ihre Geschichte ist zuvor so ausführlich behandelt, daß ich mich hier begnügen kann, nur die neue Methode zu schildern. Den einfachsten

---

[1]) Berichte d. d. chem. Gesellsch. **42**, 1017 [1909]. (*S. 95.*)

[2]) E. Fischer und H. O. L. Fischer, Berichte d. d. chem. Gesellsch. **46**, 1147 [1913]. (*S. 185.*)

[3]) Berichte d. d. chem. Gesellsch. **42**, 1018 [1909]. (*S. 97.*)

[4]) Liebigs Annal. d. Chem. **371**, 317 [1910]. (*S. 233.*)

[5]) E. Fischer und M. Rapaport, Berichte d. d. chem. Gesellsch. **46**, 2393 1913]. (*S. 192.*)

Fall der Synthese bietet die p-Oxy-benzoesäure. Das Chlorid ihrer Carbo-methoxyverbindung tritt in kalter, wäßrig-alkalischer Lösung mit p-Oxy-benzoesäure nach folgender Gleichung zusammen, und es entsteht das Alkalisalz der Carbomethoxy-p-oxybenzoyl-oxybenzoesäure[1]:

$$CH_3 CO_2.O.C_6H_4.CO.Cl + NaO.C_6H_4.COONa$$
$$= NaCl + CH_3 CO_2.O.C_6H_4.CO.O.C_6H_4.CO_2Na.$$

Wegen seiner geringen Löslichkeit scheidet sich hier das Salz kry-stallinisch ab, kann aber durch kalte Salzsäure leicht in die freie Säure verwandelt werden. In den meisten anderen Fällen sind die Alkalisalze in Wasser leicht löslich, und man fällt dann direkt die resultierende wäßrige Flüssigkeit durch Mineralsäuren.

Da die anzuwendenden Chloride meist fest sind und in dieser Form zu langsam wirken, so habe ich für die Kupplung anfangs ihre ätherische Lö-sung angewandt. Später hat sich gezeigt, daß die acetonische Lösung[2] in der Mehrzahl der Fälle vorzuziehen ist, und manche Kupplungen konnten nur durch diesen Kunstgriff in befriedigender Weise durchgeführt werden.

Man verfährt in der Regel so, daß man die zu kuppelnde Phenol-carbonsäure in der für 1 Mol. berechneten Menge n- oder 2 n-Alkali löst, etwas Aceton zufügt, stark abkühlt und zu dieser Flüssigkeit in mehreren Portionen abwechselnd noch 1.1 Mol. 2 n-Alkali und eine Lösung des Chlorids (1 Mol.) in trocknem Aceton unter starkem Um-rühren zugibt. Die Kupplung geht trotz der niederen Temperatur sehr rasch vonstatten. In den meisten Fällen kann das schwer lösliche Kupp-lungsprodukt durch Ansäuern und Zusatz von Wasser gefällt werden. In anderen Fällen wird das Aceton bei sehr geringem Druck verdampft oder direkt die Flüssigkeit nach dem Ansäuern und Verdünnen mit Wasser ausgeäthert.

Statt des Alkalis kann auch Dimethylanilin als Base angewendet und die Kupplung bei Ausschluß von Wasser vollzogen werden. Ein Beispiel dieser Art bietet die Bereitung der Carbomethoxy-β-oxynaph-toyl-β-oxynaphtoesäure[3] aus β-Oxynaphtoesäure und dem Chlorid ihrer Carbomethoxyverbindung. Ihre Kupplung wurde in Benzollösung durch Dimethylanilin bewerkstelligt.

Als Kuriosum mag endlich die Kupplung des Carbomethoxyferuloyl-chlorids mit p-Oxybenzoesäure durch mehrstündiges Erhitzen ihrer Lösung in Acetylentetrachlorid auf 110° angeführt werden. Die Reaktion vollzieht sich unter Entwicklung von Salzsäuregas[4].

---

[1] Berichte d. d. chem. Gesellsch. **42**, 216 [1909]. (*S. 81.*)
[2] E. Fischer und K. Hoesch, Liebigs Annal. d. Chem. **391**, 348 [1912]. (*S. 156.*)
[3] E. Fischer und K. Hoesch, ebenda S. 355 [1912]. (*S. 162.*)
[4] E. Fischer und K. Hoesch, ebenda S. 359 [1912]. (*S. 165.*)

Das allgemeine Verfahren kann natürlich auch zur Gewinnung gemischter Formen dienen, und es verdient historisch bemerkt zu werden, daß die erste derartige Kupplung mit p-Oxybenzoesäure und dem Chlorid der Tricarbomethoxygallussäure ausgeführt wurde, wobei die Tricarbomethoxygalloyl-p-oxybenzoesäure entstand[1].

Enthält die zu kuppelnde Phenolcarbonsäure nur ein Hydroxyl, so ist der Verlauf der Reaktion eindeutig. Komplizierter werden natürlich die Verhältnisse, wenn 2 oder 3 freie Phenolgruppen vorhanden sind; dann können nicht allein isomere carbomethoxylierte Dipepside, sondern auch kompliziertere Produkte, d. h. Derivate von Tri- oder Tetradepsiden, entstehen. Bei den meisten Versuchen, die nach dieser Richtung hin angestellt wurden, war das Produkt ein Gemisch, dessen Zerlegung in die Bestandteile Schwierigkeiten machte. Nur ein Beispiel wurde sorgfältig und mit definitivem Erfolg durchgearbeitet. Es ist die Kupplung des Dicarbomethoxy-orsellinsäurechlorids mit Orsellinsäure[2], die zur Synthese der Lecanorsäure nötig war.

In anderen Fällen habe ich es vorgezogen, in der zu kuppelnden Phenol-carbonsäure einen Teil der Phenolgruppen durch Carbomethoxylierung festzulegen. Ein Beispiel dafür bietet die Synthese der Digallussäure. Hierzu wurde das Chlorid der Tricarbomethoxygallussäure nicht mit freier Gallussäure, sondern mit der Dicarbomethoxyverbindung alkalisch gekuppelt[3], und noch besser war das Resultat, als an Stelle der Dicarbomethoxyverbindung die Carbonylo-gallussäure[4],

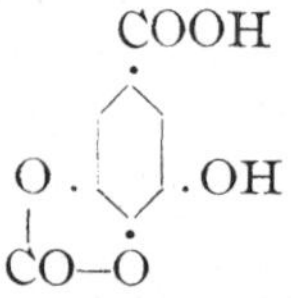

$$\text{O}.\underset{\overset{|}{\text{CO—O}}}{\bigcirc}.\text{OH}\ ,\qquad\overset{\text{COOH}}{}$$

die ein *meta*-ständiges freies Hydroxyl[5]) enthält, zur Anwendung kam.

Ein anderes Beispiel ist die Kupplung von Dicarbomethoxy-protocatechusäurechlorid mit Monocarbomethoxy-protocatechusäure in alkalischer Lösung, die zur Gewinnung der Diprotocatechusäure geführt hat[6].

Nach den bisherigen Erfahrungen besteht gegen die Kupplung eines

---

[1]) Berichte d. d. chem. Gesellsch. **41**, 2888 [1908]. (*S. 76*.)

[2]) E. Fischer und H. O. L. Fischer, ebenda **46**, 1138 [1913]. (*S. 176*.)

[3]) E. Fischer, ebenda **41**, 2890 [1908] (*S. 78*); E. Fischer und K. Freudenberg, Liebigs Annal. d. Chem. **384**, 242 [1911]. (*S. 141*.)

[4]) E. Fischer und K. Freudenberg, Berichte d. d. chem. Gesellsch. **46**, 1120 [1913]. (*S. 310*.)

[5]) E. Fischer und K. Freudenberg, Berichte d d. chem. Gesellsch. **46**, 1124 [1913]. (*S. 312—314*.)

[6]) E. Fischer und K. Freudenberg, Liebigs Annal. d. Chem. **384**, 238 [1911]. (*S. 138*.)

Chlorids an eine *ortho*-ständige Phenolgruppe in alkalischer Lösung eine gewisse Abneigung, welche die Ausbeute erheblich vermindert und dadurch manchmal die Isolierung des Produkts unmöglich macht. Deshalb haben wir hier außer der Anwendung von Dimethylanilin noch einige andere Modifikationen versucht.

Ein recht gutes Resultat wurde erhalten, als an Stelle der *o*-Phenolcarbonsäure ihr Aldehyd zur Anwendung kam. Das beste Beispiel dafür bietet die Synthese der *o*-Diorsellinsäure[1]), für welche das Chlorid der Dicarbomethoxy-orsellinsäure mit *p*-Monocarbomethoxy-orcylaldehyd in alkalischer Lösung zusammengebracht wurde. Das Kupplungsprodukt entsteht in recht befriedigender Ausbeute und läßt sich durch Oxydation mit Permanganat leicht in Tricarbomethoxy-*o*-diorsellinsäure umwandeln. Ich bin überzeugt, daß man mit Salicylaldehyd und ähnlichen Substanzen gleich gute Resultate erzielen kann.

Zur Gewinnung von *o*-Didepsiden ist ferner die Behandlung der *o*-Phenol-carbonsäuren mit Phosphortrichlorid und Dimethylanilin geeignet, wie die Synthese der Disalicylsäure nach dem Patent der Firma Böhringer & Söhne beweist.

Wir haben das Verfahren mit Erfolg übertragen auf die Monocarbomethoxyderivate der Gentisinsäure und *β*-Resorcylsäure, welche die Carbomethoxygruppe in der *para*-Stellung enthalten. In beiden Fällen konnte das Kupplungsprodukt, d. h. die Dicarbomethoxyverbindung des Didepsids, krystallisiert erhalten werden[2]).

Die Carbomethoxyderivate der Didepside sind in der Regel krystallinische Substanzen. Eine Ausnahme bildet das amorphe Derivat der Digallussäure, das allen Krystallisationsversuchen bisher hartnäckig Widerstand leistete. Auch in anderen Fällen, z. B. bei der Protocatechusäure, haben wir auf die Isolierung der Carbomethoxyverbindung verzichtet, weil das Didepsid selbst leichter zu reinigen ist.

Die Carbomethoxyverbindungen sind ausgesprochene Säuren, zersetzen deshalb die Alkalibicarbonate und werden in der Regel durch eine verdünnte Lösung von Kaliumbicarbonat leicht aufgenommen. Man benutzt diese Eigenschaft mit Vorteil zur Prüfung auf Reinheit und auch zur Trennung von anderen indifferenten Stoffen.

Die Bildung der Carbomethoxy-didepside erfolgt manchmal mit fast theoretischer Ausbeute. In anderen Fällen wird diese aber durch Nebenreaktionen bedeutend herabgedrückt. Findet die Kupplung in wäßrig-alkalischer Lösung statt, so kann ein erheblicher Teil des an-

---

[1]) E. Fischer und H. O. L. Fischer, Sitzungsber. d. Berliner Akad. **1913**, 507; Berichte d. d. chem. Gesellsch. **47**, 505 [1914]. (*S. 215.*)

[2]) E. Fischer und K. Freudenberg, Liebigs Annal. d. Chem. **384**, 225 [1911]. (*S. 129.*)

gewandten Säurechlorids in die zugehörige Säure zurückverwandelt werden. Wird die Kupplung in acetonisch-alkalischer Lösung oder in Benzollösung mit Dimethylanilin durchgeführt, so entstehen in wechselnder Menge indifferente Stoffe, die zum Teil in die Klasse der Säureanhydride gehören. Ihre Abtrennung geschieht, wie oben schon erwähnt, durch Behandlung des Rohprodukts mit einer verdünnten Lösung von Kaliumbicarbonat.

Dabei ist es meist vorteilhaft, das Rohprodukt in wenig Aceton zu lösen und nun mit der Bicarbonatlösung zu vermischen. Aus der wäßrigen Lösung des Kaliumsalzes wird hinterher das Carbomethoxydidepsid durch Mineralsäuren gefällt.

Abspaltung der Carbomethoxygruppe.

Wie schon erwähnt, kann sie sowohl durch kaltes, verdünntes Alkali wie durch wäßriges Ammoniak erfolgen. Im ersten Falle entsteht Alkalicarbonat, im zweiten wird der größte Teil der Carbomethoxygruppe als Urethan abgespalten[1]). Ist die Depsidbindung stark genug, um der Wirkung des Alkalis stundenlang zu widerstehen, so ist dessen Anwendung am bequemsten. Man löst zu dem Zweck die Carbomethoxyverbindung in so viel n-Alkali, daß das Carboxyl der Säure neutralisiert wird und zur Abspaltung jeder Carbomethoxygruppe ungefähr 2 Mol. Natriumhydroxyd verfügbar sind. Die Operation wird am besten bei $20°$ ausgeführt, und die Reaktion ist gewöhnlich nach $^1/_2$—$^3/_4$ Stunden beendet. Nur bei der Darstellung der Lecanorsäure aus ihrer Dicarbomethoxyverbindung haben wir das Alkali 2 Stunden wirken lassen, weil die Lecanorsäure selbst gegen kaltes Alkali verhältnismäßig beständig ist, während die meisten Didepside durch 24stündiges Stehen mit 3 Mol. überschüssiger n-Natronlauge völlig oder doch in erheblichem Maße in die Komponenten gespalten werden. Gerade wegen dieser Empfindlichkeit gegen Alkali wurde in der Mehrzahl der Fälle die Abspaltung der Carbomethoxygruppe mit wäßrigem Ammoniak bewerkstelligt. Auch hier findet die Einwirkung am besten bei $20°$ statt, und das Ammoniak wird als n- oder $^1/_2$ n-Lösung und in erheblichem Überschuß angewendet. Da einige Ammoniumsalze der Carbomethoxydepside in Wasser recht schwer löslich sind, so ist es in solchen Fällen vorteilhaft, als Lösungsmittel Aceton oder Pyridin zuzusetzen.

Die bisher untersuchten Didepside sind krystallinische, in kaltem Wasser schwer lösliche Substanzen, die meist unter Zersetzung schmelzen, sauer reagieren und sich in Bicarbonaten lösen.

Wegen der freien Phenolgruppen geben sie mit Eisenchlorid Färbungen, welche an diejenigen der einfachen Phenol-carbonsäuren erinnern.

---

[1]) Berichte d. d. chem. Gesellsch. **41**, 2885 [1908]. (*S. 73.*)

Befindet sich z. B. benachbart zum Carboxyl eine Phenolgruppe, so haben wir ähnlich wie bei der Salicylsäure durchgehends eine stark rot- bis blauviolette Färbung beobachtet. Diese Farbe braucht aber nicht aufzutreten, wenn benachbart zur Depsidbindung ein Hydroxyl sich befindet, denn die o-Diorsellinsäure:

$$\text{HO}\cdot\underset{\text{OH}}{\overset{\text{CH}_3}{\bigodot}}\cdot\text{CO}\cdot\text{O}\cdot\underset{\text{COOH}\ \ \text{CH}_3}{\overset{\text{OH}}{\bigodot}}$$

gibt mit Eisenchlorid keine ausgesprochene Purpurfärbung.

Alle Depside werden durch überschüssiges, verdünntes Alkali auch bei Zimmertemperatur in die Komponenten gespalten. Die Reaktionsgeschwindigkeit ist aber recht verschieden.

Durch Diazomethan werden die Depside total methyliert. Zuerst erfolgt Veresterung des Carboxyls und dann die Methylierung der Phenolgruppen, wobei die zum Carboxyl benachbarten Hydroxyle am langsamsten angegriffen werden. Die so entstehenden, total methylierten Ester sind meist schön krystallierte Substanzen, die niedriger als die Depside und ohne Zersetzung schmelzen. Sie eignen sich deshalb recht gut zur Charakterisierung und Identifizierung der Didepside. Als Beispiel führe ich an die später noch zu besprechende Verwandlung der Lecanorsäure und Evernsäure in den Methylester der Trimethyl-p-diorsellinsäure und die Überführung der Digallussäure in den Methylester der Pentamethyl-m-digallussäure[1]). Enthalten die Didepside mehrere Phenolgruppen benachbart, wie in der Gallussäure oder Pyrogallolcarbonsäure, so sind sie wie diese in alkalischer Lösung gegen Sauerstoff sehr empfindlich, was für ihre Darstellung Beachtung verdient.

Die Didepside der Gallussäure, Protocatechusäure, Gentisinsäure und β-Resorcylsäure fällen verdünnte Leimlösung und geben mit einer Lösung von Chininacetat, auch bei starker Verdünnung, Niederschläge. Einerseits unterscheiden sie sich dadurch von den zugehörigen Phenolcarbonsäuren, andrerseits nähern sie sich damit den Gerbstoffen.

Tridepside[2]).

Bei den Monophenolcarbonsäuren läßt die Theorie nur Tridepside von folgendem Typus

$$\text{HO}.\text{C}_6\text{H}_4.\text{CO}.\text{O}.\text{C}_6\text{H}_4.\text{CO}.\text{O}.\text{C}_6\text{H}_4.\text{COOH}$$

voraussehen. Ist dagegen eine Di- oder Triphenolcarbonsäure beteiligt, so sind auch verzweigte Formen, wie

---

[1]) E. Fischer und K. Freudenberg, Berichte d. d. chem. Gesellsch. **46**, 1127 [1913]. (*S. 317.*)

[2]) E. Fischer und K. Freudenberg, Liebigs Annal. d. Chem. **372**, 32 [1910]. (*S. 102.*)

$$\left.\begin{array}{l} HO.C_6H_4.CO.O \\ HO.C_6H_4.CO.O \end{array}\right\rangle C_6H_3.COOH\ ,$$

möglich.

Verbindungen des zweiten Typus sind bisher nicht genügend untersucht. Vielleicht gehört dahin eine Substanz, die Freudenberg und ich[1]) durch Einwirkung von Tricarbomethoxygalloylchlorid auf Gallussäure in alkalischer Lösung und nachträgliche Verseifung als Nebenprodukt erhalten haben. Unsere Vermutung, daß es sich um eine Bisgalloylgallussäure handle, bedarf aber noch der Prüfung, und wir haben deshalb die genauere Beschreibung unserer Versuche hinausgeschoben. Verbindungen vom ersten Typus sind 2 bekannt, die Di-*p*-oxybenzoyl-*p*-oxybenzoesäure und die gemischte Form Vanilloyl-*p*-oxybenzoyl-*p*-oxybenzoesäure,

$$\left.\begin{array}{l} HO \\ CH_3O \end{array}\right\rangle C_6H_3.CO.O.C_6H_4.CO.O.C_6H_4.COOH\ .$$

Die erste wurde schon von Klepl neben dem Didepsid durch Erhitzen der *p*-Oxybenzoesäure erhalten. Freudenberg und ich haben sie schön krystallisiert und wahrscheinlich reiner nach der neuen Methode auf folgende Art dargestellt:

p-Carbäthoxyoxybenzoylchlorid wurde mit *p*-Oxybenzoyl-*p*-oxybenzoesäure in alkalischer Lösung gekuppelt, das Produkt zur Abspaltung der Carbäthoxygruppe in einem Gemisch von Pyridin und Aceton gelöst und Ammoniak zugefügt. Das Tridepsid konnte durch Umlösen aus Aceton in ziemlich langen Nadeln erhalten werden, während Klepl es als kaum krystallinisches Pulver beschrieben hat. Trotzdem glauben wir, daß sein Präparat im wesentlichen mit unserem Tridepsid identisch war. Höchstwahrscheinlich wird man das gleiche Tridepsid auf einem dritten Wege, d. h. durch Kupplung von *p*-Oxybenzoesäure mit Carbomethoxy-*p*-oxybenzoyl-*p*-oxybenzoylchlorid erhalten.

Das zweite gemischte Tridepsid wurde auf analoge Weise aus Carbomethoxyvanilloylchlorid und *p*-Oxybenzoyl-*p*-oxybenzoesäure bereitet.

Die beiden Tridepside schmelzen weit über 200°, sind in Wasser so gut wie unlöslich und auch in den meisten organischen Solvenzien schwer löslich. Mit Eisenchlorid geben sie in alkoholischer Lösung ähnliche Färbungen wie *p*-Oxybenzoesäure.

Tetradepside[2]).

Auch hier sind 2 Formen bekannt, die Tri-*p*-oxybenzoyl-*p*-oxybenzoesäure,

$$HO.C_6H_4.CO.O.C_6H_4.CO.O.C_6H_4.CO.O.C_6H_4.COOH,$$

---

[1]) Berichte d. d. chem. Gesellsch. **45**, 2712 [1912]. (*S. 290.*)

[2]) E. Fischer und K. Freudenberg, Liebigs Annal. d. Chem. **372**, 32 [1910]. (*S. 102.*)

und Vanilloyl-di-p-oxybenzoyl-p-oxybenzoesäure,

$$\begin{array}{l} HO \\ CH_3O \end{array}\!\!\!>\!C_6H_3 . CO . O . C_6H_4 . CO . O . C_6H_4 . CO . O . C_6H_4 . COOH .$$

Die erste wurde aus Carbäthoxyoxybenzoyl-p-oxybenzoylchlorid und p-Oxybenzoyl-p-oxybenzoesäure in alkalischer Lösung dargestellt. Zur Bereitung der zweiten dienten Carbomethoxyvanilloyl-p-oxybenzoylchlorid und p-Oxybenzoyl-p-oxybenzoesäure.

Alle Operationen werden hier erschwert durch die geringe Löslichkeit und die Reaktionsträgheit der Materialien. Beide Tetradepside konnten krystallisiert erhalten werden. Sie sind sehr schwer löslich in den meisten organischen Solvenzien und schmelzen unter Zersetzung.

Unter dem Namen Tetra-p-oxybenzoid hat H. Schiff[1]) ein Produkt beschrieben, das beim Erhitzen von p-Oxybenzoesäure mit Phosphoroxychlorid entsteht und die gleiche Zusammensetzung wie obiges Tetradepsid hat.

Eine Wiederholung des Versuches von Schiff hat uns aber gezeigt, daß sein Präparat von dem unserigen verschieden ist, und wir glauben deshalb nicht, daß es als gewöhnliches Polydepsid zu betrachten ist.

Auf die weitere Fortführung der Synthese zu höheren Depsiden haben wir in Anbetracht der fortdauernd wachsenden experimentellen Schwierigkeiten verzichtet, weil uns die Kenntnis solcher Formen vorläufig kein so großes Interesse zu bieten schien.

Zum Schluß gebe ich eine Zusammenstellung aller bisher von uns dargestellten Depside. Die schon früher bekannten, entweder künstlich dargestellten oder in der Natur vorgefundenen Substanzen sind durch ⁂ gekennzeichnet.

Didepside.

⁂Di-p-oxybenzoesäure (B. **42**, 217 [1909]*), S. *82*),
Di-m-oxybenzoesäure (S. *208*),
⁂Di-salicylsäure (Salicylo-salicylsäure von Böhringer & Söhne),
Di-protocatechusäure (A. **384**, 238 [1911], S. *138*),
Di-gentisinsäure (A. **384**, 230 [1911], S. *133*),
Di-β-resorcylsäure (A. **384**, 233 [1911], S. *135*),
⁂p-Di-orsellinsäure (Lecanorsäure) (B. **46**, 1143 [1913], S. *181*),
o-Di-orsellinsäure (B. **47**, 505 [1914], S. *210*),
m-Di-gallussäure (B. **46**, 1124 [1913], S. *314*),
Di-syringasäure (S. *211*),
Di-o-cumarsäure (A. **391**, 363 [1912], S. *168*),
Di-ferulasäure (A. **391**, 362 [1912], S. *167*),

---

[1]) Berichte d. d. chem. Gesellsch. **15**, 2588 [1882].
*) *Wegen der Abkürzungen „B." und „A." vgl. die Anmerkung auf S. 7.*

Di-β-oxynaphthoesäure (A. **391**, 356 [1912], *S. 163*),
p-Oxybenzoyl-m-oxybenzoesäure (*S. 209*),
m-Oxybenzoyl-p-oxybenzoesäure (*S. 208*),
Salicylo-p-oxybenzoesäure,
Vanilloyl-p-oxybenzoesäure (A. **372**, 51 [1910], *S. 116*),
Feruloyl-p-oxybenzoesäure (A. **391**, 360 [1912], *S. 165*),
α-Oxynaphthoyl-p-oxybenzoesäure (A. **391**, 354 [1912], *S. 161*),
Orsellinoyl-p-oxybenzoesäure (B. **46**, 1141 [1913], *S. 179*),
Protocatechuyl-p-oxybenzoesäure (B. **42**, 1484 [1909]),
Galloyl-p-oxybenzoesäure (B. **41**, 2888 [1908], *S. 77*),
Pyrogallolcarboyl-p-oxybenzoesäure (B. **46**, 2396 [1913], *S. 194*),
Syringoyl-p-oxybenzoesäure (*S. 212*),
p-Oxybenzoyl-syringasäure (*S. 213*),
Pentamethyl-m-digallussäure (B. **45**, 2718 [1912], *S. 296*),
Pentamethyl-p-digallussäure (B. **46**, 1130 [1913], *S. 320*),
Vanilloyl-vanillin (A. **372**, 63 [1910], *S. 124*).

Tridepside.

*Di-p-oxybenzoyl-p-oxybenzoesäure (A. **372**, 38 [1910], *S. 106*),
Vanilloyl-p-oxybenzoyl-p-oxybenzoesäure (A. **372**, 55 [1910], *S. 119*).

Tetradepside.

Tri-p-oxybenzoyl-p-oxybenzoesäure (A. **372**, 43 [1910], *S. 110*),
Vanilloyl-di-p-oxybenzoyl-p-oxybenzoesäure (A. **372**, 59 [1910], *S. 122*).

Flechtenstoffe.

Die einzige natürliche Fundstätte für Depside sind bis jetzt die Flechten, jene eigentümlichen Pflanzengebilde, die nach der Entdeckung von Simon Schwendener durch Symbiose von Algen und Pilzen entstehen. Der eigenartigen morphologischen Beschaffenheit entspricht auch ihre Sonderstellung in chemischer Beziehung, und dazu gehört speziell ihr Gehalt an Depsiden. Unter diesen ist am bekanntesten die Lecanorsäure, die schon lange als esterartiges Anhydrid der Orsellinsäure betrachtet wird, ohne daß über die Stellung der Depsidgruppe etwas Sicheres ermittelt ist.

Ihr sehr nahe steht die Evernsäure, die man nach der Spaltung durch Basen als ein esterartiges Anhydrid von Orsellinsäure und Evernsäure ansehen durfte. Auf diese beiden Säuren haben sich bisher die synthetischen Versuche beschränkt, die ich gemeinsam mit meinem Sohne Hermann O. L. Fischer ausführte[1]).

Die Synthese der Lecanorsäure ist auf folgende Weise durchgeführt

---

[1]) Berichte d. d. chem. Gesellsch. **46**, 1138 [1913]; ferner Sitzungsber. d. Berliner Akad. 1913, S. 507; *Berichte d. d. chem. Gesellsch. **47**, 505 [1914]. (S. 215.)*

worden: Nachdem die Darstellung des krystallisierten Dicarbomethoxy-orsellinoylchlorids gelungen war, wurde dieses in acetonischer, wäßrig-alkalischer Lösung bei — 15° mit Orsellinsäure gekuppelt und die hierbei entstehende Dicarbomethoxyverbindung durch zweistündige Behandlung mit überschüssiger n-Natronlauge bei 20° verseift. Dabei entstand in guter Ausbeute eine Diorsellinsäure, und diese hat sich in jeder Beziehung als identisch erwiesen mit einer Probe natürlicher Lecanorsäure, die wir der Güte des Herrn O. Hesse in Feuerbach verdanken.

Den endgültigen Beweis für die Identität haben wir geführt durch die vergleichsweise Verwandlung des natürlichen und des künstlichen Präparates in den Methylester der Trimethyllecanorsäure durch Diazomethan. Dieser Ester besitzt einen scharfen Schmelzpunkt, der bei beiden Präparaten und auch bei ihrer Mischung gleich war.

Gleichzeitig mit diesen Versuchen hat mein früherer Mitarbeiter K. Hoesch[1]) die Orsellinsäure selbst aus dem von Gattermann synthetisch dargestellten Orcylaldehyd bereitet, indem er die Dicarbomethoxyverbindung des letzteren durch Permanganat oxydierte und dann die Carbomethoxygruppe abspaltete, genau so, wie Freudenberg und ich[2]) es früher für die Umwandlung von Vanillin in Vanillinsäure empfohlen haben.

Außer der Synthese konnten wir für die Lecanorsäure noch den Beweis führen, daß die Depsidbindung in der *para*-Stellung sich befindet. Dieses wurde schon wahrscheinlich durch die sehr starke rotviolette Färbung der Dicarbomethoxylecanorsäure mit Eisenchlorid. Noch maßgebender ist die Gewinnung der *o*-Diorsellinsäure und ihre Verschiedenheit von der Lecanorsäure.

Für diese zweite Synthese haben wir zunächst versucht, Dicarbomethoxyorsellinoylchlorid mit der Monocarbomethoxyorsellinsäure, welche die freie Phenolgruppe in der *ortho*-Stellung enthält, in alkalisch-acetonischer Lösung zu kuppeln. Der Mißerfolg des Experimentes hat uns dann veranlaßt, den früher bereits erwähnten Umweg über den Monocarbomethoxyorcylaldehyd zu wählen. Dieser läßt sich ohne Schwierigkeit in acetonisch-alkalischer Lösung mit Dicarbomethoxy-orsellinoylchlorid kuppeln. Der hierbei in guter Ausbeute entstehende Tricarbomethoxy-orsellinoylorcylaldehyd kann nur folgende Struktur haben:

$$\text{H}_3\text{C}\cdot\underset{\text{O}\cdot\text{CO}_2\text{CH}_3}{\overset{\text{COH}}{\bigcirc}}\cdot\text{O}\quad\text{H}_3\text{C}\cdot\underset{\text{O}\cdot\text{CO}_2\text{CH}_3}{\overset{\text{CO}}{\bigcirc}}\cdot\text{O}\cdot\text{CO}_2\text{CH}_3\,.$$

[1]) Berichte d. d. chem. Gesellsch. **46**, 886 [1913].
[2]) Liebigs Annal. d. Chem. **372**, 68 [1910]. (*S. 128.*)

Durch Oxydation mit Permanganat geht er in die Tricarbomethoxy-
o-diorsellinsäure über, aus der durch Verseifung mit verdünntem Ammoniak in recht guter Ausbeute die o-Diorsellinsäure entsteht:

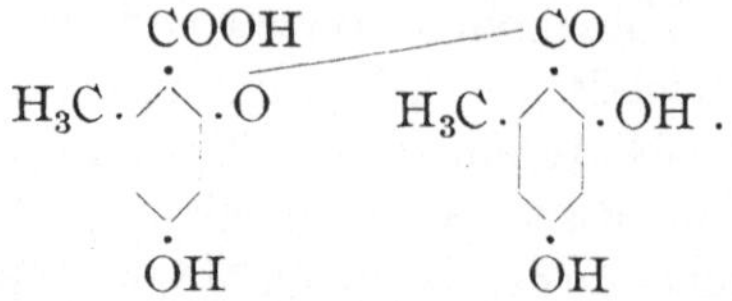

$$\underset{\overset{\displaystyle H_3C.}{OH}}{\overset{\displaystyle COOH}{\bigg\langle\ \bigg\rangle}} .O \qquad \underset{\overset{\displaystyle H_3C.}{OH}}{\overset{\displaystyle CO}{\bigg\langle\ \bigg\rangle}} .OH .$$

Sie unterscheidet sich durch viele Eigenschaften von der Lecanorsäure, insbesondere auch durch die Färbung mit Eisenchlorid, womit
sie in wäßrig-alkoholischer Lösung nicht die intensive Purpurfarbe,
sondern vielmehr eine bräunlichrote Färbung zeigt.

Wir hatten erwartet, daß die o-Diorsellinsäure identisch sei mit
der Gyrophorsäure, die ebenfalls in den Flechten vorkommt, und die
man nach ihrer Spaltung durch Alkali für isomer mit Lecanorsäure gehalten hat. Aber der Vergleich des synthetischen Präparates mit einer
Probe natürlicher Gyrophorsäure, die uns ebenfalls Herr O. Hesse freundlichst zur Verfügung stellte, hat die völlige Verschiedenheit erwiesen, und
wir ziehen daraus den Schluß, daß die Gyrophorsäure kein Didepsid der
Orsellinsäure sein kann, sondern eine andre Konstitution besitzen muß.
Diese Beobachtung zeigt, wie sehr die Synthese auch geeignet ist, wichtige Strukturfragen in dem Kapitel der Flechtenstoffe zu entscheiden.

Als weiteres Beispiel dafür kann ich die Struktur der Evernsäure
anführen, die mein Sohn und ich auf folgende Weise aufgeklärt haben.
Die Säure, von der wir wieder durch Herrn Hesse eine Probe erhielten,
wird ähnlich der Lecanorsäure durch eine ätherische Lösung von Diazomethan bei längerem Stehen und Umschütteln gelöst und in den schön
krystallisierten neutralen Ester übergeführt, den wir durch Schmelzpunkt,
Mischschmelzpunkt, Löslichkeit und Analyse mit dem Methylester der
Trimethyllecanorsäure identifiziert haben[1]).

Die Evernsäure muß also eine Monomethyl-lecanorsäure sein, und
da die aus ihr durch Hydrolyse entstehende Everninsäure eine p-Methyl-
orsellinsäure ist[2]), so muß in der Evernsäure das Methyl para-ständig
zur Depsidgruppe sein.

Daraus ergibt sich als einzige Möglichkeit für die Evernsäure folgende Strukturformel:

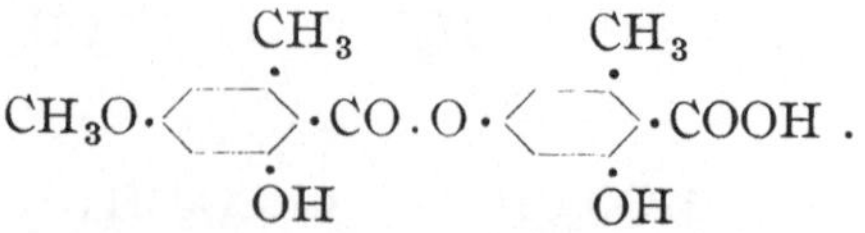

$$\underset{\overset{\displaystyle CH_3O.}{}}{}\underset{OH}{\overset{CH_3}{\bigg\langle\ \bigg\rangle}} .CO.O. \underset{OH}{\overset{CH_3}{\bigg\langle\ \bigg\rangle}} .COOH .$$

<hr>

[1]) Berichte d. d. chem. Gesellsch. **47**, 505 [1914]. (*S. 221.*)
[2]) E. Fischer und K. Hoesch, Liebigs Annal. d. Chem. **391**, 351 [1912]. (*S. 158.*)

Ich hoffe, daß nunmehr auch die Synthese der Evernsäure aus Everninsäure und Orsellinsäure nach dem Muster der Lecanorsäuresynthese durchgeführt werden kann.

Gerbstoffe.

Unter diesem Namen werden noch heute eine größere Anzahl pflanzlicher Stoffe zusammengefaßt, welche die gemeinsame Eigenschaft besitzen, sich mit tierischer Haut zu verbinden. Sie zerfallen aber in ganz verschiedene Gruppen, sobald man chemische Gesichtspunkte für ihre Klassifizierung verwendet. Unsere Versuche beschränken sich auf den Gerbstoff der Galläpfel, das sogenannte Tannin, und einige Substanzen, die demselben Typus angehören. Ich kann sie kurz bezeichnen als acylartige Verbindungen der Zucker mit Phenolcarbonsäuren.

Die Geschichte des Tannins, welche bis ins 18. Jahrhundert zurückreicht, ist so umfangreich, daß ich hier darauf verzichten muß, sie ausführlich darzustellen. Ich begnüge mich deshalb damit, mit kleinen Erweiterungen das wiederzugeben, was in der ersten Abhandlung von Freudenberg und mir „Über das Tannin und die Synthese ähnlicher Stoffe" angeführt ist.

Adolf Strecker[1]) kam auf Grund ausgedehnter Versuche zu dem Schluß, daß Tannin eine Verbindung von Traubenzucker und Gallussäure sei, für die er die Formel $C_{27}H_{22}O_{17}$ ableitete. Das würde einer Kombination von 3 Mol. Gallussäure und 1 Mol. Glucose entsprechen. Als es später gelang[2]), aus der Gallussäure zuerst durch salpetersaures Silber oder Arsensäure, und dann auch durch Phosphoroxychlorid[3]) eine leimfällende Substanz zu gewinnen, erklärte H. Schiff[3]) diese für den wesentlichen Bestandteil des Tannins, stellte dafür die Formel $C_{14}H_{10}O_9$ auf und nannte sie Digallussäure. Diese Formel war zwar schon von Mulder lange vorher für das Tannin befürwortet, aber von Strecker bekämpft worden. Der Befund Streckers bezüglich der Bildung von Glucose aus Tannin wurde später von verschiedenen Beobachtern, z. B. Ph. van Tieghem[4]) und H. Pottevin[5]), welche die Hydrolyse durch die Enzyme von Aspergillus niger bewirkten, bestätigt.

---

[1]) Liebigs Annal. d. Chem. **81**, 248 [1852]; **90**, 328 [1854].

[2]) J. Löwe, Jahresber. f. Chemie **1867**, 446; **1868**, 559.

[3]) H. Schiff, Berichte d. d. chem. Gesellsch. **4**, 232, 967 [1871]; Liebigs Annal. d. Chem. **170**, 43 [1873]; Berichte d. d. chem. Gesellsch. **12**, 33 [1879]; Chemiker-Zeitung **19**, 1680. Vgl. auch die Zitate auf S. 2, ferner die widersprechenden Angaben von Freda (Gaz. chim. **8**, 9 und 363 [1878] und **9**, 327 [1879]) und Biginelli, Chem. Centralblatt **1909**, II, 1861, 1863; **1910**, II, 23; Gaz. chim. **39**, II [1909]; Rend. Soc. Chim. Ital. **11** [1911].

[4]) Annal. d. Sciences naturelles V. Serie Botanique **1867**, 210.

[5]) Compt. rend. **132**, 704 [1901].

Allerdings schwankten die Resultate bezüglich der Menge des Zuckers erheblich. Da ferner die Bildung des Zuckers von anderer Seite gänzlich bestritten wurde, so hat sich die Ansicht von Schiff so sehr behauptet, daß in den Lehrbüchern das Tannin bis in die neuere Zeit ziemlich allgemein als Digallussäure figurierte. Im Widerspruch damit stand allerdings die optische Aktivität des Tannins, die von Ph. van Tieghem, C. Scheibler, Flavitzky, Günther beobachtet[1]) und von letzterem auch als Einwand gegen die Formel von Schiff benutzt wurde. Es hat zwar nicht an Versuchen gefehlt, diese theoretische Schwierigkeit zu beseitigen[2]), aber die Bestimmung des Molekulargewichtes und die sorgfältigen Beobachtungen von P. Walden[3]) über das elektrische Leitvermögen, die Lichtabsorption und das Verhalten gegen Arsensäure hatten unzweideutig gezeigt, daß Tannin und Schiffs Digallussäure verschieden sind. Der Unterschied wurde noch größer, als es mir gelang, Digallussäure krystallisiert zu erhalten und ihre Zusammensetzung sicher festzustellen[4]). Inzwischen war M. Nierenstein durch zahlreiche Versuche zu dem Schlusse gelangt, daß Tannin wesentlich ein Gemisch von Digallussäure und optisch-aktivem Leukotannin sei. Diese Ansicht hat aber der Kritik nicht standhalten können; sie war schon in Widerspruch mit den älteren Beobachtungen über Molekulargewicht und Acidität des Tannins, und unsere weiteren Versuche[5]) haben auch nicht den geringsten Anhalt für die Richtigkeit der Schlüsse von Nierenstein gegeben. Dasselbe Urteil gilt für die Behauptungen von R. J. Manning, der aus Tannin einen Pentaäthylester des Pentagalloylglucosids isoliert haben wollte, denn das von ihm beschriebene Präparat war nichts anderes als Gallussäureäthylester[6]). Im Gegensatz zu Nierenstein war K. Feist[7]) zu der Ansicht gekommen, daß Tannin doch eine Verbindung des Traubenzuckers sei, und zwar hat er die Vermutung ausgesprochen, daß Tannin aus türkischen Galläpfeln eine Kombination von Glucogallussäure mit zwei esterartig gebundenen Molekülen Gallus-

---

[1]) Vgl. Geschichtliches von E. v. Lippmann, Berichte d. d. chem. Gesellsch. **42**, 4678 [1909].

[2]) Vgl. Dekker, B. **39**, 2497 [1906] und Nierenstein, Berichte d. d. chem. Gesellsch. **41**, 77 [1908]; **42**, 1122 [1909]; **43**, 628 [1910].

[3]) Berichte d. d. chem. Gesellsch. **30**, 3151 [1897]; **31**, 3167 [1898]. Seine Beobachtungen wurden bestätigt und ergänzt durch Manea (Inaug.-Diss., Genf 1904).

[4]) Berichte d. d. chem. Gesellsch. **41**, 2890 [1908]; ferner E. Fischer und K. Freudenberg, Berichte d. d. chem. Gesellsch. **46**, 1124 [1913].

[5]) E. Fischer, Berichte d. d. chem. Gesellsch. **41**, 2890 [1908] (*S. 78*); ferner E. Fischer und K. Freudenberg, Liebigs Annal. d. Chem. **384**, 225 [1911]. (*S. 129.*)

[6]) Vgl. H. C. Biddle und W. B. Kelley, Journ. of the Americ. Chem. Soc. **34**, 918 [1912].

[7]) Berichte d. d. chem. Gesellsch. **45**, 1493 [1912]; ferner Chem. Centralblatt **1908**, II, 1352.

säure sei. Als Grundlage für diese Ansicht benutzte er seine Beobachtung, daß sich aus türkischen Galläpfeln eine krystallisierte Verbindung von Gallussäure und Traubenzucker isolieren lasse, die er als α-Glucosid der Gallussäure oder deren Anhydrid betrachtet[1]).

Wir haben anfangs dem Befunde von Feist eine größere Wichtigkeit beigelegt[2]), als er tatsächlich verdient. Aber seine ausführliche Publikation[1]) beweist, daß erhebliche Unstimmigkeiten in den Analysen vorhanden sind, und vor allen Dingen zeigt das von H. Strauß und mir synthetisch bereitete β-Glucosid der Gallussäure[3]) so große Unterschiede von dem Feistschen Präparat, daß ich letzteres nicht mehr als ein einfaches Glucosid der Gallussäure ansehen kann. Was Herr Feist in Wirklichkeit unter Händen gehabt hat, ist mir zur Zeit noch nicht klar.

Als ungleich wichtiger haben sich die Angaben von Herzig und seinen Schülern über die Entstehung und die Spaltung des Methylotannins erwiesen, und ich werde später ausführlich darauf zurückkommen.

Unsere ersten Versuche galten der fundamentalen Frage, ob der von Strecker und seinen Nachfolgern gefundene Traubenzucker ein wirklicher Bestandteil oder nur eine zufällige Beimengung des Tannins sei. Hierzu war vor allen Dingen ein möglichst reines Präparat nötig. Da die früher bekannten Verfahren zur Reinigung des Tannins uns mangelhaft erschienen, so haben wir eine besondere Methode ausgearbeitet. Sie beruht darauf, bestes käufliches Tannin aus der mit Alkali schwach übersättigten, wäßrigen Lösung durch Essigäther zu extrahieren[4]). In der Beschreibung des Verfahrens sind uns aber die Herren Paniker und Stiasny[5]), die es unabhängig entdeckten, zuvorgekommen. Als besonderen Vorzug desselben betrachten wir den Umstand, daß dadurch alle ausgesprochen sauern Produkte oder, wie wir glauben, alle Substanzen mit einem freien Carboxyl entfernt werden. Dieser Schluß ist auch wichtig für die Beurteilung der Struktur des Tannins, denn mir scheint daraus hervorzugehen, daß es kein freies Carboxyl enthält und mithin auch kein Derivat einer Glucosidogallussäure sein kann. Wir haben das Reinigungsverfahren auf verschiedene Sorten von Handelstannin angewandt und dabei Präparate erhalten, die wir im wesentlichen als identisch ansehen konnten. Ich will hier übrigens betonen, daß wir für alle entscheidenden Versuche nur das so gereinigte Tannin verwendet haben, und zwar ein Präparat, das sich

---

[1]) Archiv d. Pharmacie **250**, 668 [1912].

[2]) Fischer und Freudenberg, Berichte d. d. chem. Gesellsch. **45**, 2713 [1912]. (*S. 291.*)

[3]) Fischer und Strauß, ebenda **45**, 3773 [1912]. (*S. 421.*)

[4]) Fischer und Freudenberg, ebenda **45**, 919 [1912]. (*S. 269.*)

[5]) Journ. of the Chem. Soc. **99**, 1819 [1911].

mit einem aus chinesischen Zackengallen hergestellten Produkt als identisch erwies, und für welches das spezifische Drehungsvermögen in 1 proz. wäßriger Lösung $+$ 70—75° betrug. Daß dieses Produkt ein ganz einheitliches Präparat sei, kann man nicht sicher behaupten, da eine wesentliche Eigenschaft einheitlicher Körper, das Krystallisieren, an ihm bis jetzt nicht beobachtet wurde; andererseits darf aber auch das Fehlen dieser Eigenschaft nicht als Beweis für starke Verunreinigung angesehen werden, da bei solchen hochmolekularen Substanzen wie Tannin das Krystallisieren schon mehr als ein glücklicher Zufall anzusehen ist.

Mit dem gereinigten Präparat haben wir zuerst die Versuche von Strecker über die Hydrolyse durch Schwefelsäure wiederholt; dabei hat sich herausgestellt, daß zur Vollendung der Reaktion bei Anwendung von 5 prozentiger Säure ungefähr 70 stündiges Erhitzen auf 100° nötig ist, während bei Anwendung von 11 prozentiger Säure, wie sie Strecker benutzte, 24 Stunden genügten. Wir glauben, daß dieser langsame Verlauf der Hydrolyse öfters bei der Kontrolle der Streckerschen Versuche die Auffindung des Zuckers verhindert hat. Dazu kommt noch die verhältnismäßig kleine Quantität des Zuckers, die wir in der Regel zwischen 7 und 8% fanden, während Strecker 15—22% beobachtete. Daß der höhere Befund Streckers durch andres Rohmaterial — damals wurde das Tannin vorzugsweise aus türkischen Galläpfeln dargestellt — hervorgerufen wurde, ist wohl wahrscheinlich, kann aber erst durch neue Versuche entschieden werden. Wir haben übrigens das Tannin auch nach anderen Methoden, z. B. über das Kaliumsalz, gereinigt und bei der nachträglichen Bestimmung des Zuckers das gleiche Resultat erhalten. Da uns endlich Kontrollversuche mit Gemischen von Gallussäure und Traubenzucker Aufschluß über die Fehler bei der angewandten Methode gaben, so liegt kein Grund mehr vor, die Resultate der Hydrolyse auch in quantitativer Beziehung mit Mißtrauen zu betrachten. Sie führten zu dem Schlusse, daß in dem reinsten, von uns untersuchten Tannin ein Mol. Glucose mit ungefähr 10 Mol. Gallussäure kombiniert ist. Selbstverständlich ist uns auch der Gedanke gekommen, Zwischenprodukte der Hydrolyse zu isolieren, um aus ihrer Zusammensetzung weitere Anhaltspunkte für die Beurteilung der Struktur zu gewinnen. Aber diese Versuche sind vollständig gescheitert an den unangenehmen Eigenschaften dieser Substanzen, welche jede Garantie für ihre Einheitlichkeit ausschließen.

Außer Gallussäure ist bisher in dem Tannin keine andre Phenolcarbonsäure gefunden worden, und auch unsere Versuche haben in der Beziehung nichts Neues ergeben. Dasselbe gilt für die Hydrolyse durch überschüssiges Alkali, die schon bei gewöhnlicher Temperatur eintritt und bei Ausschluß von Luft große Mengen gallussaures Alkali in relativ reinem Zustande liefert. Auch hier scheint es recht schwierig zu sein, einheitliche Zwischenprodukte zu isolieren. Unter diesen Umständen erschien es uns angezeigt, den synthetischen Weg einzuschlagen, um einen weiteren Einblick in die Struktur des Tannins zu gewinnen. Wir sind dabei ausgegangen von der Vorstellung, daß das Tannin kein Carboxyl enthält, und daß deshalb die gesamte Gallussäure ester-artig gebunden sein müsse. Diese Bedingungen werden erfüllt, wenn wir das Tannin als eine esterartige Kombination von 1 Mol. Glucose mit 5 Mol. Digallussäure nach Art der Pentaacetylglucose betrachten dürfen. So kühn die Hypothese auf den ersten Blick auch erscheint, so ist sie doch zum Mittelpunkt aller weiteren Versuche geworden und hat dadurch an Wahrscheinlichkeit gewonnen. Allerdings mußten wir uns für die Synthese zunächst ein bescheideneres Ziel, die Pentagalloyl-glucose, wählen, weil die Digallussäure zu schwer zugänglich ist und auch wegen ihrer komplizierten Zusammensetzung der experimentellen Behandlung besondere Schwierigkeiten bietet.

Pentagalloylglucose.

Für die erschöpfende Acylierung des Traubenzuckers hat man bisher 2 Methoden gefunden: 1. Kochen mit Säureanhydrid bei Gegen-wart von Natriumacetat oder Zinkchlorid. Das bekannteste Beispiel ist die Darstellung der Pentaacetylglucose, von der je nach dem be-nutzten Katalysator die α- oder β-Form entsteht. 2. Behandlung mit Säureanhydrid bei Gegenwart von Pyridin (Behrend). Je nachdem man von α- oder β-Glucose ausgeht, entsteht dabei die α- oder β-Acyl-form. 3. Behandlung mit Säurechlorid in wäßrig-alkalischer Lösung (E. Baumann). Das Verfahren ist nur für Benzoylchlorid ausführlich studiert worden und liefert nur eine Pentabenzoylglucose vom Schmp. 186—188°. Für die Gallussäure war keines dieser Verfahren brauchbar, und selbst für das Chlorid der Tricarbomethoxygallussäure war die Verwendung in wäßrig-alkalischer Lösung ausgeschlossen, weil dabei die Zerstörung der Carbomethoxygruppen erfolgen mußte. Wir waren deshalb genötigt, ein neues Verfahren zu suchen, und haben es gefunden in der kombinierten Wirkung des Chlorids mit tertiären Basen, von welchen das Chinolin sich als besonders geeignet erwies. Als Lösungs-mittel benutzten wir trocknes Chloroform, von welchem das Chlorid sehr leicht aufgenommen wird. Die Glucose ist allerdings darin außer-ordentlich schwer löslich. Wird sie aber in fein gepulvertem Zustande mit Chloroform, Chinolin und einem mäßigen Überschuß von Tricarbo-methoxygalloylchlorid lange (24 Stunden) geschüttelt, so erfolgt völlige Lösung. Durch Fällen mit Methylalkohol läßt sich das Kupplungspro-dukt leicht isolieren. Nach passender Reinigung bildet es ein lockeres, farbloses, amorphes Pulver. Wir haben es als Penta-[tricarbomethoxy-galloyl]-glucose bezeichnet. Durch vorsichtige Verseifung mit über-schüssigem Alkali in acetonisch-wäßriger Lösung bei gewöhnlicher Tem-peratur wurde daraus dann weiter ein Gerbstoff erhalten, den wir als Pentagalloylglucose betrachten und der nun eine überraschende Ähnlich-keit mit Tannin zeigt. Eine wesentliche Differenz war nur vorhanden im Drehungsvermögen und in der Menge der Gallussäure, die bei der Hydrolyse mit Schwefelsäure entsteht.

'Allerdings will ich nicht die Schwierigkeit verschweigen, welche die Feststellung der empirischen Zusammensetzung solcher amorphen Produkte hat, besonders da die Prozentzahlen für Kohlenstoff und Wasserstoff zwischen Pentagalloyl- und Tetragalloylglucose oder ihren Carbomethoxyverbindungen nur sehr wenig verschieden sind. Wir haben uns aber in einfacheren Fällen, z. B. bei Derivaten der Benzoesäure, Oxybenzoesäure und Salicylsäure, wo die analytischen Differenzen für Penta- und Tetraacylkörper sehr viel größer sind, überzeugt, daß das Verfahren in der Tat Pentaacylverbindungen gibt, und es liegt deshalb kein triftiger Grund vor, bei den Galloylkörpern einen andren Verlauf der Reaktion anzunehmen.

Trotz alledem ist die Einheitlichkeit der Pentagalloylglucose sehr zweifelhaft; wir halten sie vielmehr für ein Gemisch von 2 Stereoisomeren, denn die später zu besprechenden Versuche, Glucose auf dieselbe Art zu benzoylieren, haben ergeben, daß verschiedene Produkte entstehen, je nachdem man von α- oder β-Glucose ausgeht. Hier lassen sich aller-dings durch Krystallisation die reinen α- und β-Pentabenzoylglucosen isolieren, aber die Ausbeute und andre Beobachtungen zeigen, daß im Rohprodukt ein Gemisch der beiden Formen vorliegt. Dasselbe wird also wohl auch der Fall sein bei den Galloylkörpern; nur ist hier die Abtrennung der reinen Substanzen wegen ihrer amorphen Beschaffen-heit nicht möglich.

Die Pentagalloylglucose ist nach allen ihren Eigenschaften sicher-lich dem Tannin so nahe verwandt, daß mit ihrer künstlichen Gewin-nung das Gebiet der Synthese prinzipiell erschlossen zu sein scheint. Bevor man aber von einer völligen Lösung der Tanninfrage sprechen kann, müßte auch seine Synthese verwirklicht sein. Wie weit wir uns diesem Ziele genähert haben, sollen die

Versuche zur Synthese des Tannins und Methylotannins zeigen.

Das Methylotannin entsteht nach den Untersuchungen von Herzig[1]) und seinen Schülern durch Einwirkung von Diazomethan auf Tannin.

---

[1]) Berichte d. d. chem. Gesellsch. **38**, 989 [1905]; Monatsh. **30**, 543 [1909].

Da es gegen Alkali ganz indifferent ist, so muß man annehmen, daß es weder Carboxyl noch freie Phenolgruppen enthält. Bei der Hydrolyse liefert es nach Herzig Trimethylgallussäure und die unsymmetrische m, p-Dimethylgallussäure. Kombiniert man diese Beobachtungen mit der zuvor geäußerten Ansicht über die Konstitution des Tannins, so ergibt sich der Schluß, daß Tannin im wesentlichen eine esterartige Verbindung von Glucose mit 5 Mol. m-Digallussäure, und daß dementsprechend Methylotannin die Kombination von Glucose mit 5 Mol. Pentamethyl-m-digallussäure sei.

Auf diesen Betrachtungen fußen die folgenden Versuche zur Synthese des Methylotannins, welche größere Mengen der bisher unbekannten

$$\text{Pentamethyl-}m\text{-digallussäure,}$$

erforderten. Sie wurde aus Trimethylgalloylchlorid und m, p-Dimethyläthergallussäure, für die wir eine neue ergiebigere Darstellungsmethode ermittelten[1]), durch Kupplung in wäßrig-alkalischer Lösung bereitet[2]). Auf gleiche Weise entsteht die isomere Pentamethyl-p-digallussäure[3]) aus Trimethylgalloylchlorid und Syringasäure. Zur Unterscheidung der beiden Isomeren sind ihre Methylester, die kurz zuvor Mauthner[4]) beschrieben hatte, sehr geeignet, da sie scharfe Schmelzpunkte besitzen.

Die Pentamethyl-m-digallussäure liefert nun ferner ein schön krystallisiertes Chlorid, und dieses haben wir nach der zuvor geschilderten allgemeinen Methode mit α- sowie mit β-Glucose gekuppelt. In beiden Fällen entstehen Produkte, die als Pentaacylderivate der Glucose oder genauer ausgedrückt als Penta-[pentamethyl-m-digalloyl]-glucose,

---

[1]) Fischer und Freudenberg, Berichte d. d. chem. Gesellsch. **45**, 2717 [1912]. (*S. 295.*)

[2]) Fischer und Freudenberg, ebenda **45**, 2718 [1912]. (*S. 296.*)

[3]) Fischer und Freudenberg, ebenda **46**, 1130 [1913]. (*S. 320.*)

[4]) Journ. f. prakt. Chem. [2] **85**, 310 [1912].

zu betrachten sind. Sie unterscheiden sich durch das Drehungsvermögen. Beide drehen in Acetylentetrachlorid und Benzol nach rechts, aber das Präparat aus α-Glucose zeigt erheblich stärkere Drehung. Durch verschiedenes Umlösen ändert sich allerdings das Drehungsvermögen, und wir sind deshalb auch hier zu dem Schlusse genötigt, daß beide Präparate Gemische, höchstwahrscheinlich von 2 Stereoisomeren, d. h. von Derivaten der α- und β-Glucose sind. Wir haben nun die Präparate verglichen mit einem Methylotannin, das wir aus sorgfältig gereinigtem Tannin von chinesischen Zackengallen nach der Vorschrift von Herzig darstellten, und dabei hat sich eine große Ähnlichkeit ergeben. Besonders bei dem Präparat aus β-Glucose war das Drehungsvermögen in Acetylentetrachlorid annähernd das gleiche.

Wir können nach diesen Beobachtungen kaum daran zweifeln, daß die beiden synthetischen Penta-(pentamethyl-*m*-digalloyl)-glucosen dem Methylotannin nahe verwandt sind und wahrscheinlich die gleiche oder doch eine sehr ähnliche Struktur besitzen. Aber von einer endgültigen Identifizierung kann doch noch keine Rede sein; denn bei diesen hochmolekularen, amorphen Körpern versagen die gewöhnlichen Vergleichsmethoden der organischen Chemie, und wir müssen uns hier vorläufig mit Wahrscheinlichkeitsschlüssen bescheiden. Übrigens will ich nicht verschweigen, daß wir auch den Versuch gemacht haben, das Tannin selbst künstlich aus *m*-Digallussäure aufzubauen. Zu dem Zweck haben wir zunächst die zuvor erwähnte zuverlässige und ziemlich ergiebige Methode zur Bereitung der Säure selbst ausgearbeitet.

Wir haben ferner ihre Struktur durch erschöpfende Methylierung mit Diazomethan, d. h. durch Verwandlung in den Methylester der Pentamethyl-*m*-digallussäure, kontrolliert[1]). Hierbei mußten wir die überraschende Erfahrung machen, daß auch die erste krystallisierte Digallussäure, die nach der Synthese aus Tricarbomethoxygalloylchlorid und 3.5-Dicarbomethoxygallussäure die *para*-Verbindung zu sein schien[2]), nicht diese Struktur hat, sondern jedenfalls zur Hauptmenge aus *m*-Digallussäure besteht[3]). Denn sie liefert bei erschöpfender Methylierung ebenfalls den Methylester der Pentamethyl-*m*-digallussäure vom Schmp. 128°. Das Resultat zeigt von neuem, wie wichtig zum Vergleich der komplizierten Depside die erschöpfende Methylierung durch Diazomethan ist.

---

[1]) E. Fischer und K. Freudenberg, Berichte d. d. chem. Gesellsch. **46**, 1127 [1913]. (*S. 317.*)

[2]) Berichte d. d. chem. Gesellsch. **41**, 2890 [1908] (*S. 78*); Liebigs Annal. d. Chem. **384**, 225 [1911]. (*S. 129.*)

[3]) Berichte d. d. chem. Gesellsch. **46**, 1118 [1913]. (*S. 307.*)

Wir haben nun weiter versucht, die *m*-Digallussäure in die Penta-carbomethoxyverbindung zu verwandeln. Die Reaktion schien zu gelingen mit Chlorkohlensäuremethylester und Dimethylanilin und spätere Isolierung der Säure aus dem Rohprodukt durch vorsichtige Behandlung mit Alkalibicarbonat. Aber nun begannen die Schwierigkeiten. Es ist auf keine Weise gelungen, die Carbomethoxysäure krystallisiert zu erhalten und ebenso amorph blieb das daraus bereitete Chlorid. Infolgedessen verlief auch die schließlich noch versuchte Kupplung mit Zucker so wenig glatt, daß wir von keinem bestimmten Resultat sprechen können. Die Synthese des Tannins in dem von uns beabsichtigten Sinne, die ich hoffte, Ihnen heute schildern zu können, ist also noch ein ungelöstes Problem.

Auch die Strukturfrage ist durchaus nicht erledigt. Man kann nur sagen, daß unsere Hypothese vorläufig der beste Ausdruck für die Beobachtungen ist. Dabei darf man aber nicht vergessen, daß die Resultate der Elementaranalyse oder der Hydrolyse keine sichere Unterscheidung zwischen einer Verbindung von Glucose mit 10 oder mit 9 bzw. 11 Mol. Gallussäure gestatten.

Dazu kommt noch die Ungewißheit, ob das Tannin auch nach bester Reinigung ein einheitlicher Körper ist. Es könnte ja ebensogut ein Gemisch von ganz gleichartigen Stoffen, z. B. einer Penta-(digalloyl)-glucose mit einer Tetra-(digalloyl)-monogalloylglucose oder Tri-(digalloyl)-di-(galloyl)-glucose usw. sein.

Ferner ist es möglich, wenn auch nicht wahrscheinlich, daß der Gerbstoff an Stelle von Glucose eines ihrer Polysaccharide enthält.

Endlich muß ich, um Mißverständnissen vorzubeugen, nochmals betonen, daß unsere Beobachtungen sich auf das Tannin aus chinesischen Zackengallen, das heute der Hauptbestandteil der Handelstannine zu sein scheint, beschränken. Es ist deshalb nicht ausgeschlossen, daß man bei Tanninsorten anderer Herkunft, z. B. aus türkischen Gall-äpfeln, ganz anderen Verhältnissen von Zucker und Gallussäure begegnen wird.

In der Tat zeigte nach den neuesten Versuchen von Dr. Freuden-berg ein Tannin aus sog. Aleppo-Gallen (Merck), das nach obigem Verfahren gereinigt war, bemerkenswerte Unterschiede. Es drehte in wäßriger Lösung schwach nach links und gab bei der Hydrolyse mehr als 10% Glucose.

Aber alle diese Fragen sind von untergeordneter Bedeutung gegenüber dem Nachweis, daß die synthetische Pentagalloylglucose ein Gerbstoff der Tanninklasse ist.

Andere natürliche Gerbstoffe der Tanninklasse.

Über zuckerhaltige Gerbstoffe liegen zahlreiche Angaben vor. Aber in der Mehrzahl der Fälle handelt es sich um amorphe, schlecht untersuchte Produkte; manche davon scheinen wirkliche Glucoside[1]) zu sein, besonders solche, die bei der Hydrolyse aromatische Phenolketone liefern. Andere dagegen, welche Phenolcarbonsäuren als Bestandteil enthalten, scheinen nicht Glucoside, sondern, ähnlich dem Tannin, esterartige Derivate von Zuckern zu sein. Dahin gehören vor allem zwei krystallisierte Gerbstoffe, die Chebulinsäure der Myrobalanen und das im Böhmschen Laboratorium von Grüttner krystallisierte Hamamelitannin, mit denen wir einige Versuche ausgeführt haben. Das erste, welches nach H. Thoms mit dem neuerdings im Handel vorkommenden Eutannin identisch ist, liefert genau unter denselben Bedingungen wie Tannin bei der Hydrolyse mit Schwefelsäure Traubenzucker, den wir mit aller Sicherheit nachgewiesen haben[2]). Dagegen ist die Menge der Gallussäure erheblich geringer. Wahrscheinlich ist der Gerbstoff eine unvollständig acylierte Verbindung von Glucose oder einem ihrer Polysaccharide und Gallussäure. In neuerer Zeit sind Arbeiten von H. Thoms und seinem Schüler W. Richter über das Eutannin erschienen[3]), welche manche schätzenswerte Beobachtung enthalten, aber den Zuckergehalt des Gerbstoffs zweifelhaft lassen. Dagegen will ich nicht verschweigen, daß ich den darauf begründeten Spekulationen nicht beipflichten kann. Die Chebulinsäure bedarf offenbar noch einer neuen ausführlichen Untersuchung, ehe man ein endgültiges Urteil über ihre Struktur fällen kann.

Das Hamamelitannin gibt bei der Hydrolyse mit Schwefelsäure ebenfalls einen Zucker, der aber von der Glucose ganz verschieden ist und ein bisher unbekannter Körper zu sein scheint[4]).

Diese Beobachtung zeigt, daß die Gerbstoffe auch zu einer Fundstätte für neue Zuckerarten werden können. Dr. Freudenberg will den Zucker des Hamamelitannins ausführlich untersuchen.

Ob der von A. W. Nanninga[5]) beschriebene krystallisierte Gerbstoff des Tees auch hierin gehört, bedarf noch der Prüfung.

---

[1]) Die frühere Gewohnheit, alle natürlichen Derivate der Glucose, die keine bloßen Kohlenhydrate sind, Glucoside zu nennen, läßt sich nicht beibehalten. Ich verstehe unter Glucosiden nur die Stoffe, welche den Methyl- oder den Phenolglucosiden ähnlich konstituiert sind.

[2]) E. Fischer und K. Freudenberg, Berichte d. d. chem. Gesellsch. **45**, 918 [1912]. (*S. 268.*)

[3]) Arbeiten a. d. Pharmazeut. Institut d. Univ. Berlin **9**, 78, 85 [1912].

[4]) E. Fischer und K. Freudenberg, Berichte d. d. chem. Gesellsch. **45**, 2712 [1912]. (*S. 290.*)

[5]) Mededeelingen uit 's Lands Plantentuin Nr. 46: Onderzoekingen betreffende de Bestanddeelen van het Theeblad.

Verallgemeinerung der Gerbstoffsynthese.

Das Verfahren, welches zum Aufbau der Pentagalloylglucose diente, ließ sich leicht auf andere Phenolcarbonsäuren übertragen. Wie zuvor schon erwähnt, wurde so die Penta-[*p*-oxybenzoyl]-glucose[1]) bereitet, die in Wasser sehr schwer löslich ist, und deren Elementaranalyse unzweideutig zeigte, daß es sich um eine Pentaacylverbindung handelt. Ganz ähnliche Eigenschaften besitzt die isomere Pentasalicyloglucose, die in einer späteren Abhandlung ausführlich beschrieben werden soll. Ebenfalls in Wasser sehr schwer löslich ist das entsprechende Derivat der Kaffeesäure, das ich von Herrn R. Oetker[2]) darstellen ließ. Besondere Erwähnung verdient noch die Verbindung der Pyrogallolcarbonsäure, die wir als Penta-[pyrogallolcarboyl]-glucose[3]) bezeichnet haben. Sie ist isomer mit der Pentagalloylglucose und zeigt auch im allgemeinen dasselbe Verhalten; dagegen besteht ein erheblicher Unterschied in der Löslichkeit in Wasser. Während die Galloylverbindung davon schon in der Kälte leicht aufgenommen wird, ist die isomere Substanz selbst in heißem Wasser recht schwer und in kaltem Wasser so gut wie unlöslich. Dasselbe gilt für ihre dunkelgefärbte Eisenverbindung.

Dieser Unterschied erscheint bei der so ähnlichen Struktur beider Gerbstoffe auf den ersten Blick sehr überraschend. Er verliert aber an Merkwürdigkeit, wenn man bedenkt, daß Tannin und wohl auch die so ähnliche Pentagalloylglucose geneigt sind, kolloidale wäßrige Lösungen zu bilden. Diese Eigenschaft ist nun offenbar bei der isomeren Verbindung in geringem Grade oder gar nicht vorhanden. Solche Beobachtungen dürften für das Studium der kolloidalen Lösungen Beachtung verdienen, denn sie zeigen, wie sehr ihr Zustandekommen von kleinen Differenzen in der Struktur des Materials abhängig ist. Andererseits ist die Bildung von Hydrosolen von größter Wichtigkeit für die Rolle, die solche Stoffe in der Lebewelt spielen, und ebenso für die chemische Charakteristik, wie gerade das Beispiel der Penta-[pyrogallolcarboyl]-glucose beweist; denn hier hat es wegen der Schwierigkeit, wäßrige Lösungen zu bereiten, schon einige Mühe gemacht, den adstringierenden Geschmack und die Fällung von Leimlösung festzustellen.

Für alle soeben erwähnten Glucosederivate gilt dasselbe, was ich bei der Pentagalloylglucose in bezug auf die Einheitlichkeit auseinandergesetzt habe, d. h. sie sind wahrscheinlich Gemische der beiden stereoisomeren Derivate von α- und β-Glucose.

---

[1]) E. Fischer und K. Freudenberg, Berichte d. d. chem. Gesellsch. **45**, 933 [1912]. (*S. 283.*)

[2]) *Berichte d. d. chem. Gesellsch.* **46**, *4037 [1913].* (*S. 239.*)

[3]) E. Fischer und M. Rapaport, Berichte d. d. chem. Gesellsch. **46**, 2397 [1913]. (*S. 196.*)

Ähnlich den Zuckern können auch die wahren Glucoside mit den Phenolcarbonsäuren verkuppelt werden, wie die Gewinnung des Tetra-galloyl-α-methylglucosids beweist[1]). Daß dieses auch die charakteristischen Merkmale, z. B. den Geschmack und die Fällungserscheinungen der Gerbstoffe, zeigt, ist nicht wunderbar, da bekanntlich schon beim Gallussäureäthylester die Fällbarkeit durch Leimlösung deutlich vorhanden ist. Bei dem Methylglucosidderivat fällt selbstverständlich die Komplikation fort, die bei den Glucosederivaten durch die gleichzeitige Bildung von α- und β-Form entsteht.

Nach den Erfahrungen beim Methylglucosid konnte es nicht zweifelhaft sein, daß auch die einfachen mehrwertigen Alkohole für dieselbe Synthese geeignet sind. Wir haben bisher nur das Glycerin[2]) mit der Gallussäure kombiniert, uns aber mit einer flüchtigen Untersuchung des Produkts begnügt, da solche Körper kein besonderes Interesse mehr darbieten.

Benzoylierung und Cinnamoylierung von Zuckern
und mehrwertigen Alkoholen.

Bei der Übertragung der neuen Acylierungsmethode auf die einfachen aromatischen Chloride haben sich ebenfalls einige neue beachtenswerte Resultate ergeben. Die Benzoylierung der Glucose war früher nur in wäßrig-alkalischer Lösung ausgeführt worden. Dabei entsteht als Endprodukt eine Pentabenzoylglucose, die bei 186—188° schmilzt, und für die ich in Gemeinschaft mit B. Helferich in Chloroformlösung $[\alpha]_D^{20} = +\ 25{,}4°$ gefunden habe[3]). Aber die Ausbeute an diesem hochschmelzenden Präparat war wenig befriedigend (etwa 15% der Theorie). Ein Präparat von ungefähr dem gleichen Drehungsvermögen und ähnlichem Schmelzpunkt läßt sich mit erheblich besserer Ausbeutung nach dem neuen Verfahren durch Schütteln von β-Glucose mit einer Mischung von Benzoylchlorid, Chinolin und Chloroform gewinnen. Andererseits gab die α-Glucose unter den gleichen Bedingungen ein isomeres Pentabenzoat mit der viel höheren Drehung $[\alpha]_D^{25} = +\ 107.6°$, dessen Schmelzpunkt allerdings wenig konstant war[4]).

Daß hierbei sterische Umlagerungen von α- in β-Form oder umgekehrt stattfinden, war schon nach den angegebenen Ausbeuten recht wahrscheinlich, wird aber bewiesen durch folgenden, nachträglich ausgeführten Versuch. Eine Mischung von α-Glucose, Benzoylchlorid, Chinolin und Chloroform im früher benutzten Verhältnis blieb, nachdem

---

[1]) Fischer und Freudenberg, Berichte d. d. chem. Gesellsch. **45**, 934 [1912]. (*S. 284.*)

[2]) Fischer und Freudenberg, ebenda S. 935 [1912]. (*S. 285.*)

[3]) Liebigs Annal. d. Chem. **383**, 88 [1911].

[4]) Berichte d. d. chem. Gesellsch. **45**, 2725 [1912]. (*S. 302.*)

völlige Lösung eingetreten war, 20 Tage stehen. Sie hatte dann eine reichliche Menge von β-Pentabenzoylglucose krystallinisch abgeschieden.

Noch leichter als die Benzoylierung geht die Cinnamoylierung der Zucker mit Zimtsäurechlorid und Chinolin vonstatten. Ich habe auf diese Weise durch Herrn R. Oetker die Pentacinnamoylderivate der α- und β-Glucose, der Galaktose, Mannose und den Hexacinnamoylmannit darstellen lassen. Sie sind alle hübsch krystallisierende Stoffe. Bei dieser Gelegenheit wurden auch die Pentabenzoyl- und Pentaacetylmannose (Schmp. 114—116°; $[\alpha]_D^{20} = -24,8°$) krystallisiert erhalten. Die genauere Beschreibung der Versuche wird bald erfolgen *).

Versuche zur partiellen Acylierung der Zucker
und mehrwertigen Alkohole.

Alle bisher besprochenen Acylierungsversuche waren auf die Gewinnung der Endprodukte gerichtet und deshalb mit einem Überschuß von Säurechlorid angestellt. Für eine partielle Handhabung der Reaktion sind auch die experimentellen Bedingungen zu ungünstig; denn der Zucker geht erst beim Schütteln mit der Acylierungsflüssigkeit allmählich in Lösung und ist deshalb anfänglich stets mit einem Überschuß von Chlorid in Berührung.

Durch die anderen Methoden der Acylierung, z. B. durch Acetylierung mit Essigsäureanhydrid oder Benzoylierung nach Baumann, ist es ebenfalls sehr schwer, partiell acylierte Zucker im reinen Zustande zu isolieren. Man wird also für die Gewinnung derartiger Produkte neue Methoden schaffen müssen, und hier liegt der Gedanke nahe, die Hydroxyle des Zuckers teilweise durch andre Gruppen festzulegen, die hinterher wieder leicht abgespalten werden können. Besonders geeignet dafür erscheinen die von mir entdeckten Acetonderivate der Zucker und mehrwertigen Alkohole. Ich habe schon vor vielen Jahren einen derartigen Versuch mit dem Acetonglycerin[1]) angestellt, um durch Benzoylchlorid in alkalischer Lösung ein Monobenzoylderivat zu gewinnen. Leider war das damalige Resultat negativ; denn unter den gewählten Bedingungen wurde der Acetonrest abgespalten und Tribenzoyl-glycerin gebildet. Vielleicht läßt sich bei Ausschluß von Wasser nach den neuen Acylierungsmethoden diese Spaltung vermeiden, und ich bin bereits mit Versuchen in dieser Richtung beschäftigt. Wenn sich auf solche Weise auch die partielle Kupplung der Zucker mit den Phenolcarbonsäuren verwirklichen läßt, ähnlich wie Irwin neuerdings die partielle Methylierung der Glucose gelungen ist, so würde das einen weiteren beachtenswerten

---

*) *Vgl. E. Fischer und R. Oetker, Berichte d. d. chem. Gesellsch.* **46**, *4029 [1913].*

[1]) Berichte d. d. chem. Gesellsch. **28**, 1170 [1895].

3*

Fortschritt in der Synthese von Gerbstoffen bedeuten. Denn wie ich schon zuvor erwähnt habe, gehört wahrscheinlich die Chebulinsäure in diese Klasse teilweise acylierter Zucker, und dasselbe darf man erwarten von manchen andren natürlichen Produkten, die in Wasser leicht löslich sind und sich dadurch von den in der Regel schwer löslichen, völlig acylierten Glucosederivaten unterscheiden.

Physiologische und praktische Bedeutung der Gerbstoff-Synthese.

Die Erkenntnis, daß esterartige Verbindungen der Zucker und Phenolcarbonsäuren eine große Klasse von tanninähnlichen Gerbstoffen bilden, ist zweifellos für die Pflanzenphysiologie von Wichtigkeit. Besonders interessant erscheint mir die Tatsache, daß der Zucker von der Pflanze ebenso wie das Glycerin oder die einwertigen Alkohole zur Veresterung von Säuren benutzt wird. Der Organismus duldet freie Säuren im allgemeinen nur an bestimmten Stellen, wie im Magen der Tiere oder in den unreifen Früchten oder in Rinde und Schale, wo sie wahrscheinlich als Abwehrstoffe wirken. Gewöhnlich aber ist er bestrebt, die Säuregruppe zu neutralisieren. Das geschieht manchmal durch Salzbildung, viel häufiger aber durch Amidbildung, wie in den Proteinen oder durch Esterbildung, wie in den Fetten. Dazu kommt nun jetzt die Veresterung durch Zucker. Da Kohlenhydrate viel verbreiteter sind als Glycerin, so zweifle ich nicht daran, daß man solchen Esterderivaten der Zucker noch öfters im Pflanzen- und vielleicht auch im Tierreich begegnen wird.

Ich denke dabei nicht allein an die Phenolcarbonsäuren, sondern mehr noch an die zahlreichen Oxysäuren der Pflanzen. Daß man ihre Zuckerderivate bisher übersehen hat, würde mich nicht wundern, da sie wahrscheinlich leicht lösliche und leicht verseifbare Körper sind. Es ist schon lange mein Wunsch gewesen, solche Kombinationen synthetisch herzustellen, aber die Methode dafür muß erst noch gefunden werden. Vermutlich werden die von mir und meinem Sohne kürzlich aufgefundenen Carbomethoxyderivate der Oxysäuren dabei eine Rolle spielen[1]). Vorläufig muß ich mich damit begnügen, das Interesse der Pflanzenphysiologen auf diese Dinge zu lenken. Vielleicht wird man derartige Ester in süßen Früchten finden, die im rohen Zustande erhebliche Mengen von Glykolsäure und ihren Verwandten enthalten. Ich habe selbst darüber einige Versuche angestellt, bisher allerdings ohne entscheidendes Resultat. Ich hoffe, darüber sowie über die ungleichmäßige Verteilung der Säure in Schale und Fleisch gewisser Früchte, z. B. der Frühpflaumen, später Näheres mitteilen zu können.

---

[1]) Berichte d. d. chem. Gesellsch. **46**, 2659 [1913]. (*S. 240.*)

Wie überhaupt der Naturforscher, so begegnet auch der synthetische Chemiker nicht selten der Frage, zu welchen praktischen Zwecken die Früchte seiner Arbeit dienen können, und mir ist selbst in einem Kreis von Gelehrten, als ich die künstlichen Gerbstoffe und eine damit hergestellte Tinte vorzeigte, in der alles außer dem Wasser synthetisch bereitet war, die Frage gestellt worden: Ist sie billiger als die gewöhnliche Tinte? Die Antwort war natürlich verneinend, und sie muß ebenso lauten für die synthetischen Gerbstoffe, soweit es sich um Verwendung in der Gerberei handelt; denn hier können nur ganz billige Ersatzstoffe, wie das neuerdings von Stiasny eingeführte Neradol, in Betracht kommen.

Anders steht aber die Sache, wenn man bedenkt, daß die Gerbstoffe in kleiner Menge einen Bestandteil wichtiger Genußmittel, des Weins, des Tees, Kaffees und zahlreicher süßer Früchte, sind, auf deren Geschmack sie einen nicht zu unterschätzenden Einfluß haben. Wenn dereinst die synthetische Chemie in diese wichtigen Gebiete eindringt, woran ich nicht zweifle, so wird wahrscheinlich auch die Synthese von Gerbstoffen in technischer Beziehung zu Ehren kommen.

Hochmolekulare Stoffe[1]).

Unter den zuvor erwähnten Produkten der Gerbstoffsynthese befinden sich Substanzen von recht hohem Molekulargewicht; denn für die Penta-[tricarbomethoxygalloyl]-glucose beträgt der Wert schon 1810, und bei der Penta-[pentamethyl-m-digalloyl]-glucose steigt er auf 2051; das hat Veranlassung gegeben, die so glatt verlaufene Esterbildung bei den Körpern der Zuckergruppe auf noch kompliziertere Säuren zu übertragen. Anfangs schienen für diesen Zweck die hohen Fettsäuren, wie Stearin-, Behen- und Melissinsäure, besonders geeignet, aber schließlich haben wir doch in den Derivaten der Gallussäure, speziell in ihrer Tribenzoylverbindung, ein noch besseres Material gefunden; sie liefert nämlich ein schön krystallisiertes Chlorid, das sich vollständig reinigen und verhältnismäßig leicht in größerer Menge bereiten läßt. Durch Kombination mit Mannit konnte daraus leicht ein neutraler Ester dargestellt werden, der schon das Molekulargewicht 2967 hat. Aber die Feststellung der Zusammensetzung wird bei solchen Körpern sehr erschwert durch den Umstand, daß die analytischen Differenzen für Kohlenstoff und Wasserstoff nicht mehr groß genug sind, um mit Sicherheit die Anzahl der Acyle zu ermitteln. Aus diesem Grunde sind wir dazu übergegangen, dem Molekül halogenhaltige Gruppen einzuverleiben, um in dem Prozentgehalt an Halogen einen Maßstab für die Molekular-

---

[1]) E. Fischer und K. Freudenberg, Berichte d. d. chem. Gesellsch. **46,** 1116 [1913]. (*S. 306.*)

größe des Endprodukts zu haben. Besonders geeignet erwies sich für diesen Zweck das p-Jodphenylmaltosazon, welches einerseits noch hübsch krystallisiert und andererseits durch einen hohen Gehalt an Halogen (33%) ausgezeichnet ist. Seine Kupplung mit Tribenzoylgalloylchlorid hat nun das Hepta-[tribenzoylgalloyl]-p-jodphenylmaltosazon geliefert, das zwar amorph ist, aber sonst sehr schöne Eigenschaften besitzt und bei der Analyse so scharfe Zahlen gab, daß wir kein Bedenken tragen, es als chemisches Individuum zu proklamieren. Seine Struktur folgt aus der Synthese und entspricht folgender Formel, in welcher R das Radikal der Tribenzoylgallussäure bedeutet.

$$\begin{array}{l}
CH:N_2H.C_6H_4J \\
\dot{C}:N_2H.C_6H_4J \\
\dot{C}H.OR \\
\dot{C}H.OR \qquad R \quad R \qquad\ R \quad R \qquad\qquad R = CO.C_6H_2(O.CO.C_6H_5), \\
\dot{C}H.OR \qquad O \quad O \qquad\ O \quad O \\
\dot{C}H_2.O.\dot{C}H.\dot{C}H.\dot{C}H.\dot{C}H.\dot{C}H.CH_2 \\
\qquad\qquad\quad \overbrace{\qquad}\ O\ \overbrace{\qquad}
\end{array}$$

Hepta-[tribenzoyl-galloyl]-p-jodphenyl-
maltosazon, $C_{220}H_{142}O_{58}N_4J_2$ (M.-G. 4021).

Unsicher ist in der Formel nur die Struktur des Maltosegerüstes, d. h. die Verkupplung der beiden Traubenzuckerreste, eine Frage, die aber im vorliegenden Falle keine Bedeutung hat. Das Molekulargewicht beträgt 4021. Der Körper steht mit dieser Zahl sicherlich an der Spitze aller organischen Substanzen von bekannter Struktur und ist zudem durch totale Synthese zugänglich.

Wir haben endlich durch Gefrierpunktsbestimmung in Bromoformlösung nachweisen können, daß er ebenso wie einige ihm ziemlich nahestehende Stoffe, z. B. der Hexa-[tribenzoylgalloyl)-mannit, noch in befriedigender Weise den Raoultschen Gesetzen gehorcht. Das Hepta-[tribenzoylgalloyl]-p-jodphenylmaltosazon übertrifft das höchste Produkt der Polypeptidsynthese, das l-Leucyl-triglycyl-l-leucyl-triglycyl-l-leucyl-octaglycyl-glycin, im Molekulargewicht um mehr als das 3fache, und ich glaube, daß es auch den meisten natürlichen Proteinen überlegen ist. Allerdings hat man für das Oxyhämoglobin, das bekanntlich hübsch krystallisiert, aus dem Eisengehalt ein Molekulargewicht bis zu 16 000 abgeleitet, aber gegen solche Berechnungen läßt sich immer der Einwand machen, daß die Existenz von Krystallen allein keineswegs die chemische Individualität garantiert, sondern daß es sich auch um isomorphe Mischungen handeln kann, wie sie uns das Mineralreich in den Silicaten so mannigfach darbietet. Solche Bedenken fallen weg bei den synthetischen Produkten, deren Bildung durch Analogiereaktionen kontrolliert werden kann.

Die Molekularphysik wird deshalb gut tun, bei dem Studium hochmolekularer Stoffe sich an die synthetischen Produkte bekannter Struktur zu halten. Ich werde darum die Versuche zum Aufbau von Riesenmolekülen mit Hilfe des geschilderten Verfahrens fortsetzen.

Sicherlich gewährt es auch noch in anderer Beziehung einen großen Reiz, die Leistungsfähigkeit unserer Methoden zu prüfen. Bekanntlich ist die moderne Physik bemüht, die Materie in immer kleinere Stücke zu zersplittern. Über die Atome ist man längst hinaus, und wie lange die Elektronen für uns die kleinsten Massenteilchen sein werden, läßt sich nicht absehen. Demgegenüber scheint mir die organische Synthese berufen zu sein, das Gegenteil zu leisten, d. h. immer größere Massen in dem Molekül anzuhäufen, um zu sehen, wie weit die Kompression der Materie im Sinne unserer heutigen Vorstellungen gehen kann[1].

Ich hoffe, daß die bisherigen Resultate auch nach dieser Richtung hin eine wirksame Anregung geben werden.

---

[1] Vgl. H. Crompton, Proceedings of the Chemic. Society **28**, 193 [1912].

2. Emil Fischer: Synthese von Depsiden, Flechtenstoffen und Gerbstoffen II.[1]

Berichte der deutschen chemischen Gesellschaft **52**, 809 [1919].

(Eingegangen am 7. März 1919.)

Durch die teilweise Acylierung der Zucker und die kürzlich beschriebene Synthese der Penta-(digalloyl)-glucosen ist das in dem Vortrag[2]) vom Jahre 1913 skizzierte Ziel für die Gerbstoffe der Tanninklasse im wesentlichen erreicht. Die anderen dort behandelten Probleme, d. h. die Synthese von Flechtenstoffen und hochmolekularen Substanzen, oder die angeregten pflanzenphysiologischen Fragen habe ich wegen der großen Schwierigkeiten, die der Experimentalforschung durch den Krieg entstanden sind, nicht weiter verfolgen können. Vielmehr bin ich genötigt, meine Arbeiten auf diesem Gebiete jetzt abzuschließen. Darum scheint es mir zweckmäßig, auch über die seit 1913 erhaltenen Resulate eine Übersicht zu geben, die in der Anordnung dem ersten Vortrag entspricht.

Depside.

Eine Variation der Synthese, die in vielen Fällen als wesentliche praktische Verbesserung gelten darf, besteht in der Anwendung der acetylierten Phenolcarbonsäuren[3]) an Stelle der früher benutzten Carbomethoxyverbindungen. Diese Acetylkörper sind in der Regel leicht darzustellen, krystallisieren recht gut, und die Verwandlung in ihre Chloride, von denen manche schon bekannt sind, bietet auch keine Schwierigkeiten.

Die durch Kuppelung der Chloride mit weiteren Phenolcarbonsäuren entstehenden acetylierten Depside haben ebenfalls meist gute Eigenschaften. Endlich lassen sich daraus die Acetylgruppen ebenso leicht abspalten wie die Carbomethoxygruppen. Man hätte deshalb

---

[1]) Diese Abhandlung ist eine stellenweise erweiterte Wiedergabe des Vortrags, den ich am 28. November 1918 in der Akademie der Wissenschaften zu Berlin hielt. Sitzungsber. **48**, 1100.

[2]) Berichte d. d. chem. Gesellsch. **46**, 3253 [1913]. (*S. 3.*)

[3]) Berichte d. d. chem. Gesellsch. **51**, 46 [1918]. (*S. 443.*)

von vornherein an die Benutzung der Acetylkörper denken sollen, aber ich bin durch die älteren Literaturangaben irregeführt worden, weil sie in der Regel vorschreiben, das Acetyl aus den Phenolverbindungen durch Kochen mit Alkali zu entfernen. Allerdings gab es auch schon einige Beobachtungen, die auf die Möglichkeit einer milderen Ausführung der Reaktion hinwiesen. Aber sie blieben unter der großen Zahl der energischen Vorschriften versteckt und wirkungslos, und ich bin ebenso wie wahrscheinlich die meisten Fachgenossen in dem Vorurteil befangen gewesen, daß zur völligen Verseifung von Acetylderivaten komplizierter Phenole eine ziemlich kräftige Behandlung mit Alkali nötig sei.

In Wirklichkeit ließen sich aber die Acetyle in allen von uns untersuchten Fällen außerordentlich leicht schon durch verdünntes Alkali bei 0° abspalten. Auch Ammoniak wirkt bei gewöhnlicher Temperatur recht schnell.

Das Verfahren wurde bisher mit gutem Erfolg geprüft für die Bereitung folgender vier Depside: p-Oxybenzoyl-p-oxybenzoesäure, Galloyl-p-oxybenzoesäure, Di-p-oxybenzoyl-p-oxybenzoesäure[1]) und m-Digallussäure[2]). Im letzten Fall brachte es besondere Vorteile. Denn das Zwischenprodukt, die Pentacetyldigallussäure, krystallisiert im Gegensatz zu der entsprechenden Carbomethoxyverbindung, läßt sich deshalb leicht isolieren, und die Ausbeute an Digallussäure wird dadurch besser. Das hat weitere Synthesen mit diesem interessanten Depsid, insbesondere die Gewinnung seiner Zuckerverbindungen[3]) ermöglicht. Ferner hat eine genauere Untersuchung über seine Bildung aus dem Acetylderivat zur Entdeckung einer neuen intramolekularen Umlagerung bei der teilweisen Verseifung acetylierter Phenolcarbonsäuren geführt.

Bildung der m-Digallussäure[4]).

Wie früher gezeigt wurde, ist die zuerst aus der Carbomethoxyverbindung gewonnene krystallisierte Digallussäure das Metaderivat (I), während man nach der Bereitung aus Tricarbomethoxygalloylchlorid und m, m'-Dicarbomethoxygallussäure vermuten mußte, daß sowohl das amorphe Küppelungsprodukt wie die daraus entstehende Digallussäure p-Derivate seien.

---

[1]) E. Fischer und A. R. Kadisadé, Berichte d. d. chem. Gesellsch. **52**, 72 [1919]. (*S. 259.*)

[2]) E. Fischer, M. Bergmann und W. Lipschitz, Berichte d. d. chem. Gesellsch. **51**, 45 [1918]. (*S. 432.*)

[3]) Berichte d. d. chem. Gesellsch. **51**, 1760 [1918]. (*S. 349.*)

[4]) E. Fischer, M. Bergmann und W. Lipschitz, Berichte d. d. chem. Gesellsch. **51**, 45 [1918]. (*S. 432.*)

Dieser Widerspruch konnte bei den Acetylkörpern aufgeklärt werden. Durch Kuppelung von Triacetylgalloylchlorid mit *m, m'*-Diacetylgallussäure (II) entsteht nämlich in normaler Weise Pentacetyl-*p*-digallussäure (III). Aber bei der Abspaltung der Acetylgruppen findet gleichzeitig eine Wanderung des Galloyls aus der *para*- in die *meta*-Stellung statt, und das Endprodukt ist *m*-Digallussäure. Diese intramolekulare Umlagerung ist nicht auf die Galloylderivate beschränkt, denn sie wurde auch nachgewiesen bei der *p*-Benzoyldiacetyl-gallussäure (IV), die durch Abspaltung der Acetylgruppen in *m*-Benzoylgallussäure (V) übergeht, und ferner bei der *p*-Benzoylacetyl-protocatechusäure (VI), aus der ebenfalls *m*-Benzoylprotocatechusäure (VII) entsteht.

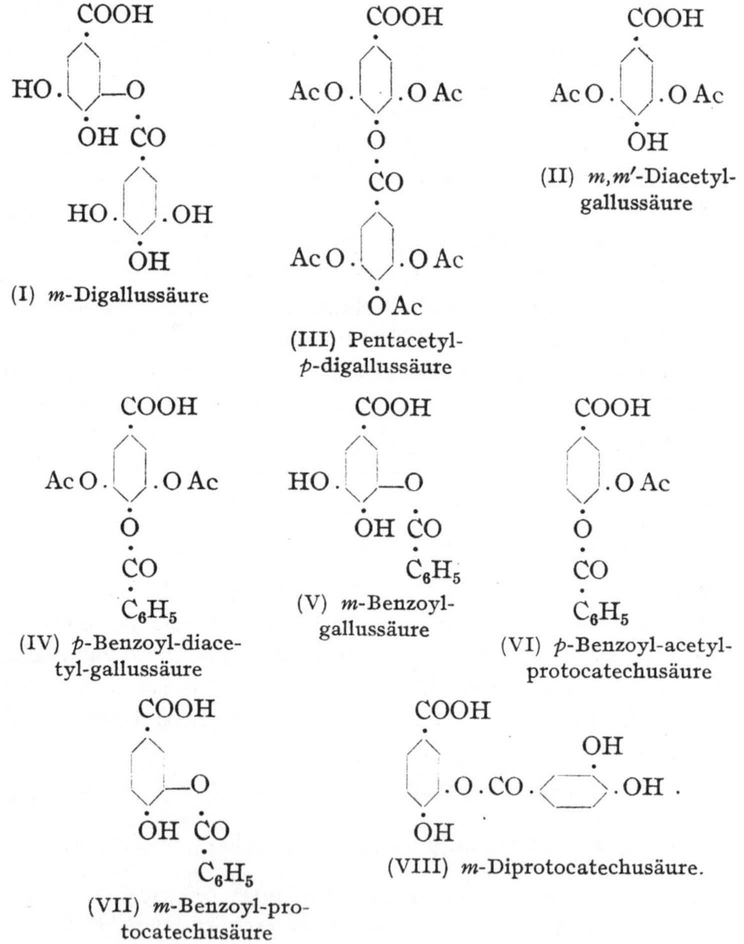

Die merkwürdige Wanderung des aromatischen Acyls findet sowohl bei den Säuren wie bei den Estern unter recht verschiedenen Bedingungen, d. h. bei der Verseifung mit Alkali, Ammoniak oder Mineralsäuren, statt. Sie scheint aber, wie zu erwarten war, auf die *o*-Stellung der Acylgruppen beschränkt zu sein. Denn bei den Derivaten der Gentisinsäure und *β*-Resorcylsäure, die gleichzeitig Benzoyl und Acetyl oder Carbomethoxyl in der *para*- oder *meta*-Stellung zueinander enthalten, wurde bei Ablösung des aliphatischen Acyls keine Verschiebung des Benzoyls beobachtet[1]).

Die Umlagerung ähnelt zwar der längst bekannten Wanderung von Acyl bei *o*-Aminophenolen usw., ist aber in ihrer Eigenart neu.

Vielleicht wird sie auch bei den mehrwertigen Alkoholen gefunden werden. Jedenfalls hat man mit ihrer Möglichkeit bei weiteren Studien über die teilweise Acylierung solcher Stoffe Rücksicht zu nehmen.

Für die früher beschriebene Diprotocatechusäure[2]) hat die Kenntnis der Umlagerung schon zu einer Korrektur der Formel geführt. Denn diese ist zweifellos keine *para*-Verbindung, wie früher aus der Synthese geschlossen wurde, sondern auch eine *meta*-Verbindung (VIII).

Durch die Anwendung der Acetylverbindungen verlieren die Carbomethoxyderivate der Phenolcarbonsäuren für die Bereitung von Depsiden ihre frühere Bedeutung. Ausgenommen sind nur die Fälle, wo sie sich besonders leicht darstellen lassen. Dahin gehört die teilweise Carbomethoxylierung gewisser Phenolcarbonsäuren in wäßrig-alkalischer Lösung; z. B. lassen sich Gentisinsäure und *β*-Resorcylsäure auf diese Weise bequem in die Monocarbomethoxyderivate überführen[3]), während die partielle Acetylierung größere Schwierigkeiten bietet. Solche teilweise carbomethoxylierten Körper sind auch für die Synthese von Depsiden nach wie vor von Nutzen.

Carbomethoxyverbindungen der aliphatischen Oxysäuren.

Bevor die Entthronung der Carbomethoxyverbindungen eintrat, habe ich in Gemeinschaft mit meinem Sohne Hermann O. L. Fischer die Derivate der Mandel-, Glykol- und Milchsäure[4]) dargestellt. Sie entstehen durch Einwirkung von Chlorkohlensäureäther und Dimethylanilin auf die Oxysäuren. Bei der Glykolsäure bildet sich dabei zunächst ein öliger, anhydridartiger Körper, der aber durch

---

[1]) M. Bergmann und P. Dangschat, Berichte d. d. chem. Gesellsch. **52**, 371 [1919]. (*S. 469.*)

[2]) E. Fischer und K. Freudenberg, Liebigs Annal. d. Chem. **384**, 226 [1911]. (*S. 129.*)

[3]) Berichte d. d. chem. Gesellsch. **42**, 215 [1909]. (*S. 80.*)

[4]) Ebenda **46**, 2659 [1913] (*S. 240*); **47**, 768 [1914]. (*S. 246.*)

Behandlung mit Kaliumbicarbonat leicht in die Carbomethoxyglykol-säure verwandelt werden kann. Wie zu erwarten war, lassen sich auch diese Säuren bequem in Chloride, Ester, Amide usw. verwandeln. Dagegen scheinen sie für die Bereitung von depsidähnlichen Körpern nicht geeignet zu sein, weil die nachträgliche Ablösung der Carbomethoxygruppe zu schwer erfolgt. Das zeigt sich schon bei dem Methylester der Carbomethoxymandelsäure; denn er wird bei vorsichtiger Verseifung mit 1 Mol. Alkali in die Säure zurückverwandelt, während die Ester der Carbomethoxyphenolcarbonsäuren, z. B. der Tricarbomethoxygallussäureäthylester[1]) unter ähnlichen Bedingungen zuerst die Carbomethoxygruppen verlieren und in die Ester der Phenolcarbonsäuren übergehen.

Eine merkwürdige Veränderung erfährt das **Anilid der Carbomethoxymandelsäure** durch Alkali, denn es verwandelt sich unter Abspaltung von Methylalkohol teilweise in das längst bekannte **Phenylurethan der Mandelsäure**. Wahrscheinlich führt die Reaktion über das Diphenyl-diketo-tetrahydrooxazol:

$$C_6H_5.CH.CO.NH.C_6H_5 \qquad\longrightarrow\qquad C_6H_5.CH.CO.N.C_6H_5$$
$$| \qquad\qquad\qquad\qquad\qquad\qquad\qquad | \diagup$$
$$O.CO_2.CH_3 \qquad\qquad\qquad\qquad O.CO$$

$$C_6H_5.CH.COOH$$
$$\longrightarrow \qquad |$$
$$O.CO.NH.C_6H_5$$

Dieselbe Erscheinung wurde bei dem **Anilid der Carbomethoxyglykolsäure** beobachtet. Es wird ebenfalls durch verdünntes, kaltes Alkali rasch und fast vollständig in das **Glykolsäurephenylurethan**, $C_6H_5.NH.CO.O.CH_2.COOH$, verwandelt.

Anders verhält sich das **Methylanilid der Carbomethoxyglykolsäure**, $CH_3CO_2.O.CH_2.CO.N(CH_3).C_6H_5$, da es bei der Behandlung mit Alkali nur das **Methylanilid der Glykolsäure**, $HO.CH_2.CO.N(CH_3).C_6H_5$, liefert.

Ferner zeigte das **Chlorid der Carbomethoxyglykolsäure** ein bemerkenswertes Verhalten gegen Benzol und Aluminiumchlorid. Es liefert damit eine krystallisierte Aluminiumverbindung. Diese wird durch verdünnte Salzsäure in das Carbomethoxyderivat des Benzoylcarbinols, $C_6H_5.CO.CH_2.O.CO_2CH_3$, verwandelt, aus dem durch kaltes Alkali **Benzoylcarbinol**, $C_6H_5.CO.CH_2.OH$, entsteht. Alle diese Reaktionen verlaufen so glatt, daß man sie wohl zur Darstellung von solchen Ketoalkoholen in Aussicht nehmen darf, falls sie nach den älteren Verfahren schwer zu bereiten sind.

---

[1]) Berichte d. d. chem. Gesellsch. **42**, 1022 [1909]. (*S. 100.*)

Galloylderivate der Glucose und Fructose.

Pentagalloylglucosen[1]). Für ihre Darstellung verdienen ebenfalls die Acetylderivate den Vorzug vor den früher benutzten Carbomethoxykörpern. Durch Kuppelung von Triacetylgalloylchlorid mit α- und β-Glucose bei Gegenwart von Chinolin entstehen wiederum zwei isomere Körper, die zwar nicht krystallisieren und deshalb auch nicht rein dargestellt werden konnten, die aber in dem optischen Drehungsvermögen einen erheblichen Unterschied zeigen. Bemerkenswert gegenüber den früheren Resultaten ist nun das Ergebnis der vorsichtigen Verseifung. Bei den beiden früher studierten Penta-(tricarbomethoxygalloyl)-glucosen verschwand die Isomerie durch die Behandlung mit Alkali bei 20°, denn die dabei entstehende Pentagalloylglucose zeigte in beiden Fällen das gleiche Drehungsvermögen. Demgegenüber entstehen aus den beiden Penta-(triacetylgalloyl)-glucosen durch Alkali bei 0° zwei Gerbstoffe, die zwar in den äußeren Eigenschaften sehr ähnlich sind, aber im Drehungsvermögen voneinander abweichen. Noch besser wurde das Resultat, als die Abspaltung der Acetyle durch Natriumacetat bei 70° oder bequemer durch Salzsäure in kalter, methylalkoholisch-acetonischer Lösung geschah. Denn der Unterschied im Drehungsvermögen der hierbei entstehenden beiden Gerbstoffe war noch erheblich größer. Sie konnten deshalb ohne Bedenken als α- und β-Form der Pentagalloylglucose bezeichnet werden. Selbstverständlich betrachte ich aber alle solche Produkte keineswegs als einheitliche Stoffe. Denn wie früher wiederholt betont wurde, erfolgt die Kuppelung der α- und β-Glucose mit Säurechloriden meist unter teilweiser Isomerisierung, und schon bei den Acetyl- bzw. Carbomethoxykörpern, die zunächst entstehen, fehlt deshalb die Einheitlichkeit.

In einfacheren Fällen gelingt es, aus diesen Gemischen krystallisierte reine Substanzen abzuscheiden; als Beispiel dafür führe ich die Pentabenzoylglucosen[2]) an. Durch neuere Versuche konnte das gleiche mit Sicherheit für die Penta-(p-oxybenzoyl)-glucose[3]) bewiesen werden. Ihre Acetylderivate entstehen durch Kuppelung von Acetyl-p-oxybenzoylchlorid mit α- und β-Glucose, und die Penta-(acetyl-p-oxybenzoyl)-α-glucose konnte sogar krystallisiert erhalten werden. Dieser reine Körper zeigte ein wesentlich höheres Drehungsvermögen als das amorphe Rohprodukt, obschon dieses die richtige elementare

---

[1]) E. Fischer und M. Bergmann, Berichte d. d. chem. Gesellsch. **51**, 1760 [1918] (*S. 349*); **52**, 829 [1919]. (*S. 395.*)

[2]) E. Fischer und K. Freudenberg, ebenda **45**, 2724 [1912]. (*S. 302.*)

[3]) E. Fischer und M. Bergmann, ebenda **51**, 1760 [1918]. (*S. 349.*)

Zusammensetzung besaß. Bei vorsichtiger Verseifung der reinen Acetylverbindung mit Alkali tritt nun keine merkbare Isomerisation ein, denn die dabei entstehende amorphe Penta-(p-oxybenzoyl)-α-glucose, $C_6H_7O_6(CO.C_6H_4.OH)_5$, läßt sich durch Reacetylierung fast quantitativ in die krystallisierte Acetylverbindung zurückverwandeln. Durch diese Beobachtung wird auch der früher ausgesprochene Verdacht, daß bei der vorsichtigen Verseifung der Penta-(tricarbomethoxygalloyl)-glucose zugleich mit den Carbomethoxygruppen ein Galloyl entfernt werde, sehr abgeschwächt.

Aus all dem geht hervor, daß die beiden Präparate, die wir jetzt als Pentagalloyl-α-glucose und Pentagalloyl-β-glucose bezeichnen, wirklich die Zusammensetzung haben, aber wechselseitig als Verunreinigung eine gewisse Menge des optischen Isomeren enthalten. Diese Verunreinigung ist wahrscheinlich auch schuld an dem Mißerfolg, den wir bei der Methylierung der β-Verbindung mit Diazomethan hatten. Wir glaubten hierbei der krystallisierten Penta-(trimethylgalloyl)-β-glucose zu begegnen, die früher aus β-Glucose und Trimethylgalloylchlorid gewonnen wurde. In Wirklichkeit erhielten wir aber nur ein amorphes Produkt, das allerdings in den sonstigen Eigenschaften der reinen Penta-(trimethylgalloyl)-β-glucose außerordentlich ähnlich ist.

Penta - (m - digalloyl) - glucosen[1]).

Der erste Versuch, diese Stoffe synthetisch mittels der Carbomethoxyverbindung zu bereiten, ist gescheitert an der Schwierigkeit, das Pentacarbomethoxyderivat der Digallussäure krystallisiert zu erhalten. Bessere Resultate brachte die Anwendung der Acetylkörper. Die Pentacetate sowohl der p- wie der m-Digallussäure geben krystallisierte Chloride, und diese lassen sich ohne Schwierigkeit bei Gegenwart von Chinolin mit α- oder β-Glucose kuppeln. Die Produkte sind amorph, und bezüglich ihrer Einheitlichkeit gilt das früher bei den Galloylglucosen Gesagte. Immerhin mag es gestattet sein, sie nach der Synthese und den Hauptbestandteilen zu unterscheiden als

Penta-(pentacetyl-p-digalloyl)-α-glucose,
Penta-(pentacetyl-p-digalloyl)-β-glucose,
Penta-(pentacetyl-m-digalloyl)-α-glucose,
Penta-(pentacetyl-m-digalloyl)-β-glucose.

Die Abspaltung der Acetyle haben wir nur bei der *meta*-Verbindung studiert, da bei den *para*-Körpern eine Wanderung von Galloyl

---

[1]) E. Fischer und M. Bergmann, Berichte d. d. chem. Gesellsch. **51**, 1760 [1918] (*S. 349*); **52**, 829 [1919]. (*S. 395.*)

und damit eine weniger glatte Reaktion vorauszusehen war. Die völlige Entfernung der Acetylgruppen gelingt mit Alkali bei 0° in acetonischwäßriger Lösung oder mit Salzsäure in methylalkoholisch-acetonischer Lösung bei gewöhnlicher Temperatur. Wie zu erwarten war, sind die beiden Penta-(m-digallol)-glucosen ausgesprochene Gerbsäuren der Tanninklasse. Dem natürlichen Tannin aus chinesischen Zackengallen ist das Derivat der β-Glucose am ähnlichsten. Davon wird noch später die Rede sein.

Teilweise Acylierung der Zucker und mehrwertigen Alkohole[1]).

Die im ersten Vortrag angekündigten Versuche[2]) mit den Acetonderivaten haben vollen Erfolg gehabt:

Zum Beispiel die Monoacetonglucose nimmt bei der Behandlung mit Säurechloriden und tertiären Basen drei Acyle auf, und durch Abspaltung des Acetons mit verdünnter Mineralsäure entsteht dann eine Triacylglucose. Auf ähnliche Art wird aus der Diacetonglucose eine Monoacylglucose gewonnen. In diesen Körpern lassen sich die freien Hydroxyle von neuem acylieren, und es entstehen gemischte Acylverbindungen verschiedenster Zusammensetzung. Aus ihnen können nun weiter die Acyle mit geringem Molekulargewicht, insbesondere das Acetyl, leichter abgespalten werden, als die schwereren aromatischen Gruppen, und dadurch entstehen wieder neue, nur teilweise acylierte Substanzen. So wurde zuerst die Dibenzoylglucose aus der Dibenzoylmonoacetylmonoacetonglucose durch Abspaltung von Essigsäure und Aceton bei gemäßigter Einwirkung von verdünnter Salzsäure gewonnen.

Endlich läßt sich bei den völlig acylierten Glucosen durch Behandlung mit starkem Bromwasserstoff ein Acyl gegen Brom austauschen, und wenn diese Halogenverbindungen mit Silberoxyd oder -carbonat in acetonischer Lösung geschüttelt werden, so tritt Hydroxyl an die Stelle von Brom. Auf diese Art wurde früher eine Tetracetyl-[3]) und neuerdings eine Tetrabenzoylglucose[4]) gewonnen. Von all diesen Produkten können hier nur die Derivate der Phenolcarbonsäuren, insbesondere der Gallussäure, ausführlich behandelt werden.

---

[1]) E. Fischer, Berichte d. d. chem. Gesellsch. **48**, 266 [1915]; E. Fischer und Charl. Rund, ebenda **49**, 88 [1916]; E. Fischer und M. Bergmann, ebenda **49**, 289 [1916] und **51**, 298 [1918] (*S. 487*); E. Fischer und F. Noth, ebenda **51**, 321 [1918]. (*S. 511.*)

[2]) E. Fischer, ebenda **46**, 3285 [1913]. (*S. 35.*)

[3]) E. Fischer und K. Delbrück, ebenda **42**, 2776 [1909].

[4]) E. Fischer und H. Noth, ebenda **51**, 321 [1918].

Teilweise Galloylierung der Glucose und Fructose.

Für die Bereitung der galloylärmeren Derivate von Glucose und Fructose dienten die zuvor erwähnten allgemeinen Verfahren der teilweisen Acylierung.

Trigalloylglucose[1]). Die Monoacetonglucose geht durch Behandlung mit Triacetylgalloylchlorid und Chinolin leicht in die Tri-(triacetylgalloyl)-acetonglucose über. Durch Abspaltung der neun Acetylgruppen mit Alkali entsteht daraus die Trigalloylacetonglucose. Diese liefert endlich nach Entfernung des Acetonrestes durch milde Behandlung mit Mineralsäure die amorphe Trigalloylglucose. Die Stellung der drei Galloylgruppen läßt sich erst sicher beurteilen, wenn die Struktur der Acetonglucose endgültig festgestellt ist. Bis jetzt kann man nur sagen, daß keine Galloylgruppe sich in der Stellung befindet, die in den einfachen Glucosiden durch Alkyl besetzt ist.

Die Trigalloylglucose zeigt die typischen Eigenschaften der Tannine, das heißt den bitteren und etwas adstringierenden Geschmack, die starke Färbung mit Eisenchlorid, die Fällung von Eiweißkörpern und Alkaloiden, Gallertbildung mit Arsensäure in alkoholischer Lösung und Bildung eines unlöslichen Kaliumsalzes beim Versetzen der alkoholischen Lösung mit Kaliumacetat.

Ihr Methylderivat, die Tri-(trimethylgalloyl)-glucose[2]), wurde durch die gleiche synthetische Methode aus Acetonglucose und dem Chlorid der Trimethylgallussäure und nachträgliche Abspaltung des Acetonrestes bereitet. Wie vorauszusehen war, nimmt sie zwei Brombenzoyle auf.

Merkwürdigerweise ist sie verschieden von dem Körper, der aus Trigalloylglucose und Diazomethan entsteht, denn dieser besitzt ein ganz anderes Drehungsvermögen und nimmt auch bei der Behandlung mit p-Brombenzoylchlorid und Chinolin mehr Brom auf, als zwei Brombenzoylen entspricht. Demnach scheint die Wirkung des Diazomethans auf die teilweise galloylierten Glucosen sich nicht auf die Methylierung der Phenolgruppen zu beschränken, wie man nach den Erfahrungen einerseits bei den Depsiden und andererseits bei dem Methylglucosid erwarten durfte. In der Tat wird auch die Tribenzoylglucose von Diazomethan verändert, aber nicht an den freien Hydroxylen des Zuckers methyliert, denn das Produkt reduziert noch stark die Fehlingsche Lösung und nimmt auch mehr als 2 Mol. Brombenzoyl auf[3]). Der Vorgang ist bis jetzt nicht aufgeklärt.

---

[1]) E. Fischer und M. Bergmann, Berichte d. d. chem. Gesellsch. **51**, 298 [1918]. (*S. 487.*)

[2]) E. Fischer und M. Bergmann, ebenda S. 305, 306 [1918]. (*S. 494 u. S. 495.*)

[3]) E. Fischer und M. Bergmann, ebenda S. 320 [1918]. (*S. 510.*)

Monogalloylglucosen. Bisher wurden zwei Isomere synthetisch bereitet. Die ältere, die vorläufig durch (I) bezeichnet werden mag, entsteht aus der Diacetonglucose durch Verkuppelung mit Triacetylgalloylchlorid und nachträgliche Abspaltung der drei Acetyle und der beiden Acetonreste[1]). Ihre Bildung ähnelt der Gewinnung der 6-Methylglucose (ζ-Methylglucose), die nach Irvine das Methyl an der endständigen primären Alkoholgruppe des Zuckers enthält. Man könnte deshalb geneigt sein, auch für die Galloylgruppe die 6-Stellung anzunehmen. Aber ich halte mich doch für verpflichtet, darauf hinzuweisen, daß dieser Schluß noch unsicher ist. Denn die Struktur der Diacetonglucose ist nicht endgültig ermittelt, und außerdem könnte beim Übergang der Acetonverbindung in die Monogalloylglucose eine Verschiebung der Galloylgruppe eintreten.

Sie wurde bisher nur als amorpher, in Wasser und Alkohol leicht löslicher Stoff erhalten. Wahrscheinlich ist sie ein Gemisch der Monogalloylderivate von α- und β-Glucose, in der das erste überwiegt. Denn zum Unterschied von den beiden stark nach links drehenden acetonhaltigen Zwischenkörpern, der Triacetylgalloyl-diacetonglucose und der Galloyl-diacetonglucose, die wahrscheinlich ebenso wie die Acetonglucose selbst Derivate der β-Glucose sind, dreht sie ziemlich stark nach rechts[2]). Sie besitzt nicht mehr die charakteristischen Merkmale der Gerbstoffe; denn die Fällungen mit Leim und Alkaloiden oder die Gallertbildung mit Arsensäuren fehlen ihr.

Die zweite Galloylglucose enthält das Acyl in der 1-Stellung und ist ein Derivat der β-Glucose.

1-Galloyl-β-glucose[3]),

$(OH)_3C_6H_2.CO.O.CH.CH(OH).CH(OH).CH.CH(OH).CH_2.OH$.

Als Ausgangsmaterial für ihre Bereitung dient die Acetobromglucose. Diese wird entweder mit dem Silbersalz der Triacetylgallussäure umgesetzt oder zuerst in acetonischer Lösung durch Silberoxyd in Tetracetylglucose verwandelt und diese mit dem Chlorid der Triacetylgallussäure bei Gegenwart von Chinolin gekuppelt. Beide Reaktionen führen zur 1-(Triacetylgalloyl)-tetracetyl-β-glucose.

$CH_2(OAc).CH(OAc).CH.CH(OAc).CH(OAc).CH.O.CO.C_6H_2(OAc)_3$.

---

[1]) E. Fischer und M. Bergmann, Berichte d. d. chem. Gesellsch. **51**, 299 [1918]. (*S. 488.*)

[2]) Vgl. auch ebenda S. 1796. (*S. 386.*)

[3]) E. Fischer und M. Bergmann, ebenda S. 1791. (*S. 381.*)

Durch vorsichtige Verseifung lassen sich daraus zuerst die drei am Galloyl haftenden Acetyle abspalten. Die so entstehende 1-Galloyl-tetracetyl-β-glucose verliert bei weiterer Verseifung zunächst noch drei und schließlich auch das letzte Acetyl. Das Endprodukt ist die 1-Galloylglucose, welche ebenso wie ihre drei Acetylderivate leicht krystallisiert. Sie wurde identifiziert mit dem Glucogallin, das E. Gilson vor 16 Jahren im chinesischen Rhabarber fand, und ist das erste synthetische Galloylderivat der Glucose, dessen Vorkommen in der Natur mit voller Sicherheit bewiesen wurde. Ihre Struktur folgt aus der Synthese, und aller Wahrscheinlichkeit nach ist sie ein Derivat der β-Glucose. Denn die auf ähnliche Art entstehenden Alkylglucoside gehören alle zur β-Reihe, und sie dreht auch wie jene das polarisierte Licht nach links. Dementsprechend könnte man sie auch Galloyl-β-glucosid nennen. In der Tat wird sie ähnlich den Alkylglucosiden durch Emulsin leicht in die Komponenten gespalten. Allerdings ist noch nicht sicher festgestellt, ob hierbei das gleiche Enzym, die sogenannte β-Glucosidase, wirksam ist.

Die 1-Galloyl-β-glucose ist in Wasser, besonders in der Wärme leicht, dagegen in absolutem Alkohol schon recht schwer löslich. In dem letzten Punkt unterscheidet sie sich von der isomeren Galloylglucose (I). Dagegen gleicht sie dieser durch das Fehlen der typischen Gerbstoffreaktionen.

Durch schwache Basen wird die Galloyl-β-glucose in wäßriger Lösung ziemlich rasch verändert, was sich durch den Umschlag der Drehung von links nach rechts anzeigt. Dabei entsteht sehr wahrscheinlich die isomere 1-Galloyl-α-glucose. Deren Heptacetat konnte auf andere Weise in reinem Zustand gewonnen werden. Es entsteht nämlich durch Kuppelung von Triacetylgalloylchlorid mit der amorphen Tetracetyl-α-glucose, die aus der krystallisierten β-Verbindung durch Erwärmen mit Pyridin in alkoholischer Lösung leicht zu bereiten ist. Dieses Heptacetat läßt sich mit alkoholischem Ammoniak verseifen, und es entsteht dabei zweifellos die 1-Galloyl-α-glucose, deren Krystallisation aber bisher nicht gelungen ist[1]).

Die gleichen Verfahren ließen sich ohne Schwierigkeit auf die Derivate der p-Oxybenzoesäure anwenden, und die Pentacetate der 1-(p-Oxybenzoyl)-β-glucose, sowie der isomeren α-Verbindung wurden anscheinend im optisch reinen Zustand isoliert[2]). Die Abspaltung der Acetylgruppen gelang hier am besten durch die Wirkung

---

[1]) E. Fischer und M. Bergmann, Berichte d. d. chem. Gesellsch. **52**, 845 [1919]. (*S. 412.*)

[2]) E. Fischer und M. Bergmann, ebenda S. 847 ff. (*S. 413 ff.*)

von wenig Alkali in kalter alkoholischer Lösung, wobei große Mengen von Essigäther entstehen. Die krystallisierende 1-(p - O x y b e n z o y l) - β - g l u c o s e ist ähnlich der Galloylverbindung in kaltem Wasser schwer löslich und deshalb leicht zu reinigen. Dagegen scheint die noch zu wenig untersuchte α-Verbindung äußerst leicht löslich zu sein und schwer zu krystallisieren. Infolgedessen ist bisher k e i n e 1 - A c y l - α - g l u c o s e i n r e i n e m Z u s t a n d bekannt. Leider gilt dasselbe für die 1-Benzoyl-β-glucose, deren Darstellung aus dem leicht zugänglichen Tetracetat uns nicht gelang, weil das Benzoyl gleichzeitig mit den vier Acetylen vom Zucker abgelöst wird. Dieser Unterschied zwischen der Benzoylverbindung einerseits und der Oxybenzoyl- bzw. Galloylverbindung andererseits ist beachtenswert und erinnert an frühere allgemeine Beobachtungen über den Einfluß der Salzbildung auf die Verseifung von Amiden. und Estern[1]).

$$\text{Glucosidogallussäure[2]),} \quad C_6H_{11}O_5 . O \cdot \overset{\displaystyle HO}{\underset{\displaystyle HO}{\left\langle\;\rule{0pt}{1em}\;\right\rangle}} \cdot COOH .$$

Sie ist die dritte künstliche Verbindung von je 1 Mol. Glucose und Gallussäure. Nach der Synthese enthält sie den Zucker an eine Phenolgruppe der Gallussäure gebunden und ist also ein richtiges Phenolglucosid. Der Äthylester ihres Tetracetylderivats entsteht aus Acetobromglucose, Gallussäureäthylester und Natronlauge in acetonisch-wäßriger Lösung.

Durch Verseifung mit Baryt wird daraus die Glucosidogallussäure gewonnen. Sie ist eine ausgesprochene einbasische Säure, dreht nach links und wird durch Emulsin leicht hydrolysiert. Sie gleicht darin der Glucovanillinsäure, während die Glucoside aliphatischer Oxysäuren, z. B. die Glucosidoglykolsäure, sowie die Glucosidomandelsäure und die Amygdalinsäure, von dem Enzym erst nach passender Neutralisation angegriffen werden. Von den beiden Galloylglucosen unterscheidet sich die Glucosidogallussäure nicht allein durch den sauren Geschmack, sondern auch durch die Beständigkeit gegen F e h - l i n g sche Lösung, die bei kurzem Kochen nicht reduziert wird. Ihre Struktur ergibt sich einerseits aus der Synthese und andererseits aus den Beziehungen zur Glucosidosyringasäure, die durch Behandlung des acetylierten Äthylesters mit Diazomethan und nachträgliche Abspaltung der vier Acetyle und der Estergruppe erhalten wurde. Im

---

[1]) E. Fischer, Berichte d. d. chem. Gesellsch. **31**, 3266 [1898].

[2]) E. Fischer und H. Strauß, ebenda **45**, 3773 [1912] (*S. 421*); ferner E. Fischer und M. Bergmann, ebenda **51**, 1804 [1918]. (*S. 427.*)

Einklang damit steht die braunrote Färbung durch Eisenchlorid, worin die Glucosidogallussäure ganz der p-Methylgallussäure gleicht.

Die eben erwähnten drei wohl charakterisierten Verbindungen sind sicher verschieden von der sogenannten Glucogallussäure, die K. Feist[1]) im türkischen Tannin gefunden haben will, und die er erst für das Anhydrid eines α-Glucosids der Gallussäure und später für 1-Galloylglucose hielt. Mit dieser Annahme stehen ihre Eigenschaften, die in mancher Beziehung an das Tannin erinnern, z. B. die schwere Spaltbarkeit durch Mineralsäure, im Widerspruch. Dazu kommt der gänzliche Mißerfolg, den Freudenberg und ich bei der Wiederholung der Versuche von Feist zur Isolierung der Substanz hatten[2]). Ich muß deshalb die Existenz der sogenannten Glucogallussäure so lange bezweifeln, bis nicht sichere Angaben über ihre Gewinnung und Eigenschaften vorliegen.

Monogalloyl-fructose[3]). Sie entsteht ähnlich der amorphen Galloylglucose aus der Diacetonfructose durch Kuppelung mit dem Chlorid der Triacetylgallussäure und nachträgliche Abspaltung der drei Acetyle und der beiden Acetonreste. Sie krystallisiert ebenso wie die beiden Zwischenprodukte, die Triacetylgalloyl-diaceton-fructose und die Galloyl-diacetonfructose. Die Stellung der Galloylgruppe ist noch unsicher, ebenso wie die Struktur der Diacetonfructose selbst. Jedenfalls ist sie kein richtiges Fructosid. Von den typischen Reaktionen der Gerbstoffe gibt sie nur die Gallertbildung durch Arsensäure. Merkwürdigerweise fehlt die Gallertbildung bei der Galloyl-diacetonglucose, während hier Pyridin und Brucinacetat in wäßriger Lösung milchige Ausscheidungen geben.

Reaktionen der neuen Gallussäurederivate.

1. Die blauschwarze Färbung (Tinte) mit Eisenoxydsalzen ist bekanntlich durch die Phenolgruppen der Gallussäure bedingt, da sie auch für den Gallussäureester und das Pyrogallol gilt. Dementsprechend kehrt sie bei allen Körpern wieder, welche eine freie Galloylgruppe enthalten, verschwindet aber, sobald die drei Phenolgruppen methyliert oder acyliert werden. Schon ihre teilweise Besetzung kann eine Änderung der Farbe mit sich bringen, was für die Methyläthergallussäuren längst bekannt ist. Ein neues Beispiel dafür bietet die Glucosidogallussäure, in der die *para*-ständige Phenolgruppe durch

---

[1]) Chemiker-Zeitung **32**, 918 [1908]; Berichte d. d. chem. Gesellsch. **45**, 1493 [1912]; Archiv d. Pharmacie **250**, 668 [1912].

[2]) Berichte d. d. chem. Gesellsch. **47**, 2485 [1914]. (*S. 329.*)

[3]) E. Fischer und H. Noth, ebenda **51**, 350 [1918]. (*S. 513.*)

den Glucoserest in Anspruch genommen ist. Sie gibt mit Eisenchlorid eine braunrote Färbung.

2. Die Fällung von Leim (Gelatine) aus wäßriger Lösung, die allen Gerbstoffen eigentümlich ist, fehlt bekanntlich bei Gallussäure und Pyrogallol. Sie ist aber schon ganz schwach vorhanden bei dem Gallussäureäthylester und tritt bereits stark zutage bei der *m*-Digallussäure. Meine mit der ganz reinen krystallisierten Substanz angestellte Beobachtung bestätigt also die alte Angabe von H. Schiff, die sich allerdings auf ein amorphes und jedenfalls sehr unreines Präparat bezog.

Bei den Zuckerderivaten der Gallussäure genügt eine Galloylgruppe nicht, um die Reaktion hervorzubringen, denn die beiden Galloylglucosen und die Galloylfructose verhalten sich negativ. Dasselbe gilt für die Glucosidogallussäure.

Dagegen fällt Trigalloylglucose Leimlösung schon recht stark, und mit der Anhäufung der Galloylgruppen in den Pentagalloyl- und namentlich den Pentadigalloyl-glucosen tritt diese Eigenschaft immer mehr hervor. Auch das Tetragalloyl - α - methylglucosid[1]), der Hexagalloylmannit und das Trigalloylglycerin, die sämtlich amorph und in Wasser leicht löslich (kolloidal) sind, zeigen die Reaktion stark. Bei dem krystallisierten Tetragalloylerythrit, der in Wasser schon ziemlich schwer löslich ist, gibt die Leimprobe unter besonderen Bedingungen ein zweifellos positives Resultat. Dagegen ist sie bei den krystallisierten Digalloaten des Glykols und des Trimethylenglykols, die beide in Wasser sehr schwer löslich sind, nicht mehr ausführbar[2]).

Die Digalloylglucosen sind leider noch unbekannt. Vielleicht werden sie, je nach der Stellung der Acyle, Unterschiede gegen Leimlösung zeigen. Man würde das Bild noch vervollständigen können durch Prüfung der Mono- und Digalloylderivate von Glycerin, Erythrit usw., deren Bereitung nach den jetzigen Erfahrungen keine großen Schwierigkeiten machen dürfte. Ich habe aber während des Krieges solche ergänzenden Versuche nicht unternehmen können.

Die Leimfällung ist übrigens nicht ausschließlich der Galloylgruppe eigentümlich, wie man schon aus den Beobachtungen von Schiff weiß. Wir haben sie auch wiedergefunden bei einem Zuckerderivat der Pyrogallolcarbonsäure, der Tri - (pyrogallolcarboyl) - glucose[3]); aber hier ist die Erscheinung wegen der geringen Löslich-

---

[1]) E. Fischer und K. Freudenberg, Berichte d. d. chem. Gesellsch. **45**, 934 [1912]. (*S. 284.*)

[2]) E. Fischer und M. Bergmann, ebenda **52**, 839, 842 [1919]. (*S. 405 u. S. 408.*)

[3]) Inauguraldissertation von A. Refik Kadisadé, Berlin 1918.

keit in Wasser schwerer zu beobachten. Ferner wurde die Reaktion festgestellt bei der von uns krystallisiert erhaltenen Diprotocatechusäure, Digentisinsäure und Di-β-resorcylsäure[1]). Daß auch Sulfonsäuren der aromatischen Reihe hierhin gehören, beweisen, außer einigen älteren Angaben der Literatur, die seit mehreren Jahren mit Erfolg in die Gerberei eingeführten Neradole (Stiasny).

Mit der Fällung von Leim oder anderen Eiweißkörpern steht die agglutinierende Wirkung der obigen Galloylkörper auf rote Blutkörperchen in engem Zusammenhang, wie die jüngsten Beobachtungen von R. Kobert[2]) gezeigt haben.

3. Eine weitere für Tannin charakteristische Reaktion ist die von P. Walden entdeckte Gallertbildung mit Arsensäure in alkoholischer Lösung. Sie wurde wiedergefunden bei den Trigalloyl-, Pentagalloyl- und Pentadigalloyl-glucosen, dem Hexagalloyl-mannit, Trigalloylglycerin und Trimethylenglykol-digalloat. Sie fehlt aber den beiden Monogalloyl-glucosen, der Glucosidogallussäure und der Monogalloyldiacetonglucose. Dagegen ist sie merkwürdigerweise vorhanden bei der Monogalloylfructose. Daraus geht hervor, daß sie von kleinen Unterschieden in der Zusammensetzung abhängig ist.

4. Die Fällung gewisser Alkaloidsalze durch Tannin findet sich ebenfalls bei manchen der künstlichen Substanzen wieder. Für unsere Versuche dienten in der Regel Pyridin und Brucinacetat, manchmal auch Chinolin- und Chininacetat. Mit positivem Erfolge wurden geprüft Trigalloyl-, Pentagalloyl- und Pentadigalloyl-glucosen, Trigalloylglycerin, ferner Galloyldiaceton-glucose, Galloyldiaceton-fructose und etwas abgeschwächt Galloylmonoaceton-glucose. Negativ verhielten sich die beiden Monogalloyl-glucosen und die Monogalloyl-fructose.

5. Die Bildung eines in Alkohol unlöslichen Kaliumsalzes hat schon Berzelius beim Tannin beobachtet und für die Reinigung des Gerbstoffes vorgeschlagen. Für den gleichen Zweck wurde es bei einigen künstlichen Produkten, z. B. der Monogalloylglucose I, benutzt. Am bequemsten wird es durch Vermischen der alkoholischen Lösung von Tannin und Kaliumacetat bereitet. Es enthält dann allerdings etwas Kaliumacetat, dessen Menge durch Lösung in Wasser und Fällung mit Alkohol verringert werden kann. Ferner wurde der Niederschlag bei den Pentagalloyl- und Pentadigalloyl-glucosen, der Trigalloylglucose, Monogalloylfructose, Trigalloylglycerin, Tetragalloylerythrit, Hexagalloylmannit und den Digalloaten des Äthylenglykols und Trimethylenglykols in nicht zu verdünnter Lösung beobachtet.

---

[1]) E. Fischer und K. Freudenberg, Liebigs Annal. d. Chem. **384**, 225 [1911]. (*S. 129.*)

[2]) Collegium **1915**, 108 und 321; **1916**, 164 und 213.

Dagegen trat die Fällung nicht ein bei der Galloyldiaceton-glucose und Galloylmonoaceton-glucose.

6. Von weiteren allgemeinen Veränderungen der synthetischen Galloylkörper, die aber nicht als charakteristische Proben anzusehen sind, erwähne ich die Methylierung und die Acetylierung. Die erstere läßt sich überall mit Diazomethan ausführen in ähnlicher Weise, wie es Herzig beim Tannin und später Thoms bzw. Richter bei der Chebulinsäure gezeigt haben. Als Beispiele erwähne ich die Pentagalloyl- und die Trigalloyl-glucosen. Bei erschöpfender Methylierung entstehen in allen Fällen Substanzen, die sich mit Eisenchlorid nicht mehr färben. Die Behandlung mit Diazomethan erfordert übrigens einige Vorsicht, da bei zu langer Dauer der Operation eine Abspaltung von Gallussäureresten eintreten kann.

In den völlig methylierten Produkten lassen sich die noch unbesetzten Hydroxyle des Zuckerrestes durch weitere Acylierung bestimmen. Für diesen Zweck empfiehlt sich die Anwendung des p-Brombenzoylchlorids, das bei Gegenwart von Chinolin ziemlich rasch reagiert. Beim fertigen Produkt genügt dann die Bestimmung des Broms, um die Anzahl der aufgenommenen Brombenzoyle zu ermitteln.

Die Acetylierung geschieht am besten mit überschüssigem Essigsäureanhydrid und Pyridin bei gewöhnlicher Temperatur. Sie scheint leicht zu den Endprodukten zu führen und wurde nicht allein bei den synthetischen Körpern, sondern auch beim chinesischen Tannin mit Erfolg angewandt.

Natürliche Gerbstoffe: Tannin (Gallustannin) und Chebulinsäure.

Als wir unsere Versuche über Tannin begannen, wurde das technische Präparat schon größtenteils aus chinesischen Zackengallen (von Rhus semialata) bereitet, und wir haben ausdrücklich festgestellt, daß unsere Angaben sich auf solches Material beziehen. Dagegen hat man in früherer Zeit, vielleicht bis in das 7. Jahrzehnt des 19. Jahrhunderts, in Europa das Tannin vorzugsweise, wenn nicht ausschließlich, aus türkischen Galläpfeln (von Quercusarten, meist von Quercus infectoria) hergestellt. Daß ein Unterschied zwischen diesen beiden Präparaten bestehe, scheint man in der Industrie nicht wahrgenommen zu haben, wenigstens ist mir nichts derartiges bekannt geworden. Auch in der wissenschaftlichen Literatur ist darüber kaum etwas zu finden, bis K. Feist[1]) im Jahre 1912 die Verschiedenheit ausdrücklich

---

[1]) Berichte d. d. chem. Gesellsch. **45**, 1493 [1912]; Archiv d. Pharmacie **250**, 668 [1912] und **251**, 468 [1913]; ferner Chem. Centralblatt **1908**, II, 1352.

behauptete. Wie aus einer kurzen Notiz in der Chemiker-Zeitung hervorgeht, hatte er schon im Jahre 1908 aus den türkischen Gallen eine krystallisierte Substanz isoliert, die er für eine Verbindung von je 1 Mol. Traubenzucker und Gallussäure hielt und deshalb Glucogallussäure nannte. Da diese in dem chinesischen Präparat fehlt, so sei schon dadurch der Unterschied beider Tannine bewiesen.

Aus seiner vermeintlichen Entdeckung der Glucogallussäure hat nun Feist weitere Schlüsse über den Zuckergehalt des Tannins selbst und die Verkuppelung der Gallussäurereste gezogen. Für die Glucogallussäure wurde sogar in den Jahren 1912 und 1913 eine Strukturformel abgeleitet, obschon nicht einmal die empirische Zusammensetzung mit Sicherheit festgestellt war. Leider sind die Angaben von Feist durch unsere Erfahrungen sehr zweifelhaft geworden. Wie zuvor dargelegt wurde, sind zunächst die drei synthetisch erhaltenen Verbindungen von je 1 Mol. Glucose und Gallussäure total verschieden von der sogenannten Glucogallussäure und zeigen namentlich eine viel geringere Beständigkeit bei der Hydrolyse durch Mineralsäure. Besonders gilt das für die 1-Galloylglucose, deren Strukturformel Feist für sein Präparat in Anspruch nahm.

Ferner ist es Freudenberg und mir[1]) bei Wiederholung der Feistschen Versuche nicht gelungen, die sogenannte Glucogallussäure zu gewinnen. Trotzdem besteht zweifellos ein Unterschied zwischen dem „türkischen", d. h. aus Aleppogallen bereiteten, und dem „chinesischen", aus Zackengallen hergestellten Tannin. Nur das erste enthält nach unseren Beobachtungen Ellagsäure, vielleicht als Zuckerderivat. Außerdem liefert es bei der Hydrolyse fast doppelt soviel Zucker (etwa 14%) als das chinesische Präparat. Allerdings haben wir die von A. Strecker vor 60 Jahren, wo es nur türkisches Tannin gab, gefundene Zuckermenge (22%) auch hier nicht erreicht. Woran das liegt, ist schwer zu sagen.

Die Aleppogallen enthalten außerdem nach unserem Befunde freie Gallussäure, die ebenfalls in das türkische Tannin übergehen kann; kurzum, dieses ist nach unseren Erfahrungen weniger einheitlich als das chemische Präparat. Aus dem Mengenverhältnis von Gallussäure und Zucker, die bei der Hydrolyse gefunden wurden, haben wir geschlossen, daß im türkischen Tannin auf 1 Mol. Traubenzucker etwa 5—6 Mol. Gallussäure treffen. Das würde ungefähr einer Pentagalloylglucose entsprechen. Da wir aber aus dem mit Diazomethan bereiteten „türkischen Methylotannin" neben Trimethylgallussäure auch kleine Mengen von m, p-Dimethylgallussäure erhielten, so ist die Anwesenheit von mindestens einer m-Digalloylgruppe in dem türkischen Tannin

---

1) Berichte d. d. chem. Gesellsch. **47**, 2485 [1914]. (*S. 329.*)

wahrscheinlich. Wir haben aber darauf verzichten müssen, diese Frage weiter zu prüfen.

Die chemische Verschiedenheit von türkischem und chinesischem Tannin kann übrigens nicht wundernehmen, da die als Rohmaterial dienenden Gallen bekanntlich von ganz verschiedenen Pflanzen und ebenso verschiedenen Insekten herrühren.

Für die praktische Darstellung der Gallussäure, die den Gegenstand einer nicht unbedeutenden Industrie bildet, ist nach dem Gesagten das chinesische Tannin unbedingt vorzuziehen.

Chebulinsäure. Der Gehalt des Gerbstoffes an Zucker, der zuerst von mir und Freudenberg[1] sicher nachgewiesen worden ist, wurde später durch mehrere quantitative Versuche so genau bestimmt, als es die benutzte Methode gestattete[2]. Die Werte passen annähernd auf eine Trigalloylglucose. Aber der Vergleich mit der synthetischen Trigalloylglucose hat nicht allein in den physikalischen Eigenschaften, sondern auch in den chemischen Verwandlungen erhebliche Unterschiede ergeben. Besonders gilt das für die Hydrolyse mit Säuren, wobei das synthetische Präparat ziemlich glatt in Glucose und Gallussäure zerfällt, während bei der Chebulinsäure erhebliche Mengen eines sogenannten Restgerbstoffes entstehen. Ferner läßt sich Chebulinsäure nach dem üblichen Verfahren nicht acetonieren, und endlich nimmt die Methylochebulinsäure erheblich weniger Brombenzoyl auf, als eine methylierte Trigalloylglucose tun müßte. Kurzum, die Struktur der Chebulinsäure ist noch nicht genügend geklärt. Ich bedaure diese Lücke in unseren Resultaten um so mehr, als der schön krystallisierende Gerbstoff zweifellos einheitlich ist und neuerdings auch als industrielles Produkt (Eutannin) ein leicht zugängliches Präparat geworden ist.

Vergleich des chinesischen Tannins mit der Penta-(*m*-digalloyl)-*β*-glucose.

Wie früher schon gezeigt wurde, hat das Methylotannin große Ähnlichkeit mit der aus Pentamethyl-*m*-digallussäure und Glucose erhaltenen Penta-(pentamethyl-*m*-digalloyl)-glucose[3]. Außerdem entsteht bei der Hydrolyse des Methylotannins nach Herzig neben Trimethylgallussäure die unsymmetrische *m*, *p*-Dimethylgallussäure. Das stimmt überein mit dem aus der Hydrolyse des Gerbstoffes gezogenen

---

[1] Berichte d. d. chem. Gesellsch. **45**, 918 [1912]. (*S. 268.*)
[2] E. Fischer und M. Bergmann, ebenda **51**, 298 [1918]. (*S. 487.*)
[3] Vgl. ebenda **46**, 3278 [1913]. (*S. 28.*)

Schluß, daß chinesisches Tannin wahrscheinlich als wesentlichen Bestandteil eine Penta-(digalloyl)-glucose enthält, und der Schluß läßt sich noch dahin erweitern, daß es sich um ein Derivat der *m*-Digallussäure handle.

Diese Hypothese ist für uns die Veranlassung zu zahlreichen Versuchen geworden und hat auch die Synthese der Penta-(*m*-digalloyl)-β-glucose zur Folge gehabt[1]).

Um das Urteil über deren Ähnlichkeit mit dem natürlichen Gerbstoff zu erleichtern, gebe ich eine Übersicht über die Eigenschaften beider Präparate.

1. Allgemeine Merkmale der Gerbstoffe, z. B. die Fällung mit Leim, Alkaloidsalzen in wäßriger Lösung und Kaliumacetat in alkoholischer Lösung sowie die Gallertbildung mit Arsensäure treten in beiden Fällen ohne merkbaren Unterschied auf.

2. Bei der Löslichkeit in organischen Solvenzien wurde kein wesentlicher Unterschied beobachtet. Dagegen ist das synthetische Präparat in Wasser, besonders in der Kälte, sehr viel schwerer löslich. Da es sich aber hier um kolloidale Lösung handelt und die Neigung, eine solche zu bilden, von scheinbar kleinen Zufälligkeiten abhängt, so darf man diesem Unterschied keine zu große Bedeutung beilegen.

3. Das Drehungsvermögen in organischen Lösungsmitteln ist annähernd gleich und schwankt zwischen synthetischem und natürlichem Material kaum mehr als bei den verschiedenen Präparaten gleichen Ursprunges. Nur das Drehungsvermögen in Wasser wurde beim synthetischen Material erheblich niedriger gefunden. Es betrug $+40°$ bis $45°$ für das aus dem Acetat mit Alkali hergestellte und $+21°$ für das mit Salzsäure bereitete synthetische Präparat. Beim natürlichen chinesischen Tannin findet man in der Regel $+68$ bis $75°$. Auch diese Unterschiede hängen höchstwahrscheinlich zusammen mit der kolloidalen Natur der wäßrigen Lösung, in der Dispersität und Drehungsvermögen durch verhältnismäßig geringe Einflüsse stark geändert werden können.

4. Die Hydrolyse mit verdünnter Schwefelsäure gibt in beiden Fällen annähernd die gleiche Menge von Gallussäure und Glucose.

5. Die Methylierung mit Diazomethan liefert sehr ähnliche Produkte, wie insbesondere auch der Vergleich der Drehung in verschiedenen Lösungsmitteln zeigte.

6. Beide Körper lassen sich mit Essigsäureanhydrid und Pyridin völlig acetylieren. In einem Fall entsteht ein Körper, der aller Wahr-

---

[1]) E. Fischer und M. Bergmann, Berichte d. d. chem. Gesellsch. **51**, 1760 [1918]. (*S. 349.*)

scheinlichkeit nach im wesentlichen identisch ist mit dem Zwischenprodukt der Synthese, der Penta-(pentacetyl-*m*-digalloyl)-glucose. Unter denselben Umständen liefert das chinesische Tannin ein Acetylderivat, das ein ganz ähnliches Drehungsvermögen besitzt, ebenfalls mit Eisenchlorid keine Färbung mehr gibt und genau so wie das synthetische Präparat 39,2% Acetyl enthält.

7. Das Acetylderivat des natürlichen Tannins läßt sich ebenso wie das synthetische Präparat durch Verseifung mit Alkali in den Gerbstoff zurückverwandeln. Dieser zeigt jetzt gegenüber dem ursprünglichen Tannin eine kleine Änderung. Sie betrifft das Drehungsvermögen in wäßriger Lösung, das von ungefähr $+70°$ auf $+42°$ sinkt. Wird aber die Verseifung des Acetats mit Salzsäure in methylalkoholisch-acetonischer Lösung ausgeführt, so zeigt der regenerierte Gerbstoff auch in wäßriger Lösung das gleiche Drehungsvermögen wie das ursprüngliche Tannin.

8. Die elementare Zusammensetzung aller erwähnten Produkte ist in beiden Fällen so ähnlich, als man es bei den Eigenschaften der amorphen Körper nur erwarten kann. Allerdings ist dabei zu berücksichtigen, daß die Resultate der Analyse bei solchen hochmolekularen Substanzen nur noch gröbere Unterschiede in der molekularen Zusammensetzung erkennen lassen.

Nach dieser Zusammenstellung ist die Ähnlichkeit zwischen dem natürlichen und synthetischen Stoff so groß, daß an einer nahen Verwandtschaft nicht zu zweifeln ist, und daß die ursprüngliche Hypothese über die Natur des chinesischen Tannins sich soweit bewährt hat, als sich mit den heutigen Hilfsmitteln unserer Wissenschaft prüfen läßt. Andererseits kann aber von einer sicheren Identifizierung keine Rede sein, weil alle in Frage kommenden Substanzen amorph sind und deshalb das beste Zeichen der Einheitlichkeit vermissen lassen. Schon bei den synthetischen Produkten ist, wie ich wiederholt betont habe, die Einheitlichkeit insofern nicht vorhanden, als sie meistens Gemische von Stereoisomeren sind.

Bei dem natürlichen Tannin ist zudem der Verdacht gerechtfertigt, daß es sich um eine Mischung nicht allein von Isomeren, sondern auch von Stoffen verschiedener empirischer Zusammensetzung handelt; denn die Lebewelt, der das Tannin entstammt, hat kein Interesse daran, chemisch-reine Substanzen zu erzeugen, und selbst wenn in der Zackengalle ursprünglich ein einheitlicher Gerbstoff von der Zusammensetzung einer Penta-(digalloyl)-glucose entstände, so wäre bis zu seiner Isolierung durch chemische Verarbeitung genug Gelegenheit für teilweise Abspaltung von Galloylgruppen durch fermentative Prozesse gegeben. Endlich ist durch nichts erwiesen, daß die Anhäufung von

Galloylresten in dem Tannin bei der Bildung der Digallussäure halt-
macht. Man kann sich auch vorstellen, daß sie bis zur Entstehung
einer Tri- oder gar Tetragalloylgruppe fortschreitet. Ich halte das
zwar nicht für wahrscheinlich, da die Bäume nirgendwo in den Himmel
wachsen, aber die Möglichkeit kann man bei kritischer Betrachtung
doch nicht ganz ausschalten.

Eine Entscheidung solcher Fragen ist leider mit den heutigen
Hilfsmitteln nicht zu treffen. Selbst wenn es gelänge, aus chinesischem
Tannin einen krystallisierten Stoff abzuscheiden, so wäre das aller
Wahrscheinlichkeit nach immer nur ein Teil des gesamten Materials.
Ihn könnte man dann allerdings als chemisches Individuum kenn-
zeichnen und seine Struktur endgültig feststellen. Aber die übrigen
Bestandteile des natürlichen Tannins, die nicht krystallisieren, blieben
auch dann noch in ihrer chemischen Individualität unbekannt.

Solche Substanzen wie das Tannin gibt es nun in der Lebewelt
eine recht große Anzahl. Ich erinnere hier nur an die Proteine und
die komplizierten Kohlenhydrate. Ihnen steht die Forschung anders
gegenüber als den einfachen Substanzen, die krystallisieren oder unzersetzt flüchtig sind und dadurch als einheitliche Stoffe charakterisiert werden können.

Meine Meinung geht dahin, daß es selbstverständlich die letzte
Aufgabe des Chemikers ist, alle komplizierten Gemische organischer
Substanzen, welche die Natur uns darbietet, in die einzelnen Bestandteile zu zerlegen und deren Struktur durch Analyse und Synthese
aufzuklären. Wo aber diese Aufgabe vorläufig nicht zu lösen ist, da
braucht der Forscher keineswegs resigniert die Hände in den Schoß
zu legen. Denn er kann auf einen Teilerfolg hinarbeiten, indem er
solche Stoffe nicht als Einzelindividuen, sondern als Gruppe ver-
wandter Körper behandelt und ihnen womöglich durch Synthese ähnlicher Substanzen zu Leibe geht.

Je enger die Gruppe umgrenzt werden kann, um so größer wird
der Teilerfolg sein. Wie weit man auf solche Weise kommen kann,
hoffe ich an dem Tannin gezeigt zu haben.

Spezielle Abhandlungen.

3. Emil Fischer: Über die Carbomethoxyderivate der Phenolcarbonsäuren und ihre Verwendung für Synthesen.

Berichte der deutschen chemischen Gesellschaft **41**, 2875 [1908].

(Eingegangen am 10. August 1908.)

Bekanntlich sind die Chloride der Phenolcarbonsäuren auf dem gewöhnlichen Wege nicht darstellbar, weil die Chloride des Phosphors nicht allein das Carboxyl, sondern auch die Hydroxyle angreifen und phosphorhaltige Produkte geben. Derselben Schwierigkeit bin ich bei der Synthese von tyrosinhaltigen Polypeptiden begegnet. Ich habe sie aber überwunden durch Anwendung der Carbomethoxyverbindung[1]). Wie zu erwarten war, läßt sich dieser Kunstgriff auf die Phenolcarbonsäuren übertragen. Bei der Behandlung ihrer kalten, alkalischen Lösung mit Chlorkohlensäuremethylester werden die Phenolgruppen in Carbomethoxygruppen verwandelt, und diese Verbindungen geben in normaler Weise bei der Behandlung mit Phosphorpentachlorid die entsprechenden Säurechloride. Mit letzteren kann man dann manche der für das Benzoylchlorid bekannten Synthesen ausführen und zum Schluß lassen sich durch Verseifung mit kaltem Alkali die ursprünglichen Phenolgruppen regenerieren.

Ich kann dafür folgende Beispiele anführen:

Das Chlorid der Carbomethoxy-p-oxybenzoesäure $CH_3CO_2 . O . C_6H_4 .$ CO Cl läßt sich mit Glykokollester kombinieren, und der hierbei entstehende Ester

$$CH_3CO_2 . O . C_6H_4 . CO . NH . CH_2 . CO_2C_2H_5$$

wird durch Verseifung in p-Oxyhippursäure (p-Oxybenzursäure)

$$HO . C_6H_4 . CO . NH . CH_2 . CO_2H$$

verwandelt.

---

[1]) Sitzungsbericht der Akademie der Wissenschaften zu Berlin **1908**, 542.

Ferner reagiert das Chlorid der Tricarbomethoxygallussäure, $(CH_3CO_2.O)_3C_6H_2.COCl$, leicht auf eine alkalische Lösung von p-Oxybenzoesäure, und das hierbei entstehende Produkt läßt sich durch vorsichtige Verseifung in einen krystallisierten Körper umwandeln, den ich als den Ester von Gallussäure und p-Oxybenzoesäure mit folgender Strukturformel: $(HO)_3C_6H_2.CO.O.C_6H_4.CO_2H$ ansehe und dementsprechend Galloyl-p-oxybenzoesäure[1]) nenne.

Die Tricarbomethoxygallussäure kann auch durch partielle Verseifung in Dicarbomethoxygallussäure,

$$(CH_3CO_2.O)_2C_6H_2.CO_2H$$
$$OH$$

verwandelt werden. Bringt man diese in alkalischer Lösung mit dem Chlorid der Tricarbomethoxygallussäure zusammen, so resultiert ein amorphes Gemisch, in welchem ich erhebliche Mengen von Pentacarbomethoxy-digallussäure vermute. Wird es vorsichtig verseift, so entsteht neben Gallussäure eine Säure, die Leimlösung fällt und die ich für Digallussäure von der Formel

$$(HO)_3C_6H_2.CO.O.C_6H_2.COOH$$
$$(HO)_2$$

halte, die sich aber von den bisher unter diesem Namen beschriebenen amorphen Substanzen[2]) in vorteilhafter Weise durch ihre Krystallisationsfähigkeit unterscheidet. Leider ist mir ihre Trennung von der Gallussäure noch nicht vollständig gelungen, so daß die Analysen keine befriedigenden Resultate gaben.

Man sieht aus diesen kurzen Angaben, daß hier der Synthese von Derivaten der Phenolcarbonsäuren ein weites Feld eröffnet ist, dessen Bearbeitung ich mir für einige Zeit vorbehalten möchte.

Mit Versuchen, die Methode auf die aliphatischen Oxysäuren zu übertragen, bin ich ebenfalls beschäftigt.

Carbalkyloxyverbindungen der freien Phenolcarbonsäuren scheinen bisher nicht dargestellt zu sein. Wohl aber sind verschiedene Ester der Carbalkyloxysalicylsäure, z. B. sogenanntes methylkohlensaures Äthylsalicylat, $C_6H_4\langle{}^{CO_2C_2H_5}_{O.COOCH_3}$, bekannt, die durch Einwirkung von

<hr>

[1]) Der Name „Galloyl" für das Radikal der Gallussäure $(HO)_3C_6H_2.CO.$ scheint mir richtiger gebildet als die in der Literatur zuweilen vorkommende Bezeichnung „Gallyl", die man für das Alkoholradikal $(HO)_3C_6H_2.CH_2.$ reservieren sollte.

[2]) H. Schiff, Liebigs Annal. d. Chem. **170**, 43 [1873], und Berichte d. d. chem. Gesellsch. **12**, 33 [1879]; P. Walden, Berichte d. d. chem. Gesellsch. **31**, 3167 [1898]; C. Böttinger, Berichte d. d. chem. Gesellsch. **17**, 1475 [1884].

Chlorkohlensäureester auf die Salicylsäureester gewonnen wurden[1]). Aber sie lassen sich nicht verseifen, ohne daß die Carbalkyloxygruppe zerstört wird. Die von mir benutzte Methode, Carbomethoxyverbindungen durch Einwirkung von Chlorkohlensäuremethylester auf die alkalische Lösung der Phenolcarbonsäuren darzustellen, ist leicht ausführbar bei der *p*-Oxybenzoe-, Protocatechu-, Gallus- und Vanillinsäure. Dagegen habe ich Schwierigkeiten bei der Salicylsäure gefunden, denn hier verläuft die Synthese so unvollkommen, daß es mir bisher noch nicht geglückt ist, die Carbomethoxyverbindung von unveränderter Salicylsäure zu trennen. Offenbar hängt das zusammen mit der Orthostellung des Hydroxyls bzw. der besonderen Struktur der Salicylsäure, die sich auch in manchen anderen Reaktionen kundgibt. Bei den Salicylsäureestern fällt diese Schwierigkeit offenbar fort, wie die im zuvor erwähnten D. R. P. 58 129 angeführten Resultate beweisen.

p-Carbomethoxy-oxybenzoesäure, $CH_3OOC.O.C_6H_4.COOH$.

Zu einer gut gekühlten Lösung von 5 g *p*-Oxybenzoesäure in 64 ccm n-Natronlauge (2 Mol.) gibt man unter starkem Schütteln 3,8 g chlorkohlensaures Methyl (1,1 Mol.) in 2—3 Portionen. Der größte Teil des Chlorids verschwindet sofort. Der Überschuß wird nur sehr langsam verseift, wie an dem lang bleibenden, stechenden Geruch zu erkennen ist. Man säuert sofort mit verdünnter Salzsäure an. Der voluminöse weiße Niederschlag wird scharf abgesaugt und auf Ton getrocknet. Zur Reinigung löst man in Aceton und fügt heißes Wasser bis zur beginnenden Trübung hinzu. Beim langsamen Abkühlen scheiden sich farblose, feine Nädelchen aus, die schließlich die ganze Flüssigkeit breiartig erfüllen. Die Ausbeute an reinem Produkt ist nahezu quantitativ.

Die im Vakuumexsiccator getrocknete Substanz verlor bei 110° nicht an Gewicht.

0,1801 g Sbst.: 0,3648 g CO_2, 0,0687 g H_2O.

$C_9H_8O_5$ (196,06).   Ber. C 55,09, H 4,11.
Gef. „ 55,24, „ 4,27.

Die Säure läßt sich in methylalkoholisch-wässeriger Lösung oder in Aceton und Wasser mit Phenolphthalein als Indicator gut titrieren und ist einbasisch.

0,2458 g Sbst. verbrauchten 12,45 ccm $n/_{10}$-NaOH.
Ber. 12,54 ccm.

---

[1]) D. R. P. 58 129 und Zusätze. Vgl. Friedländer, Fortschritte der Teerfarbenfabrikation III, 853.

Sie gibt mit Eisenchlorid keine Braunfärbung, auch nicht mit Millons Reagens beim Erwärmen die Rotfärbung der freien p-Oxybenzoesäure. Sie ist leicht löslich in Äther, Alkohol, Aceton, Essigester, Chloroform, ziemlich leicht auch in Benzol, sehr schwer dagegen in Wasser und fast unlöslich in Ligroin.

Beim Erhitzen im Capillarrohr schmilzt sie bei 179° (korr.) zu einer klaren Flüssigkeit, nachdem schon einige Grade vorher Sinterung eingetreten ist.

Die Carbomethoxygruppe wird außerordentlich leicht abgespalten. Löst man die Säure kalt in überschüssiger n-Natronlauge und säuert an, so findet stürmische Kohlensäureentwicklung statt, und p-Oxybenzoesäure scheidet sich krystallinisch ab.

p-Carbomethoxy-oxybenzoylchlorid, $CH_3OOC.O.C_6H_4.COCl$.

20 g Carbomethoxy-oxybenzoesäure, über Phosphorpentoxyd scharf getrocknet und fein zerrieben, werden in einem Kölbchen, das gegen Feuchtigkeit geschützt ist, mit 26,5 g schnell gepulvertem Phosphorpentachlorid ($1^1/_4$ Mol.) durch Schütteln gut vermischt. Die Reaktion tritt schon in der Kälte unter Entwicklung von Salzsäuregas ein. Bei gelindem Erwärmen auf dem Wasserbade schmilzt die Masse nach ganz kurzer Zeit zu einer klaren Flüssigkeit, die bei geringer Abkühlung zu farblosen, langen, radial angeordneten Nadeln erstarrt. Man verdampft den größten Teil des entstandenen Phosphoroxychlorids unter geringem Druck bei 25—35°, löst den Rückstand in der dreifachen Menge heißen, hochsiedenden Ligroins und filtriert vom überschüssigen Phosphorpentachlorid ab. Beim Abkühlen erhält man das Chlorid als farblose Krystallmasse in einer Ausbeute von mehr als 90% der Theorie.

Es ist verhältnismäßig recht beständig, denn es verändert sich beim mehrstündigen Stehen an der Luft nicht merklich, und von Wasser, das es nur schwer benetzt, wird es erst beim Erwärmen gelöst.

Für die Titration des Chlors wurde eine abgewogene Menge durch Wasser unter Zusatz von etwas mehr als der berechneten Menge n-Natronlauge durch Erwärmen auf dem Wasserbade verseift.

0,1716 g verbrauchten 7,85 ccm $n/_{10}$ AgNO$_3$.

$C_9H_7O_4Cl$ (214,5). Ber. Cl 16,53. Gef. Cl 16,22.

Es läßt sich unter 10—15 mm Druck unzersetzt destillieren. Beim Erhitzen im Capillarrohr schmilzt es nach vorheriger Sinterung bei 82—83° (korr.) zu einer farblosen Flüssigkeit. In den gebräuchlichen organischen Solvenzien ist es sehr leicht löslich. Löst man es in der 3—4fachen Menge Alkohol unter Erwärmen und versetzt nach etwa

5 Minuten mit Wasser, so fällt ein dickes Öl aus, das allmählich fest wird. Die Substanz enthält kein Chlor mehr und löst sich nicht in kalter Sodalösung, ist also wahrscheinlich der Äthylester der p-Carbomethoxy-oxybenzoesäure.

p-Carbomethoxy-oxybenzoyl-glycinäthylester,

$CH_3OOC.O.C_6H_4.CO.NH CH_2COO C_2H_5$.

Zu einer gekühlten Lösung von 5,5 g Glykokollester ($2^1/_4$ Mol.) in 30 ccm trockenem Äther gibt man allmählich im Laufe von 10 Minuten eine ätherische Lösung von 5 g p-Carbomethoxy-oxybenzoylchlorid (1 Mol.). Alsbald scheidet sich Glykokollesterchlorhydrat in weißen Kryställchen aus, die schließlich die ganze Flüssigkeit erfüllen. Man saugt sofort ab und wäscht mit Äther nach; aus dem Filtrat scheiden sich schon während der Filtration durch die Abkühlung farblose, glänzende Blättchen ab, die sich beim Stehen in einer Kältemischung stark vermehren. Den Rest gewinnt man am besten durch langsames Verdunsten des Äthers. Die Ausbeute ist nahezu quantitativ. Für die Analyse wurde aus der 10 fachen Menge warmem Äther umgelöst. Der Ester löst sich zwar ziemlich leicht in warmem Äther, krystallisiert beim Stehen in einer Kältemischung aber zum größten Teil wieder aus. Er wurde im Vakuumexsiccator über Phosphorpentoxyd getrocknet.

0,1647 g Sbst.: 0,3337 g CO_2, 0,0820 g H_2O. — 0,1907 g Sbst.: 8,5 ccm N (über 33% KOH) (22°, 762 mm).

$C_{13}H_{15}O_6N$ (281,12).   Ber. C 55,49, H 5,38, N 4,98.

Gef. ,, 55,26, ,, 5,57, ,, 5,09.

Beim Erhitzen im Capillarrohr schmilzt der Ester nach vorheriger Sinterung bei 63° (korr.) zu einer farblosen Flüssigkeit. Er ist spielend leicht löslich in Benzol, Chloroform, Essigester, ebenso in Alkohol und Aceton, woraus er auf Zusatz von Wasser als bald krystallisierendes Öl ausfällt. Er wird auch von heißem Ligroin leicht aufgenommen, fällt beim Abkühlen zuerst ölig aus, wird aber beim Reiben bald fest; aus Äther wird er durch Ligroin als bald erstarrendes Öl gefällt. Aus heißem Wasser, in dem er schwer löslich ist, krystallisiert er in flockigen, feinen Nädelchen.

p-Oxyhippursäure (p-Oxybenzursäure),

$OH.C_6H_4.CO.NH CH_2COOH$.

1,4 g des eben beschriebenen Esters wurden mit 20 ccm n-Natronlauge übergossen; beim Schütteln entstand in einigen Minuten eine klare, farblose Lösung; sie blieb zur Vollendung der Reaktion noch $^1/_2$ Stunde bei Zimmertemperatur stehen. Dann wurde mit 4 ccm

5*

5 n-Salzsäure neutralisiert, wobei stürmische Kohlensäureentwicklung stattfand. Beim Reiben schieden sich bald weiße Krystalle ab, die nach einigem Stehen bei 0° abgesaugt und mit wenig kaltem Wasser gewaschen wurden. Die Ausbeute betrug 0,9 g oder 93% der Theorie. Für die Analyse wurde aus der 20fachen Menge heißem Wasser umkrystallisiert und bei 100° getrocknet.

0,1812 g Sbst.: 0,3664 g CO_2, 0,0789 g H_2O. — 0,1907 g Sbst.: 11,6 ccm N (über 33proz. KOH) (20°, 767 mm).

$C_9H_9O_4N$ (195,08).   Ber. C 55,36, H 4,65, N 7,18.
Gef. „ 55,15, „ 4,87, „ 7,05.

Die Substanz bildet farblose, dünne, glänzende Prismen. Beim Erhitzen im Capillarrohr schmilzt sie nach vorheriger Sinterung gegen 238° (korr. 240°) zu einer gelbroten Flüssigkeit, die sich bald unter Gasentwicklung und Dunkelrotfärbung zersetzt. Sie löst sich in heißem Alkohol ziemlich leicht und scheidet sich daraus beim Abkühlen als feinkrystallinisches Pulver wieder ab. Von heißem Aceton und Essigester wird sie nur schwer aufgenommen. Sie ist unlöslich in Äther, Benzol, Petroläther und Chloroform. Die wässerige Lösung gibt mit Eisenchlorid eine schwache Braunfärbung; von Millons Reagens wird sie rot gefärbt.

Die Säure ist höchstwahrscheinlich identisch mit der p-Oxybenzursäure, die aus dem Harn eines Hundes nach Verfütterung von p-Oxybenzoesäure[1]) oder auch aus Menschenharn nach Genuß von hydro-p-cumarsaurem Natrium[2]) isoliert wurde. Allerdings ist für die Verbindung von Schotten der etwas niedrigere Schmelzpunkt 228° (unkorr.) angegeben; da aber die Schmelzung unter Zersetzung stattfindet, so liegt die Differenz von etwa 10° innerhalb der Beobachtungsfehler.

Man kann mit dem p-Carbomethoxy-oxybenzoyl-chlorid auch in alkalischer Lösung Synthesen ausführen. So wurde bei der Kupplung von Glykokoll mit dem Chlorid (1 g), allerdings nur in einer Ausbeute von 0,5 g, ein Körper enthalten, der wahrscheinlich das gesuchte Carbomethoxy-p-oxybenzoylglycin ist; denn nach der Verseifung mittels n-Natronlauge schied sich beim Ansäuern unter stürmischer Kohlensäureentwicklung ein krystallinischer Körper ab, der sich nach Aussehen, Löslichkeitsverhältnissen und Schmelzpunkt als vollkommen identisch mit der eben beschriebenen Oxyhippursäure erwies.

Dicarbomethoxy-protocatechusäure, $[CH_3OOC.O]_2C_6H_3.COOH$.

Zu einer gut gekühlten Lösung von 5 g Protocatechusäure in 58 ccm n-Natronlauge (2 Mol.) gibt man 3 g chlorkohlensaures Methyl

---

¹) E. Baumann und E. Herter, Ztschr. f. physiol. Chem. 1, 260 [1877].
²) C. Schotten, ebenda 7, 26 [1882].

(1 Mol.), das beim Schütteln sehr schnell verschwindet. Nach Zusatz von 29 ccm n-Natronlauge (1 Mol.) fügt man nochmals 3 g Chlorid hinzu und schüttelt, bis es auch ganz verschwunden ist. Es ist wesentlich, die Natronlauge nicht von vornherein ganz, sondern in zwei Portionen zuzugeben, da sonst ein erheblicher Teil des Chlorkohlensäureesters in Kohlensäure verwandelt wird. Säuert man an, so scheidet sich ein voluminöser, farbloser und krystallinischer Niederschlag aus, der abgesaugt und auf Ton getrocknet wird. Die Ausbeute betrug 7,2 g oder 90% der Theorie. Zur Reinigung wird die Menge in 30 ccm Aceton heiß gelöst, durch wenig Tierkohle geklärt und das Filtrat mit heißem Wasser bis zur eben verschwindenden Trübung versetzt. Beim Abkühlen erhält man dann einen dicken Brei farbloser, feiner Nädelchen, die für die Analyse bei 110° getrocknet wurden.

0,1670 g Sbst.: 0,3009 g CO_2, 0,0587 g H_2O.

$C_{11}H_{10}O_8$ (270,08).   Ber. C 48,87, H 3,73.
Gef. ,, 49,14, ,, 3,93.

Die einbasische Säure wurde in einer Lösung von Aceton und Wasser mit Phenolphthalein als Indicator titriert.

0,2376 g Sbst. verbrauchten 8,88 ccm $^n/_{10}$-NaOH.

Ber. 8,80 ccm.

Mit Eisenchlorid gibt die wässerige Lösung keine Färbung. Sie schmilzt bei 165—166° (korr.) zu einer klaren Flüssigkeit, nachdem schon einige Grade vorher Sinterung eingetreten ist. Sie ist sehr leicht löslich in kaltem Aceton und Essigester, etwas schwerer in Äther, Alkohol, Benzol und Chloroform, fast unlöslich in Ligroin. Von heißem Wasser wird sie ziemlich schwer aufgenommen.

Dicarbomethoxy-protocatechusäurechlorid,
$[CH_3OOC.O]_2C_6H_3.COCl$.

2 g Dicarbomethoxy-protocatechusäure, über Phosphorpentoxyd scharf getrocknet und fein zerrieben, werden mit 2 g schnell gepulvertem Phosphorpentachlorid ($1^1/_4$ Mol.) in einem Kölbchen gut vermischt, dann zuerst auf dem Wasserbade, schließlich noch einen Augenblick über freier Flamme erwärmt, bis die Masse zu einer klaren Flüssigkeit geschmolzen ist. Beim Abkühlen erstarrt sie sofort.

Nachdem das Phosphoroxychlorid im Vakuum verjagt ist, nimmt man den festen Rückstand mit etwa 30 Teilen heißem, hochsiedendem Ligroin auf und filtriert vom überschüssigen Phosphorpentachlorid. Beim Abkühlen krystallisiert das Chlorid in weißen Nadeln, die meist büschelförmig verwachsen sind. Die Ausbeute beträgt 90—95% der Theorie.

Für die Titration des Chlors wurde die abgewogene Menge durch Wasser unter Zusatz von überschüssigem $^n/_{10}$-AgNO$_3$ durch längeres Erwärmen auf dem Wasserbade zersetzt und das überschüssige Silber nach dem Filtrieren und Erkalten zurücktitriert.

0,1896 g Sbst. verbrauchten 6,45 ccm $^n/_{10}$-AgNO$_3$.

C$_{11}$H$_9$O$_7$Cl (288,52). Ber. Cl 12,29. Gef. Cl 12,06.

Das Chlorid schmilzt bei 118° (korr.), nachdem schon 2—3° vorher Sinterung eingetreten ist. In den gebräuchlichen organischen Lösungsmitteln, mit Ausnahme von Ligroin, ist es leicht löslich.

Tricarbomethoxy-gallussäure, [CH$_3$OOC.O]$_3$C$_6$H$_2$.COOH.

Da die alkalische Lösung der Gallussäure sich beim Schütteln mit Luft rasch oxydiert, so muß die Operation bei Ausschluß von Sauerstoff ausgeführt werden.

Man bringt deshalb 80 g Gallussäure in eine Woulfsche Flasche (s. nebenstehende Figur) und verdrängt die Luft durch einen ziemlich

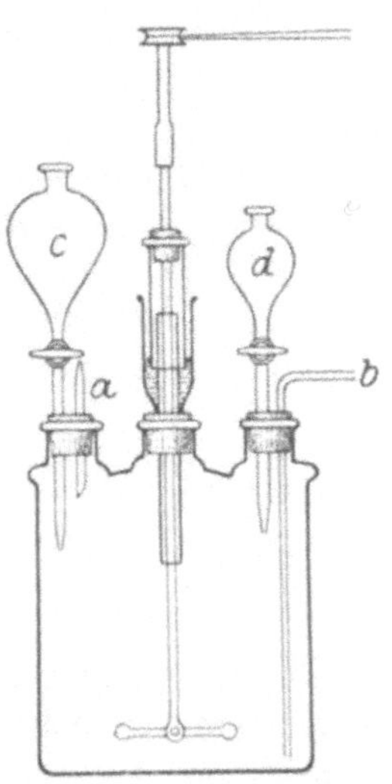

starken Wasserstoffstrom, der durch die Röhren b und a geht. Durch das Trichterrohr c läßt man hierauf 400—500 ccm kaltes Wasser und, nachdem durch Schütteln die Gallussäure gut aufgeschlämmt ist, 425,5 ccm stark gekühlte 2 n-Natronlauge (2 Mol.) zufließen; durch Rühren mittels der Turbine entsteht bald klare Lösung, die nur wenig dunkel gefärbt ist, wenn durch dauernde Zuleitung von Wasserstoff die Luft ganz ausgeschlossen ist. Unter guter Kühlung durch eine Kältemischung gibt man alsdann 44 g (36,3 ccm) chlorkohlensaures Methyl (1$^1/_{10}$ Mol.) durch das Trichterrohr d allmählich und unter möglichst starkem Rühren zu. Das Chlorid verschwindet sehr schnell, und die durch das Öl getrübte Flüssigkeit wird wieder klar. Hierauf läßt man von neuem 425,5 ccm n-Natronlauge (1 Mol.) zufließen und allmählich abermals 44 g Chlorid. Schließlich wiederholt man diese Operation noch einmal. Die ganze Reaktion dauert so ungefähr 15 bis 20 Minuten. Die klare Lösung wird alsdann in ein Standgefäß gegossen und mit ca. 150 ccm 5 n-Salzsäure angesäuert. Es fällt ein schwach gefärbtes, zähes Öl aus, das namentlich nach dem Impfen sehr bald fest wird. Die Ausbeute beträgt 80—85% der Theorie. Bei Anwendung kleinerer

Mengen ist es nicht nötig, mit der Turbine zu rühren, sondern man schüttelt die Flasche nach jedesmaliger Zugabe des Chlorids stark mit der Hand. Die Ausbeute war bei kleineren Mengen und sorgfältigem Schütteln fast quantitativ.

Zur Reinigung löst man die Säure in der 4—6fachen Menge Aceton oder Alkohol, schüttelt mit etwas Tierkohle, filtriert und fällt sie durch Zusatz von Wasser als bald krystallisierendes Öl. Sie bildet weiße, dünne Prismen, die meist zu dichten Büscheln verwachsen sind.

Für die Analyse wurde unter 15 mm Druck bei 100° getrocknet.

0,1932 g Sbst.: 0,3206 g CO_2, 0,0601 g H_2O.
$C_{13}H_{12}O_{11}$ (344,09). Ber. C 45,34, H 3,51.
Gef. ,, 45,26, ,, 3,48.

Die Säure beginnt bei ca. 130° zu sintern und schmilzt zwischen 136—141° (korr.) zu einer klaren Flüssigkeit.

Sie ist in Alkohol, Aceton, Essigäther, Chloroform und Äther auch in der Kälte leicht löslich, wird von heißem Benzol ebenfalls leicht aufgenommen, ist aber fast unlöslich in Ligroin. Sie schmilzt beim Erhitzen mit Wasser und löst sich dann allerdings ziemlich schwierig; beim Erkalten trübt sich die Lösung zuerst ölig, aber das Öl fängt bald an zu krystallisieren und bildet feine, vielfach büschelförmige Nädelchen. Löst man die Säure in heißem Wasser, kühlt rasch ab und versetzt die ölige Suspension mit einem Überschuß von Brom, so entsteht ein Bromprodukt, das nach kurzer Zeit krystallinisch erstarrt und mit schwefliger Säure fast farblos wird. Mit Eisenchlorid gibt die wässerige Lösung keine Färbung, mit Kaliumcyanid färbt sie sich erst nach einigen Minuten rosarot, wahrscheinlich unter vorheriger Verseifung.

Beachtenswert ist das Verhalten der Säure gegen Pyridin. Sie bildet damit ein in Wasser leicht lösliches Salz, das aber durch überschüssige Base bald unter Kohlensäureentwicklung zersetzt wird, wie folgende Versuche zeigen.

1 g Tricarbomethoxy-gallussäure, die mit 5 ccm kaltem Wasser übergossen war, ging auf Zusatz von 0,5 g Pyridin beim Schütteln rasch in Lösung. Aber schon nach wenigen Minuten begann in der erst trübe gewordenen Flüssigkeit bei gewöhnlicher Temperatur die Abscheidung eines harzigen Niederschlages und später die regelmäßige Entwicklung von Kohlensäure, die viele Stunden andauerte. Als derselbe Versuch bei 65—70° angesetzt wurde, traten dieselben Erscheinungen, nur sehr viel rascher, ein, und die Menge Kohlensäure, die sich schon nach einer Stunde entwickelt hatte, ließ darauf schließen, daß völlige Ablösung aller drei Carbomethoxygruppen stattfindet. Das har-

zige Produkt, das aus der Lösung ausfällt, habe ich nicht näher untersucht.

Tricarbäthoxy-gallussäure, $[C_2H_5OOC.O]_3C_6H_2.COOH$.

Sie wurde in derselben Weise wie die Methylverbindung erhalten. Auf 80 g Gallussäure braucht man dreimal 51 g (45 ccm) chlorkohlensaures Äthyl. Das beim Ansäuern gefällte Öl wurde erst nach mehrtägigem Stehen fest. Die Ausbeute an Rohprodukt war fast quantitativ. Zur Reinigung löst man es in Methylakohol und versetzt mit heißem Wasser bis zur eben verschwindenden Trübung. Beim Abkühlen setzt sich ein Öl ab, das den größten Teil der Verunreinigungen mitreißt. Man filtriert und fügt hierauf viel kaltes Wasser hinzu. Es entsteht eine milchige Ausscheidung, die sich bei tagelangem Stehen in farblose, glänzende Blättchen verwandelt.

Für die Analyse wurde im Vakuumexsiccator über Phosphorpentoxyd getrocknet.

0,1967 g Sbst.: 0,3595 g CO_2, 0,0826 g H_2O. — 0,2206 g Sbst. verbrauchten bei der Titration (Phenolphthalein) 5,78 ccm n-Natronlauge.

$C_{16}H_{18}O_{11}$ (386,14).   Ber. C 49,72, H 4,70, 5,71 ccm n-Natronlauge.
Gef. ,, 49,85, ,, 4,70, 5,78 ,,   ,,

Die Säure schmilzt nach vorheriger Sinterung bei 96—97° (korr.). Sie ist wie die Methylverbindung in den gewöhnlichen organischen Solvenzien sehr leicht löslich; auch von Ligroin wird sie in der Hitze aufgenommen; beim Abkühlen fällt sie wieder als Öl aus, das beim Reiben nach einiger Zeit fest wird.

Verseifung der Tricarbomethoxy-gallussäure.

Die Verseifung kann durch Erhitzen mit 20 proz. Salzsäure, ferner schon in der Kälte durch n-Alkali oder n-Ammoniak, bei längerem Stehen auch durch Sodalösung bewirkt werden.

1 g Tricarbomethoxy-gallussäure wurde mit 20 ccm Salzsäure (20 proz.) 1 Stunde am Rückflußkühler gekocht; die entstandene klare, schwach rosa gefärbte Lösung erstarrte beim Abkühlen zu einem Krystallbrei feiner Nädelchen (0,45 g). Sie enthielten kein Carbomethoxyl mehr, da die Lösung in Alkali beim Ansäuern keine Kohlensäure entwickelte, und zeigten alle Eigenschaften der Gallussäure.

Nach dem Umlösen aus der 15—20fachen Menge heißem Wasser und Trocknen bei 125° gab die Verbrennung auf wasserfreie Gallussäure stimmende Zahlen.

0,1853 g Sbst.: 0,3334 g CO_2, 0,0600 g H_2O.
$C_7H_6O_5$ (170,05).   Ber. C 49,40, H 3,56.
Gef. ,, 49,07, ,, 3,62.

Löst man 1 g Tricarbomethoxy-gallussäure in 21 ccm n-Natronlauge (7 Mol.) bei Zimmertemperatur in einer Wasserstoffatmosphäre
und läßt 15 Minuten stehen, so findet auf Zusatz von so viel Salzsäure,
als der Natronlauge entspricht, starke Entwicklung von Kohlensäure
statt, und man kann aus der Flüssigkeit leicht Gallussäure isolieren.
Die Verseifung scheint unter diesen Umständen auch vollständig
zu sein.

Löst man die Tricarbomethoxy-gallussäure in überschüssiger kalter
Sodalösung und säuert sofort an, so fällt sie unverändert aus, und
zwar zunächst ölig, wird aber beim Reiben bald fest. Das Produkt
besitzt unveränderten Schmelzpunkt und gibt keine Farbenreaktionen.
Läßt man aber die Lösung der Säure in überschüssigem Natriumcarbonat unter Luftabschluß etwa 2 Stunden bei 20—25° stehen, so
bleibt sie beim Ansäuern klar, und man kann durch Einengen im Vakuum oder Ausäthern leicht Gallussäure isolieren.

Durch n-Ammoniak werden die Carbomethoxygruppen als
Methylurethan ($CH_3O.CO.NH_2$) abgespalten.

5 g Tricarbomethoxy-gallussäure blieben mit 102 ccm n-Ammoniak
(7 Mol.) 2 Stunden bei Zimmertemperatur (22°) unter Durchleiten von
Wasserstoff stehen. Die Lösung wurde hierauf im Vakuum bis zur
Trockne abgedampft und der Rückstand mehrmals ausgeäthert. Nach
dem Verdunsten des Äthers blieb ein farbloses Öl zurück, das beim
Abkühlen sehr bald zu großen, farblosen Krystallen erstarrte, die für
die Analyse aus Äther umkrystallisiert und im Vakuumexsiccator über
Phosphorpentoxyd getrocknet wurden.

0,1563 g Sbst.: 0,1845 g CO_2, 0,0949 g H_2O.

$C_2H_5O_2N$ (75,05).　Ber. C 31,98, H 6,71.
Gef. ,, 32,19, ,, 6,79.

Für die folgende Analyse diente ein Präparat, das noch destilliert
war und welches auch durch Schmelzpunkt und Siedepunkt charakterisiert wurde.

0,1528 g Sbst.: 0,1790 g CO_2, 0,0948 g H_2O.
Gef. C 31,95, H 6,94.

Partielle Verseifung der Tricarbomethoxy-gallussäure.

Man löst 20 g Tricarbomethoxy-gallussäure in einer Wasserstoffatmosphäre (Woulfsche Flasche) in 116,3 ccm n-Natronlauge (2 Mol.)
und läßt die klare Lösung 1 Stunde bei 20° unter Durchleiten von
Wasserstoff stehen. Beim Ansäuern mit verdünnter Salzsäure scheidet
sich unter lebhafter Kohlensäureentwicklung ein dickes Öl aus. Es
wird ausgeäthert und der Äther verdampft. Das zurückbleibende,
hellbraune Öl verreibt man mit Ligroin; es wird allmählich fest, schnel-

ler, wenn man impft. Die Ausbeute betrug 15 g oder 90% der Theorie. Zur Reinigung krystallisiert man es aus der 2—3 fachen Menge heißem Wasser um.

Für die Analyse war bei 100° unter 10—15 mm Druck getrocknet worden.

0,1766 g Sbst.: 0,2987 g CO_2, 0,0572 g H_2O. — 0,1520 g Sbst.: 0,2564 g CO_2, 0,0494 g H_2O.

$C_{11}H_{10}O_9$ (286,08). Ber. C 46,14,   H 3,52.
            Gef. ,, 46,13, 46,01, ,, 3,62, 3,64.

Die Säure schmilzt bei 160° (korr.) zu einer farblosen, klaren Flüssigkeit, nachdem einige Grade vorher Sinterung eingetreten ist. Sie bildet mikroskopische Krystalle, welche die Form einer Bikonvexlinse haben.

Sie löst sich leicht in Äther, Alkohol, Aceton, Essigester auch in der Kälte, sehr schwer in Chloroform und Benzol und fast gar nicht in Ligroin. Die wässerige Lösung färbt sich durch Eisenchlorid dunkelgrün; mit Cyankaliumlösung tritt erst ganz allmählich Rotfärbung ein.

Welches von den drei Carbomethoxylen durch die partielle Verseifung abgespalten wird, kann ich nicht sicher sagen. Da aber Graebe und Martz[1]) nachgewiesen haben, daß aus der Trimethylgallussäure zuerst das in p-Stellung befindliche Methyl losgelöst wird, so kann man wenigstens vermuten, daß im vorliegenden Falle das gleiche stattfindet.

Tricarbomethoxy-galloylchlorid, $[CH_3.OOC.O]_3C_6H_2.COCl$.

50 g scharf getrocknete und fein zerriebene Tricarbomethoxygallussäure werden mit 38 g ($1^1/_4$ Mol.) rasch gepulvertem Phosphorpentachlorid in einem Kölbchen bei Ausschluß feuchter Luft durch Schütteln gut vermischt. Unter starker Salzsäureentwicklung tritt die Reaktion schon in der Kälte ein. Die Masse wird bald klebrig und verwandelt sich schließlich in einen leicht beweglichen Brei. Beim Erwärmen auf dem Wasserbad entsteht ein klares, schwach braunes Öl, während etwas Phosphorpentachlorid unverändert bleibt. Man verjagt das Phosphoroxychlorid unter geringem Druck zunächst bei Zimmertemperatur, schließlich bei einer Badtemperatur von 40—50°, unter Vorschaltung einer durch eine Kältemischung gekühlten Vorlage. Der Rückstand ist zum größten Teil fest und krystallisiert. Er wird in etwa der halben Menge trocknem Chloroform heiß gelöst und die von etwas Phosphorpentachlorid abfiltrierte Flüssigkeit durch Petroläther gefällt. Das anfangs abgeschiedene Öl wird beim Ab-

---

[1]) Berichte d. d. chem. Gesellsch. **36**, 217 [1903].

cühlen bald fest. Die Masse wird abgesaugt, mit Petroläther gewaschen und im Vakuumexsiccator über Phosphorpentoxyd getrocknet. Die Ausbeute betrug 50 g oder 94% der Theorie.

Zur Reinigung wird es nochmals in Chloroform gelöst, mit Tierkohle aufgekocht, filtriert und durch Petroläther gefällt. Aus viel heißem, hochsiedendem Ligroin erhält man es in langen Nadeln. Für die Chlorbestimmung wurde die abgewogene Menge durch Wasser unter Zusatz von überschüssiger, gemessener $n/_{10}$-Silbernitratlösung unter Erwärmen auf dem Wasserbade zersetzt. Nach dem Abkühlen wurde in dem Filtrat das überschüssige Silber mittels Rhodanammonium zurücktitriert.

0,2462 g Sbst.: 6,7 ccm $n/_{10}$-AgNO$_3$.

$C_{13}H_{11}O_{10}Cl$ (362,53).   Ber. Cl 9,78.   Gef. Cl 9,65.

Das Chlorid schmilzt bei 86° (korr.) zu einer klaren Flüssigkeit, nachdem schon einige Grade vorher Sinterung eingetreten ist. Es ist sehr leicht löslich in kaltem Aceton, Essigester und Chloroform. Von kaltem, trockenem Äther verlangt es ungefähr die 20fache Menge zur Lösung; in heißem Ligroin ist es ziemlich schwer löslich.

Das Chlorid reagiert mit Dimethylanilin beim längeren Erhitzen auf dem Wasserbade unter Bildung einer zähen Masse, die anfangs blauviolett gefärbt ist, aber beim Waschen mit Wasser und kalter, verdünnter Salzsäure fast farblos wird. In ätherischer Lösung gibt das Chlorid beim Einleiten von Ammoniak sofort einen weißen Niederschlag, der in Wasser leicht löslich ist.

Tricarbomethoxy-gallussäureanilid,
$[CH_3OOC.O]_3C_6H_2.CO.NH.C_6H_5$.

Suspendiert man 1 g Tricarbomethoxygalloylchlorid in etwas trockenem Äther und fügt dann 1 g Anilin (4 Mol.) hinzu, so findet unter mäßiger Erwärmung die Umsetzung statt. Um sie zu vervollständigen, läßt man unter zeitweisem Schütteln etwa $^1/_2$ Stunde stehen. Dann wird die Masse abgesaugt und mit etwas Äther gewaschen. Um das überschüssige Anilin und sein Hydrochlorid zu entfernen, wird sie mit Wasser und einigen Tropfen verdünnter Salzsäure verrieben, wieder abgesaugt, mit ganz verdünnter Salzsäure und schließlich mit kaltem Wasser gewaschen. Zur völligen Reinigung wird aus etwa 35 ccm heißem Alkohol umkrystallisiert. Das Anilid bildet dann kleine, häufig an beiden Enden zugespitzte Nädelchen, die meist zu dichten Büscheln verwachsen sind.

Die für die Analyse im Vakuumexsiccator über Phosphorpentoxyd getrocknete Substanz verlor bei 110° nicht an Gewicht.

0,1734 g Sbst.: 0,3475 g CO_2, 0,0671 g H_2O. — 0,1850 g Sbst.: 5,6 ccm N (über 33proz. KOH) (26°, 762 mm).

$C_{19}H_{17}O_{10}N$ (419,14). Ber. C 54,40, H 4,09, N 3,34.
Gef. „ 54,65, „ 4,32, „ 3,30.

Das Anilid schmilzt nach vorheriger Sinterung bei 175—176° (korr.) zu einer klaren Flüssigkeit. Es löst sich leicht in Aceton und wird daraus durch Wasser krystallinisch gefällt. In heißem Wasser ist es sehr schwer löslich, ziemlich schwer auch in Alkohol, leicht in heißem Essigäther und Chloroform, fast unlöslich in Äther. Von Benzol wird es nicht sehr leicht aufgenommen und krystallisiert beim Abkühlen langsam in langen Nadeln wieder aus.

Tricarbomethoxygalloyl-p-oxybenzoesäure,
$[CH_3OOC.O]_3C_6H_2.CO.O.C_6H_4.COOH$.

Zu einer stark gekühlten Lösung von 5 g p-Oxybenzoesäure in 32 ccm n-Natronlauge (1 Mol.) und etwas Wasser gibt man im Laufe von $^1/_2$—1 Stunde abwechselnd in je sechs Portionen, 10 g Tricarbomethoxy-galloylchlorid, das in 300 ccm trockenem Äther gelöst ist, und 27,6 ccm n-Natronlauge (1 Mol.) unter anhaltendem starken Schütteln. Nach beendigter Reaktion wird durch verdünnte Salzsäure angesäuert, die ausgeschiedene harzige Masse mit ziemlich viel Äther aufgenommen und der filtrierte Auszug verdampft. Verreibt man das zurückbleibende Öl mit Petroläther, so wird es namentlich beim Impfen gewöhnlich bald fest. Zuweilen ist hierzu aber längeres Stehen (12 Stunden) nötig. Zur Reinigung laugt man die feste Masse mit der 3—4fachen Menge eiskaltem Alkohol aus, saugt ab, löst dann in Aceton und fällt mit Wasser. Das ausgeschiedene Öl krystallisiert sehr bald.

Für die Verbrennung wurde bei 100° unter 10—15 mm Druck getrocknet.

0,1546 g Sbst.: 0,2918 g CO_2, 0,0532 g H_2O. — 0,1244 g Sbst.: 0,2348 g CO_2, 0,0386 g H_2O.

$C_{20}H_{16}O_{13}$ (464,12). Ber. C 51,71, H 3,47.
Gef. „ 51,48, 51,48, „ 3,85, 3,47.

Die Säure schmilzt nach vorheriger Sinterung bei 165° (korr.) zu einer klaren Flüssigkeit. Sie bildet dünne, zu dichten Büscheln verwachsene Prismen. Die krystallisierte Substanz ist in Äther schwer löslich. Beim raschen Verdampfen der Lösung bleibt sie zunächst wieder als sirupöse, ziemlich leicht lösliche Masse zurück, die aber bald in den krystallinischen Zustand übergeht und dann wieder in Äther schwer löslich ist. Sie ist in heißem Wasser schwer löslich, ziemlich schwer in eiskaltem Alkohol, sehr leicht in kaltem Aceton, leicht auch in Essigester und Chloroform.

Galloyl-p-oxybenzoesäure, $(OH)_3C_6H_2.CO.O.C_6H_4.COOH$.

Für die Verseifung kann das rohe Kuppelungsprodukt des Tricarbomethoxy-galloylchlorids mit p-Oxybenzoesäure direkt benutzt werden. 5 g Rohprodukt werden durch Schütteln mit 76 ccm n-Ammoniak (7 Mol.) unter Luftabschluß zur Lösung gebracht und unter Durchleiten von Wasserstoff 2 Stunden bei Zimmertemperatur (20—22°) aufbewahrt. Beim Ansäuern mit verdünnter Salzsäure fällt ein voluminöser, weißer Niederschlag aus, der scharf abgesaugt und mit Wasser gewaschen wird. Die Ausbeute betrug 1,8 g oder etwa 60% der Theorie.

Zur Reinigung löst man das getrocknete Produkt heiß in der 20—30 fachen Menge eines Gemisches von 2 Teilen Aceton und 3 Teilen Wasser, kocht mit etwas Tierkohle auf, filtriert und läßt langsam abkühlen. Allmählich scheidet sich ein schweres, sandiges, glänzendes Krystallpulver ab, in dem man unter dem Mikroskop schräg abgeschnittene Tafeln erkennt.

Für die Analyse wurde unter 10—15 mm Druck bei 107° getrocknet.

0,1435 g Sbst.: 0,3049 g CO_2, 0,0491 g H_2O. — 0,1451 g Sbst.: 0,0464 g H_2O. — 0,1428 g Sbst.: 0,3022 g CO_2, 0,0458 g H_2O.

$C_{14}H_{10}O_7$ (290,08).   Ber. C 57,92,   H 3,47.
Gef. ,, 57,95, 57,72, ,, 3,83, 3,58, 3,59.

Für die Bestimmung des Krystallwassergehalts wurde die lufttrockene Substanz bei 107° im Vakuum (10—15 mm) zur Konstanz getrocknet. Die Zahlen schwanken etwas, stimmen aber ungefähr auf $1^1/_2$ Mol.Wasser.

$C_{14}H_{10}O_7 + 1^1/_2 H_2O$. Ber. 8,52. Gef. 8,80, 9,1, 8,8, 8,8, 8,3.

Beim Erhitzen im Capillarrohr schmilzt sie gegen 260° (korr.) unter Schäumen und Schwarzfärbung. Sie löst sich sehr schwer in heißem Wasser, Benzol, Äther, nicht in Petroläther. Essigäther löst sie in der Hitze verhältnismäßig leicht. Sie ist leicht löslich in kaltem Alkohol und fällt daraus auf Zusatz von Wasser zunächst gallertig aus, verwandelt sich aber sehr bald in Flocken von dünnen, an beiden Enden schräg abgeschnittenen Prismen. Sie löst sich ferner auch leicht in Aceton und wird daraus durch Wasser in Form gezackter Täfelchen oder dünner Prismen gefällt.

Die alkalische Lösung färbt sich an der Luft rasch braun. Auch mit Eisenchlorid und Cyankalium treten ähnliche Färbungen wie bei der Gallussäure ein.

Hydrolyse der Galloyl-p-oxybenzoesäure.

0,5 g wurden mit 7 ccm n-Natronlauge (4 Mol.) auf dem Wasserbade $^1/_2$ Stunde im Wasserstoffstrom erwärmt, hierauf mit 7 ccm n-Salzsäure angesäuert. Die abgekühlte Lösung wurde fraktioniert ausgeäthert, zuerst zweimal mit je 5 ccm, dann mit 10 ccm Äther. Die erste

Fraktion hinterließ nach dem Verdampfen des Äthers 0,25 g Rückstand, der zum größten Teil aus p - O x y b e n z o e s ä u r e bestand. Er wurde in der 20fachen Menge heißem Wasser gelöst, mit sehr wenig Tierkohle aufgekocht, filtriert und dann rasch abgekühlt; die auskrystallisierende p-Oxybenzoesäure war rein. Sie gab mit Eisenchlorid keine Blaufärbung, besaß den richtigen Schmelzpunkt und lieferte nach dem Trocknen bei 100° unter 10—15 mm Druck folgende Zahlen:

0,1056 g Sbst.: 0,2345 g CO_2, 0,0446 g H_2O.

$C_7H_6O_3$ (138,05).   Ber. C 60,85, H 4,38.
Gef. ,, 60,56, ,, 4,72.

Die letzten ätherischen Auszüge enthielten hauptsächlich Gallussäure, welche bei Gegenwart von p-Oxybenzoesäure in rechteckigen Tafeln, die meist miteinander verwachsen sind, krystallisiert. Wird sie aus Wasser umgelöst, so erscheinen zunächst die charakteristischen langen Nadeln der Gallussäure, die sich aber bald in die Tafeln umwandeln. Ein absichtlich hergestelltes Gemisch von Gallus- und p-Oxybenzoesäure verhielt sich ebenso. Das Produkt gab schließlich alle Farbreaktionen der Gallussäure.

Digallussäure (?).

Die Kupplung des Tricarbomethoxy-galloylchlorids mit der Dicarbomethoxygallussäure kann in der gewöhnlichen Weise ausgeführt werden, hat aber bisher noch zu keinem krystallisierten Produkt geführt. Zu der Lösung von 8 g Dicarbomethoxy-gallussäure (1 Mol.) in 28 ccm n-Natronlauge (1 Mol.), die in einer Kältemischung gekühlt war, wurde eine Lösung von 10 g Tricarbomethoxy-galluschlorid in 300 com trockenem Äther und 27,5 ccm n-Natronlauge (1 Mol.) abwechselnd in je sechs Portionen unter anhaltendem starken Schütteln im Laufe von $^3/_4$ Stunden zugegeben. Das Säurechlorid verschwand hierbei aus der ätherischen Lösung fast vollständig. Zum Schluß wurde die alkalische Lösung ohne Abtrennung des Äthers mit überschüssiger Salzsäure versetzt und die ausfallende Säure nach Zugabe von noch ungefähr der gleichen Menge Äther ausgeschüttelt; hierbei blieb nur eine kleine Menge eines Harzes ungelöst. Der filtrierte ätherische Auszug hinterließ beim Verdampfen ein dickes, bräunliches Öl, das beim Verreiben mit Ligroin zäh wurde und nach dem Abgießen des Ligroins, mit kaltem Wasser verrieben, 15 Stunden stehenblieb. Als es dann nach Entfernung des Wassers längere Zeit im Vakuumexsiccator über Phosphorpentoxyd aufbewahrt wurde, verwandelte es sich allmählich in eine feste, spröde Masse. Seine Menge betrug 14 g. Alle Krystallisationsversuche waren bisher vergeblich. Deshalb wurde das Rohprodukt direkt verseift. Zu dem Zweck wurden 13 g in 234 ccm n-Am-

moniak (11 Mol.) in einer Wasserstoffatmosphäre gelöst und die Lösung
2 Stunden bei 20—22° im Wasserstoffstrom aufbewahrt. Auf Zusatz von überschüssiger Salzsäure entstand jetzt keine Fällung mehr.
Die gelbe, klare Lösung wurde deshalb wiederholt mit ziemlich viel
Äther extrahiert. Beim Verdampfen des Äthers blieb ein bräunliches
Öl, das beim Reiben allmählich zähe und im Vakuumexsiccator schließlich fest wurde. Die Ausbeute betrug 3 g. Fast die gleiche Menge konnte
aus der sauren, wässerigen Lösung, nachdem sie unter geringem Druck
bei 40° rasch und stark eingeengt war, durch wiederholtes Ausäthern
isoliert werden. Zur Reinigung wurde das Rohprodukt in ungefähr
fünf Teilen warmem Wasser gelöst, mit Tierkohle aufgekocht und das
Filtrat bei 0° der Krystallisation überlassen. Durch Wiederholung
dieser Operation erhält man bald ein farbloses Präparat, das aus mikroskopischen, dünnen, kurzen Prismen oder Nadeln besteht, die beim
raschen Erhitzen im Capillarrohr gegen 275—280° unter lebhaftem
Schäumen und Dunkelfärbung schmelzen. In warmem Wasser ist das
Präparat ziemlich leicht löslich. Der Geschmack ist anfangs etwas
bitter-sauer und adstringierend, später tritt ein anhaltender süßer Geschmack ein. Die wässerige Lösung gibt mit Leimlösung eine ziemlich
starke Fällung, was die Gallussäure bekanntlich nicht tut.

Leider haben die Analysen, für welche die Präparate verschiedener Darstellung unter 14 mm Druck über Phosphorpentoxyd bei
130° bis zum konstanten Gewicht getrocknet waren, kein entscheidendes Resultat gegeben.

$C_{14}H_{10}O_9$ (322,08).

Ber. C 52,16,   H 3,13.
Gef. ,, 51,97, 50,93, 51,18, 50,89, 51,16, ,, 3,43, 3,60, 3,46, 3,39, 3,38.

Wie man sieht, ist nur einmal der Kohlenstoff in naher Übereinstimmung mit der Berechnung gefunden. In allen übrigen Fällen fehlt
aber ungefähr 1% Kohlenstoff. Ich vermute, daß der Grund dafür
eine Beimengung von Gallussäure ist, deren Anwesenheit man sich leicht
erklären kann, da die verarbeitete Carbomethoxyverbindung sicherlich ein Gemisch war. Am besten würden die meisten Zahlen auf ein
Gemisch von gleichen Molekülen Gallussäure und Digallussäure passen,
wofür sich folgende Werte berechnen:

$C_{14}H_{10}O_9 + C_7H_6O_5$ (492,12). Ber. C 51,21, H 3,28.

Ich lege auf diese Übereinstimmung aber keinen großen Wert, da
sie zufällig sein kann.

Schließlich sage ich Herrn Dr. Adolf Sonn, der mich bei diesen
Versuchen eifrigst unterstützt hat, meinen besten Dank.

4. Emil Fischer: Über die Carbomethoxyderivate der Phenolcarbonsäuren und ihre Verwendung für Synthesen. II.

Berichte der Deutschen chemischen Gesellschaft **42**, 215 [1909].

(Eingegangen am 30. Dezember 1908.)

In der 1. Mitteilung[1]) wurde gezeigt, daß die Carbomethoxyderivate der Phenolcarbonsäuren leicht Säurechloride bilden, daß diese sich mit anderen Phenolcarbonsäuren oder mit Aminosäuren kuppeln lassen, und daß aus den hierbei resultierenden Produkten die· Carbomethoxygruppe mit größter Leichtigkeit durch verdünntes kaltes Alkali oder Ammoniak entfernt werden kann. Das Verfahren ist deshalb geeignet für die Synthese von manchen Derivaten der Phenolcarbonsäuren, die sonst schwer oder gar nicht zugänglich sind. Im nachfolgenden werden dafür einige neue Beispiele angeführt.

Das früher benutzte bequeme Verfahren zur Darstellung der Carbomethoxyverbindungen durch Schütteln der alkalischen Lösung mit Chlorkohlensäureester führte leicht zum Ziele bei der p-Oxybenzoesäure, Protocatechu- und Gallussäure; dagegen zeigten sich Schwierigkeiten bei der Salicylsäure. In Übereinstimmung damit steht die neuere Erfahrung, daß die Gentisinsäure und β-Resorcylsäure, welche beide ein Hydroxyl in Nachbarstellung zum Carboxyl enthalten, bei dem gleichen Verfahren nur eine Carbomethoxygruppe aufnehmen. Dies geschieht offenbar an der Phenolgruppe, die zum Carboxyl in *meta*- bzw. *para*-Stellung steht. Will man hier und bei der Salicylsäure eine vollständige Carbomethoxylierung erreichen, so ist ein anderes Verfahren notwendig. Als ich im Oktober 1908 mit Versuchen beschäftigt war, ein solches unter Anwendung von tertiären organischen Basen[2]) auszuarbeiten, machte mich Herr Prof. A. Einhorn in München privatim darauf aufmerksam, daß die Darstellung der Carbäthoxysalicylsäure schon in einem amerikanischen Patente von Fritz Hofmann[3]) beschrieben ist, und teilte mir ferner mit,

---

[1]) Berichte d. d. chem. Gesellsch. **41**, 2875 [1908]. (*S. 63.*)
[2]) Vgl. Einhorn und Hollandt, Liebigs Annal. d. Chem. **301**, 95 [1898].
[3]) Pat. Nr. 1639, 174 vom 12. Dezember 1899.

daß er mit dem Chlorid dieser Säure und der Carbomethoxyverbindung einige Synthesen ausgeführt habe. Seine Versuche sind noch nicht publiziert und wurden auch zu anderen Zwecken als die in meiner Publikation beschriebenen Synthesen angestellt. Das Resultat von Hofmann ist weder in die wissenschaftliche noch in die deutsche Patentliteratur übergegangen, und die Existenz der Carbäthoxy-salicylsäure würde mir auch heute noch ohne die gütige Mitteilung des Herrn Einhorn unbekannt geblieben sein; denn für den wissenschaftlichen Chemiker besteht kaum eine Möglichkeit, solche in Patentschriften vergrabenen Notizen aufzufinden, wenn sie nicht in die referierenden Journale oder Sammelwerke der Patentliteratur übergegangen sind.

Die Carbäthoxysalicylsäure wurde von Hofmann durch Einwirkung von Chlorkohlensäureäthylester auf ein Gemisch von Salicylsäure und Dimethylanilin in Benzollösung dargestellt. Auf dieselbe Weise habe ich die Carbomethoxy-salicylsäure gewonnen und ihr Chlorid benutzt, um eine neue bequeme Synthese der Salicylursäure, $OH.C_6H_4.CO.NH.CH_2.COOH$, auszuarbeiten. Auf die gleiche Art läßt sich nun auch in dem Monocarbomethoxyderivat der Gentisinsäure und β-Resorcylsäure die zweite Phenolgruppe carbomethoxylieren, und die so entstehenden Produkte können dann leicht in die Säurechloride verwandelt werden.

Im Gegensatz zur Salicylsäure nimmt die o-Cumarsäure auch in wässerig-alkalischer Lösung Carbomethoxyl auf und liefert dann ebenfalls das entsprechende Chlorid, $CH_3OOC.O.C_6H_4.CH:CH.COCl$.

p-Carbomethoxy-oxybenzoyl-p-oxybenzoesäure,

$CH_3OOC.O.C_6H_4.CO.O.C_6H_4.COOH$.

Zu einer gut gekühlten Lösung von 3,65 g wasserhaltiger p-Oxybenzoesäure (1 Mol.) in 23,4 ccm n-Natronlauge (1 Mol.) und etwas Wasser gibt man im Laufe von etwa $^1/_2$ Stunde abwechselnd in je fünf Portionen eine Lösung von 5 g p-Carbomethoxy-oxybenzoylchlorid (1 Mol.) in 50 ccm Äther und 23,3 ccm n-Natronlauge unter anhaltendem starken Schütteln. Während der Reaktion scheidet sich das schwer lösliche Natriumsalz des Kuppelungsprodukts krystallinisch ab. Der Niederschlag wird abgesaugt und getrocknet. Für die Zerlegung suspendiert man ihn in ziemlich viel heißem Essigester und fügt tropfenweise verdünnte Salzsäure hinzu, bis klare Lösung entstanden ist. Man trennt die Essigesterlösung von der wässerigen Flüssigkeit und kühlt erstere in einer Kältemischung. Die sich ausscheidende Krystallmasse wird zur Reinigung nochmals aus heißem Essigester umgelöst. Der Körper krystallisiert in sehr feinen, biegsamen, meist zu kugeligen Aggregaten vereinigten Nädelchen. Aus der Mutterlauge des Natriumsalzes fällt beim Ansäuern noch eine kleine Menge der Säure aus. Die Ausbeute beträgt etwa 90% der Theorie. Für die Analyse wurde bei 100° im Vakuum (15 mm) getrocknet.

0,1440 g Sbst.: 0,3223 g CO_2, 0,0527 g H_2O. — 0,1424 g Sbst.: 0,3169 g CO_2, 0,0520 g H_2O.

$C_{16}H_{12}O_7$ (316,09).   Ber. C 60,74,   H 3,83.
Gef. ,, 61,04, 60,69, ,, 4,09. 4,08.

Die Säure löst sich ziemlich schwer in heißem Aceton und Essigester, schwer in warmem Benzol und Alkohol, sehr schwer in Äther, gar nicht in Petroläther. In heißem Wasser ist sie sehr schwer löslich. Auch von kalten, verdünnten Alkalien wird sie ziemlich schwer aufgenommen. Das hängt wohl mit der geringen Löslichkeit der Alkalisalze zusammen. Löst man eine Probe der Substanz in warmem Aceton, kühlt rasch ab und fügt einen Tropfen wässeriges Ammoniak hinzu, so fällt alsbald ein Niederschlag aus (wahrscheinlich das Ammoniumsalz), der auf Zusatz von Wasser wieder klar in Lösung geht. Säuert man sofort an, so fällt die Säure wieder unverändert aus.

Die Säure schmilzt bei 216—217° (korr.) unter schwacher Gasentwicklung zu einer opalisierenden Flüssigkeit, nachdem schon einige Grade vorher Sinterung eingetreten ist.

p-Oxybenzoyl-p-oxybenzoesäure,
$OH.C_6H_4.CO.O.C_6H_4COOH$.

Aus der reinen Carbomethoxyverbindung kann man die Säure durch wiederholtes Ausschütteln mit ganz verdünntem Ammoniak erhalten. Säuert man die Auszüge an, so fällt das Verseifungsprodukt aus. Besser ist folgender Weg: Man löst 1 g der reinen Carbomethoxyverbindung in etwa 80 Teilen Aceton unter Erwärmen, kühlt rasch ab und fügt 10 ccm n-Ammoniak (3 Mol.) hinzu. Die sich ausscheidende Krystallmasse bringt man durch Zusatz von etwas Wasser in Lösung und läßt 24 Stunden bei 20° stehen. Beim Ansäuern bleibt die Flüssigkeit zuerst klar, aber auf Zusatz von viel Wasser fällt die Oxybenzoyl-oxybenzoesäure als farbloser Niederschlag aus, der abgesaugt, mit kaltem Wasser gewaschen und bei 100° getrocknet wird.

Zur Reinigung wird in etwa 30 Teilen heißem Aceton gelöst und mit heißem Wasser bis zur eben beginnenden Trübung versetzt. Beim langsamen Abkühlen erhält man eine voluminöse Masse von mikroskopischen, dünnen Prismen.

Für die Analyse wurde bei $100°$ getrocknet.

0,1572 g Sbst.: 0,3747 g CO_2, 0,0569 g H_2O. — 0,1418 g Sbst.: 0,3370 g CO_2, 0,0513 g H_2O.

$C_{14}H_{10}O_5$ (258,08).   Ber. C 65,10,   H 3,90.
                                Gef. ,, 65,01, 64,82, ,, 4,05, 4,05.

Die Substanz löst sich leicht in kaltem Alkohol, Essigester, Aceton, schwerer in Äther. Sie ist sehr schwer löslich in heißem Chloroform und Benzol, fast unlöslich in Ligroin.

Die Säure ist zuerst von Klepl[1]) beim Erhitzen von p-Oxybenzoesäure über $300°$ neben verschiedenen anderen Produkten erhalten worden. Zum Vergleich wurde sie nach der Vorschrift von Klepl hergestellt:

0,1494 g Sbst.: 0,3561 g CO_2, 0,0513 g H_2O.

$C_{14}H_{10}O_5$ (258,08).   Ber. C 65,10, H 3,90.
                                Gef. ,, 65,01, ,, 3,84.

Sie erwies sich nach Aussehen, Löslichkeitsverhältnissen und sonstigem Verhalten als identisch mit der oben beschriebenen. Klepl gibt den Schmelzpunkt $261°$ an; ich fand, daß der Punkt nicht scharf ist, sondern daß beide Präparate beim raschen Erhitzen im Capillarrohr übereinstimmend nach vorheriger Sinterung und schwacher Gelbfärbung gegen $270°$ zu einer Flüssigkeit schmelzen, die sich unter schwacher Gasentwicklung an der Oberfläche braun färbt.

Carbomethoxy-salicylsäure, $CH_3OOC.O.C_6H_4.COOH$.

Analog der von Hofmann beschriebenen Darstellung der Carbäthoxyverbindung gibt man zu einer Lösung von 50 g Salicylsäure und 88 g Dimethylanilin (2 Mol.) in 250 ccm trockenem Benzol im Laufe von etwa $^3/_4$ Stunden 34,3 g Chlorkohlensäuremethylester (1 Mol.) unter andauerndem Schütteln. Vor jedem Zusatz wird die Lösung in einer Kältemischung bis zum Gefrieren des Benzols abgekühlt. Schließlich ist der Geruch nach Chlorid fast ganz verschwunden. Die Lösung wird mit überschüssiger verdünnter Salzsäure kräftig durchgeschüttelt, dann die Benzolschicht von der wässerigen getrennt. Bald beginnt die Carbomethoxyverbindung sich aus beiden Lösungen krystallinisch abzuscheiden. Man läßt einige Zeit in der Kälte stehen, saugt die Niederschläge getrennt ab und wäscht mit kaltem Benzol bzw. Wasser gut aus. Nachdem man das Produkt flüchtig auf Ton getrocknet hat, verreibt man es noch mit wenig kaltem Wasser, saugt scharf ab und wäscht mit kaltem Wasser nach. Der Körper gibt mit Eisenchlorid nur noch schwache Färbung. Die Ausbeute beträgt ungefähr 60% der Theorie. Aus den Mutterlaugen erhält man bei

---

[1]) Klepl, Journ. f. prakt. Chem. [2] **28**, 208 [1883].

längerem Stehen und namentlich nach Einengen im Vakuum noch weitere Krystallisationen, die aber viel unveränderte Salicylsäure enthalten.

Zur Reinigung löst man das im Vakuumexsiccator getrocknete Rohprodukt in der 4fachen Gewichtsmenge warmem Essigester. Aus der filtrierten Flüssigkeit fallen auf Zusatz von Petroläther glänzende Blättchen aus. Nimmt man die 6—7fache Menge Essigester zur Lösung und versetzt mit warmem Petroläther bis zur eben beginnenden Krystallisation, so scheiden sich beim langsamen Abkühlen glänzende, lange Tafeln ab.

Für die Analyse war im Vakuumexsiccator über Phosphorpentoxyd getrocknet worden.

$$0,1856 \text{ g Sbst.}: \ 0,3753 \text{ g } CO_2, \ 0,0689 \text{ g } H_2O.$$
$$C_9H_8O_5 \ (196,06). \quad \text{Ber. C } 55,09, \ H \ 4,11.$$
$$\text{Gef. ,, } 55,15, \ ,, \ 4,15.$$

Die Carbomethoxysalicylsäure schmilzt bei 135° (korr.) unter Schäumen. Von kalter Natriumcarbonatlösung wird sie leicht gelöst und fällt beim Ansäuern unverändert aus. Von heißem Wasser wird sie leicht aufgenommen und krystallisiert beim Abkühlen in vielfach verwachsenen, schräg abgeschnittenen Tafeln. Sie ist sehr leicht löslich in kaltem Alkohol, Aceton und Essigester, leicht in kaltem Chloroform und Äther, leicht auch in heißem Benzol, fast unlöslich in Petroläther. Von Alkalien wird sie sehr leicht in Salicylsäure verwandelt. Die wässerige Lösung gibt mit Eisenchlorid keine Färbung.

Carbomethoxy-salicylsäurechlorid, $CH_3OOC.O.C_6H_4.CO.Cl.$

Mischt man in einem Kolben unter Ausschluß der Luftfeuchtigkeit 10 g reine, trockene Carbomethoxy-salicylsäure mit 13 g schnell gepulvertem Phosphorpentachlorid ($1^1/_4$ Mol.) durch kräftiges Schütteln, so wird die Masse nach einigen Minuten klebrig, schmilzt zusammen und verwandelt sich unter stürmischer Salzsäureentwicklung und geringer Erwärmung in ein klares, schwach gelb gefärbtes Öl, während etwas Phosphorpentachlorid unverändert bleibt. Der Kolben wird noch $^1/_2$ Minute auf dem Wasserbade erwärmt, das Öl nach dem Abkühlen in wenig Äther gelöst, vom überschüssigen Phosphorpentachlorid abgegossen, der Äther bei gewöhnlicher Temperatur und das Phosphoroxychlorid durch längeres Erhitzen im Vakuum (15 mm) bei einer Badtemperatur von 60° möglichst vollständig verjagt. In hohem Vakuum (0,1—0,5 mm) läßt das Chlorid sich dann unerzsetzt destillieren. Bei 0,1 mm Druck geht es bei 107—110° als farblose Flüssigkeit vollständig über. Die Ausbeute beträgt etwa 90% der Theorie.

Für die Analyse wurde es durch Erwärmen mit überschüssiger Silbernitratlösung zersetzt.

0,2714 g Sbst.: 0,1784 g AgCl.

$C_9H_7O_4Cl$ (214,50).   Ber. Cl 16,53.   Gef. Cl 16,25.

Neue Synthese der Salicylursäure,
$$OH.C_6H_4.CO.NH.CH_2.COOH.$$

Die von Bertagnini[1]) im Harn nach Genuß von Salicylsäure aufgefundene Salicylursäure ist vor $1^1/_2$ Jahren von S. Bondi[2]) synthetisch durch Kupplung von Salicylsäureazid mit Glykokoll in alkalischer Lösung dargestellt worden. Nach dem Resultat seiner Analysen hat er aber das synthetische Produkt nicht rein erhalten und deshalb die Zusammensetzung endgültig durch die Analyse des Silbersalzes feststellen müssen. Unter diesen Umständen dürfte die nachfolgende Synthese aus dem Carbomethoxy-salicylsäurechlorid den Vorzug für die praktische Bereitung der Substanz verdienen. Das Chlorid der Carbomethoxy-salicylsäure läßt sich sowohl mit Glykokollester in ätherischer Lösung wie auch direkt mit Glykokoll in alkalischer Lösung kuppeln. Obschon die letzte Methode bei weitem die bequemere ist, will ich doch das andere Verfahren auch beschreiben, weil es vielleicht in anderen Fällen bessere Dienste leisten kann.

In eine gut gekühlte Lösung von 3,9 g Glykokollester ($2^1/_4$ Mol.) in trockenem Äther trägt man allmählich unter Schütteln 3,6 g Carbomethoxy-salicylsäurechlorid ein, das durch etwas Äther verdünnt ist. Während der Reaktion scheidet sich salzsaurer Glykokollester ab, der schließlich den Äther breiartig erfüllt. Zum Schluß ist die Lösung nur noch schwach alkalisch; sie wird durch Zusatz einiger Tropfen ätherischer Salzsäure schwach angesäuert. Man saugt das Glykokollesterchlorhydrat ab und wäscht mit Äther aus (2,7 g). Der Äther wird mit etwas Wasser durchgeschüttelt, abgehoben, durch ein trockenes Filter gegossen und verdampft. Es bleibt ein zähes Öl zurück.

Bei dem salzsauren Glykokollester befand sich in kleiner Menge (0,35 g) ein in Wasser sehr schwer löslicher Körper, der sich in Soda nicht löste. Beim Erhitzen mit Natronlauge ging er in Lösung; beim Ansäuern schied sich Salicylsäure krystallinisch ab. Vielleicht handelt es sich um ein Carbomethoxy-salicylsäureanhydrid.

Da der Carbomethoxy-salicylursäureester nicht krystallisierte, so wurde er zur Verseifung mit 60 ccm n-Natronlauge verrieben, wobei er erstarrte, und dann 1 Stunde auf der Maschine geschüttelt, wobei er bis auf eine geringe Trübung in Lösung ging. Wird nun die filtrierte

---

[1]) Liebigs Annal. d. Chem. **97**, 250 [1856].
[2]) Zeitschr. f. physiol. Chem. **52**, 170 [1907].

Flüssigkeit mit Salzsäure übersättigt, so entweicht viel Kohlensäure, und nach einiger Zeit, rascher beim Impfen, entsteht ein voluminöser Niederschlag von Salicylursäure, die nach einigem Stehen in Eis abgesaugt und mit Wasser gewaschen wird. Die Ausbeute betrug 70—80% der Theorie, berechnet auf das angewandte Chlorid. Zur Reinigung wurde aus der 20fachen Menge heißem Wasser umgelöst und für die Analyse unter 15 mm Druck bei 100° getrocknet.

0,1828 g Sbst.: 0,3703 g CO_2, 0,0774 g H_2O. — 0,1833 g Sbst.: 11,6 ccm N über 33proz. KOH (18°, 750 mm).

$C_9H_9O_4N$ (195,08).   Ber. C 55,36, H 4,65, N 7,18.
Gef. „ 55,25, „ 4,74, „ 7,23.

In bezug auf Schmelzpunkt, Löslichkeit usw. habe ich den Angaben von Bondi nichts zuzufügen.

Mehr zu empfehlen ist folgendes Verfahren, bei dem man auch Carbomethoxy-salicylsäurechlorid verwenden kann, das nicht destilliert, sondern nur durch etwa einstündiges Erhitzen auf 60° unter 12—15 mm Druck von Phosphoroxychlorid befreit ist.

Zu einer bis zum Gefrieren abgekühlten Lösung von 1,45 g Glykokoll ($1^1/_4$ Mol.) in 19,4 ccm n-Natronlauge gibt man das aus 3 g (1 Mol.) Carbomethoxy-salicylsäure hergestellte Chlorid und 15,4 ccm n-Natronlauge unter kräftigem Schütteln. Das Chlorid verschwindet ziemlich schnell. Scheidet sich gegen Ende der Reaktion ein krystallisierter Körper ab, so bringt man ihn durch wenig Natronlauge wieder in Lösung. Durch Ansäuern läßt sich aus der Flüssigkeit der unten beschriebene Körper $C_{10}H_7O_5N$ isolieren. Handelt es sich nur um die Gewinnung der Salicylursäure, so gibt man zu der Lösung noch 6 ccm konzentrierte Natronlauge (33proz.) und läßt 1 Stunde bei Zimmertemperatur stehen. Beim Ansäuern erfolgt stürmische Kohlensäureentwicklung, und nach Einimpfen eines Krystalls fällt die Salicylursäure als dicke Masse aus. Die Ausbeute beträgt über 70%, auf die angewandte Carbomethoxy-salicylsäure berechnet. Zur Reinigung genügt einmaliges Umkrystallisieren aus der 20fachen Menge heißem Wasser.

0,1896 g Sbst.: 0,3862 g CO_2, 0,0787 g H_2O.

$C_9H_9O_4N$ (195,08).   Ber. C 55,36, H 4,65.
Gef. „ 55,55, „ 4,64.

Wie oben erwähnt, enthält die bei der Kupplung von Glykokoll und Carbomethoxy-salicylsäurechlorid entstehende Lösung ein Zwischenprodukt von der Formel $C_{10}H_7O_5N$, das beim Übersättigen mit Salzsäure sofort als bald krystallinisch erstarrendes Öl ausfällt. Die Ausbeute betrug 80% der Theorie. Es wurde in der 20fachen Menge eines Gemisches von 3 Volumen Wasser und 1 Volumen Aceton heiß gelöst. Beim Erkalten schieden sich glänzende, mikroskopische, sehr dünne Platten ab.

Für die Analyse wurde bei 100° getrocknet.

0,1883 g Sbst.: 0,3770 g CO_2, 0,0547 g H_2O. — 0,1815 g Sbst.: 9,8 ccm N über 33% KOH (16°, 773 mm).

$C_{10}H_7O_5N$ (221,06).   Ber. C 54,30, H 3,19, N 6,34.
Gef. ,, 54,60, ,, 3,25, ,, 6,42.

Die Substanz schmilzt bei 228° (korr.) zu einer farblosen Flüssigkeit, nachdem einige Grade vorher Sinterung eingetreten ist. Durch eine kalte, verdünnte Lösung von Natriumcarbonat wird sie leicht aufgenommen und beim sofortigen Ansäuern durch Salzsäure unverändert wieder gefällt. Durch überschüssiges Alkali wird sie auch bei gewöhnlicher Temperatur ziemlich rasch in Salicylursäure verwandelt. In heißem Wasser ist der Körper ziemlich leicht löslich, krystallisiert beim Abkühlen in langen, dünnen Prismen. Die wässerige Lösung färbt sich nicht mit Eisenchlorid. Er ist leicht löslich in Aceton, Essigester und Alkohol, sehr schwer in Chloroform und Benzol, unlöslich in Petroläther.

Die Beziehungen der Verbindung zur Salicylursäure entsprechen offenbar der Gleichung:

$$C_{10}H_7O_5N + H_2O = C_9H_9O_4N + CO_2.$$
Salicylursäure.

Sie ist also das Anhydrid einer Salicylurkohlensäure, in welcher die Kohlensäure mit der Phenolgruppe vereinigt ist. Ein definitives Urteil über ihre Struktur gestatten die bisherigen Beobachtungen nicht.

Monocarbomethoxy-gentisinsäure,
$CH_3OOC.O.C_6H_3(OH).COOH$.

Da die alkalische Lösung der Gentisinsäure sich an der Luft rasch oxydiert, so ist die Kupplung in einer Wasserstoffatmosphäre auszuführen.

Zu einer stark gekühlten Lösung von 10 g Gentisinsäure in 130 ccm n-Natronlauge (2 Mol.) gibt man 6,7 g Chlorkohlensäuremethylester (1,1 Mol.) in mehreren Portionen unter kräftigem Schütteln. Das Chlorid verschwindet schnell. Beim Ansäuern mit verdünnter Salzsäure fällt das Kupplungsprodukt im ersten Augenblick ölig aus, erstarrt aber sofort zu einer schwach gelb gefärbten Krystallmasse, die scharf abgesaugt, mit Wasser gewaschen und auf Ton getrocknet wird. Ausbeute 13,1 g, während 13,8 g berechnet sind. Zur Reinigung löst man in 80 ccm kaltem Aceton, kocht mit etwas Tierkohle kurz auf, filtriert und versetzt mit viel Wasser, wobei ein voluminöser Brei von farblosen, langen Nadeln entsteht. Für die Analyse wurde nochmals in der 6—7fachen Menge heißem Essigester gelöst, so viel Petroläther hinzugefügt, bis Krystallisation erfolgte, dann abgekühlt und die abgesaugten Krystalle zuletzt unter 15 mm Druck bei 100° getrocknet.

$$0{,}1855 \text{ g Sbst.}: 0{,}3463 \text{ g } CO_2,\ 0{,}0627 \text{ g } H_2O.$$
$$C_9H_8O_6\ (212{,}06). \quad \text{Ber. C } 50{,}93,\ H\ 3{,}80.$$
$$\text{Gef. } \text{,, } 50{,}91,\ \text{,, } 3{,}78.$$

Die Säure schmilzt nach vorheriger Sinterung bei 171° (korr.) zu einer farblosen Flüssigkeit. Sie löst sich ziemlich leicht in heißem Wasser und fällt beim Abkühlen zunächst als Öl aus, erstarrt aber beim Reiben bald. Die wässerige Lösung färbt sich mit Eisenchlorid tiefviolett, ungefähr wie Salicylsäure, während die Gentisinsäure mit Ferrichlorid eine tiefblaue Färbung gibt.

Sie ist sehr leicht löslich in kaltem Alkohol und Aceton, leicht auch in kaltem Äther und Essigester, ziemlich leicht in heißem Chloroform und Benzol, unlöslich in Petroläther.

Es gelang nicht, in alkalischer Lösung ein zweites Carbomethoxyl einzuführen. Gibt man zu der Lösung des Natriumsalzes der Mono-carbomethoxy-gentisinsäure noch 1 Mol. n-Natronlauge und 1 Mol. chlorkohlensaures Methyl, so wird das Chlorid beim Schütteln zwar bald verbraucht; beim Ansäuern entwickelt sich aber Kohlensäure, und die Monocarbomethoxy-gentisinsäure scheidet sich unverändert aus.

Dicarbomethoxy-gentisinsäure, $[CH_3OOC.O]_2C_6H_3.COOH$.

Zu einer gut gekühlten Lösung von 6 g reiner, trockener Mono-carbomethoxy-gentisinsäure und 6 g Dimethylanilin (2 Mol.) in einem Gemisch von 50 ccm reinem Benzol und 30 ccm trockenem Äther gibt man im Laufe von $^1/_2$ Stunde allmählich 2,7 g Chlorkohlensäure-methylester (1 Mol.), der durch etwas Benzol verdünnt ist, unter anhaltendem Schütteln. Gegen Ende der Reaktion trübt sich die Lösung durch Abscheidung von wenig Öl. Der Geruch nach dem Chlorid ist schließlich nur schwach. Nachdem man die Lösung mit verdünnter Salzsäure gut durchgeschüttelt hat, wird das Benzol abgehoben, durch ein trockenes Filter gegossen und im Vakuum eingedampft. Es bleibt ein harter Krystallkuchen zurück, der mit etwas Petroläther verrieben und abgesaugt wird (6,5 g). Zur Entfernung der nicht veränderten Monocarbomethoxy-gentisinsäure laugt man das Produkt mit 20 ccm kaltem Äther aus, saugt scharf ab und wäscht mit wenig Äther nach. Gibt es mit Eisenchlorid noch Färbung, so wiederholt man die Operation.

Zur völligen Reinigung löst man das Produkt in der 7—8fachen Menge heißem Essigester und versetzt so lange mit Petroläther, bis die Krystallisation von dünnen Prismen einsetzt. Nach Abkühlen in einer Kältemischung wird abgesaugt, mit Essigester-Petroläther-Gemisch nachgewaschen und im Vakuumexsiccator über Phosphorpentoxyd getrocknet.

Für die Analyse wurde bei 100° unter 15 mm Druck getrocknet.

0,1662 g Sbst.: 0,2981 g CO_2, 0,0547 g H_2O.

$C_{11}H_{10}O_8$ (270,08).   Ber. C 48,87, H 3,73.
Gef. ,, 48,92, ,, 3,68.

Die Säure schmilzt nach vorheriger Sinterung bei 144—145° (korr.) unter Schäumen. Sie ist sehr leicht löslich in Alkohol, Aceton, Essigester auch in der Kälte, leicht in heißem Benzol und Chloroform, ziemlich leicht in warmem Äther, unlöslich in Petroläther. Von heißem Wasser wird sie leicht aufgenommen und fällt bei raschem Abkühlen ölig aus, krystallisiert aber sehr rasch. Die wässerige Lösung gibt mit Eisenchlorid keine Färbung.

Dicarbomethoxy-gentisinsäurechlorid,
$[CH_3OOC.O]_2C_6H_3.CO.Cl.$

Erwärmt man ein Gemisch von 1 g scharf getrockneter Dicarbomethoxy-gentisinsäure und 1 g schnell gepulvertem Phosphorpentachlorid ($1^1/_4$ Mol.) unter Ausschluß der Luftfeuchtigkeit auf dem Wasserbade, so verwandelt es sich innerhalb einiger Minuten unter starker Salzsäureentwicklung in ein klares, fast farbloses Öl, während etwas Phosphorpentachlorid unverändert bleibt. Beim Abkühlen erstarrt die Mischung. Das Phosphoroxychlorid wird unter 15 mm Druck bei 50—60° möglichst vollständig verjagt, der trockene Rückstand in 20 ccm heißem, hochsiedendem Ligroin gelöst und filtriert. Die beim Abkühlen abgeschiedene Krystallmasse wird abgesaugt, mit Petroläther gewaschen und im Vakuumexsiccator über Phosphorpentoxyd getrocknet. Ausbeute 1 g.

0,2733 g Sbst. (durch Erwärmen mit Wasser und überschüssiger Silberlösung zersetzt): 0,1326 g AgCl.

$C_{11}H_9O_7Cl$ (288,52).   Ber. Cl 12,29.   Gef. Cl 12,00.

Das Chlorid schmilzt nach vorheriger Sinterung bei 119° (korr.) zu einer farblosen Flüssigkeit. Es wird von Wasser und Alkohol erst beim Erwärmen zersetzt. Von den gebräuchlichen organischen Lösungsmitteln wird es auch in der Kälte leicht aufgenommen. In heißem Ligroin löst es sich ziemlich leicht, krystallisiert beim Abkühlen in mikroskopischen, sehr kleinen, biegsamen Nädelchen, die vielfach kuglig oder büschelförmig verwachsen sind.

Monocarbomethoxy-β-resorcylsäure,
$CH_3OOC.O.C_6H_3(OH).COOH$.

Eine bis zum Gefrieren abgekühlte Lösung von 10 g (bei 100—110° getrockneter) β-Resorcylsäure in 130 ccm n-Natronlauge (2 Mol.) wird nach Zusatz von 6,7 g chlorkohlensaurem Methyl (1,1 Mol.) kräftig geschüttelt, bis das Chlorid verschwunden ist. Die Flüssigkeit gesteht dabei sehr bald zu einem Brei feiner Nädelchen, die wahrscheinlich das Natriumsalz der Monocarbomethoxy-β-resorcylsäure sind. Durch Erwärmen auf etwa 30° bringt man den Niederschlag wieder in Lösung und übersättigt mit verdünnter Salzsäure. Dabei fällt eine voluminöse, weiße Krystallmasse aus, die abgesaugt, mit Wasser gewaschen und auf Ton getrocknet wird (13 g).

Zur Reinigung löst man in 50 ccm Aceton, kocht mit etwas Tierkohle kurz auf, filtriert und fällt die Säure durch Zusatz von Wasser in Form schöner, langer Nadeln.

Für die Analyse wurde unter 15 mm Druck bei 100° getrocknet. Dabei verlor der Körper durch Sublimation ständig etwas an Gewicht.

0,1580 g Sbst.: 0,2950 g CO_2, 0,0533 g H_2O.

$C_9H_8O_6$ (212,06).   Ber. C 50,93, H 3,80.
Gef. ,, 50,92, ,, 3,77.

Ebensowenig wie bei der Gentisinsäure, läßt sich hier in alkalischer Lösung ein zweites Carbomethoxyl einführen.

Beim Erhitzen im Capillarrohr schmilzt die Säure bei 143° (korr.), nachdem sie schon einige Grade vorher zu sintern angefangen hat. Sie ist sehr leicht löslich in kaltem Alkohol, Aceton, Essigester, Äther und Chloroform, leicht auch in heißem Benzol, unlöslich in Petroläther. Von heißem Wasser wird sie ziemlich leicht aufgenommen, krystallisiert bei geringer Abkühlung aber wieder aus. Die wässerige Lösung färbt sich mit Eisenchlorid tiefrot wie die β-Resorcylsäure selbst.

Dicarbomethoxy-β-resorcylsäure, $[CH_3OOC.O]_2C_6H_3.COOH$.

6 g reine, getrocknete Monocarbomethoxy-β-resorcylsäure übergießt man mit 120 ccm reinem Benzol und fügt 6,9 g Dimethylanilin (2 Mol.) hinzu. Die Säure geht als Salz in Lösung, ein Teil scheidet sich wieder krystallinisch ab. Nachdem bis zum Gefrieren des Benzols abgekühlt ist, gibt man 2,7 g Chlorkohlensäuremethylester (1 Mol.) in 4—5 Portionen zu. Nach jedesmaligem Zusatz von Chlorid schüttelt man etwa 5 Minuten und kühlt dann wieder bis zum Gefrieren ab. Das zuerst ausgeschiedene Salz geht bei der Reaktion sehr bald in Lösung. Ist der Geruch nach Chlorid nur noch sehr schwach, so wird die klare Lösung unter guter Kühlung mit überschüssiger verdünnter

Salzsäure (etwa 2fach normal) kräftig durchgeschüttelt. Das Reaktionsprodukt scheidet sich bald krystallinisch ab. Es wird abgesaugt, zuerst mit wenig kaltem Benzol, dann mit Petroläther gewaschen. Es wog nach dem Trocknen 4,8 g, d. i. 63% der Theorie. Mit Eisenchlorid gibt es keine Färbung mehr. Die Benzolmutterlauge wurde von der wässerigen Lösung getrennt, durch ein trockenes Filter gegossen, dann im Vakuum stark eingeengt. Auf Zusatz von Petroläther fiel eine Krystallmasse aus, die mit Ferrichlorid starke Violettfärbung gab, daher wohl zum großen Teil aus unveränderter Monocarbomethoxy-β-resorcylsäure bestand. Zur Reinigung löst man die Dicarbomethoxy-β-resorcylsäure in der 12fachen Gewichtsmenge heißem Essigester und versetzt die Lösung mit so viel warmem Petroläther, bis die Abscheidung feiner Nadeln beginnt. Nach Abkühlen in Eis wird die ausgefallene Krystallmasse scharf abgesaugt und mit Essigester-Petroläther-Gemisch nachgewaschen.

Für die Analyse wurde bei 100° unter 15 mm Druck getrocknet.

0,1780 g Sbst.: 0,3184 g CO_2, 0,0602 g H_2O.

$C_{11}H_{10}O_8$ (270,08).   Ber. C 48,87, H 3,73.
Gef. ,, 48,78, ,, 3,78.

Die Säure schmilzt gegen 159° (korr.) unter lebhaftem Schäumen. Sie wird von heißem Wasser ziemlich leicht aufgenommen. In heißem Alkohol löst sie sich leicht, auf Zusatz von Wasser krystallisiert sie daraus in langen Nadeln. Sie ist leicht löslich in kaltem Aceton und Essigester, ziemlich leicht in heißem Chloroform, in warmem Benzol und Äther nur ziemlich schwer, unlöslich in Petroläther.

Dicarbomethoxy-β-resorcylsäurechlorid,
$[CH_3OOC.O]_2C_6H_3.CO.Cl$.

Darstellung, Reinigung und Ausbeute waren genau so wie bei dem isomeren Chlorid der Dicarbomethoxy-gentisinsäure.

0,2616 g Sbst.: 0,1296 g AgCl.

$C_{11}H_9O_7Cl$ (288,52).   Ber. Cl 12,29.   Gef. Cl 12,25.

Das Chlorid schmilzt bei 86—87° (korr.) zu einer farblosen, klaren Flüssigkeit, nachdem schon einige Grade vorher schwache Sinterung eingetreten ist. Es ist verhältnismäßig beständig; von Wasser und Alkohol wird es erst in der Wärme zersetzt. In den gebräuchlichen organischen Solvenzien ist es auch in der Kälte sehr leicht löslich. Aus heißem Ligroin, von dem es ziemlich leicht aufgenommen wird, scheidet es sich beim Abkühlen in ziemlich derben, häufig flächenreichen Krystallen, manchmal auch in feinen Nadeln oder dünnen, langen Blättern ab.

Carbomethoxy-o-cumarsäure, $CH_3OOC.O.C_6H_4.CH:CH.COOH$.

Zu einer Lösung von 50 g o-Cumarsäure in 610 ccm n-Natronlauge (2 Mol.), die in einer Kältemischung bis zum Gefrieren abgekühlt ist, gibt man 31,6 g chlorkohlensaures Methyl (1,1 Mol.) in etwa 5 Portionen unter starkem Schütteln. Das Chlorid verschwindet sehr schnell, und die anfangs gelbgrüne Lösung wird wieder farblos. Man säuert mit verdünnter Salzsäure an, saugt den ausfallenden voluminösen, weißen Niederschlag scharf ab und trocknet ihn auf Ton. Zur Reinigung wird das Produkt in 600 ccm heißem Aceton gelöst, dann so lange mit Wasser von etwa 60° versetzt, bis die Abscheidung feiner, biegsamer Nadeln beginnt. Nach Abkühlen in Eis wird die Krystallmasse abgesaugt, mit Wasser gewaschen, dann bei 100° getrocknet. Die Ausbeute betrug 61 g oder 90 % der Theorie.

0,1697 g Sbst.: 0,3703 g CO_2, 0,0710 g H_2O.

$C_{11}H_{10}O_5$ (222,08).   Ber. C 59,44, H 4,54.
Gef. ,, 59,51, ,, 4,68.

Beim Erhitzen im Capillarrohr schmilzt die Säure bei 185° (korr.), nachdem schon einige Grade vorher Sinterung eingetreten ist. Sie ist leicht löslich in heißem Alkohol, Aceton und Essigester, bedeutend schwerer in warmem Chloroform, Benzol und Äther, unlöslich in Petroläther. Von heißem Wasser wird sie sehr schwer aufgenommen. Sie löst sich in überschüssigen, verdünnten Alkalien mit gelbgrüner Fluorescenz; beim Ansäuern findet starke Kohlensäureentwicklung statt.

Carbomethoxy-o-cumarsäurechlorid,
$CH_3OOC.O.C_6H_4.CH:CH.CO.Cl$.

Eine Mischung von 2 g trockener Carbomethoxy-o-cumarsäure und 2,3 g schnell gepulvertem Phosphorpentachlorid ($1\frac{1}{4}$ Mol.) erwärmt man unter Ausschluß der Luftfeuchtigkeit auf dem Wasserbade. Nach einigen Minuten schmilzt die Masse zusammen und verwandelt sich in ein klares, hellgelbes Öl, während etwas Phosphorpentachlorid unverändert bleibt. Das Phosphoroxychlorid wird im Vakuum (15 mm) möglichst vollständig verjagt. (Badtemperatur 50°.) Der Rückstand erstarrt beim Abkühlen zu einem harten Kuchen. Man löst ihn unter Erwärmen in 25 ccm hochsiedendem Ligroin, filtriert und läßt langsam abkühlen. Bald scheiden sich kugelige, moosartige Gebilde ab, die sich beim Stehen in Eis rasch vermehren und die Flüssigkeit schließlich ganz erfüllen. Der Niederschlag wird rasch abgesaugt, mit kaltem Petroläther gut ausgewaschen, dann im Vakuumexsiccator über Phosphorpentoxyd getrocknet. ·Die Ausbeute betrug 1,8 g oder 83% der Theorie.

Für die Analyse wurde das Chlorid mit überschüssiger Silberlösung durch Erwärmen auf dem Wasserbade zersetzt, nach dem Abkühlen das Chlorsilber und die ausgeschiedene Carbomethoxy-o-cumarsäure abfiltriert und im Filtrat das Silber mit Rhodanammonium zurücktitriert.

0,2756 g Sbst.: 0,1137 ccm $n/_{10}$-$AgNO_3$.

$C_{11}H_9O_4Cl$ (240,52).   Ber. Cl 14,74.   Gef. Cl 14,63.

Das Carbomethoxy-o-cumarsäurechlorid ist empfindlicher als die bisher beschriebenen Chloride; es wird von Wasser und Alkohol auch in der Kälte verändert. Es ist in den gebräuchlichen organischen Solvenzien sehr leicht löslich. Von heißem Ligroin wird es ziemlich leicht aufgenommen und krystallisiert daraus beim Abkühlen in äußerst feinen, biegsamen Nädelchen, die meist zu dichten, klumpigen Aggregaten verwachsen sind.

Bei obigen Versuchen bin ich von Herrn Dr. Adolf Sonn aufs eifrigste unterstützt worden, wofür ich ihm auch hier besten Dank sage.

In gleicher Art lassen sich nach den Beobachtungen des Herrn Freudenberg Kombinationen der Vanillinsäure mit Glykokoll, p-Oxybenzoesäure und Vanillin darstellen.

Endlich habe ich in Gemeinschaft mit Herrn Dr. A. Krämer einige Erfahrungen über die Darstellung von Ketonen mittels der Chloride der Carbomethoxy-phenolcarbonsäuren gesammelt. Carbomethoxy-p-oxybenzoylchlorid läßt sich mit Benzol durch Aluminiumchlorid in Carbomethoxy-benzophenon und dieses durch Verseifung in das schon bekannte p-Oxybenzophenon verwandeln.

Ferner haben wir aus Tricarbomethoxygalloylchlorid mit Quecksilberdimethyl das entsprechende Tricarbomethoxyderivat des Acetophenons dargestellt, das sich ebenfalls verseifen läßt.

Über diese Resultate wird in nächster Zeit an anderer Stelle berichtet werden.

**5. Emil Fischer: Über die Carbomethoxyderivate der Phenolcarbon-
säuren und ihre Verwendung für Synthesen. III.**

Berichte der Deutschen chemischen Gesellschaft **42**, 1015 [1909].

(Eingegangen am 9. März 1909.)

Die leicht darstellbaren Chloride der Carbomethoxy-phenolcarbonsäuren zeigen manche Verwandlungen des Benzoylchlorids und sind
deshalb ein geeignetes Material für recht verschiedenartige Synthesen.
Den früher beschriebenen Beispielen[1]) dafür kann ich zwei neue an-
reihen, welche die Gewinnung von Oxybenzophenonen betreffen.
Das p-Carbomethoxy-oxybenzoylchlorid[2]) verbindet sich bei
Gegenwart von Aluminiumchlorid mit Benzol, und das hierbei in
guter Ausbeute entstehende p-Carbomethoxy-oxybenzophenon,
$CH_3OOC.O.C_6H_4.CO.C_6H_5$, wird durch Verseifung in das schon bekannte p-Oxybenzophenon[3]) verwandelt.

Auf die gleiche Art konnte aus Tricarbomethoxy-galloylchlorid ein Trioxybenzophenon gewonnen werden. Nur war hier
die Isolierung des Zwischenprodukts nicht möglich. Bei der Wirkung
des Aluminiumchlorids findet nämlich eine partielle Abspaltung der
Carbomethoxy-gruppen statt; denn das Reaktionsprodukt konnte der
ätherischen Lösung durch Ausschütteln mit einer kalten Lösung von
Natriumcarbonat leicht entzogen werden. Das neue Trioxybenzophenon
hat nach der Synthese die Struktur

$$HO \cdot \left\langle \begin{array}{c} HO \\ \\ HO \end{array} \right\rangle \cdot CO.C_6H_5.$$

Es ist verschieden von dem gleich zusammengesetzten Alizaringelb, das durch Kondensation von Benzoesäure mit Pyrogallol entsteht. Da das aus Salicylsäure und Pyrogallol auf die gleiche Art erhaltene Tetraoxybenzophenon sich in ein Xanthonderivat verwandeln
ließ und dadurch als 2, 3, 4, 2′-Tetraoxybenzophenon erkannt wurde,

---

[1]) Berichte d. d. chem. Gesellsch. **41**, 2875 [1908]; **42**, 215 [1909]. (*S. 63
und S. 80.*)

[2]) Berichte d. d. chem. Gesellsch. **41**, 2878 [1908]. (*S. 66.*)

[3]) Beilstein, Handbuch (3. Aufl.) III, 193.

so haben Gräbe und Eichengrün[1]) auch für das Alizaringelb den Schluß gezogen, daß es wahrscheinlich die drei Hydroxyle in der Stellung 2, 3, 4 enthalte. Dieser Ansicht sind E. Nölting und A. Meyer[2]) aus ähnlichen Gründen beigetreten.

Der endgültige Beweis dafür fehlt aber noch. Die vorliegende Synthese des isomeren 3, 4, 5-Trioxybenzophenons aus Gallussäure ist deshalb eine beachtenswerte Stütze jener Ansicht, und ich zweifle kaum daran, daß man nach demselben Verfahren aus der Pyrogallolcarbonsäure das Alizaringelb erhalten wird.

Größere Schwierigkeiten bietet die Synthese von Oxyderivaten des Acetophenons aus den Chloriden der Carbomethoxy-phenolcarbonsäuren. Bei Anwendung von Zinkmethyl oder Methylmagnesiumjodid finden kompliziertere Reaktionen statt, und auch die kürzlich[3]) angekündigte Darstellung des Tricarbomethoxy-acetophenons hat sich bei näherer Untersuchung nicht bestätigt; denn das so erhaltene Produkt hat zwar die prozentische Zusammensetzung, die jener Formel entspricht, besitzt aber eine andere Konstitution. Vielleicht wird die kürzlich von den Herren E. Blaise und A. Koehler[4]) beobachtete Modifikation der Freundschen Ketonsynthese, bei der Zinkmethyljodid an Stelle von Zinkmethyl zur Verwendung kommt, auch in diesem Fall bessere Resultate geben.

Gelegentlich obiger Versuche habe ich einige Erfahrungen über das Gallacetophenon gesammelt, welches von Nencki und Sieber[5]) durch Erhitzen von Pyrogallol mit Eisessig und Zinkchlorid dargestellt wurde und das nach Nencki[6]) ein 2, 3, 4-Trioxyacetophenon ist. Im Einklang mit dieser Formel steht die leichte Bildung eines gut krystallisierenden Semicarbazons. Ferner habe ich gefunden, daß das von Einhorn und Hollandt[7]) unter dem Namen Monacetylpyrogallol beschriebene Produkt, das durch Erhitzen von Pyrogallol mit Acetylchlorid entsteht und in der Literatur als besondere Verbindung aufgeführt wird, mit dem Gallacetophenon identisch ist.

Carbomethoxy-p-oxybenzophenon,

$CH_3OOC.O.C_6H_4.CO.C_6H_5$.

5 g Carbomethoxy-oxybenzoylchlorid werden in 20 ccm trockenem, thiopenfreiem Benzol und 10 ccm trockenem Schwefelkohlenstoff gelöst

---

[1]) Liebigs Annal. d. Chem. **269**, 299 [1892].

[2]) Berichte d. d. chem. Gesellsch. **30**, 2590 [1897].

[3]) Berichte d. d. chem. Gesellsch. **42**, 228 [1909]. (*S. 93.*)

[4]) Compt. rend. **148** 489 [1909].

[5]) Journ. f. prakt. Chem. [2] **23**, 151, 538 [1881].

[6]) Berichte d. d. chem. Gesellsch. **27**, 2737 [1894].

[7]) Liebigs Annal. d. Chem. **301**, 107 [1898].

und nach Zusatz von 5 g frisch sublimiertem Aluminiumchlorid 5 Stunden am Rückflußkühler gekocht. Jetzt wird der Schwefelkohlenstoff auf dem Wasserbade abdestilliert, der noch warme Rückstand auf das doppelte Volumen Eis gegossen, mit 6 ccm konzentrierter Salzsäure versetzt und das Benzol durch einen Dampfstrom verjagt. Das erkaltete Gemisch wird ausgeäthert, die Ätherlösung mit Wasser, dann mit überschüssigem Natriumcarbonat, schließlich wieder mit Wasser gewaschen und getrocknet. Nach dem Verjagen des Äthers bleibt ein Sirup, der bald krystallinisch erstarrt. Er wird in kaltem Alkohol gelöst und mit heißem Wasser ausgefällt. Ausbeute 4,9 g (82% der Theorie).

Zur Analyse wurde bei 15 mm Druck über Phosphorpentoxyd getrocknet.

0,1323 g Sbst.: 0,3403 g CO_2, 0,0543 g H_2O. — 0,1614 g Sbst.: 0,4151 g CO_2, 0,0700 g H_2O.

$C_{15}H_{12}O_4$ (256,09).   Ber. C 70,29,   H 4,72.
                        Gef. ,, 69,99, 70,14, ,, 4,58, 4,85.

Die Verbindung schmilzt bei 94—95° (korr.) zu einer farblosen Flüsigkeit. Sie löst sich schwer in heißem Wasser und fällt daraus beim Abkühlen als bald erstarrendes Öl aus. In heißem Alkohol ist sie sehr leicht löslich und scheidet sich aus der konzentrierten Lösung beim starken Abkühlen in kleinen, schräg abgeschnittenen Prismen ab. In solchen mikroskopischen Prismen oder feinen Nädelchen krystallisiert sie auch, wenn die warme Lösung in Methyl- oder Äthylalkohol mit Wasser bis zur beginnenden Trübung versetzt und dann langsam abgekühlt wird. In Aceton, Essigester, Benzol ist sie ebenfalls recht leicht löslich.

Verseifung zu p-Oxybenzophenon.

1 g Carbomethoxy-oxybenzophenon wurde mit 20 ccm n-Natronlauge $^1/_4$ Stunde am Rückflußkühler bis zur klaren Lösung gekocht. Nach dem Abkühlen trat beim Ansäuern Kohlensäureentwicklung ein, und es fielen Öltropfen aus, die bei längerem Stehen in Eiswasser krystallisierten. Nach dem Absaugen wurde in 10 ccm Alkohol gelöst und mit heißem Wasser ausgefällt.

Der Körper zeigte in Löslichkeit, Schmelzpunkt (134°, korr. 135°) und Krystallform Übereinstimmung mit dem p-Oxybenzophenon.

Zur Analyse wurde er bei 15 mm Druck über Phosphorpentoxyd getrocknet.

0,1504 g Sbst.: 0,4336 g CO_2, 0,0700 g H_2O.

$C_{13}H_{10}O_2$ (198,08).   Ber. C 78,75, H 5,09.
                        Gef. ,, 78,63, ,, 5,21.

3, 4, 5 - Trioxybenzophenon.

Löst man 5 g Tricarbomethoxy-galloylchlorid unter gelindem Erwärmen in 20 ccm thiophenfreiem Benzol und fügt nach dem Abkühlen auf gewöhnliche Temperatur 5 g frisch sublimiertes Aluminiumchlorid zu, so erwärmt sich das Gemisch etwas. Die Entwicklung von Salzsäure beginnt jedoch erst, wenn das Gefäß in ein Bad von ungefähr 70° gebracht wird. Unter häufigem Umschütteln des Kolbens hält man eine Stunde die Temperatur des Bades auf 70—75° und zum Schluß noch $\frac{1}{2}$ Stunde auf 75—80°. Die Entwicklung der Salzsäure ist dann fast beendet, und aus der Benzollösung hat sich eine dunkle, harzartige Masse abgeschieden. Nach dem Erkalten wird die gesamte Masse nebst dem Benzol in eine Reibschale auf Eis gegossen, mit überschüssiger, starker Salzsäure verrieben und mit Äther durchgeschüttelt, wobei fast alles in Lösung geht.

Die Äther-Benzol-Lösung wird nach der Abtrennung der salzsauren Flüssigkeit und dem Waschen mit Wasser mehrmals mit einer kalt gesättigten Lösung von Natriumcarbonat durchgeschüttelt, wobei es zweckmäßig ist, die Luft durch einen Wasserstoffstrom auszuschließen. Hierbei geht das Reaktionsprodukt aus dem Äther so vollständig in die alkalische Flüssigkeit über, daß es sich nicht mehr lohnt, die ätherische Lösung zu verarbeiten. Beim Ansäuern der Sodalösung fällt ein Öl aus, das sich leicht ausäthern läßt, und beim Verdampfen des Äthers erhält man einen gefärbten, zähen Sirup, dessen Menge ungefähr 4,3 g beträgt. Da er keine Neigung zum Krystallisieren zeigte, so wurde er direkt verseift und zu dem Zweck im Wasserstoffstrom mit 60 ccm n-Natronlauge 15 Minuten auf dem Wasserbade erwärmt. Als die abgekühlte Flüssigkeit mit Salzsäure übersättigt wurde, schied sich das Trioxybenzophenon sofort als wenig gefärbter Krystallbrei ab. Es wurde ausgeäthert und der Äther verdampft. Ausbeute 2,2 g an krystallwasserhaltiger Substanz oder 65% der Theorie, berechnet auf das angewandte Tricarbomethoxy-galloylchlorid.

Zur Reinigung wurde aus der 30fachen Menge heißem Wasser unter Zusatz von etwas Tierkohle umkrystallisiert.

Die so erhaltenen schwach gelben, äußerst dünnen, glänzenden Blättchen enthalten im lufttrockenen Zustand 1 Mol. Wasser, welches durch $1\frac{1}{2}$ stündiges Trocknen bei 78° und 15 mm Druck bestimmt wurde.

0,2764 g Sbst.: 0,0198 g H_2O.

$C_{13}H_{10}O_4 + H_2O$ (248,09). Ber. H_2O 7,26. Gef. H_2O 7,16.

Die getrocknete Substanz gab folgende Zahlen:

0,1430 g Sbst.: 0,3544 g CO_2, 0,0579 g H_2O.

$C_{13}H_{10}O_4$ (230,08). Ber. C 67,80, H 4,38.

Gef. ,, 67,59, ,, 4,53.

Während die krystallwasserhaltigen Blättchen deutlich gelb sind, ist die trockene Substanz farblos. Ein aus Chloroform krystallisiertes, reines Präparat schmolz bei 175—176° (korr. 177—178°) zu einer schwach braunen Flüssigkeit, nachdem etwa 3° vorher schon Sinterung eingetreten war. Bei den aus Wasser krystallisierten Präparaten wurde der Schmelzpunkt ungefähr 2° niedriger gefunden. Die Verbindung ist in Alkohol, Äther, Aceton und Essigäther recht leicht löslich, schwer in heißem Benzol und fast unlöslich in heißem Petroläther. In heißem Wasser ist sie so leicht löslich, daß sie sich damit in der Siedehitze in gleichem Gewichtsverhältnis zusammenschmelzen läßt. Aus solch konzentrierten Lösungen fällt sie bei geringer Abkühlung sofort und zunächst als Öl aus, das aber bald erstarrt. In kaltem Wasser ist sie schwer löslich. Die wässerige Lösung reagiert gegen Lackmus schwach sauer. Von Natriumcarbonatlösung wird sie leicht aufgenommen, aber durch Kohlensäure daraus gefällt. Die wässerige Lösung reduziert Silbernitrat schon in der Kälte und Fehlingsche Lösung beim Erwärmen. Die sehr verdünnte kalte, wässerige Lösung gibt mit einer Spur Jodlösung eine rosa Färbung, dagegen entsteht in einer kalt gesättigten wässerigen Lösung durch Jod ein dunkelbrauner Niederschlag.

Ebenso wie das Alizaringelb ist das 3, 4, 5-Trioxybenzophenon ein ausgesprochener Beizenfarbstoff.

Gallacetophenon-semicarbazon.

2 g Gallacetophenon, das nach der Vorschrift von Nencki und Sieber durch Erhitzen von Pyrogallol, Eisessig und Chlorzink dargestellt war, wurden mit einer Lösung von 1,8 g Semicarbazidchlorhydrat (1,5 Mol.) und 2,5 g krystallisiertem Natriumacetat in 30 ccm Wasser übergossen und auf dem Wasserbade unter Umschütteln erhitzt, wobei bald Lösung eintrat. Das Erhitzen wurde noch 5 Minuten fortgesetzt und dann die Flüssigkeit in Eis abgekühlt. Das Semicarbazon schied sich dabei als schwach gelber Krystallbrei ab, der nach etwa 1 Stunde filtriert und mit kaltem Wasser gewaschen wurde. Die Ausbeute betrug etwas mehr als das angewandte Gallacetophenon.

Zur Reinigung wurde in etwa 60 Teilen heißem Alkohol gelöst, mit wenig Tierkohle aufgekocht und das Filtrat auf 0° abgekühlt. Man erhält so ein hellgelbes, glänzendes Krystallpulver, in dem man unter dem Mikroskop ganz kurze, dicke Prismen oder würfelähnliche Formen erkennt. Ein erheblicher Teil der Substanz bleibt aber in der alkoholischen Mutterlauge und wird erst durch Einengen, am besten unter geringem Druck, wiedergewonnen.

Für die Analyse wurde die Substanz bei 100° getrocknet. Dabei verliert sie ihren Glanz und nimmt ziemlich erheblich an Gewicht ab. Ob sie Krystallalkohol oder Wasser enthält, habe ich nicht geprüft.

0,1332 g Sbst.: 0,2346 g CO_2, 0,0612 g H_2O. — 0,1162 g Sbst.: 18 ccm N (16°, 767 mm) über 33% KOH. — 0,1090 g Sbst.: 17 ccm N (18°, 768 mm).

$C_9H_{11}O_4N_3$ (225,11).   Ber. C 47,98, H 4,92, N 18,67.
Gef. ,, 48,04, ,, 5,14, ,, 18,27, 18,26.

Die Substanz schmilzt nicht ganz konstant beim raschen Erhitzen gegen 225° zu einer trüben, roten Flüssigkeit, die bei höherer Temperatur allmählich dunkler wird und sich schließlich vollständig zersetzt.

Sie ist in kochendem Wasser ziemlich schwer löslich und erfährt dadurch eine langsame Zersetzung. Sie löst sich auch in heißem Aceton und Essigäther recht schwer und ist in Äther, Benzol und Petroläther fast unlöslich.

Identität des Gallacetophenons und des sogenannten Monacetylpyrogallols.

Die Beschreibung, welche Einhorn und Hollandt von dem aus Pyrogallol und Acetylchlorid erhaltenen Monacetylpyrogallol geben, stimmt im wesentlichen mit den Angaben von Nencki und Sieber über das Gallacetophenon überein. Nur im Schmelzpunkt besteht die kleine Differenz von 3° (171° bzw. 168°). Außerdem wird das erstere als glänzende Nädelchen und das zweite als glänzende Blättchen geschildert. Ich habe beide Präparate miteinander verglichen und keinen Unterschied gefunden. Den Schmelzpunkt habe ich übereinstimmend bei 173° (korr.) beobachtet, und bezüglich der Krystallform kann ich die beiderseitigen Angaben bestätigen. Je nach den Bedingungen erhält man aus Wasser Nädelchen oder Blättchen, und diese lassen sich durch Impfen gegenseitig ineinander umwandeln. Die Nädelchen enthalten erhebliche Mengen Wasser, welches aber schon bei gewöhnlicher Temperatur beim längeren Stehen weggeht. Seine Bestimmung bietet deshalb Schwierigkeiten, und ich will nur anführen, daß ein Präparat, welches eine Stunde auf porösem Ton bei gewöhnlicher Temperatur gelegen hatte und anscheinend trocken war, bei weiterem 24stündigen Stehen an der Luft 17,6% an Gewicht verlor. Unter den gleichen Bedingungen zeigten die Blättchen nur einen Verlust von 2—3%.

Endlich habe ich auch aus dem Präparat von Einhorn und Hollandt in der oben beschriebenen Weise das Semicarbazon dargestellt und bei ihm völlige Übereinstimmung mit dem Präparat aus Gallacetophenon gefunden.

0,0818 g Sbst.: 12,6 ccm N (17°, 773 mm) über 33% KOH.

$C_9H_{11}O_4N_3$ (225,11).   Ber. N 18,67. Gef. N 18,23.

7*

Nach diesen Beobachtungen ist das Präparat von Einhorn und Hollandt zweifellos mit dem älteren Gallacetophenon identisch.

In dem D. R. P. Nr. 105 240[1]) findet sich schon die Angabe, daß unter gewissen Bedingungen aus Pyrogallol durch Einwirkung von 3 Mol.-Gew. Acetylchlorid Gallacetophenon entsteht. Aber diese Beobachtung hat bisher in der wissenschaftlichen Literatur keine Berücksichtigung gefunden. Nach demselben Patent scheint bei Abwesenheit von Salzsäure, also bei Anwendung von Essigsäureanhydrid, der Eintritt des Acetyls in den Benzolkern ganz vermieden werden zu können und ausschließlich eine normale Acetylierung der Phenolgruppen stattzufinden.

Tricarbomethoxy-gallussäureäthylester,

$[CH_3OOC.O]_3C_6H_2.COOC_2H_5$.

Zum Vergleich mit einem Präparat, welches bei den obenerwähnten erfolglosen Versuchen zur Gewinnung von Oxyacetophenonen unerwarteterweise erhalten wurde, habe ich die Verbindung aus dem Chlorid dargestellt. Dieses löst sich in Alkohol beim Erwärmen leicht, und nach kurzem Aufkochen ist die Umsetzung vollzogen. Durch Wasser wird der Ester als Öl gefällt. Man extrahiert mit Äther und wäscht die ätherische Lösung erst mit Wasser und dann mit einer Lösung von Natriumbicarbonat, um alle Säure zu entfernen. Beim Verdampfen des Äthers hinterbleibt der Ester als farbloser Sirup, der beim Impfen sofort, und ohne solches beim längeren Stehen, krystallinisch erstarrt. Die Ausbeute an fast reinem Produkt betrug 90% der Theorie.

Zur Analyse wurde in warmem Alkohol gelöst und Wasser bis zur dauernden Trübung zugesetzt. Beim Abkühlen schied der Ester sich zuerst als Öl ab, erstarrte aber bald zu farblosen, dünnen Prismen oder Nadeln, die im Vakuumexsiccator über Phosphorpentoxyd getrocknet wurden.

0,1547 g Sbst.: 0,2757 g CO_2, 0,0613 g H_2O.

$C_{15}H_{16}O_{11}$ (372,12). Ber. C 48,37, H 4,33.

Gef. ,, 48,60, ,, 4,43.

Die analysierte Probe schmolz bei 85°, nach dem Umkrystallisieren aus heißem Petroläther war der Schmelzpunkt auf 86—87° (korr.) gestiegen. Der Ester löst sich leicht in Aceton, Essigester, Chloroform und Benzol. Auch von warmem Alkohol und Äther wird er leicht aufgenommen, aber recht schwer von Petroläther. In warmem Wasser schmilzt er, löst sich in geringer Quantität und fällt beim Erkalten zunächst ölig aus.

---

[1]) Friedländer, Fortschritte der Teerfarbenfabrikation V, 747.

Verseifung. Da die drei Carbomethoxygruppen von Alkali leichter als das Äthyl abgespalten werden, so läßt sich die Verbindung auf folgende Art in Gallussäureäthylester umwandeln.

3 g Carbomethoxyverbindung werden in einer Flasche, durch die andauernd ein Strom Wasserstoff hindurchgeht, mit 15 ccm Alkohol, 20 ccm Wasser und 33 ccm 2 n-Natronlauge (8 Mol.) übergossen. Beim kräftigen Schütteln geht der größte Teil der Substanz während 15—20 Minuten in Lösung. Man läßt noch 2 Stunden bei gewöhnlicher Temperatur stehen, übersättigt dann mit kalter Salzsäure, wobei viel Kohlensäure entweicht, filtriert, falls noch ein ungelöster Rückstand vorhanden sein sollte, und extrahiert mit Äther. Beim Verdampfen des Äthers hinterbleibt der Gallussäureäthylester zunächst als Öl, erstarrt aber bald.

Zur Reinigung wurde mehrmals aus warmem Wasser unter Zusatz von etwas Tierkohle umkrystallisiert. Er schmolz dann von 151—152° (korr. 154—155°), nachdem ein Grad vorher Sinterung stattgefunden hatte.

Bei diesen Versuchen habe ich mich der Hilfe der Herren Dr. Adolf Krämer und Dr. Adolf Sonn erfreut. Der erste hat die Verwandlung des Carbomethoxy-p-oxybenzoylchlorids in Oxybenzophenon bearbeitet; der andere war bei allen übrigen Beobachtungen beteiligt. Ich sage beiden Herren auch hier meinen besten Dank.

6. Emil Fischer und Karl Freudenberg: Über die Carbomethoxyderivate der Phenolcarbonsäuren und ihre Verwendung für Synthesen. IV.

Liebigs Annalen der Chemie 372, 32 [1910].

(Eingegangen am 20. Januar 1910.)

In den früheren Mitteilungen[1]) wurde gezeigt, daß die Chloride der Carbomethoxy-phenolcarbonsäuren mit den Natriumsalzen der Phenolcarbonsäuren leicht zu esterartigen Produkten gekuppelt werden können und daß die hierbei entstehenden Carbomethoxyverbindungen bei vorsichtiger Verseifung in die entsprechenden Oxyderivate übergehen. Auf diese Art gelang die Bereitung der p-Oxybenzoyl-p-oxybenzoesäure,

$$OH.C_6H_4.CO.O.C_6H_4.COOH,$$

Galloyl-p-oxybenzoesäure,

$$(OH)_3C_6H_2.CO.O.C_6H_4.COOH,$$

und eines krystallisierten Gallussäurederivats, das wahrscheinlich Digallussäure ist.

Um die Brauchbarkeit der Methode für die Darstellung komplizierterer Stoffe zu prüfen, haben wir die Derivate der p-Oxybenzoesäure gewählt, und es ist uns gelungen, durch esterartige Kuppelung 4 Moleküle derselben zu vereinigen zu einer Verbindung, der wir nach ihrer Entstehung die Formel

$$OH.C_6H_4.CO.O.C_6H_4.CO.O.C_6H_4.CO.O.C_6H_4.COOH$$

geben. Ihr rationeller Name wäre p-Oxybenzoyl-p-oxybenzoyl-p-oxybenzoyl-p-oxybenzoesäure, den wir aber in Tri-p-oxybenzoyl-p-oxybenzoesäure abkürzen wollen.

Für ihre Bereitung wurde das p-Carbäthoxy-oxybenzoyl-p-oxybenzoylchlorid mit dem Natriumsalz der p-Oxybenzoxyl-p-oxybenzoesäure in Wechselwirkung gebracht und aus der hierbei entstehenden Carbäthoxy-tri-p-oxybenzoyl-p-oxybenzoesäure durch vorsichtige Verseifung das Carbäthoxyl abgespalten.

---

[1]) Berichte d. d. chem. Gesellsch. 41, 2875 [1908]; (S. 63) 42, 215, 1015 [1909]. (S. 80 u. S. 94.)

Die Tri-*p*-oxybenzoyl-*p*-oxybenzoesäure ist durch ihre Schwerlöslichkeit in allen gewöhnlichen Solventien ausgezeichnet, und nur durch Umlösen aus Oxaläthylester oder Benzoesäuremethylester ist uns ihre Krystallisation gelungen. Ebenso schwer löslich sind ihre Salze oder auch die Salze der Carbäthoxyverbindung. Dadurch werden alle Operationen so erschwert und auch die Ausbeuten so beeinträchtigt, daß wir vorläufig auf die Fortsetzung der Synthese verzichten mußten.

Auf ähnliche Weise haben wir aus *p*-Carbäthoxy-oxybenzoylchlorid und *p*-Oxybenzoyl-*p*-oxybenzoesäure die Di-*p*-oxybenzoyl-*p*-oxybenzoesäure

$$OH.C_6H_4.CO.O.C_6H_4.CO.O.C_6H_4.COOH$$

gewonnen und in hübschen Krystallen dargestellt.

Anhydride der *p*-Oxybenzoesäure sind vor allem durch die Untersuchung von Klepl[1]) bekanntgeworden. Er erhielt durch starkes Erhitzen der Säure 1. *p*-Oxybenzoyl-*p*-oxybenzoesäure, 2. Di-*p*-oxybenzoyl-*p*-oxybenzoesäure, 3. Paraoxybenzid $(C_7H_4O_2)_x$, dessen Molekulargröße noch unbekannt ist.

Die erste Verbindung ist von E. Fischer auch aus *p*-Carbomethoxy-oxybenzoyl-chlorid und *p*-Oxybenzoesäure erhalten worden, und nach dieser Methode läßt sich die Verbindung leichter in reinem Zustand gewinnen als nach dem ursprünglichen Kleplschen Verfahren.

Die zweite oben angeführte Verbindung von Klepl ist auch sehr wahrscheinlich identisch mit unserer Di-*p*-oxybenzoyl-*p*-oxybenzoesäure, nur haben wir das Produkt schön krystallisiert im Gegensatz zu dem kaum krystallinischen Präparat von Klepl erhalten, und wir glauben deshalb, daß auch hier die neue Synthese trotz des längeren Weges für die praktische Bereitung vorzuziehen ist.

Das Paraoxybenzid von Klepl scheint kein Carboxyl mehr zu enthalten. Wir haben uns damit nicht näher beschäftigt.

Endlich hat H. Schiff[2]) noch unter dem Namen Tetra-*p*-oxybenzoid ein Produkt kurz beschrieben, das bei der Behandlung von *p*-Oxybenzoesäure mit Phosphoroxychlorid entsteht und die gleiche empirische Formel wie unsere Tri-*p*-oxybenzoyl-*p*-oxybenzoesäure besitzt. Wir haben es nach seiner Angabe dargestellt und mit unserem Präparate verglichen. Es ist sicher davon verschieden. Über seine Struktur haben wir kein Urteil.

Durch Abänderung der Bedingungen ist es uns übrigens gelungen, die Anhydridbildung bei der *p*-Oxybenzoesäure durch Phosphoroxychlorid in der ersten Phase festzuhalten und so die *p*-Oxybenzoyl-

[1]) Klepl, J. pr. [2] **28**, 193 [1883].
[2]) Berichte d. d. chem. Gesellsch. **15**, 2588 [1882].

p - oxybenzoesäure in einer Ausbeute von 40—50% und in reinem Zustand zu isolieren. Wir halten dies Verfahren zur Zeit für die bequemste Darstellungsmethode der p-Oxybenzoyl-p-oxybenzoesäure.

Die neue Methode, bei der die Carboalkyl-oxyderivate benutzt werden, hat vor den älteren Verfahren folgende Vorzüge:

1. Die Synthese verläuft bei niedriger Temperatur, wo Verschiebungen im Molekül unwahrscheinlich sind.

2. Die Zusammensetzung der Produkte wird durch die als Zwischenkörper entstehenden Carboalkyl-oxyderivate kontrolliert.

3. Aus der Synthese ergibt sich mit größerer Sicherheit die Struktur der Verbindung.

4. Die Körper sind leichter zu reinigen.

Endlich gestattet die Methode auch die Kuppelung verschiedener Phenolcarbonsäuren. Als neues Beispiel dafür können wir Kombinationen der Vanillinsäure mit der p-Oxybenzoesäure anführen. Wir haben die Synthese fortgeführt bis zu der Verbindung

$$OH.C_6H_3(OCH_3).CO.O.C_6H_4.CO.O.C_6H_4.CO.O.C_6H_4.COOH,$$

die als Vanilloyl-di-p-oxybenzoyl-p-oxybenzoesäure bezeichnet werden kann. Sie ist ebenso wie alle Zwischenprodukte krystallisiert erhalten worden. Diese Substanzen haben vor den nur aus p-Oxybenzoesäure gebildeten Körpern den Vorzug, daß sie niedriger schmelzen, leichter löslich sind und sich infolgedessen praktisch bequemer behandeln lassen.

Wir zweifeln nicht daran, daß durch Übertragung des Verfahrens auf andere Oxybenzoesäuren eine große Anzahl ähnlicher Produkte zu gewinnen ist. Da auch manche davon sehr wahrscheinlich in der Natur vorkommen, wie das Beispiel des Tannins anzudeuten scheint, so dürfte es zweckmäßig sein, für sie einen Sammelnamen zu wählen. Wir schlagen dafür das Wort „Depsid" vor (von dem griechischen δέψειν, gerben). Die Nomenklatur läßt sich dann derjenigen der Polysaccharide und Polypeptide nachbilden, indem man je nach der Zahl der Phenolcarbonsäuren, die im Molekül enthalten sind, Di-, Tri-, Tetradepside usw. unterscheidet.

Die Polydepside sind die aromatischen Analogen der Anhydride von hochmolekularen aliphatischen Oxysäuren (Oxypalmitinsäure, Oxylaurinsäure), welche vor Jahresfrist im Wachs der Coniferen von den Herren Bougault und Bourdier[1]) beobachtet und als Etholide bezeichnet wurden.

Endlich haben wir noch das Carbomethoxy-vanilloylchlorid mit Vanillin und Glykokollester gekuppelt. Durch Verseifung der dabei

---

1) Compt. rend. **147**, II, 1311 [1908].

entstehenden Körper gelang es leicht, Vanilloyl-vanillin und Vanilloyl-glycin zu gewinnen.

Carbäthoxy-di-p-oxybenzoyl-p-oxybenzoesäure,

$C_2H_5OO.C.O.C_6H_4.CO.O.C_6H_4.CO.O.C_6H_4.COOH$.

An Stelle der früher benutzten Carbomethoxyverbindungen haben wir für die nachfolgenden Synthesen die Carbäthoxyverbindungen bevorzugt, weil sie in der Regel etwas leichter löslich sind.

Die noch unbekannte p-Carbäthoxy-oxybenzoesäure wurde genau so wie die Carbomethoxyverbindung dargestellt. Sie krystallisiert ebenfalls aus wässerigen Aceton oder verdünntem Alkohol in langen farblosen Nadeln, die bei 156—157° (korr.) nach vorherigem Erweichen schmelzen. — Zur Analyse wurde unter stark vermindertem Druck bei 100° getrocknet.

0,1556 g Sbst.: 0,3259 g CO_2, 0,0667 g H_2O.

$C_{10}H_{10}O_5$ (210,08).   Ber. C 57,12, H 4,80.

Gef. ,, 57,12, ,, 4,80.

Sie gleicht in jeder Beziehung der p-Carbomethoxy-oxybenzoesäure und läßt sich wie diese in das entsprechende Chlorid verwandeln.

Letzteres kann am bequemsten durch fraktionierte Destillation unter vermindertem Druck vom Phosphoroxychlorid getrennt werden. Unter 12 mm Druck geht es gegen 170° als farbloses Öl über und erstarrt beim Abkühlen rasch zu radial angeordneten Nadeln, die bei 41° schmelzen und sich in Petroläther leichter lösen als p-Carbomethoxy-oxybenzoylchlorid.

0,2028 g Sbst.: 0,1256 g AgCl.

$C_{10}H_9O_4Cl$ (228,52).   Ber. Cl 15,51.   Gef. Cl 15,32.

. Für die Synthese des in der Überschrift genannten Carbäthoxy-tridepsids wurden im Laufe von $^3/_4$ Stunden abwechselnd in je 3 Portionen die gekühlten Lösungen von 7 g p-Carbäthoxy-p-oxybenzoyl-chlorid (1,1 Mol.) in 70 ccm Äther und von 7 g p-Oxybenzoyl-p-oxy-benzoesäure (1 Mol.) in 54 ccm n-Natronlauge (2 Mol.), die noch mit 20 ccm Wasser verdünnt war, durch kräftiges Schütteln vermischt. Nach Zugabe der letzten Portion wurde das Schütteln noch $^1/_2$ Stunde auf der Maschine fortgesetzt. Während der Operation schied sich das Natriumsalz des Kuppelungsproduktes als voluminöse, farblose Masse ab. Es wurde zum Schluß abgesaugt und scharf gepreßt. Die schwach alkalische wässerige Mutterlauge gab beim Ansäuern nur einen geringen Niederschlag.

Verreibt man das Natriumsalz sorgfältig mit verdünnter Salzsäure, so entsteht ohne eine sichtbare Veränderung der Masse das freie

Carbäthoxy-tridepsid. Es wird abgesaugt, mit Wasser sorgfältig gewaschen und bei 100° getrocknet. Die Ausbeute beträgt etwas mehr als 8 g.

Die Reinigung wird durch die geringe Löslichkeit erschwert. Wir haben die 8 g in 1 Liter siedendem Amylalkohol gelöst und rasch abgekühlt. Es scheiden sich dann farblose unregelmäßige Blättchen ab, die vielfach zu Sternen oder dickeren Aggregaten verwachsen sind. Nach dem Abfiltrieren, Auswaschen mit Äther und Trocknen bei 100° betrug die Ausbeute 6,55 g oder 54% der Theorie, berechnet auf die angewandte p-Oxybenzoyl-p-oxybenzoesäure.

Zur Analyse wurde nochmals aus heißem Amylalkohol umkrystallisiert und unter 15 mm Druck bei 100° getrocknet.

0,2055 g Sbst.: 0,4821 g CO_2, 0,0730 g H_2O.

$C_{24}H_{18}O_9$ (450,14).   Ber. C 63,98, H 4,03.

Gef. ,, 63,98, ,, 3,97.

Im Capillarrohr rasch erhitzt, schmilzt die Verbindung nach vorherigem Erweichen bei 243—244° (korr.) und in der Schmelze tritt Gasentwicklung ein.

In heißem Wasser und Ligroin ist sie so gut wie unlöslich. Sie wird auch recht schwer aufgenommen von heißem Alkohol, Äther, Benzol. Von kochendem Aceton verlangt sie ungefähr 120 Gewichtsteile. Etwas leichter wird sie gelöst von Methyläthylketon. Von siedendem Amylalkohol sind ungefähr 100 Teile nötig. und in der Kälte scheidet sich der größte Teil wieder aus. Noch leichter lösen Eisessig und Acetylentetrachlorid in der Wärme. Das beste Lösungsmittel ist endlich Pyridin, denn von ihm genügen bei 20° ungefähr 6 Gewichtsteile. Wasser fällt aus nicht zu konzentrierter Lösung das Produkt in feinen Nädelchen aus.

Auffallend schwer löslich in Wasser sind die Salze des Kaliums, Natriums, Lithiums und Ammoniaks. Etwas leichter wird die Säure gelöst, wenn man sie in Methylalkohol suspendiert und vorsichtig Natronlauge zufügt.

Di-p-oxybenzoyl-p-oxybenzoesäure,

$OH.C_6H_4.CO.O.C_6H_4.CO.O.C_6H_4.COOH$.

Die Abspaltung des Carbäthoxyls aus der vorhergehenden Verbindung wird erschwert durch die geringe Löslichkeit ihrer Salze. Die besten Resultate haben wir auf folgendem Weg erhalten.

Man löst 1 g Carbäthoxyverbindung in 20 ccm Pyridin, verdünnt mit 40 ccm Aceton und fügt eine Mischung von 1,2 ccm wässerigem 25proz. Ammoniak (7 Mol.) und 40 ccm Aceton zu. Dabei entsteht ein fein verteilter Niederschlag, der auf Zusatz von 30 ccm Wasser wieder in Lösung geht. Läßt man die Flüssigkeit $1^{1}/_{2}$ Stunden bei Zimmertemperatur stehen, so ist die Abspaltung des Carbäthoxyls vollendet, und beim Übersättigen mit stark verdünnter Essigsäure entsteht ein flockiger, fein verteilter Niederschlag, der abgesaugt, mit Wasser gewaschen und bei 100° getrocknet wird (0,68 g). Durch wiederholtes Umkrystallisieren aus 90 Gewichtsteilen Aceton erhält man schöne farblose, mehrere Millimeter lange Nadeln. Die Ausbeute betrug 0,51 g oder 61% der Theorie.

Zur Analyse wurde unter 15 mm Druck bei 100° getrocknet.

0,1161 g Sbst.: 0,2830 g CO_2, 0,0402 g H_2O.

$C_{21}H_{14}O_7$ (378,11).   Ber. C 66,65, H 3,73.
Gef. ,, 66,48, ,, 3,87.

Das Tridepsid beginnt gegen 283° (korr.) sich zu zersetzen und schmilzt gegen 300° (korr.) zusammen.

Es ist in Petroläther gar nicht, in heißem Wasser und Benzol nur spurenweise und auch in Äther recht schwer löslich. Von kochendem Alkohol verlangt es ungefähr 70 Gewichtsteile. Ähnlich verhält es sich gegen Essigäther. In heißem Eisessig ist es leichter löslich. In kalter verdünnter Natronlauge ist es verhältnismäßig leicht löslich.

Wie schon erwähnt, hat Klepl durch Erhitzen der p-Oxybenzoesäure ein Produkt von der gleichen Zusammensetzung gewonnen, welches er allerdings als ein kaum krystallinisches Pulver vom Schmelzpunkt 280° bezeichnet. Trotzdem glauben wir, daß sein Präparat mit dem unserigen identisch ist, da die Schmelzpunktdifferenz wegen der Zersetzung der Substanz keine große Bedeutung hat und die schlechtere Krystallisation bei dem Körper von Klepl durch kleine Verunreinigungen bedingt sein kann. Zudem hat Klepl ein Acetylderivat dargestellt, das in Aussehen und Löslichkeit die größte Ähnlichkeit mit dem Acetylprodukt besitzt, das wir nach seinem Verfahren durch Acetylierung unseres Präparats erhielten. Nur im Schmelzpunkt war wieder eine Differenz. Während Klepl für den Acetylkörper 230° angibt, fanden wir für unser Präparat beim raschen Erhitzen den Schmelzpunkt gegen 250° (korr. 256°). Da die Schmelzung aber auch unter Zersetzung und Gasentwicklung erfolgt, so ist auf diesen Unterschied gleichfalls kein Gewicht zu legen.

p-Carbäthoxy-oxybenzoyl-p-oxybenzoylchlorid,
$C_2H_5OOC.O.C_6H_4.CO.O.C_6H_4.COCl$.

Die als Ausgangsmaterial dienende p-Carbäthoxy-oxybenzoyl-oxybenzoesäure wurde durch Kuppelung von p-Carbäthoxy-oxybenzoyl-

chlorid mit p-Oxybenzoesäure ähnlich der früher beschriebenei
Carbomethoxyverbindung dargestellt. Da aber ihr Natriumsalz
Wasser leichter löslich ist und deshalb bei der Kuppelung nicht
vollständig ausfällt wie dasjenige der Carbomethoxyverbindung, so i
es ratsam, nach der Kuppelung und dem Abheben des Äthers die gan:
Flüssigkeit samt dem ausgeschiedenen Natriumsalz durch überschüssi₃
Salzsäure zu zersetzen. Zur Reinigung wird die abgesaugte p-Carl
äthoxy-oxybenzoyl-oxybenzoesäure in möglichst wenig Chloroform g₍
löst und durch Äther abgeschieden. Sie bildet unregelmäßige, farblo₅
Blättchen, die nach vorheriger Sinterung bei 111° (korr. 112°) schme
zen. Zur Analyse wurde unter 15—20 mm Druck bei 100° getrocknei

0,1528 g Sbst.: 0,3463 g CO_2, 0,0604 g H_2O.

$C_{17}H_{14}O_7$ (330,11).   Ber. C 61,80, H 4,27.
Gef. ,, 61,81, ,, 4,42.

6 g trockene und fein gesiebte p-Carbäthoxy-oxybenzoyl-p-oxy
benzoesäure werden mit 4,2 g Phosphorpentachlorid (1,1 Mol.) in einen
kleinen Fraktionierkolben durch Schütteln gut vermischt. Auf Zusat₂
von einigen Kubikzentimetern trockenem Chloroform beginnt die Reaktion schon in der Kälte; auf dem Wasserbade entsteht schnell eine
klare, hellgelbe Lösung, die beim Erkalten einen Brei von krystallinischen Körnchen abscheidet. Chloroform und Phosphoroxychlorid
werden unter stark vermindertem Druck bei 40—50° verdampft und
der schwach gelbe Rückstand in 150 ccm heißem, hochsiedendem Ligroin
gelöst. Die filtrierte Flüssigkeit scheidet das Chlorid beim Erkalten in
unregelmäßigen, meist verwachsenen Blättchen ab, die die Flüssigkeit
schließlich breiartig erfüllen. Nach einigem Stehen bei 0° wird abgesaugt und im Vakuum über Paraffin getrocknet. Ausbeute 4,7 g;
die Mutterlauge gab beim Einengen unter vermindertem Druck noch
0,2 g Chlorid, so daß die Ausbeute 4,9 g oder 77% der Theorie
betrug.

Zur Analyse wurde nochmals aus hochsiedendem Ligroin umkrystallisiert, unter Ausschluß von Feuchtigkeit abgesaugt, mit Petroläther gewaschen und im Vakuum bei 78° getrocknet.

0,2030 g Sbst.: 0,4344 g CO_2, 0,0683 g H_2O. — 0,1766 g Sbst.: 0,0706 g AgCl.

$C_{17}H_{13}O_6Cl$ (348,55).   Ber. C 58,53, H 3,76, Cl 10,17.
Gef. ,, 58,36, ,, 3,76, ,, 9,89.

Das Chlorid schmilzt bei 112° (korr. 113°) zu einer klaren Flüssigkeit.

Es löst sich in etwa 20 Gewichtsteilen hochsiedendem Ligroin in
der Wärme. In warmem Petroläther ist es etwas weniger löslich und
scheidet sich beim Erkalten in stark verästelten, feinen Nädelchen ab.

---

[1]) Berichte d. d. chem. Gesellsch. **42**, 216 [1909]. (*S. 81.*)

In Chloroform und Benzol ist es leicht, in Aceton und Essigäther ziemlich leicht und in Äther noch etwas schwerer löslich. Von Wasser wird es verhältnismäßig langsam zersetzt.

Carbäthoxy-tri-p-oxybenzoyl-p-oxybenzoesäure,
$C_2H_5OOC.O.C_6H_4.CO.O.C_6H_4.CO.O.C_6H_4.CO.O.C_6H_4.COOH$.

5 g p-Carbäthoxy-oxybenzoyl-p-oxybenzoylchlorid (1,2 Mol.) wurden in 20 ccm warmem, trockenem Essigäther gelöst und dann mit 70 ccm reinem Äther verdünnt. Dazu gaben wir im Lauf von 4 Stunden dreimal die jeweils frisch bereitete Lösung von je 1 g p-Oxybenzoyl-p-oxybenzoesäure in 7,7 ccm n-Natronlauge und 20 ccm Wasser. Die große Menge an Flüssigkeit ist nötig, um die Masse dünnflüssig zu halten. Während der Reaktion wurde auf der Maschine mit Glasperlen geschüttelt und das Schütteln nach Zugabe der letzten Portion der alkalischen Lösung noch 16 Stunden fortgesetzt. Dabei schied sich das Natriumsalz des Kuppelungsproduktes als farblose Masse ab. Es wurde zum Schluß abfiltriert und abgepreßt. Im Äther befand sich noch etwas Chlorverbindung, während die wässerige Lösung neutral war und beim Ansäuern keine Fällung gab. Aus dem Natriumsalz entsteht durch Verreiben mit verdünnter Essigsäure das freie Carbäthoxy-tetradepsid als farblose, amorphe Masse. Es wird abgesaugt, mit Wasser sorgfältig gewaschen und bei 100° getrocknet. Ausbeute 4,9 g. Zur Reinigung wird das Rohprodukt fein zerrieben, gesiebt und mit der 80fachen Gewichtsmenge Acetylentetrachlorid kurz aufgekocht, wobei ein geringer Rückstand bleibt. Aus der heiß filtrierten Flüssigkeit scheiden sich beim langsamen Erkalten mikroskopisch feine, vielfach zu Sternchen verwachsene, schief abgeschnittene Blättchen ab. Die Ausbeute an diesem schon reinen Präparat betrug 3,7 g oder 56% der Theorie, berechnet auf die angewandte p-Oxybenzoyl-p-oxybenzoesäure.

Zur Analyse wurde auf die gleiche Weise umkrystallisiert und unter 15 mm Druck bei 100° getrocknet.

0,1942 g Sbst.: 0,4635 g CO_2, 0,0669 g H_2O.

$C_{31}H_{22}O_{11}$ (570,17). Ber. C 65,24, H 3,89.
Gef. ,, 65,09, ,, 3,85.

Beim raschen Erhitzen schmilzt die Substanz nicht konstant gegen 275° (korr.) unter lebhafter Gasentwicklung. Sie ist in Wasser und Ligroin so gut wie unlöslich; auch in Äther, Alkohol, Aceton, Essigäther und Chloroform löst sie sich nur sehr schwer. Etwas leichter wird sie von heißem Methyläthylketon, Amylalkohol und Eisessig aufgenommen. Das beste Lösungsmittel ist Acetylentetrachlorid, von dem in der Siedehitze etwa 60 Gewichtsteile nötig sind. Die Alkalisalze sind außerordentlich schwer löslich in Wasser. Ziemlich leicht wird die Verbindung von warmem Pyridin aufgenommen; durch Alkohol oder Wasser entsteht in dieser Lösung eine Fällung. Auch in kalter konzentrierter Schwefelsäure löst sie sich leicht.

Beim Verreiben wird die trockene Substanz stark elektrisch.

$$\text{Tri-}p\text{-oxybenzoyl-}p\text{-oxybenzoesäure,}$$
$$OH.C_6H_4.CO.O.C_6H_4.CO.O.C_6H_4.CO.O.C_6H_4.COOH.$$

Wegen der geringen Löslichkeit der Salze ist die partielle Verseifung der Carbäthoxyverbindung noch schwieriger als bei dem Carbäthoxy-tridepsid, und wir haben dafür folgenden umständlichen Weg einschlagen müssen.

1 g Carbäthoxy-tetradepsid wird in 40 ccm warmem Pyridin gelöst und nach raschem Abkühlen mit 40 ccm Aceton versetzt, das frisch mit gasförmigem Ammoniak bei gewöhnlicher Temperatur gesättigt ist. Dabei entsteht ein sehr feiner, amorpher Niederschlag. Da er sich nicht absaugen läßt, so wird die Flüssigkeit mit 150 ccm Aceton verdünnt und stark zentrifugiert. Nach Abgießen der Flüssigkeit suspendiert man den Niederschlag durch kräftiges Schütteln in $1^1/_4$ Liter trockenem Aceton, fügt 100 ccm wässeriges n-Ammoniak hinzu, läßt $^1/_2$ Stunde bei Zimmertemperatur stehen und vermischt noch mit ungefähr 50 ccm Wasser, wobei sich bis auf eine sehr geringe Trübung aller Niederschlag lösen soll. Man läßt dann noch $3^1/_2$ Stunden bei Zimmertemperatur stehen, wobei man durch mehrmalige Filtration durch ein Faltenfilter völlige Klärung erzielen kann. Das Ende der Verseifung erkennt man schließlich daran, daß in einer Probe der Flüssigkeit auf Zusatz von viel Wasser keine Trübung mehr entsteht. Wird jetzt mit Essigsäure übersättigt, so entsteht ein amorpher, sehr voluminöser Niederschlag, der nach 12stündigem Stehen auf einem gehärteten Faltenfilter abfiltriert wird. Nach dem Trocknen im Vakuumexsiccator betrug seine Menge 0,204 g. Der Verlust ist hauptsächlich dadurch bedingt, daß während der langen Dauer der Verseifung bei einem erheblichen Teil der Substanz tiefergehende Spaltungen erfolgen, denn man kann aus der Mutterlauge niedere Depside der p-Oxybenzoesäure isolieren.

Zur Reinigung wurde das fein zerriebene und gesiebte Rohprodukt mit 200 ccm Oxalsäurediäthylester kurze Zeit aufgekocht und in der Hitze schnell von einer geringen Trübung abfiltriert. Beim Erkalten scheiden sich mikroskopisch kleine, sehr biegsame, farblose Nadeln von Seidenglanz ab. Sie wurden abgesaugt und mit Äther gewaschen. Die

Ausbeute an diesem reinen Präparat betrug 0,18 g oder 21% der Theorie. Zur Analyse war unter 15 mm Druck bei 110° getrocknet.

0,1011 g Sbst.: 0,2505 g CO_2, 0,0345 g H_2O.

$C_{28}H_{18}O_9$ (498,14).   Ber. C 67,45, H 3,64.
Gef. ,, 67,58, ,, 3,82.

Das Tetradepsid schmilzt beim raschen Erhitzen unter starkem Schäumen gegen 315° (korr. 325°).

In gewöhnlichen organischen Lösungsmitteln ist es entweder gar nicht oder äußerst schwer löslich. Von kochendem Oxalester verlangt es ungefähr 600 Gewichtsteile. Auch in verdünnten kalten Alkalien ist es fast unlöslich; in verdünntem wässerigem Ammoniak ist es sehr schwer löslich.

Zum Vergleich mit obigem Tetradepsid haben wir das von Schiff beschriebene Tetra-p-oxybenzoid auf folgende Art bereitet.

10 g scharf getrocknete und fein gepulverte p-Oxybenzoesäure wurden mit 250 ccm frisch destilliertem Phosphoroxychlorid unter Schütteln auf 50° erwärmt. Nach etwa $^1/_2$ Stunde war eine fast klare Lösung entstanden. Bald nachher begann die Abscheidung amorpher Flocken, die nach 48 Stunden die Flüssigkeit breiartig erfüllten. Der scharf abgesaugte und mit Äther gewaschene Niederschlag wurde mit Wasser aufgekocht, wieder filtriert und bei 100° getrocknet. Die Ausbeute betrug 8 g.

Die Masse wurde dann sehr fein gepulvert und zunächst mit viel Alkohol längere Zeit ausgekocht, wobei nur geringe Verluste eintraten. Das Produkt war aschenfrei, enthielt aber Chlor. Wir haben vergebens versucht, aus diesem Präparat durch Auskochen mit Oxalester oder Benzoesäuremethylester unser Tetradepsid zu isolieren. Das Chlor ließ sich schließlich durch sehr langes Kochen mit Wasser (60 Stunden) nahezu vollständig entfernen. Auch jetzt haben wir unser Tetradepsid nicht isolieren können; wohl aber gab die Substanz jetzt nach dem Trocknen bei 100° unter 15 mm Druck Analysenwerte, welche auf die von Schiff angenommene Formel $C_{28}H_{18}O_9$ gut passen.

0,1625 g Sbst.: 0,4007 g CO_2, 0,0538 g H_2O.

$C_{28}H_{18}O_9$ (498,14).   Ber. C 67,45, H 3,64.
Gef. ,, 67,25, ,, 3,70.

Das Produkt ist jedenfalls verschieden von unserem Tetradepsid; denn abgesehen von der viel geringeren Löslichkeit in Oxalester zeigt es auch in der Hitze ein anderes Verhalten. Es färbte sich nämlich von 350° an braun und war selbst bei 380° nicht geschmolzen.

Da es nicht krystallisiert, so besteht keine Garantie für seine Einheitlichkeit.

Darstellung der p-Oxybenzoyl-p-oxybenzoesäure mit Phosphoroxychlorid.

Um die Anhydridbildung der p-Oxybenzoesäure in der ersten Phase festzuhalten, ist es nötig, die Temperatur zu erniedrigen und die Lösung stark mit Äther zu verdünnen. Dem entspricht folgende Vorschrift, bei der man neben höheren Anhydriden und unverändertem Ausgangsmaterial ungefähr 45% der Theorie an Didepsid erhält.

30 g scharf getrocknete p-Oxybenzoesäure werden in 400 ccm trockenem, warmem Äther gelöst, mit 120 g frisch destilliertem Phosphoroxychlorid versetzt und in einer gut verschlossenen Flasche 50 Stunden im Brutraum (37°) aufbewahrt. Dabei scheidet sich ein reichlicher amorpher Niederschlag vorzugsweise an der Gefäßwand ab. Die Flüssigkeit wird nun samt dem Niederschlag in 5—6 Portionen auf Eis gegossen und damit einige Minuten umgeschüttelt, um das Phosphoroxychlorid zu zerstören. Man verjagt dann den Äther bei gewöhnlicher Temperatur aus der Flüssigkeit, saugt den farblosen Niederschlag scharf ab und wäscht ihn sorgfältig mit kaltem Wasser. Zur Isolierung des Didepsids haben wir jetzt die Trennungsmethode von Klepl mit einigen Abänderungen benutzt. Das nasse Produkt wird zur Entfernung unveränderter p-Oxybenzoesäure 5 Minuten lang mit 200 ccm Wasser gekocht und nach dem Abkühlen auf 50° abgesaugt. Es wog nach dem Trocknen 21 g. Es wird gepulvert, sehr fein gesiebt und mehrere Stunden mit 300 ccm absolutem Alkohol bei gewöhnlicher Temperatur geschüttelt. Bei starkem Zentrifugieren setzt sich der Rückstand (7,5 g) ab; er besteht aus höheren Anhydriden.

Die überstehende, schwachg etrübte Flüssigkeit gießt man, ohne zu filtrieren, in 700 ccm kaltes Wasser, saugt den dicken Niederschlag ab, trocknet ihn flüchtig auf Ton, löst in 100 ccm absolutem Alkohol und filtriert vom Ungelösten. Dann verdünnt man das Filtrat mit 200 ccm Alkohol und versetzt mit 700 ccm kaltem Wasser. Beim Erwärmen löst sich der größte Teil des Niederschlags. Man kocht $^1/_4$ Stunde am Rückflußkühler und filtriert heiß; im Filtrat scheiden sich die feinen, meist zu Sternen verwachsenen Nädelchen der p-Oxybenzoyl-p-oxybenzoesäure ab. Aus dem Rückstand kann man durch erneutes Ausziehen mit einer Mischung von 60 ccm absolutem Alkohol und 140 ccm Wasser eine zweite, kleinere Krystallisation erhalten. Die Ausbeute an völlig reinem Produkte betrug 12,2 g oder 43,5% der Theorie, während wir beim Schmelzen der p-Oxybenzoesäure nach Klepl nur 12% erhielten.

Zur Analyse wurde bei 100° und 15 mm getrocknet.

0,1417 g Sbst.: 0,3373 g CO_2, 0,0505 g H_2O.

$C_{14}H_{10}O_5$ (258,08).   Ber. C 65,10, H 3,90.

Gef. ,, 64,92, ,, 3,99.

Das Produkt schmolz unter Zersetzung gegen 270° (korr. 277°) und zeigte sich auch in seinem sonstigen Verhalten mit der p-Oxybenzoyl-p-oxybenzoesäure identisch.

Wir werden selbstverständlich versuchen, dies einfache und in bezug auf Ausbeute ganz befriedigende Verfahren auf andere Phenolcarbonsäuren zu übertragen. Nach Abschluß dieser Versuche werden wir dann auch Gelegenheit nehmen, die älteren Beobachtungen von H. Schiff[1] u. a. über die Anhydrisierung von Phenolcarbonsäuren mit Phosphoroxychlorid eingehend zu besprechen. Wir wollen aber schon heute auf die Bereitung der Salicylosalicylsäure hinweisen, die in den Patentschriften der Firma C. F. Böhringer u. Söhne[2] geschildert ist.

Carbomethoxyvanillinsäure,
$CH_3OOC.O.C_6H_3(OCH_3).COOH$.

Entsprechend der Darstellung von p-Carbomethoxy-oxybenzoesäure[3] gibt man zu einer gut gekühlten Lösung von 5 g Vanillinsäure (1 Mol.) in 59,5 ccm n-Natronlauge (2 Mol.) unter starkem Schütteln 3,1 g chlorkohlensaures Methyl (1,1 Mol.) in 2—3 Portionen. Nach 10 Minuten wird angesäuert, der amorphe, farblose Niederschlag abgesaugt und mit Wasser gewaschen. Zur Reinigung löst man in wenig heißem Aceton und fügt heißes Wasser bis zur beginnenden Trübung zu; beim langsamen Erkalten scheiden sich farblose Nädelchen ab, die schließlich die ganze Flüssigkeit breiartig erfüllen. Die Ausbeute an reinem Produkt betrug 6,25 g oder 93% der Theorie.

Zur Analyse wurde nochmals auf die gleiche Art umkrystallisiert und im Vakuumexsiccator getrocknet.

I. 0,1834 g Sbst.: 0,3568 g CO_2, 0,0776 g H_2O. — II. 0,1687 g Sbst.: 0,3280 g CO_2, 0,0660 g H_2O.

$C_{10}H_{10}O_6$ (226,08).   Ber. C 53,08, H 4,46.
Gef. I. ,, 53,06, ,, 4,73.
,, II. ,, 53,02, ,, 4,38.

Bei der Titration in methylalkoholisch-wässeriger Lösung mit Phenolphtalein als Indicator verhielt sich die Substanz wie eine einbasische Säure. 0,2992 g Substanz verbrauchten 13,05 ccm $^n/_{10}$-Natronlauge; ber. 13,24 ccm.

Sie schmilzt bei 157° (korr. 159°) zu einer farblosen Flüssigkeit, nachdem sie einige Grad vorher erweicht ist. Beim Erhitzen auf 145 bis 150° im Kohlensäurestrom sublimiert sie sehr langsam in schönen Nadeln.

---

[1] Berichte d. d. chem. Gesellsch. **15**, 2588 [1882].
[2] Chem. Centralblatt **1909**, II, 319 und 1285.
[3] Berichte d. d. chem. Gesellsch. **41**, 2877 [1908]. (*S. 65.*)

In Äther, Essigäther, Eisessig und Benzol ist sie leicht, in warmem Alkohol und Aceton sogar sehr leicht, dagegen in Petroläther sehr wenig löslich. Von der Vanillinsäure unterscheidet sie sich namentlich durch die viel größere Löslichkeit in Chloroform, wovon bei 20° nur ungefähr 15 Gewichtsteile nötig sind. In Wasser ist sie selbst in der Hitze recht schwer löslich, schwerer als die Vanillinsäure. Sie löst sich leicht in Alkali, Alkalicarbonaten und Ammoniak und wird sehr rasch verseift.

Sie färbt sich nicht beim Erwärmen mit Millons Reagens. Sie gibt auch weder in wässeriger noch alkoholischer Lösung eine Färbung mit Eisenchlorid und unterscheidet sich dadurch von der Vanillinsäure, welche in lauwarmer wässeriger Lösung durch Eisenchlorid dunkelrotbraun gefärbt wird. Wir haben den Versuch mit sehr sorgfältig gereinigter Vanillinsäure, die auf verschiedenem Wege, z. B. auch durch Verseifung der reinen Carbomethoxyverbindung gewonnen war, ausgeführt, da F. Tiemann angegeben hat[1]), daß die Vanillinsäure mit Eisenchlorid keinerlei Reaktion gebe.

Carbomethoxyvanilloylchlorid,

$CH_3OOC . O . C_6H_3(OCH_3) . COCl$.

20 g fein zerriebene Carbomethoxyvanillinsäure werden in einem Fraktionierkölbchen mit 23 g frischem und schnell zerkleinertem Phosphorpentachlorid durch Schütteln gemischt. Die Reaktion tritt in der Regel schon in der Kälte ein und vollendet sich rasch beim gelinden Erwärmen. Es entsteht eine hellgelbe Flüssigkeit, die beim Erkalten krystallinisch erstarrt. Nachdem der größte Teil des Phosphoroxychlorids unter 15—20 mm Druck aus einem Bade von 40—50° abdestilliert ist, wird der Rückstand in der 5—6fachen Menge heißem Ligroin (Siedepunkt 90—100°) gelöst und von etwas Phosphorpentachlorid abfiltriert. Beim Abkühlen fallen farblose Nädelchen aus, die meist zu dicken Büscheln verwachsen sind. Sie werden nach dem Abkühlen auf 0° abgesaugt, mit kaltem Petroläther gewaschen und im Vakuumexsiccator über Phosphorpentoxyd und Paraffin getrocknet. Die Ausbeute betrug 20 g oder 92% der Theorie. Eine gleich gute Ausbeute (95%) an vollkommen reinem Produkt wird erhalten, wenn man die Chlorierung im Säbelkolben vornimmt. Man erwärmt unter stark vermindertem Druck und entfernt das zuerst übergehende Phosphoroxychlorid und das sublimierende Phosphorpentachlorid. Unter 11 mm Druck destilliert das Chlorid gegen 180° (korr.) als farbloses Öl, das beim Erkalten sofort zu radial angeordneten Nadeln erstarrt.

---

[1]) Berichte d. d. chem. Gesellsch. 8, 512 [1875].

Für die nachfolgende Bestimmung des Chlors wurde die Substanz in 3 Mol. $^n/_{10}$-Natronlauge durch $^1/_2$ stündiges Erwärmen auf dem Wasserbade gelöst und dann das Chlor mit Silbernitrat und Rhodanammonium titriert.

0,2594 g Sbst. verbrauchten 10,45 ccm $^n/_{10}$-AgNO$_3$. — 0,1720 g Sbst. gaben 0,3105 g CO$_2$, 0,0604 g H$_2$O.

$C_{10}H_9O_5Cl$ (244,52). Ber. Cl 14,50, C 49,08, H 3,71.
Gef. ,, 14,28, ,, 49,23, ,, 3,93.

Das Chlorid schmilzt bei 79° ohne Zersetzung.

Es ist leicht löslich in Aceton, Chloroform und Essigäther. Von Äther verlangt es bei 20° ungefähr die 10fache Gewichtsmenge und scheidet sich beim Abdunsten unter Ausschluß von Feuchtigkeit in schönen Nadeln ab. In kaltem Petroläther ist es recht schwer löslich; von kaltem Wasser wird es schwer benetzt und deshalb recht langsam angegriffen.

Carbomethoxyvanilloyl-p-oxybenzoesäure,
$CH_3OOC.O.C_6H_3(OCH_3).CO.O.C_6H_4.COOH$.

Zur gut gekühlten Lösung von 11,3 g wasserfreier p-Oxybenzoesäure (1 Mol.) in 82 ccm n-Natronlauge (1 Mol.) gibt man in einer Flasche abwechselnd in je 5 Portionen innerhalb $^1/_2$ Stunde die eiskalte Lösung von 20 g Carbomethoxyvanilloylchlorid (1 Mol.) in 150 ccm Äther und 81 ccm gekühlte n-Natronlauge unter fortwährendem kräftigen Schütteln und unter guter Kühlung. Zum Schluß wird noch $^1/_4$ Stunde auf der Maschine geschüttelt. Dabei scheidet sich in kleiner Menge das Natriumsalz des Kuppelungsproduktes krystallinisch ab. Der Äther, der keine Chlorverbindung mehr enthalten darf, wird abgehoben und die wässerige Flüssigkeit angesäuert. Der dichte, weiße, amorphe Niederschlag wird abgesaugt, mit viel heißem Wasser ausgewaschen und bei 100° getrocknet. Die Ausbeute betrug im besten Fall 27 g oder 95% der Theorie.

Das Rohprodukt wird in 200 ccm heißem 75proz. Alkohol gelöst und mit 150 ccm heißem Wasser versetzt. Beim Erkalten scheiden sich farblose, mikroskopische, meist sechseckige Blättchen ab; Ausbeute 26,1 g oder 92% der Theorie.

Zur Analyse wurde aus der 100fachen Menge Äther umkrystallisiert und unter 15 mm Druck bei 100° über Phosphorpentoxyd getrocknet, wobei die exsiccatortrockene Substanz aber nicht an Gewicht verlor.

0,1504 g Sbst.: 0,3247 g CO$_2$, 0,0558 g H$_2$O.

$C_{17}H_{14}O_8$ (346,11). Ber. C 58,94, H 4,08.
Gef. ,, 58,88, ,, 4,15.

Die Säure schmilzt nach vorheriger Sinterung gegen 214° (korr. 219°) zu einer farblosen Flüssigkeit, in der langsame Gasentwicklung stattfindet.

In Wasser, Benzol, Petroläther und hochsiedendem Ligroin ist sie auch in der Wärme sehr wenig löslich. Bei gewöhnlicher Temperatur wird sie von etwa 185 Gewichtsteilen Äther gelöst, in der Wärme aber wesentlich leichter. Durch Aceton wird sie bei gewöhnlicher Temperatur leicht, von Chloroform, Essigäther, Alkohol und Eisessig ziemlich leicht gelöst.

In kalten, verdünnten Alkalien löst sie sich leicht und wird bald verseift.

Vanilloyl-p-oxybenzoesäure,

$OH.C_6H_3(OCH_3).CO.O.C_6H_4.COOH.$

3 g Carbomethoxyvanilloyl-p-oxybenzoesäure werden mit 26 ccm n-Ammoniak (3 Mol.) übergossen. Sehr bald entsteht eine klare Lösung, die zur Vollendung der Verseifung 2 Stunden bei Zimmertemperatur stehenbleibt. Beim Ansäuern fällt ein sehr voluminöser, amorpher Niederschlag, der abgesaugt und mit Wasser gewaschen wird. Zur Reinigung löst man in 50 ccm warmem Methylalkohol, der 25% Wasser enthält, und setzt heißes Wasser bis zur beginnenden Trübung zu. Bei langsamem Erkalten scheiden sich sehr dünne, unregelmäßig ausgebildete Blättchen ab, die meistens zu Büscheln vereinigt sind.

Sie werden abgesaugt und im Vakuum über Schwefelsäure getrocknet. Ausbeute 2,1 g oder 84% der Theorie. Zur Analyse wurde nochmals auf die gleiche Art umkrystallisiert und im Vakuumexsiccator getrocknet.

0,1609 g Sbst.: 0,3678 g CO_2, 0,0605 g H_2O.

$C_{15}H_{12}O_6$ (288,09).   Ber. C 62,48, H 4,20.

Gef. ,, 62,34, ,, 4,21.

Die Säure schmilzt bei 222° (korr. 227°) zu einer klaren, farblosen Flüssigkeit.

Sie löst sich bei gewöhnlicher Temperatur in etwa 35 Gewichtsteilen Alkohol von 96%. In Äther, Essigäther, Eisessig und Aceton ist sie ziemlich leicht löslich. Von heißem Chloroform und Benzol wird sie nur schwer gelöst und scheidet sich beim Erkalten in winzigen Nadeln oder Prismen ab. In Petroläther löst sie sich nicht und in hochsiedendem Ligroin nur spurenweise. In kaltem Wasser ist sie unlöslich; aus heißem Wasser, worin sie auch sehr schwer löslich ist, fällt sie beim Erkalten in Flocken aus, die aus winzigen, unter dem Mikroskop nur schwer zu erkennenden Prismen bestehen.

Die Lösung in heißem, verdünntem Alkohol reagiert schwach sauer.

In wässeriger Lösung erhält man mit Eisenchlorid keine charakteristische Färbung, wahrscheinlich weil die Löslichkeit zu gering ist. In alkoholischer Lösung entsteht durch Eisenchlorid eine gelblichgrüne Färbung. Beim Kochen mit Millons Reagens in wässeriger Lösung erhält man eine schwach grauviolette Färbung, die in alkoholisch-wässeriger Lösung stärker hervortritt.

Hydrolyse der Säure. Eine Lösung von 0,3 g in 4,2 ccm n-Natronlauge (4 Mol.) und 5 ccm Wasser wurde 6 Stunden am Rückflußkühler gekocht, dann auf wenige Kubikzentimeter eingeengt und angesäuert. Die nach eintägigem Stehen abfiltrierte Krystallmasse war ein Gemisch von p-Oxybenzoesäure und Vanillinsäure. Letztere ließ sich durch Umkrystallisieren aus 20 ccm heißem Wasser leicht reinigen und schmolz nach der Sublimation bei 211°. Die Mutterlauge gab nach dem Einengen neben den Nadeln der Vanillinsäure auch deutlich die kurzen Prismen der p-Oxybenzoesäure.

Carbomethoxyvanilloyl-p-oxybenzoylchlorid,
$$CH_3OOC.O.C_6H_3(OCH_3).CO.O.C_6H_4.COCl.$$

10 g Carbomethoxyvanilloyl-p-oxybenzoesäure werden in einem Fraktionierkolben mit 6,6 g fein gepulvertem Phosphorpentachlorid (1,1 Mol.) vermischt und 15 ccm trockenes Chloroform zugefügt, worauf die Reaktion einsetzt. Schließlich wird auf dem Wasserbad erwärmt. Dabei entsteht eine klare, fast farblose Lösung, die beim Erkalten zu einem körnigen Brei erstarrt. Man destilliert unter 15—20 mm Druck das Chloroform und Phosphoroxychlorid ab und hält dann die Temperatur noch mehrere Stunden auf etwa 90°. Dabei sublimiert das unverbrauchte Phosphorpentachlorid vollständig über.

Der farblose Rückstand wird in 25 ccm warmem Chloroform gelöst und die klare Flüssigkeit in 80 ccm trockenen Äther gegossen; dabei scheiden sich sofort schöne, biegsame Nädelchen ab, die sich beim Stehen auf Eis vermehren und schließlich die Flüssigkeit breiartig erfüllen. Die Ausbeute betrug zusammen mit 0,46 g, die sich aus der Mutterlauge gewinnen ließen, 9,96 g oder 95% der Theorie.

Zur Analyse wurde auf die gleiche Weise umkrystallisiert, im Vakuumexsiccator getrocknet und für die Titration des Chlors durch eine reine, wässerig-alkoholische, sehr verdünnte Natronlauge zersetzt.

0,4299 g Sbst. verbrauchten 11,65 ccm $^n/_{10}$-AgNO$_3$. — 0,3045 g Sbst. verbrauchten 8,35 ccm $^n/_{10}$-AgNO$_3$.

C$_{17}$H$_{13}$O$_7$Cl (364,55). Ber. Cl 9,72. Gef. Cl 9,61, 9,72.

Das Chlorid schmilzt bei 127—128° (korr. 128—129°) zu einer klaren, farblosen Flüssigkeit, nachdem es einige Grad vorher zu sintern begonnen hat.

Es ist in Chloroform leicht löslich, weniger leicht in kaltem Benzol, Essigäther und Aceton. Ein Teil löst sich in etwa 50 Gewichtsteilen siedendem Äther und bei längerem Kochen in 50—60 Gewichtsteilen hochsiedendem Ligroin. Es löst sich in einem warmen Gemisch von 2 Gewichtsteilen Benzol und 10 Teilen hochsiedendem Ligroin; beim Erkalten scheiden sich farblose Flocken ab. Sie bestehen aus mikroskopischen Blättern und Nadeln, die meist zu kugeligen und korallenähnlichen Aggregaten vereinigt sind.

Von Wasser wird das Chlorid noch langsamer angegriffen als Carbomethoxyvanilloylchlorid.

Carbomethoxyvanilloyl-p-oxybenzoyl-p-oxybenzoesäure,
$$CH_3OOC.O.C_6H_3(OCH_3).CO.O.C_6H_4.CO.O.C_6H_4.COOH.$$

Man gießt im Laufe von $^3/_4$ Stunden die Lösung von 4 g Carbomethoxyvanilloylchlorid (1 Mol.) in 40 ccm Äther und die Lösung von 4,2 g p-Oxybenzoyl-p-oxybenzoesäure (1 Mol.) in 32,5 ccm n-Natronlauge (2 Mol.) und 140 ccm Wasser, abwechselnd in je 3 Portionen, zusammen. Die Flüssigkeit wird während der Reaktion mit Glasperlen auf der Maschine geschüttelt. Dabei fällt das Natriumsalz des Kuppelungsproduktes teilweise aus und bildet eine kleisterartige Masse. Um die Mischung genügend dünnflüssig zu halten, müssen die angegebenen Mengen Äther und Wasser angewendet werden. $^1/_2$ Stunde nach Zugabe der letzten Portion reagiert die Flüssigkeit neutral und der Äther enthält dann keine Chlorverbindung mehr. Die ganze Flüssigkeit wird nun mit Salzsäure angesäuert, der weiße, voluminöse Niederschlag abgesaugt und auf Ton getrocknet. Zur Reinigung löst man in 140 ccm heißem Aceton, filtriert von einer geringen Trübung ab, engt auf etwa 80 ccm ein und versetzt mit 200 ccm lauwarmem Alkohol. Beim Erkalten fallen sehr dünne, glänzende Blättchen von unregelmäßiger Gestalt aus. Nach mehrstündigem Stehen bei 0° wird abgesaugt und mit Alkohol gewaschen. Ausbeute 4,4 g oder 58% der Theorie.

Zur Analyse wurde nochmals auf die gleiche Art umkrystallisiert und bei 100° unter 15 mm getrocknet.

0,1865 g Sbst.: 0,4225 g CO_2, 0,0634 g H_2O.

$C_{24}H_{18}O_{10}$ (466,14).   Ber. C 61,78, H 3,89.
Gef. ,, 61,78, ,, 3,80.

Die Säure schmilzt beim schnellen Erhitzen gegen 238—240° (korr. 244—246°) unter Gasentwicklung.

Sie löst sich schwer in kaltem Aceton; in der Hitze verlangt sie davon etwa 40 Gewichtsteile und scheidet sich beim Erkalten in feinen biegsamen Nädelchen ab. Ihre Löslichkeit in heißem Eisessig ist ähnlich; beim Erkalten krystallisieren daraus kleine Nadeln. In heißem Alkohol, Methylalkohol, Essigäther und Chloroform löst sich die Säure schwerer als in Aceton. Noch weniger lösen Äther und heißes Benzol; in heißem Wasser ist sie nur spurenweise und in Petroläther und hochsiedendem Ligroin nicht löslich. Bei 20° löst sich ein Teil Säure in etwa 12 Teilen Pyridin.

Von verdünnten Alkalien wird die Säure sehr schwer gelöst, etwas leichter, aber auch noch schwer, von verdünntem Ammoniak; fügt man jedoch zu letzterem ganz wenig Pyridin, so tritt schnell Lösung ein. Etwas leichter als von wässerigen Alkalien wird die Säure von Methylalkohol und wenig Natronlauge aufgenommen.

Vanilloyl-p-oxybenzoyl-p-oxybenzoesäure,

$OH.C_6H_3(OCH_3).CO.O.C_6H_4.CO.O.C_6H_4.COOH$.

2 g Carbomethoxyvanilloyl-p-oxybenzoyl-p-oxybenzoesäure werden mit 21 ccm n-Ammoniak (5 Mol.) übergossen, gut verrührt und durch Zusatz von wenigen Kubikzentimetern Pyridin in Lösung gebracht. Man läßt die klare, farblose Flüssigkeit 1 Stunde bei Zimmertemperatur stehen und säuert mit Essigsäure an. Der flockige, amorphe Niederschlag wird abgesaugt, zur Reinigung mit viel Wasser ausgekocht, abermals abgesaugt, bei 100° getrocknet und in 100 ccm heißem Essigäther gelöst. Verdampft man nun bis zur beginnenden Trübung und versetzt mit 100 ccm heißem Chloroform, so fällt die Säure, zumal bei längerem Stehen in der Kälte, in amorphen, farblosen Flocken. Ausbeute 1,03 g; die Mutterlauge lieferte noch 0,21 g an reinem Produkt. Gesamtausbeute 1,24 g oder 71% der Theorie.

Zur Analyse wurde das Produkt in 200 Gewichtsteilen warmem Methylalkohol gelöst. Nach 3 tägigem Stehen bei 0° hatten sich kleine Nadeln abgeschieden; sie wurden noch zweimal auf die gleiche Art umkrystallisiert und bildeten schließlich dünne, oft $^1/_2$ cm lange Prismen. Nachdem die Krystalle 1 Stunde an der Luft bei gewöhnlicher Temperatur aufbewahrt waren, zeigten sie innerhalb der nächsten Stunde keine Gewichtsabnahme. Nach der Analyse scheinen sie 1 Mol. Methylalkohol zu enthalten.

0,1419 g Sbst.: 0,3276 g CO_2, 0,0553 g H_2O.

$C_{22}H_{16}O_8 + CH_4O$ (440,15).   Ber. C 62,71, H 4,58.
Gef. ,, 62,96, ,, 4,36.

Die Krystalle verwittern bei 100° und der Gewichtsverlust entspricht auch annähernd 1 Mol. Methylalkohol.

0,1943 g Sbst. verloren bei 2stündigem Erhitzen auf 100° unter 14 mm Druck 0,0128 g.

CH_3OH.   Ber. für 1 Mol. 7,28.   Gef. 6,59.

Die getrocknete Substanz gab folgende Zahlen:

0,1301 g Sbst.: 0,3092 g CO_2, 0,0485 g H_2O. — 0,1842 g Sbst.: 0,4375 g CO_2, 0,0662 g H_2O.

$C_{22}H_{16}O_8$ (408,12).   Ber. C 64,69,   H 3,95.

Gef. ,, 64,82, 64,78, ,, 4,17, 4,02.

Das Tridepsid schmilzt bei 235° (korr. 241°) zu einer klaren Flüssigkeit. Es reagiert in wässerig-alkoholischer Lösung schwach sauer und gibt mit Eisenchlorid eine schwache Braunfärbung. Krystallisiert ist es wesentlich schwerer löslich als in amorphem Zustand. Es verlangt etwa 100 Gewichtsteile heißen Essigäther; in heißem Eisessig und heißem Aceton ist es etwas leichter löslich. Alkohol verhält sich etwa wie Essigäther. In Benzol und Äther ist das Tridepsid sehr wenig, in Chloroform noch schwerer, in Petroläther oder Wasser gar nicht löslich.

Von verdünnter Natriumcarbonatlösung wird es ziemlich leicht gelöst.

Carbomethoxyvanilloyl-*p*-oxybenzoyl-*p*-oxybenzoyl-chlorid, $CH_3OOC.O.C_6H_3(OCH_3).CO.O.C_6H_4.CO.O.C_6H_4.COCl$.

Fügt man zu einer Mischung von 1 g trockener und fein zerriebener Carbomethoxyvanilloyl-*p*-oxybenzoyl-*p*-oxybenzoesäure und 0,5 g gepulvertem Phosphorpentachlorid (1,1 Mol.) 5 ccm trockenes Chloroform, so beginnt die Reaktion bereits in der Kälte; auf dem Wasserbad geht sie in etwa 5 Minuten zu Ende und es entsteht eine klare, fast farblose Lösung, aus der beim Erkalten das Chlorid als farblose, amorphe Masse ausfällt. Chloroform und Phosphoroxychlorid werden bei 40 bis 50° unter 15—20 mm abdestilliert und der Rückstand in 10 ccm warmem Benzol gelöst. Gibt man zu dieser Lösung heißes, hochsiedendes Ligroin bis zur beginnenden Trübung und läßt langsam erkalten, so scheiden sich farblose, krystallinische Flocken ab; denn unter dem Mikroskop erkennt man winzige Blättchen, die meist zu kugeligen oder korallenähnlichen Massen verwachsen sind und dem aus Benzol und Ligroin krystallisierten Chlorid der Carbomethoxyvanilloyl-*p*-oxybenzoesäure sehr ähnlich, nur etwas feiner gebaut erscheinen. Die Ausbeute betrug 0,8 g oder 77% der Theorie.

Für die Chlorbestimmung wurde nochmals aus 10 Teilen Benzol und 50 Teilen hochsiedendem Ligroin umkrystallisiert und die abgewogene Substanz durch wässerig-alkoholische Natronlauge auf dem Wasserbad zersetzt.

0,3188 g Sbst.: 6,75 ccm $^{n}/_{10}$-AgNO$_3$.

$C_{24}H_{17}O_9Cl$ (484,58).   Ber. Cl 7,32.   Gef. Cl 7,51.

Das Chlorid löst sich in etwa 500 Gewichtsteilen heißem, hochsiedendem Ligroin. In warmem Äther ist es sehr schwer löslich, in heißem Aceton ziemlich schwer. In heißem Benzol und heißem Essigäther löst es sich ziemlich leicht und noch leichter in heißem Chloroform.

Es schmilzt nach vorheriger Sinterung bei 167—168° (korr. 170 bis 171°) zu einer schwach opalisierenden Flüssigkeit.

Carbomethoxyvanilloyl-di-p-oxybenzoyl-p-oxybenzoe-säure,

$CH_3OOC.O.C_6H_3(OCH_3).CO.O.C_6H_4.CO.O.C_6H_4.CO.O.C_6H_4.COOH.$

Zur Lösung von 3 g Carbomethoxyvanilloyl-p-oxybenzoylchlorid (1 Mol.) in 20 ccm Benzol und 50 ccm Äther gibt man im Lauf von 6 Stunden in 3 jedesmal frisch bereiteten Portionen die Lösung von insgesamt 2,12 g p-Oxybenzoyl-p-oxybenzoesäure (1 Mol.) in 16,5 ccm n-Natronlauge (2 Mol.) und 20 ccm Wasser. Gleichzeitig wird die Flüssigkeit auf der Maschine mit Glasperlen geschüttelt und das Schütteln später noch 12 Stunden fortgesetzt. Während der Operation fällt das Natriumsalz des Carbomethoxytetradepsids aus. Es wird zum Schluß abgesaugt, gepreßt, dann mit verdünnter Essigsäure verrieben, um das Salz zu zerlegen, und die freie Säure abgesaugt, gewaschen, flüchtig auf Ton getrocknet und mit 100 ccm Aceton ausgekocht.

Zur Reinigung löst man den Rückstand (3,1 g) in 100 ccm kochendem Acetylentetrachlorid, filtriert heiß von einem geringen Rückstand und läßt langsam erkalten. Es scheiden sich unregelmäßige, zu Sternen verwachsene, winzige Blättchen ab. Ausbeute 2,5 g oder 52% der Theorie.

Zur Analyse wurde noch einmal auf die gleiche Art umkrystallisiert und unter 15 mm bei 100° getrocknet.

0,1740 g Sbst.: 0,4033 g CO$_2$, 0,0578 g H$_2$O.

$C_{31}H_{22}O_{12}$ (586,17).   Ber. C 63,46, H 3,78.
Gef. ,, 63,21, ,, 3,72.

Die Säure schmilzt unter Schäumen gegen 265° (korr. 272°).

Sie löst sich in etwa 40 Gewichtsteilen siedendem Acetylentetrachlorid, wesentlich schwerer in Amylalkohol und Eisessig, sehr schwer in Aceton, Alkohol, Essigäther und Chloroform, nur spurenweise in Äther und Benzol und gar nicht in Wasser und Petroläther. Von Pyridin wird sie in der Wärme leicht, in der Kälte etwas schwerer gelöst. Die Alkalisalze sind in Wasser sehr schwer löslich, dagegen ist ein Gemisch von wässerigem Ammoniak und Pyridin ein ziemlich gutes Lösungsmittel.

Vanilloyl-di-p-oxybenzoyl-p-oxybenzoesäure,

$$HO.C_6H_3(OCH_3).CO.O.C_6H_4.CO.O.C_6H_4.CO.O.C_6H_4.COOH.$$

Übergießt man 1 g der Carbomethoxyverbindung mit 12 ccm n-Ammoniaklösung und 50 ccm Pyridin, so löst sie sich in kurzer Zeit. Dieser Weg ist aber zur Verseifung ungeeignet, da er zu stark gefärbten Produkten führt.

Besser ist folgende Methode, bei der gut gereinigte Lösungsmittel anzuwenden sind. 1 g Carbomethoxy-tetradepsid, das zur besseren Auflösung mit wenig Aceton durchtränkt ist, wird mit 10 ccm Pyridin übergossen und die klare Lösung mit 10 ccm Aceton verdünnt. Versetzt man mit 2 ccm Methylalkohol, der 10 Gewichtsteile Ammoniakgas gelöst enthält, so entsteht sofort ein feiner, amorpher Niederschlag, wahrscheinlich das Ammoniaksalz. Da er in überschüssigem alkoholischen Ammoniak löslich ist, so darf man nicht mehr als die angegebene Menge davon anwenden. Man verdünnt mit 400 ccm trockenem Äther, zentrifugiert und gießt die klare Flüssigkeit ab. Das Ammoniumsalz suspendiert man in 300 ccm Aceton und setzt 65 ccm n-Ammoniaklösung zu. Dabei löst sich alles bis auf eine geringe Trübung, die abfiltriert wird.

Man läßt bei Zimmertemperatur stehen, bis eine Probe auf Zusatz von viel Wasser keine Trübung mehr gibt. Dazu sind ungefähr $3^1/_2$ Stunden nötig. Beim Ansäuern mit 15 ccm 5 n-Salzsäure bleibt die Flüssigkeit klar. Auf Zusatz von 500 ccm Wasser scheidet sich das Tetradepsid in voluminösen, amorphen Flocken ab, die sich bei längerem Schleudern zu Boden setzen und auf Ton im Vakuumexsiccator getrocknet werden. Man erhält so 0,5 g eines kaum gefärbten Rohproduktes.

Die Substanz wird beim Reiben stark elektrisch. Man treibt sie durch ein feines Sieb und suspendiert in 30 ccm Acetylentetrachlorid. Durch Einstellen ins Wasserbad erhält man eine fast klare Lösung, die heiß filtriert wird und beim Erkalten einen amorphen Niederschlag abscheidet. Sobald sich die Flüssigkeit auf Zimmertemperatur abgekühlt hat, saugt man ab und behandelt den noch nassen Niederschlag auf die gleiche Weise mit 20 ccm Acetylentetrachlorid. Das nun beim Abkühlen ausfallende Produkt wird mit Äther gewaschen und im Vakuumexsiccator über Paraffin getrocknet. Die Ausbeute schwankte zwischen 0,19 und 0,24 g oder 21—27% der Theorie.

Das amorphe Tetradepsid wird in 100 Gewichtsteilen siedendem Aceton gelöst, die Flüssigkeit auf die Hälfte eingeengt und mit der 600fachen Gewichtsmenge heißem Methylalkohol versetzt. Läßt man möglichst langsam erkalten und 2 Tage bei gewöhnlicher Temperatur stehen, so erhält man das Tetradepsid in mikroskopischen farblosen, spießförmigen Plättchen, die meist zu Büscheln verwachsen sind. Die Mutterlauge wird unter vermindertem Druck verdampft und der geringe Rückstand auf die gleiche Weise umkrystallisiert.

Wendet man beim Umkrystallisieren zuwenig Methylalkohol an, so gesteht die ganze Flüssigkeit beim Erkalten zur Gallerte. Öfters mißlingt auch bei Anwendung der angegebenen Mengen die Krystallisation. Dann verdampft man, um Veresterung zu vermeiden, die Flüssigkeit unter geringem Druck und krystallisiert aus einer erheblich größeren Menge Aceton und Methylalkohol (etwa dreimal soviel wie oben angegeben). Eine Stunde nach Beginn der Abscheidung wird filtriert und die in der Mutterlauge enthaltene Hauptmenge nach dem Verdampfen der Lösung wie oben behandelt.

Zur Analyse wurde unter 15 mm Druck bei 100° getrocknet.

0,1090 g Sbst.: 0,2622 g CO_2, 0,0371 H_2O.

$$C_{29}H_{20}O_{10} \ (528,15). \quad \text{Ber. C } 65,89, \text{ H } 3,82.$$
$$\text{Gef. ,, } 65,60, \text{ ,, } 3,81.$$

Das Tetradepsid schmilzt nach vorheriger Sinterung unter Aufblähen bei 248° (korr. 254°).

In Methylalkohol, Alkohol und Essigäther ist es in der Kälte fast unlöslich und in der Wärme sehr schwer löslich. Von heißem Aceton und heißem Eisessig wird es leichter aufgenommen und krystallisiert aus letzterem beim Erkalten in winzigen, biegsamen Nädelchen. Von Äther, Benzol und Chloroform wird es nur spurenweise, von Wasser und Petroläther gar nicht gelöst.

Von verdünnten wässerigen Alkalien wird das Tetradepsid verhältnismäßig leicht aufgenommen, schwerer von verdünnter Natriumcarbonatlösung und Ammoniak.

Carbomethoxy-vanilloyl-vanillin,
$CH_3OOC.O.C_6H_3(OCH_3)CO.O.C_6H_3(OCH_3).COH$.

Schüttelt man eine Lösung von 6 g Carbomethoxyvanilloylchlorid (1 Mol.) in 50 ccm Äther mit einer Lösung von 4,1 g Vanillin (1,1 Mol.) in 27 ccm n-Natronlauge (1,1 Mol.) unter guter Kühlung, so beginnt sogleich die Abscheidung des Kuppelungsproduktes; nach etwa $^1/_4$ Stunde ist die ursprünglich gelbe Färbung der wässerigen Schicht verschwunden und die Reaktion beendet. Nachdem die Ätherschicht, die ein wenig des Produktes gelöst enthält, bei gewöhnlicher Temperatur unter vermindertem Druck verdampft ist, wird der körnige Niederschlag abgesaugt, mit verdünnter Natriumcarbonatlösung verrieben, wieder abgesaugt, mit Wasser gut gewaschen und auf Ton im Vakuumexsiccator getrocknet. Das Produkt ist fast rein; die Ausbeute betrug 8,3 g oder 94% der Theorie.

Zur völligen Reinigung wurden 2 g in möglichst wenig warmem Essigäther gelöst und 30 ccm Äther zugesetzt. Bei 0° schied sich der größte Teil (1,7 g) in glänzenden, farblosen, vierseitigen Platten ab, deren spitze Ecke meist abgeschnitten ist. Häufig sind sie zu Sternchen gruppiert. Die Krystalle verlieren nach dem Trocknen im Vakuumexsiccator bei 100° nicht an Gewicht.

$$0{,}1503 \text{ g Sbst.}: 0{,}3298 \text{ g } CO_2,\ 0{,}0607 \text{ g } H_2O.$$
$$C_{18}H_{16}O_8 \ (360{,}12). \quad \text{Ber. C } 59{,}98,\ H\ 4{,}48.$$
$$\text{Gef. ,, } 59{,}85,\ ,,\ 4{,}52.$$

Die Substanz schmilzt bei 156—157° (korr. 158—159°) zu einer farblosen Flüssigkeit. Sie wird ihrer Lösung in Essigäther durch Schütteln mit einer konzentrierten Lösung von saurem Natriumsulfit entzogen. Zwischen Essigäther und der Sulfitlösung bildet sich dann eine dritte gelbe Schicht, aus der sich durch Schwefelsäure die Substanz zurückgewinnen läßt.

Sie ist in Wasser äußerst wenig löslich, von warmem Äther und kaltem Alkohol wird sie schwer gelöst. Ein Teil löst sich in etwa 20 Gewichtsteilen siedendem Alkohol und krystallisiert daraus bei 0° in Nädelchen. In Aceton löst sie sich leicht und wird daraus durch Wasser als bald erstarrendes Öl gefällt. Ebenso leicht lösen Essigäther und Chloroform. Auch Methylalkohol, Eisessig und Benzol lösen schon in der Kälte und hochsiedendes Ligroin in der Wärme ziemlich leicht; beim Erkalten scheidet sie sich aus Ligroin in kleinen schmalen Prismen ab, die meist zu Aggregaten verwachsen sind.

Vanilloyl-vanillin,

$$OH.C_6H_3.(OCH_3).CO.O.C_6H_3(OCH_3).COH.$$

2 g Carbomethoxy-vanilloyl-vanillin werden in 50 ccm Methylalkohol gelöst und mit 17 ccm n-Natronlauge (3 Mol.) versetzt. Die anfangs farblose, klare Lösung färbt sich allmählich schwach gelb; die Verseifung ist beendet, wenn eine Probe der Lösung auf Zusatz von viel Wasser keine Carbomethoxyverbindung mehr ausscheidet. Das ist nach etwa einer Stunde der Fall. Wird nun mit etwa 50 ccm Wasser verdünnt und mit Salzsäure versetzt, so fällt ein zähes, schwach gefärbtes Harz, das nach einigen Stunden völlig erstarrt. Jetzt wird abgesaugt, mit Wasser gewaschen und im Vakuumexsiccator getrocknet. Ausbeute 1,35 g oder 80% der Theorie.

Zur Reinigung wird in 30 ccm heißem Aklohol gelöst, mit Tierkohle aufgekocht und die filtrierte Lösung mit 70 ccm heißem Wasser versetzt. Bei langsamem Erkalten scheiden sich schöne, glänzende, farblose Nadeln aus, die oft zu Büscheln vereinigt sind. Die Ausbeute an reinem, geruchlosem Produkt betrug 1,24 g oder 74% der Theorie.

Zur Analyse wurde nochmals aus heißem, 30proz. Alkohol umkrystallisiert und im Vakuumexsiccator getrocknet.

0,1534 g Sbst.: 0,3564 g CO_2, 0,0667 g H_2O.

$C_{16}H_{14}O_6$ (302,11). Ber. C 63,56, H 4,67.
Gef. ,, 63,36, ,, 4,86.

Vanilloyl-vanillin schmilzt bei 138—139° (korr. 140—141°) zu einer farblosen Flüssigkeit.

Es löst sich in viel heißem Wasser und krystallisiert daraus in Nadeln. In heißem Alkohol ist es leicht löslich; bei gewöhnlicher Temperatur braucht 1 g etwa 40 g absoluten Alkohol. Gegen Äther verhält es sich ähnlich; in Methylalkohol, Aceton, Essigäther, Eisessig, Benzol und Chloroform ist es leicht, dagegen in Petroläther sehr schwer löslich.

Es ist geruch- und geschmacklos. Seiner Lösung in Äther wird es durch Schütteln mit einer konzentrierten Lösung von Natriumbisulfit entzogen. In der Sulfitlösung scheiden sich feine, farblose Nädelchen aus, die in Wasser leicht löslich sind.

Vanilloyl-vanillin gibt in lauwarmer wässeriger Lösung mit Eisenchlorid eine schwache braungrüne Färbung; in konzentrierter alkoholischer Lösung erzeugt Eisenchlorid eine schwarzgrüne Färbung, die auf Zusatz von Wasser in braungrün bis braun umschlägt.

Beim Kochen mit Millons Reagens erhält man eine schwache schmutzigrote Färbung.

Vanilloyl-vanillin löst sich mit hellgelber Farbe in verdünnten Alkalien. Kocht man die Lösung in n-Natronlauge 20 Minuten, so tritt nach dem Ansäuern mit verdünnter Schwefelsäure ein starker Geruch nach Vanillin auf, und aus der klaren Lösung krystallisieren nach einiger Zeit schöne Nädelchen, die ihrem Aussehen nach Vanillinsäure sind.

Auch von einer verdünnten Natriumcarbonatlösung wird das Vanilloylvanillin leicht aufgenommen. Ferner reagiert es in wässerigalkoholischer Lösung schwach sauer, wie das Vanillin selbst.

Carbomethoxy-vanilloyl-glycinäthylester,
$CH_3OOC.O.C_6H_3(OCH_3).CO.NHCH_2COOC_2H_5$.

Eine Lösung von 5 g Carbomethoxy-vanilloylchlorid (1 Mol.) in 40 g Äther gibt man unter Kühlung im Lauf von 10 Minuten zu einer Mischung von 4,3 g Glykokollester (2,05 Mol.) mit 20 g trockenem Äther. Sehr bald fällt ein farbloser, krystallinischer Niederschlag, in dem sich die Hauptmenge des Kuppelungsproduktes befindet; er wird nach einstündigem Stehen auf Eis abgesaugt. Um den im Äther gelösten Teil zu gewinnen, wird das Filtrat mit verdünnter Salzsäure zur Entfernung des Glykokollesters durchgeschüttelt, abgehoben, stark eingeengt, die sich ausscheidenden Kraystlle nach mehrstündigem Stehen auf Eis abgesaugt und dem ersten Niederschlag zugefügt. Beim Auslaugen mit kaltem Wasser geht der salzsaure Glykokollester in Lösung. Der krystallinische Rückstand wird abgesaugt, mit Wasser gewaschen, gepreßt und in ungefähr der 10fachen Menge heißem Alkohol gelöst. Versetzt man nun mit so viel heißem Wasser, daß die entstehende Trübung noch eben wieder in Lösung geht, so scheidet sich beim recht langsamen Abkühlen und starken Reiben der Ester krystallinisch ab. Impfen befördert die Krystallisation. Er bildet glänzende, viereckige Blättchen, die an den Ecken vielfach abgeschnitten und häufig zu Aggregaten verwachsen sind. Nach mehrstündigem Stehen bei 0° wird abgesaugt und im Vakuumexsiccator über Schwefelsäure getrocknet. Ausbeute 4,7 g oder 74% der Theorie.

Zur Analyse wurde nochmals aus verdünntem Alkohol umkrystallisiert und im Vakuum bei 15 mm über Phosphorpentoxyd bei 78° getrocknet.

0,1964 g Sbst.: 0,3890 g CO_2, 0,0987 g H_2O. — 0,1860 g Sbst.: 7,4 ccm Stickgas (über 33% KOH) bei 20° und 761 mm Druck.

$C_{14}H_{17}O_7N$ (311,14). Ber. C 54,00, H 5,51, N 4,50.

Gef. ,, 54,02, ,, 5,62, ,, 4,57.

Der Ester schmilzt bei 92—93° (korr. 93—94°) zu einer farblosen Flüssigkeit. Die Krystalle haben ein fettiges Aussehen und lassen sich schlecht zerreiben.

Er ist in kaltem Wasser sehr schwer löslich; bei 80° löst sich ein Teil in ungefähr 85 Teilen Wasser und krystallisiert beim langsamen Erkalten in der beschriebenen Form. Ein Teil löst sich bei 20° in etwa 10 Gewichtsteilen Alkohol; Äther löst in der Kälte sehr wenig, in der Wärme ungefähr wie Wasser. Methylalkohol, Aceton, Chloroform, Essigäther, Eisessig und heißes Benzol lösen leicht, Petroläther recht schwer. Aus Alkohol, Methylalkohol und Aceton fällt der Ester auf Zusatz von Wasser in der Regel zuerst als farbloses Öl, das aber bald in radial angeordneten Nadeln erstarrt.

Vanilloyl-glycin,

$OH.C_6H_3(OCH_3).CO.NH.CH_2.COOH$.

5 g des zerriebenen und gesiebten Carbomethoxy-vanilloyl-glycinäthylesters werden mit 65 ccm n-Natronlauge (4 Mol.) 30 Minuten geschüttelt, wobei Lösung erfolgt. Die gelbliche Flüssigkeit bleibt bis

zur Vollendung der Reaktion noch $^1/_2$ Stunde bei Zimmertemperatur stehen. Beim Ansäuern mit 14 ccm 5 n-Salzsäure findet eine lebhafte Kohlensäureentwicklung statt und die Lösung entfärbt sich. Nach mehrstündigem Stehen auf Eis und häufigem Reiben, noch schneller beim Impfen, scheiden sich große, farblose Blätter ab; sie werden nach eintägigem Stehen im Eisschrank abgesaugt, mit eiskaltem Wasser gewaschen und aus wenig heißem Wasser umkrystallisiert. Die Ausbeute an lufttrockenem Produkt betrug nach Verarbeitung der Mutterlauge 3,39 g oder 87% der Theorie, berechnet auf krystallwasserhaltige Substanz.

Die aus wässeriger Lösung ausgeschiedenen Krystalle enthalten Wasser, dessen Menge ungefähr 1 Mol. entspricht. Sie verändern sich an der Luft nicht, verwittern aber im Vakuumexsiccator über Phosphorpentoxyd schon bei gewöhnlicher Temperatur langsam. Sie haben keinen konstanten Schmelzpunkt, sondern sintern von ungefähr 75° an.

Löst man die wasserhaltigen Krystalle in etwa 10 Teilen absolutem Alkohol und versetzt mit etwa 100 Teilen trockenem Äther, so scheiden sich bald mikroskopische, kurze, gut ausgebildete Prismen ab, die wasserfrei sind und erst bei 167° schmelzen. Dieselben Krystalle erhält man auch durch Lösen der bei 125° unter 15 mm getrockneten Substanz in Methylalkohol und Fällung mit Äther. Sie wurden nach dem Trocknen im Vakuumexsiccator über Phosphorpentoxyd für die Elementaranalyse benutzt.

0,2123 g Sbst.: 0,4141 g CO_2, 0,0916 g H_2O. — 0,1915 g Sbst.: 9,8 ccm Stickgas (über 33% KOH) bei 20° und 770 mm Druck.

$C_{10}H_{11}O_5N$ (225,09).   Ber. C 53,31, H 4,92, N 6,22.
Gef. ,, 53,20, ,, 4,83, ,, 5,95.

Das trockene Vanilloylglycin schmilzt nach vorhergehendem Erweichen bei 167—168° (korr. 169—170°) zu einer klaren Flüssigkeit zusammen.

Es löst sich bei gewöhnlicher Temperatur sehr leicht in Methylalkohol (etwa 3 Teilen) und ist dann sukzessive immer schwerer löslich in Alkohol, Aceton, Essigäther. Äther löst schon recht wenig und heißes Chloroform nur spurenweise.

Das Vanilloylglycin hat einen sauren und bitteren Geschmack. Seine wässerige Lösung gibt mit Eisenchlorid eine violette Färbung, und wenn sie nicht zu verdünnt ist, fällt nach einiger Zeit ein tiefvioletter Niederschlag aus. Millons Reagens erzeugt ebenfalls schon in der Kälte eine Violettfärbung, die in gelinder Wärme recht stark wird. Hinterher bildet sich gewöhnlich ein ebenso gefärbter Niederschlag.

Zur Ergänzung der vorhergehenden Versuche haben wir noch das
Carbomethoxyvanillin, $CH_3OOC.O.C_6H_3(OCH_3).COH$,
dargestellt. Es ist der längst bekannten Carbäthoxyverbindung[1] sehr
ähnlich. Zu einer gut gekühlten Lösung von 5 g Vanillin in 33 ccm
n-Natronlauge (1 Mol.) fügt man unter kräftigem Schütteln in 2—3 Portionen 3,5 g chlorkohlensaures Methyl (1,1 Mol.). Das Kuppelungsprodukt scheidet sich dabei als körnige Masse ab. Die Ausbeute ist fast
quantitativ. Es wird aus heißem Wasser oder heißem verdünntem
Alkohol umkrystallisiert und bildet farblose Nadeln vom Schmelzpunkt
89° (korr.).

Zur Analyse wurde bei 56° unter stark vermindertem Druck getrocknet.

0,1378 g Sbst.: 0,2895 g CO_2, 0,0584 g H_2O.

$C_{10}H_{10}O_5$ (210,08).   Ber. C 57,12, H 4,80.
Gef. ,, 57,30, ,, 4,74.

In den meisten organischen Lösungsmitteln, mit Ausnahme von
Petroläther, ist es leicht löslich. Der ätherischen Lösung wird es durch
Ausschütteln mit Natriumbisulfitlösung entzogen.

Durch Oxydation mit Kaliumpermanganat läßt es sich ziemlich
glatt in Carbomethoxyvanillinsäure umwandeln. Zu dem Zweck suspendiert man 5 g fein gepulvertes und gesiebtes Carbomethoxyvanillin
in 100 ccm Wasser und läßt unter Turbinieren bei gewöhnlicher Temperatur im Lauf von 6—8 Stunden eine Lösung von 2,5 g Kaliumpermanganat und 0,54 g Kaliumcarbonat in 400 ccm Wasser so rasch
zutropfen, wie das Permanganat verbraucht wird. Die Flüssigkeit muß
fortdauernd neutral bleiben. Schließlich wird der Braunstein zentrifugiert, die filtrierte Flüssigkeit mit Natriumbisulfit entfärbt und mit
Salzsäure angesäuert. Sofort beginnt die Krystallisation der Carbomethoxyvanillinsäure. Sie wird nach mehrstündigem Stehen bei 0°
abgesaugt; aus dem Filtrat läßt sich noch eine kleine Menge ausäthern.
Die Gesamtausbeute betrug 3,8 g oder 71% der Theorie.

Da die Carbomethoxyverbindung außerordentlich leicht in Vanillinsäure übergeht, so ist dieser Weg für die Umwandlung von Vanillin in
Vanillinsäure wohl mehr geeignet als die längst bekannte Oxydation
der Acetylverbindung, und wir halten es auch für möglich, daß die
Methode in einzelnen anderen Fällen zur Umwandlung von Phenol-
aldehyden in Phenolcarbonsäuren recht gute Dienste leisten wird.

[1] D. R. P. Nr. 101 684 (1897).

7. Emil Fischer und Karl Freudenberg: Über die Carbomethoxyderivate der Phenolcarbonsäuren und ihre Verwendung für Synthesen. V.

Liebigs Annalen der Chemie 384, 225 [1911].

(Eingelaufen am 2. August 1911.)

In der letzten Mitteilung[1]) haben wir an dem Beispiel der p-Oxybenzoesäure und Vanillinsäure gezeigt, daß mit Hilfe der Carbomethoxyverbindungen bzw. ihrer Chloride die Verkuppelung der Phenolcarbonsäuren bis zu Tetradepsiden geführt werden kann. Dieselbe Methode haben wir jetzt benutzt, um die Didepside der wichtigsten Dioxy- und Trioxybenzoesäuren darzustellen, weil sie wegen ihrer Beziehung zu manchen Naturprodukten besonderes Interesse darbieten. Für die Gallussäure ist ein solcher Versuch schon früher beschrieben worden[2]). Durch Kombination von Tricarbomethoxy-galloylchlorid und Dicarbomethoxy-gallussäure in alkalischer Lösung und nachträgliche Verseifung des Kuppelungsproduktes gelang es in der Tat, eine krystallisierte Substanz zu gewinnen, welche Leimlösung stark fällte. Aber die Analysen zeigten, daß das Präparat ungefähr 1% Kohlenstoff zu wenig enthielt und dementsprechend nicht als einheitliches Individuum angesehen werden konnte.

Durch Verbesserung der Methode ist es uns nun gelungen, eine hübsch krystallisierte Digallussäure von der richtigen Zusammensetzung darzustellen, die sich von dem früheren Präparat durch geringere Löslichkeit unterscheidet. Zweifellos ist dieses Produkt die erste reine synthetische Digallussäure. Wir haben schon früher die Vermutung ausgesprochen, daß die esterartige Verkuppelung an dem in p-Stellung befindlichen Hydroxyl des einen Moleküls Gallussäure stattfindet, halten es aber für nötig, diese Anschauung durch eine spezielle Untersuchung der Digallussäure zu prüfen.

Um auf die gleiche Art die Diprotocatechusäure zu gewinnen, mußten wir erst ihr noch unbekanntes Monocarbomethoxyderivat bereiten. Das gelingt ebenfalls durch partielle Verseifung der Dicarbo-

---

[1]) E. Fischer und K. Freudenberg, Liebigs Annal. d. Chem. 372, 32 [1910]. (S. 102.)

[2]) E. Fischer, Berichte d. d. chem. Gesellsch. 41, 2890 [1908]. (S. 78.)

methoxy-protocatechusäure. Läßt man nun auf die alkalische Lösung dieses Monocarbomethoxyderivats das Chlorid der Dicarbomethoxy-protocatechusäure einwirken und bewirkt direkt hinterher die Abspaltung der Carbomethoxygruppen, so erhält man ohne Schwierigkeit und mit verhältnismäßig guter Ausbeute das krystallisierte Didepsid. Es unterscheidet sich in seinen Eigenschaften wesentlich von dem amorphen Produkt, das H. Schiff[1]) durch Behandlung von Protocatechusäure mit Arsensäure erhielt und unter dem gleichen Namen beschrieben hat. Da die angewandte Monocarbomethoxy-protocatechusäure nach den später angeführten Methylierungsversuchen der Hauptmenge nach die Verbindung

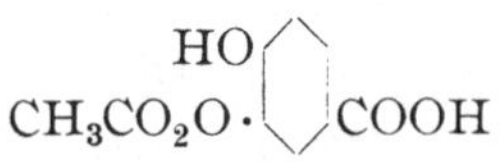

$$\text{HO} \underset{\text{CH}_3\text{CO}_2\text{O}}{\bigcirc} \text{COOH}$$

ist, so glauben wir aus der Synthese den Schluß ziehen zu dürfen, daß der Diprotocatechusäure, sofern sie einheitlich ist, die Formel

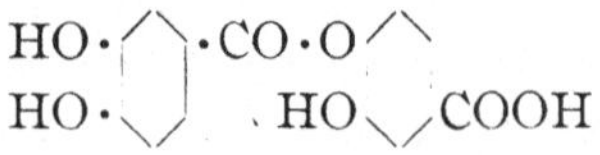

$$\underset{\text{HO}\cdot}{\text{HO}\cdot}\bigcirc \underset{\text{HO}}{\cdot\text{CO}\cdot\text{O}}\bigcirc\text{COOH}$$

zukommt.

Um die Didepside der Gentisin- und β-Resorcylsäure zu bereiten, haben wir ebenfalls die Monocarbomethoxyderivate benutzt. Sie lassen sich, wie schon bekannt, leicht durch Carbomethoxylierung der beiden Säuren in alkalischer Lösung bereiten[2]). Die Verkuppelung gelang uns hier direkt durch Behandlung mit Phosphortrichlorid und Dimethylanilin ähnlich der Synthese der Salicylo-salicylsäure[3]). In beiden Fällen wurde das krystallisierende Dicarbomethoxyderivat des Didepsids isoliert und daraus durch Abspaltung der Carbomethoxygruppen das Didepsid selbst krystallisiert gewonnen.

Die Struktur der Digentisinsäure und Di-β-resorcylsäure läßt sich mit ziemlich großer Wahrscheinlichkeit auf folgende Weise ableiten. Aus dem Vergleich der p- und m-Oxybenzoesäure mit der Salicylsäure geht hervor, daß die Carbomethoxylierung in wässerig-alkalischer Lösung viel leichter an dem p- und m-ständigen Hydroxyl vor sich geht. Gentisin- und β-Resorcylsäure enthalten nun beide ein o-ständiges Hydroxyl. Dem entspricht auch der Verlauf der Carbomethoxylierung in alkalischer Lösung. Der Eintritt des ersten Carbomethoxyls erfolgt sehr leicht. Die Einführung des zweiten gelingt zwar auch in alkalischer Lösung partiell, wie die späteren Versuche bei der β-Resorcylsäure beweisen.

[1]) Berichte d. d. chem. Gesellsch. **15**, 2589 [1882].
[2]) E. Fischer, Berichte d. d. chem. Gesellsch. **42**, 215 [1909]. (*S. 80.*)
[3]) C. F. Böhringer Söhne, Chem. Zentralblatt **1909**, II, 319 und 1285.

Aber die Vervollständigung der Reaktion ist dort viel schwerer als bei der Protocatechu- oder Gallussäure. Es scheint deshalb der Schluß zulässig, daß die Monocarbomethoxyverbindungen folgende Struktur haben:

$$CH_3CO_2O\!\!-\!\!\langle\ \rangle\!\!\begin{smallmatrix}OH\\COOH\end{smallmatrix} \qquad und \qquad CH_3CO_2O\!\!-\!\!\langle\ \rangle\!\!\begin{smallmatrix}COOH\\OH\end{smallmatrix}$$

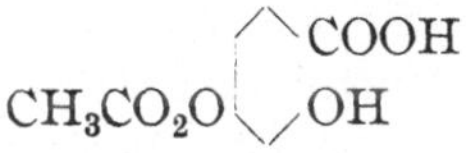

Monocarbomethoxy-   Monocarbomethoxy-
gentisinsäure β-resorcylsäure

Aus der Synthese ergeben sich weiter für die Didepside mit ziemlich großer Wahrscheinlichkeit die Formeln

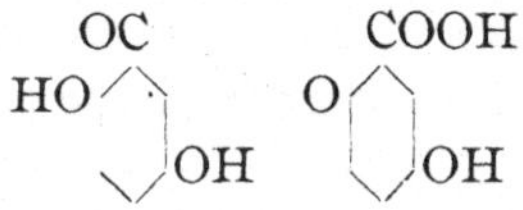

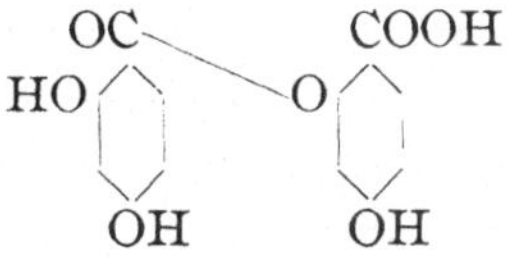

Digentisinsäure   und   Di-β-resorcylsäure

Aus diesen Betrachtungen geht ohne weiteres hervor, daß die Verwendung der Carbomethoxyverbindungen für die Synthese der Depside einen eindeutigen Verlauf der Reaktion zur Folge hat. Dadurch ist sehr wahrscheinlich auch die leichtere Gewinnung von krystallisierten Produkten bedingt.

Was die Eigenschaften der vier neuen Depside betrifft, so ist hervorzuheben, daß sie sämtlich Eisenchloridfärbung geben, ferner Leimlösung und Chininacetatlösung fällen und sich dadurch den Gerbsäuren nähern. Wir glauben deshalb, daß die hier beschriebenen Methoden auch bei der späteren Synthese der Gerbstoffe Verwendung finden können.

Dicarbomethoxy-digentisinsäure.

10 g Monocarbomethoxy-gentisinsäure[1]) wurden in einer Flasche von 30 ccm mit 6,3 g Dimethylanilin (1,1 Mol.) und 11 ccm trockenem Benzol übergossen und dazu nach dem Abkühlen durch Eis 1,3 g frisch destilliertes Phosphortrichlorid (0,2 Mol.) gefügt. Beim kräftigen Durchschütteln und Erwärmen auf Zimmertemperatur entstand zuerst eine klare, hellgelbe Lösung; da diese sich aber bald trübt und dann allmählich in zwei Schichten zerfällt, so wurde die Flasche 3 Tage auf der Maschine bei Zimmertemperatur geschüttelt und dann zur Entfernung des Dimethylanilins mit einem Überschuß von sehr verdünnter Salzsäure behandelt. Die ungelöste, dick ölige Masse wird beim Verrühren mit Petroläther schnell zäh. Nach Abgießen des Petroläthers, der auch das früher zugesetzte Benzol enthält, fügt man wenig Aceton

---

[1]) Berichte d. d. chem. Gesellsch. **42**, 222 [1909]. (*S. 87.*)

zu, so daß die Masse nur teilweise gelöst wird, und verdünnt dann sofort mit viel Wasser. Die hierbei entstehende milchige Ausscheidung erstarrt besonders nach dem Impfen rasch und zum größten Teil krystallinisch. Sie ist nur wenig gefärbt. Ausbeute 8,8 g; durch Ausäthern der Mutterlauge wurde noch etwa 1 g gewonnen. Die Masse ist ein Gemisch von Dicarbomethoxy-digentisinsäure und unverändertem Ausgangsmaterial. Um diese zu trennen, wird das fein gepulverte Rohprodukt in 200 ccm kochendes Wasser eingetragen, kurze Zeit aufgekocht, dann 300 ccm Wasser von gewöhnlicher Temperatur zugefügt und die ungelöste Dicarbomethoxy-digentisinsäure sofort abgesaugt. Ausbeute 6 g. Aus der wässerigen Mutterlauge krystallisiert beim starken Abkühlen die Monocarbomethoxygentisinsäure, die so leicht zurückzugewinnen ist.

Das rohe Kuppelungsprodukt enthält in verhältnismäßig kleiner Menge einen Körper, der von Natriumbicarbonatlösung nicht aufgenommen wird und den wir nicht weiter untersucht haben. Zur Gewinnung der reinen Dicarbomethoxy-digentisinsäure wird deshalb das fein gepulverte Produkt mit einer kalten Lösung von Natriumbicarbonat geschüttelt und die filtrierte Flüssigkeit angesäuert. Die hierbei ausfallende amorphe Masse läßt sich dann aus ziemlich viel heißem Benzol krystallisieren. Für die Bereitung des analysierten Präparates haben wir das Schütteln mit Natriumbicarbonat nur 5 Minuten andauern lassen, um Zersetzung der empfindlichen Carbomethoxygruppen möglichst zu vermeiden. Handelt es sich aber um die Bereitung größerer Mengen, die für die Darstellung der Digentisinsäure dienen sollen, so wird das Schütteln mit der Bicarbonatlösung bei gewöhnlicher Temperatur während 45 Minuten ausgeführt.

Die analysierte Dicarbomethoxy-digentisinsäure bildete nach dem Umlösen aus Benzol farblose, biegsame Nadeln vom Schmelzpunkt 164—165° (korr. 166—167°). Für die Analyse war im Vakuumexsiccator getrocknet.

0,1668 g Sbst.: 0,3266 g CO_2, 0,0537 g H_2O. — 0,1517 g Sbst.: 0,2961 g CO_2, 0,0486 g H_2O.

$C_{18}H_{14}O_{11}$ (406,11).   Ber. C 53,19,   H 3,47.
Gef. ,, 53,40, 53,23, ,, 3,60, 3,58.

Die Verbindung löst sich leicht in kaltem Aceton, schwerer in kaltem Alkohol, Eisessig, Chloroform und Essigäther, recht schwer in Äther und fast gar nicht in Ligroin oder Wasser. Die alkoholische Lösung färbt sich durch wenig Eisenchlorid tiefrot. Auch in der wässerigen Lösung läßt sich die Verbindung durch Eisenchlorid an der Bildung eines schwachen blaßroten Niederschlages erkennen.

Digentisinsäure, $(HO)_2C_6H_3.CO.O.C_6H_3(OH).COOH$.

2 g Dicarbomethoxy-digentisinsäure, die aus dem Rohprodukt durch $^3/_4$ stündiges Ausziehen mit Natriumbicarbonat und Ansäuern gewonnen ist, werden in einer Wasserstoffatmosphäre in 25 ccm n-Ammoniak bei 18—20° gelöst und 3 Stunden bei dieser Temperatur gehalten. Wird jetzt mit 5 ccm 5 n-Schwefelsäure übersättigt, so scheidet die Lösung nach kurzer Zeit Digentisinsäure in Nadeln ab. Nach einstündigem Stehen bei 0° betrug ihre Menge 0,75 g oder 52% der Theorie.

Aus der Mutterlauge läßt sich durch Ausäthern ein Gemisch von Gentisinsäure mit wenig Didepsid gewinnen, aus dem wir noch 0,08 g Didepsid isolieren konnten. Also Gesamtausbeute 0,83 g oder 58% der Theorie.

Zur Analyse wurde zweimal aus je 20 Teilen heißem Wasser unter Zusatz von wenig Tierkohle umkrystallisiert. Bei rascher Abkühlung krystallisierte die Substanz gewöhnlich in feinen Nadeln, beim langsamen Abkühlen in mikroskopischen, ziemlich dicken, flächenreichen Formen. Lufttrocken enthielten die letzteren 1 Mol. Wasser, das unter 15 mm Druck langsam entwich.

0,6845 g Sbst. (lufttrocken), verloren bei 24 stündigem Trocknen unter 14 mm Druck bei 100° über P_2O_5 0,0415 g.

$C_{14}H_{10}O_7 + H_2O$ (308,1).   Ber. H_2O 5,85.   Gef. H_2O 6,06.

0,1322 g Sbst. (entwässert): 0,2789 g CO_2, 0,0430 g H_2O. — 0,1470 g Sbst.: 0,3128 g CO_2, 0,0460 g H_2O.

$C_{14}H_{10}O_7$ (290,08).   Ber. C 57,91,   H 3,47.
Gef. ,, 57,54, 58,03, ,, 3,64, 3,50.

Die trockene Digentisinsäure schmilzt nach vorhergehendem Sintern bei 204—205° (korr. 208—209°) zu einer gelblichen Flüssigkeit. Sie ist in kaltem Wasser viel schwerer löslich als die Gentisinsäure. Nach approximativen Bestimmungen sind zur Lösung der letzteren ungefähr 120 Teile Wasser von 0° nötig, während das Didepsid bei derselben Temperatur über 900 Teile verlangt. Im Gegensatz zur Gentisinsäure gibt das Didepsid

1. mit kalter, verdünnter Leimlösung zunächst eine starke milchige Trübung, die sich beim Umschütteln zu einem zähen Niederschlag zusammenballt und in der Wärme ziemlich leicht löslich ist

2. mit essigsaurem Chinin auch in starker Verdünnung eine milchige Ausscheidung,

3. in wässeriger Lösung mit Ferrichlorid eine bald verschwindende blaue Färbung und dann einen mißfarbigen Niederschlag.

Dicarbomethoxy-di-β-resorcylsäure.

Die Reinigung des Produktes ist leichter, wenn man das bei der Darstellung der Dicarbomethoxy-digentisinsäure angewandte Verfahren etwas modifiziert, wie es schon von der Firma Böhringer und Söhne[1]) bei der Salicylo-salicylsäure geschehen ist.

3 g Monocarbomethoxy-β-resorcylsäure [2]) werden mit 20 ccm frisch destilliertem Phosphortrichlorid 5 Stunden am Rückflußkühler gekocht. Aus der hellgelben, klaren Flüssigkeit destilliert man das überschüssige Phosphortrichlorid unter stark vermindertem Druck aus einem Bade von 40—50°, löst in einigen Kubikzentimetern Benzol, verdampft nochmals und spült das zurückbleibende, Phosphor und Chlor enthaltende Öl mit einigen Kubikzentimetern Benzol in eine kleine Flasche. Dazu gibt man 9 g Monocarbomethoxy-β-resorcylsäure und schließlich unter starkem Schütteln 15 ccm Dimethylanilin. Bald tritt völlige Lösung ein. Das Öl bleibt 3 Tage bei 20° stehen, wird darauf mit 40—50 ccm Essigäther vermischt und mit verdünnter Salzsäure sorgfältig ausgeschüttelt, um alles Dimethylanilin zu entfernen.

Die Essigätherlösung wäscht man mit wenig Wasser und schüttelt sie öfters mit einer 8prozentigen Lösung von Kaliumbicarbonat gründlich, solange noch etwas in Lösung geht. Dabei scheidet sich manchmal Kaliumsalz aus, das man nicht abzufiltrieren braucht. Die alkalischen Lösungen läßt man in überschüssige 10prozentige Essigsäure einfließen. Der anfänglich milchige Niederschlag verwandelt sich bald, besonders beim Impfen, in farblose Nadeln. Ausbeute 4,12 g.

Aus der essigsauren Mutterlauge fällt auf Zusatz von überschüssiger 5 n-Salzsäure noch eine reichliche Menge von Krystallen, die hauptsächlich Monocarbomethoxy-β-resorcylsäure sind, aber auch noch etwas Kuppelungsprodukt (0,5 g) enthalten. Dieses bleibt zurück, wenn man die Krystalle mit einer kalten wässerigen Lösung von Kaliumacetat auslaugt. Aus der Mutterlauge läßt sich dann durch Zusatz von Salzsäure und Ausäthern die Carbomethoxy-β-resorcylsäure gewinnen.

Die Gesamtausbeute an Kuppelungsprodukt betrug also nur 4,62 g oder 40% der Theorie. Zur Reinigung wird entweder in wenig Aceton gelöst und mit Wasser gefällt oder aus heißem Benzol (30 Teile) umkrystallisiert. Für die Analyse war unter 15 mm Druck bei 100° über Phosphorpentoxyd getrocknet.

0,1614 g Sbst.: 0,3145 g CO_2, 0,0513 g H_2O. — 0,1486 g Sbst.: 0,2911 g CO_2, 0,0475 g H_2O.

$C_{18}H_{14}O_4$ (406,11).   Ber. C 53,19,   H 3,4.
                         Gef. ,, 53,14, 53,43, ,, 3,56, 3,58.

---

[1]) Chem. Centralblatt **1909**, II, 319 und 1285.
[2]) E. Fischer, Berichte d. d. chem. Gesellsch. **42**, 224 [1909]. (*S. 90.*)

Die Verbindung schmilzt bei 161—162° (korr. 163—164°). Sie löst sich leicht in Aceton und Essigäther, schwerer in kaltem Chloroform und Alkohol, noch schwerer in Äther und sehr wenig in Ligroin. Von kochendem Wasser wird sie nur sehr wenig aufgenommen. Die alkoholische Lösung gibt mit Ferrichlorid eine starkrote Färbung.

Di-β-resorcylsäure.

Um das Didepsid krystallisiert zu erhalten, ist es nötig, aus Benzol umkrystallisierte Dicarbomethoxyverbindung zu verwenden. 2 g wurden in einer Wasserstoffatmosphäre in 30 ccm n-Ammoniak gelöst und 4 Stunden bei 20° unter Durchleiten von Wasserstoff aufbewahrt. Wir haben dann mit etwa 3 ccm 5 n-Salzsäure ganz schwach angesäuert, mit Ammoniak wieder eben alkalisch gemacht, nun die Lösung unter geringem Druck aus einem Bade von 40—50° auf etwa 15 ccm eingeengt und dann einige Male mit Essigäther ausgeschüttelt, um Carbaminsäuremethylester und andere indifferente Körper zu entfernen. Die wässerige Lösung wurde noch weiter auf etwa 10 ccm unter geringem Druck eingeengt und mit 5 ccm 5 n-Salzsäure übersättigt. Ein Teil des Didepsids fiel sofort, die Hauptmenge schied sich aber erst bei einstündigem Stehen auf Eis ab. Ausbeute 0,62 g größtenteils amorphe, wenig gefärbte Masse. Die Mutterlauge wurde mit Essigäther extrahiert und der beim Verdampfen des Essigäthers bleibende Rückstand mit sehr wenig Wasser erwärmt, wobei sich noch 0,15 g Didepsid in feinen Nädelchen ausschied. Gesamtausbeute an Didepsid 0,77 g oder 54% der Theorie.

Zur Reinigung wurde das Rohprodukt in der doppelten Menge kochendem Wasser gelöst. Beim Erkalten schied es sich größtenteils krystallinisch ab. Um auch den amorphen Rest in Krystalle zu verwandeln, erhitzt man den abfiltrierten, noch feuchten Niederschlag unter Umrühren auf dem Wasserbad, wobei er sich schließlich in ein Haufwerk sehr feiner mikroskopischer Nädelchen umwandelt. Die an der Luft getrockneten Krystalle enthalten etwas Wasser, dessen Menge aber bei verschiedenen Darstellungen schwankte. Auf der Bildung verschiedener Hydrate beruhen wahrscheinlich auch die eigentümlichen Erscheinungen bei der Krystallisation. Zur Analyse wurde unter 15 mm Druck bei 100° über P_2O_5 getrocknet.

0,1323 g Sbst.: 0,2811 g CO_2, 0,0422 g H_2O.

$C_{14}H_{10}O_7$ (290,08).   Ber. C 57,91, H 3,47.

Gef. ,, 57,95, ,, 3,57.

Das trockene krystallisierte Didepsid schmilzt nicht scharf unter Schäumen und Braunfärbung beim raschen Erhitzen im Capillarrohr gegen 210° (korr. 215°). Es löst sich leicht in Alkohol, Aceton und Essigäther, schwerer in Äther und äußerst schwer in Benzol und Ligroin. In kaltem Wasser ist die krystallisierte Substanz recht schwer löslich, von heißem Wasser wird sie aber ziemlich leicht aufgenommen. Von der β-Resorcylsäure unterscheidet sie sich ebenfalls durch das Verhalten der wässerigen Lösung gegen eine verdünnte Lösung von Leim oder Chininacetat, mit denen es Fällungen erzeugt.

Mit Eisenchlorid gibt die wässerige Lösung eine ähnliche violettrote Färbung wie die β-Resorcylsäure selbst.

Carbomethoxylierung der β-Resorcylsäure.

Während der Eintritt einer Carbomethoxygruppe in die β-Resorcylsäure beim Schütteln ihrer alkalischen Lösung mit Chlorkohlensäuremethylester sehr leicht stattfindet[1]), mißlang bei den früheren Versuchen unter denselben Bedingungen die Einführung des zweiten Carbomethoxyls. Diese Angabe ist nach unseren jetzigen Erfahrungen dahin zu ergänzen, daß die Bildung einer Dicarbomethoxyverbindung doch partiell stattfindet. Indem wir die Monocarbomethoxyverbindung noch dreimal mit je 1,1 Mol. Chlorkohlensäuremethylester und der entsprechenden Menge Alkali behandelten, erhielten wir ein schwer trennbares Gemisch der beiden Carbomethoxyverbindungen. Wir haben darin die durch Alkali leicht abspaltbare Kohlensäure der Carbomethoxygruppen bestimmt und die Elementaranalyse ausgeführt. Daraus ergab sich, daß das Präparat eine erhebliche Menge Dicarbomethoxyverbindung (40—60%) enthielt. Da das Produkt wegen des Gehalts an Monocarbomethoxyverbindung noch sehr starke Eisenchloridfärbung gibt, so kann man bei oberflächlicher Beobachtung leicht zu der Meinung kommen, daß die Carbomethoxylierung des zweiten Hydroxyls gar nicht stattgefunden habe. Der Versuch zeigt also, daß die Carbomethoxylierung in alkalischer Lösung auch bei dem mit dem Carboxyl benachbarten Hydroxyl eintreten kann, aber doch schwerer stattfindet als beim p- und m-ständigen Hydroxyl. Wir können hier übrigens zufügen, daß nach einem Versuche des Herrn K. Hoesch, der später beschrieben werden soll, bei der Orsellinsäure, die der β-Resorcylsäure so ähnlich konstituiert ist, sogar die vollständige Carbomethoxylierung in alkalischer Lösung ohne Schwierigkeit gelingt.

Monocarbomethoxy-protocatechusäure.

Die bisher unbekannte Substanz entsteht bei der partiellen Verseifung der Dicarbomethoxyverbindung[2]). 5 g der letzteren werden

---

[1]) Berichte d. d. chem. Gesellsch. **42**, 225 [1909]. (*S. 90.*)
[2]) E. Fischer, ebenda **41**, 2881 [1908]. (*S. 68.*)

in 37 ccm (2 Mol.) n-Natronlauge von 10° gelöst und eine Stunde bei
15—18° aufbewahrt. Beim Ansäuern mit 8 ccm 5 n-Salzsäure entsteht ein farbloser, aus mikroskopischen Kügelchen bestehender Niederschlag. Er wird nach $\frac{1}{2}$ Stunde abgesaugt und in der zehnfachen Menge
kochendem Wasser gelöst, wobei längeres Erhitzen zu vermeiden ist.
Beim Abkühlen krystallisieren kurze, meist zu kugeligen Aggregaten
vereinigte Nädelchen, die nach einigen Stunden abgesaugt werden. Die
Ausbeute beträgt 70—80% der Theorie. Das so hergestellte Präparat
ist für die später beschriebene Synthese rein genug. Zur Analyse wurde
aber nochmals in warmem Essigäther gelöst, mit Tierkohle aufgekocht,
das Filtrat mit viel heißem Chloroform gefällt, der Niederschlag nochmals aus der zehnfachen Menge Wasser möglichst schnell umkrystallisiert und im Vakuumexsiccator getrocknet.

$0,1668$ g Sbst.: $0,3123$ g CO_2, $0,0608$ g H_2O.

$C_9H_8O_6$ $(212,06)$.   Ber. C $50,93$, H $3,80$.
Gef. ,, $51,06$, ,, $4,08$.

Die Säure schmilzt gegen 173° (korr. 176°) unter Schäumen. Sie
löst sich leicht in Alkohol und Aceton, etwas schwerer in Essigäther,
sehr schwer in warmem Chloroform und Benzol. Von kochendem Äther
verlangt sie ungefähr 60 Gewichtsteile. Die Lösung in verdünntem Alkohol gibt mit Ferrichlorid eine olivgrüne Farbe.

Methylierung der Monocarbomethoxy-protocatechusäure
mit Diazomethan.

Zu einer Lösung von 2 g Carbomethoxyverbindung in 8 ccm
Methylalkohol wurde bei gewöhnlicher Temperatur eine ätherische
Lösung von Diazomethan allmählich zugefügt, bis die gelbe Farbe
nicht mehr verschwand. Dann haben wir die Flüssigkeit auf wenige
Kubikzentimeter eingeengt und nochmals mit Diazomethanlösung versetzt, bis die gelbe Farbe einige Stunden blieb. Nun wurde filtriert,
eingedampft und so ein hellgelbes Öl erhalten, das aus Ligroin krystallisiert. Zur Verseifung haben wir es sofort in 10 ccm warmem Alkohol
gelöst, mit 20 ccm 2 n-Natronlauge allmählich versetzt und die klare
gelbe Flüssigkeit 2 Stunden auf dem Wasserbad erwärmt, wobei der
Alkohol fast vollständig wegging. Beim Ansäuern der alkalischen
Flüssigkeit entstand sofort unter Kohlensäureentwicklung ein fast farbloser krystallinischer Niederschlag, der abgesaugt und in 150 ccm
heißem Wasser gelöst wurde. Die bei Zimmertemperatur ausfallenden
Krystalle schmolzen bei 247°. Ausbeute 0,87 g oder 55% der Theorie.

Nach nochmaligem Umlösen aus kochendem Wasser unter Zusatz
von etwas Tierkohle zeigte das in langen, sehr schmalen Prismen oder

dünnen Platten krystallisierte Präparat den Schmelzpunkt 250° (unkorr.) und die Zusammensetzung der Isovanillinsäure.

0,1503 g Sbst.: 0,3153 g CO_2, 0,0681 g H_2O.

$C_8H_8O_4$ (168,1).   Ber. C 57,12, H 4,80.
Gef. „ 57,20, „ 5,07.

Die wässerige Mutterlauge von der ersten Krystallisation gab bei 0° noch 0,24 g Nädelchen von erheblich niedrigerem Schmelzpunkt. Durch Ausäthern der Mutterlaugen und Umlösen aus wenig Wasser wurden noch 0,22 g starkgefärbtes Präparat erhalten. Letzteres wurde zuerst bei 12 mm Druck sublimiert, dann mit der zweiten Krystallisation von 0,24 g vereinigt und nun zur Entfernung von etwa vorhandener Dimethylprotocatechusäure mit Chloroform ausgekocht. Der Rückstand (0,17 g) zeigte jetzt den Schmelzpunkt 247° und die Eigenschaften einer fast reinen Isovanillinsäure. Die Gesamtausbeute an letzterer war also 66% der Theorie. Vanillinsäure haben wir nicht finden können, es ist aber möglich, daß in den Chloroformlösungen Dimethylprotocatechusäure enthalten war, deren Entstehung bei der anhaltenden Behandlung mit Diazomethan und der leichten Ablösung der Carbomethoxygruppe nicht auffällig sein würde. Wir ziehen aus dem Resultat den Schluß, daß die Monocarbomethoxy-protocatechusäure der Hauptmenge nach die Carbomethoxygruppe in der *meta*-Stellung zum Carboxyl enthält.

Die Behandlung der Carbomethoxyverbindungen mit Diazomethan ist voraussichtlich eine allgemein brauchbare Methode für die partielle Methylierung der Polyoxy-benzoesäuren, und wir beabsichtigen sie später auf die Isomeren der Protocatechusäure und die Trioxybenzoesäuren anzuwenden.

Diprotocatechusäure, $(HO)_2C_6H_3COOC_6H_3(OH)COOH$.

Eine Lösung von 8 g Monocarbomethoxy-protocatechusäure in 50 ccm Aceton wird in einer Woulfschen Flasche von etwa 600 ccm Inhalt unter Durchleiten von Wasserstoff und Eiskühlung zuerst mit 37,7 n-Natronlauge (1 Mol.) neutralisiert und, nachdem die Temperaturerhöhung vorüber ist, rasch mit 39,6 ccm n-Natronlauge und einer Lösung von 11,4 g Dicarbomethoxy-protocatechusäure-chlorid in 100 ccm trockenem Aceton unter Umschwenken versetzt. Die Kuppelung geht unter diesen Umständen sehr rasch vonstatten. Die Isolierung des zuerst gebildeten Carbomethoxyderivats der Diprotocatechusäure hat keinen Zweck. Man fügt deshalb zur klaren, hellgelben Flüssigkeit einige Tropfen Natronlauge, bis die Reaktion alkalisch bleibt, und versetzt etwa 10 Minuten später mit 113 ccm 2 n-Ammoniak (6 Mol.), dem noch 30 ccm Wasser zugegeben sind. Unter dauerndem Durchleiten von

Wasserstoff bleibt nun die Flüssigkeit 4 Stunden bei 20° stehen. Man versetzt jetzt mit 23—25 ccm 5 n-Salzsäure bis zur schwachsauren Reaktion, neutralisiert wieder mit Ammoniak und verdampft aus einem Bade von 40—50° unter stark vermindertem Druck auf ein Volumen von 50—60 ccm. Durch wiederholtes Ausschütteln mit Essigäther läßt sich außer Carbaminsäuremethylester eine stark gefärbte Verunreinigung entfernen. Die nunmehr hellbraune wässerige Lösung wird filtriert, wieder unter geringem Druck auf etwa 30 ccm eingeengt und mit 11 ccm 5 n-Salzsäure versetzt. Dabei fällt die Diprotocatechusäure als dicke Gallerte, die nach einstündigem Aufbewahren bei 0° scharf abgesaugt und im Vakuum über Natronkalk und Phosphorpentoxyd bei 30° getrocknet wird. Erwärmt man dieses amorphe Rohprodukt mit 20 ccm Wasser bis zum Sieden und läßt dann noch 5 Minuten auf dem Wasserbade, so verwandelt es sich in einen farblosen Brei von mikroskopischen, biegsamen Nädelchen. Sie werden nach dem Erkalten scharf abgesaugt und mit Wasser gewaschen. Die Ausbeute betrug 5,4 g oder 50% der Theorie. Eine weitere, etwa 10% betragende Menge des Didepsids läßt sich aus den vereinigten wässerigen Mutterlaugen auf folgende Art gewinnen. Sie werden im Vakuumexsiccator über Natronkalk und Schwefelsäure stark eingeengt, bis das Didepsid und ein großer Teil der anorganischen Salze ausgefallen sind. Der Niederschlag wird abgesaugt, gepreßt, um den Rest der Salzsäure zu entfernen, und mit einigen Kubikzentimetern Wasser auf 100° erhitzt, bis das Depsid krystallinisch geworden ist. Man läßt dann erkalten, verdünnt mit 20 ccm kaltem Wasser, um die Salze zu lösen, und saugt ab. Gesamtausbeute 6,6 g oder 60% der Theorie an krystallinischem und fast reinem Didepsid.

Zur Analyse wurde es in der 40fachen Menge kochendem Wasser gelöst und von einer geringen Trübung abfiltriert. Beim Abkühlen fiel das Depsid zuerst in feinen, zu Büscheln vereinigten Nädelchen; später folgte eine amorphe Masse, die sich aber nach dem Abfiltrieren durch Erwärmen mit wenig Wasser auf 100° rasch in Kristalle umwandeln ließ. Die so erhaltene, an der Luft getrocknete Substanz enthält Wasser, das beim Erhitzen auf 100° unter 15 mm Druck über P_2O_5 rasch entweicht. Seine Menge schwankte aber nach Art der Abscheidung. Ein Präparat (I), das durch bloße Abkühlung der wässerigen Lösung erhalten und dementsprechend teilweise amorph war, enthielt ungefähr 1 Mol. Wasser, während ein anderes (II), das durch nachträgliches Erhitzen mit wenig Wasser ganz in den krystallinischen Zustand übergeführt war, nur halb soviel enthielt.

I. 0,292 g Sbst. verloren 0,018 g. — II. 0,2399 g Sbst. verloren 0,0072 g.

$C_{14}H_{10}O_7 + H_2O$ (308,1). Ber. H_2O 5,85. Gef. H_2O I. 6,17, II. 3,00.

0,1747 g Sbst. (getrocknet): 0,3693 g CO_2, 0,0536 g H_2O. — 0,1692 g Sbst. (getrocknet): 0,3595 g CO_2, 0,0518 g H_2O.

$C_{14}H_{10}O_7$ (290,08).   Ber. C 57,92,   H 3,47.
Gef. ,, 57,65, 57,95, ,, 3,43, 3,43.

Das farblose, trockene Didepsid begann im Capillarrohr gegen 230° zu erweichen und schmolz bei 237—239° (korr.) zu einer hellbraunen Flüssigkeit, in der eine schwache Gasentwicklung bemerkbar war.

Das krystallisierte getrocknete Didepsid ist in kaltem Wasser sehr viel schwerer löslich als die Protocatechusäure. Nach einer ungefähren Bestimmung verlangt es etwa 2500 Teile Wasser bei Zimmertemperatur. Es löst sich leicht in Aceton und Methylalkohol, dann sukzessive schwerer in Essigäther und Äther und ist fast unlöslich in Benzol und Ligroin.

Eine in der Wärme hergestellte und rasch abgekühlte wässerige Lösung gibt mit verdünnter Leimlösung sofort einen starken klebrigen Niederschlag und mit Chininacetatlösung auch bei starker Verdünnung einen sehr feinen Niederschlag, endlich mit Eisenchlorid eine ähnliche blaugrüne Färbung wie die Protocatechusäure selbst.

Dicarbomethoxy-gallussäure.

Wie schon bekannt entsteht sie durch partielle Verseifung der Tricarbomethoxy-gallussäure[1]). Wir haben die Darstellung etwas modifiziert und glauben dadurch ein reineres Produkt erhalten zu haben. 20 g fein gepulverte Tricarbomethoxyverbindung werden in einer Woulfschen Flasche mit 10 ccm Wasser angerührt, auf 0° abgekühlt und unter Durchleiten von Wasserstoff und Umschütteln mit 58,2 ccm gekühlter 2 n-Natronlauge versetzt. Man läßt die klare Lösung eine Stunde bei 20° stehen, tropft dann unter Umschütteln ungefähr 12 ccm 5 n-Salzsäure zu, bis die Reaktion eben sauer ist, entfernt den hierbei entstehenden gefärbten, flockigen Niederschlag durch Filtration und fügt dann noch so viel 5 n-Salzsäure zu, daß die Gesamtmenge 24 ccm beträgt. Das zuerst ausgeschiedene zähe Harz verwandelt sich beim häufigen Reiben am besten unter Zusatz einiger Impfkrystalle und Abkühlen durch Eis im Laufe von 24 Stunden völlig in eine krystallinische Masse. Ausbeute etwa 13,3 g oder 80% der Theorie. Das gepulverte Rohprodukt wird zunächst mit einem Gemisch von 80 ccm Tetrachlorkohlenstoff und 20 ccm Benzol 15 Minuten am Rückflußkühler ausgekocht und heiß filtriert, wobei eine schwer krystallisierende Verunreinigung in Lösung geht. Der Rückstand (12,5 g) wird in etwa 20 ccm warmem Methylalkohol gelöst und durch allmählichen Zusatz von

---

[1]) E. Fischer, Berichte d. d. chem. Gesellsch. **41**, 2885 [1908]. (*S. 73.*)

Wasser krystallinisch ausgeschieden. Durch Wiederholung des Verfahrens und Aufarbeiten der Mutterlaugen haben wir 8,4 g eines Präparates erhalten, das einen einheitlichen Eindruck machte.

0,1665 g Sbst. (bei 100° und 15 mm getrocknet): 0,2816 g CO_2, 0,0547 g H_2O.

$C_{11}H_{10}O_9$ (286,08).   Ber. C 46,14, H 3,52.
Gef. ,, 46,13, ,, 3,68.

Der Schmelzpunkt wurde etwas höher gefunden als früher, war aber wegen beginnender Zersetzung nicht konstant. Beim raschen Erhitzen begann schon gegen 165° die Sinterung, und gegen 177° (korr. 180°) war unter Gasentwicklung völlige Schmelzung eingetreten. Die Substanz zeigte sich auch in Äther schwerer löslich als das frühere Präparat, ebenso war die Form der mikroskopischen Krystalle etwas anders. Sie entsprach sehr langgestreckten, an den Ecken abgerundeten Blättchen, die meist zu Aggregaten verwachsen waren. Verglichen mit dem früheren Präparate machte sie den Eindruck größerer Reinheit; ob sie aber wirklich ganz einheitlich und nicht etwa ein Gemisch der beiden theoretisch möglichen Dicarbomethoxygallussäuren war, ist vorläufig unbestimmt. Um diese Frage zu entscheiden, haben wir bereits die Methylierung durch Diazomethan in Angriff genommen und durch Verseifung des hierbei entstehenden Produktes einen krystallisierten Körper gewonnen, der später beschrieben werden soll.

Digallussäure.

Ähnlich wie bei der Darstellung der Diprotocatechusäure werden 5 g Dicarbomethoxy-gallussäure im Wasserstoffstrom in 50 ccm Aceton und 17,5 ccm n-Natronlauge (1 Mol.) gelöst, auf 0° abgekühlt und dazu rasch hintereinander 18,4 ccm n-Lauge und 6,6 g Tricarbomethoxy-galloylchlorid, das in 30 ccm trockenem Aceton gelöst ist, zugegeben. Schließlich macht man schwach alkalisch, um den Überschuß des Chlorids zu zerstören, fügt nach 10 Minuten 87,5 ccm 2 n-Ammoniak und 20 ccm Wasser zu und hält die klare, hellbraune Lösung im Wasserstoffstrom 4 Stunden bei 20°. Nun wird mit etwa 18 ccm 5 n-Salzsäure schwach angesäuert, mit Ammoniak wieder neutralisiert und bei stark vermindertem Druck auf etwa 30 ccm eingeengt. Durch Ausschütteln mit Essigäther läßt sich jetzt der größere Teil des Carbaminsäuremethylesters und ein brauner Fremdkörper entfernen. Die wässerige Lösung wird bis zur beginnenden Abscheidung des Salmiaks eingeengt und mit 5 ccm 5 n-Salzsäure übersättigt. Nach einiger Zeit scheidet sich eine dicke Gallerte ab, die nach dreistündigem Stehen auf Eis abgesaugt und über Natronkalk getrocknet wird. Erhitzt man diese amorphe Masse mit einigen Kubikzentimetern Wasser zum Kochen, so verwandelt sie sich in feine, farblose Nädelchen (0,75 g), die nach dem Abkühlen filtriert und mit kaltem Wasser gewaschen werden. Der Hauptteil der Digallussäure steckt in den Mutterlaugen. Sie werden wiederholt mit viel Essigäther ausgeschüttelt. Beim Verdampfen des Essigäthers bleibt ein Sirup, der sich beim Aufkochen mit einigen Kubikzentimetern Wasser ebenfalls in einen dicken Krystallbrei verwandelt. Auf diese Weise haben wir mit Verarbeitung aller Mutterlaugen noch 1,35 g krystallisierte Digallussäure gewonnen. Gesamtausbeute also 2,1 g oder 37% der Theorie. Zur völligen Reinigung wird das Produkt aus nicht zu viel kochendem Wasser umgelöst. Auch hier ist es nötig, den bei niederer Temperatur ausfallenden amorphen Teil nachträglich durch Erhitzen mit wenig Wasser in die krystallinische Form umzuwandeln.

Zur Analyse wurde bei 100° unter 15 mm Druck über P_2O_5 getrocknet. Der Gewichtsverlust, den die lufttrockene Substanz dabei erfuhr, war wechselnd und betrug ungefähr 2%.

0,1400 g Sbst.: 0,2655 g CO_2, 0,0414 g H_2O. — 0,2058 g Sbst.: 0,3914 g CO_2. — 0,1359 g Sbst.: 0,2585 g CO_2, 0,0407 g H_2O.

$C_{14}H_{10}O_9$ (322,08).   Ber. C 52,16,   H 3,13.
                              Gef. ,, 51,72, 51,87, 51,88, ,, 3,31, — 3,35.

Die Digallussäure schmilzt gegen 275° (korr. 282°) unter Braunfärbung und Schäumen, also ebenso hoch wie das früher beschriebene unreine Präparat.

Die krystallisierte Digallussäure ist in Wasser viel schwerer löslich als die Gallussäure. Nach einer ziemlich rohen Bestimmung braucht sie bei 22—23° ungefähr 950 Teile Wasser, während für Gallussäure ungefähr 80 Teile gefunden werden. Auch in heißem Wasser ist der Unterschied recht groß. Sie löst sich leicht in Methylalkohol, etwas schwerer in Äthylalkohol und Aceton. Von Essigäther braucht sie bei 23—25° ung fähr 350 Teile und von Äther etwa 2000 Teile. Aus warmem Wasser krystallisiert sie gewöhnlich in feinen Nadeln.

Die wässerige Lösung der Digallussäure gibt mit Eisenchlorid die bekannte blauschwarze Färbung, mit Leimlösung einen starken Niederschlag und fällt Chininacetat noch in starker Verdünnung.

Nach der Struktur der Gallussäure kann ihr Didepsid in zwei Formen existieren. Obschon unser Präparat ziemlich hübsch krystallisiert war, so besteht doch keine volle Gewähr für seine Einheitlichkeit, da bekanntlich Isomere von so hohem Molekulargewicht vielfach Mischkrystalle oder sonst schwer trennbare Gemische bilden. Wir halten deshalb eine besondere Untersuchung darüber für nötig und haben bereits die Methylierung mit Diazomethan in Angriff genommen.

Schließlich sagen wir Herrn Dr. Wilhelm Schneider für Hilfe bei obigen Versuchen besten Dank.

Nach ähnlichen Methoden sind im hiesigen Institut noch folgende Depside dargestellt worden.

Von Herrn Kurt Hoesch: Diferulasäure (Schmelzpunkt 241 bis 242°), Di-*o*-cumarsäure (Schmelzp. 188—190°), Di-β-oxynaphthoesäure (Schmelzp. 245°), Feruloyl-*p*-oxybenzoesäure (Schmelzp. 233°), α-Oxynaphthoyl-*p*-oxybenzoesäure (Schmelzp. 246—247°).

Von Herrn R. Lepsius: Disyringasäure (Schmelzp. 260°), Di-*m*-oxybenzoesäure (Schmelzp. 199°), Syringoyl-*p*-oxybenzoesäure (Schmelzpunkt 208°), *p*-Oxybenzoyl-syringasäure (282—284°), *m*-Oxybenzoyl-*p*-oxybenzoesäure (Schmelzp. 239—240°), *p*-Oxybenzoyl-*m*-oxybenzoesäure (Schmelzp. 254°).

8. Emil Fischer und Otto Pfeffer: Über die Carbomethoxyderivate der Phenolcarbonsäuren und ihre Verwendung für Synthesen. VI. Partielle Methylierung der Polyphenolcarbonsäuren.

Liebigs Annalen der Chemie **389**, 198 [1912].

(Eingelaufen am 10. März 1912.)

Die partiell carbomethoxylierten Phenolcarbonsäuren, welche für die Synthese von Depsiden gute Dienste geleistet haben, lassen sich mit Diazomethan methylieren, wobei sowohl der Wasserstoff des Carboxyls wie derjenige der noch freien Phenolgruppen substituiert werden kann. Auf diese Weise läßt sich die Stellung der Carbomethoxygruppen feststellen, wie das Beispiel der Monocarbomethoxy-protocatechusäure zeigt, die so in Isovanillinsäure übergeführt wurde [1]).

Auf die gleiche Art haben wir die Dicarbomethoxygallussäure [2]) in den *para*-Methyläther der Gallussäure verwandelt und damit den Nachweis geliefert, daß die Dicarbomethoxygallussäure die schon früher als wahrscheinlich angenommene Struktur (I) hat. Daraus folgt auch, daß die krystallisierte Digallussäure [3]) sehr wahrscheinlich der Formel II entspricht.

$$\text{I} \qquad\qquad\qquad \text{II}$$

$$\underset{\text{OH}}{\underset{\displaystyle H_3CO_2CO\diagdown\!\!\diagup OCO_2CH_3}{\overset{\text{COOH}}{\bigcirc}}} \qquad\qquad \text{II}$$

Dasselbe Verfahren läßt sich für die Gewinnung solcher Methyläther von Phenolcarbonsäuren benutzen, die auf andere Weise gar nicht oder doch nur sehr schwer zugänglich sind. Wir haben so die in der *ortho*-Stellung zum Carboxyl methylierten Derivate der Gentisinsäure (I) und der *β*-Resorcylsäure (II), sowie den *o,o*-Dimethyläther der Phloroglucincarbonsäure (III) dargestellt.

---

[1]) E. Fischer und K. Freudenberg, Liebigs Annal. d. Chem. **384**, 236 [1911]. (*S. 129.*)

[2]) E. Fischer, Berichte d. d. chem. Gesellsch. **41**, 2885 [1908], (*S. 73*); E. Fischer und K. Freudenberg, Liebigs Annal. d. Chem. **384**, 240 [1911]. (*S. 140.*)

[3]) E. Fischer, Berichte d. d. chem. Gesellsch. **41**, 2890 [1908], (*S. 78*); E. Fischer und K. Freudenberg, Liebigs Annal. d. Chem. **384**, 242 [1911]. (*S. 141.*)

$$\underset{\text{OH}}{}\overset{\text{COOH}}{\underset{\text{I}}{\bigcirc}}\text{OCH}_3 \qquad \overset{\text{COOH}}{\underset{\text{II}}{\bigcirc}}\text{OCH}_3 \qquad \text{H}_3\text{CO}\,\overset{\text{COOH}}{\underset{\text{III}}{\bigcirc}}\text{OCH}_3$$

$$\qquad\qquad\qquad\qquad\qquad \underset{\text{OH}}{}\qquad\qquad \underset{\text{OH}}{}$$

I und III waren bisher unbekannt, Verbindung II glaubten Tiemann und Parrisius[1]) aus dem Acetylderivat des entsprechenden Aldehyds erhalten zu haben. Ihre Untersuchung ist aber, offenbar wegen der schlechten Ausbeuten, so unvollständig geblieben, daß Analysen und nähere Angaben über die Eigenschaften fehlen und mithin die Existenz der Säure zweifelhaft blieb.

Die von uns dargestellten drei Säuren unterscheiden sich von den schon bekannten isomeren Methyläthern der Gentisinsäure[2]), der β-Resorcylsäure[3]) und der Phloroglucincarbonsäure[4]) durch ihren höheren Schmelzpunkt und dadurch, daß sie im Gegensatz zu jenen mit Eisenchlorid keine besondere oder wenigstens nur eine sehr schwache Färbung geben. Außerdem folgt ihr Aufbau aus der schon früher diskutierten Struktur der Monocarbomethoxyverbindungen[5]), die als Ausgangsmaterial dienten.

Für die Methylierung haben wir die Carbomethoxyverbindungen selbst mit einer ätherischen Lösung von Diazomethan bei niederer Temperatur zusammengebracht, wobei sofort lebhafte Reaktion eintritt. Bei der Dicarbomethoxygallussäure findet außer der Veresterung des Carboxyls auch sofort die Methylierung der Phenolgruppe statt und die Ausbeute an Methylkörper ist fast quantitativ. Bei den drei anderen Carbomethoxyverbindungen tritt die Veresterung des Carboxyls auch momentan ein, dagegen erfordert die Methylierung der benachbarten Phenolgruppen, entsprechend den Erfahrungen von Herzig und seinen Mitarbeitern[6]), 3—20stündige Einwirkung von Diazomethan bei 20—25°. Dabei finden auch Nebenreaktionen statt, wodurch die

---

[1]) Berichte d. d. chem. Gesellsch. **13**, 2375 [1880].

[2]) Körner und Bertoni, Berichte d. d. chem. Gesellsch. **14**, 848 [1881]; Tiemann und Müller, Berichte d. d. chem. Gesellsch. **14**, 1997 [1881]; Kostanecki und Tambor, Monatsh. **16**, 920 [1895]; Ullmann und Kipper, Berichte d. d. chem. Gesellsch. **38**, 2121 [1905]; Graebe und Martz, Liebigs Annal. d. Chem. **340**, 213 [1905].

[3]) Tiemann und Parrisius, Berichte d. d. chem. Gesellsch. **13**, 2376 [1880]; Körner und Bertoni, Berichte d. d. chem. Gesellsch. **14**, 847 [1881]; Kostanecki und Tambor, Berichte d. d. chem. Gesellsch. **28**, 2309 [1895]; Herzig und Wenzel, Monatsh. **24**, 888 [1903].

[4]) Herzig und Wenzel, Monatsh. **23**, 95 [1902].

[5]) E. Fischer, Berichte d. d. chem. Gesellsch. **42**, 215 [1909], (*S. 80*); Liebigs Annal. d. Chem. **371**, 306 [1910]. (*S. 226.*)

[6]) Herzig und Pollak, Monatsh. **25**, 505 [1904].

Ausbeute an vollständig methyliertem Ester verringert wird. Sie betrug bei den Derivaten der Gentisin- und β-Resorcylsäure ungefähr 65% der Theorie, bei dem der Phloroglucincarbonsäure etwa 80%.

Die spätere Abspaltung der Carbomethoxygruppen und des am Carboxyl gebundenen Methyls läßt sich in den meisten Fällen in einer Operation durch Alkali erreichen. Bei dem Derivat der Gentisinsäure haben wir die Verseifung in der Wärme ausgeführt. Bei dem der β-Resorcylsäure ist dagegen die Hitze zu vermeiden, weil das Carboxyl dabei leicht abgespalten wird, und auch bei dem Derivat der Gallussäure gibt die Verseifung bei 30—40° ein reineres Produkt und größere Ausbeute.

Bei der Phloroglucincarbonsäure liegen die Verhältnisse etwas anders. Durch kaltes Alkali wird hier nur die Carbomethoxygruppe abgespalten; beim Erwärmen damit wird allerdings auch die gewöhnliche Estergruppe angegriffen, gleichzeitig aber das am Benzolkern haftende Carboxyl losgelöst, so daß man fast nichts von der gewünschten Säure erhält. Dagegen gelingt die Verseifung der gewöhnlichen Estergruppe leicht mit kalter konzentrierter Schwefelsäure, welche schon Herzig und Wenzel[1]) für den gleichen Zweck, allerdings in der Wärme, gebrauchten.

Als wir versuchten, die Verseifung des Carbomethoxy-methylesters in einer Operation mit konzentrierter Schwefelsäure durchzuführen, erhielten wir den Dimethyläther der Monocarbomethoxy-phloroglucin-carbonsäure. In diesem besonderen Fall gestattet also der Gegensatz zwischen kaltem Alkali und kalter Schwefelsäure eine partielle Verseifung in verschiedenem Sinne. Vor allem aber ergab sich das überraschende Resultat, daß die Carbomethoxygruppe als solche gegen kalte konzentrierte Schwefelsäure beständig ist. Dies gilt, wie wir uns überzeugt haben, auch für die Carbomethoxyverbindungen anderer Phenol-carbonsäuren.

Wir haben endlich die Pyrogallolcarbonsäure in den Kreis der Versuche gezogen, sind aber hier bereits bei den Carbomethoxyverbindungen auf kompliziertere Verhältnisse gestoßen, deren Aufklärung noch weitere Versuche nötig macht und über die wir deshalb im nachfolgenden noch nicht berichten werden.

Experimentelles.

Methylester der 2,5-Dioxybenzol-5-carbomethoxy-1-carbonsäure.

1,5 g Monocarbomethoxy-gentisinsäure[2]) wurden in wenig Äther gelöst und unter Kühlung durch Eis-Kochsalzmischung allmählich mit

---

[1]) Monatsh. **23**, 95 [1902].
[2]) E. Fischer, Berichte d. d. chem. Gesellsch. **42**, 222 [1909]. (*S. 87.*)

einer ätherischen Lösung von Diazomethan versetzt, bis die anfangs heftige Stickstoffentwicklung aufhörte und die Flüssigkeit dauernd gelb blieb. Zur Bildung des dafür nötigen Diazomethans waren etwa 1,5 ccm Nitrosomethylurethan erforderlich. Beim sofortigen Eindunsten unter vermindertem Druck hinterließ die Lösung den reinen Methylester der Monocarbomethoxy-gentisinsäure in sehr guter Ausbeute (1,45 g) als farblose verfilzte Nadeln vom Schmelzpunkt 75—76° (korr.). Aus warmem Petroläther läßt er sich umkrystallisieren.

Er ist in der Kälte leicht löslich in Äther, Benzol und Chloroform, etwas weniger in Alkohol, ziemlich schwer in Petroläther und fast unlöslich in Wasser. Von verdünntem, kaltem Alkali wird er sofort aufgenommen, dagegen nicht von wässerigem Bicarbonat. Mit Eisenchlorid gibt er in alkoholischer Lösung eine starke rotviolette Färbung, ähnlich wie es der Methylester der Salicylsäure tut. Zur Analyse war im Vakuumexsiccator über Phosphorpentoxyd getrocknet.

0,2452 g Sbst.: 0,4762 g CO_2, 0,0998 g H_2O.

$C_{10}H_{10}O_6$ (226,08).   Ber. C 53,08, H 4,46.
Gef. „ 25,97, „ 4,55.

Methylester der 2,5-Dioxybenzol-2-methyläther-5-carbo-methoxy-1-carbonsäure.

Zu einer ätherischen Lösung von Diazomethan (aus 25 ccm Nitrosomethylurethan) wurden allmählich 8 g Monocarbomethoxy-gentisinsäure unter Kühlung durch Kältemischung zugesetzt. Unter heftiger Stickstoffentwicklung erfolgte sofortige Lösung und bei fortgesetzter Kühlung Ausscheidung des zuvor beschriebenen Methylesters. Bei Steigerung der Temperatur ging dieser wieder in Lösung, und es trat gleichzeitig eine erneute, langsame Stickstoffentwicklung ein. Nach 20stündigem Stehen bei 25° unter Ausschluß von Feuchtigkeit war die Lösung fast völlig entfärbt, und neben einer geringen Menge amorpher Flocken hatten sich derbe, farblose Krystalle ausgeschieden, die abfiltriert und mit wenig kaltem Äther gewaschen wurden. Ausbeute: 6 g. Die Mutterlauge hinterließ beim Verdunsten eine halbfeste, gelbliche Masse, aus der sich durch Verreiben mit Äther noch eine weitere, aber ziemlich kleine Menge der Krystalle gewinnen ließ. Durch Umkrystallisieren aus Äther wurden im ganzen 6 g oder 66% der Theorie an reinem Produkt erhalten. Zur Analyse war bei 15 mm Druck und 55° über Phosphorpentoxyd getrocknet.

0,1630 g Sbst.: 0,3288 g CO_2, 0,0734 g H_2O.

$C_{11}H_{12}O_6$ (240,1).   Ber. C 54,98, H 5,04.
Gef. „ 55,01, „ 5,04.

Der Ester schmilzt bei 92—93° (korr.). Aus Äther krystallisiert er in vielfach verwachsenen, kleinen Spießen. In der Kälte ist er leicht löslich in Aceton, Essigäther und Benzol, schwerer in Alkohol und besonders in Äther, sehr schwer in Wasser und kaltem Ligroin. Mit Eisenchlorid gibt er in alkoholischer Lösung keine Färbung.

2,5-Dioxybenzol-2-methyläther-1-carbonsäure
(o-Methyläther der Gentisinsäure).

1 g des eben beschriebenen Esters wurde in 4 ccm heißem Alkohol gelöst, allmählich mit 8 ccm 2 n-Natronlauge (4 Mol.) versetzt und die klare Lösung auf dem Wasserbad erwärmt, bis die Hauptmenge des Alkohols verjagt war. Beim Übersättigen mit Salzsäure und Abkühlen durch Eis schied die schwach braungefärbte Lösung 0,6 g oder 86% der Theorie an gelblichen Krystallen aus, die bei 155—156° (korr.) ohne Gasentwicklung schmolzen. Durch Umkrystallisieren aus heißem Wasser unter Anwendung von etwas Tierkohle wurde ein farbloses Produkt vom gleichen Schmelzpunkt erhalten. Zur Analyse war unter 15 mm Druck bei 55° über Phosphorpentoxyd getrocknet.

0,1118 g Sbst.: 0,2348 g CO_2, 0,0496 g H_2O.

$C_8H_8O_4$ (168,06).   Ber. C 57,12, H 4,80.

Gef. ,, 57,28, ,, 4,97.

Die Säure ist leicht löslich in Alkohol, Aceton und Essigäther, recht schwer in Äther, noch schwerer, auch in der Wärme, in Benzol, Chloroform und Ligroin. In warmem Wasser löst sie sich ziemlich leicht und krystallisiert beim Abkühlen in langen, etwas abgeflachten Spießen. Mit wenig Eisenchlorid färbt sie sich in Alkohol gelbbraun, dagegen zeigt ihre schnell unterkühlte wässerige Lösung eine schwache, mehr ins Grauviolette spielende Nuance, eine Eigentümlichkeit, die auch bei häufigem Umkrystallisieren nicht verschwindet und von der man also nicht weiß, ob sie nur von einer Verunreinigung herrührt. Immerhin ist diese Färbung unvergleichlich schwächer als bei o-Oxysäuren; insbesondere ist sie deutlich unterschieden von der höchst intensiven reinen Blaufärbung, die der isomere, bereits bekannte *meta*-Methyläther der Gentisinsäure in wässeriger wie alkoholischer Lösung zeigt. Auch liegt dessen Schmelzpunkt 12° tiefer und sank beim Vermischen mit unserem Äther noch um mehr als **20°**.

Man kann die Verseifung des Esters unter den zuvor beschriebenen Bedingungen auch ohne Wärme durch mehrstündiges Stehen der Lösung bei Zimmertemperatur ausführen. Nur ist die spätere Abscheidung der Säure nicht so vollständig, wenn nicht zuvor der Alkohol verjagt war.

Methylester der 2,4-Dioxybenzol-2-methyläther-4-carbo-methoxy-1-carbonsäure.

In eine ätherische Lösung von Diazomethan (aus 20 ccm Nitrosomethylurethan) wurden unter guter Kühlung allmählich 8 g Monocarbomethoxy-β-resorcylsäure[1]) eingetragen, wobei unter heftiger Gasentwicklung sofortige Lösung erfolgte. Die Stickstoffbildung setzte dann bei Zimmertemperatur von neuem, wenn auch viel langsamer, ein. Nach 12 stündigem Stehen bei 25° wurde die fast farblose Lösung eingeengt, nochmals mit einer ätherischen Lösung von Diazomethan (aus 5 ccm Nitrosomethylurethan) versetzt und wieder 12 Stunden bei 25° gehalten. Die noch gelbe Lösung wurde nun von einigen Flocken abfiltriert und unter vermindertem Druck bei möglichst tiefer Temperatur eingeengt, bis eine reichliche Abscheidung von Krystallen (4,5 g) stattgefunden hatte. Die Mutterlauge hinterließ beim völligen Eindunsten eine halbfeste Masse, aus der durch Abpressen und Waschen mit Äther noch 1,5 g isoliert werden konnten. Mithin betrug die Ausbeute an diesem schon fast reinen Produkt 66% der Theorie. Zur völligen Reinigung wurden die Krystalle in wenig Äther gelöst und in der Wärme mit Petroläther bis zur beginnenden Trübung versetzt. Beim Abkühlen schieden sie sich als dicke Stäbchen aus, die bei 64—65° (korr.) schmolzen und zur Analyse im Vakuumexsiccator über Phosphorpentoxyd getrocknet wurden.

0,1749 g Sbst.: 0,3532 g CO_2, 0,0797 g H_2O.

$C_{11}H_{12}O_6$ (240,1).   Ber. C 54,98, H 5,04.

Gef. ,, 55,08, ,, 5,10.

Der Ester ist sehr leicht löslich in Aceton, Essigäther, Benzol und Chloroform, leicht in Alkohol und Äther, schwer in kaltem Ligroin und Wasser. Mit Eisenchlorid gibt er in alkoholischer Lösung keine Färbung.

2,4-Dioxybenzol-2-methyläther-1-carbonsäure
(*o*-Methyläther der β-Resorcylsäure).

Die Gewinnung dieser Säure aus dem Ester hat uns einige Schwierigkeiten bereitet. Nach einstündigem Erhitzen auf dem Wasserbade mit 4 Mol. 2 n-Natronlauge war fast alle Säure in Monomethylresorcin verwandelt. Andererseits verlief die Verseifung in der Kälte auffallend langsam. Das folgende Verfahren führte schließlich zum Ziel:

2,4 g Ester wurden mit 20 ccm 2 n-Natronlauge (4 Mol.) bis zur bald eintretenden Lösung geschüttelt und in einem verschlossenen Ge-

---

[1]) E. Fischer, Berichte d. d. chem. Gesellsch. **42**, 224 [1909]. (*S. 90.*)

fäß 24 Stunden bei 25° aufbewahrt. Beim Versetzen mit 10 ccm 5 n-Salzsäure fielen 1,6 g eines krystallisierten Produktes aus, das zwischen 162 und 172° unscharf schmolz und, wie auch die Analyse zeigte, noch unveränderten Ester enthielt. Um diesen zu entfernen, haben wir das fein gepulverte Gemisch mit 16 ccm einer 8 proz. Kaliumbicarbonatlösung so lange geschüttelt, bis sich keine Kohlensäure mehr entwickelte. Das vom ungelösten Teil (0,3 g) getrennte Filtrat gab beim Übersättigen mit Salzäure 1,2 g des reinen o-Methyläthers der β-Resorcylsäure (72% der Theorie).

Dieser sintert von etwa 170° ab und schmilzt nicht konstant gegen 185—187° (korr.) unter starker Gasentwicklung. Aus Wasser läßt er sich leicht umkrystallisieren, doch ist hierbei langes Erwärmen zu vermeiden. Er wird so in farblosen, rhombenähnlichen Blättchen erhalten. Zur Analyse war bei 80° und 15 mm Druck über Phosphorpentoxyd getrocknet.

0,1583 g Sbst.: 0,3308 g CO_2, 0,0684 g H_2O.

$C_8H_8O_4$ (168,06).   Ber. C 57,12, H 4,80.

Gef. ,, 56,99, ,, 4,83.

Die Säure löst sich leicht in Aceton, Alkohol und Essigäther, ziemlich schwer in Äther, sehr schwer in Benzol, Chloroform und Ligroin, auch in der Wärme. Mit Eisenchlorid gibt ihre unterkühlte, wässerige Lösung eine rotbraune Färbung, ähnlich derjenigen der p-Oxybenzoesäure.

Hierdurch sowie durch den um etwa 30° höheren Schmelzpunkt unterscheidet sie sich von dem isomeren, bereits bekannten p-Methyläther der β-Resorcylsäure, der sich in wässeriger Lösung mit Eisenchlorid rotviolett färbt.

Methylester der 2, 4, 6-Trioxybenzol-2, 6-dimethyläther-
4-carbomethoxy-1-carbonsäure.

Zu einer ätherischen Lösung von Diazomethan (aus 20 ccm Nitrosomethylurethan) wurden unter Kühlung durch Kältemischung allmählich 5 g Monocarbomethoxy-phloroglucincarbonsäure [1]) gegeben. Hierbei trat unter heftigem Aufschäumen sofortige Lösung ein. Bald jedoch ließ die Stickstoffentwicklung nach und war nach etwa 3 stündigem Stehen bei Zimmertemperatur fast beendet. Gleichzeitig hatten sich neben wenig amorphen Flocken Krystalle ausgeschieden, die abfiltriert und mit Äther gewaschen wurden. Schmelzpunkt 105—106° (korr.). Durch Eindunsten der Mutterlaugen ließ sich die Ausbeute noch etwas steigern. und zwar auf 4,7 g oder 79% der Theorie. Durch

---

[1]) E. Fischer, Liebigs Annal. d. Chem. **371**, 306 [1909]. (*S. 225.*)

Umlösen in warmem Äther wurde die Substanz in ziemlich derben, flächenreichen Krystallen vom gleichen Schmelzpunkt erhalten. Zur Analyse war bei 15 mm Druck und 55° über Phosphorpentoxyd getrocknet.

0,2182 g Sbst.: 0,4263 g CO_2, 0,1039 g H_2O.

$C_{12}H_{14}O_7$ (270,11).　Ber. C 53,31, H 5,22.

Gef. ,, 53,28, ,, 5,33.

Der Ester wird von kochendem Wasser in nicht unerheblicher Menge aufgenommen. In kaltem Äther löst er sich recht schwer, in Alkohol, zumal in der Wärme, ziemlich leicht, noch leichter in Benzol, Chloroform und Aceton. In kalten Alkalien ist er als solcher nicht löslich, wird aber bei langer Einwirkung unter Verseifung aufgenommen. Mit Eisenchlorid gibt er in Alkohol keine besondere Färbung.

Methylester der 2, 4, 6-Trioxybenzol-2, 6-dimethyläther-1-carbonsäure.

Er entsteht aus der vorhergehenden Substanz durch Verseifung mit kaltem Alkali, und zwar wurden 8 g gelöst in 30 ccm lauwarmem Methylalkohol und mit 88 ccm 2 n-Natronlauge (6 Mol.) 2 Stunden bei 25° stehengelassen. Nachdem die Hauptmenge des Alkohols im Vakuum bei möglichst tiefer Temperatur verjagt war, fielen beim Ansäuern unter Kohlensäureentwicklung Krystalle aus. Ausbeute 5,9 g oder 94% der Theorie. Zur Reinigung wurde die Lösung in warmem Methylalkohol bis zur Trübung mit warmem Wasser versetzt und abgekühlt. Es wurden so eisblumenartige Krystalle erhalten, die von etwa 180° (korr.) ab sinterten und gegen 189° (korr.) zu einer klaren Flüssigkeit schmolzen. Zur Analyse war bei 15 mm Druck und 55° über Phosphorpentoxyd getrocknet.

0,2276 g Sbst.: 0,4713 g CO_2, 0,1173 g H_2O.

$C_{10}H_{12}O_5$ (212,1).　Ber. C 56,58, H 5,70.

Gef. ,, 56,48, ,, 5,77.

Der Ester ist leicht löslich in Aceton, ziemlich leicht in Alkohol, schwerer in Äther, Chloroform und Benzol, nicht unerheblich in warmem Wasser. Von verdünntem, kaltem Alkali wird er sofort aufgenommen, dagegen gar nicht von Bicarbonat, ein Beweis, daß das Carboxyl noch verestert ist.

Mit Eisenchlorid gibt seine alkoholische Lösung keine Färbung. Hierdurch sowie durch den weitaus höheren Schmelzpunkt unterscheidet er sich von dem isomeren Methylester der 2, 4, 6-Trioxybenzol-2, 4-dimethyläther-1-carbonsäure. Wir haben letzteren zum Vergleich nach der Angabe von Herzig und Wenzel[1]) dargestellt und gefunden, daß er sich mit wenig Eisenchlorid in Alkohol tiefviolett färbt.

---

[1]) Monatsh. **23**, 90 [1902].

2, 4, 6-Trioxybenzol-2,6-dimethyläther-1-carbonsäure
(*o, o*-Dimethyläther der Phloroglucincarbonsäure).

Diese Substanz entsteht aus der vorhergehenden durch vollständige Verseifung mit Schwefelsäure.

4,5 g wurden in 15 ccm eiskalter, konzentrierter Schwefelsäure gelöst und eine Stunde bei 25° gehalten; dann wurde die fast farblose, stark gekühlte Lösung vorsichtig auf zerstoßenes Eis gegossen und der dadurch bewirkte Niederschlag abfiltriert. Ausbeute: 3,6 g oder 86% der Theorie.

Zur Reinigung wurde in wässerigem Kaliumbicarbonat gelöst, mit Äther gründlich ausgeschüttelt, die wässerige Lösung mit sehr verdünnter Salzsäure übersättigt und die dadurch ausgefällte Säure abfiltriert. Das gleiche Verfahren, vom Ausschütteln abgesehen, wurde nochmals wiederholt und das Endprodukt nacheinander mit Wasser, Aceton und Äther gründlich gewaschen. Die so erhaltenen Krystalle waren mikroskopisch feine, etwas schiefe, vierseitige Plättchen oder eigentümlich gezackte, eisblumenartige Aggregate, sinterten bei schnellem Erhitzen im Capillarrohr von 165° ab und zersetzten sich gegen 175° (korr.) unter lebhafter Gasentwicklung. Zur Analyse war bei 15 mm Druck und 55° über Phosphorpentoxyd getrocknet.

0,2262 g Sbst.: 0,4521 g CO_2, 0,1046 g H_2O. — 0,2962 g Sbst. 0,6962 g AgJ: (nach Zeisel).

$C_9H_{10}O_5$ (198,08).   Ber. C 54,52, H 5,09, OCH_3 31,33.
Gef. ,, 54,51, ,, 5,17, ,, 31,05.

Die Säure ist selbst in heißem Alkohol ziemlich schwer löslich. In den übrigen indifferenten organischen Lösungsmitteln und in Eisessig löst sie sich sehr schwer, dagegen leicht in Pyridin. Von kochendem Wasser wird sie in nicht unerheblicher Menge aufgenommen, dabei aber rasch unter Abgabe von Kohlensäure zersetzt.

Mit Eisenchlorid gibt sie in Alkohol keine besondere Färbung. Hierdurch sowie durch die oben bewiesene Verschiedenheit der Methylester unterscheidet sie sich von dem isomeren 2, 4-Dimethyläther der Phloroglucincarbonsäure[1]), der sich, wie wir festgestellt haben, mit Eisenchlorid in Alkohol tiefviolett färbt.

2, 4, 6-Trioxybenzol-2,6-dimethyläther-4-carbomethoxy-1-carbonsäure.

Sie entsteht aus ihrem früher beschriebenen Methylester (Schmelzpunkt 105—106°) durch Verseifung mit kalter, konzentrierter Schwefel-

---

[1]) Herzig und Wenzel, Monatsh. **23**, 95 [1902].

säure. Für die Ausführung der Operation gelten die Angaben des vorigen Abschnitts, nur ist wegen der Schwerlöslichkeit des Kaliumsalzes ziemlich verdünntes Bicarbonat anzuwenden. Statt die Reinigung über das Kaliumsalz noch ein zweites Mal zu wiederholen, löst man hier besser in kaltem Aceton und fällt durch vorsichtigen Zusatz von Wasser. Wir erhielten so aus 4 g Ester 2,6 g (69% der Theorie) Säure in langen, stark gekrümmten Nadeln, die bei schnellem Erhitzen von etwa 150° ab sinterten und gegen 160° (korr.) zu einer klaren Flüssigkeit schmolzen. Zur Analyse war bei 15 mm Druck und 55° über Phosphorpentoxyd getrocknet.

$$0,1949 \text{ g Sbst.}: 0,3682 \text{ g } CO_2, \ 0,0833 \text{ g } H_2O.$$

$$C_{11}H_{12}O_7 \ (256,1) \quad \text{Ber. C } 51,54. \ \text{H } 4,72$$
$$\text{Gef. ,, } 51,52, \ ,, \ 4,78.$$

Die Säure löst sich leicht in Alkohol, Aceton, Essigäther und Chloroform, ziemlich schwer in Benzol und in Äther, sehr schwer in kaltem Wasser und in Ligroin. Von kochendem Wasser wird sie unter Kohlensäureabspaltung zersetzt, jedoch langsamer als die vollkommen verseifte Säure. Mit Eisenchlorid gibt sie in Alkohol keine Färbung. Durch kaltes, verdünntes Alkali wird sie leicht weiter verseift zum *o, o*-Dimethyläther der Phloroglucincarbonsäure, der beim Ansäuern unter Kohlensäureentwicklung ausfällt.

Methylester der 3, 4, 5-Trioxybenzol-4-methyläther-3, 5-dicarbomethoxy-1-carbonsäure.

Bei der Herstellung der Dicarbomethoxy-gallussäure haben wir die früheren Angaben[1]) durchaus bestätigt gefunden. Bemerkt sei aber, daß der Zersetzungspunkt der Säure von der Art des Trocknens abhängt; denn sowohl bei zu langem wie bei zu kurzem Trocknen haben wir ihn erheblich tiefer gefunden. Am vorteilhaftesten erwies sich 4stündiges Trocknen über Phosphorpentoxyd bei 80° und 15 mm Druck. Die so behandelten Präparate sinterten in Übereinstimmung mit den früheren Angaben durchweg von 170° ab und schmolzen bei 180° (korr.) unter Gasentwicklung und Braunfärbung.

9 g dieser Säure wurden mit etwa 100 ccm trockenem Äther übergossen und unter Kühlung durch Kältemischung so lange mit einer ätherischen Diazomethanlösung (aus etwa 14 ccm Nitrosomethylurethan) versetzt, bis die anfangs heftige Stickstoffentwicklung aufhörte und die entstandene klare Lösung eben gelb blieb. Das Reaktionsgemisch wurde nun sofort unter vermindertem Druck eingedunstet und die zurückbleibende krystallinische Masse durch Abpressen an der

---

[1]) E. Fischer und K. Freudenberg, Liebigs Annal. d. Chem. **384**, 240 [1911]. (*S. 140.*)

hydraulischen Presse von geringen öligen Beimengungen befreit. Dieses Produkt schmolz noch ziemlich unscharf bei 62—66°, war aber nahezu rein. Ausbeute: 9,6 g oder 97% der Theorie.

Der Ester ist in den meisten organischen Solvenzien leicht löslich und hat die Neigung, sich daraus ölig abzuscheiden. Zur Reinigung haben wir ihn deshalb in der 10fachen Menge Methylalkohol gelöst und mit einer zur Trübung noch nicht ganz ausreichenden Menge Wasser versetzt. Wurde diese Lösung im Vakuumexsiccator über Chlorcalcium langsam eingedunstet, so schieden sich schöne Nadeln aus, die bei 64° erweichten und bei 66—67° zu einem zähen Öl schmolzen. Zur Analyse war 24 Stunden im Vakuumexsiccator über Phosphorpentoxyd getrocknet.

$$0,2127 \text{ g Sbst.: } 0,3874 \text{ g } CO_2, \ 0,0879 \text{ g } H_2O.$$
$$C_{13}H_{14}O_9 \ (314,1). \quad \text{Ber. C } 49,66, \ \text{H } 4,49.$$
$$\text{Gef. ,, } 49,67, \ \text{,, } 4,62.$$

Der Ester ist sehr leicht löslich in Äther, Aceton und Essigäther, leicht in Benzol und Chloroform, etwas weniger leicht in kaltem Alkohol, sehr schwer in kaltem Ligroin und in Wasser. In Alkohol gibt er mit Eisenchlorid keine Färbung. Von überschüssigem Diazomethan in ätherischer Lösung wird er verhältnismäßig schnell zersetzt, was bei der Darstellung zu beachten ist.

3, 4, 5-Trioxybenzol-4-methyläther-1-carbonsäure
(*para*-Methyläther der Gallussäure).

Die Verseifung des eben beschriebenen Esters muß unter Luftausschluß geschehen; sie erfolgte deshalb in einem Kölbchen, das mit einem dreifach durchbohrten Gummistopfen verschlossen war. Durch die eine Öffnung führte ein Tropftrichter, durch die zweite konnte Wasserstoff aus einer Bombe eintreten und durch die dritte wieder entweichen. Das Ganze tauchte dauernd in Wasser von 40° ein, denn stärkeres Erwärmen veranlaßt Zersetzungen und verringert die Ausbeute.

3 g des rohen abgepreßten Esters vom Schmelzpunkt 62—66° wurden in dem Kölbchen, nachdem die Luft durch Wasserstoff verdrängt war, in 10 ccm Methylalkohol gelöst und allmählich mit 33,5 ccm 2 n-Natronlauge (7 Mol.) versetzt. Die klare, schwachbraune Lösung blieb dann 10 Stunden bei 40° unter ständigem Durchleiten von Wasserstoff stehen. Hierauf wurde sie mit 15 ccm 5 n-Salzsäure übersättigt und der noch vorhandene Methylalkohol im Vakuum bei möglichst tiefer Temperatur abgedunstet. Dabei schied sich die *para*-Methylgallussäure in farblosen Nadeln ab (1,16 g), deren schnell unterkühlte

wässerige Lösung mit Eisenchlorid nur eine schwach rotbraune Farbe zeigte. Die Mutterlaugen gaben bei wiederholtem Ausäthern noch 0,45 g, die sich aber mit Eisenchlorid noch grünlich färbten und daher aus Wasser unter Anwendung von Tierkohle umkrystallisiert wurden. Es wurden so noch 0,26 g reine *para*-Methylgallussäure gewonnen, im ganzen also 1,42 g oder 81% der Theorie. Zur Analyse wurde nochmals aus Wasser umkrystallisiert und bei 15 mm Druck und 80° über Phosphorpentoxyd getrocknet.

0,1815 g Sbst.: 0,3479 g CO_2, 0,0730 g H_2O.

$C_8H_8O_5$ (184,06).   Ber. C 52,16, H 4,38.
Gef. ,, 52,28, ,, 4,50.

Die Säure begann beim raschen Erhitzen von 225° an sich schwach zu färben und zu sintern und schmolz gegen 245° (korr.) unter Gasentwicklung zu einer braunen Flüssigkeit. Dies stimmt hinreichend überein mit den Beobachtungen von Herzig und Pollak[1]), während Graebe und Martz[2]) 240° angeben, ohne die Zersetzung zu erwähnen. Maßgebender für die Reinheit ist die Eisenchloridreaktion; denn sie beweist die Abwesenheit des isomeren *meta*-Methyläthers[3]), der sich mit Eisenchlorid blauschwarz färbt.

[1]) Monatsh. **23**, 702 [1902].
[2]) Berichte d. d. chem. Gesellsch. **36**, 216 [1903].
[3]) Vogl, Monatsh. **20**, 397 [1899].

9. Emil Fischer und Kurt Hoesch: Über die Carbomethoxyverbindungen der Phenolcarbonsäuren und ihre Verwendung für Synthesen. VII. — Didepside der Oxynaphthoesäuren, Ferula- und o-Cumarsäure; Methylderivate der Orsellinsäure.

Liebigs Annalen der Chemie **391**, 347 [1912].

(Eingelaufen am 29. Juni 1912.)

Um die allgemeine Brauchbarkeit der früher beschriebenen Synthesen zu zeigen, haben wir folgende neue Didepside hergestellt:

1. α-Oxynaphthoyl-p-oxybenzoesäure.
2. Di-β-oxynaphthoesäure.
3. Feruloyl-p-oxybenzoesäure.
4. Diferulasäure.
5. Di-o-cumarsäure.

In allen Fällen wurde die erste Komponente in die Carbomethoxyverbindung übergeführt und deren Chlorid mit der zweiten Komponente in Wechselwirkung gebracht. Mit Ausnahme von Fall 2 wird diese Operation am besten in alkalischer Lösung ausgeführt. Dabei haben wir aber folgende für die Ausbeute sehr wichtige Modifikation der früheren Arbeitsweise angewandt. Das Chlorid wird nicht in Äther, sondern in Aceton gelöst und diese Flüssigkeit unter Schütteln der kalten alkalischen Lösung der anderen Komponente zugefügt. Derselbe Kunstgriff hat sich auch in zwei anderen schon früher beschriebenen Fällen, d. h. bei der Darstellung der Diprotocatechusäure und der Digallussäure bewährt[1]. Für die Darstellung der Di-β-oxynaphthoesäure war auch diese modifizierte Methode nicht brauchbar. Vielmehr mußte hier die Kuppelung durch Dimethylanilin in Benzollösung bewerkstelligt werden.

In die Klasse der Didepside gehören manche Flechtenstoffe, die in großer Zahl durch die Arbeiten von Schunck, Stenhouse und Zopf, ganz besonders aber durch die umfangreichen, über einen Zeitraum von 50 Jahren ausgedehnten Untersuchungen von O. Hesse bekanntgeworden sind. Am leichtesten zugänglich ist das eine An-

---

[1] E. Fischer und K. Freudenberg, Liebigs Annal. d. Chem. **384**, 238 und 242 [1911]. (*S. 138 und 141.*)

hydrid der Orsellinsäure, die Lecanorsäure. Es lag deshalb nahe, die neue Methode für ihre Synthese aus der Orsellinsäure anzuwenden. Leider sind unsere Versuche aber bisher an einer ganz unerwarteten Schwierigkeit gescheitert. Die Orsellinsäure läßt sich zwar leicht in alkalischer Lösung carbomethoxylieren und man erhält, je nach den Bedingungen, eine Mono- oder eine Dicarbomethoxyverbindung. Aber der Versuch, letztere in ein krystallisierendes Säurechlorid zu verwandeln, blieb bisher erfolglos.

Der Besitz der Monocarbomethoxy-orsellinsäure gab uns Veranlassung, die partielle Methylierung der Orsellinsäure selbst genauer zu studieren. J. Herzig hat bereits im Laufe seiner ausgedehnten Versuche über die Methylierung der Phenolcarbonsäuren durch Diazomethan auch die Methylätherderivate der Orsellinsäure untersucht und in Gemeinschaft mit F. Wenzel[1]) eine Monomethyläther-orsellinsäure beschrieben. Wie haben den Versuch wiederholt und gefunden, daß diese Säure aller Wahrscheinlichkeit nach identisch ist mit der von Stenhouse entdeckten und von O. Hesse ausführlicher studierten Everninsäure, die durch Spaltung der in verschiedenen Flechten vorkommenden Evern- und Ramalsäure entsteht.

Wir haben ferner durch Methylierung der Monocarbomethoxy-orsellinsäure mit Diazomethan und nachträgliche Verseifung des so erhaltenen Esters eine neue Monomethyläther-orsellinsäure gewonnen, die von der Everninsäure leicht zu unterscheiden ist.

Diese Beobachtungen sind wichtig für die Beurteilung der Konstitution der Orsellinsäure. Diese ist zweifellos eine Carbonsäure des Orcins und isomer mit der aus Orcin synthetisch erhaltenen Paraorsellinsäure. Geht man aus von der allgemein angenommenen symmetrischen Struktur des Orcins, so läßt die Theorie folgende beiden Monocarbonsäuren voraussehen:

<pre>
          I   II
        COOH   COOH
   H₃C⟨ ⟩OH   OH⟨ ⟩OH
        OH   CH₃
</pre>

Früher gab man der Orsellinsäure gewöhnlich die Formel II. In einigen neuen Lehrbüchern[2]) wird dagegen Formel I, allerdings unter Vorbehalt, bevorzugt, und zwar aus folgenden Gründen:

---

¹) Monatsh. **24**, 900 [1903].
²) Beilstein, Ergänzungsband II, 1032; ferner Meyer - Jacobson, Bd. II, 644 [1902].

W. Ostwald[1]) fand das elektrische Leitvermögen der Paraorsellinsäure auffallend groß (K = 4,1), und da die eine Carbonsäure des Resorcins mit der Stellung COOH:OH:OH = 1:2:6 ein ähnlich großes Leitvermögen (K = 5,0) zeigte, so schloß er, daß bei der Paraorsellinsäure die Stellung des Carboxyls zu den Hydroxylen dieselbe sei, woraus sich für die Säure Formel II ergibt. Ostwald gebraucht für die isomeren Carbonsäuren des Resorcins die Buchstaben α und β in anderem Sinne, als es heute üblich ist. Andererseits gibt er an, daß er seine Säure 1:2:6 nach dem Verfahren von Bistrzycki und v. Kostanecki[2]) bereitet habe, durch welches man aber die β-Resorcylsäure 1:2:4 vom Schmelzpunkt 213° erhält.

Da durch diesen Widerspruch in Ostwalds Angaben seine Schlüsse unsicher wurden, so haben wir Herrn Dr. F. Weigert gebeten, für die heutige α-Resorcylsäure (1:3:5) und β-Resorcylsäure (1:2:4) an zwei von uns gereinigten Präparaten das Leitvermögen zu bestimmen. Seine Beobachtungen stimmen nun mit den Angaben von Ostwald über die symmetrische Dioxybenzoesäure (1:3:5) und die sogenannte α-Resorcylsäure (1:2:4) ziemlich gut überein.

Es ist also fraglos, daß Ostwald die drei Resorcincarbonsäuren mit der noch heute gültigen Ortsbezeichnung angeführt hat.

Wir sind nun keineswegs der Meinung, daß eine einzige physikalische Eigenschaft, wie das Leitvermögen, in Strukturfragen allgemein eine ausschlaggebende Bedeutung haben könne. Aber in diesem speziellen Falle hat Ostwald doch das Richtige getroffen; denn die von uns bewiesene Existenz der beiden Monomethylätherderivate ist nur dann verständlich, wenn man für die Orsellinsäure die Formel I wählt.

Wir geben ferner den beiden Methylätherorsellinsäuren die Formeln III und IV.

III	IV	V
COOH	COOH	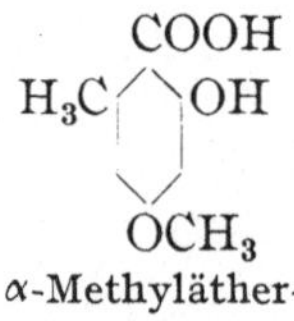 COOH
H₃C⟨⟩OH	H₃C⟨⟩OCH₃	H₃C⟨⟩OH
OCH₃	OH	OCO₂CH₃
α-Methylätherorsellinsäure (Everninsäure)	β-Methylätherorsellinsäure	Monocarbomethoxyorsellinsäure

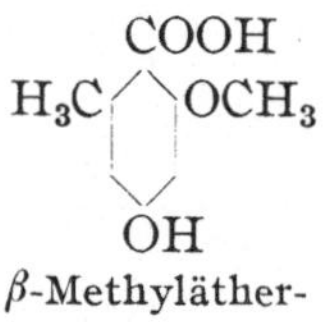

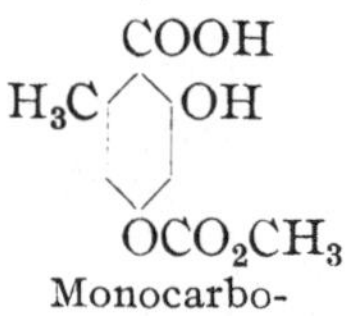

Für diese Ansicht sprechen folgende Gründe:

1. Nur die α-Verbindung gibt mit Eisenchlorid eine starke rotviolette Färbung ähnlich der Salicylsäure.

---

[1]) Zeitschr. f. physik. Chem. **3**, 254 [1889].
[2]) Berichte d. d. chem. Gesellsch. **18**, 1984 [1885].

2. Die Methylierung der Phenolcarbonsäuren durch Diazomethan erfolgt in der *para*-Stellung erheblich leichter als in der *ortho*-Stellung. Dementsprechend entsteht bei partieller Methylierung der Orsellinsäure die α-Verbindung.

3. Die Carbomethoxylierung der Phenolcarbonsäuren findet ebenfalls in der *para*-Stellung leichter statt als in der *ortho*-Stellung. Es ist deshalb anzunehmen, daß die Monocarbomethoxyorsellinsäure obige Formel V hat, womit auch die intensive Färbung durch Eisenchlorid übereinstimmt. Durch ihre Methylierung und nachträgliche Verseifung kann dann nur die β-Methylätherorsellinsäure (Formel IV) entstehen.

Die Orsellinsäure entspricht demnach in der Stellung des Carboxyls zu den beiden Phenolgruppen der β-Resorcylsäure (COOH:OH:OH $= 1:2:4$). Ihr abweichendes Verhalten in einigen Reaktionen muß dem Einfluß der Methylgruppe zugeschrieben werden. Dahin gehört vielleicht auch unsere Beobachtung über das Verhalten der Dicarbomethoxy-orsellinsäure zu Phosphorpentachlorid, wo zwar eine Reaktion stattfindet, aber die Isolierung des reinen Säurechlorids bisher nicht gelingen wollte.

Carbomethoxy-α-oxynaphthoesäure,

$CH_3O_2CO(1).C_{10}H_6.COOH(2)$.

Für die folgenden Versuche ist die käufliche Oxynaphthoesäure direkt zu gebrauchen.

25 g technische α-Oxynaphthoesäure werden in 80 ccm trockenem Benzol suspendiert und mit 32,2 g Dimethylanilin (2 Mol.) versetzt. Zu dem gut gekühlten Gemisch bringt man unter kräftigem Schütteln im Laufe einer halben Stunde 13,8 g (1,1 Mol.) chlorkohlensaures Methyl. Allmählich geht die Oxynaphthoesäure in Lösung, und bei Beendigung der Reaktion ist eine klare braune Flüssigkeit entstanden. Sie wird mit überschüssiger verdünnter Salzsäure so lange durchgeschüttelt, bis sich aus der Benzolschicht eine hellbraun gefärbte Masse ausscheidet. Diese wird von der wässerigen Schicht getrennt, abgepreßt, mehrfach mit kaltem Benzol gewaschen und im Vakuumexsiccator über Paraffin vom Benzol befreit. Die Ausbeute beträgt etwa 80% der Theorie. Zur Reinigung wird das Rohprodukt in etwa 10 Teilen heißem Chloroform gelöst, aus welchem beim Erkalten große glänzende Tafeln krystallisieren, die zur Analyse bei 56° und 15 mm Druck getrocknet wurden.

0,1534 g Sbst.: 0,3558 g CO_2, 0,0580 g H_2O.

$C_{13}H_{10}O_5$ (246,08). Ber. C 63,39, H 4,10.

Gef. ,, 63,26, ,, 4,23.

Die Säure schmilzt gegen 127—128° (korr.) unter Zersetzung und zeigt auch bei längerem Erhitzen auf 100° starkes Blasenwerfen. Sie ist leicht löslich in Alkohol und Aceton, Essigester und Äther sowie in Chloroform, löslich auch in heißem Benzol, dagegen fast unlöslich in Ligroin und Petroläther. Ihre alkoholische Lösung gibt mit Eisenchlorid keine Färbung. Beim Kochen mit Wasser wird sie langsam in α-Oxynaphthoesäure zurückverwandelt, die sich durch die bekannte Blaufärbung mit Ferrichlorid nachweisen läßt.

Das zugehörige Carbomethoxy-α-oxynaphthoylchlorid, $CH_3O_2CO.C_{10}H_6.CO.Cl$, läßt sich leicht auf die bekannte Weise durch kurzes Erhitzen mit der gleichen Menge Phosphorpentachlorid auf dem Wasserbade bereiten. Wird das gleichzeitig entstandene Phosphoroxychlorid unter 15 mm Druck verjagt, so erstarrt das Chlorid beim Erkalten krystallinisch und läßt sich durch Umkrystallisieren aus heißem Ligroin bequem reinigen. Es bildet farblose, derbe, vielfach verwachsene Prismen, schmilzt bei 96° und ist in den gewöhnlichen organischen Solvenzien mit Ausnahme von Petroläther und Ligroin leicht löslich.

0,1994 g Sbst.: 0,1070 g AgCl.

$C_{13}H_9O_4Cl$ (264,53).   Ber. Cl 13,40.   Gef. Cl 13,28.

Carbomethoxy-α-oxynaphthoyl-p-oxybenzoesäure,
$CH_3O_2CO(1).C_{10}H_6.CO(2).OC_6H_4.COOH$.

Zu der mit Eis gekühlten Lösung von 1,38 g wasserfreier p-Oxybenzoesäure in 20 ccm (2 Mol.) n-Natronlauge gibt man unter kräftigem Schütteln in mehreren Portionen eine Lösung von 2,64 g (1 Mol.) Carbomethoxy-α-oxynaphthoylchlorid in Aceton. Die Reaktion verläuft in wenigen Minuten und ist beendet, wenn die milchig getrübte Flüssigkeit nicht mehr alkalisch reagiert. Beim Ansäuern fällt das Reaktionsprodukt als farblose, schon ziemlich reine Masse aus und die Ausbeute entspricht annähernd der Theorie.

Zur Reinigung löst man in etwa 25 Teilen heißem Aceton und versetzt mit warmem Wasser bis zur beginnenden Trübung; beim Erkalten fallen lanzettförmige Nädelchen aus. Schönere, glänzende Krystalle kann man durch Lösen in etwa 65 Teilen heißem Essigester und Versetzen mit Ligroin in der Wärme erzielen.

0,1636 g Sbst. (bei 100° und 15 mm getrocknet): 0,3932 g CO_2, 0,0595 g H_2O.

$C_{20}H_{14}O_7$ (366,11).   Ber. C 65,55, H 3,85.
Gef. „ 65,55, „ 4,07.

Die Säure schmilzt nach vorherigem Erweichen bei 231—232° (korr.) unter schwacher Gasentwicklung. Sie ist in organischen Solvenzien durchweg schwer löslich. Am leichtesten wird sie von Aceton aufgenommen.

α-Oxynaphthoyl-p-oxybenzoesäure,
$OH(1).C_{10}H_6.CO(2).O.C_6H_4.COOH$.

Die Abspaltung der Carbomethoxygruppe aus der vorhergehenden Verbindung läßt sich mit verdünntem Ammoniak ausführen, aber der Prozeß verläuft nicht glatt, weil noch weitergehende Hydrolyse eintreten kann.

3,66 g Carbomethoxy-α-oxynaphthoyl-p-oxybenzoesäure werden, fein gepulvert, mit 20 ccm Aceton und 30 ccm (3 Mol.) n-Ammoniak unter Umrühren übergossen, wodurch sie alsbald in Lösung gehen. Läßt man diese Lösung 3 Stunden bei Zimmertemperatur stehen, so scheidet sich das Ammoniumsalz des Didepsids als weißer, körniger Niederschlag aus, während die darüberstehende Flüssigkeit eine grüne Färbung annimmt. Löst man den abgesaugten Niederschlag in verdünntem, warmem Aceton und übersättigt mit verdünnter Salzsäure, so fällt das fast reine Depsid aus. Zur vollständigen Reinigung löst man es in viel Aceton und verdampft diese Lösung auf dem Wasserbade bis zur beginnenden Trübung. Beim Erkalten scheidet sich das reine Produkt in kleinen, baumartig verwachsenen Nädelchen aus, Die Ausbeute betrug 40% der Theorie.

<blockquote>0,1431 g Sbst. (bei 100° und 15 mm getrocknet): 0,3682 g CO_2, 0,0503 g H_2O.
$C_{18}H_{12}O_5$ (308,10).   Ber. C 70,11, H 3,93.
Gef. ,, 70,17, ,, 3,93.</blockquote>

Das Depsid schmilzt nach vorherigem Erweichen gegen 247° (korr.) unter Zersetzung. In organischen Solvenzien ist es durchweg schwer löslich. Am leichtesten wird es von Aceton, Essigester und Alkohol aufgenommen. Seine alkoholische Lösung zeigt mit Eisenchlorid schwache Grünfärbung.

Vielleicht läßt sich dieses Didepsid direkter aus dem von Anschütz dargestellten Chlorid der α-Oxynaphthoesäure und p-Oxybenzoesäure gewinnen.

Carbomethoxy-β-oxynaphthoesäure,
$CH_3O_2CO(2).C_{10}H_6.COOH(3)$.

Es ist ratsam, möglichst reine β-Oxynaphthoesäure als Ausgangsmaterial zu verwenden. Die Carbomethoxylierung gelingt dann leicht nach der für die α-Carbomethoxysäure gegebenen Vorschrift. Das aus der Benzolschicht ausgeschiedene Rohprodukt wird sorgfältig mit kaltem Benzol gewaschen, abgepreßt und im Vakuumexsiccator über Paraffin vom Benzol befreit. Ausbeute etwa 80% der Theorie. Zur Reinigung löst man in der 6—7fachen Menge heißem Essigäther und versetzt mit Petroläther bis zur beginnenden Trübung. Die Carbomethoxy-β-oxynaphthoesäure scheidet sich dann in glänzenden Nadeln oder Prismen ab. Sie ist im Gegensatz zu der gelben β-Oxynaphthoesäure völlig farblos.

0,1594 g Sbst. (bei 100° und 15 mm getrocknet): 0,3712 g CO_2, 0,0600 g H_2O.

$C_{13}H_{10}O_5$ (246,08). Ber. C 63,39, H 4,10.
Gef. ,, 63,51, ,, 4,21.

Die Säure schmilzt gegen 174—175° (korr.) unter Zersetzung und schwacher Gelbfärbung. Sie ist leicht löslich in Aceton, Alkohol und Essigester sowie in warmem Äther und Chloroform, ziemlich schwer in heißem Benzol und nahezu unlöslich in Ligroin und Petroläther. Ihre alkoholische Lösung gibt mit Eisenchlorid keine Färbung.

Das entsprechende Carbomethoxy-β-oxynaphthoylchlorid wird geradeso wie die isomere α-Verbindung erhalten. Aus heißem Ligroin umkrystallisiert, bildet es farblose Spieße, die bei 107° (korr.) schmelzen.

0,2031 g Sbst.: 0,1075 g AgCl.

$C_{13}H_9O_4Cl$ (264,52). Ber. Cl 13,40. Gef. Cl 13,09.

Carbomethoxy-β-oxynaphthoyl-β-oxynaphthoesäure,
$CH_3O_2CO.C_{10}H_6.CO.O.C_{10}H_6.COOH$.

Die Kuppelung des vorhergehenden Chlorids mit der β-Oxynaphthoesäure wurde in Benzollösung bei Gegenwart von Dimethylanilin ausgeführt.

2,65 g β-Oxynaphthoesäure werden in 60 ccm Benzol und 20 ccm Dimethylanilin warm gelöst. Nach dem Abkühlen gibt man dazu eine Lösung von 4 g Carbomethoxy-β-oxynaphthoylchlorid in etwa 20 ccm Benzol und läßt unter zeitweisem Umschütteln $^3/_4$ Stunden bei Zimmertemperatur stehen. Wird nun die stark gelb gefärbte Flüssigkeit mit überschüssiger verdünnter Salzsäure durchgeschüttelt, so fällt das in Wasser unlösliche und in kaltem Benzol ziemlich schwer lösliche Kuppelungsprodukt aus. Es wird abgesogen, mit Benzol gewaschen, gepreßt und zur Reinigung in etwa 40 Teilen warmem Essigester gelöst. Auf Zusatz von Ligroin krystallisiert das Kuppelungsprodukt in langen, büschelig verwachsenen, farblosen Nadeln. Aus der ursprünglichen Benzollösung läßt sich durch Versetzen mit Petroläther noch eine weitere Menge erhalten. Die Ausbeute an ganz reinem Produkt beträgt über 50% der Theorie.

0,1144 g Sbst. (bei 100° und 15 mm getrocknet): 0,2898 g CO_2, 0,0406 g H_2O.

$C_{24}H_{16}O_7$ (416,13).   Ber. C 69,21, H 3,88.

Gef. ,, 69,09, ,, 3,97.

Die Säure schmilzt nach vorherigem Sintern gegen 215° (korr.) unter Zersetzung. Sie ist ziemlich leicht löslich in kaltem Alkohol, Aceton, Essigester und heißem Benzol, schwerer in Äther, sehr schwer in Chloroform, fast unlöslich in Ligroin und Petroläther. Ihre alkoholische Lösung zeigt mit Ferrichlorid keine Farbreaktion.

Di-β-oxynaphthoesäure (Di-2-oxy-3-naphthoesäure),
$HO.C_{10}H_6.CO.O.C_{10}H_6.COOH$.

2,08 g Carbomethoxy-β-oxynaphthoyl-β-oxynaphthoesäure werden durch Übergießen mit 30 ccm $^n/_2$-Ammoniak (3 Mol.) und 5 ccm Aceton in Lösung gebracht und bei Zimmertemperatur 3 Stunden aufbewahrt.

Aus der trüb gewordenen Flüssigkeit fällt beim Ansäuern das Didepsid als gelber Niederschlag. Es wird abgesogen und zur Reinigung in etwa 50 Teilen warmem Aceton gelöst. Versetzt man diese Lösung so lange mit Wasser von 60°, bis die Krystallisation beginnt, so scheidet sich das Depsid beim Erkalten in feinen, büschelförmig angeordneten, gelben Nadeln aus. Die Ausbeute ließ zu wünschen übrig, an ganz reinem Produkt wurden nur 30% der Theorie erhalten.

0,1671 g Sbst. (bei 100° und 15 mm über P_2O_5 getrocknet): 0,4514 g CO_2, 0,0608 g H_2O.

$C_{22}H_{14}O_5$ (358,11).   Ber. C 73,72, H 3,94.

Gef. ,, 73,67, ,, 4,07.

Die Di-β-oxynaphthoesäure schmilzt nach vorheriger Sinterung gegen 245° (korr.) unter Braunfärbung und Gasentwicklung. Sie ist in Alkohol, Aceton, Essigester und Chloroform ziemlich leicht löslich, schwerer in Äther und Benzol, schwer löslich in Ligroin und fast unlöslich in Petroläther. In Soda und Alkalien löst sie sich mit intensiv gelber Farbe, welche aber beim Kochen der alkalischen Lösung rasch in das Blaßgelb des β-oxynaphthoesauren Salzes übergeht. Auch durch längeres Kochen mit Wasser wird das Depsid in β-Oxynaphthoesäure verwandelt.

Während die β-Oxynaphthoesäure mit Eisenchlorid eine intensive Blaufärbung gibt, zeigt das Didepsid mit demselben Reagens in alkoholischer Lösung nur schwache Grünfärbung.

Carbomethoxy-ferulasäure,
$CH_3O_2CO.C_6H_3.(OCH_3).CH:CHCOOH$.

10 g Ferulasäure werden in 103 ccm n-Natronlauge (2 Mol.) gelöst und unter guter Kühlung und kräftigem Schütteln allmählich mit

11*

5,5 g chlorkohlensaurem Methyl (1,1 Mol.) versetzt. Wird nach dem Verschwinden des Chloridgeruches angesäuert, so fällt sofort ein voluminöser farbloser Niederschlag. Ausbeute fast quantitativ. Zur vollständigen Reinigung löst man ihn in 6—7 Teilen heißem Aceton, aus welchem beim Erkalten lange, farblose Nadeln krystallisieren. Verdünntes Aceton, verdünnter Alkohol sowie Essigester und Ligroin eignen sich ebenso zum Umkrystallisieren.

0,1553 g Sbst. (bei 100° und 15 mm über P_2O_5 getrocknet): 0,3248 g CO_2, 0,0688 g H_2O.

$$C_{12}H_{12}O_6 \; (252,10). \quad \text{Ber. C } 57,12, \text{ H } 4,80.$$
$$\text{Gef. ,, } 57,04, \text{ ,, } 4,96.$$

Die Säure schmilzt nach vorherigem Erweichen gegen 186—187° (korr.) unter schwacher Gasentwicklung. Sie ist in den gebräuchlichen organischen Solvenzien mit Ausnahme von Äther, Ligroin und Petroläther leicht löslich. Im Gegensatz zur Ferulasäure ist sie in heißem Wasser sehr wenig löslich. Mit Ferrichlorid zeigt sie keine Farbreaktion.

Zur Darstellung des Carbomethoxy-feruloylchlorids werden 7 g trockene Säure mit 7 g gepulvertem Phosphorpentachlorid und 10 ccm frisch destilliertem Phosphoroxychlorid etwa $^1/_4$ Stunde auf dem Wasserbade erhitzt. Dabei entsteht eine gelb gefärbte Lösung, die schon beim Abkühlen Krystalle des Chlorids ausscheidet. Nachdem unter vermindertem Druck das Phosphoroxychlorid abdestilliert ist, löst man den krystallinischen Rückstand in ziemlich viel heißem, hochsiedendem Ligroin. Beim Erkalten scheidet sich das Chlorid in langen, farblosen Nadeln ab. Die Ausbeute beträgt mehr als 90% der Theorie.

0,1973 g Sbst.: 0,1034 g AgCl.

$$C_{12}H_{11}O_5Cl \; (270,55). \quad \text{Ber. Cl } 13,11. \quad \text{Gef. Cl } 12,96.$$

Das Chlorid schmilzt nach vorherigem Sintern bei 147° (korr.). Es ist leicht löslich in Aceton, Chloroform und Essigester sowie in warmem Benzol, schwerer in Äther, sehr schwer in Petroläther.

Carbomethoxyferuloyl-p-oxybenzoesäure,
$$CH_3O_2.CO.C_6H_3.(OCH_3).CH\!:\!CH.CO.O.C_6H_4.COOH.$$

Verwendet man beim üblichen Kuppelungsverfahren eine ätherische Lösung des Carbomethoxy-feruloylchlorids, so ist die Ausbeute gering. Ausgezeichnete Resultate erhält man dagegen, wenn das Chlorid in Acetonlösung angewandt wird. Dementsprechend fügt man zu einer durch Eis gekühlten Lösung von 2,76 g p-Oxybenzoesäure in 40 ccm n-Natronlauge 5,4 g Carbomethoxy-feruloylchlorid, das in 120 ccm trockenem Aceton gelöst ist, allmählich unter fortwährendem Umschütteln zu.

Die dabei auftretende Gelbfärbung verschwindet, so wie nach Verbrauch der letzten Chloridmenge die Flüssigkeit nicht mehr alkalisch reagiert. Ist dieser Farbenumschlag eingetreten, so wird die Lösung mit verdünnter Salzsäure übersättigt, wobei ein flockig krystallinischer Niederschlag fällt. Die Ausbeute an diesem schon ziemlich reinen Produkt beträgt 90% der Theorie.

Zur völligen Reinigung löst man in 60—70 Teilen heißem Aceton und verdampft bis zur beginnenden Trübung. Beim Erkalten scheiden sich mikroskopische, ungewöhnlich geformte Krystallaggregate aus, die für die Analyse bei 100° und 15 mm Druck über Phosphorsäureanhydrid getrocknet wurden.

0,2022 g Sbst.: 0,4540 g CO_2, 0,0826 g H_2O.

$C_{19}H_{16}O_8$ (372,12).   Ber. C 61,27, H 4,33.
Gef. ,, 61,24, ,, 4,57.

Die Säure schmilzt unter Zersetzung gegen 246° (korr.). Sie ist in den meisten organischen Solvenzien schwer löslich. Am leichtesten wird sie von heißem Aceton und Essigester aufgenommen. Ihre Alkalisalze sind in Wasser ziemlich schwer löslich.

Die Kuppelung des Carbomethoxy-feruloylchlorids mit der p-Oxybenzoesäure kann auch dadurch erreicht werden, daß man äquimolekulare Mengen, gelöst in wenig Acetylentetrachlorid, etwa 5 Stunden im Ölbad auf 110° erhitzt, wobei eine langsame Salzsäureentwicklung stattfindet. Gegen Ende der Operation scheidet sich das Kuppelungsprodukt zum großen Teile aus. Es wird nach dem Erkalten abgesaugt, mit kaltem Aceton gewaschen und aus heißem Aceton umgelöst. Die Ausbeute beträgt etwa 45% der Theorie, so daß das Verfahren gegenüber der zuerst gegebenen besseren Vorschrift praktisch keine Bedeutung hat. Wir glauben es aber doch hier erwähnen zu müssen, weil es vielleicht in anderen ähnlichen Fällen Vorteile bieten kann.

Feruloyl-p-oxybenzoesäure,
$HO.C_6H_3.(OCH_3).CH:CH.CO.O.C_6H_4.COOH.$

Die Verseifung der Carbomethoxyverbindung mit Ammoniak wird erschwert durch die geringe Löslichkeit des Ammoniaksalzes in kaltem Wasser. Es ist deshalb zweckmäßig, noch Pyridin als Lösungsmittel zuzugeben. Dementsprechend werden 1,25 g Carbomethoxy-feruloyl-p-oxybenzoesäure mit 10 ccm n-Ammoniak (3 Mol.) und 2 ccm Pyridin (als Lösungsmittel) übergossen, wobei eine braun gefärbte Lösung entsteht. Man läßt diese 4 Stunden bei Zimmertemperatur stehen und versetzt dann mit überschüssiger verdünnter Salzsäure, wobei ein dicker Niederschlag entsteht. Ausbeute über 90% der Theorie.

Zur Reinigung löst man in etwa 20 Teilen siedendem Aceton und versetzt mit 60° warmem Wasser bis zur beginnenden Trübung. Beim Erkalten krystallisiert das reine Depsid in perlmutterglänzenden, schön ausgebildeten Blättchen in einer Ausbeute von etwa 80% der Theorie.

0,1626 g Sbst. (bei 100° und 15 mm getrocknet): 0,3873 g CO_2, 0,0669 g H_2O.

$C_{17}H_{14}O_6$ (314,11).   Ber. C 64,95, H 4,49.

Gef. ,, 64,96, ,, 4,61.

Das Depsid schmilzt nach vorherigem Erweichen bei 233° (korr.) zu einer klaren, schwach bräunlichen Flüssigkeit. Es ist in Aceton, Alkohol und Essigester leichter löslich als die Carbomethoxyverbindung, wird aber wie diese von den übrigen organischen Solvenzien nur schwer aufgenommen. In Wasser ist es unlöslich. Seine alkoholische Lösung zeigt mit Eisenchlorid schwache Grünfärbung.

Carbomethoxy-diferulasäure,

$$CH_3O_2CO.C_6H_3.(OCH_3).CH:CH.COO.C_6H_3.(OCH_3).CH:CH.COOH.$$

Für ihre Darstellung hat sich nur folgendes Verfahren bewährt: 2,71 g Carbomethoxy-feruloylchlorid werden in 60 ccm getrocknetem Aceton gelöst und in mehreren Portionen zu einer mit Eis gekühlten Lösung von 1,94 g Ferulasäure (1 Mol.) in 20 ccm n-Natronlauge (2 Mol.) unter fortwährendem Schütteln gegeben. Die dabei auftretende Gelbfärbung verschwindet, sobald alle Natronlauge verbraucht ist. Nach Eintritt dieses Farbenumschlages übersättigt man die milchig getrübte Flüssigkeit mit verdünnter Salzsäure. Der entstehende, sehr feine Niederschlag wird abgenutscht und mit Wasser ausgewaschen. Zur Reinigung löst man ihn in heißem Aceton und versetzt mit Wasser von 60° bis zur beginnenden Trübung. Beim Erkalten krystallisiert die Carbomethoxy-feruloyl-ferulasäure in lanzettförmigen oder viereckigen, farblosen Tafeln. Ausbeute etwa 75% der Theorie.

0,1622 g Sbst. (bei 100° und 15 mm getrocknet): 0,3663 g CO_2, 0,0713 g H_2O.

$C_{22}H_{20}O_9$ (428,16).   Ber. C 61,66, H 4,71.

Gef. ,, 61,59, ,, 4,92.

Die Säure schmilzt beim raschen Erhitzen im Capillarrohr gegen 230° (korr.) unter Zersetzung und schwacher Gelbfärbung. Sie ist in organischen Solvenzien durchweg schwer löslich. Am leichtesten wird sie von heißem Essigester und Aceton aufgenommen, von letzterem braucht sie etwa 60—65 Teile. Von Natriumcarbonat wird sie mit gelber Farbe gelöst.

Diferulasäure,

HO.C_6H_3.(OCH_3).CH:CH.CO.O.C_6H_3.(OCH_3).CH:CH.COOH.

2,14 g Carbomethoxy-feruloyl-ferulasäure werden in 15 ccm n-Ammoniak (3 Mol.) und 5 ccm Pyridin (als Lösungsmittel) gelöst und 4 Stunden bei Zimmertemperatur aufbewahrt. Beim Ansäuern bildet sich ein dicker, schleimiger Niederschlag aus, dessen Filtration ziemlich zeitraubend ist. Nach dem Auswaschen und Trocknen löst man ihn heiß in einem Gemisch von 60 g Aceton und 5 g Wasser, kocht mit Tierkohle und versetzt mit 60° heißem Wasser, bis das Depsid in glänzenden Plättchen krystallisiert. Wenn nötig, wird diese Operation wiederholt. Aus 1,68 g Rohprodukt ließ sich so 1,1 g reines Depsid (60% der Theorie) gewinnen. Für die Analyse wurde bei 100° und 15 mm Druck getrocknet.

0,1597 g Sbst.: 0,3794 g CO_2, 0,0703 g H_2O.

$C_{20}H_{18}O_7$ (370,14).   Ber. C 64,84, H 4,90.

Gef. ,, 64,80, ,, 4,93.

Das Depsid schmilzt nach vorherigem Sintern bei 241—242° (korr.) unter schwacher Gasentwicklung. Es ist in den gebräuchlichen Solvenzien schwer löslich; am leichtesten wird es von schwach verdünntem Aceton, heißem Alkohol und Essigester aufgenommen. Aus letzterem krystallisiert es auf Zusatz von Ligroin in schön ausgebildeten, glänzenden Plättchen. Von kochendem Wasser wird es nur in geringer Menge gelöst und fällt daraus mikrokrystallinisch wieder aus. Ein Zerfall in Ferulasäure läßt sich dabei nicht beobachten. Die Diferulasäure löst sich in Natriumcarbonat mit gelber Farbe, welche auch beim Erhitzen bleibt, während ihre Lösung in Alkali schon beim Stehen in der Kälte, schnell aber beim Erhitzen ihre intensive Gelbfärbung gegen das blasse Hellgelb der Lösung des ferulasauren Salzes vertauscht. Die alkoholische Lösung des Didepsids zeigt mit Ferrichlorid schwache Grünfärbung.

Carbomethoxy-di-o-cumarsäure,

CH_3O_2CO.C_6H_4.CH:CH.CO.O.C_6H_4.CH:CH.COOH.

2,41 g o-Carbomethoxy-cumaroylchlorid[1]) werden in 50 ccm Aceton gelöst und unter Schütteln in mehreren Portionen zu einer mit Eis gekühlten Lösung von 1,64 g o-Cumarsäure (1 Mol.) in 20 ccm n-Natronlauge (2 Mol.) gegeben. Die Beendigung der Reaktion ist an dem deutlichen Farbenumschlag vom Hellgelben ins Farblose zu erkennen. Beim Ansäuern fällt das Kuppelungsprodukt als Öl, das bald zu Nadeln

---

[1]) E. Fischer, Berichte d. d. chem. Gesellsch. **42**, 227 [1909]. (*S. 92.*)

erstarrt. Ausbeute etwa 80% der Theorie. Zur Reinigung wird in Aceton gelöst und durch Wasser gefällt. Die farblosen glänzenden Nadeln wurden für die Analyse bei 100° und 15 mm getrocknet.

0,1578 g Sbst.: 0,3777 g CO_2, 0,0628 g H_2O.

$C_{20}H_{16}O_7$ (368,12).　Ber. C 65,19, H 4,38.
Gef. ,, 65,28, ,, 4,45.

Die Säure schmilzt nach vorherigem Erweichen bei 170° (korr.). Sie ist leicht löslich in Aceton. Alkohol, Essigester, Chloroform und Äther sowie in warmem Benzol; dagegen fast unlöslich in Ligroin und Petroläther. Ihre Lösung in Soda ist gelb gefärbt, während die der Carbomethoxy-*o*-cumarsäure farblos ist.

Di-*o*-cumarsäure,

$HO.C_6H_4.CH\!:\!CH.CO.O.C_6H_4.CH\!:\!CH.COOH$.

2 g Carbomethoxyverbindung werden mit **33** ccm $^n/_2$-Ammoniak (3 Mol.) übergossen, wobei eine stark gelbe Lösung entsteht. Man läßt sie bei Zimmertemperatur 4 Stunden stehen und säuert dann an. Der zuerst zähe Niederschlag wird bald krystallinisch. Zur Reinigung löst man das schwach bräunlich gefärbte Produkt in 15 Teilen heißem Essigester und versetzt mit warmem Ligroin, bis sich ein bräunliches Öl abscheidet. Dann wird mit Tierkohle aufgekocht und filtriert. Beim Erkalten krystallisiert das reine Depsid in glänzenden, weißen Plättchen. Infolge der erheblichen Verluste beim Reinigen betrug die Ausbeute an reinem Produkt nur 30% der Theorie.

0,1605 g Sbst.: 0,4095 g CO_2, 0,0676 g H_2O.

$C_{18}H_{14}O_5$ (310,11).　Ber. C 69,65, H 4,55.
Gef. ,, 69,58, ,, 4,71.

Die Di-*o*-cumarsäure schmilzt beim raschen Erhitzen nach vorherigem Sintern gegen 188° (korr.) unter Blasenentwicklung und schwacher Gelbfärbung. Ihr Schmelzpunkt liegt also tiefer als der der *o*-Cumarsäure selbst. Auch ist sie in den gebräuchlichen organischen Solvenzien durchweg leichter löslich als diese. Sie ist leicht löslich in Aceton, Alkohol und Essigester und in warmem Äther, sehr schwer in Chloroform und Benzol, fast unlöslich in Ligroin und Petroläther. In kochendem Wasser löst sie sich merklich und fällt daraus beim Erkalten in sternförmig verwachsenen Nadeln. Mit Eisenchlorid zeigt ihre alkoholische Lösung nur sehr schwache Grünfärbung.

Die gelbe Färbung ihrer Lösung in Soda bleibt auch beim Erhitzen bestehen, während ihre alkalische Lösung bald die gelbgrün fluorescierende Färbung des *o*-cumarsauren Salzes annimmt.

Monocarbomethoxy-orsellinsäure,

$CH_3O_2CO(5) . C_6H_2 . (OH)(3) . (CH_3)(1) . COOH(2)$.

Zu einer stark gekühlten Lösung von 10 g Orsellinsäure in 119 ccm n-Natronlauge (2 Mol.) gibt man 6,2 g chlorkohlensaures Methyl (1,1 Mol.) in mehreren Portionen und schüttelt kräftig, bis der Geruch des Chlorids verschwunden ist. Scheidet sich hierbei in geringer Menge ein braunes Öl ab, so wird filtriert. Beim Ansäuern des Filtrats mit Salzsäure fällt die Carbomethoxyverbindung als gelblich gefärbter Niederschlag, der abgesaugt und mit Wasser gewaschen wird. Die Ausbeute beträgt etwa 75% der Theorie. Zur Reinigung wird wiederholt aus einer warmen Mischung von Wasser und Aceton unter Zugabe von wenig Tierkohle umkrystallisiert, wobei mikroskopische, vielfach spieß- oder plattenartig gebildete Krystalle entstehen.

0,1555 g Sbst. (bei 78° und 15 mm getrocknet): 0,3021 g CO_2, 0,0627 g H_2O.

$C_{10}H_{10}O_6$ (226,08).   Ber. C 53,08, H 4,46.

Gef. ,, 52,99, ,, 4,51.

Die Säure schmilzt nach vorherigem Sintern bei 153—154° (korr.) zu einer farblosen Flüssigkeit. Ihre alkoholische Lösung zeigt ähnlich der Salicylsäure mit Eisenchlorid eine tief rotviolette Färbung. Sie löst sich leicht in Alkohol, Aceton, Essigester, Äther und Chloroform, ziemlich leicht in warmem Benzol, äußerst schwer in Ligroin.

Monocarbomethoxy-orsellinsäure-methylester,

$CH_3O_2CO . C_6H_2 . (OH)(CH_3) . COOCH_3$.

Er entsteht sehr leicht durch partielle Carbomethoxylierung des längst bekannten Orsellinsäuremethylesters. Man löst letzteren in der für 1 Mol. berechneten Menge n-Natronlauge, kühlt auf 0°, fügt 1,1 Mol. chlorkohlensaures Methyl zu und schüttelt kräftig. Dabei entsteht sehr rasch ein Niederschlag, der nach einigem Stehen abfiltriert, mit Wasser gewaschen und aus warmem, verdünntem Aceton umkrystallisiert wird.

0,1525 g Sbst. (im Vakuum über P_2O_5 getrocknet): 0,3060 g CO_2, 0,0660 g H_2O.

$C_{11}H_{12}O_6$ (240,10).   Ber. C 54,98, H 5,04.

Gef. ,, 54,72, ,, 4,84.

Der Ester schmilzt bei 80—81° (korr.) nach vorhergehendem Erweichen. Er krystallisiert in langen, farblosen Nadeln. In den üblichen organischen Solvenzien, sogar in warmem Ligroin ist er leicht löslich. Auch von heißem Wasser wird er in nicht unbeträchtlicher Menge aufgenommen. Seine alkoholische Lösung gibt mit Eisenchlorid Rotviolettfärbung. Wir glauben deshalb, daß er das Derivat der zuvor beschriebenen Carbomethoxy-orsellinsäure ist, bemerken aber, daß der direkte experimentelle Beweis dafür noch fehlt.

Dicarbomethoxy-orsellinsäure,

$(CH_3O_2CO)_2 \cdot C_6H_2 \cdot CH_3 \cdot COOH$.

Wir haben sie zuerst aus der vorerwähnten Monocarbomethoxy-verbindung durch Behandeln mit chlorkohlensaurem Methyl und Dimethylanilin genau in derselben Weise dargestellt, wie die Dicarbo-methoxyverbindung der Gentisinsäure[1]). Die Ausbeute an Rohprodukt betrug 75% der Theorie. Zur Reinigung wurde in der etwa sieben-fachen Menge heißem Essigester gelöst und mit warmem Ligroin bis zur beginnenden Trübung versetzt. Beim Erkalten schieden sich .farblose Nadeln ab, die vielfach zu Büscheln verwachsen waren und deren alkoholische Lösung mit Eisenchlorid keine Violettfärbung mehr zeigte.

0,1505 g Sbst. (bei 78° und 15 mm über P_2O_5 getrocknet): 0,2786 g CO_2, 0,0576 g H_2O.

$C_{12}H_{12}O_8$ (284,10).   Ber. C 50,69, H 4,26.

Gef. ,, 50,49, ,, 4,28.

Die Säure schmilzt nicht ganz konstant gegen 133° (korr.) unter Zersetzung. Sie löst sich leicht in Alkohol, Äther, Aceton, schwerer in Benzol und äußerst schwer in Ligroin.

Die Säure entsteht auch aus der Monocarbomethoxy-orsellinsäure sowie aus der Orsellinsäure selbst durch Carbomethoxylierung in wässerig-alkalischer Lösung, und dieses Verfahren ist für die Darstellung sogar bequemer.

Man löst also Orsellinsäure in der für 2 Mol. berechneten Menge n-Natronlauge, kühlt auf 0° und fügt allmählich unter starkem Schüt-teln 1,1 Mol. chlorkohlensaures Methyl zu. Wenn der Geruch des Chlorids verschwunden ist, versetzt man abermals mit 1 Mol. n-Natron-lauge und fügt wieder unter kräftigem Schütteln und guter Kühlung 1,1 Mol. chlorkohlensaures Methyl hinzu. Schließlich wird das aus-geschiedene braune Öl entfernt, das Filtrat mit Salzsäure gefällt und der Niederschlag aus Essigester unter Zusatz von Ligroin wie oben um-krystallisiert. Die Ausbeute an ganz reinem Produkt betrug etwa 45% der Theorie, dürfte aber bei Anwendung von ganz reiner Orsellinsäure noch größer werden.

Alle Versuche, aus der Säure das entsprechende Chlorid rein dar-zustellen, haben bisher nicht zum Ziel geführt. Phosphorpentachlorid,

---

[1]) E. Fischer, Berichte d. d. chem. Gesellsch. **42**, 223 [1909]. (*S. 88.*)

mit oder ohne Zusatz von Phosphoroxychlorid, wirkt zwar auf die Säure, besonders bei gelindem Erwärmen, lebhaft ein, indem Salzsäure entweicht. Es ist aber nicht gelungen, aus dem öligen Reaktionsprodukt ein von Phosphorverbindungen freies Säurechlorid zu isolieren.

Methylierung der Orsellinsäure mit Diazomethan.

Wie schon erwähnt, haben J. Herzig und F. Wenzel diese Reaktion nach Versuchen von P. Kurzweil beschrieben. Isoliert wurden die Methylester der Orsellinsäure, der Mono- und der Dimethylätherorsellinsäure sowie die beiden Methyläthersäuren selber. Wir haben uns nur mit der Monomethyläther-orsellinsäure und ihren Estern beschäftigt. Zunächst haben wir den Versuch von Herzig und Wenzel wiederholt, den Orsellinsäure-methylester in die Monomethylätherverbindung zu verwandeln, und können ihre Beobachtungen durchaus bestätigen. Nur den Schmelzpunkt fanden wir nach wiederholtem Umkrystallisieren einiger Grade höher, und zwar bei 68° (korr.).

Zur Verseifung des Esters haben jene Autoren mit 4 Mol. alkoholischem Kali auf dem Wasserbade erhitzt. Nach unseren Erfahrungen ist es besser, bei niedrigerer Temperatur mit konzentrierter Schwefelsäure zu verseifen. Zu dem Zweck löst man den Ester in etwa der dreifachen Menge konzentrierter Schwefelsäure und läßt 5 Stunden bei 25° oder 1 Stunde bei 45° stehen. Dann wird die hellbraune Lösung auf Eis gegossen und der farblose Niederschlag ausgeäthert. Nach dem Verdampfen des Äthers löst man in Essigester, versetzt in der Wärme bis zur beginnenden Trübung mit Ligroin, erhitzt kurze Zeit mit wenig Tierkohle und erhält aus der heiß filtrierten Lösung durch Abkühlen ganz farblose, glänzende, lange Nadeln in einer Ausbeute von etwa 45%. der Theorie. Noch etwas schöner wird das Präparat, wenn man die ätherische Lösung mit Ligroin versetzt und verdunsten läßt.

0,1313 g Sbst. (im Vakuum über P_2O_5 getrocknet): 0,2845 g CO_2, 0,0641 g H_2O.

$C_9H_{10}O_4$ (182,08).   Ber. C 59,31, H 5,54.
Gef. ,, 59,10, ,, 5,46.

Die Säure schmilzt bei raschem Erhitzen (etwa $1/_2$° pro Sekunde) gegen 170° unter starker Gasentwicklung. Sie löst sich leicht in Alkohol, Aceton, Essigäther, dann sukzessiv schwerer in Äther, Benzol und Ligroin. Aus heißem Wasser krystallisiert sie beim Erkalten in feinen Nädelchen. Die alkoholische Lösung gibt mit wenig Eisenchlorid eine sehr starke Rotviolettfärbung.

Äthylester der α-Methyläther-orsellinsäure,
$C_6H_2.(OH).(OCH_3).CH_3.COOC_2H_5$.

Als Ausgangsmaterial diente Orsellinsäureäthylester, der in der üblichen Weise aus Lecanorsäure durch Kochen mit Äthylalkohol hergestellt war. 2,5 g des Esters wurden mit einer eiskalten ätherischen Lösung von Diazomethan, das aus 3,5 ccm Nitrosomethylurethan bereitet war, übergossen, wobei alsbald Lösung und Stickstoffentwicklung eintrat. Als diese nach $1\frac{1}{2}$—2 Stunden bei Zimmertemperatur sehr schwach geworden war, wurde von einem ganz geringen Niederschlag abfiltriert und die Lösung unter niedrigem Druck zur Trockne verdunstet. Den krystallinischen Rückstand lösten wir in Alkohol, versetzten in der Wärme mit heißem Wasser, entfernten das zunächst ausfallende Öl durch Filtration und erhielten beim Erkalten den neuen Ester in farblosen, kleinen Prismen. Die Ausbeute an analysenreiner Substanz betrug etwa 60% der Theorie.

0,1573 g Sbst. (im Vakuum über P_2O_5 getrocknet): 0,3621 g CO_2, 0,0959 g H_2O.

$C_{11}H_{14}O_4$ (210,11).   Ber. C 62,82, H 6,72.
Gef. ,, 62,78, ,, 6,82.

Der Ester fing im Capillarrohr bei 72° an zu schmelzen und war bis 75° völlig in eine farblose Flüssigkeit verwandelt. Er löst sich leicht in Alkohol, Äther, Aceton, Benzol und verhältnismäßig reichlich sogar in warmem Petroläther. Er gibt ebenso wie der entsprechende Methylester in alkoholischer Lösung mit wenig Eisenchlorid eine starke Rotviolettfärbung.

Vergleich der α-Methyläther-orsellinsäure mit der Everninsäure.

Wir verdanken der Güte des Herrn O. Hesse eine Probe reiner Everninsäure, die aus Evernsäure dargestellt ist. Dieses Präparat haben wir, soweit seine kleine Menge es gestattete, mit der von uns dargestellten α-Methylätherorsellinsäure verglichen und keinen Unterschied bemerken können. Das makroskopische und mikroskopische Aussehen der Krystalle war gleich. In der Färbung durch Eisenchlorid in alkoholischer Lösung war keine Verschiedenheit wahrnehmbar. Auch im Schmelz- bzw. Zersetzungspunkt zeigte sich völlige Übereinstimmung. Im Capillarrohr gleichzeitig erhitzt in einem Schwefelsäurebad mit einer Temperatursteigerung von ungefähr $\frac{1}{2}$° in der Sekunde schmolzen beide Präparate übereinstimmend gegen 170° unter lebhafter Gasentwicklung. O. Hesse hat für den Schmelzpunkt der

Everninsäure 158° beobachtet; aber wir glauben, daß er viel langsamer erhitzte, und daß die allmählich eintretende Zersetzung der Säure den Schmelzpunkt der übrigen Masse erniedrigt hat. Herzig und Wenzel gaben den Schmelzpunkt der α-Monomethyläther-orsellinsäure noch niedriger, bei 145—146° an. Wir vermuten, daß das von ihnen beschriebene Präparat, welches sie wahrscheinlich nur in geringer Menge besessen haben, nicht genügend gereinigt war.

Zu obigen Beobachtungen kommt nun noch die ziemlich gute Übereinstimmung bei den Äthylestern. Für das Derivat der Everninsäure gibt Hesse den Schmelzpunkt bei 72° an, während wir für das Produkt aus Orsellinsäure 72—75° fanden. Die nachfolgende Tabelle enthält diese Beobachtungen in übersichtlicher Form:

	Everninsäure	α-Methylätherorsellinsäure
Schmelzpunkt	gegen 170° (158° Hesse)	170°
FeCl$_3$ in alkohol. Lösung	rotviolett	rotviolett
Krystallform	glänzende Nadeln	glänzende Nadeln
Äthylester { Schmelzp. FeCl$_3$	72° (Hesse) purpurrotviolett	72—75° purpurrotviolett

Wir halten es demnach für sehr wahrscheinlich, daß Everninsäure und α-Monomethyläther-orsellinsäure identisch sind.

Eine weitere Bestätigung dieser Ansicht erblicken wir in der völligen Verschiedenheit der zweiten Monomethyläther-orsellinsäure.

Methylester der Carbomethoxy-β-methyläther-orsellinsäure, $CH_3O_2CO(5).C_6H_2.(OCH_3)(3)(CH_3)(1).COOCH_3(2)$.

Man übergießt 5 g der zuvor beschriebenen, sorgfältig gereinigten Monocarbomethoxy-orsellinsäure mit einer eiskalten ätherischen Lösung von Diazomethan, das aus 15 ccm Nitrosomethylurethan gewonnen ist. Unter lebhafter Reaktion erfolgt baldige Lösung. Man läßt bei Zimmertemperatur 24 Stunden unter Ausschluß der atmosphärischen Feuchtigkeit stehen. Die Stickstoffentwicklung ist dann äußerst schwach geworden. Die noch schwach gelbe Lösung wird von einem geringen amorphen Niederschlag abfiltriert und unter geringem Druck bei gewöhnlicher Temperatur verdampft. Den meist öligen Rückstand verreibt man mit Petroläther, wobei er bald erstarrt. Er wird abfiltriert, stark abgepreßt und aus ziemlich viel heißem Ligroin umkrystallisiert. Ausbeute etwa 4,5 g oder 80% der Theorie. Für die Analyse waren die mit Petroläther gewaschenen Krystalle im Vakuumexsiccator über Paraffin und Phosphorpentoxyd getrocknet.

0,1815 g Sbst.: 0,3779 g CO_2, 0,0905 g H_2O.

$C_{12}H_{14}O_6$ (254,11). Ber. C 56,67, H 5,55.
Gef. ,, 56,78, ,, 5,58.

Der Ester schmilzt bei 86° (korr.) zu einer farblosen Flüssigkeit. Er ist in den üblichen organischen Lösungsmitteln, mit Ausnahme von Petroläther und Ligroin, leicht löslich. Aus warmem Ligroin krystallisiert er in glänzenden, mikroskopisch schön ausgebildeten Säulen. Seine alkoholische Lösung gibt mit Eisenchlorid keine bemerkenswerte Färbung.

Der Ester läßt sich durch konzentrierte Schwefelsäure verseifen, ohne daß die Carbomethoxygruppe angegriffen wird, wie es für ähnliche Fälle schon früher beschrieben wurde [1]). Dabei entsteht die

Carbomethoxy-β-methyläther-orsellinsäure,

$CH_3O_2CO.C_6H_2.(CH_3)(OCH_3).COOH$.

Man löst den Ester in der 4—5fachen Gewichtsmenge konzentrierter Schwefelsäure, läßt 5 Stunden bei 25° stehen und gießt die hell braunrote Flüssigkeit auf Eis. Der hierbei entstehende fast farblose Niederschlag, der in einer Lösung von Kaliumbicarbonat völlig löslich sein muß, wird abgesaugt, mit kaltem Wasser gewaschen und in warmem Essigester gelöst. Fügt man in der Wärme Ligroin bis zur Trübung zu, so scheidet sich die Säure beim Erkalten in sehr feinen Nädelchen aus, die für die Analyse im Vakuumexsiccator getrocknet wurden. Die Ausbeute an reiner Substanz betrug 67% der Theorie.

0,1524 g Sbst.: 0,3071 g CO_2, 0,0712 g H_2O.

$C_{11}H_{12}O_6$ (240,10). Ber. C 54,98, H 5,04.
Gef. ,, 54,96, ,, 5,23.

Die Säure schmilzt bei 145° (korr.) zu einer farblosen Flüssigkeit. Ihre alkoholische Lösung gibt mit Eisenchlorid keine bemerkenswerte Färbung. Sie löst sich leicht in den üblichen organischen Solvenzien mit Ausnahme von Petroläther und Ligroin.

β-Methyläther-orsellinsäure.

2 g der vorher beschriebenen Carbomethoxyverbindung werden in 33 ccm n-Natronlauge (4 Mol.) gelöst und 2 Stunden bei Zimmertemperatur aufbewahrt. Beim Ansäuern scheidet sich die β-Methylorsellin-

---

1) E. Fischer und O. Pfeffer, Liebigs Annal. d. Chem. **389**, 201 [1912]. (*S. 146.*)

säure als fast farbloser Niederschlag ab. Durch Auflösen in warmem Essigester, Zusatz von Ligroin und Abkühlung wird sie in farblosen, glänzenden Prismen erhalten. Ausbeute 88% der Theorie.

0,1501 g Sbst. (vakuumtrocken): 0,3269 g CO_2, 0,0725 g H_2O.

$C_9H_{10}O_4$ (182,08).   Ber. C 59,31, H 5,54.

Gef. ,, 59,40, ,, 5,41.

Beim raschen Erhitzen im Capillarrohr zersetzt sich die Säure gegen 175° unter starker Gasentwicklung. Sie löst sich in den meisten organischen Lösungsmitteln schwerer als die α-Verbindung. Von dieser unterscheidet sie sich ferner dadurch, daß ihre alkoholische Lösung mit Eisenchlorid nicht die charakteristische Rotviolettfärbung, sondern nur eine gelbrote Färbung ähnlich der p-Oxybenzoesäure gibt.

10. Emil Fischer und Hermann O. L. Fischer: Über die Carbomethoxyderivate der Phenolcarbonsäuren und ihre Verwendung für Synthesen. VIII. Derivate der Orsellinsäure und α-Resorcylsäure.

Berichte der deutschen chemischen Gesellschaft **46**, 1138 [1913].

(Eingegangen am 25. März 1913.)

Die Orsellinsäure läßt sich leicht vollständig carbomethoxylieren, aber der Versuch, aus der Dicarbomethoxyverbindung ein krystallisiertes Säurechlorid herzustellen, ist früher resultatlos geblieben[1]). Bei seiner Wiederholung ist es uns nun mit einiger Mühe gelungen, dieses Ziel zu erreichen, und dadurch wurde es auch möglich, Depside der Orsellinsäure zu gewinnen.

Wir haben das Chlorid zunächst mit p-Oxybenzoesäure gekuppelt und durch nachträgliche Verseifung das Didepsid erhalten, dessen Struktur durch die Synthese eindeutig bestimmt ist, und das wir Orsellinoyl-p-oxybenzoesäure nennen.

Bei der Kuppelung des Chlorids mit der Orsellinsäure selbst können zwei esterartige Produkte entstehen, je nachdem das *para*- oder das *ortho*-ständige Hydroxyl der Orsellinsäure in Reaktion tritt. Wir haben bisher nur einen Körper in reinem Zustande isoliert und auch diesen nur in einer Ausbeute von etwa 30% der Theorie. Wir halten ihn für die Paraesterverbindung von folgender Struktur:

$$\text{I.}\qquad \underset{\text{O}\,.\,CO_2CH_3}{\overset{\text{CO}\,-\!-\!-\!-\!-\!-\!-\!-\,\text{O}}{H_3C\cdot\hexagon\cdot O\,.\,CO_2CH_3}}\qquad \underset{\text{COOH}}{\overset{}{H_3C\cdot\hexagon\cdot OH,}}$$

denn er gibt in alkoholischer Lösung mit Eisenchlorid eine starke Rotviolettfärbung, ähnlich der Orsellinsäure selbst. Da aber bei letzterer die Färbung verschwindet, sobald das *o*-Hydroxyl methyliert ist[2]), so darf man wohl annehmen, daß auch die Veresterung dieses Hydroxyls bei der Kuppelung mit Dicarbomethoxy-orsellinsäure die gleiche aufhebende Wirkung haben würde.

---

[1]) E. Fischer und K. Hoesch, Liebigs Annal. d. Chem. **391**, 366 [1912]. (*S. 170.*)

[2]) E. Fischer und K. Hoesch, ebenda S. 372 [1912]. (*S. 174.*)

Durch gemäßigte Verseifung entsteht aus der Dicarbomethoxyverbindung das entsprechende Didepsid, eine Diorsellinsäure, die sich als identisch mit der natürlichen Lecanorsäure erwiesen hat. Damit ist die totale Synthese der letzteren verwirklicht, nachdem für die Orsellinsäure selbst das Gleiche durch die Versuche von K. Hoesch[1]) erreicht wurde. Die Lecanorsäure ist der bekannteste Vertreter der ziemlich zahlreichen Didepside, die von Schunck, Stenhouse, O. Hesse, Zopf u. a. aus verschiedenen Flechten isoliert wurden, und durch unser Resultat ist also auch diese Gruppe natürlicher Substanzen der Synthese zugänglich gemacht. Aus obiger Formel der Dicarbomethoxyverbindung folgt für die Lecanorsäure selbst die Struktur einer p-Diorsellinsäure, was O. Hesse schon vermutet hat, ohne aber den Beweis dafür liefern zu können.

Durch Abänderung der synthetischen Bedingungen darf man wohl hoffen, auch die mit der Lecanorsäure isomere o-Diorsellinsäure,

$$\text{II.}\qquad \text{HO} \cdot \text{C}_6\text{H}_2(\text{OH})(\text{CH}_3) \cdot \text{CO} - \text{O} \cdot \text{C}_6\text{H}_2(\text{OH})(\text{CH}_3) \cdot \text{COOH}$$

zu gewinnen, und diese wird sich vielleicht als identisch erweisen mit der ebenfalls in verschiedenen Flechten vorkommenden Gyrophorsäure, die nach O. Hesse[2]) auch als Diorsellinsäure aufzufassen ist.

Unsere Versuche sind zuerst mit natürlicher Orsellinsäure aus Flechten, später mit der synthetischen Dicarbomethoxy-orsellinsäure, die sich nach dem schönen Verfahren von K. Hoesch[3]) aus käuflichem Orcin leicht herstellen läßt, ausgeführt worden.

Die zweite Versuchsreihe bezieht sich auf die α-Resorcylsäure (3,5-Dioxybenzol-1-carbonsäure), von der uns die Badische Anilin- und Sodafabrik in Ludwigshafen eine größere Menge freundlichst zur Verfügung gestellt hat.

Die Bereitung des Dicarbomethoxy-α-resorcylsäurechlorids gelingt leicht, und seine Kupplung mit p-Oxybenzoesäure geht ziemlich glatt vonstatten. Größere Schwierigkeiten zeigten sich bei der Umwandlung der Dicarbomethoxyverbindung in das Didepsid.

Wir haben ferner das Chlorid noch mit Benzol und Aluminiumchlorid behandelt und durch nachträgliche Verseifung des Kondensationsprodukts das bisher unbekannte 3,5-Dioxybenzophenon hergestellt.

---

[1]) K. Hoesch, Berichte d. d. chem. Gesellsch. **46**, 886 [1913].
[2]) O. Hesse, Journ. f. prakt. Chem. [2] **58**, 475.
[3]) A. a. O.

Dicarbomethoxy-orsellinsäurechlorid,

$(CH_3.CO_2.O)_2C_6H_2(CH_3).COCl.$

30 g Dicarbomethoxy-orsellinsäure werden in 60 ccm sorgfältig getrocknetem Chloroform suspendiert und unter mäßiger Kühlung mit 27,5 g Phosphorpentachlorid ($1^1/_4$ Mol.) geschüttelt, bis keine Salzsäure mehr entweicht. Die klare Lösung wird von einer geringen Menge unverbrauchten Pentachlorids abgegossen und an der Wasserstrahlpumpe, zuletzt bei 40—50°, möglichst vollständig abdestilliert Das zurückbleibende, schwach gelb gefärbte, zähe Öl löst sich leicht in 25 ccm Tetrachlorkohlenstoff. Versetzt man bei Zimmertemperatur mit 35 ccm Petroläther bis zur beginnenden Trübung, so fällt das Chlorid im Laufe von einigen Stunden in schön ausgebildeten Krystallen aus, die für die Analyse im Vakuumexsiccator über Phosphorpentoxyd längere Zeit aufbewahrt wurden.

0,1565 g Sbst.: 0,2713 g CO_2, 0,0519 g H_2O. — 0,2034 g Sbst.: 0,0939 g AgCl.

$C_{12}H_{11}O_7Cl$ (302,55).   Ber. C 47,59, H 3,67, Cl 11,72.

Gef. ,, 47,28, ,, 3,71, ,, 11,42.

Das Chlorid schmilzt bei 53—54°. Es löst sich sehr leicht in Aceton, Chloroform, Äther und Tetrachlorkohlenstoff, ziemlich leicht in heißem Ligroin, woraus es in der Kälte erst ölig ausfällt, aber beim Impfen rasch krystallisiert. Die Ausbeute an reinem Produkt betrug 27 g oder 85% der Theorie.

Löst man das Chlorid in Alkohol unter gelinder Erwärmung, so findet bei genügender Konzentration eine lebhafte Reaktion statt, und beim Verdünnen mit Wasser fällt ein krystallinisches, in Natriumcarbonatlösung unlösliches Produkt, wahrscheinlich der Äthylester der Dicarbomethoxy-orsellinsäure, aus.

Dicarbomethoxy-orsellinoyl-p-oxybenzoesäure,

$(CH_3.CO_2.O)_2C_6H_2(CH_3).CO.O.C_6H_4.COOH.$

1,8 g trockne p-Oxybenzoesäure (1 Mol.) werden in 26,5 ccm n-Natronlauge (2 Mol.) und dem gleichen Volumen Aceton gelöst, auf — 15° abgekühlt und eine Lösung von 4 g Dicarbomethoxy-orsellinoylchlorid (1 Mol.) in 26 ccm trocknem Aceton unter kräftigem Schütteln in mehreren Portionen zugegeben. Man läßt das Gemisch bei Zimmertemperatur 20 Minuten stehen, bis es sich auf etwa 15° erwärmt hat, übersättigt mit Salzsäure, wobei ein starker Niederschlag entsteht, und verdünnt mit etwa 300 ccm Wasser. Der Niederschlag wird sofort abgesaugt und einmal aus 70 ccm heißem Alkohol umkrystallisiert, wodurch das Präparat analysenrein erhalten wird. Ausbeute 52% der Theorie.

Zur Analyse war bei 78° und 15 mm über Phosphorpentoxyd getrocknet, wobei ein nicht unbeträchtlicher Gewichtsverlust eintrat.

0,1586 g Sbst.: 0,3269 g CO_2, 0,0550 g H_2O.

$C_{19}H_{16}O_{10}$ (404,13).   Ber. C 56,42, H 3,99.
Gef. ,, 56,21, ,, 3,88.

Die Substanz sintert von etwa 190° ab und schmilzt bei 200—202° (korr. 203—205°) unter Gasentwicklung Sie ist in Wasser fast unlöslich und auch in kaltem Alkohol recht schwer löslich, wodurch sie sich von der Dicarbomethoxy-orsellinsäure scharf unterscheidet, ziemlich leicht wird sie von Aceton und heißem Essigester aufgenommen. Ihre alkoholisch-wässerige Lösung gibt mit Eisenchlorid keine charakteristische Färbung. Infolge der Schwerlöslichkeit ihrer Alkalisalze wird sie nur von verdünnter Bicarbonatlösung, am besten unter gelinder Erwärmung, aufgenommen.

Orsellinoyl-p-oxybenzoesäure,
$(OH)_2C_6H_2(CH_3).CO.O.C_6H_4.COOH$.

Die Abspaltung der Carbomethoxygruppen haben wir hier mit Ammoniak ausgeführt.

1,5 g Dicarbomethoxyverbindung wurden in 18,6 ccm n-Ammoniak (5 Mol.) gelöst und in einer Wasserstoffatmosphäre 3¹/₀ Stunden bei 20° aufbewahrt. Auf Zusatz von 18,6 ccm n-Salzsäure fiel ein voluminöser farbloser Niederschlag, der abgesaugt und zur Entfernung von etwa beigemengter Orsellinsäure mit viel heißem Wasser ausgelaugt wurde. Die Krystallisation des amorphen Produktes hat anfangs Schwierigkeiten gemacht, bis wir fanden, daß das Didepsid ein in kaltem Wasser schwer lösliches, leicht krystallisierendes Pyridinsalz liefert. Aus dem letzteren wiedergewonnenes Didepsid krystallisierte dann ebenfalls, und durch Impfen konnten wir nun aus dem Rohprodukt ohne den Umweg über das Pyridinsalz leicht ein krystallines Präparat herstellen. Zu dem Zwecke wurde das Rohprodukt in einem Gemisch von 1 Raumteil Aceton und 2 Raumteilen Wasser warm gelöst, geimpft und langsam abgekühlt, wobei mikroskopische farblose Nadeln ausfielen. Die Ausbeute an ganz reinem Präparat betrug 0,41 g oder etwa 40% der Theorie. Sie war aber noch immer besser, als bei der Abspaltung der Carbomethoxygruppen durch Alkali.

Das lufttrockne Präparat enthielt 1 Mol. Wasser, das auch bei 12 stündigem Stehen im Vakuumexsiccator nicht entwich. Es wurde durch Trocknen bei 100° und 15 mm über Phosphorpentoxyd bestimmt:

0,1966 g Sbst. verloren 0,0112 g.

Ber. H_2O 5,89.   Gef. H_2O 5,70.

12*

0,1854 g getrocknete Sbst.: 0,4244 g CO_2, 0,0712 g H_2O.

$C_{15}H_{12}O_6$ (288,1). Ber. C 62,48, H 4,20.

Gef. ,, 62,43, ,, 4,30.

Das Didepsid beginnt bei raschem Erhitzen gegen 180° zu sintern und schmilzt gegen 206° (korr. 209°) unter starker Gasentwicklung und geringer Dunkelfärbung, doch ist der Schmelzpunkt stark von der Art des Erhitzens abhängig. Es ist sehr schwer löslich in heißem Wasser (Unterschied von den Komponenten), leicht löslich in Aceton und Alkohol. Es löst sich leicht in Alkalien und auch in Alkalibicarbonat, besonders in gelinder Wärme. Die Lösung in verdünntem Alkohol gibt mit Eisenchlorid eine gelbrote, schwach ins Bräunliche spielende Farbe, ähnlich der Farbe der p-Oxybenzoesäure. (Unterschied von der Orsellinsäure und Lecanorsäure.)

Dicarbomethoxy-orsellinoyl-orsellinsäure (Formel I).

4,9 g wasserhaltige Orsellinsäure werden in 53 ccm n-Natronlauge (2 Mol.) und 50 ccm Aceton gelöst, auf — 15° abgekühlt und unter Umschütteln mit einer Lösung von 8 g Dicarbomethoxy-orsellinoychlorid (1 Mol.) in 50 ccm trocknem Aceton in mehreren Portionen versetzt. Man läßt dann die klare Mischung 20 Minuten bei Zimmertemperatur stehen, übersättigt mit verdünnter Salzsäure und verdünnt mit ca. 400 ccm Wasser. Das abgeschiedene, schwach gelbe Öl wird beim Durchkneten mit der Mutterlauge ziemlich bald fest (6,3 g). Es wird im Vakuumexsiccator getrocknet und aus möglichst wenig heißem Alkohol zweimal umkrystallisiert. Die Ausbeute an analysenreiner Substanz betrug durchschnittlich 3,5 g oder 30% der Theorie.

0,1614 g Sbst. (bei 78° und 15 mm über P_2O_5 getrocknet): 0,3254 g CO_2, 0,0606 g H_2O.

$C_{20}H_{18}O_{11}$ (434,14). Ber. C 55,28, H 4,18.

Gef. ,, 54,99, ,, 4,20.

Schmilzt gegen 183—185° (korr. 185—187°) unter Gasentwicklung. Löst sich leicht in heißem Alkohol und krystallisiert daraus beim Erkalten ziemlich rasch in feinen Nädelchen. In Aceton leicht löslich, dagegen in Wasser äußerst schwer. Löst sich in verdünntem Kaliumbicarbonat, besonders leicht bei gelindem Erwärmen.

Die alkoholisch-wässerige Lösung gibt mit Eisenchlorid eine sehr starke Rotviolettfärbung, ähnlich wie die Orsellinsäure.

Durch wiederholte Behandlung der Verbindung mit Chlorkohlensäuremethylester und Alkali in aceton-wässeriger Lösung entsteht ein krystallines Produkt, das keine Färbung mit Eisenchlorid mehr gibt. Aber es ist ein Gemisch von einer in Kaliumbicarbonat löslichen

Säure, wahrscheinlich Tricarbomethoxy-lecanorsäure, und einem unlöslichen Körper, deren Untersuchung noch nicht beendet ist.

Lecanorsäure (*p*-Diorsellinsäure).

Ihre Bereitung aus der synthetischen Dicarbomethoxyverbindung hat uns anfänglich Schwierigkeiten gemacht, weil die Abspaltung der Carbomethoxygruppen verhältnismäßig langsam erfolgt. Da aber glücklicherweise die Lecanorsäure selbst gegen Alkali beständiger ist, als die meisten anderen Didepside, so läßt sich zur Entfernung der Carbomethoxygruppen überschüssiges Alkali verwenden. Dem entspricht folgende Vorschrift:

3 g Dicarbomethoxy-diorsellinsäure werden in 55 ccm n-Natronlauge (8 Mol.) in einer Wasserstoffatmosphäre gelöst und 2 Stunden bei 20° aufbewahrt. Man fügt dann 55 ccm n-Salzsäure zu, wobei die Lecanorsäure sofort als farbloser, amorpher Niederschlag gefällt wird. Löst man ihn in wenig heißem Aceton und versetzt mit viel heißem Wasser, so krystallisieren feine, farblose, biegsame Nädelchen, die heiß filtriert und mit heißem Wasser gewaschen werden. Ausbeute 1,8 g oder 78% der Theorie. Die lufttrockne Substanz enthielt 1 Mol. Wasser.

0,2136 g Sbst. verloren bei 100° und 15 mm über P_2O_5 0,0113 g.

$C_{16}H_{14}O_7 + H_2O$.   Ber. H_2O 5,35.   Gef. H_2O 5,29.

0,1431 g trockene Sbst.: 0,3154 g CO_2, 0,0568 g H_2O.

$C_{16}H_{14}O_7$ (318,11).   Ber. C 60,36, H 4,44.
　　　　　　　　　　　　Gef. ,, 60,11, ,, 4,44.

Die Säure hat keinen konstanten Schmelzpunkt, weil sie sich unter Gasentwicklung zersetzt. Beim raschen Erhitzen im Capillarrohr begann sie gegen 170° zu sintern und schmolz vollständig bis 175° unter lebhafter Gasentwicklung. In Wasser ist sie selbst in der Hitze außerordentlich schwer löslich und unterscheidet sich dadurch von der sonst sehr ähnlichen Orsellinsäure.

Die verdünnte, alkoholisch-wässerige Lösung gibt mit wenig Eisenchlorid eine rotviolette, mit Chlorkalk eine blutrote Färbung, die aber durch überschüssigen Chlorkalk rasch zerstört wird. In Bicarbonat ist die Substanz leicht löslich.

Vergleich der synthetischen und der natürlichen Lecanorsäure.

Der Güte des Herrn O. Hesse verdanken wir mehrere Gramm natürlicher Lecanorsäure aus Flechten; wir waren deshalb in der glücklichen Lage, eine vergleichende Untersuchung mit unserem Präparat ausführen zu können.

Die Zusammensetzung der wasserhaltigen und der trocknen natürlichen Säure ist von O. Hesse[1]) festgestellt worden und entspricht ganz unseren Beobachtungen am künstlichen Produkt; dasselbe gilt für die Färbungen mit Eisenchlorid und mit Chlorkalk, für die Löslichkeit in Bicarbonat und die sehr geringe Löslichkeit in heißem Wasser. Den Schmelzpunkt hat Hesse für die trockne Säure bei 166° gefunden, und man kann diesen Punkt auch leicht bei langsamem Erhitzen wiederfinden. Aber, wie oben bemerkt, ist der Schmelzpunkt wegen der Zersetzung nicht konstant. Als wir beim gleichen Versuch natürliches und synthetisches Produkt, beide in sorgfältig getrocknetem Zustand, der Schmelzprobe unterwarfen, zeigte sich völlige Übereinstimmung.

Wir haben ferner die Löslichkeit in Äther für das natürliche Produkt bestimmt, weil darüber in der alten Literatur verschiedene Angaben gemacht sind.

Natürliche und synthetische Lecanorsäure wurden nebeneinander in getrocknetem, fein gepulvertem Zustande mit reinem, über Natrium destilliertem Äther 5 Stunden bei 25° konstant geschüttelt.

Die Löslichkeit betrug bei der natürlichen Lecanorsäure 1:26 und 1:31, bei der künstlichen 1:33 und 1:38. Die Bestimmungen sind mit sehr kleinen Mengen (0,2 g) ausgeführt; daher wohl die Abweichungen. Jedenfalls ist der Unterschied zwischen natürlichem und künstlichem Präparat auch hier so gering, daß man ihm keine Bedeutung beilegen kann. Unser Resultat kommt den Angaben von Hesse (1:24) am nächsten.

Wir erwähnen ferner, daß wir in bezug auf die Form der Krystalle und die Art des Krystallisierens keinerlei Unterschied beobachteten.

Endlich haben wir noch die Lecanorsäure durch Diazomethan völlig methyliert. Hierbei entsteht der

Methylester der Trimethyläther-lecanorsäure.

0,5 g natürlicher bzw. synthetischer Lecanorsäure wurden mit einer ätherischen Lösung von Diazomethan (aus 4,5 ccm Nitrosomethylurethan) übergossen und 14 Stunden unter öfterem Umschütteln bei Zimmertemperatur aufbewahrt. Unter Stickstoffentwicklung fand Lösung statt. Die Flüssigkeit wurde zum Schluß filtriert, der Äther verdunstet und der krystallinische Rückstand aus heißem Alkohol umkrystallisiert.

Zur Analyse wurde bei 100° und 15 mm über Phosphorpentoxyd getrocknet.

---

1) O. Hesse, Journ. f. prakt. Chem. [2] 57, 264.

I. Synthetisches Präparat: 0,1476 g Sbst.: 0,3464 g CO_2, 0,0801 g H_2O. —
II. Aus natürlichem Produkt: 0,1603 g Sbst.: 0,3757 g CO_2, 0,0861 g H_2O.

$C_{20}H_{22}O_7$ (374,18). Ber. C 64,14, H 5,93.
Gef. I. ,, 64,01, ,, 6,07.
,, II. ,, 63,92, ,, 6,01.

Das Präparat aus synthetischer Lecanorsäure schmolz konstant bei 146—147° (korr. 147—148°) zu einer farblosen Flüssigkeit, die beim Erkalten wieder krystallinisch erstarrte. Es war fast unlöslich in Wasser, schwer löslich in kaltem Alkohol, ziemlich leicht löslich in heißem Alkohol und kaltem Aceton. Es krystallisierte aus Alkohol in langen, dünnen, öfters büschelförmig angeordneten Prismen und gab in alkoholisch-wässeriger Lösung mit Eisenchlorid keine Färbung.

Das Präparat aus natürlicher Lecanorsäure zeigte die gleichen Eigenschaften. Nur im Schmelzpunkt war eine ganz kleine Differenz vorhanden. Es fing oberhalb 140° an schwach zu sintern und schmolz völlig bei 145—146° (korr. 146—147°).

Die Mischung gleicher Mengen beider Präparate fing bei 145° an zu schmelzen und war bei 146,5° ganz flüssig. Diese Beobachtungen dürften genügen, um die Identität zu beweisen.

Dicarbomethoxy-α-resorcylsäure, $(CH_3O_2C.O)_2C_6H_3.COOH$.

20 g α-Resorcylsäure wurden in 400 ccm n-Natronlauge (3 Mol.) gelöst, bis zum Gefrieren abgekühlt und nach Zusatz von 24,8 g chlorkohlensaurem Methyl (2 Mol.) 15 Minuten kräftig geschüttelt. Um die Reaktion ganz sicher zu Ende zu führen, haben wir die schwach rotgefärbte Lösung wieder stark abgekühlt, nochmals mit 66 ccm 2-n-Natronlauge (1 Mol.) und 12,4 g chlorkohlensaurem Methyl (1 Mol.) versetzt und abermals 15 Minuten geschüttelt. Nun wurde mit Wasser (etwa 3 l) verdünnt, mit Salzsäure angesäuert, der voluminöse Niederschlag abgesaugt, in heißem Aceton gelöst und diese Lösung mit warmem Wasser bis zur beginnenden Trübung versetzt. Beim Erkalten schied sich die Substanz als krystalline Masse ab, die man makroskopisch für Nadeln halten konnte, die aber mikroskopisch sehr unregelmäßig, öfters wie Pilzmycel aussahen. Nach mehrstündigem Stehen betrug ihre Menge 30,5 g oder 87% der Theorie. Das Präparat war sofort rein.

0,1571 g Sbst. (im Vakuumexsiccator getr.): 0,2815 g CO_2, 0,0530 g H_2O.
$C_{11}H_{10}O_8$ (270,08). Ber. C 48,87, H 3,73.
Gef. ,, 48,87, ,, 3,77.

Die Substanz schmilzt bei 161—164° (korr.) nach geringem Sintern und erstarrt beim Abkühlen wieder krystallinisch. Sie ist leicht löslich in warmem Alkohol, schwerer in kaltem und krystallisiert daraus in ziemlich derben, flächenreichen Krystallen von wenig charakteristischem

Aussehen. Sehr leicht löslich ist sie in warmem Aceton und krystallisiert aus der sehr konzentrierten Lösung in kleinen Tafeln oder auch flächenreicheren Formen. In Chloroform ist sie in der Wärme ziemlich leicht löslich, erheblich schwerer in Äther, woraus sie bei raschem Verdunsten in feinen Nadeln oder auch dickeren, flächenreicheren Formen krystallisiert. Äußerst schwer löslich ist die Säure in kaltem Wasser, in heißem löst sie sich verhältnismäßig leicht und krystallisiert daraus beim Erkalten sofort in langen, verbogenen Nadeln. In einer verdünnten kalten Lösung von Alkalibicarbonat löst sie sich beim Schütteln vollständig und ziemlich rasch.

Dicarbomethoxy-α-resorcylsäurechlorid,
$(CH_3O_2C.O)_2C_6H_3.COCl$.

30 g Dicarbomethoxy-α-resorcylsäure werden mit der gleichen Menge gepulverten Phosphorpentachlorids ($1^1/_4$ Mol.) in einem Fraktionierkolben durch Schütteln gemischt und auf dem Wasserbade erwärmt. Unter Salzsäureentwicklung verwandelt sich die Masse in ein gelbes Öl, das schon bei geringer Abkühlung erstarrt. Nachdem das Phosphoroxychlorid an der Wasserstrahlpumpe aus einem Bade von 50—60° größtenteils verjagt ist, wird der krystallinische Rückstand gepulvert, in 500 ccm heißem Ligroin (Siedepunkt 110—120°) gelöst und rasch filtriert. Beim Erkalten fällt der größte Teil des Chlorids in feinen farblosen Nadeln aus, die mit Petroläther gewaschen werden. Die Ausbeute an reinem Präparat beträgt 85—90% der Theorie.

Zur Chlorbestimmung wurde die im Vakuumexsiccator über Phosphorpentoxyd getrocknete Substanz mit überschüssiger alkoholisch-wässeriger Natronlauge, die aus Natrium frisch hergestellt war, auf dem Wasserbade zersetzt und das Chlor titrimetrisch bestimmt.

0,1831 g Sbst.: 6,2 ccm $^n/_{10}$-$AgNO_3$.

$C_{11}H_9O_7Cl$ (288,53).   Ber. Cl 12,29.   Gef. Cl 12,01.

Das Chlorid schmilzt nach ganz geringem Sintern bei 109—110° (korr.). Es löst sich in der etwa vierfachen Menge Acetons von 20°. In heißem Tetrachlorkohlenstoff ist es leicht löslich und fällt daraus beim Erkalten in schönen Nadeln. Beim Kochen mit Wasser schmilzt es und zersetzt sich damit relativ langsam. In kleinen Mengen kann es ohne starke Zersetzung destilliert werden.

Dicarbomethoxy-α-resorcyl-p-oxybenzoesäure,
$(CH_3O_2C.O)_2C_6H_3.CO.O.C_6H_4.COOH$.

Zu einer Lösung von 3 g p-Oxybenzoesäure (wasserfrei) in 21,6 ccm 2-n-Natronlauge (2 Mol.) und 9 ccm Aceton, die auf —10° abgekühlt ist,

fügt man eine Lösung von 6,3 g Dicarbomethoxy-α-resorcylchlorid in
45 ccm Aceton. Nach 5 Minuten wird mit viel Wasser verdünnt und mit
Salzsäure übersättigt. Dabei entsteht ein voluminöser Niederschlag,
der abgesaugt und aus etwa 50 ccm heißem Alkohol krystallisiert wird.
Ausbeute 7 g oder 82% der Theorie.

0,1317 g Sbst. (bei 98° und 15 mm Druck über Phosphorpentoxyd getr.):
0,2670 g CO_2, 0,0418 g H_2O.

$C_{18}H_{14}O_{10}$ (390,11).   Ber. C 55,37, H 3,62.
Gef. ,, 55,29, ,, 3,55.

Die Substanz schmilzt bei 161—163° (korr.), also bei derselben
Temperatur, wie die Dicarbomethoxy-α-resorcylsäure, von der sie sich
aber durch die geringere Löslichkeit in kaltem Alkohol unterscheidet.
Sie krystallisiert aus heißem Alkohol in feinen Nädelchen, die meist
kugelig angeordnet sind. In kaltem Aceton und warmem Chloroform
leicht löslich. In Äther recht schwer löslich und krystallisiert daraus
in feinen biegsamen Nadeln, die öfters kugelig verwachsen sind. In
heißem Wasser viel schwerer löslich als die Dicarbomethoxy-α-resorcyl-
säure; in Alkalibicarbonat leicht löslich.

Über die Verseifung zum freien Didepsid hoffen wir später berichten zu können.

3,5-Dioxybenzophenon, $(OH)_2C_6H_3 . CO . C_6H_5$.

10 g Dicarbomethoxy-α-resorcylsäurechlorid wurden in 50 ccm
warmem, trocknem, thiophenfreiem Benzol gelöst und nach dem Abkühlen 10 g gepulvertes, frisch sublimiertes Aluminiumchlorid zugegeben.
Das Gemisch erwärmte sich schwach. Zur Beschleunigung der Reaktion
wurde 1 Stunde auf 70—75° und weitere 45 Minuten auf 75—80° am
Rückflußkühler erwärmt. Dann war die Salzsäureentwicklung sehr
schwach geworden. Die abgekühlte Reaktionsmasse wurde nun auf Eis
gegossen und mit starker Salzsäure verrieben, um die Aluminiumver-
bindungen zu lösen. Es wurde ausgeäthert, die Äther-Benzollösung verdampft, das zurückbleibende hellgelbe Öl mit 7 g Ätznatron gelöst, in
125 ccm 96 proz. Alkohol 20 Minuten über freier Flamme gekocht, dann
mit Wasser versetzt, schwach angesäuert und im Vakuum stark eingeengt, wobei sich ein großer Teil des Dioxybenzophenons ausschied.
Ohne Rücksicht darauf wurde ausgeäthert, die Ätherlösung mit überschüssiger Natriumbicarbonatlösung durchgeschüttelt, der Äther verdampft und der Rückstand aus viel kochendem Wasser unter Zusatz
von etwas Tierkohle krystallisiert. Ausbeute 3 g oder 37% der Theorie.

Man erhält so feine, glänzende Blättchen, die 1 Mol. Wasser enthalten.

0,4579 g Sbst. (lufttrocken) verloren bei 100° und 15 mm über Phosphorpentoxyd 0,0353 g.

$$C_{13}H_{10}O_3 + H_2O. \quad \text{Ber. } H_2O \text{ 7,76.} \quad \text{Gef. } H_2O \text{ 7,71.}$$

0,1335 g trockne Sbst.: 0,3560 g CO_2, 0,0563 g H_2O.

$$C_{13}H_{10}O_3 \; (214{,}08). \quad \text{Ber. C 72,87, H 4,71.}$$
$$\text{Gef. ,, 72,73, ,, 4,72.}$$

Das trockne 3,5-Dioxybenzophenon schmilzt nach geringem Sintern bei 160—162° (korr.) und läßt sich in kleiner Menge ohne starke Zersetzung destillieren. In heißem Wasser ist es ziemlich leicht löslich, in kaltem recht schwer. Aus heißer starker Salzsäure krystallisiert es nicht in den wasserhaltigen Blättchen, sondern in wasserfreien kleinen Prismen. In kaltem Alkohol, Äther und Aceton ist es sehr leicht löslich, in Chloroform und Benzol selbst in der Hitze ziemlich schwer. Aus beiden krystallisiert es in Nädelchen. In Alkalien löst es sich sofort mit dunkelgelber Farbe. Leitet man in die alkalische Lösung Kohlendioxyd ein, so wird die Farbe erst hellgelb, und bald scheidet sich das Dioxybenzophenon in mikroskopischen, meist sechsseitigen Blättchen aus.

Tränkt man einen Fichtenspan mit der heißen, wässerigen Lösung des Dioxybenzophenons, so färbt er sich mit Salzsäure stark grün (malachitgrün), während Resorcin unter denselben Umständen eine blauviolette Farbe gibt.

Bei der oben geschilderten Synthese läßt sich ein chlorhaltiges Zwischenprodukt isolieren, wenn man das Gemisch von Dicarbomethoxy-α-resorcylsäurechlorid, Benzol und Aluminiumchlorid nicht auf 70—80° erhitzt, sondern 5 Stunden auf 40—45° hält, wobei keine Salzsäure entweicht. Wird die schwach braun gefärbte Masse mit Eiswasser unter Zugabe von konzentrierter Salzsäure zersetzt, mit Äther ausgeschüttelt, die Äther-Benzol-Lösung mit verdünnter Kaliumbicarbonatlösung rasch durchgeschüttelt und unter geringem Druck bei 30 bis 35° verdampft, so hinterbleibt ein schwach gelb gefärbtes Öl, das auf Zusatz von Ligroin langsam zu einer farblosen, krystallinen Masse erstarrt. Ihre Menge betrug 90% des angewandten Dicarbomethoxy-α-resorcylsäurechlorids.

Wir haben das Produkt nicht ganz rein unter Händen gehabt, der Chlorgehalt schwankte und betrug im Höchstfalle 9%. Wir haben uns aber überzeugt, daß es noch die Carbomethoxygruppen enthält und daß es durch Verseifung mit überschüssigem Alkali in aceton-wässeriger Lösung auch schon in der Kälte in 3,5-Dioxybenzophenon verwandelt wird.

Man kann vermuten, daß dieser Körper durch Addition von Dicarbomethoxy-α-resorcylsäure und Benzol entsteht, und vielleicht ist sein weiteres Studium geeignet, neue Gesichtspunkte für den Verlauf der Synthese zu gewinnen.

11. Emil Fischer und Max Rapaport: Über die Carbomethoxyderivate der Phenolcarbonsäuren und ihre Verwendung für Synthesen. IX.

Berichte der deutschen chemischen Gesellschaft **46**, 2389 [1913].

(Eingegangen am 9. Juli 1913.)

Derivate der Pyrogallolcarbonsäure[1]).

Während die Carbomethoxylierung der p-Oxybenzoesäure, Protocatechusäure und Gallussäure in wässerig-alkalischer Lösung leicht und vollständig vonstatten geht, zeigten sich bei der Salicylsäure und auch noch anderen o-Phenolcarbonsäuren Schwierigkeiten. Die Carbomethoxylierung findet hier bei Anwendung molekularer Mengen nur unvollständig statt. Vermehrt man die Quantität des Chlorkohlensäuremethylesters und des Alkalis durch Wiederholung der Operation, so steigt auch die Menge des in *ortho*-Stellung carbomethoxylierten Produktes, wie insbesondere die Beobachtung bei der β-Resorcylsäure[2]) gezeigt hat. In anderen Fällen läßt sich auf diese Art die Reaktion zu Ende führen. Besonders leicht gelang dies bei der Orsellinsäure[3]).

Ungefähr in der Mitte zwischen der β-Resorcylsäure und der Orsellinsäure steht nun die Pyrogallolcarbonsäure. Mit der berechneten Menge Chlorkohlensäure-methylester und Alkali erhält man ein Produkt, das noch starke permanganatähnliche Färbung mit Eisenchlorid zeigt.

Wenn dagegen die Operation mit einem Überschuß an Chlorid wiederholt wird, so entsteht in guter Ausbeute die Tricarbomethoxyverbindung. Diese läßt sich durch Phosphorpentachlorid ins Chlorid verwandeln, das aus Äther leicht krystallisiert. Wir haben es zu folgenden Synthesen benutzt.

1. Bei der Behandlung mit Benzol und Aluminiumchlorid entsteht ein Produkt, das bei der Verseifung 2,3 4-Trioxy-benzophenon liefert:

$$\text{OH} \quad \text{HO}$$
$$\text{OH} \diagdown\!\!\!\diagup \text{CO}.\text{C}_6\text{H}_5.$$

---

1) Der Akademie der Wissenschaften zu Berlin vorgelegt am 5. Juni 1913. Vgl. Sitzungsberichte 493.

2) E. Fischer und K. Freudenberg, Liebigs Annal. d. Chem. **384**, 234 [1911]. (*S. 136.*)

3) E. Fischer und K. Hoesch, ebenda **391**, 366 [1912]. (*S. 170.*)

Dieses ist identisch mit dem als Farbstoff bekannten Alizaringelb A, wodurch dessen Struktur endgültig festgelegt wird.

2. Durch Einwirkung des Chlorids auf p-Oxybenzoesäure in alkalischer Lösung und nachträgliche Abspaltung der Carbomethoxygruppen wurde das Didepsid,

$$OH \underset{\text{OH}}{\bigcirc} CO \cdot O \cdot \underset{\text{HO}}{\bigcirc} COOH ,$$

erhalten. Es ist isomer mit der früher beschriebenen Galloyl-p-oxybenzoesäure[1]). Wir nennen es Pyrogallolcarboyl-p-oxybenzoesäure[2]).

3. Traubenzucker nimmt beim Schütteln mit Chinolin und dem Chlorid in Chloroformlösung fünf ,,Tricarbomethoxy-pyrogallolcarboyl'' auf, und durch vorsichtige Verseifung dieses Produktes entsteht ein Gerbstoff der Tanninklasse, den wir für strukturisomer mit der Pentagalloylglucose[3]) halten.

Tricarbomethoxy-pyrogallolcarbonsäure,
$(CH_3 \cdot CO_2 \cdot O)_3 C_6 H_2 \cdot COOH .$

In einer Woulffschen Flasche, die mit einem Tropftrichter sowie mit Zu- und Ableitungsrohr versehen ist, werden 10 g käufliche Pyrogallolcarbonsäure mit 100 ccm Wasser übergossen, die Luft durch Wasserstoff verdrängt und durch einen Tropftrichter 57 ccm 2 n-Natronlauge (2 Mol.) zugefügt. Beim Umschütteln löst sich die Säure mit dunkelbrauner Farbe. Man kühlt nun mit Eis-Kochsalzgemisch unter dauerndem Durchleiten von Wasserstoff, fügt durch den Tropftrichter 5 ccm Chlorkohlensäuremethylester zu und schüttelt kräftig. Das Chlorid wird rasch verbraucht, und die dunkle Farbe der Lösung schlägt zum Schluß in Hellbraun um. Man fügt jetzt wieder 28,4 ccm 2 n-Natronlauge und 5 ccm Chlorkohlensäuremethylester zu und schüttelt abermals stark unter dauernder Kühlung. Die letzte Operation wird einmal mit 28,4 ccm 2 n-Natronlauge und 5 ccm chlorkohlensaurem Methyl, und dann noch zweimal mit je 14,2 ccm Lauge und $2^1/_2$ ccm Chlorkohlensäureester wiederholt. Schließlich gießt man in etwa 500 ccm kaltes Wasser und übersättigt sofort mit verdünnter Salzsäure.

---

[1]) E. Fischer, Berichte d. d. chem. Gesellsch. **41**, 2888 [1908]. (*S. 77.*)

[2]) Für die den ,,Carbonsäuren'' entsprechenden Acyle fehlt eine allgemeine Bezeichnung. Ich schlage vor, dafür das Wort ,,Carboyl'' zu wählen, das ebenso von Carbonsäure abgeleitet ist wie Benzoyl von Benzoesäure. Das Radikal der Pyrogallolcarbonsäure, $(HO)_3 C_6 H_2 \cdot CO$, erhält also den Namen ,,Pyrogallolcarboyl'', der im nachfolgenden öfters gebraucht wird.   E. Fischer.

[3]) E. Fischer und K. Freudenberg, Berichte d. d. chem. Gesellsch. **45**, 929 [1912]. (*S. 279.*)

Das hierbei ausfallende Öl erstarrt beim Umrühren und Reiben bald. Die wenig gefärbte Masse wird abgesaugt, nochmals mit kaltem Wasser verrieben, wieder abgesaugt und im Vakuumexsiccator getrocknet. Die Ausbeute beträgt ungefähr 17 g oder 87% der Theorie.

Zur Reinigung löst man das schwach braun gefärbte Pulver in etwa 125 ccm heißem, trocknem Benzol und kocht mit etwas Tierkohle. Die heiß filtrierte gelbe Lösung scheidet beim langsamen Erkalten farblose, meist warzenförmig vereinigte Kryställchen (schiefe Blättchen) ab, während beim raschen Abkühlen zuerst ölige Abscheidung stattfindet. Die Menge der abgeschiedenen Krystalle beträgt nach mehrstündigem Stehen etwa 14 g. Aus der Mutterlauge läßt sich durch Einengen eine zweite, viel kleinere Krystallisation gewinnen. Die Gesamtausbeute an farblosem Präparat betrug gewöhnlich 15,3 g oder 78,3% der Theorie. Die letzten Benzolmutterlaugen hinterlassen beim Verdampfen ein dunkelbraun gefärbtes Öl.

Zur Analyse wurde nochmals aus Benzol umkrystallisiert und unter 15 mm Druck bei 73° über Phosphorpentoxyd getrocknet, wobei die exsiccatortrockne Substanz nur wenig an Gewicht verlor.

0,1838 g Sbst.: 0,3068 g CO_2, 0,0594 g H_2O. — 0,1518 g Sbst.: 0,2518 g CO_2, 0,0489 g H_2O.

$C_{13}H_{12}O_{11}$ (344,1).   Ber. C 45,34,   H 3,52.
Gef. ,, 45,52, 45,24, ,, 3,62, 3,61.

Da die Dicarbomethoxyverbindung für den Wasserstoff denselben Wert hat und für den Kohlenstoff nur 0,8% mehr verlangt, so haben wir noch eine Bestimmung der Methylgruppen nach Zeisel ausgeführt, deren Resultat für die Formel der Tricarbomethoxyverbindung entscheidend ist.

0,3080 g Sbst.: 0,6320 g AgJ. — 0,2581 g Sbst.: 0,5362 g AgJ.

$C_{13}H_{12}O_{11}$ (344,1).   Ber. CH_3 13,10.   Gef. CH_3 13,13, 13,29.

Die Säure schmilzt beim raschen Erhitzen im Capillarrohr nicht ganz konstant bei 122—124° (korr.) unter Aufschäumen zu einer farblosen Flüssigkeit, und nach Beendigung der Gasentwicklung läßt sich der Rückstand größtenteils unzersetzt destillieren. Mit Wasser gekocht schmilzt die Säure, löst sich in erheblicher Menge, fällt in der Kälte wieder ölig aus und erstarrt allmählich krystallinisch. In Kaliumbicarbonat leicht löslich. Löst sich sehr leicht in Aceton, leicht in Alkohol und warmem Chloroform, schwerer in Äther.

Die alkoholische Lösung der frisch bereiteten Substanz gibt mit Eisenchlorid zunächst nur eine schwache rötliche Färbung. Beim Stehen der Lösung tritt allmählich starke Rotviolettfärbung ein, wie sie die Pyrogallolcarbonsäure und die niedriger carbomethoxylierten

Derivate in so hohem Maße zeigen. Wir glauben, daß die Erscheinung durch eine langsame Abspaltung von Carbomethoxygruppen ,und zwar vorzugsweise der *ortho*-ständigen Gruppe, hervorgerufen wird. Demnach sollte die absolut reine Säure mit Eisenchlorid gar keine Rotfärbung geben.

Chlorid der Tricarbomethoxy-pyrogallolcarbonsäure,

$(CH_3.CO_2.O)_3C_6H_2.COCl$.

30 g reine, aus Benzol krystallisierte und im Exsiccator getrocknete Tricarbomethoxy-pyrogallolcarbonsäure werden in einem Fraktionierkolben unter Abschluß der Luftfeuchtigkeit mit etwa 50 ccm scharf getrocknetem Chloroform übergossen, dann 27 g frisches Phosphorpentachlorid zugefügt und geschüttelt. Unter starker Entwicklung von Chlorwasserstoff gehen die Säure und der größte Teil des Phosphorpentachlorids bald in Lösung. Unter stark vermindertem Druck werden nun Chloroform und Phosphoroxychlorid zunächst bei gewöhnlicher Temperatur und dann bei 35—40° möglichst vollständig verdunstet, wobei ein goldgelbes, zähes Öl zurückbleibt. Dieses wird in trocknem Äther gelöst, von dem unverbrauchten Phosphorpentachlorid rasch abfiltriert und die ätherische Lösung unter vermindertem Druck ohne Erwärmung ziemlich stark eingeengt, wobei in der Regel schon Krystallisation eintritt. Zum Schluß kühlt man noch mit Eis-Kochsalz-Mischung und saugt nach mehreren Stunden die farblosen, lanzettförmigen Nadeln ab. Sie werden durch rasches Pressen zwischen gehärtetem Filtrierpapier von der Mutterlauge befreit und im Vakuumexsiccator über Phosphorpentoxyd und Natronkalk getrocknet. Die ätherische Mutterlauge gibt beim Einengen eine zweite, viel kleinere Krystallisation. Gesamtausbeute etwa 27 g oder 85% der Theorie. Für die Analyse diente die erste Krystallisation.

0,1614 g Sbst.: 0,2548 g CO_2, 0,0465 g H_2O. — 0,2003 g Sbst.: 0,0785 g AgCl.

$C_{13}H_{11}O_{10}Cl$ (362,55).   Ber. C 43,03, H 3,06, Cl 9,78.

Gef. ,, 43,06, ,, 3,22, ,, 9,70.

Das Chlorid begann im Capillarrohr bei 63° zu sintern und schmolz bei 67—68° (korr.). Es löste sich leicht in Aceton, Äther, Chloroform und Benzol, schwer in Petroläther.

Tricarbomethoxy-pyrogallolcarbonsäure-methylester,

$(CH_3.CO_2.O)_3C_6H_2.COOCH_3$.

Das zuvor erwähnte Chlorid löst sich ziemlich leicht in Methylalkohol und setzt sich damit, zumal in der Wärme, rasch um in Chlorwasserstoff und Methylester. Letzterer wird durch Wasser ölig gefällt und läßt sich ausäthern. Zur Reinigung wurde die ätherische Lösung mit wässeriger Kaliumbicarbonatlösung geschüttelt, um alle Säure zu entfernen. Beim Verdunsten des Äthers schied sich der Ester zuerst ölig aus, erstarrte aber bald zu einer farblosen, krystallinischen Masse. Ausbeute fast quantitativ. Aus der Lösung in wenig warmem Methyl-alkohol schied sich der Ester bei vorsichtigem Zusatz von Wasser, Abkühlen und Reiben in mikroskopischen, ziemlich dicken, manchmal an Doppelpyramiden erinnernden Krystallen aus, welche bei 82—84° (korr.) zu einer farblosen Flüssigkeit schmolzen.

0,1514 g Sbst. (im Vakuum getrocknet): 0,2593 g CO_2, 0,0516 g H_2O.

$C_{14}H_{14}O_{11}$ (358,11).   Ber. C 46,91, H 3,94.
Gef. ,, 46,71, ,, 3,81.

Der Ester löst sich leicht in kaltem Chloroform, Essigester und heißem Alkohol, schwerer in kaltem Alkohol, noch schwerer in kaltem Äther, außerordentlich schwer in Petroläther. Schmilzt auf kochendem Wasser und löst sich darin in merklicher Menge.

Leichter als nach obigem Verfahren wird er durch Carbomethoxy-lierung des Pyrogallolcarbonsäure-methylesters erhalten, wie folgender, von O. Pfeffer auf unsere Veranlassung ausgeführter Versuch zeigt:

5 g Pyrogallolcarbonsäure-methylester wurden in einer Woulff-schen Flasche im Wasserstoffstrom mit 81,5 ccm eiskalter n-Natronlauge (3 Mol.) gelöst und unter Kühlung mit Eis-Kochsalz-Mischung 6,8 ccm chlorkohlensaures Methyl unter starkem Umschütteln zugegeben. Dabei schied sich ein helles Öl ab. Zur Vervollständigung der Reaktion wurden nochmals 27 ccm eiskalte n-Natronlauge und 2,3 ccm chlorkohlensaures Methyl unter starkem Schütteln zugegeben und nach einstündigem Stehen der Masse im Wasserstoffstrom das abgeschiedene Öl ausgeäthert. Um etwa noch vorhandene saure Produkte zu entfernen, wurde die ätherische Lösung mit eiskalter $^1/_{10}$ n-Natronlauge kurz durchgeschüttelt, dann rasch abgehoben, filtriert und verdunstet. Der ölig zurückbleibende Ester erstarrte beim Reiben bald zu einer farblosen, krystallinischen Masse. Ausbeute ungefähr 75% der Theorie.

Für die Analyse wurde er, wie oben, aus Methylalkohol und Wasser umgelöst und im Vakuumexsiccator getrocknet.

0,2429 g Sbst.: 0,4193 g CO_2, 0,0888 g H_2O.

$C_{14}H_{14}O_{11}$ (358,11).   Ber. C 46,91, H 3,94.
Gef. ,, 47,08, ,, 4,09.

Den Äthylester der Tricarbomethoxy-pyrogallolcarbonsäure haben wir aus dem Chlorid mit Äthylalkohol dargestellt und aus Alkohol mit Wasser umgelöst. Er krystallisiert in kleinen, schiefen Tafeln und schmilzt bei 91—94° (korr.) zu einer farblosen Flüssigkeit. Er gleicht in der Löslichkeit der Methylverbindung.

0,1757 g Sbst. (im Vakuum getrocknet): 0,3130 g CO_2, 0,0690 g H_2O.

$C_{15}H_{16}O_{11}$ (372,13).   Ber. C 48,37, H 4,33.

Gef. ,, 48,58, ,, 4,40.

Neue Bildung des 2,3,4-Trioxybenzophenons (Alizaringelb A).

10 g Tricarbomethoxy-pyrogallolcarboylchlorid wurden in 40 ccm trocknem, thiophenfreiem Benzol gelöst und mit 10 g frisch sublimiertem, gepulvertem Aluminiumchlorid unter starkem Umschütteln versetzt. Die Masse erwärmte sich von selbst und wurde 4 Stunden unter öfterem Schütteln bei 40° gehalten. Dabei färbte sie sich langsam braun, und es entstanden zwei Schichten, deren untere schließlich dunkelbraun und fest wurde. Gleichzeitig fand langsame Entwicklung von Salzsäure statt.

Nach dem Abkühlen wurde die gesamte Masse nebst dem Benzol in eine Reibschale gebracht, mit Eis versetzt, mit überschüssiger Salzsäure verrieben und mit Äther durchgeschüttelt, wobei fast alles in Lösung ging. Um die abgehobene ätherische Lösung von Säuren zu befreien, wurde sie mit einer eiskalten, wässerigen Lösung von Kaliumbicarbonat kurz geschüttelt, abgehoben, filtriert und auf dem Wasserbade verdampft. Zur Abspaltung der Carbomethoxygruppen haben wir den dunkelbraunen, dicköligen Rückstand in 30 ccm Aceton gelöst und im Wasserstoffstrom mit 70 ccm 2 n-Natronlauge versetzt. Dabei trat schwache Erwärmung ein, und die Flüssigkeit wurde erst rot, später rotbraun. Nach vierstündigem Stehen bei Zimmertemperatur wurde mit Salzsäure übersättigt und ausgeäthert. Beim Verdampfen des Äthers blieb ein Öl, das beim Abkühlen bald zu einer schmutziggelben Masse erstarrte. Ausbeute 3,5 g oder 55% der Theorie, bezogen auf das angewandte Chlorid.

Zur Reinigung wurde in viel heißem Wasser gelöst, kurze Zeit mit Tierkohle gekocht und das Filtrat abgekühlt.

Für die Analyse diente ein mehrfach umkrystallisiertes Präparat. Im lufttrocknen Zustand enthielt es 1 Mol. Wasser, das durch Trocknen über Phosphorpentoxyd bei 15 mm Druck und 98° bestimmt wurde.

0,1566 g Sbst. verloren 0,0116 g H_2O.

$C_{13}H_{20}O_4 + H_2O$ (248,1).   Ber. H_2O 7,26.   Gef. H_2O 7,41.

0,1573 g getrocknete Sbst.: 0,3907 g CO_2, 0,0625 g H_2O.

$C_{13}H_{10}O_4$ (230,08).   Ber. C 67,80, H 4,38.

Gef. ,, 67,74, ,, 4,45.

Die bei 100° im Vakuum getrocknete Substanz schmolz bei 138 bis 139° (korr.) zu einer gelben Flüssigkeit, während Graebe und Eichengrün für das wasserfreie Alizaringelb A 140—141° angeben. Wir haben vergebens versucht, durch weiteres Umkrystallisieren den Schmelzpunkt unseres Präparates zu erhöhen. Trotzdem können wir diesem Unterschied keine Bedeutung beimessen, denn eine Mischprobe unseres Präparates mit Alizaringelb A, das wir selbst durch wiederholte Reinigung des technischen Produktes der Badischen Anilin- und Sodafabrik in Ludwigshafen herstellten, zeigte keine Depression des Schmelzpunktes. Auch konnte in anderen Eigenschaften, wie Farbe, Löslichkeit, Krystallform usw., kein wesentlicher Unterschied festgestellt werden. Endlich haben wir noch die Acetylderivate verglichen. Das Produkt aus Alizaringelb A ist zuerst in den Patenten der Badischen Anilin- und Sodafabrik und später ausführlicher von Graebe und Eichengrün[1]) beschrieben worden. Es schmilzt bei 117°. Wir können diese Angabe bestätigen, denn wir fanden 117—118° (korr.). Aus warmem Alkohol krystallisiert es recht hübsch; wir beobachteten aber keine Blättchen, sondern kompaktere Krystalle, die unter dem Mikroskop teils als schief abgeschnittene Prismen, teils als flächenreichere Formen erschienen. Ganz in der gleichen Weise haben wir nun das nach unserer Synthese dargestellte Trioxybenzophenon durch dreistündiges Kochen mit Essigsäureanhydrid dargestellt. Nachdem das überschüssige Anhydrid unter stark vermindertem Druck abdestilliert war, wurde der Rückstand mehrmals aus heißem Alkohol umkrystallisiert. Die farblosen Krystalle zeigten ganz die äußere Form des ersten Präparates. Der Schmelzpunkt war nicht ganz so scharf, 116—118° (korr.), Mischprobe beider Präparate schmolz bei 116—117° (korr.). Da auch die Analyse unseres letzten Präparates die alte Formel $C_{13}H_7O_4(CO.CH_3)_3$ bestätigt (gef. C 63,82%, H 4,55%; ber. C 64,02%, H 4,53%), so scheint uns die Identität des Alizaringelb A mit dem von uns aus Pyrogallolcarbonsäure erhaltenen 2,3,4-Trioxybenzophenon genügend bewiesen zu sein.

Tricarbomethoxy-pyrogallolcarboyl-p-oxybenzoesäure,
$(CH_3.CO_2.O)_3C_6H_2.CO.O.C_6H_4.COOH$.

Zu einer durch Eis gekühlten Lösung von 5 g wasserhaltiger p-Oxybenzoesäure (1 Mol.) in 64 ccm n-Natronlauge (2 Mol.) und 5—10 ccm Wasser gießt man unter kräftigem Schütteln in mehreren Portionen eine Lösung von 11,6 g Tricarbomethoxy-pyrogallolcarboylchlorid in 50 ccm trocknem Aceton. Nach kurzer Zeit trübt sich die Flüssigkeit, und nach 10—15 Minuten reagiert die Lösung fast neutral. Man schüttelt noch etwa eine Viertelstunde und übersättigt dann mit verdünnter Salz-

---

[1]) Liebigs Annal. d. Chem. **269**, 297 [1892].

säure, wobei ein starker Niederschlag entsteht. Er wird nach einstündigem Stehen dei Flüssigkeit in Kältemischung abgesaugt und im Exsiccator getrocknet (14 g). Er ist ein Gemisch der Säure mit einem neutralen Körper. Zur Trennung löst man in wenig Aceton und fügt eine kalte, verdünnte Lösung von überschüssigem Kaliumbicarbonat zu. Beim kräftigen Schütteln geht die Säure in Lösung. Sie wird vom Ungelösten abfiltriert und mit Salzsäure übersättigt, wobei die Tricarbomethoxy-pyrogallolcarboyl-p-oxybenzoesäure als farbloser Niederschlag ausfällt. Ausbeute 7,8 g oder 53% der Theorie.

Das Produkt wird in etwa der achtfachen Menge warmem Aceton gelöst und mit heißem Wasser bis zur bleibenden Trübung versetzt. Beim langsamen Abkühlen scheiden sich feine mikroskopische Blättchen ab (6,8 g).

Zur Analyse wurde nochmals in der gleichen Weise umkrystallisiert, wobei der Schmelzpunkt aber nicht mehr in die Höhe ging, und im Vakuumexsiccator getrocknet.

0,1915 g Sbst.: 0,3653 g CO_2, 0,0633 g H_2O. — 0,1601 g Sbst.: 0,3038 g CO_2, 0,0511 g H_2O.

$C_{20}H_{16}O_{13}$ (464,13).   Ber. C 51,71,   H 3,48.
Gef. ,, 52,03, 51,75, ,, 3,70, 3,57.

Die Säure schmilzt gegen 198—199° (korr.) unter Aufschäumen. Sie löst sich ziemlich leicht in Aceton, schwerer in Essigäther und Alkohol, recht schwer in Äther. Leicht löslich in sehr verdünntem kalten Ammoniak. Die Ätherlösung bleibt auf Zusatz von Kaliumbicarbonat und Wasser klar.

Pyrogallolcarboyl-p-oxybenzoesäure,

$(HO)_3C_6H_2 . COO . C_6H_4 . COOH$.

3 g reine Tricarbomethoxy-pyrogallolcarboyl-p-oxybenzoesäure wurden im Wasserstoffstrom in 46 ccm wässerigem n-Ammoniak (7 Mol.) gelöst, bei Zimmertemperatur 2 Stunden aufbewahrt, dann mit verdünnter Salzsäure übersättigt und der amorphe, sehr voluminöse, schmutziggelb gefärbte Niederschlag abgesaugt und im Exsiccator getrocknet (1,67 g oder 89% der Theorie). Das Rohprodukt wurde in viel heißem Aceton gelöst und heißes Wasser bis zur dauernden Trübung zugesetzt. Beim langsamen Abkühlen schied sich das Didepsid in sehr kleinen, glänzenden Kryställchen aus, die meist zu Büscheln oder Kugeln verwachsen waren. Auch bei wiederholtem Umkrystallisieren behielten sie eine schwach graue Färbung.

Das lufttrockne Präparat enthält Wasser, aber, wie es scheint, in wechselnder Menge. Dasselbe entweicht schon bei längerem Trocknen im Vakuumexsiccator über Phosphorpentoxyd. Eine so getrocknete Substanz verlor bei 100° unter 15 mm Druck nicht mehr an Gewicht.

0,1717 g Sbst.: 0,3636 g CO_2, 0,0553 g H_2O.

$C_{14}H_{10}O_7$ (290,08).   Ber. C 57,92, H 3,48.
Gef. ,, 57,75, ,, 3,60.

Die Säure schmilzt im Capillarrohr nicht konstant gegen 235—238° (korr.) unter Aufschäumen und Dunkelfärbung. Sie löst sich sehr schwer in kochendem Wasser, krystallisiert aber daraus in sehr feinen Nädelchen. Auch in den meisten organischen Lösungsmitteln schwer löslich. Am besten lösen Aceton und Eisessig in der Wärme. Aus letzterem krystallisiert sie beim Erkalten in feinen, meist sternförmig vereinten Nädelchen. Die alkoholische Lösung gibt mit wenig Eisenchlorid eine blaue, schwach ins Violette spielende Farbe. Die alkalische Lösung wird bei Zutritt der Luft rasch braun.

Penta-[tricarbomethoxy-pyrogallolcarboyl]-glucose,
$$C_6H_7O_6 \cdot [(CH_3OOC \cdot O)_3 C_6H_2 \cdot CO]_5 \, .$$

Wir haben den Versuch nur mit der α-Glucose ausgeführt und hier ganz ähnliche Erscheinungen beobachtet, wie bei den entsprechenden Derivat der Gallussäure[1]).

10 g fein zerriebene, gebeutelte und nochmals scharf getrocknete α-Glucose wurden in einer starkwandigen Standflasche mit einer Lösung von 111 g Tricarbomethoxy-pyrogallolcarboylchlorid ($5^1/_2$ Mol.) in 150 ccm scharf getrocknetem Chloroform übergossen. Nachdem noch 41 g Chinolin ($5^3/_4$ Mol.), das längere Zeit über BaO bei 100° gestanden und schließlich darüber destilliert war, zugegeben waren, wurde auf der Maschine bei gewöhnlicher Temperatur 60 Stunden geschüttelt, wobei der Zucker völlig in Lösung ging. Die Flüssigkeit blieb dann noch 24 Stunden stehen und war zum Schluß goldgelb gefärbt und ziemlich zähe. Beim Eingießen in viel Methylalkohol schied sich eine farblose harzige Masse ab, die beim starken Abkühlen und besonders beim Verreiben mit frischem eiskalten Methylalkohol sich bald in ein feines amorphes Pulver verwandelte. Die Ausbeute betrug ungefähr 73 g oder 72,6% der Theorie, berechnet auf den angewandten Zucker. Der Verlust wird hauptsächlich durch die Löslichkeit in der großen Menge der Mutterlauge bedingt.

Um Spuren von Chinolin zu entfernen, haben wir das Rohprodukt in 150 ccm Chloroform gelöst, mehrmals mit 10 proz. kalter Schwefelsäure geschüttelt, zuletzt mit Wasser gewaschen und dann die Chloro-

---

[1]) E. Fischer und K. Freudenberg, Berichte d. d. chem. Gesellsch. **45**, 926 [1912]. (*S. 276.*)

13*

formlösung in viel Petroläther unter Umrühren eingegossen. Das farblose amorphe Pulver wurde abgesaugt und im Vakuumexsiccator getrocknet. Die Ausbeute betrug 68 g.

Zur Analyse wurde nochmals bei 65° unter 15 mm Druck über Phosphorpentoxyd getrocknet, wobei aber nur ein ganz geringer Gewichtsverlust eintrat.

0,1436 g Sbst.: 0,2464 g CO_2, 0,0454 g H_2O.

$C_{71}H_{62}O_{56}$ (1810,5).   Ber. C 47,06, H 3,45.

Gef. ,, 46,80, ,, 3,54.

Zur optischen Bestimmung diente eine Lösung in Acetylentetrachlorid.

0,0954 g Sbst. Gesamtgewicht der Lösung 2,8192 g. $d_{18} = 1,584$. Drehung im 1-dm-Rohr bei 18° und Natriumlicht 1,43° nach rechts. Mithin $[\alpha]_D^{18} = + 26,68°$.

0,1034 g Sbst. Gesamtgewicht der Lösung 2,9841 g. $d_{18} = 1,585$. Drehung im 1-dm-Rohr bei 18° und Natriumlicht 1,49° nach rechts. Mithin $[\alpha]_D^{18} = + 27,13°$.

Das amorphe Präparat hat keinen bestimmten Schmelzpunkt. Im Capillarrohr begann es gegen 100° zu sintern und schmolz gegen 130° unter schwacher Gasentwicklung zu einem zähen Sirup.

Es ist in Wasser und Petroläther fast unlöslich, sehr schwer löslich in Äther, auch noch recht schwer löslich in Methyl- und Äthylalkohol, worin es in der Wärme schmilzt, dagegen leicht löslich in Aceton, Essigester, Chloroform und warmem Benzol. Die Lösung in Aceton gibt mit Eisenchlorid keine Färbung.

Pentapyrogallolcarboyl-glucose, $C_6H_7O_6 . [(HO)_3C_6H_2 . CO]_5$.

In einem Gefäß, das mit einem Tropftrichter versehen ist, und durch das ein Wasserstoffstrom hindurchgeht, löst man 15 g reine Carbomethoxyverbindung in 75 ccm Aceton und läßt im Laufe von etwa 15 Minuten durch den Tropftrichter unter Schütteln 132 ccm 2-n-Natronlauge (32 Mol.) langsam zufließen. Gleichzeitig sorgt man durch Kühlung dafür, daß die Temperatur der Mischung 20° nicht übersteigt. Die anfangs klare, hellbraune Lösung trübt sich zum Schluß, wird aber nach Zusatz von etwa 30 ccm Wasser wieder klar. Man läßt nun noch ½ Stunde bei 20° stehen und fügt dann 52 ccm 5-n-Schwefelsäure zu, wobei starke Kohlensäureentwicklung stattfindet. Wird endlich das Aceton unter geringem Druck bei 25—30° verdunstet und die Flüssigkeit noch mit dem gleichen Volumen Wasser verdünnt, so fällt der Gerbstoff als bräunlich gefärbte, harzige Masse aus, die bei starkem Abkühlen bald erstarrt. Sie wird abgesaugt und im Vakuumexsiccator getrocknet. Die Ausbeute beträgt etwa 4,4 g. Durch Ausäthern der wässerigen Mutterlauge wurden noch 0,45 g erhalten, die aber dunkler gefärbt waren. Gesamtausbeute 4,85 g oder 62% der Theorie.

Zur Reinigung haben wir das graugelbe Rohprodukt in einem Extraktionsapparat mit etwa der 100 fachen Menge Äther 2—3 Stunden extrahiert, wobei der Farbstoff ungelöst bleibt. Beim Versetzen der ätherischen Lösung mit Petroläther fiel dann der Gerbstoff als farblose, amorphe flockige Masse aus und war nach dem Trocknen ein farbloses amorphes Pulver, das beim Reiben stark elektrisch wurde. Ausbeute 4,2 g oder 54% der Theorie.

Zur Analyse wurde bei 100° über Phosphorpentoxyd unter 15 mm Druck 5 Stunden getrocknet, wobei aber die exsiccatortrockne Substanz nur sehr wenig an Gewicht verlor.

$0{,}1952$ g Sbst.: $0{,}3739$ g CO_2, $0{,}0639$ g H_2O.

$C_{41}H_{32}O_{26}$ $(940{,}26)$. Ber. C $52{,}33$, H $3{,}43$.
Gef. ,, $52{,}24$, ,, $3{,}66$.

Zwei andere Präparate, die nicht durch Äther gereinigt und etwas gefärbt waren, gaben etwas weniger gutstimmende Zahlen.

$0{,}1410$ g Sbst.: $0{,}2690$ g CO_2, $0{,}0456$ g H_2O. — $0{,}1598$ g Sbst.: $0{,}3043$ g CO_2, $0{,}0555$ g H_2O.

$C_{41}H_{32}O_{26}$ $(940{,}26)$. Ber. C $52{,}33$, H $3{,}43$.
Gef. ,, $52{,}03$, $51{,}93$, ,, $3{,}62$, $3{,}89$.

Für die optische Untersuchung diente das ganz farblose Präparat in absolut alkoholischer Lösung; da diese aber schwach gelb gefärbt war, so konnte nur eine verdünnte Lösung geprüft werden.

$0{,}0378$ g Sbst. Gesamtgewicht der Lösung $1{,}5009$ g. $d_{18} = 0{,}7997$. Drehung im 1-dm-Rohr bei 18° und Natriumlicht $1{,}39°$ nach rechts. Mithin $[\alpha]_D^{18} = + 69{,}01°$.

$0{,}0420$ g Sbst. Gesamtgewicht der Lösung $1{,}7597$ g. $d_{18} = 0{,}7986$. Drehung im 1-dm-Rohr bei 18° und Natriumlicht $1{,}32°$ nach rechts. Mithin $[\alpha]_D^{18} = + 69{,}25°$.

Das farblose Präparat fing gegen 160° an zu sintern und schmolz gegen 200° unter Gasentwicklung und geringer Braunfärbung.

Die Substanz wird von kaltem Wasser so schwer aufgenommen, daß das Filtrat mit Leimlösung keine Reaktion und mit Eisenchlorid nur eine äußerst schwache Färbung gibt. In heißem Wasser schmilzt sie zunächst und löst sich dann zwar nicht leicht, aber doch sehr viel mehr als in der Kälte. Die heiße wässerige Lösung trübt sich beim Erkalten milchig und scheidet nach einiger Zeit auch Flocken ab. Versetzt man die warme Lösung mit Eisenchlorid, so entsteht sofort ein dunkler Niederschlag, und die Fällung ist so vollständig, daß das

Filtrat farblos erscheint. Die warme wässerige Lösung gibt ferner mit Leimlösung sofort eine milchige Trübung, die auch beim Kochen nicht verschwindet. Der Geschmack der festen Substanz ist sehr schwach. Nimmt man aber die rasch abgekühlte wässerige Lösung samt dem Niederschlag in den Mund, so bemerkt man deutlich die adstringierende Wirkung, nur ist sie im Vergleich zur Pentagalloylglucose und zum Tannin schwach. In überschüssigem Alkali löst sich der Körper leicht, zunächst mit gelber Farbe, die aber beim Schütteln mit Luft rasch dunkel wird.

Durch das Verhalten gegen Wasser unterscheidet sich unser Präparat von der Pentagalloylglucose und dem Tannin. Nun ist die Pyrogallolcarbonsäure selbst schwerer löslich in Wasser als die Gallussäure, und dasselbe kann man von manchem ihrer Derivate sagen, z. B. dem vorher beschriebenen Didepsid, der Kombination mit p-Oxybenzoesäure. Trotzdem glauben wir, daß der auffallende Unterschied bei den Glucosederivaten weniger in der wahren Löslichkeit liegt, als vielmehr in der Fähigkeit, mit Wasser kolloidâle Lösungen zu bilden. Dasselbe dürfte wohl zutreffen für die Ferriverbindungen, von denen das Derivat der Penta-pyrogallolcarboyl-glucose in Wasser ganz unlöslich ist, während die Gallussäurederivate Tinten bilden. In den sonstigen Löslichkeitsverhältnissen ist aber unser Präparat den Gallussäurederivaten wieder sehr ähnlich, z. B. löst es sich recht schwer in Äther, dagegen sehr leicht in kaltem Alkohol und Aceton, woraus es allerdings durch Wasser wieder gefällt wird. Die alkoholische Lösung gibt auch mit Eisenchlorid eine intensive dunkelblaue, etwas ins Violette spielende Färbung. Ferner gibt die alkoholische Lösung mit Kaliumacetat sofort einen starken, recht hübsch aussehenden, pulverigen, aber amorphen Niederschlag. Die heiße wässerige Lösung des Gerbstoffs gibt mit einer heißen wässerigen Lösung von freiem Brucin oder essigsaurem Chinin trotz der großen Verdünnung sofort amorphe Niederschläge. Endlich gesteht die alkoholische 20 proz. Lösung des Gerbstoffs auf Zusatz des gleichen Volumens einer 5- oder 10 proz. alkoholischen Lösung von Arsensäure sofort oder nach einigen Sekunden zu einer Gallerte, die sich in mehr Alkohol nicht löst.

Was die Zusammensetzung des Gerbstoffes betrifft, so gilt dasselbe, was früher für die Pentagalloylglucose[1]) gesagt wurde. Bei der amorphen Beschaffenheit des Präparates ist keine Garantie für seine Einheitlichkeit gegeben, besonders da auch die Analysen keine sichere Unterscheidung der Pentaacylverbindung vom Tetraacylderivat gestatten. Mit Rücksicht auf die Erfahrungen bei den Benzoylkörpern und dem Derivat

---

[1]) Berichte d. d. chem. Gesellsch. **45**, 927 [1912]. (*S. 280.*)

der *p*-Oxybenzoesäure[1]) halten wir es aber für sehr wahrscheinlich, daß unser Präparat auch im wesentlichen die Pentaverbindung ist. Zweifelhafter erscheint uns die Einheitlichkeit in stereochemischer Beziehung. Obschon wir von reiner α-Glucose ausgegangen sind, ist es doch wahrscheinlich, daß bei der Einführung der Acylgruppen eine teilweise Umlagerung in die β-Verbindung stattfindet, und man darf kaum hoffen, daß letztere durch die wiederholte Abscheidung der amorphen Präparate aus ihren Lösungen ganz entfernt wurde. Solange es nicht gelingt, krystallisierte Präparate herzustellen, wird man sich in diesem Punkte bescheiden müssen. Wir betrachten deshalb auch die oben angegebene spezifische Drehung keineswegs als eine Konstante. Im Gegenteil, wir halten es für wahrscheinlich, daß schon bei kleiner Abänderung der Darstellungsweise Präparate von anderem Drehungsvermögen erhalten werden. Aus diesem Grunde haben wir auch darauf verzichtet, die Synthese mit der β-Glucose zu wiederholen. Es bleibt der Zukunft, die voraussichtlich über feinere experimentelle Hilfsmittel verfügen wird, vorbehalten, solche schwierigen Fragen der Gerbstoffchemie zu lösen.

Schwieriger als bei der Gallussäure und Pyrogallolcarbonsäure ist die völlige Carbomethoxylierung bei der **Phloroglucincarbonsäure**. Zwar gelingt die Einführung einer Carbomethoxygruppe leicht in wässerig-alkalischer Lösung[2]). Aber für die erschöpfende Acylierung reicht das Verfahren nicht aus. In Gemeinschaft mit Dr. H. Strauß habe ich nun gefunden, daß sich dieses Ziel durch Behandlung mit Chlorkohlensäuremethylester bei Gegenwart von Dimethylanilin erreichen läßt. Die **Tricarbomethoxy-phloroglucincarbonsäure** bildet farblose kleine Prismen, schmilzt unter Gasentwicklung gegen 122° und gibt mit Eisenchlorid nicht mehr die blauviolette Färbung des Ausgangsmaterials. Durch Chlorphosphor wird sie in ein Chlorid verwandelt, mit dem wir hoffen, dieselben Synthesen wie mit den entsprechenden Derivaten der Gallussäure und Pyrogallolcarbonsäure ausführen zu können.

E. Fischer.

---

[1]) Berichte d. d. chem. Gesellsch. **45**, 933 [1912]. (*S. 283.*)
[2]) E. Fischer, Liebigs Annal. d. Chem. **371**, 306 [1910]. (*S. 225.*)

12. Emil Fischer und Hermann Strauss: Über die Carbomethoxyderivate der Phloroglucincarbonsäure und der Phloretinsäure[1]).

Berichte der deutschen chemischen Gesellschaft **47**, 317 [1914].

(Eingegangen am 21. Januar 1914.)

Von allen bisher untersuchten Phenolcarbonsäuren hat die Phloroglucincarbonsäure bei der Carbomethoxylierung die meisten Schwierigkeiten gemacht. Das hängt wohl zusammen mit der benachbarten Stellung des Carboxyls zu zwei Phenol- bzw. Ketogruppen. In wässerig-alkalischer Lösung bleibt die Carbomethoxylierung stehen bei dem längst beschriebenen Monoderivat[2]). Um die Reaktion weiterzuführen, ist die Anwendung von Chlorkohlensäuremethylester und Dimethylanilin nötig. Da man von diesen aber einen erheblichen Überschuß anwenden muß, so geht der Prozeß weiter, indem auch das Carboxyl in Mitleidenschaft gezogen wird und es bilden sich nichtsaure Produkte, deren Rückverwandlung in die carbomethoxylierte Phloroglucincarbonsäure lange unmöglich war. Wie schon in einer vorläufigen Notiz[3]) erwähnt wurde, ist es uns endlich gelungen, diese säureanhydridartigen Stoffe durch Behandlung mit Bicarbonat in kalter wässerigacetonischer Lösung ohne Schädigung der Carbomethoxygruppen in die Säure zu verwandeln. Beim näheren Studium des Vorganges konnten wir das indifferente Zwischenprodukt in reinem Zustand isolieren. Es ist das Anhydrid der Tricarbomethoxyphloroglucincarbonsäure und der Methylkohlensäure, $(CH_3.CO_2.O)_3C_6H_2.CO.O.CO_2CH_3$ und scheint das erste derartige gemischte Säureanhydrid der Methylkohlensäure zu sein.

Die Carbomethoxy-phloroglucincarbonsäure wird durch Chlorphosphor leicht in das entsprechende Chlorid verwandelt, das früher nur als Flüssigkeit erwähnt wurde, das wir aber neuerdings auch krystallisiert

---

[1]) Da Herr Strauss vor Beendigung der Versuche Berlin verlassen mußte, so hat mein Assistent Herr Dr. Max Bergmann sie fortgesetzt und speziell das gemischte Säureanhydrid sowie die Krystallisation der beiden Säurechloride bearbeitet, wofür ich ihm auch hier besten Dank sage.   E. Fischer.

[2]) Liebigs Annal. d. Chem. **371**, 306 [1910]. (*S. 225.*)

[3]) Berichte d. d. chem. Gesellsch. **46**, 2400 und 3257 [1913]. (*S. 199 u. S. 7.*)

erhielten. Wir glauben, daß es ein recht wertvolles Material für die Bereitung verschiedener neuer Phloroglucinderivate sein wird.

Die Carbomethoxylierung der Phloretinsäure geht, wie ebenfalls schon vorläufig erwähnt wurde, leicht in wässerig-alkalischer Lösung vonstatten. Das Produkt liefert weiter ein Chlorid, das sich im Hochvakuum ohne Zersetzung destillieren läßt. Wir haben es hauptsächlich dargestellt, um die Synthese des Phloretins auszuführen. In jüngster Zeit hat A. Sonn[1]) einen ähnlichen Versuch mit der Carbomethoxy-*p*-cumarsäure ausgeführt, aber nur den Phloroglucinester der *p*-Cumarsäure erhalten. Bei dieser Gelegenheit hat er auch die Carbomethoxyhydro-*p*-cumarsäure beschrieben, und diese müßte identisch sein mit unserem Produkt, da ja Phloretinsäure und Hydro-*p*-cumarsäure als identisch gelten. Unser Präparat ist in der Tat dem Sonnschen Produkt bis auf eine kleine Differenz im Schmelzpunkt (3°) sehr ähnlich. Daß unsere Versuche lange vor der Sonnschen Publikation ausgeführt waren, beweist die Erwähnung der Carbomethoxysäure und ihres im Vakuum destillierbaren Chlorids, in dem zusammenfassenden Vortrag über ,,Synthese von Depsiden, Flechtenstoffen und Gerbstoffen[2]).

Tricarbomethoxy-phloroglucincarbonsäure,
$(CH_3.CO_2.O)_3C_6H_2.COOH$.

Sie entsteht sowohl aus der schon bekannten Monocarbomethoxyverbindung wie aus der Phloroglucincarbonsäure direkt. Das letzte Verfahren ist bequemer, und wir wollen es deshalb allein ausführlich beschreiben.

10 g rohe Phloroglucincarbonsäure, die nach dem Verfahren von Zd. H. Skraup[3]) bequem zu bereiten ist, werden in einer dickwandigen Flasche mit 50 ccm trocknem, reinem Benzol übergossen und dann allmählich unter Schütteln mit 48 g trocknem Dimethylanalin ($7^1/_2$ Mol.) versetzt. Die Säure verwandelt sich dabei in das Salz. Durch das Umschütteln muß vermieden werden, daß dieses eine harte Masse bildet, weil dann die spätere Carbomethoxylierung zu langsam vonstatten geht. Ist das Zusammenbacken trotzdem eingetreten, so muß die Masse mechanisch zerkleinert werden. Man kühlt in einer Eis-Salz-Mischung, fügt 35 g Chlorkohlensäuremethylester (7 Mol.) zu und schüttelt unter zeitweiser Kühlung mit Eis. Dabei geht die feste Masse allmählich in Lösung und in der Flüssigkeit bilden sich zwei schwach gefärbte Schichten. Es ist nötig, von Zeit zu Zeit die Flasche zu öffnen, um den entstandenen Druck aufzuheben. Die Operation dauert ungefähr zwei

---

[1]) Berichte d. d. chem. Gesellsch. **46**, 4050 [1913].
[2]) Ebenda S. 3257 und 3260. (*S. 7 u. S. 11.*)
[3]) Monatsh. **10**, 724 [1889].

Stunden, und manchmal tritt während derselben schon Krystallisation ein. Man fügt ohne zu filtrieren 100—150 ccm Chloroform zu, wobei klare Lösung eintritt, schüttelt zur Entfernung des Dimethylanilins mit überschüssiger 10proz. Schwefelsäure, wäscht die Chloroformlösung nochmals mit Wasser, filtriert und verdampft das Chloroform unter vermindertem Druck. Dabei hinterbleibt eine farblose, krystallinische Masse, die erhebliche Mengen des eben erwähnten Anhydrids enthält. Um dieses zu zerstören, löst man in 180 ccm Aceton, fügt 45 ccm einer 25proz. Lösung von Kaliumbicarbonat und etwa 90 ccm Wasser zu, so daß, abgesehen von wenig ausgefälltem Bicarbonat, eine klare Mischung entsteht. Die rasch einsetzende Entwicklung von Kohlensäure ist bei Zimmertemperatur nach etwa einer Stunde fast beendet. Man läßt noch eine halbe Stunde stehen, verdünnt nun mit viel Wasser, übersättigt mit Salzsäure und extrahiert die Flüssigkeit zweimal mit Essigäther. Wird die Essigätherlösung unter vermindertem Druck verdampft, so krystallisiert der Rückstand sofort. Ausbeute 17,4 g oder 86% der Theorie. Durch Lösen in Essigäther und Fällen mit Petroläther erhält man die Säure ohne wesentlichen Verlust als farblose, mikrokrystallinische Masse. Zur Analyse war nochmals in der gleichen Weise umgelöst und im Vakuumexsiccator getrocknet.

0,1929 g Sbst.: 0,3215 g CO_2, 0,0604 g H_2O. — 0,1492 g Sbst.: 0,2493 g CO_2, 0,0478 g H_2O.

$C_{13}H_{12}O_{11}$ (344,1) .   Ber. C 45,34,   H 3,52.
                                 Gef. ,, 45,46, 45,57, ,, 3,50, 3,58.

Die Tricarbomethoxy-phloroglucincarbonsäure schmilzt beim schnellen Erhitzen im Capillarrohr nicht scharf gegen 123° (korr.) unter starker Gasentwicklung und gibt eine farblose Flüssigkeit. Die aus Essigäther mit Petroläther abgeschiedenen mikroskopischen Krystalle sind ziemlich derb und flächenreich. Die Säure löst sich leicht in kaltem Essigäther und Aceton, etwas schwerer in kaltem Alkohol und recht schwer in kaltem Wasser. Von heißem Wasser wird sie in erheblicher Menge aufgenommen und fällt bei raschem Abkühlen als Öl, das aber bald krystallinisch erstarrt. In Äther ist sie nur mäßig löslich. Von wässerigen Bicarbonatlösungen wird sie sofort unter Aufschäumen gelöst. Ihre alkoholische Lösung gibt mit Eisenchlorid keine Färbung.

Die Darstellung der Säure gelingt noch leichter, wenn man von der Monocarbomethoxy-phloroglucincarbonsäure ausgeht. 9 g der letzteren wurden mit 30 ccm trocknem Benzol übergossen und 21,6 g trocknes Dimethylanilin (4½ Mol.) zugefügt, wobei völlige Lösung eintrat. Diese wurde stark abgekühlt, mit 15 g Chlorkohlensäuremethylester (4 Mol.) versetzt, eine Stunde unter zeitweisem Umschütteln bei 0° aufbewahrt und wie oben weiterverarbeitet. Ausbeute an Rohprodukt 13 g oder 96% der Theorie. Das Produkt gab keine Eisenchloridreaktion mehr.

Gemischtes Anhydrid der Tricarbomethoxy-
phloroglucincarbonsäure und der Methylkohlensäure,
$(CH_3.CO_2.O)_3C_6H_2.CO.O.CO_2CH_3$.

Es entsteht als Zwischenprodukt bei der Darstellung der Tricarbomethoxy-phloroglucincarbonsäure und befindet sich in großer Menge in der ursprünglichen Benzollösung, nachdem die Einwirkung des Chlorkohlensäuremethylesters und des Dimethylanilins beendet ist. Zuweilen erfolgt in dieser Lösung während der Operation die Krystallisation. Sicher tritt diese ein, wenn die Benzollösung mit verdünnter Schwefelsäure durchgeschüttelt und gleichzeitig mit viel Äther verdünnt wird. Es genügt, diese Masse abzufiltrieren, um ein fast reines Produkt zu erhalten. Die Ausbeute schwankte zwischen 40 und 60% der Theorie, wobei aber die in der Mutterlauge gelöst gebliebenen Anteile nicht berücksichtigt wurden. Zur völligen Reinigung wurde in trocknem Benzol in gelinder Wärme gelöst und mit Petroläther wieder abgeschieden. Zur Analyse war nochmals aus Essigäther mit Petroläther gefällt und im Vakuumexsiccator getrocknet.

0,1885 g Sbst.: 0,3103 g CO_2, 0,0598 g H_2O. — 0,1986 g Sbst. (andere Darstellung): 0,3273 g CO_2, 0,0633 g H_2O.

$C_{15}H_{14}O_{13}$ (402,11). Ber. C 44,76,   H 3,51.
Gef. ,, 44,90, 44,95, ,, 3,55, 3,57.

Das Anhydrid krystallisiert manchmal in Plättchen, manchmal in etwas derberen, flächenreichen oder verwachsenen Formen. Es schmilzt bei 81—82°. Es löst sich leicht in kaltem Aceton, Essigäther und Chloroform, schwerer in kaltem Benzol, Äther und Alkohol. Von kalten, wässerigen Basen wird es wegen seiner geringen Löslichkeit in Wasser verhältnismäßig schwer angegriffen. Seine Verwandlung in Tricarbomethoxy-phloroglucincarbonsäure durch Kaliumbicarbonat in wässerig-acetonischer Lösung ist oben beschrieben.

Chlorid der Tricarbomethoxy-phloroglucincarbonsäure,
$(CH_3.CO_2.O)_3C_6H_2.COCl$.

12 g Säure werden mit 50 ccm trocknem Chloroform übergossen und 9 g Phosphorpentachlorid zugefügt. Beim Umschütteln tritt die Reaktion bald ein, und im Laufe von einigen Minuten gehen die Säure und der größte Teil des Pentachlorids in Lösung. Nach etwa 20 Minuten wird vom überschüssigen Pentachlorid abgegossen, das Chloroform

unter vermindertem Druck bei 20° verjagt und der Rückstand im Hoch-vakuum 4—6 Stunden bei Zimmertemperatur gehalten, um die Phos-phorchloride möglichst zu entfernen. Man erhält so das Chlorid als wenig gefärbtes, zähflüssiges Öl.

Eine mit Ligroin verriebene Probe schied beim längeren Stehen unter 0° Krystalle aus. Mit deren Hilfe gelang es dann leicht, größere Mengen zur Krystallisation zu bringen. Zu dem Zweck wurde das eben erwähnte zähflüssige Öl in 25 ccm Kohlenstofftetrachlorid gelöst, mit Petroläther bis zur Trübung versetzt und nach Eintragen einiger Impf-krystalle bei 0° bis — 10° gehalten. Dabei schied sich das Chlorid in farblosen Krystallen aus, die zur Analyse bei 20° im Hochvakuum ge-trocknet wurden.

0,2327 g Sbst.: 0,0948 g AgCl.

$C_{13}H_{11}O_{10}Cl$ (362,55).   Ber. Cl 9,78.   Gef. Cl 10,08.

Der Schmelzpunkt war noch nicht ganz konstant. Er lag zwischen 53° und 55°. Aber die Flüssigkeit wurde erst einige Grade höher ganz klar. In Benzol, Chloroform, Aceton ist es leicht löslich. Durch Petrol-äther wird es erst ölig gefällt, erstarrt aber besonders bei 0° rasch und bildet meist unregelmäßige, vielfach zu Aggregaten verwachsene, dünne Blättchen.

Carbomethoxy-phloretinsäure,
$(CH_3.CO_2.O)C_6H_4.CH_2.CH_2.COOH$.

Als Rohmaterial diente Phloretinsäure, die aus Phloridzin nach den neueren Angaben von Cremer und Seuffert[1] bereitet war. 10 g wurden in 120 ccm n-Natronlauge (2 Mol.) gelöst, auf 0° abgekühlt, mit 6,8 g Chlorkohlensäuremethylester (1,2 Mol.) versetzt und etwa 10 Minuten kräftig geschüttelt, bis der Ester verschwunden war. Beim Ansäuern fiel die Carbomethoxyverbindung krystallinisch aus. Sie wurde abgesaugt und zweimal aus warmem Tetrachlorkohlenstoff um-krystallisiert. Ausbeute an reiner Säure 10,8 g oder 80% der Theorie.

0,1378 g Sbst. (im Vakuumexsiccator über Schwefelsäure getrocknet): 0,2961 g CO_2, 0,0666 g H_2O.

$C_{11}H_{12}O_5$ (224,1).   Ber. C 58,90, H 5,40.
Gef. ,, 58,60, ,, 5,41.

Die Säure schmolz nach geringem Sintern bei 83—84° ohne Gas-entwicklung, während Sonn 86—87° für das Präparat aus synthe-tischer Hydro-*p*-cumarsäure fand. Sie krystallisiert je nach dem Lö-sungsmittel in langen, feinen Nadeln oder in vielfach verwachsenen,

---

[1] Berichte d. d. chem. Gesellsch. **45**, 2568 [1912].

dünnen Platten. Sie löst sich recht schwer in kaltem Wasser, erheblich leichter in heißem, verhältnismäßig schwer in kaltem Alkohol, leicht in Aceton und Essigäther.

Chlorid, $CH_3.CO_2.O.C_6H_4.CH_2.CH_2.COCl$. Die Säure wird mit trocknem Chloroform übergossen und $1^1/_4$ Mol. Phosphorpentachlorid zugefügt. Die Reaktion tritt beim Umschütteln rasch ein. Nach etwa 20 Minuten gießt man vom ungelösten Pentachlorid ab, verjagt das Chloroform und den größten Teil des Phosphoroxychlorids bei 20—30° erst an der Wasserstrahlpumpe, später im Hochvakuum; schließlich wird der ölige Rückstand im Hochvakuum aus dem Ölbad destilliert. Unter 0,13 mm und der Temperatur des Bades von 140° ging das Chlorid ohne Zersetzung über und die Dämpfe zeigten ungefähr 120°. Ausbeute 87% der Theorie. Zur Analyse wurde nochmals unter gleichem Druck destilliert.

0,1873 g Sbst.: 0,1105 g AgCl. — 0,2500 g Sbst.: 0,1489 g AgCl.

$C_{11}H_{11}O_4Cl$ (242,55).   Ber. Cl 14,62.   Gef. Cl 14,59, 14,73.

Das Chlorid ist ein farbloses Öl von unangenehmem, aber ziemlich schwachem Geruch. Beim Abkühlen auf — 40 bis — 50° begann es im Lauf einer Stunde krystallinisch zu erstarren, und die Krystallisation schritt auch vorwärts, als die Temperatur auf 0° stieg. Die Krystalle waren flache, strahlig angeordnete Spieße, die bei ungefähr 10—12° wieder schmolzen.

13. Richard Lepsius: Einige Depside der Oxybenzoesäuren und der Syringasäure[1]).

Carbomethoxy-*m*-oxybenzoesäure, $CH_3OOC.O.C_6H_4.COOH$.

Zu einer gut gekühlten Lösung von 10 g *m*-Oxybenzoesäure in 145 ccm n-Natronlauge (2 Mol.) gibt man unter starkem Schütteln 7,52 g chlorkohlensaures Methyl (1,1 Mol.) in 2—3 Portionen. Nach etwa einer halben Stunde wird mit Salzsäure angesäuert und der krystallinische Niederschlag nach einigem Stehen abgesaugt und stark gepreßt. Schließlich löst man in heißem Aceton, filtriert wenn nötig und versetzt mit heißem Wasser, bis in der Hitze die Krystallisation beginnt. Beim Erkalten fällt die Säure in farblosen, vielfach verwachsenen Nadeln, die nach einigem Stehen bei 0° abgesaugt werden. Ausbeute fast quantitativ.

0,1931 g Sbst. (bei 100° und 20 mm getrocknet): 0,3901 g CO_2, 0,0739 g H_2O.

$C_9H_8O_5$ (196,11).   Ber. C 55,09, H 4,11.

Gef. ,, 55,10, ,, 4,28.

Die Säure ist nach geringem Sintern bei 151° (korr.) klar geschmolzen, sie löst sich sehr leicht in Aceton, schwerer in Alkohol, Essigäther, Chloroform, sehr schwer in Äther und Ligroin. Von heißem Wasser wird sie in merklicher Menge aufgenommen. Durch überschüssiges Alkali oder Ammoniak wird sie schon bei gewöhnlicher Temperatur rasch in Oxybenzoesäure zurückverwandelt.

Chlorid, $CH_3OOC.O.C_6H_4.COCl$. 10 g Carbomethoxy-*m*-oxybenzoesäure werden in einem Destillationskolben mit 13 g Phosphorpentachlorid (ungefähr $1\frac{1}{4}$ Mol.) vermischt und gelinde erwärmt, bis unter Entwicklung von Salzsäure die organische Säure völlig gelöst ist. Man verdampft dann das Phosphoroxychlorid unter 15—20 mm aus einem Bade von 40° und laugt den in der Kälte erstarrenden Rückstand mit heißem Ligroin aus. Aus der vom überschüssigen Phosphorpentachlorid heiß abfiltrierten Ligroinlösung scheidet sich das Chlorid

[1]) Auszug aus der Inauguraldissertation des Verfassers. Berlin, August 1911.

in farblosen, manchmal büschelförmig verwachsenen Nadeln ab. Ausbeute etwa 90% der Theorie.

0,1930 g Sbst.: 0,3555 g CO_2, 0,0579 g H_2O. — 0,1985 g Sbst.: 0,1309 g AgCl.

$C_9H_7O_4Cl$ (214,56).   Ber. C 50,35, H 3,29, Cl 16,53.
Gef. ,, 50,24, ,, 3,35, ,, 16,31.

Das Chlorid schmilzt bei 63°, löst sich leicht in Äther, Benzol, Chloroform und schwer in Tetrachlorkohlenstoff.

Carbäthoxy-m-oxybenzoesäure, $C_2H_5OOC.O.C_6H_4.COOH$.

Sie entsteht aus 10 g m-Oxybenzoesäure gelöst in 145 ccm n-Natronlauge und 8,6 g chlorkohlensaurem Äthyl genau so wie die Methylverbindung und wird auch ebenso gereinigt. Ausbeute ebenfalls sehr gut. Sie krystallisiert in ziemlich derben, manchmal prismatisch ausgebildeten Krystallen, die nach vorherigem Erweichen bei 92° (korr.) zu einer klaren, farblosen Flüssigkeit geschmolzen sind.

0,1604 g Sbst.: 0,3341 g CO_2, 0,0712 g H_2O.

$C_{10}H_{10}O_5$ (210,13).   Ber. C 57,12, H 4,80.
Gef. ,, 56,81, ,, 4,97.

Carbomethoxy-di-m-oxybenzoesäure, $CH_3OOC.O.C_6H_4.CO.O.C_6H_4.COOH$.

Man löst einerseits 10 g reiner m-Oxybenzoesäure in 73 ccm n-Natronlauge und andererseits 15,5 g Carbomethoxy-m-oxybenzoylchlorid in 150 ccm Äther. Von dieser ätherischen Lösung werden 30 ccm zusammen mit 14,5 ccm n-Natronlauge der gut gekühlten Lösung der Oxybenzoesäure unter starkem Schütteln zugefügt und diese Operation alle 6 Minuten fünfmal wiederholt, bis die gesamte Menge der ätherischen Flüssigkeit verbraucht ist. Zum Schluß wird das Schütteln noch unter fortdauernder Kühlung $^1/_4$ Stunde fortgesetzt, dann die wässerige Lösung vom Äther abgetrennt, mit verdünnter Salzsäure gefällt und der Niederschlag abgesaugt. Man löst ihn schließlich in heißem Aceton und versetzt mit heißem Wasser, bis die Krystallisation von farblosen, vielfach konzentrisch verwachsenen Nädelchen eintritt. Nach einigem Stehen in der Kälte wird filtriert. Ausbeute etwa 14 g oder 61% der Theorie.

0,1570 g Sbst. (bei 100° und 20 mm getrocknet): 0,3483 g CO_2, 0,0553 g H_2O.

$C_{16}H_{12}O_7$ (316,18).   Ber. C 60,74, H 3,83.
Gef. ,, 60,52, ,, 3,94.

Nach vorangegangenem Sintern schmilzt die Säure bei 169° (korr.) zu einer farblosen Flüssigkeit. Sie löst sich leicht in Alkalien, Ammoniak und Pyridin, auch leicht in Aceton, Alkohol und heißem Chloroform.

In Benzol und Wasser ist sie recht schwer löslich. Durch Phosphorpentachlorid läßt sie sich geradeso wie die einfache Carbomethoxy-m-oxybenzoesäure in Chlorid verwandeln, das aus heißem Ligroin in farblosen glänzenden Nädelchen krystallisiert und bei 91—92° (korr.) schmilzt.

0,1584 g Sbst.: 0,0643 g AgCl.

$C_{16}H_{11}O_6Cl$ (334,63).   Ber. Cl 10,60.   Gef. 10,04.

Di-m-oxybenzoesäure, $HO.C_6H_4.CO.O.C_6H_4.COOH$.

1 g reine Carbomethoxyverbindung wird mit 9,5 ccm eiskalter n-Ammoniaklösung (etwa 3 Mol.) übergossen, bis zur klaren Lösung geschüttelt und $2^1/_2$ Stunden in einem Wasserbade von 20° aufbewahrt. Man fällt dann vorsichtig mit verdünnter Salzsäure, saugt den Niederschlag ab, wäscht mit Wasser, löst in heißem Aceton und fällt mit heißem Wasser. Das Präparat wird dann noch mehrmals aus Aceton durch Zusatz von heißem Wasser krystallisiert und bildet kleine farblose Nadeln.

0,1512 g Sbst. (bei 100° und 20 mm Druck über Phosphorsäureanhydrid getrocknet): 0,3608 g CO_2, 0,0559 g H_2O.

$C_{14}H_{10}O_5$ (258,15).   Ber. C 65,10, H 3,90.
Gef. ,, 65,10, ,, 4,14.

Das Didepsid ist nach vorherigem Erweichen bei 199° (korr.) klar geschmolzen. Es löst sich leicht in Alkali, Ammoniak, Pyridin, Aceton und Alkohol, schwer in Benzol, Tetrachlorkohlenstoff und sehr schwer in Wasser.

Carbomethoxy-m-oxybenzoyl-p-oxybenzoesäure, $CH_3OOC.O.C_6H_4.CO.O.C_6H_4COOH$.

Sie entsteht genau so wie die zuvor beschriebene Carbomethoxy-di-m-oxybenzoesäure, wenn man die dort verwandte m-Oxybenzoesäure durch p-Oxybenzoesäure ersetzt; nur ist dabei der Gehalt der letzteren an Krystallwasser (1 Mol.) zu berücksichtigen.

0,1630 g Sbst.: 0,3615 g CO_2, 0,0556 g H_2O.

$C_{16}H_{12}O_7$ (316,18).   Ber. C 60,74, H 3,83.
Gef. ,, 60,49, ,, 3,82.

Sehr feine mikroskopische Nädelchen. Schmelzpunkt 200° (korr.). Die Säure löst sich leicht in Alkali und Pyridin, aber ziemlich schwer in Ammoniak; in Aceton ist sie leicht löslich.

m-Oxybenzoyl-p-oxybenzoesäure, $HO.C_6H_4.CO.O.C_6H_4.COOH$.

Da die Carbomethoxyverbindung von verdünntem Ammoniak nur schwer aufgenommen wird, so löst man zunächst 1 g in Pyridin, fügt dann 9,5 ccm n-Ammoniaklösung zu und läßt 3 Stunden bei 20° stehen. Dann wird vorsichtig in verdünnter Salzsäure angesäuert und der fein krystallinische Niederschlag aus heißem Aceton unter Zusatz von warmem Wasser umkrystallisiert. Feine mikroskopische Nädelchen.

0,1603 g Sbst. (bei 100° und 20 mm über Phosphorpentoxyd getrocknet): 0,3822 g CO_2, 0,0574 g H_2O.

$C_{14}H_{10}O_5$ (258,15).   Ber. C 65,10, H 3,90.
Gef. ,, 65,05, ,, 4,01.

Das Depsid schmilzt bei 239—240° (korr.) unter schwacher Bräunung nach vorhergehendem starken Sintern. Es löst sich leicht in Alkalien und Pyridin sowie in Aceton und Alkohol, dagegen schwer in Benzol.

Carbomethoxy-*p*-oxybenzoyl-*m*-oxybenzoesäure,
$CH_3OOC.O.C_6H_4.CO.O.C_6H_4.COOH$.

Sie wird ebenso wie die Isomeren gewonnen und gereinigt. Schmelzpunkt nach vorhergehendem Sintern bei 185° (korr.), leicht löslich in Alkalien, Ammoniak, Pyridin und Aceton. Sehr feine Nädelchen, häufig büschel- oder kugelförmig verwachsen.

0,1515 g Sbst.: 0,3378 g CO_2, 0,0540 g H_2O.

$C_{16}H_{12}O_7$ (316,18).   Ber. C 60,74, H 3,83.
Gef. ,, 60,83, ,, 3,99.

p-Oxybenzoyl-*m*-oxybenzoesäure,
$HO.C_6H_4.CO.O.C_6H_4.COOH$.

Sie wurde aus der Carbomethoxyverbindung genau so dargestellt wie die Di-*m*-Oxybenzoesäure und krystallisiert aus Aceton nach Zusatz von heißem Wasser ebenfalls als feines krystallinisches Pulver. Sie schmilzt gegen 254° unter schwacher Bräunung, ist leicht löslich in Alkali, Ammoniak, Pyridin, Aceton und Alkohol.

0,1611 g Sbst.: 0,3854 g CO_2, 0,0592 g H_2O. — 0,1648 g Sbst.: 0,3921 g CO_2, 0,0606 g H_2O.

$C_{14}H_{10}O_5$ (258,15).   Ber. C 65,10,   H 3,90.
Gef. ,, 65,24, 64,91, ,, 4,11, 4,11.

Carbomethoxy-syringasäure, $CH_3OOC.O.C_6H_2(OCH_3)_2.COOH$.

Die als Ausgangsmaterial dienende Syringasäure war nach der Vorschrift von Graebe[1] dargestellt. Zu der stark gekühlten Lösung von 10 g Syringasäure in 101 ccm n-Natronlauge (2 Mol.) gibt man unter starkem Schütteln und dauernder Kühlung 5,3 g chlorkohlensaures Methyl (1,1 Mol.) in etwa 3 Portionen. Die Lösung färbt sich

---

[1] Liebigs Annal. d. Chem. **340**, 219.

dabei zunächst rötlich und später schmutziggrünlich. Beim Ansäuern fällt erst ein gelbbraunes dickes Öl, das beim Reiben allmählich fest wird. Dann wird abgesaugt, im Exsiccator getrocknet und in warmem Aceton gelöst. Die mit Tierkohle erwärmte und heiß filtrierte Acetonlösung scheidet auf Zusatz von heißem Wasser einen krystallinischen Niederschlag ab. Er wird nochmals in Acetonlösung mit Tierkohle behandelt und durch Wasser wieder abgeschieden. Die Säure bildet ziemlich derbe und flächenreiche Krystalle.

0,1677 g Sbst. (bei 100° und 20 mm über Phosphorpentoxyd getrocknet): 0,3166 g CO_2, 0,0705 g H_2O.

$C_{11}H_{12}O_7$ (256,16).   Ber. C 51,54, H 4,72.
Gef. ,, 51,50, ,, 4,70.

Die Säure schmilzt nach vorangegangenem Sintern bei 191—192° (korr.). Sie löst sich leicht in Alkalien, Pyridin und Aceton, auch noch ziemlich leicht in Alkohol und Chloroform, dagegen sehr schwer in Ligroin und Wasser. Durch überschüssiges Alkali und Ammoniak läßt sie sich sehr leicht in Syringasäure zurückverwandeln.

Carbomethoxy-syringasäurechlorid,
$CH_3OOC.O.C_6H_2(OCH_3)_2.COCl$.

Es wird aus gleichen Teilen trockener Carbomethoxy-syringasäure und Phosphorpentachlorid in der üblichen Weise dargestellt und durch Umkrystallisieren aus heißem Ligroin gereinigt. Farblose, glänzende Nädelchen.

0,1620 g Sbst. (über Natronkalk und Phosphorpentoxyd im Vakuumexsiccator getrocknet): 0,2856 g CO_2, 0,0583 g H_2O. — 0,1429 g Sbst.: 0,0732 g AgCl.

$C_{11}H_{11}O_6Cl$. (274,61) Ber. C 48,08, H 4,04, Cl 12,91.
Gef. ,, 48,09, ,, 4,03, ,, 12,67.

Das Chlorid schmilzt bei 123—124° (korr.). Es löst sich leicht in Äther, Benzol, Chloroform, schwerer in Tetrachlorkohlenstoff und heißem Ligroin.

Carbäthoxy-syringasäure, $C_2H_5OOC.O.C_6H_2(OCH_3)_2.COOH$.

Sie wird genau wie die Carbomethoxyverbindung aus 10 g Syringasäure und 6 g Chlorkohlensäureäthylester gewonnen. Ausbeute etwa 90% der Theorie. Sie bildet mikroskopische, ziemlich derbe Krystalle, schmilzt nach stärkerem Sintern bei 182—183° (korr.) und hat ähnliche Löslichkeit wie die Carbomethoxysäure.

0,1633 g Sbst. (bei 100° und 20 mm über Phosphorpentoxyd getrocknet): 0,3178 g CO_2, 0,0791 g H_2O.

$C_{12}H_{14}O_7$ (270,17).   Ber. C 53,31, H 5,22.
Gef. ,, 53,09, ,, 5,42.

$$Carbomethoxy\text{-}di\text{-}syringasäure,$$
$$CH_3OO.C.O.C_6H_2(OCH_3)_2.CO.O.C_6H_2(OCH_3)_2.COOH.$$

7,2 g Syringasäure werden in der Wasserstoffatmosphäre in 36,4 ccm n-Natronlauge gelöst und in Kältemischung abgekühlt. Dazu läßt man in 5 äquivalenten Portionen einerseits eine Lösung von 10 g Carbomethoxy-syringasäurechlorid in einem Gemisch von Äther und Benzol und andererseits 36,5 ccm n-Natronlauge zufließen und sorgt durch kräftiges Schütteln für Mischung der beiden Schichten. Diese Operation dauert etwa $^3/_4$ Stunden. Das Schütteln wird dann unter dauernder Kühlung und in der Wasserstoffatmosphäre noch $^1/_2$ Stunde fortgesetzt, schließlich die wässerige Lösung abgehoben und mit 50 ccm n-Salzsäure angesäuert, wobei das Kupplungsprodukt ausfällt. Ausbeute an schwach gelblichem Rohprodukt etwa 15 g. Es wird durch wiederholtes Lösen in Aceton, Behandlung mit Tierkohle und Fällung mit heißem Wasser gereinigt. Ausbeute an reinem Präparat 10,5 g oder 65% der Theorie. Farblose, mikroskopische, sehr dünne Blätter, die nach vorhergegangenem Sintern gegen 223° (korr.) zu einer klaren, farblosen Flüssigkeit geschmolzen sind. Leicht löslich in Aceton und Alkohol, wird auch von Alkalien leicht aufgenommen.

0,1621 g Sbst. (bei 100° und 20 mm über Phosphorpentoxyd getrocknet): 0,3287 g CO_2, 0,0684 g H_2O. — 0,1600 g Sbst.: 0,3226 g CO_2, 0,0653 g H_2O.

$C_{20}H_{20}O_{11}$ (436,26). Ber. C 55,02, H 4,62.
Gef. ,, 55,30, 54,99, ,, 4,72, 4,57.

$$Di\text{-}syringasäure,$$
$$HO.C_6H_2(OCH_3)_2.CO.O.C_6H_2(OCH_3)_2.COOH.$$

Schüttelt man 2 g reiner Carbomethoxy-di-syringasäure bei Zimmertemperatur mit 13,8 ccm n-Ammoniaklösung (3 Mol.), so entsteht eine klare, fast farblose Lösung, die aber schon nach etwa 10 Minuten anfängt, sich braun zu färben, und dann allmählich einen farblosen krystallinischen Niederschlag abscheidet. Nach etwa 3 Stunden ist die Krystallisation beendet. Es handelt sich um das Ammoniaksalz der Di-syringasäure. Will man es isolieren, so wird die Krystallmasse scharf abgesaugt, gepreßt und aus heißem Aceton umkrystallisiert. Das Salz ist in Wasser leicht löslich.

0,1700 g Sbst.: 4,8 ccm N (bei 18° und 753 mm.).

$C_{18}H_{21}O_9N$ (395,26). Ber. N 3,55. Gef. N 3,24.

Handelt es sich nur um die Gewinnung des freien Didepsids, so hat die Isolierung des Ammoniaksalzes keinen Zweck. Man fällt vielmehr die ganze ammoniakalische Flüssigkeit durch Salzsäure und reinigt den krystallinischen Niederschlag durch Lösen in heißem Aceton, Behandlung mit Tierkohle und Fällung mit heißem Wasser.

14*

0,1616 g Sbst. (bei 100° und 20 mm über Phosphorpentoxyd getrocknet):
0,3368 g CO_2, 0,0700 g H_2O.

$C_{18}H_{18}O_9$ (378,23).   Ber. C 57,13, H 4,80.

Gef. ,, 56,86, ,, 4,86.

Das Didepsid bildet farblose, mikroskopische Blättchen, schmilzt nach vorheriger Sinterung gegen 260° (korr.), löst sich leicht in Alkalien, Pyridin, Aceton und Alkohol, aber schwer in kaltem Wasser, Benzol und Ligroin. Die alkoholische Lösung gibt mit Eisenchlorid eine trübe Färbung.

Carbomethoxy-syringoyl-p-oxybenzoesäure,
$CH_3OOC.O.C_6H_2(OCH_3)_2.CO.O.C_6H_4.COOH$.

Für die Synthese dienen einerseits eine Lösung von 5 g Carbomethoxy-syringasäurechlorid in einem Gemisch von 50 ccm Äther und Benzol und andererseits eine Lösung von 2,85 g wasserhaltiger p-Oxybenzoesäure in 18,2 ccm n-Natronlauge. Die alkalische Lösung wird stark gekühlt; dann fügt man 20 ccm der Chloridlösung und 3,6 ccm n-Natronlauge hinzu, schüttelt kräftig und wiederholt im Laufe von $^3/_4$ Stunden diesen Zusatz von n-Natronlauge und Chloridlösung, bis diese ganz verbraucht ist. Zum Schluß wird noch etwa $^1/_4$ Stunde geschüttelt, dann die wässerige Lösung abgehoben, mit Salzsäure gefällt und der abgesaugte Niederschlag aus heißem Aceton mit Wasser umgefällt.

0,1556 g Sbst. (bei 100° und 20 mm über Phosphorsäureanhydrid getrocknet):
0,3278 g CO_2, 0,0619 g H_2O.

$C_{18}H_{16}O_9$ (376,22).   Ber. C 57,43, H 4,29.

Gef. ,, 57,47, ,, 4,45.

Die Säure bildet mikroskopische, dünne, lange Blättchen, die vielfach wie Nadeln aussehen. Sie schmilzt nach vorheriger Sinterung gegen 200° (korr.). Sie löst sich leicht in Aceton, Essigäther, Pyridin, sehr schwer in Benzol und Ligroin.

Syringoyl-p-oxybenzoesäure,
$HO.C_6H_2(OCH_3)_2.CO.O.C_6H_4.COOH$.

Löst man 2 g der Carbomethoxyverbindung in 16 ccm n-Ammoniaklösung (3 Mol.) bei gewöhnlicher Temperatur, so findet schon nach kurzer Zeit eine Trübung statt, und allmählich bildet sich ein dicker, farbloser, nicht deutlich krystallinischer Niederschlag, der das Ammoniaksalz des Didepsids ist. Nach $2^1/_2$—3 Stunden ist die Reaktion beendet. Man löst dann in der 3—4fachen Menge Wasser und fällt mit Salzsäure. Der Niederschlag wird durch Lösen in heißem Aceton und Fällen mit heißem Wasser gereinigt. Er bildet farblose, mikroskopische, verfilzte Nädelchen, die gegen 206° (korr.) zu einer klaren, farblosen Flüssigkeit geschmolzen sind.

0,1669 g Sbst. (bei 100° und 20 mm über Phosphorpentoxyd getrocknet):
0,3691 g CO_2, 0,0690 g H_2O.

$C_{16}H_{14}O_7$ (318,19). Ber. C 60,36, H 4,44.
Gef. ,, 60,31, ,, 4,63.

Das Didepsid löst sich leicht in Aceton und Pyridin, sehr schwer in Wasser, Benzol und Ligroin. Von Alkalien wird es leicht aufgenommen, dagegen ist das Ammoniaksalz etwas schwerer löslich. Die alkoholische Lösung gibt mit Eisenchlorid eine tiefgrüne Färbung.

p-Carbomethoxy-oxybenzoyl-syringasäure,
$CH_3OOC.O.C_6H_4.CO.O.C_6H_2(OCH_3)_2.COOH$.

Zu einer gut gekühlten Lösung von 4,6 g Syringasäure in 23 ccm n-Natronlauge, die in der Wasserstoffatmosphäre gehalten ist, fügt man in 5 Portionen 5 g p-Carbomethoxy-oxybenzoylchlorid[1]), die in 50 ccm Äther gelöst sind, und 23 ccm n-Natronlauge. Unter dauerndem Schütteln und guter Kühlung dauert die Operation etwa eine Stunde. Hierbei scheidet sich in der wässerigen Lösung das Natronsalz des Kuppelungsproduktes zum Teil krystallinisch ab. Nachdem der Äther abgehoben, wird die wässerige Schicht mit Wasser verdünnt, bis das Natronsalz in Lösung gegangen, und dann mit Salzsäure gefällt. Den Niederschlag reinigt man in der üblichen Weise durch Lösen in Aceton, Behandlung mit Tierkohle und fällt mit heißem Wasser. Die kleinen farblosen Krystalle schmelzen unter Gasentwicklung gegen 228° (korr.), nachdem vorher Sinterung stattgefunden hat.

0,1643 g Sbst. (bei 100° und 20 mm über Phosphorsäureanhydrid getrocknet):
0,3462 g CO_2, 0,0639 g H_2O.

$C_{18}H_{16}O_9$ (376,22). Ber. C 57,43, H 4,29.
Gef. ,, 57,47, ,, 4,35.

Die Säure löst sich leicht in Alkohol, Aceton, Pyridin, schwer in Benzol, Chloroform und Petroläther.

p-Oxybenzoyl-syringasäure,
$HO.C_6H_4.CO.O.C_6H_2(OCH_3)_2.COOH$.

2 g Carbomethoxyverbindung werden in 16 ccm n-Ammoniaklösung (3 Mol.) gelöst. Die Flüssigkeit bräunt sich bei Zimmertemperatur langsam und scheidet nach etwa einer Stunde eine geringe Menge

---

[1]) E. Fischer, Berichte d. d. chem. Gesellsch. **41**, 2878 [1908]. (*S. 66.*)

Krystalle ab. Sie wird dann abfiltriert, noch einige Zeit auf Zimmertemperatur gehalten und dann mit Salzsäure gefällt. Die Reinigung des Didepsids geschieht in gewöhnlicher Weise. Ausbeute gut. Durch langsames Verdunsten der Acetonlösung entstehen mikroskopische, ziemlich dicke Prismen, die zumeist am Ende zugespitzt sind.

0,1547 g Sbst. (bei 100° und 20 mm über Phosphorsäureanhydrid getrocknet): 0,3419 g CO_2, 0,0652 g H_2O.

$$C_{16}H_{14}O_7 \ (318,19).$$

Ber. C 60,36, H 4,43.
Gef. ,, 60,28, ,, 4,72.

Das Didepsid schmilzt nach vorhergehendem Sintern nicht scharf gegen 280° (korr.), bräunt sich dabei aber schon stark und entwickelt auch langsam Gas. Es löst sich leicht in Aceton, Pyridin und Alkalien, recht schwer in Wasser, Benzol und Ligroin.

14. Emil Fischer und Hermann O. L. Fischer: Synthese der *o*-Diorsellinsäure und Struktur der Evernsäure[1].

Berichte der deutschen chemischen Gesellschaft **47**, 505 [1914].

(Eingegangen am 4. Februar 1914.)

Von der Orsellinsäure leiten sich **zwei** Didepside ab, je nachdem die Verkuppelung in der *para*- oder *ortho*-Stellung stattfindet. Bei der Einwirkung von Dicarbomethoxy-orsellinoylchlorid auf die alkalische Lösung von Orsellinsäure konnten wir früher[2] nur ein Produkt isolieren, das bei der Verseifung Lecanorsäure gab. Aus seinem Verhalten gegen Eisenchloridlösung haben wir ferner den Schluß gezogen, daß es wahrscheinlich die *para*-Verbindung sei, woraus für die Lecanorsäure die Struktur einer *p*-Diorsellinsäure zu folgern wäre. Um diesen Schluß außer Zweifel zu stellen, schien aber die Bereitung der isomeren *o*-Diorsellinsäure notwendig. Da ihre Isolierung bei obiger Synthese mißlang, so haben wir folgenden Umweg eingeschlagen, der wahrscheinlich auch in manchen anderen Fällen zur Bereitung von *o*-Didepsiden benutzt werden kann.

Der von K. Hoesch[3] beschriebene **Monocarbomethoxy-orcylaldehyd**, der nach seiner Entstehung und seinem Verhalten gegen Eisenchlorid die *para*-Verbindung ist, läßt sich mit Dicarbomethoxy-orsellinoylchlorid in alkalischer Lösung leicht kuppeln, und es entsteht in guter Ausbeute ein Produkt, dem wir folgende Formel geben:

$$\text{I.}\qquad \underset{\text{O·COOCH}_3}{\overset{\text{COH}}{\text{H}_3\text{C·}\underset{|}{\bigodot}\text{·O}}}\text{---}\underset{\text{O·COOCH}_3}{\overset{\text{CO}}{\text{H}_3\text{C·}\underset{|}{\bigodot}\text{·O·COOCH}_3}}.$$

---

[1] Die nachfolgend beschriebenen Versuche wurden teilweise schon in den Sitzungsberichten der Berliner Akademie **1913**, S. 507, veröffentlicht und sind auch in dem zusammenfassenden Vortrag „Synthese von Depsiden, Flechtenstoffen und Gerbstoffen", Berichte d. d. chem. Gesellsch. **46**, 3253 und 3269 [1913], (*S. 3 u. 19*) verwertet.

[2] Berichte d. d. chem. Gesellsch. **46**, 1142 [1913]. (*S. 180.*)

[3] Berichte d. d. chem. Gesellsch. **46**, 887 [1913].

Durch Oxydation mit Kaliumpermanganat entsteht daraus die entsprechende Säure, und diese wird durch Abspaltung der Carbomethoxygruppen mit verdünntem Ammoniak in die zugehörige *o* - Diorsellinsäure

$$\text{II.}\qquad \underset{\underset{\displaystyle\text{OH}}{|}}{\overset{\displaystyle\text{COOH}}{H_3C\cdot\langle\ \rangle\cdot O}}\!\!-\!\!\overset{\displaystyle CO}{\underset{\underset{\displaystyle\text{OH}}{|}}{H_3C\cdot\langle\ \rangle\cdot OH}}$$

verwandelt. Letztere unterscheidet sich von der Lecanorsäure durch die größere Löslichkeit, durch den Schmelzpunkt und das Verhalten gegen Eisenchlorid, womit sie nicht die den *o* - Phenolcarbonsäuren eigentümliche Violettfärbung gibt. Ferner liefert sie bei der Behandlung mit Diazomethan den Methylester ihres Trimethylätherderivats, das von dem entsprechenden Derivat der Lecanorsäure verschieden ist.

In manchen Flechten findet sich neben Lecanorsäure die ähnliche Gyrophorsäure, und O. Hesse hält beide Substanzen für isomer[1]. Unsere Vermutung, daß die Gyrophorsäure *o*-Diorsellinsäure sei, hat sich aber nicht bestätigt, denn das künstliche Produkt unterscheidet sich durch Schmelzpunkt, Löslichkeit und Eisenchloridfärbung von der natürlichen Gyrophorsäure. Da nun nach der Theorie nur zwei Diorsellinsäuren anzunehmen sind, so ist die Auffassung der Gyrophorsäure als Didepsid der Orsellinsäure nicht mehr haltbar, und es bedarf einer neuen Untersuchung, um Sicherheit über ihre Struktur zu erhalten.

Entscheidendere Resultate erhielten wir bei der Evernsäure, die zuerst von Stenhouse in Evernia prunastri gefunden wurde[2], und aus der er durch Spaltung mit Alkali oder Baryt die Everninsäure erhielt. Letztere ist von O. Hesse als Methylderivat der Orsellinsäure erkannt worden, ferner haben E. Fischer und K. Hoesch sie durch Methylierung der Orsellinsäure dargestellt und als ihr *p*-Methylätherderivat charakterisiert[3].

Nach dem Resultat der Hydrolyse hat O. Hesse die Evernsäure bereits als Methylderivat der Lecanorsäure betrachtet[4], aber der Beweis dafür fehlte noch, und über die Stellung des Methyls war man ganz auf Vermutungen angewiesen. Wir konnten die Frage auf einfache Weise durch Methylierung der Evernsäure lösen, nachdem uns

---

[1] Journ. f. prakt. Chem. [2] **62**, 463 [1900].
[2] Liebigs Annal. d. Chem. **68**, 83 [1848].
[3] Liebigs Annal. d. Chem. **391**, 347 [1912]. (*S. 156.*)
[4] Abderhaldens Biochem. Handlexikon Bd. VII, S. 73.

Herr O. Hesse in freundlichster Weise eine Probe reinen Materials aus Evernia prunastri zur Verfügung gestellt hatte.

Bei der Behandlung mit Diazomethan liefert nämlich die Säure dasselbe Produkt, das aus Lecanorsäure entsteht, d. h. den **Methylester der Trimethyläther-lecanorsäure**. Daraus geht hervor, daß Evernsäure **Monomethyl-lecanorsäure** ist, und da in der Everninsäure das Methyl sich in *para*-Stellung zum Carboxyl befindet, so kann die Evernsäure nur folgende Struktur haben:

$$\text{III.} \qquad \underset{\dot{O}H}{\overset{CH_3}{H_3C\cdot O\cdot\left\langle\ \right\rangle\cdot CO\cdot O\cdot}}\ \underset{\dot{O}H}{\overset{CH_3}{\left\langle\ \right\rangle\cdot COOH}}\,.$$

Wir halten es deshalb für wahrscheinlich, daß auch ihre Synthese durch partielle Methylierung der Lecanorsäure ausgeführt werden kann, und wir werden den Versuch anstellen, sobald wir uns eine ausreichende Menge der letzteren verschafft haben.

Tricarbomethoxy-orsellinoyl-orcylaldehyd (Formel I).

Eine Lösung von 10 g Monocarbomethoxy-orcylaldehyd in 80 ccm Aceton wird auf —15° abgekühlt und mit 47,6 ccm n-Natronlauge (1 Mol.), die ebenfalls auf —15° gebracht ist, versetzt. Hierzu gibt man auf einmal eine Lösung von 14,4 g krystallisiertem Dicarbomethoxy-orsellinoylchlorid (1 Mol.) in 50 ccm trockenem Aceton und schüttelt um. Nach kurzer Zeit verschwindet die gelbe Farbe der alkalischen Lösung, die Flüssigkeit wird sauer und gesteht zu einem Brei von feinen Krystallen. Diese werden nach 10 Minuten mit etwa 500 ccm Wasser kräftig durchgeschüttelt, scharf abgesaugt und mit kaltem Alkohol gewaschen, bis ihre alkoholische Lösung mit Eisenchlorid keine Färbung mehr gibt. Ausbeute an reiner Substanz 16 g oder 70% der Theorie. Aus heißem Alkohol krystallisiert sie in äußerst feinen, biegsamen Nädelchen, die unter dem Mikroskop wie Pilzmycel aussehen.

Für die Analyse wurde bei 78° und 15 mm über Phosphorpentoxyd getrocknet, wobei aber die im Exsiccator getrocknete Substanz nur einen ganz geringen Gewichtsverlust erlitt.

0,1596 g Sbst.: 0,3241 g CO_2, 0,0608 g H_2O.

$C_{22}H_{20}O_{12}$ (476,16). Ber. C 55,44, H 4,23.
Gef. ,, 55,38, ,, 4,26.

Die Substanz ist in Wasser selbst in der Hitze nahezu unlöslich, auch in warmem Äther ziemlich schwer löslich, dagegen ziemlich leicht löslich in heißem Alkohol und warmem Benzol, in Essigäther leicht löslich, besonders in der Wärme, und ganz leicht löslich in kaltem Aceton. Aus heißem Benzol krystallisiert sie beim Abkühlen in sehr feinen, biegsamen Nädelchen, in der gleichen Gestalt scheidet sie sich aus der eingeengten ätherischen Lösung aus. Sie schmilzt nach geringem Sintern bei 111—112° (korr. 112—113°). Bei hoher Temperatur tritt Zersetzung ein. Ihre alkoholische Lösung, der wenig Wasser zugesetzt ist, gibt mit Eisenchlorid keine besondere Färbung. Die alkoholische Lösung färbt sich auf Zusatz von Alkali rasch gelb.

$$\text{Tricarbomethoxy-}o\text{-diorsellinsäure,}$$
$$(CH_3.CO_2.O)_2C_6H_2.CO.O.C_6H_2.COOH.$$
$$H_3C \qquad H_3C \quad O.CO_2.CH_3$$

Zu einer Lösung von 5 g der vorhergehenden Substanz in 80 ccm Aceton fügt man in kleinen Portionen unter starkem Turbinieren eine heiße Lösung von 3 g Kaliumpermanganat und 3 g krystallisiertem Magnesiumsulfat in 25 ccm Wasser. Die Temperatur soll 40—50° sein und die Operation etwa $^3/_4$ Stunden dauern. Das rasch verdampfende Aceton ist von Zeit zu Zeit zu ersetzen. Sobald das Kaliumpermanganat ganz reduziert ist, kühlt man ab, fügt starke, wässerige, schweflige Säure hinzu, bis aller Braunstein zerstört ist, und verdünnt schließlich mit Wasser. Das Reaktionsprodukt fällt ölig aus, erstarrt aber bald krystallinisch. Es wird abgesaugt und mit kaltem Wasser gewaschen. Es besteht zum größten Teil aus der gesuchten Säure, enthält aber auch nichtsaure Stoffe. Um diese zu entfernen, löst man in wenig Aceton, fügt eine konzentrierte, wässerige Lösung von Kaliumbicarbonat im Überschuß hinzu und verdünnt allmählich mit viel Wasser, wobei die indifferenten Stoffe in filtrierbarer Form ausfallen. Die rasch filtrierte Lösung scheidet beim Übersättigen mit Salzsäure die gesuchte Säure aus. Nachdem der ölige Niederschlag fest geworden ist, wird er zerrieben, abgesaugt, mit kaltem Alkohol gewaschen und aus etwa 15 ccm heißem Alkohol umkrystallisiert. Beim langsamen Abkühlen scheiden sich kleine, meist sechsseitige Täfelchen ab. Die Ausbeute an analysenreiner Substanz betrug 2,6 g oder 50% der Theorie.

Das im Exsiccator getrocknete Präparat verlor bei 78° und 15 mm über Phosphorpentoxyd nur wenig an Gewicht und gab dann folgende Zahlen:

0,1493 g Sbst.: 0,2941 g CO_2, 0,0565 g H_2O.

$C_{22}H_{20}O_{13}$ (492,16). Ber. C 53,64, H 4,10.
Gef. ,, 53,72, ,, 4,23.

Die Säure ist leicht löslich in kaltem Aceton nnd warmem Essigäther, ziemlich schwer in warmem Äther und heißem Benzol; aus letzterem krystallisiert sie in der Kälte meist in Nadeln oder in sehr dünnen langen Prismen, die vielfach sternförmig verwachsen sind. In Wasser ist sie äußerst schwer löslich. Sie beginnt beim raschen Erhitzen im Capillarrohr gegen 150° zu sintern und schmilzt unter stürmischer Gasentwicklung gegen 156° (korr. 158°). Mit Eisenchlorid gibt sie in wässerig-alkoholischer Lösung keine charakteristische Färbung (nur die gewöhnliche Gelbfärbung). Löst man sie in wenig Aceton, fügt starke Kaliumbicarbonatlösung hinzu und verdünnt mit viel Wasser, so tritt klare Lösung ein. In wenig Ammoniak gelöst und mit Silbernitrat im Überschuß versetzt, liefert sie einen amorphen, farblosen Niederschlag, der in der Hitze zu einem Harz zusammenschmilzt.

o-Diorsellinsäure (Formel II).

Eine Lösung von 2,5 g Tricarbomethoxy-o-diorsellinsäure in 35,6 ccm n-Ammoniak (7 Mol.) wird in einer Wasserstoffatmosphäre hergestellt und darin 3 Stunden bei 20° gehalten. Übersättigt man dann mit Salzsäure, so scheidet sich die Diorsellinsäure teils ölig, teils krystallinisch ab, erstarrt aber bald vollständig. Nach 15 Minuten wird abfiltriert. Die Menge des nur schwach gelb gefärbten Rohproduktes beträgt 1,5 g oder 93 % der Theorie. Versetzt man seine wässerig-alkoholische Lösung mit einer Spur Eisenchlorid, so tritt im ersten Moment eine Rotfärbung auf, die ganz schwach ins Violette spielt, sobald man aber etwas mehr Eisenchlorid hinzugibt, schlägt die Färbung in Bräunlichrot um.

Zur weiteren Reinigung löst man in ziemlich viel Aceton, fügt etwas Wasser hinzu, schüttelt etwa 10 Minuten mit Tierkohle, bis die Flüssigkeit entfärbt ist, filtriert und konzentriert das Filtrat durch Eindampfen im Vakuum bei Zimmertemperatur. Dabei scheidet sich die Diorsellinsäure als farbloses, krystallinisches Pulver ab, das unter dem Mikroskop als wenig ausgebildete, vielfach verwachsene, kleine Nädelchen erscheint.

Die lufttrockene Substanz enthält 1 Mol. Krystallwasser:

0,1462 g Sbst. verloren bei 100° und 15 mm über Phosphorpentoxyd 0,0083 g H_2O. — 0,1569 g Sbst. verloren 0,0085 g H_2O.

$C_{16}H_{14}O_7 + H_2O$ (336,12). Ber. H_2O 5,35. Gef. H_2O 5,68, 5,42.

Die getrocknete Substanz gab folgende Zahlen:

0,1379 g Sbst.: 0,3051 g CO_2, 0,0577 g H_2O. — 0,1484 g Sbst.: 0,3273 g CO_2, 0,0627 g H_2O.

$C_{16}H_{14}O_7$ (318,11). Ber. C 60,36, H 4,44.
Gef. ,, 60,34, 60,15, ,, 4,68, 4,73.

Die Säure ist in reinem Zustand farblos, meist aber hat das Präparat einen ganz schwachen Stich ins Gelbe. Die getrocknete Säure schmilzt im Capillarrohr beim raschen Erhitzen unter Kohlensäureentwicklung gegen 120—125°, wird wieder fest, und gegen 180—185° tritt von neuem Schmelzung und Gasentwicklung ein. Sie löst sich leicht in Aceton, Alkohol, Äther und Essigäther und wird aus der ätherischen Lösung durch Petroläther gefällt. In Benzol ist sie auch in der Hitze recht schwer löslich; dasselbe gilt für kaltes Wasser. Jedoch genügt die Löslichkeit darin, um mit Chlorkalk die später beschriebene Färbung zu erzeugen. Von heißem Wasser wird sie in erheblicher Menge aufgenommen, aber dabei findet schon teilweise Zersetzung statt, denn die Flüssigkeit zeigt dann nach dem Abkühlen mit Eisenchlorid eine blauviolette Färbung. Dementsprechend läßt sich auch beim Kochen der Lösung schon nach kurzer Zeit durch vorgelegtes Barytwasser die Bildung von Kohlensäure nachweisen. Aus der Lösung, die einige Zeit gekocht ist, krystallisiert ein Produkt, das bei 180—185° unter Gasentwicklung schmilzt.

In alkoholisch-wässeriger Lösung zeigt auch die reine o-Diorsellinsäure dasselbe Verhalten gegen Eisenchlorid, wie es oben für das Rohprodukt geschildert wurde. Beim Erhitzen der Lösung geht aber die braunrote Farbe bald in Blauviolett über, was wiederum auf Zersetzung hinweist. Die wässerige Lösung der Diorsellinsäure oder ihre Suspension in kaltem Wasser gibt, genau wie die Orsellinsäure, mit verdünnter Chlorkalklösung eine starke blutrote Farbe, die durch überschüssigen Chlorkalk ziemlich bald zerstört wird. Die Diorsellinsäure löst sich auch ohne Zugabe von Aceton ziemlich rasch in einer kalten Lösung von Kaliumbicarbonat.

Endlich gibt die warm bereitete und dann rasch abgekühlte, wässerige Lösung der Säure mit Leimlösung eine milchige Trübung, die sich beim stärkeren Abkühlen und Schütteln zusammenballt und in der Wärme leicht löst. Obschon die Reaktion wegen der geringen Löslichkeit der Diorsellinsäure nicht so charakteristisch ist wie in anderen Fällen, so kann sie doch zur Unterscheidung von der Orsellinsäure dienen, denn diese gibt unter den gleichen Bedingungen mit Leimlösung keine milchige Ausscheidung. Wir bemerken übrigens, daß die Leimfällung auch bei der o-Diorsellinsäure ausbleibt, wenn man ihre Lösung nur durch Schütteln mit Wasser von 20—25° herstellt, offenbar weil unter diesen Umständen zu wenig in Lösung geht.

Methylester der Trimethyläther-o-diorsellinsäure.

0,5 g o-Diorsellinsäure wurden mit einer ätherischen Lösung von Diazomethan (aus 3 ccm Nitrosomethylurethan) übergossen und 18 Stunden bei Zimmertemperatur aufbewahrt. Beim Verdampfen der filtrierten ätherischen Lösung blieb ein öliger Rückstand, der in wenig Methylalkohol gelöst wurde. Die bald ausfallenden Krystalle schmolzen bei 104—105° (korr.) zu einer wasserhellen Flüssigkeit.

0,1206 g Sbst. (bei 78° und 1 mm über P_2O_5 getrocknet): 0,2839 g CO_2, 0,0646 g H_2O.

$C_{20}H_{22}O_7$ (374,18).   Ber. C 64,14, H 5,93.
Gef. ,, 64,20, ,, 5,99.

Der Ester schmilzt auf kochendem Wasser und löst sich darin nur spurenweise. In heißem Methylalkohol ist er leicht löslich und krystallisiert daraus beim Erkalten meist in mikroskopischen, dicken, kurzen Prismen, die verschiedene Endflächen haben und vielfach verwachsen sind. In Äther ist er etwas schwerer löslich und krystallisiert daraus in mikroskopischen, ziemlich dicken, flächenreichen Formen. Von heißem Ligroin (Siedepunkt 90—100°) wird er in erheblicher Menge aufgenommen. Beim Erkalten scheidet er sich zuerst meist als Öl ab, erstarrt aber bald zu mikroskopischen, feinen Blättchen, die vielfach wie Rhomboeder aussehen und zu Büscheln oder Drusen verwachsen sind. Die alkoholisch-wässerige Lösung gibt weder mit Eisenchlorid noch mit Chlorkalk eine charakteristische Färbung.

Von dem isomeren Methylester der Trimethylätherlecanorsäure unterscheidet er sich sowohl durch die Form der Krystalle wie durch den 43° niedrigeren Schmelzpunkt und die größere Löslichkeit in organischen Solvenzien.

Methylierung der Evernsäure.

Für den Versuch diente ein Präparat aus Evernia prunastri, das wir Herrn O. Hesse verdanken. Von der Abwesenheit der Lecanorsäure haben wir uns überzeugt durch die Probe mit Chlorkalk in alkoholisch-wässeriger Lösung, wobei keine rote Farbe entstand.

0,5 g des im Vakuumexsiccator getrockneten Präparats wurden mit einer ätherischen Lösung von Diazomethan (aus 4,5 ccm Nitrosomethylurethan) übergossen und 16 Stunden bei Zimmertemperatur aufbewahrt. Beim Verdampfen der ätherischen Lösung blieb ein krystallinischer Rückstand, der beim Umlösen aus 15 ccm warmem Methylalkohol lange, meist konzentrisch gruppierte Nadeln von der Formel $C_{20}H_{22}O_7$ gab.

0,1334 g Sbst. (bei 78° und 1 mm über P_2O_5 getrocknet): 0,3129 g CO_2. 0,0712 g H_2O.

$C_{20}H_{22}O_7$ (374,18).   Ber. C 64,14, H 5,93.
Gef. ,, 63,97, ,, 5,97.

Das Präparat war in Wasser kaum löslich und schmolz beim Kochen damit nicht. Es löste sich in heißem Methylalkohol noch ziemlich leicht, aber doch erheblich schwerer wie das zuvor beschriebene *ortho*-Derivat. Es krystallisierte aus warmem Methyl- oder Äthylalkohol in langen, sehr dünnen Prismen, die vielfach stern- oder büschelförmig verwachsen waren. In alkoholisch-wässeriger Lösung gab es mit Eisenchlorid keine Färbung.

In allen diesen Eigenschaften gleicht es durchaus dem früher beschriebenen Methylester der Trimethyläther-lecanorsäure[1]), wie uns ein direkter Vergleich zeigte. Nur im Schmelzpunkt haben wir eine kleine Differenz beobachtet. Das Präparat aus synthetischer Lecanorsäure schmolz nämlich bei 147,5—148,5° (korr.), nachdem kurz zuvor schwaches Sintern eingetreten war. Dagegen schmolz das Präparat aus Evernsäure scharf bei 149,5—150° (korr.). Da aber eine Mischung gleicher Teile von beiden Präparaten bei 148,5—149° (korr.) schmolz, also kaum eine Depression zeigte, so können wir dem geringen Unterschied in den Schmelzpunkten keine Bedeutung beimessen und halten es mithin für nicht zweifelhaft, daß beide Produkte identisch sind.

---

[1]) Berichte d. d. chem. Gesellsch. **46**, 1144 [1913]. (*S. 182.*)

15. Emil Fischer: Über einige Derivate des Phloroglucins und eine neue Synthese des Benzoresorcins.

Liebigs Annalen der Chemie **371**, 303 [1910].

(Eingelaufen am 10. Januar 1910.)

Im Gegensatz zu der p-Oxybenzoesäure und der Gallussäure nimmt die Salicylsäure beim Schütteln der alkalischen Lösung mit Chlorkohlensäuremethylester kein Carbomethoxyl auf, und das gleiche zeigte sich bei der Gentisin- und β-Resorcylsäure in bezug auf die eine in Orthostellung zum Carboxyl befindliche Phenolgruppe.

Diese Schwierigkeit ließ sich aber in allen drei Fällen durch Anwendung des von F. Hofmann empfohlenen Dimethylanilins an Stelle des Alkalis überwinden[1]).

Etwas anders liegen die Verhältnisse bei der Phloroglucincarbonsäure. In alkalischer Lösung fixiert sie leicht ein Carbomethoxyl, offenbar an der zum Carboxyl in p-Stellung befindlichen Phenolgruppe; dagegen ist es mir bisher nicht gelungen, die beiden anderen Hydroxyle, die dem Carboxyl benachbart sind, zu carbomethoxylieren. Infolgedessen habe ich darauf verzichten müssen, aus der Phloroglucincarbonsäure das noch unbekannte 2, 4, 6-Trioxybenzophenon in ähnlicher Weise zu bereiten wie das 3, 4, 5-Trioxybenzophenon aus Gallussäure[2]) oder das Benzoresorcin aus β-Resorcylsäure (siehe unten). Dieser Mißerfolg hat mich veranlaßt, andere Methoden für den Aufbau von Benzophenonderivaten des Phlorglucins, zu denen bekanntlich Cotoin und Hydrocotoin gehören, zu versuchen. Das ursprüngliche Ziel, die Synthese des 2, 4, 6-Trioxybenzophenons, ist auch dabei nicht erreicht worden. Dagegen wurden mehrere neue Benzoylderivate des Phloroglucins gefunden, von denen die Dibenzoylphloroglucindialkyläther einiges Interesse bieten, denn sie enthalten sehr wahrscheinlich beide Benzoyl in Kohlenstoffbindung entsprechend der Formel

---

[1]) E. Fischer, Berichte d. d. chem. Gesellsch. **42**, 215 (1909). (*S. 80.*)
[2]) E. Fischer, Berichte d. d. chem. Gesellsch. **42**, 1015 [1909]. (*S. 94.*)

$$\text{Alk.O} \quad \text{H} \qquad\qquad\qquad \text{Alk.O} \quad \text{CO.}C_6H_5$$

$$C_6H_5\cdot CO-\!\!\!\!\bigcirc\!\!\!\!-OAlk. \qquad \text{oder} \qquad C_6H_5\cdot CO-\!\!\!\!\bigcirc\!\!\!\!-OAlk.$$

$$\text{HO} \quad \text{CO.}C_6H_5 \qquad\qquad\qquad \text{HO} \quad \text{H}$$

und bilden mithin einen neuen Typus von Phloroglucinderivaten. Sie gleichen in der Beständigkeit gegen warme Laugen dem Hydrocotoin (*C*-Benzoylphloroglucin-dimethyläther) und unterscheiden sich dadurch von dem *C*-Triacetophloroglucin bzw. seiner Tribenzoylverbindung, die kürzlich von G. Heller[1]) beschrieben wurden und die sich leicht durch warmes Alkali verseifen lassen.

Carbomethoxyderivate des Phloroglucins und seiner Carbonsäure.

Daß das Phloroglucin in alkalischer Lösung beim Schütteln mit Chlorkohlensäureäthylester drei Carboäthoxygruppen aufnimmt, ist schon von F. Kaufler[2]) festgestellt worden. Aber sein Produkt ist bei gewöhnlicher Temperatur ein Öl, das bisher nicht krystallisiert erhalten wurde. Schönere Eigenschaften hat das gut krystallisierende

Tricarbomethoxyphloroglucin,

$(CH_3OOC.O)_3C_6H_3$.

Übergießt man 13 g wasserhaltiges Phloroglucin mit 80 ccm n-Natronlauge (1 Mol.), so geht der größte Teil beim Umschütteln in Lösung. Man kühlt in Eis ab und fügt 8,4 g (1,1 Mol.) Chlorkohlensäuremethylester unter kräftigem Schütteln hinzu. Das Chlorid verschwindet ziemlich schnell, und ein fester Körper scheidet sich ab. Auf Zusatz von 80 ccm n-Natronlauge (1 Mol.) geht die Hauptmenge mit ganz schwach blauvioletter Farbe wieder in Lösung. Man kühlt ab, gibt 8,4 g Chlorid zu und schüttelt kräftig durch. Schließlich wiederholt man die Operation mit denselben Mengen (80 ccm n-Natronlauge, 8,4 g Chlorid) noch einmal. Die beim Hinzufügen der Natronlauge wieder auftretende schwache Blaufärbung verschwindet nach Zusatz des Chlorids. Während der ganzen Operation ist nie vollständige Lösung eingetreten. Man saugt das ausgefallene Produkt ab und wäscht mit kaltem Wasser aus.

Zur Reinigung löst man in Aceton und fügt zu der heißen Flüssigkeit warmes Wasser, bis die entstehende Trübung eben noch verschwindet. Beim langsamen Abkühlen scheiden sich schöne, lange, glänzende Prismen ab. Die Ausbeute an zweimal umkrystallisiertem, analysenreinem Produkt betrug 18,3 g oder 76% der Theorie. Die im Vakuum-

---

[1]) Berichte d. d. chem. Gesellsch. **42**, 2736 [1909].
[2]) Monatsh. **21**, 994 [1900].

exsiccator getrocknete Substanz verlor beim Erhitzen auf 75° unter 15 mm Druck nichts an Gewicht.

0,1882 g Sbst.: 0,3284 g CO_2, 0,0700 g H_2O.

$C_{12}H_{12}O_9$ (300,09).   Ber. C 47,98, H 4,03.
Gef. ,, 47,78, ,, 4,16.

Sie schmilzt bei 99—100° (korr.) zu einer farblosen Flüssigkeit. Beim Erhitzen mit Wasser schmilzt sie, geht zum Teil in Lösung, fällt bei geringer Abkühlung zuerst ölig aus, krystallisiert aber bald. Sie ist leicht löslich in kaltem Aceton, Chloroform und heißem Alkohol, ziemlich leicht in heißem Äther, sehr leicht in heißem Benzol und Essigester, fast unlöslich in Petroläther. Wegen der Schwerlöslichkeit in Wasser wird sie von wässeriger Natronlauge ziemlich langsam verseift, sehr leicht dagegen von alkoholischer Lauge schon in der Kälte, wobei Phloroglucin entsteht. Mit Eisenchlorid gibt sie keine Färbung.

Carbomethoxy-phloroglucincarbonsäure,

$CH_3OOC . O . C_6H_2(OH)_2 . COOH$.

Zu einer bis zum Gefrieren abgekühlten Lösung von 5 g roher Phloroglucincarbonsäure[1]) in 53 ccm n-Natronlauge (2 Mol.) gibt man 2,8 g Chlorkohlensäuremethylester (1 Mol.) in mehreren Portionen unter kräftigem Schütteln. Das Chlorid verschwindet sehr schnell und es tritt eine starke Krystallisation ein, vermutlich des Natriumsalzes. Man schüttelt mit überschüssiger verdünnter Salzsäure kräftig durch, saugt die Krystallmasse ab und wäscht mit etwas eiskaltem Wasser. Ausbeute 5 g. Zur Reinigung wird aus etwa 15 Teilen heißem Wasser umgelöst. Für die Analyse war bei 100° unter 15 mm Druck getrocknet.

0,1227 g Sbst.: 0,2137 g CO_2, 0.0417 g H_2O.

$C_9H_8O_7$ (228,06).   Ber. C 47,36, H 3,54.
Gef. ,, 47,34, ,, 3,80.

Als Nebenprodukt entstand in geringer Menge Tricarbomethoxyphloroglucin.

Die Carbomethoxyverbindung schmilzt bei 160° (korr. 162°) unter Gasentwicklung, nachdem sie schon einige Grade vorher zu sintern angefangen hat. Sie krystallisiert aus Wasser in biegsamen Nadeln, die zu dichten Büscheln verwachsen sind; sie ist leicht löslich in kaltem Alkohol, Aceton und Essigäther, etwas schwerer in Äther von gewöhnlicher Temperatur, schwer löslich in Chloroform und Benzol, so gut wie unlöslich in Petroläther. Die wässerige Lösung färbt sich mit

---

[1]) Zd. H. Skraup, Monatsh. **10**, 724 [1889].

Eisenchlorid tief violett. Die Säure ist beständiger als die freie Phloroglucincarbonsäure.

Nach den früheren Erfahrungen[1]) über die Bildung von Carbomethoxyderivaten der Phenolcarbonsäuren ist es in hohem Grade wahrscheinlich, daß die Phloroglucincarbonsäure das Carbomethoxyl in der *para*-Stellung zum Carboxyl aufnimmt. Die weitere Einführung von Carbomethoxygruppen ist trotz der Anwendung von Dimethylanilin bisher nicht gelungen.

Monobenzoylverbindungen des Phloroglucins und seiner Carbonsäure.

Beim Schütteln der alkalischen Lösung mit Benzoylchlorid nimmt die Phloroglucincarbonsäure leicht ein Benzoyl auf, und die so entstehende Verbindung zerfällt beim Erhitzen auf 200° in Kohlensäure und Monobenzoylphloroglucin. Da aus letzterem das Benzoyl beim Erwärmen mit Alkali sehr leicht abgespalten wird, so ist es wahrscheinlich an Sauerstoff gebunden. Dieser Schluß gilt auch für die Carbonsäure, und nach Analogie mit der Carbomethoxyverbindung darf man wohl zufügen, daß das Benzoyl wahrscheinlich in *p*-Stellung zum Carboxyl sich befindet, entsprechend der Formel

$$\text{C}_6\text{H}_5.\text{COO}\!-\!\!\left\langle\!\begin{array}{c}\text{OH}\\[-2pt]\\[-2pt]\text{OH}\end{array}\!\right\rangle\!\!-\!\text{COOH}.$$

Benzoyl-phloroglucincarbonsäure.

Zu einer bis zum Gefrieren abgekühlten Lösung von 8,5 g Phloroglucincarbonsäure in 100 ccm n-Natronlauge (2 Mol.) gibt man unter kräftigem Schütteln 7,7 g Benzoylchlorid (1,1 Mol.) in etwa 3 Portionen. Die anfangs schwach blauviolette Färbung der Flüssigkeit verschwindet, und ein dicker Krystallbrei des Natriumsalzes scheidet sich ab. Man schüttelt so lange, bis der Geruch nach dem Chlorid fast ganz verschwunden ist. Hierauf fügt man etwa 20 ccm 5 n-Salzsäure zu, schüttelt kräftig durch, saugt den Niederschlag ab und wäscht ihn mit kaltem Wasser aus. Die Ausbeute an Rohprodukt betrug 12 g oder 88% der Theorie. Zur Reinigung krystallisiert man die Säure aus etwa 60—80 Teilen 20proz. Alkohol. Durch Einengen der Mutterlauge kann man noch eine erhebliche Menge der Säure gewinnen. Für die Analyse war bei 100° getrocknet.

---

[1]) Vgl. E. Fischer, Berichte d. d. chem. Gesellsch. **42**, 215 [1909]. (*S. 80.*)

0,1640 g Sbst.: 0,3679 g CO_2, 0,0560 g H_2O.

$$C_{14}H_{10}O_6 \ (274,08). \quad \text{Ber. C } 61,30, \text{ H } 3,69.$$
$$\text{Gef. ,, } 61,18, \text{ ,, } 3,82.$$

Beim raschen Erhitzen im Capillarrohr schmilzt die Säure gegen 195° (korr.) unter starkem Schäumen zu einer farblosen Flüssigkeit. Sie bildet schmale Prismen. Sie ist leicht löslich in Aceton, Alkohol und Essigäther in der Kälte, etwas schwerer, aber immer noch ziemlieh leicht in kaltem Äther. Sie löst sich schwer in kochendem Wasser (etwa 170 Teilen), Chloroform und Benzol, gar nicht in Petroläther. Aus heißem Wasser krystallisiert sie in feinen Nadeln oder sehr dünnen Prismen. Die Alkalisalze sind in Wasser schwer löslich. Die wässerige Lösung gibt mit Eisenchlorid eine außerordentlich intensive, tiefblauviolette Färbung. Sie reduziert Fehlingsche Lösung in der Wärme.

Das Silbersalz $C_{14}H_9O_6Ag$ ist in Wasser fast unlöslich, es fällt auf Zusatz von Silbernitrat zu einer heißen wässerigen Lösung der Säure als farbloser, nicht deutlich krystallisierter Niederschlag, der im Exsiccator über Phosphorpentoxyd getrocknet folgende Zahlen gab:

0,3324 g Sbst.: 0,0939 g Ag.

$$C_{14}H_9O_6Ag \ (381). \quad \text{Ber. Ag } 28,39. \quad \text{Gef. Ag } 28,25.$$

Erwärmt man das in Wasser suspendierte Salz mit wenig Ammoniak, so tritt Reduktion ein, manchmal unter Bildung eines Silberspiegels.

Monobenzoyl-phloroglucin.

Man erwärmt 20 g Benzoylphloroglucincarbonsäure in einem Ölbade 20 Minuten auf 200°. Unter lebhafter Kohlensäureentwicklung entsteht eine braun gefärbte Schmelze, die beim Erkalten zu einer glasigen oder manchmal auch krystallinischen Masse erstarrt. Etwas Benzoesäure sublimiert in den Hals des Kolbens. Man löst die Schmelze in etwa 35 ccm Aceton unter Erwärmen auf dem Wasserbade und gießt in dünnem Strahl in ein kochendes Gemisch von 1 Liter Wasser und 200 ccm Alkohol. Die trübe Flüssigkeit wird heiß filtriert. Beim Erkalten fällt das Benzoylphloroglucin als krystallinische Masse, die aber noch gelb gefärbt ist. Die Ausbeute betrug im besten Falle 13 g oder 77% der Theorie.

Zur Reinigung krystallisiert man das Produkt aus etwa 100 Teilen heißem Wasser unter Zusatz von Tierkohle, wobei nur relativ kleiner Verlust eintritt. Man erhält so farblose dünne Blätter oder Nadeln, die für die Analyse bei 100° getrocknet wurden.

15*

I. 0,1117 g Sbst.: 0,2777 g CO_2, 0,0450 g H_2O. — II. 0,1354 g Sbst.: 0,3367 g CO_2, 0,0535 g H_2O.

$$C_{13}H_{10}O_4 \ (230,08).$$

Ber. C 67,80, H 4,38.
Gef. I. ,, 67,80, ,, 4,51.
,, II. ,, 67,82, ,, 4,42.

Das Benzoylphloroglucin schmilzt nach vorherigem geringen Erweichen bei 194—195° (korr. 198—199°) zu einer klaren Flüssigkeit. Seine kalte wässerige Lösung gibt mit wenig Ferrichlorid eine ganz schwach blauviolette Färbung, die bei gelindem Erwärmen oder durch mehr Ferrichlorid verschwindet. Wie es scheint, ist die Färbung durch eine Verunreinigung bedingt. Aber es gelang nicht, durch häufiges Umkrystallisieren aus Wasser (fünfmal) die Erscheinung zu beseitigen. Die Substanz reduziert ammoniakalische Silberlösung in der Kälte langsam, schnell beim Erwärmen. Sie ist leicht löslich in Äther, Alkohol, Aceton und Essigester, schwer in heißem Benzol und Chloroform, fast unlöslich in Petroläther. Sie schmeckt bitter und etwas adstringierend. Von wässerigen Alkalien und Alkalicarbonaten wird sie gelöst. Beim Erwärmen mit Alkali wird rasch Benzoesäure abgespalten.

Benzoylderivate der Dialkylphloroglucine.

Nach den Beobachtungen von J. Pollak[1]) nimmt der Dimethyläther des Phloroglucins bei der Behandlung mit Benzoylchlorid und Alkali ein Benzoyl auf, das an Sauerstoff gebunden ist. Wird aber dieses Produkt in Benzollösung mit Benzoylchlorid und Chlorzink erhitzt, so tritt ein zweites Benzoyl in den Benzolkern ein unter Bildung eines Benzophenonderivates. Denn durch Alkali konnte Pollak die Verbindung in Benzoesäure und Hydrocotoin $C_6H_5CO.C_6H_2.OH(OCH_3)_2$ zerlegen.

Bei dem Versuch, diese Reaktionen auf Phloroglucin-diäthyläther zu übertragen, habe ich etwas abweichende Resultate erhalten. Der in alkalischer Lösung entstehende O-Benzoylphloroglucin-diäthyläther liefert nämlich bei der Behandlung mit Chlorzink und Benzoylchlorid als Hauptprodukt einen Tribenzoylphloroglucin-diäthyläther. Wird dieser mit alkoholischer Kalilauge erhitzt, so verliert er ein Benzoyl und geht über in Dibenzoyl-phloroglucin-diäthyläther. Letzterer bildet gelb gefärbte Alkalisalze und scheint nach seinem ganzen Charakter beide Benzoyle im Benzolkern zu enthalten. Er würde demnach die Struktur

$C_2H_5.O$ H $C_2H_5.O$ $CO.C_6H_5$

$C_6H_5.CO$—⟨ ⟩—$O.C_2H_5$ oder $C_6H_5.CO$—⟨ ⟩—$O.C_2H_5$

HO $CO.C_6H_5$ HO H

---

1) Monatsh. **18**, 736 [1878].

haben und wäre als C-Dibenzoylphloroglucin-diäthyläther zu bezeichnen.

Ebenso verläuft die Benzoylierung beim Phloroglucindimethyläther, wenn man bei dem Versuche von Pollak die Menge des Benzoylchlorids erheblich vergrößert.

O-Benzoyl-phloroglucin-diäthyläther,
$$C_6H_5COOC_6H_3(OC_2H_5)_2.$$

Zu einer durch Eiswasser gekühlten Lösung von 10 g Phloroglucin-diäthyläther in n-Kalilauge (annähernd 4 Mol.) fügt man unter kräftigem Schütteln im Laufe von etwa 5 Minuten 15 g Benzoylchlorid in 3 Portionen und schüttelt dann noch 30—40 Minuten, bis der Geruch nach Benzoylchlorid fast verschwunden ist. Die in Alkali unlösliche Benzoylverbindung scheidet sich während der Operation ölig aus und wird ausgeäthert. Die getrocknete ätherische Lösung hinterläßt beim Verdampfen ein Öl, das nach einiger Zeit krystallinisch erstarrt. Die Ausbeute betrug im günstigsten Falle 92% der Theorie, fiel aber bei einem anderen Versuch auf 83%. Zur Reinigung wurde aus ungefähr der zehnfachen Gewichtsmenge heißem 60 proz. Alkohol umkrystallisiert und für die Analyse im Vakuumexsiccator getrocknet.

0,1600 g Sbst.: 0,4175 g CO_2, 0,0915 g H_2O.

$C_{17}H_{18}O_4$ (286,14).   Ber. C 71,29, H 6,34.
Gef. ,, 71,17, ,, 6,40.

Die Verbindung schmilzt bei 84° (korr.). Sie krystallisiert aus verdünntem Alkohol in farblosen, dünnen, zugespitzten Prismen oder Nadeln. Sie ist leicht löslich in Alkohol, Äther, Essigäther sowie auch in warmem Benzol und Chloroform. Schwerer wird sie von Petroläther aufgenommen.

Tribenzoyl-phloroglucin-diäthyläther,

$C_2H_5 \cdot O$ H $C_2H_5 \cdot O$ $CO \cdot C_6H_5$
$C_6H_5 \cdot CO—\langle\ \rangle—OC_2H_5$ oder $C_6H_5 \cdot CO—\langle\ \rangle—OC_2H_5$.
$C_6H_5 \cdot CO \cdot O$ $CO \cdot C_6H_5$ $C_6H_5 \cdot CO \cdot O$ H

12 g O-Benzoyl-phloroglucin-diäthyläther werden mit 15 g Benzoylchlorid ($2^1/_2$ Mol.) in 100 ccm thiophenfreiem Benzol gelöst und nach Zusatz von 10 g frisch geschmolzenem, klein gekörntem Chlorzink am Rückflußkühler auf dem Wasserbad gekocht. Die anfangs lebhafte Entwicklung von Salzsäure ist nach $^3/_4$ Stunden fast beendet und die Flüssigkeit hat eine dunkle Farbe angenommen. Wenn jetzt das Benzol abdestilliert wird, so bleibt ein dunkles Öl, in welchem außer dem Chlor-

zink schon ein Teil des festen Tribenzoylkörpers suspendiert ist. Man nimmt das Öl mit etwa 300 ccm Äther auf und schüttelt diese Lösung mit Wasser, das eine ausreichende Menge Natriumcarbonat enthält, um alles noch unveränderte Benzoylchlorid zu zerstören. Bei dieser Operation fällt eine neue Menge Tribenzoyl-phloroglucin-diäthyläther als graues Pulver aus. Der Rest desselben ist in Äther gelöst und wird durch Eindampfen gewonnen. Die nach dem Waschen mit Äther dem Chlorzink noch beigemischte Substanz wird durch Waschen mit Wasser davon befreit. Die Gesamtausbeute betrug 15 g oder 72% der Theorie. Sie läßt sich noch erhöhen durch Vermehrung des Benzoylchlorids und längeres Erhitzen. Denn bei Anwendung von 10 g Benzoyl-diäthyl-phloroglucin und 25 g Benzoylchlorid und $1\frac{1}{2}$ stündigem Kochen wurden 14 g Tribenzoylverbindung, d. h. 81% der Theorie erhalten.

Wird andererseits die Menge des Benzoylchlorids auf $1\frac{1}{4}$ Mol. herabgesetzt entsprechend den Bedingungen, unter denen Pollak beim Benzoyl-phloroglucin-dimethyläther arbeitete, so ist die Menge der Tribenzoylverbindung viel geringer.

Daneben entsteht dann eine erhebliche Menge eines dunklen Öles, das wahrscheinlich die Tibenzoylverbindung enthält, aber bisher nicht krystallisiert erhalten wurde.

Zur Reinigung wird der Tribenzoyl-phloroglucin-diäthyläther aus siedendem Alkohol, wovon ungefähr die 25 fache Gewichtsmenge nötig ist, umkrystallisiert. Beim Abkühlen auf 0° fällt der allergrößte Teil in mikroskopischen, langen, dünnen, schief abgeschnittenen Platten aus. Für die Analyse wurde nochmals aus heißem Aceton umkrystallisiert und bei 100° getrocknet.

0,1731 g Sbst.: 0,4764 g CO_2, 0,0831 g H_2O.

$C_{31}H_{26}O_6$ (494,20). Ber. C 75,27, H 5,30.
Gef. ,, 75,06, ,, 5,37.

Der reine Tribenzoyl-phloroglucin-diäthyläther ist ganz farblos und schmilzt bei 161—162° (korr. 163—164°).

Er löst sich schwer in kaltem Alkohol und Äther, leichter wird er von warmem Aceton und Essigäther aufgenommen. Benzol und Chloroform lösen schon in der Kälte nicht unerhebliche Mengen. In kalten verdünnten Alkalien ist er unlöslich.

C-Dibenzoyl-phloroglucin-diäthyläther,
$(C_6H_5CO)_2C_6H \cdot OH(OC_2H_5)_2$.

10 g Tribenzoyl-phloroglucin-diäthyläther werden mit 50 ccm Alkohol, in dem ungefähr 1,9 g Kaliumhydroxyd gelöst sind, im geschlossenen Rohr 3 Stunden auf 100° erhitzt. Zunächst tritt völlige Lösung ein, und

nach etwa $^3/_4$ Stunden beginnt die Abscheidung von dunkelgelben Krystallen. Schließlich wird der Alkohol auf dem Wasserbade verdampft und der Rückstand mit etwa 150 ccm Wasser, dem 10 ccm Kalilauge von 30% zugesetzt sind, kurz aufgekocht. Dabei findet keine völlige Lösung statt, weil das Kalisalz der Dibenzoylverbindung besonders in überschüssiger Kalilauge recht schwer löslich ist. Man läßt völlig erkalten, filtriert dann das ausgeschiedene Kalisalz, wodurch die Benzoesäure entfernt wird, preßt die Krystalle ab, da beim Waschen mit reinem Wasser Verluste eintreten, löst nun das Kalisalz in etwa 400 ccm heißem Wasser unter Zusatz von wenig Kalilauge und übersättigt die heiß filtrierte Flüssigkeit mit Salzsäure. Dabei fällt der Dibenzoyl-phloroglucin-diäthyläther als hellgelber, krystallinischer Niederschlag, der nach dem völligen Erkalten abgesaugt wird. Die Ausbeute beträgt etwa 90% der Theorie. Eine kleine Menge findet sich noch in der ersten Mutterlauge des Kalisalzes und fällt daraus beim Ansäuren, gemischt mit Benzoesäure aus. Zur Reinigung wird der Dibenzoylphloroglucin-diäthyläther aus etwa der 20fachen Gewichtsmenge kochendem Alkohol umkrystallisiert. Die exsiccatortrockne Substanz verliert bei 100° nicht an Gewicht.

0,1605 g Sbst.: 0,4332 g CO_2, 0,0819 g H_2O.

$C_{24}H_{22}O_5$ (390,17).   Ber. C 73,81, H 5,68.
Gef. ,, 73,61, ,, 5,71.

Die Verbindung krystallisiert aus Alkohol in mikroskopisch kleinen, rhombenähnlichen Blättchen. Sie haben einen eben noch wahrnehmbaren Stich ins Gelbliche und schmelzen bei 154° (korr. 156°) zu einer schwach gelben Flüssigkeit.

Sie lösen sich in kaltem Alkohol und Äther schwer, leichter in Aceton, Benzol, Chloroform. Die kalte alkoholische Lösung gibt mit Eisenchlorid eine recht starke rotbraune Färbung. Mit Alkalien bildet es gelb gefärbte Salze. Sie werden von reinem Wasser partiell hydrolysiert und sind in sehr verdünnten heißen Alkalien ziemlich leicht löslich; das Kalisalz scheidet sich beim Erkalten in hellgelben, glänzenden, sehr feinen mikroskopischen Blättchen ab, in starker Kalilauge ist es auch in der Hitze sehr wenig löslich, schmilzt aber darin in der Wärme und erstarrt beim Erkalten wieder krystallinisch. Das noch schwerer lösliche Natriumsalz krystallisiert beim Erkalten in feinen Nadeln.

Tribenzoyl-phloroglucin-dimethyläther.

Er wurde auf die gleiche Weise wie der Diäthyläther aus der von Pollak[1]) beschriebenen Monobenzoylverbindung dargestellt. Auf 10 g

---

[1]) Monatsh. **18**, 738 [1878].

der letzteren kamen 15 g Benzoylchlorid, 12,5 g Chlorzink und 120 ccm Benzol. Gekocht wurde $^3/_4$ Stunden. Die Isolierung des Produktes geschah genau so wie bei der Diäthylverbindung. Auch die Ausbeute betrug ungefähr 70%. Für die Analyse war bei 100° getrocknet.

I. 0,1127 g Sbst.: 0,3071 g CO_2, 0,0523 g H_2O. — II. 0,1253 g Sbst.: 0,3425 g CO_2, 0,0552 g H_2O.

$$C_{29}H_{22}O_6 \ (466,17). \quad \text{Ber. C } 74,65, \text{ H } 4,76.$$
$$\text{Gef. I. } \,,\, 74,32, \,,\, 5,19.$$
$$\,,\, \text{II. } \,,\, 74,55, \,,\, 4,93.$$

Die Verbindung schmilzt bei 194°. (korr. 198°). Sie ist in Äther und kaltem Alkohol schwer löslich, viel leichter wird sie von heißem Alkohol und Aceton aufgenommen, noch leichter löst sie sich in warmem Benzol und Chloroform. In Wasser und Alkalien ist sie unlöslich.

Sie krystallisiert aus heißem Alkohol in mikroskopischen, schmalen, schief abgeschnittenen Platten.

Dieselbe Tribenzoylverbindung entsteht als Nebenprodukt bei der Darstellung des Dibenzoyl-phloroglucin-dimethyläthers (*O*-Benzoylhydrocotoin) nach der Vorschrift von Pollak (a. a. O.). Dementsprechend bildet sie sich auch aus reinem Dibenzoyl-phloroglucin-dimethyläther beim weiteren Kochen mit Benzoylchlorid und Chlorzink in Benzollösung. Endlich entsteht die Tribenzoylverbindung unter den gleichen Bedingungen auch aus dem Hydrocotoin, wie folgender Versuch zeigt:

2 g käufliches Hydrocotoin (*C*-Benzoyl-phloroglucin-dimethyläther) wurden mit 2,5 g Benzoylchlorid in 30 ccm Benzol gelöst und nach Zusatz von 1,5 g trockenem Chlorzink $1^1/_2$ Stunden am Rückflußkühler gekocht. Beim Verdampfen des Benzols blieb dann ein dunkel gefärbter, größtenteils fester Rückstand, der zunächst mit 50 ccm Äther ausgelaugt wurde. Der hierbei ungelöst bleibende Tribenzoyl-phloroglucin-dimethyläther war noch schmutziggrau gefärbt, konnte aber durch Umkrystallisieren aus heißem Alkohol unter Zusatz von Tierkohle leicht in dünnen, farblosen Prismen vom Schmelzpunkt 194° (unkorr.) erhalten werden. Da die Ausbeute 2,6 g oder 72% der Theorie betrug, so ist das wohl zur Zeit das bequemste Verfahren für die Darstellung der Tribenzoylverbindung.

0,1844 g Sbst.: 0,5033 g CO_2, 0,0792 g H_2O.

$$C_{29}H_{22}O_6 \ (466,17). \quad \text{Ber. C } 74,65, \text{ H } 4,76.$$
$$\text{Gef. } \,,\, 74,44, \,,\, 4,81.$$

C-Dibenzoyl-phloroglucin-dimethyläther.

10 g Tribenzoylphloroglucin-dimethyläther werden mit 50 ccm Alkohol, in dem 2,2 g Kaliumhydroxyd gelöst sind, 3 Stunden in geschlossenem Rohr auf 100° erhitzt. Der Verlauf der Reaktion ist derselbe wie

bei der Diäthylverbindung. Dasselbe gilt für die Isolierung des Produktes und die Ausbeute, die auch hier 90% der Theorie betrug. Zur Analyse war aus heißem Alkohol umkrystallisiert und im Exsiccator getrocknet.

0,1517 g Sbst.: 0,4050 g CO_2, 0,0700 g H_2O.

$C_{22}H_{18}O_5$ (362,14).   Ber. C 72,90, H 5,01.
Gef. ,, 72,81, ,, 5,16.

Die Substanz schmilzt bei 170° (korr.).

In den Löslichkeitsverhältnissen ist sie der Diäthylverbindung sehr ähnlich. Sie krystallisiert aus heißem Alkohol in mikroskopischen Nadeln oder schmalen, öfters plattenartig ausgebildeten Prismen. Dieses feine, krystallinische Pulver hat noch einen Stich ins Gelbe, der aber so schwach ist, daß man es bei oberflächlicher Betrachtung für farblos halten kann. In geschmolzenem Zustand und auch in konzentrierten Lösungen, z. B. Chloroformlösung, zeigt die Substanz eine deutliche schwach gelbe Färbung. Mit Eisenchlorid gibt die alkoholische Lösung eine sehr starke braunrote Färbung. Die Alkalisalze sind in kaltem Wasser ziemlich schwer und in überschüssigem Alkali noch viel schwerer löslich.

Kaliumsalz. Für seine Bereitung löst man 3 g Dibenzoyl-phloroglucin-dimethyläther in 40 ccm warmer $^n/_2$-Kalilauge und läßt die filtrierte Lösung erkalten. Gewöhnlich erfolgt dabei Krystallisation. Sicher tritt diese ein, wenn man noch 3 Tropfen Kalilauge von 30% zufügt. Das Kalisalz fällt dann zum größten Teil als gelbe krystallinische Masse aus, die aus mikroskopischen, schiefen, vierseitigen Blättchen besteht. Für die Analyse wurde nochmals aus warmer, ganz verdünnter Kalilauge umkrystallisiert, abgesaugt und scharf gepreßt, aber nicht mit reinem Wasser ausgewaschen, weil das Salz davon schon in der Kälte teilweise hydrolysiert wird.

Das 24 Stunden bei gewöhnlicher Temperatur an der Luft getrocknete Salz enthielt Wasser, dessen Menge bei verschiedenen Präparaten zwischen 13,3 und 15,7% gefunden wurde. Der größte Teil des Wassers entweicht schon im Vakuumexsiccator über Phosphorpentoxyd. Der Rest wurde bei 108° und 15 mm über P_2O_5 ausgetrieben.

I. 0,4955 g getrocknetes Salz: 0,1056 g K_2SO_4. — II. 0,5634 g getrocknetes Salz: 0,1231 g K_2SO_4.

$C_{22}H_{17}O_5K$ (400,28). · Ber. K 9,78.   Gef. I. 9,57, II. 9,81.

Neue Bildungsweise des 2,4-Dioxybenzophenons (Benzoresorcin).

Das von Döbner[1]) zuerst dargestellte Benzoresorcin ist nach den Versuchen von A. Komarowsky und St. v. Kostanecki[2]) 2,4-Di-

[1]) Liebigs Annal. d. Chem. 210, 256 [1881].
[2]) Berichte d. d. chem. Gesellsch. 27, 1998 [1894].

oxybenzophenon. In Übereinstimmung damit steht die neue Synthese der Verbindung aus dem Chlorid der Dicarbomethoxy-β-resorcylsäure und Benzol bei Gegenwart von Aluminiumchlorid. Das Verfahren entspricht genau der früher beschriebenen Darstellung des 3, 4, 5-Trioxybenzophenons aus Tricarbomethoxy-galloylchlorid und Benzol[1]).

Eine Lösung von 3,6 g Dicarbomethoxy-β-resorcylsäurechlorid in 36 g trockenem, thiophenfreiem Benzol wird nach Zusatz von 3,5 g frisch sublimiertem Aluminiumchlorid im Wasserbad auf 65—70° erwärmt. Unter stürmischer Salzsäureentwicklung scheidet sich ein rotgelbes, harziges Produkt aus. Man steigert die Temperatur langsam auf 80°. Ist nach etwa 1 Stunde die Salzsäureentwicklung nur noch ganz schwach, so kühlt man ab, gießt die Masse auf Eis und verreibt mit starker Salzsäure. Nach Zugabe von etwas Äther hebt man die Benzol-Ätherschicht ab, wäscht erst mit Wasser, dann mit Natriumbicarbonatlösung und schließlich wieder mit Wasser. Nachdem die Benzol-Ätherlösung über Natriumsulfat flüchtig getrocknet ist, wird sie auf dem Wasserbade eingedampft und das zurückbleibende Öl sofort verseift. Dazu löst man es in 40 ccm n-Natronlauge und erwärmt $^1/_4$ Stunde auf dem Wasserbade. Nach dem Abkühlen in Eis säuert man an, wobei ein bald erstarrendes Öl ausfällt. Die Ausbeute an Rohprodukt betrug 70% der Theorie.

Für die Analyse war der Körper einmal aus verdünntem Alkohol und dann aus wenig heißem Benzol umkrystallisiert und bei 100° unter 15 mm Druck getrocknet.

0,1410 g Sbst.: 0,3767 g CO_2, 0,0627 g H_2O.

$C_{13}H_{10}O_3$ (214,08). Ber. C 72,87, H 4,71.
Gef. ,, 72,86, ,, 4,97.

Der direkte Vergleich mit einem nach der Vorschrift von Komarowsky und v. Kostanecki hergestellten Präparat ergab vollkommene Identität.

Bei diesen Versuchen bin ich von den Herren Dr. Adolf Sonn und Dr. Arthur Voß unterstützt worden, wofür ich ihnen besten Dank sage.

---

[1]) E. Fischer, Berichte d. d. chem. Gesellsch. **42**, 1018 [1909]. (*S. 97*.)

16. Emil Fischer und Rudolf Oetker: Über einige Acylderivate der Glucose und Mannose. (Auszug).

Berichte der deutschen chemischen Gesellschaft **46**, 4029 [1913].

(Eingegangen am 9. Dezember 1913.)

Dicarbomethoxy-kaffeesäure,

$(CH_3OOC.O)_2C_6H_3.CH:CH.COOH$.

Die angewandte Kaffeesäure war synthetisch nach Tiemann und Nagai hergestellt[1]). 20 g werden in einer Wasserstoffatmosphäre durch 167 ccm 2 n-Natronlauge (3 Mol.) gelöst, auf —5° abgekühlt und durch einen Tropftrichter in mehreren Portionen unter kräftigem Schütteln 23 g chlorkohlensaures Methyl (2,2 Mol.) im Laufe von 30 bis 40 Minuten zugefügt. Die Temperatur steigt dabei vorübergehend, wird aber durch die fortdauernde starke Kühlung rasch wieder erniedrigt. Um die Reaktion ganz sicher zu Ende zu führen, haben wir schließlich zur stark abgekühlten Flüssigkeit nochmals 42 ccm 2 n-Natronlauge und 8 g chlorkohlensaures Methyl zugefügt und 15 Minuten bei —5° geschüttelt. Dann wurde mit verdünnter Salzsäure angesäuert, die breiartige Masse mit Wasser verdünnt, der farblose Niederschlag abgesaugt, mit Wasser gewaschen, abgepreßt, dann in 150 ccm warmem Aceton gelöst, die schwach gelb gefärbte Flüssigkeit mit Tierkohle behandelt und nach dem Filtrieren mit 400 ccm Wasser von 60° versetzt. Beim Erkalten krystallisierte die Dicarbo-methox-ykaffeesäure in gebogenen Nadeln, welche die Flüssigkeit breiartig erfüllten. Nochmals in derselben Weise umkrystallisiert, war sie analysenrein. Die Ausbeute an reiner Substanz betrug 30 g oder 91% der Theorie.

0,1009 g Sbst. (bei 78° und 15 mm getrocknet): 0,1953 g CO_2, 0,0383 g H_2O.
$C_{13}H_{12}O_8$ (296,10).   Ber. C 52,68, H 4,09.
Gef. ,, 52,79, ,, 4,25.

Die Säure schmilzt bei 145—146° (korr.), und etwa 20° höher tritt Gasentwicklung ein. Sie löst sich sehr leicht in heißem, viel schwerer in kaltem Alkohol, ziemlich leicht in kaltem Aceton, Essigäther, Eisessig, heißem Benzol und Chloroform, viel weniger in Äther.

---

[1]) Berichte d. d. chem. Gesellsch. **11**, 656 [1878].

Dicarbomethoxy-kaffeesäurechlorid,

$(CH_3OOC.O)_2C_6H_3.CH:CH.CO.Cl$.

59 g trockne Säure werden mit 120 ccm trocknem Chloroform übergossen und nach Zusatz von 50 g zerriebenem Phosphorpentachlorid ($1\,^1/_4$ Mol.) auf etwa 50° erwärmt. Unter Salzsäureentwicklung gehen Säure und Pentachlorid allmählich in Lösung. Diese wird bei 15—20 mm Druck und 50—60° verdampft und der Rückstand in warmem, trockenem Tetrachlorkohlenstoff gelöst. Beim Abkühlen scheidet sich das Chlorid in glänzenden Nadeln ab, die rasch abgesaugt und abgepreßt werden. Sie wurden zur völligen Reinigung nochmals aus warmem Tetrachlorkohlenstoff umkrystallisiert. Ausbeute an ganz reinem Chlorid 45 g oder 72% der Theorie.

0,1524 g Sbst. (bei 78° und 15 mm getrocknet): 0,2762 g CO_2, 0,0489 g H_2O. — 0,1943 g Sbst. (nach Carius): 0,0905 g Chlorsilber.

$C_{13}H_{11}O_7Cl$ (314,55). Ber. C 49,59, H 3,53, Cl 11,27.

Gef. ,, 49,43, ,, 3,59, ,, 11,52.

Das Chlorid schmilzt bei 108,5—109,5° (korr.). Außer von Tetrachlorkohlenstoff wird es auch von heißem Chloroform und Benzol leicht, von heißem Ligroin schwer gelöst. Durch Wasser wird es selbst in der Wärme nur langsam angegriffen. Mit Alkohol und Methylalkohol gibt es sehr leicht die entsprechenden Ester.

Dicarbomethoxy-kaffeesäure-äthylester, $C_{13}H_{11}O_7.OC_2H_5$.

Löst man das Chlorid in der $2^1/_2$fachen Menge heißem, absolutem Alkohol, so scheidet sich der Ester beim Abkühlen in farblosen, vielfach sternförmig angeordneten, flachen Nadeln oder Prismen ab, die beim starken Abkühlen die Flüssigkeit breiartig erfüllen. Ausbeute 85% der Theorie. Zur Analyse war nochmals aus heißem Ligroin umkrystallisiert und bei 78° und 20 mm getrocknet.

0,1591 g Sbst.: 0,3250 g CO_2, 0,0707 g H_2O.

$C_{15}H_{16}O_8$ (324,13). Ber. C 55,53, H 4,98.

Gef. ,, 55,71, ,, 4,97.

Der Ester schmilzt bei 98° (korr.). Er ist in Aceton, Benzol, Essigäther sehr leicht, in Alkohol und Äther schwerer löslich.

Der entsprechende Methylester wurde auf die gleiche Weise gewonnen. Er war für die Analyse ebenfalls aus heißem Ligroin umkrystallisiert und bei 78° und 20 mm getrocknet.

0,1511 g Sbst.: 0,3014 g CO_2, 0,0647 g H_2O.

$C_{14}H_{14}O_8$ (310,11). Ber. C 54,18, H 4,55.

Gef. ,, 54,40, ,, 4,79.

Er schmilzt bei 95—96,5° (korr.), krystallisiert aus heißem Ligroin in farblosen, meist büschelförmig vereinigten und ziemlich langen Spießen. Auch in der Löslichkeit gleicht er dem Äthylester.

Penta-(3,4-dicarbomethoxy-dioxycinnamoyl)-glucose, $C_6H_7O_6(C_{13}H_{11}O_7)_5$.

0,9 g fein zerriebene, gebeutelte und scharf getrocknete α-Glucose wurden mit einer Lösung von 10 g reinem Dicarbomethoxy-kaffeesäure-chlorid (6,5 Mol.) in 27 ccm trockenem, reinem Chloroform, dem 6,5 g Chinolin zugefügt war, übergossen und etwa 20 Stunden geschüttelt, bis völlige Lösung eingetreten war. Die Flüssigkeit wurde dann mit der gleichen Menge Chloroform verdünnt, um sie optisch untersuchen zu können, und blieb noch 3 Tage bei gewöhnlicher Temperatur stehen. Dabei war das anfängliche Drehungsvermögen im $\frac{1}{2}$-dm-Rohr von +5,91° nur auf +5,63° zurückgegangen. Man konnte deshalb annehmen, daß die Reaktion beendet sei. Zur Entfernung des Chinolins wurde nun die Chloroformlösung mehrmals mit 10 proz. Schwefelsäure ausgeschüttelt, mit Wasser gewaschen, dann mit Methylalkohol bis zur beginnenden Trübung verdünnt und unter Umrühren in dünnem Strahl in 250 ccm eiskalten Methylalkohol eingegossen. Dabei fiel eine farblose, amorphe Masse. Sie wurde abgesaugt, dreimal in Chloroform gelöst und durch Eingießen in Methylalkohol wieder gefällt. Die Ausbeute betrug schließlich 4,9 g oder 62% der Theorie.

0,1384 g Sbst. (bei 56° unter 15—20 mm getrocknet): 0,2751 g CO_2, 0,0502 g H_2O.

$C_{71}H_{62}O_{41}$ (1570,50).   Ber. C 54,25, H 3,98.
Gef. ,, 54,22, ,, 4,06.

Da die Tetra-(dicarbomethoxy-dioxycinnamoyl)-glucose fast die gleichen Werte (C 53,85, H 4,06) verlangt, so ist die Analyse für die Formel nicht entscheidend. Aus Analogiegründen darf man aber schließen, daß es sich auch im vorliegenden Falle vorzugsweise um die Pentaacylverbindung handelt.

Für die optische Bestimmung diente die Chloroformlösung. 0,1958 g Sbst. Gesamtgewicht der Lösung 1,9184 g, $d_4^{20} = 1,492$ Drehung im 1-dm-Rohr bei 20° für Natriumlicht 17,77° nach rechts. Mithin $[\alpha]_D^{20} = + 116,7°$ (in Chloroform).

0,2169 g Sbst. (andere Darstellung). Gesamtgewicht der Lösung 2,0514 g. $d_4^{20} = 1,492$. Drehung im 1-dm-Rohr bei 20° für Natriumlicht 17,84° nach rechts. Mithin $[\alpha]_D^{20} = +113,1°$ (in Chloroform).

Bestimmungen von anderen Präparaten ergaben auch stärkere Abweichungen, z. B. $[\alpha]_D^{20} = +108,2°$, $+111,4°$, $+120,6°$.

Das ist nicht auffallend, da es sich um eine amorphe Substanz handelt, und da nach früherer Darlegung[1]) bei dieser Synthese wohl immer Gemische von Derivaten der α- und β-Glucose entstehen.

Das Präparat, welches für obige Analyse diente, fing gegen 80° an zu sintern und schmolz bei höherer Temperatur langsam zu einer farblosen, zähen Flüssigkeit. Beim Reiben wurde es stark elektrisch. Es löste sich leicht in Chloroform, Aceton, Essigäther, fast gar nicht in Äther, kaltem Alkohol und Ligroin.

Verseifung der Carbomethoxyverbindung.
Penta - (3, 4 - dioxycinnamoyl) - glucose (?).

6,28 g ($^4/_{1000}$ Mol.) gereinigte Penta-(3, 4-dicarbomethoxy-dioxy-cinnamoyl)-glucose werden in einer Flasche, durch die ein Wasserstoffstrom hindurchgeht, in 32 ccm Aceton gelöst und durch Eiswasser gekühlt. Dann läßt man aus einem Tropftrichter 44 ccm 2 n-Natronlauge ($^{88}/_{1000}$ Mol.) unter Umschütteln langsam zufließen, wobei durch Kühlung die Temperatur der Lösung unter 20° gehalten wird. Durch die Natronlauge wird die anfangs farblose Lösung orangerot und scheidet nach wenigen Minuten Natriumcarbonat ab. Man gibt deshalb noch 30 ccm Wasser zu, wobei klare Lösung eintritt, und hält die Flüssigkeit unter zeitweisem Umschütteln noch $^1/_2$ Stunde bei 20°, während dauernd ein Wasserstoffstrom durch das Gefäß geht. Schließlich fügt man 20 ccm 5 n-Salzsäure zu, wobei Kohlensäure entweicht, die Farbe der Lösung von Orangerot in Hellgelb umschlägt und eine goldgelbe, harzige Masse ausfällt. Um die Fällung zu vervollständigen, verdünnt man noch mit dem doppelten Volumen kalten Wassers und rührt um, bis der Niederschlag zusammengeballt ist und die wässerige Lösung sich ohne Verlust abgießen läßt. Die feste Masse wird mehrmals mit warmem Wasser durchgeknetet, um alle anorganischen Substanzen und Aceton zu entfernen. In der Kälte läßt sie sich leicht zerreiben. Eine Probe davon haben wir ohne weitere Reinigung erst im Exsiccator und dann bei 134° und 1 mm Druck bis zur Gewichtskonstanz getrocknet.

0,1308 g Sbst.: 0,2922 g CO_2, 0,0502 g H_2O.

$C_{51}H_{42}O_{21}$ (990,34).   Ber. C 61,80, H 4,27.
Gef. ,, 60,93, ,, 4,30.

Da im Kohlenstoff noch eine erhebliche Differenz vorhanden war, so haben wir das Präparat, das keine Neigung zur Krystallisation zeigte, in warmem Essigäther gelöst und in der Kälte fraktioniert mit Chloroform gefällt. Die erste, dunkelgelb gefärbte Partie wurde ent-

---

[1]) E. Fischer und K. Freudenberg, Berichte d. d. chem. Gesellsch. **45**, 2710 [1912]. (*S. 288.*)

fernt. Die späteren Fraktionen waren hellgelb. Sie wurden erst im Exsiccator und dann bei 109° und 1 mm getrocknet und gaben folgende Zahlen:

0,1422 g Sbst.: 0,3197 g CO_2, 0,0528 g H_2O.

$C_{51}H_{42}O_{21}$ (990,34). Ber. C 61,80, H 4,27.
Gef. ,, 61,32, ,, 4,16.

Die gefundenen Zahlen weichen noch immer im Kohlenstoff ziemlich von den berechneten ab und nähern sich dem Werte, der für die Tetra-(3, 4-dioxycinnamoyl)-glucose paßt (C = 60,85%, H = 4,38%). Wir müssen es deshalb unentschieden lassen, ob das Präparat vorzugsweise Penta- oder Tetraacylverbindung ist, da eine Garantie für die Reinheit ohnehin bei solchen amorphen Substanzen nicht gegeben ist.

Für die optische Bestimmung diente die alkoholische Lösung des gereinigten und analysierten Präparates. Wegen der gelben Farbe war sie nur in dünner Schicht durchsichtig.

0,1944 g Sbst. Gesamtgewicht der Lösung 1,9257 g. Drehung im $^1/_2$-dm-Rohr bei 20° für Natriumlicht 2,41° nach rechts. $d_4^{20} = 0.833$. Mithin $[\alpha]_D^{20} = +57,4°$ (in Alkohol).

0,1085 g Sbst. Gesamtgewicht der Lösung 1,0509 g. $d_4^{20} = 0,833$. Drehung im $^1/_2$-dm-Rohr bei 20° für Natriumlicht 2,37° nach rechts. Mithin $[\alpha]_D^{20} = +55,0°$ (in Alkohol).

Wir bemerken übrigens auch hier ausdrücklich, daß die Einheitlichkeit des Präparates in stereochemischer Beziehung keineswegs garantiert und sogar ziemlich unwahrscheinlich ist.

Die Substanz hat keinen bestimmten Schmelzpunkt. Im Capillarrohr rasch erhitzt, bläht sie sich gegen 180° stark auf, nach vorherigem Sintern und Farbvertiefung. Sie löst sich sehr leicht in Aceton und Essigäther und dann sukzessive schwerer in Alkohol, Äther, Chloroform und Ligroin. In Wasser ist sie selbst in der Wärme so schwer löslich, daß das Verhalten gegen Leimlösung schwer zu prüfen war. Offenbar aus demselben Grunde ist sie so gut wie geschmacklos. Die Lösung in verdünntem Alkohol wird durch Eisenchlorid stark grün gefärbt. Die alkoholische Lösung gibt mit einer alkoholischen Lösung von Kaliumacetat sofort einen hübsch aussehenden, aber amorphen, schwach gelben Niederschlag. Ferner erzeugt sie in einer alkoholischen Brucinlösung einen amorphen Niederschlag, der sich in der Wärme löst und beim Erkalten wieder ausfällt.

In diesen Eigenschaften sowie in der geringen Löslichkeit in Wasser gleicht sie dem Glucosederivat der Pyrogallolcarbonsäure[1]).

---

[1]) Berichte d. d. chem. Gesellsch. **46**, 2397 [1913]. (*S. 196.*)

17. Emil Fischer und Hermann O. L. Fischer: Über Carbomethoxyderivate der Oxysäuren I.

Berichte der deutschen chemischen Gesellschaft **46**, 2659 [1913].

(Eingegangen am 6. August 1913.)

Die guten Dienste, welche die Carbomethoxyderivate der Phenol-carbonsäuren für den Aufbau von Depsiden, Gerbstoffen, Benzophenon-derivaten usw. bisher geleistet haben, machten es wünschenswert, ähnliche Verbindungen der Oxysäuren zu gewinnen.

Das Verfahren, welches bei den Phenolcarbonsäuren meist leicht zum Ziele führt, ist nun hier allerdings nicht brauchbar; denn bei der Behandlung mit Chlorkohlensäuremethylester in wässeriger, alkalischer Lösung gaben die von uns geprüften Oxysäuren entweder gar nichts oder doch nur so geringe Mengen von Carbomethoxyderivaten, daß ihre Isolierung bisher nicht möglich war.

Dagegen sind wir zum Ziele gelangt durch kombinierte Wirkung von Chlorkohlensäure-methylester und tertiären Basen in wasserfreien Lösungsmitteln, d. h. durch das Verfahren, nach welchem Fritz Hofmann zuerst die Carboäthoxy-salicylsäure darstellte und welches der eine von uns später auch zur totalen Carbo-methoxylierung der Gentisinsäure und β-Resorcylsäure ange-wandt hat[1].

Wir haben die Versuche zunächst bei der Mandelsäure durch-geführt. Sie liefert eine gut krystallisierende Carbomethoxyverbindung, die nach ihrem ganzen Verhalten die Struktur

$$C_6H_5.CH(O.CO_2CH_3).COOH$$

hat. Durch Alkalien wird sie schon in der Kälte rasch in Mandelsaure zurückverwandelt. Bei vorsichtiger Behandlung mit Phosphorpenta-chlorid liefert sie ein krystallisierendes Chlorid,

$$C_6H_5.CH(O.CO_2CH_3).COCl,$$

das für Synthesen geeignet zu sein scheint.

---

[1] E. Fischer, Berichte d. d. chem. Gesellsch. **42**, 215 [1909]. (*S. 80.*)

Mit Methylalkohol gibt es sofort den Methylester der Carbomethoxy-mandelsäure, der sich durch Alkali nach Belieben in diese oder direkt in Mandelsäure verwandeln läßt. Mit Anilin setzt sich das Chlorid in ätherischer Lösung gleichfalls rasch um und gibt ein gut krystallisierendes Produkt, das die Zusammensetzung des Anilids der Carbomethoxymandelsäure hat, aber so eigentümliche Verwandlungen zeigt, daß man über seine Struktur noch Zweifel hegen kann. Auch mit Benzol bei Gegenwart von Aluminiumchlorid reagiert das Carbomethoxy-mandelsäurechlorid energisch und gibt ein schön krystallisierendes Produkt; aber der Verlauf der Reaktion ist nicht einfach.

Ähnlich wie Mandelsäure reagiert die Glykolsäure mit Chlorkohlensäuremethylester, aber das Produkt ist schwerer zu reinigen. Über diese Versuche wie über die Anwendung des Verfahrens auf aliphatische Polyoxysäuren, ferner auf Weinsäure, Citronensäure usw. hoffen wir bald berichten zu können.

Bevor die Carbomethoxylierung der Mandelsäure gelungen war, haben wir ihre Verbindung mit Acetylisocyanat dargestellt in der Erwartung, daß diese Gruppe wieder leicht abgespalten werde und deshalb an Stelle der Carbomethoxygruppe benutzt werden könne. Das ist aber nicht der Fall, da die Rückverwandlung in Mandelsäure nicht leicht genug erfolgt.

Carbomethoxy-mandelsäure, $C_6H_5.CH(O.CO_2CH_3).COOH$.

10 g racemische Mandelsäure werden in 100 ccm trockenem Chloroform und 16 g Dimethylanilin (2 Mol.) gelöst und nach dem Abkühlen auf —15° mit 6,8 g chlorkohlensaurem Methyl (1,1 Mol.) versetzt. Die klare Mischung bleibt 10 Minuten in dem kalten Bade und dann noch 50 Minuten bei 0° stehen. Zur Entfernung des Dimethylanilins wird nun mit eiskalter, stark verdünnter, überschüssiger Salzsäure sorgfältig ausgeschüttelt und nochmals mit reinem Wasser gewaschen. Der abgehobenen Chloroformlösung entzieht man die Carbomethoxy-mandelsäure durch Schütteln mit einer Lösung von überschüssigem Kaliumbicarbonat, hebt wieder ab, entfernt aus der wässerigen Lösung den Rest von Chloroform durch Ausäthern und versetzt nach Abtrennung des Äthers die stets kalt gehaltene und auf etwa 200 ccm verdünnte wässerige Lösung mit Salzsäure. Das hierbei ausfallende farblose Öl erstarrt im Laufe von einigen Stunden krystallinisch. Ausbeute an exsiccatortrockenem Rohprodukt etwa 5,4 g. Zur Reinigung löst man in 10 ccm warmem Essigäther und versetzt allmählich mit etwa 30 ccm Ligroin, wobei die Carbomethoxy-mandelsäure als farblose, krystallinische Masse ausfällt. Ausbeute an reiner Substanz 3,5 g oder 25,3% der Theorie.

0,1654 g Sbst. (über Phosphorpentoxyd bei 1 mm getrocknet): 0,3477 g CO_2, 0,0716 g H_2O.

$C_{10}H_{10}O_5$ (210,08).   Ber. C 57,12, H 4,80.

Gef. ,, 57,33, ,, 4,84.

Die Säure schmilzt nach geringem Sintern bei 118—119° (korr.), also fast bei der gleichen Temperatur wie Mandelsäure selbst. Gegen 140° beginnt sie sich unter Gasentwicklung zu zersetzen. Sie unterscheidet sich von der Mandelsäure durch die geringe Löslichkeit in Wasser. Sie ist auch schwer löslich in Petroläther und Ligroin, dagegen leicht in Alkohol, Äther, Aceton und warmem Essigäther. Durch Alkalien wird sie leicht in Mandelsäure verwandelt, wie folgender Versuch zeigt.

Eine Lösung von 3 g Carbomethoxyverbindung in 43 ccm n-Natronlauge (3 Mol.) wurde 15 Minuten bei 25° aufbewahrt. Beim Ansäuern fand reichliche Entwicklung von Kohlensäure statt, ohne daß ein Niederschlag von unveränderter Säure entstand. Durch Ausäthern ließ sich die gebildete Mandelsäure leicht isolieren. Die Menge des krystallinischen, schon in kaltem Wasser ziemlich leicht löslichen Rohprodukts betrug 1,9 g oder 87% der Theorie. Nach Umkrystallisieren aus warmem Wasser unter Zusatz von Ammoniumsulfat und nach dem Ausfällen aus ätherischer Lösung durch Petroläther besaß das Präparat die Zusammensetzung der Mandelsäure. Ferner begann es bei 118,5° zu sintern und schmolz bei 119,5° (korr. 120,5°). Ebenso verhielt sich sorgfältig gereinigte Mandelsäure, für die in den Lehrbüchern der Schmelzpunkt 118° angegeben ist. Denselben Schmelzpunkt 120,5° (korr.) zeigte das Gemisch der beiden Präparate.

Carbomethoxy-mandelsäurechlorid,

$C_6H_5.CH.(O.CO_2CH_3).COCl$.

6 g Carbomethoxy-mandelsäure werden in 30 ccm trockenem Chloroform suspendiert und nach Zusatz von 7,4 g Phosphorpentachlorid (1,25 Mol.) bei Zimmertemperatur geschüttelt. Nachdem die Substanz unter Entwicklung von Salzsäure bald in Lösung gegangen ist, wird die vom überschüssigen Phosphorpentachlorid abgegossene Chloroformlösung zunächst an der Wasserstrahlpumpe verdampft und das restierende Öl unter 1 mm Druck noch einige Stunden auf 30—35° erhitzt, um das Phosphoroxychlorid möglichst zu entfernen.

Man löst jetzt das meist noch ölige Chlorid in 15 ccm trockenem Petroläther, gießt von einer geringen Menge fester Substanz ab und verdampft den Petroläther im Vakuum. Dabei scheidet sich das Chlorid in farblosen, dünnen, vielfach sternförmig angeordneten Prismen aus. Es wird rasch zwischen gehärtetem Fließpapier scharf abgepreßt und

im Vakuumexsiccator über Natronkalk aufbewahrt. Ausbeute 5,5 g
oder 84% der Theorie. Das so gewonnene Präparat erwies sich
als rein.

0,2057 g Sbst.: 0,3961 g CO_2, 0,0756 g H_2O. — 0,2300 g Sbst.: 0,1415 g
AgCl (nach Carius).

$C_{10}H_9O_4Cl$ (228,53). Ber. C 52,51, H 3,97, Cl 15,52.
Gef. ,, 52,52, ,, 4,11, ,, 15,22.

Das Chlorid schmilzt bei 39—40°. Es ist in den gewöhnlichen
indifferenten, organischen Lösungsmitteln, selbst in Petroläther leicht
löslich.

Carbomethoxy-mandelsäuremethylester,
$C_6H_5.CH(O.CO_2CH_3)COOCH_3$.

Man löst das Chlorid unter Kühlung in der doppelten Menge trockenem Methylalkohol, verdunstet den Methylalkohol teilweise, versetzt
mit Wasser und extrahiert mit Äther. Die ätherische Lösung wird mit
einer Kaliumbicarbonatlösung durchgeschüttelt, um alle Säure zu entfernen, dann abgehoben, verdampft, der ölige Rückstand mit wenig
Essigäther aufgenommen und diese Lösung mit Ligroin bis zur Trübung
versetzt. So gelingt es in der Regel leicht, den neuen Ester in langen,
dünnen Prismen zu gewinnen. Die Mutterlauge gibt beim Verdampfen
eine zweite Krystallisation. Die Gesamtausbeute betrug 90% der
Theorie.

0,1500 g Sbst. (im Vakuumexsiccator über P_2O_5 getrocknet): 0,3260 g CO_2,
0,0721 g H_2O.

$C_{11}H_{12}O_5$ (224,1). Ber. C 58,90, H 5,40.
Gef. ,, 59,27, ,, 5,40.

Der Carbomethoxy-mandelsäuremethylester schmilzt bei 51—52°,
also bei derselben Temperatur wie der Methylester der Mandelsäure
selbst. Er ist in kaltem Wasser sehr schwer löslich und fällt aus heißem
Wasser milchig aus. In den gewöhnlichen organischen Solvenzien
leicht löslich, selbst in heißem Ligroin, woraus er sich bequem umkrystallisieren läßt.

Der Ester wird in wässerig-acetonischer Lösung von Natronlauge
schon bei 20° rasch verseift. Verwendet man etwa $2^1/_2$ Mol. Natronlauge, so ist schon nach 20 Minuten der größte Teil in Mandelsäure
verwandelt.

Nimmt man aber nur 1 Mol. Natronlauge, so entsteht im Laufe
von 15 Minuten eine reichliche Menge von Carbomethoxy-mandelsäure, die beim Ansäuern der mit Wasser verdünnten und zur Entfernung von wenig Ester ausgeätherten Lösung als Öl ausfällt und
bald erstarrt.

16*

Anilinverbindung der Carbomethoxy-mandelsäure.

Bringt man das Carbomethoxy-mandelsäurechlorid in ätherischer Lösung mit überschüssigem Anilin zusammen, so entsteht sofort ein dicker, farbloser Niederschlag, der abfiltriert und erst mit Äther, dann mit Wasser zur Entfernung von salzsaurem Anilin gewaschen wird.

Die Ausbeute ist recht befriedigend, und die Substanz läßt sich leicht aus warmem Alkohol umkrystallisieren.

0,1833 g Sbst. (im Vakuumexsiccator getrocknet): 0,4528 g CO_2, 0,0883 g H_2O. — 0,1408 g Sbst.: 6,2 ccm Stickstoff über 33 proz. Kalilauge (19°, 757 mm).

$C_{16}H_{15}O_4N$ (285,13).   Ber. C 67,34, H 5,30, N 4,91.
Gef. ,, 67,37, ,, 5,39, ,, 5,06.

Die Substanz schmilzt gegen 142° (korr.) unter Gasentwicklung. Sie krystallisiert aus Alkohol in feinen Nadeln. Sie löst sich leicht in Aceton, schwer in kaltem Alkohol und Äther und so gut wie gar nicht in kaltem Wasser; auch in heißem Wasser ist sie sehr schwer löslich und fällt beim Erkalten milchig aus.

Durch mehrstündiges Stehen mit 2 Mol. 2 n-Natronlauge in acetonischer Lösung bei Zimmertemperatur wird sie merkwürdigerweise in eine Säure verwandelt, die unter Zersetzung schmilzt und eine genauere Untersuchung verdient. Infolgedessen ist die normalerweise zu erwartende Überführung in das Anilid der Mandelsäure noch nicht gelungen, und das ist der Grund, weshalb wir über die Struktur der Anilinverbindung noch keine definitive Ansicht äußern wollen.

Verbindung der Mandelsäure
mit Acetylisocyanat (Acetylaminocarboyl-mandelsäure),
$C_6H_5.CH(O.CO.NH.CO.CH_3)COOH$.

Eine Lösung von 2 Teilen scharf getrockneter Mandelsäure in 12 Gewichtsteilen trockenem Äther wurde mit 1,1 Gewichtsteil Acetylisocyanat, das nach der Vorschrift von C. Billeter[1]) aus Silbercyanat und Acetylchlorid dargestellt war, allmählich versetzt. Unter Erwärmung trat sofort die Vereinigung ein, und der Äther hinterließ beim Verdampfen einen krystallinischen Rückstand, der aus heißem Wasser umkrystallisiert wurde. Ausbeute recht gut.

0,1553 g Sbst. (bei 78° und 1 mm über Phosphorpentoxyd getrocknet): 0,3164 g CO_2, 0,0654 g H_2O.

$C_{11}H_{11}O_5N$ (237,10).   Ber. C 55,67, H 4,67, N 5,91.
Gef. ,, 55,57, ,, 4,71, ,, — .

Die Säure krystallisiert aus warmem Wasser in kleinen, farblosen Nadeln, die häufig kugelig verwachsen sind, und schmilzt gegen 168

---

1) Berichte d. d. chem. Gesellsch. **36**, 3214 [1903].

bis 169° unter Aufschäumen. Sie löst sich leicht in heißem, schwerer in kaltem Wasser, leicht in Alkohol und Aceton, schwerer in Äther. Sie wird schon von Kaliumbicarbonat leicht aufgenommen. Bei gemäßigter Einwirkung von Alkali verliert sie zunächst das Acetyl und verwandelt sich in eine Säure, die als das

Urethan der Mandelsäure, $C_6H_5.CH(O.CO.NH_2).COOH$,

zu betrachten ist.

2 g der Acetylverbindung wurden in 16 ccm 2 n-Natronlauge (fast 4 Mol.) gelöst und $1^3/_4$ Stunden bei 23° aufbewahrt. Beim Ansäuern mit Salzsäure schied sich sofort die neue Verbindung krystallinisch ab. Sie wurde nach einigem Stehen bei 0° abgesaugt und mit kaltem Wasser gewaschen. Ausbeute 1,4 g. Das Produkt war schon fast rein.

Zur Analyse wurde noch zweimal aus heißem Wasser umkrystallisiert. Die lufttrockene Substanz verlor bei 15 mm und 76° über P_2O_5 nicht mehr an Gewicht.

0,1403 g Sbst.: 0,2840 g CO_2, 0,0576 g H_2O. — 0,2161 g Sbst.: 13,7 ccm N (KOH 33%) (23,5°, 758 mm).

$C_9H_9O_4N$ (195,08).   Ber. C 55,36, H 4,65, N 7,18.
Gef. ,, 55,21, ,, 4,59, ,, 7,16.

Die Säure schmilzt beim schnellen Erhitzen gegen 172—173° (korr.) unter starker Gasentwicklung. Sie löst sich in ungefähr 15 Teilen kochendem Wasser und krystallisiert daraus beim Erkalten in derben, wenig charakteristischen Formen. Sie löst sich leicht in heißem Alkohol und Aceton, schwer in Äther. Sie ist ihrer Acetylverbindung so ähnlich, daß sie leicht damit verwechselt werden kann. Es empfiehlt sich deshalb, zur Unterscheidung den Schmelzpunkt einer Mischung zu nehmen, der trotz der Zersetzung stark deprimiert ist, oder den Stickstoff quantitativ zu bestimmen.

18. Emil Fischer und Hermann O. L. Fischer: Über Carbomethoxyderivate der Oxysäuren. II.: Derivate der Glykolsäure und Milchsäure.

Berichte der deutschen chemischen Gesellschaft **47**, 768 [1914].

(Eingegangen am 17. Februar 1914.)

In der ersten Mitteilung[1]) ist bereits erwähnt, daß die Glykolsäure sich auf ähnliche Art wie die Mandelsäure carbomethoxylieren läßt. Wir haben seitdem die Reaktion genauer studiert und ein Verfahren ermittelt, welches Carbomethoxy-glykolsäure in leidlicher Ausbeute und in reinem Zustande liefert. Es beruht auf der Wechselwirkung zwischen Säure, Chlorkohlensäuremethylester und Dimethylanilin, von denen die beiden letzteren in erheblichem Überschuß angewendet werden. Das Reaktionsprodukt ist ein dickes Öl, das kaum Säure enthält, denn es löst sich weder in Wasser noch in verdünntem Alkalibicarbonat. Wir sind der Ansicht, daß es zum erheblichen Teil aus Säureanhydriden besteht, wahrscheinlich aus einem gemischten Anhydrid der Carbomethoxy-glykolsäure und der Methylkohlensäure, da es in anderen Fällen gelungen ist, solche Anhydride in reinem Zustande zu isolieren[2]). Wir haben im

---

[1]) Berichte d. d. chem. Gesellsch. **46**, 2659 [1913]. (*S. 240*).

[2]) Vgl. E. Fischer und H. Strauß, Berichte d. d. chem. Gesellsch. **47**, 319 [1914] (*S. 203*); ferner D. R. P. 117 267 von Knoll & Co. [1899], sowie A. Einhorn und R. Seuffert, Berichte d. d. chem. Gesellsch. **43**, 2988 [1910].

In der Mitteilung von Fischer und Strauss wird von dem schön krystallisierten Anhydrid der Tricarbomethoxy-phloroglucincarbonsäure und der Methylkohlensäure gesagt, daß es das erste derartige gemischte Säureanhydrid zu sein scheine. Da in dem Satz durch ein Versehen das Wort „krystallisiert" ausgelassen wurde, so kann er zu der irrtümlichen Auffassung führen, daß allgemein die Existenz von Anhydriden der Alkylkohlensäure noch unsicher sei. Demgegenüber betone ich ausdrücklich, daß in dem eben erwähnten Patent von Knoll & Co. die Darstellung des Salicylsäure-diäthyldicarbonats $C_6H_4\begin{smallmatrix}O.COOC_2H_5\\CO.O.COOC_2H_5\end{smallmatrix}$, das allerdings ölig ist, beschrieben wird.

Ferner haben Einhorn und Seuffert die Anhydride der Äthylkohlensäure mit Acetyl-, Valeryl-, Benzoyl- und Cinnamoyl-salicylsäure dargestellt, von denen die drei ersten ölig sind, während das letzte krystallisiert.   E. Fischer.

vorliegenden Falle auf ihre Isolierung keinen Wert gelegt, weil das Öl keine Neigung zur Krystallisation zeigte.

Glücklicherweise bietet nun die Verwandlung dieses Produktes in Carbomethoxy-glykolsäure keine Schwierigkeiten, denn es genügt, das Öl in Aceton zu lösen und mit einer kalt gesättigten Lösung von Kaliumbicarbonat zu schütteln, bis die Kohlensäureentwicklung beendet ist, um nach Entfernung der nicht sauren Produkte durch Ausäthern die Carbomethoxy-glykolsäure als Salz in der wässerigen Flüssigkeit zu erhalten. Nach dem Ansäuern läßt sie sich ausäthern und durch Destillation im Hochvakuum völlig reinigen. Da die Ausbeute 40% der Theorie beträgt und die Operationen rasch vonstatten gehen, so ist die Verbindung verhältnismäßig leicht zugänglich. Abgesehen von der großen Löslichkeit in Wasser, gleicht sie sehr der Carbomethoxy-mandelsäure. Ebenso wie diese wird sie leicht in das zugehörige Chlorid,

$$CH_3CO_2.OCH_2.CO.Cl,$$

verwandelt, das sich durch Destillation unter geringem Druck bequem reinigen läßt. Wir haben es für folgende Synthesen benutzt:

1. Mit Anilin in ätherischer Lösung erzeugt es sofort das schön krystallisierende Anilid:

$$C_6H_5.NH.CO.CH_2.O.CO_2CH_3.$$

Dieses zeigt ein merkwürdiges Verhalten gegen verdünntes, wässeriges Alkali. Beim Schütteln wird es dadurch schon in der Kälte rasch gelöst, ohne daß Kohlensäure abgespalten wird, und beim Ansäuern fällt eine krystallinische Säure aus. Diese ist identisch mit dem Phenyl-urethan der Glykolsäure, dem nach seiner Entstehungsweise die Struktur

$$C_6H_5.NH.CO.O.CH_2.COOH$$

zukommt[1]).

Der Übergang des Carbomethoxy-glykolsäure-anilids in dieses Phenylurethan erscheint auf den ersten Blick als eine sehr sonderbare Reaktion, denn außer der Abspaltung der Methylgruppe müßte eine tiefgreifende intramolekulare Umlagerung stattfinden. Der Vorgang läßt sich aber auch einfacher deuten, wenn man die intermediäre Bildung des Phenyl-diketo-tetrahydro-oxazols

$$\begin{array}{ccc}
C_6H_5.N\!-\!CO & & C_6H_5.N\!-\!CO \\
\quad H & & \\
CH_3O.CO\quad CH_2 & \longrightarrow & OC\quad CH_2 \\
\diagdown\diagup & & \diagdown\diagup \\
O & & O
\end{array}$$

____

[1]) E. Lambling, Bl. [3] 19, 773 [1898]; [3] 27, 444 [1902].

annimmt, das aus dem obigen Anilid durch bloße Abspaltung von Methylalkohol entstehen kann. Dieses Oxazolderivat steht nun, wie die Versuche von Lambling[1]) gezeigt haben, in einfachem Verhältnis zu dem Phenylurethan der Glykolsäure. Es ist sein inneres Anhydrid oder Lactam. Es kann ebensowohl aus der Säure entstehen, wie in diese zurückverwandelt werden, und Lambling kommt zu dem Schluß, daß in wässeriger Lösung ein Gleichgewicht besteht. — Etwas gezwungen ist in unserer Erklärung allerdings die Annahme, daß der Übergang des Carbomethoxy-glykolsäureanilids in Diketo-tetrahydrooxazol unter Abspaltung von Methylalkohol bei Gegenwart von Alkali erfolgen soll, und wir halten es deshalb für nötig, daß dieser Punkt noch einer experimentellen Prüfung unterzogen wird. Vielleicht wird man dabei auf weitere Zwischenprodukte stoßen.

Von der Anilinverbindung der Carbomethoxy-mandelsäure, die nach unseren jetzigen Erfahrungen sicher das Anilid ist, haben wir früher[2]) schon angegeben, daß sie durch Alkali in eine Säure verwandelt werde. Diese haben wir jetzt als das Phenylurethan der Mandelsäure[3]) erkannt. Es entsteht aus dem Anilid offenbar auf dieselbe Art wie das Derivat der Glykolsäure. Daneben wird in kleiner Menge unter gleichzeitiger Abspaltung von Kohlensäure auch das Anilid der Mandelsäure gebildet.

Wie weit sich die neue Methode zur Bereitung von Urethanen bzw. Oxazolderivaten auf aliphatische Amine, Aminosäuren bzw. deren Ester usw. übertragen läßt, können wir noch nicht sagen; wohl aber haben wir festgestellt, daß bei sekundären Basen, wo die Bildung von Oxazolderivaten ausgeschlossen ist, die Reaktion anders verläuft, denn das Carbomethoxy-glykolsäuremethylanilid,

$$C_6H_5 \cdot N(CH_3) \cdot CO \cdot CH_2 \cdot O \cdot CO_2CH_3,$$

wird durch Alkali in Kohlensäure, Methylalkohol und Glykolsäuremethylanilid, $C_6H_5 \cdot N(CH_3) \cdot CO \cdot CH_2 \cdot OH$, gespalten.

2. Das Chlorid der Carbomethoxy-glykolsäure tritt mit Benzol und Aluminiumchlorid schon bei niedriger Temperatur in Reaktion. Ohne wesentliche Salzsäureentwicklung entsteht dabei eine krystallisierte Verbindung, die, außer organischer Substanz, Chlor und Aluminium enthält. Sie wird durch kaltes Wasser oder verdünnte Salzsäure zerstört, und es bildet sich in großer Menge das Carbomethoxyderivat des Benzoylcarbinols,

$$C_6H_5 \cdot CO \cdot CH_2 \cdot O \cdot CO_2CH_3,$$

<hr>

[1]) E. Lambling, Bl. [3] **27**, 445 ff. [1902].
[2]) Berichte d. d. chem. Gesellsch. **46**, 2663 [1913]. (*S. 244.*)
[3]) E. Lambling, Bl. [3] **19**, 776 [1898].

welches durch Alkali leicht in Benzoylcarbinol verwandelt werden kann. Die Reaktion verläuft so glatt, daß das Verfahren gewiß für die Bereitung ähnlicher Stoffe, die nach den alten Methoden schwer zugänglich sind, benutzt werden kann.

R. Anschütz und P. Förster haben einen ähnlichen Versuch bereits mit Acetyl-glykolsäurechlorid, Benzol und Aluminiumchlorid in gelinder Wärme ausgeführt. Statt des erwarteten Benzoylcarbinol-acetates erhielten sie, allerdings in schlechter Ausbeute, freies Benzoyl-carbinol und außerdem Acetophenon, dessen Entstehung sie durch intermediäre Bildung von Acetylchlorid erklären[1]).

In derselben Weise wie die Glykolsäure läßt sich die Milchsäure erst carbomethoxylieren und dann chlorieren.

Carbomethoxy-glykolsäure, $CH_3O.CO.O.CH_2.COOH$.

Für ihre Bereitung würde theoretisch 1 Mol. Chlorkohlensäureester ausreichen, die Ausbeute wird aber erheblich größer, wenn man einen starken Überschuß von Ester anwendet. Dem entspricht folgende Vorschrift:

10 g trockene, fein gepulverte Glykolsäure werden in 100 ccm trocke-nem Chloroform angeschlämmt und unter Kühlung durch Kältemischung mit 16 g Dimethylanilin (1 Mol.) und 12,4 g chlorkohlensaurem Methyl (1 Mol.) versetzt. Beim kräftigen Schütteln geht die Glykolsäure unter geringer Wärmeentwicklung allmählich in Lösung. Gewöhnlich macht sich hierbei schwacher Druck bemerkbar. Nachdem wiederum stark abgekühlt ist, gibt man zur Reaktionsmasse abermals 16 g Dimethyl-anilin und 12,4 g Chlorkohlensäureester und nach Verlauf von etwa 20 Minuten ein drittes Molekül Base und Chlorid hinzu. Die klare, meist dunkelgrün gefärbte Chloroformlösung bleibt 1—1$^1/_2$ Stunden in Eiswasser stehen, wird dann durch Ausschütteln mit eiskalter, über-schüssiger Salzsäure vom Dimethylanilin befreit und nach dem Waschen mit Wasser im Vakuum bei 30—35° eingedampft. Der ölige Rückstand wird in 30 ccm Aceton gelöst und allmählich mit 40 ccm ca. 25proz. wässeriger Kaliumbicarbonatlösung versetzt. Beim Schütteln tritt lang-sam Kohlensäureentwicklung ein, die unter Wärmeentwicklung schließ-lich recht heftig wird und durch Abkühlen gemildert werden muß. Die meist mit Öltröpfchen durchsetzte Bicarbonatlösung wird ausge-äthert, dann mit Salzsäure angesäuert und die Carbomethoxy-glykol-säure mehrmals ausgeäthert. Die ätherische Lösung der Säure wird mit Natriumsulfat getrocknet, eingedampft und der ölige Rückstand im Hochvakuum destilliert.

---

[1]) Liebigs Annal. d. Chem. **368**, 89 [1909].

Bei ungefähr 112° unter 0,6 mm Druck ging die Hauptmenge des Öles über. Die Temperatur des benutzten Ölbades war 115—125°. Die Säure erstarrte nach einigem Stehen zu einer festen Krystallmasse, die bei 33—34° schmolz.

0,1607 g Sbst. als Öl gewogen: 0,2114 g CO_2, 0,0643 g H_2O.

$C_4H_6O_5$ (134,05). Ber. C 35,81, H 4,51.

Gef. ,, 35,88, ,, 4,48.

Die Ausbeute an analysenreiner Substanz beträgt im Durchschnitt 7 g oder 40% der Theorie.

Die Säure ist sehr leicht löslich in Wasser, Alkohol, Äther und Benzol. Aus den letzten beiden Lösungsmitteln wird sie durch Petroläther ölig gefällt, erstarrt aber beim starken Abkühlen und Reiben krystallinisch und bildet farblose, mikroskopische, ziemlich dicke Platten oder flächenreichere Krystalle. In heißem Ligroin ist sie auch etwas löslich und fällt beim Abkühlen ebenfalls zunächst ölig. Die wässerige Lösung schmeckt stark sauer, bläut Kongopapier und gibt mit wenig Eisenchlorid keine Färbung. Beim Erhitzen auf 200—210° tritt eine ganz langsame Gasentwicklung ein, die sich bei erhöhter Temperatur verstärkt, während gleichzeitig eine farblose Flüssigkeit destilliert.

Ammoniumsalz. Leitet man in die ätherische Lösung der Säure eine zur Neutralisation kaum ausreichende Menge trockenen Ammoniaks ein, so fällt alsbald das Salz als krystallinischer Niederschlag aus. Es wurde abgesaugt, mit Äther gewaschen und aus 60° warmem absoluten Alkohol umkrystallisiert.

0,1512 g Sbst. (im Vakuumexsiccator über P_2O_5 getrocknet): 0,1787 g CO_2, 0,0830 g H_2O. — 0,1590 g Sbst.: 12,55 ccm N (16°, 758 mm, 33% KOH).

$C_4H_9O_5N$ (151,08). Ber. C 31,77, H 6,01, N 9,27.

Gef. ,, 32,23, ,, 6,14, ,, 9,20.

Das Salz ist leicht löslich in Wasser, schwer in kaltem Alkohol und krystallisiert daraus beim Abkühlen in feinen, farblosen Blättchen. Die wässerige Lösung des Ammoniumsalzes gibt mit Silbernitrat nach kurzer Zeit eine farblose, lockere Masse, die aus mikroskopischen, äußerst dünnen, verfilzten Nadeln besteht und sich in der Wärme wieder leicht löst.

Die wässerige Lösung der Säure gibt mit zweifach basischem Bleiacetat bald einen hübsch krystallisierten Niederschlag, der aus mikroskopischen Täfelchen besteht und sich ebenfalls in der Wärme leicht wieder löst.

Carbomethoxy-glykolylchlorid, $CH_3O.CO.O.CH_2.CO.Cl$.

16 g Carbomethoxy-glykolsäure werden mit 24 g Thionylchlorid (1,8 Mol.) 15 Minuten auf dem Wasserbade am Rückflußkühler gekocht,

wobei reichlich Schwefeldioxyd und Salzsäure entweichen. Man verjagt dann bei 10—15 mm aus einem Bade von 50—60° das überschüssige Thionylchlorid möglichst vollständig und destilliert den wasserhellen Rückstand im Hochvakuum aus einem Bade von 60—70°. Der Siedepunkt liegt unter 0,75 mm bei ca. 47°. Die Ausbeute an analysenreiner Substanz betrug 15 g oder 83% der Theorie.

0,1840 g Sbst.: 0,2132 g CO_2, 0,0540 g H_2O. — 0,2431 g Sbst.: 0,2276 g AgCl (nach Carius).

$C_4H_5O_4Cl$ (152,50).   Ber. C 31,48, H 3,31, Cl 23,25.
Gef. ,, 31,60, ,, 3,28, ,, 23,16.

Das Chlorid ist eine leicht bewegliche, wasserhelle Flüssigkeit, leicht löslich in fast allen organischen Lösungsmitteln, schwerer löslich in Petroläther. Sein Geruch erinnert an Acetylchlorid, ist aber schwächer. Es ist schwerer als Wasser, löst sich nur wenig darin und wird in der Kälte auch nur langsam davon angegriffen. Mit wässeriger Silbernitratlösung gibt es beim Schütteln sehr rasch Chlorsilber.

Bringt man das Chlorid mit trockenem Pyridin bei gewöhnlicher Temperatur zusammen, so erwärmt sich das Gemisch und färbt sich rot bis braun. Mit Chinolin ist die Erwärmung viel geringer, und das Gemisch färbt sich nur hellrot. Nach einigen Stunden ist es zähflüssig, und beim Verreiben mit Wasser bleibt eine rötlichgelbe feste Masse.

Monomethylanilid der Carbomethoxy-glykolsäure,
$C_6H_5 . N(CH_3) . CO . CH_2 . O . CO_2CH_3$.

In eine Lösung von 4,2 g (3 Mol.) Monomethylanilin „Kahlbaum" in ca. 70 ccm Äther wird unter Kühlung eine Lösung von 2 g (1 Mol.) Carbomethoxy-glykolylchlorid in 15 ccm Äther eingetropft. Unter Zischen fällt ein weißer Niederschlag aus. Dieser wird abfiltriert, mit reichlich Wasser gewaschen und aus warmem Äther umkrystallisiert. Die so entstehenden kurzen, derben Prismen oder Platten schmelzen nach geringem Sintern bei 82—83°.

0,1380 g Sbst. (bei 50° und 1 mm über P_2O_5 getrocknet): 0,2998 g CO_2, 0,0733 g H_2O. — 0,1485 g Sbst.: 8,1 ccm N (14°, 762 mm, 33 proz. KOH).
$C_{11}H_{13}O_4N$ (223,11). Ber. C 59,16, H 5,87, N 6,28.
Gef. ,, 59,25, ,, 5,94, ,, 6,45.

Eine weitere Menge der Substanz läßt sich durch Eindampfen des Äthers gewinnen, nachdem dieser vorher durch Ausschütteln mit überschüssiger verdünnter Salzsäure vom Methylanilin befreit ist. Gesamtausbeute 2,6 g oder 90% der Theorie. Sie löst sich in heißem Wasser in ziemlich erheblicher Menge, fällt beim Erkalten erst ölig aus, krystallisiert aber bald, meist in mikroskopischen Prismen oder

Stäbchen. In Äther ziemlich schwer löslich. In Alkohol besonders
in der Wärme recht leicht löslich, krystallisiert daraus beim Abkühlen
in Säulen oder Tafeln. Aus Äther krystallisiert sie in Tafeln, manchmal auch in dicken, flächenreicheren Formen. Sie ist leicht löslich in
Benzol und wird durch Petroläther daraus gefällt.

Glykolsäure-methylanilid, $C_6H_5.N(CH_3).CO.CH_2.OH$.

2 g Carbomethoxyverbindung werden in 10 ccm Acceton gelöst
und mit 18 ccm n-Natronlauge (2 Mol.) versetzt, wobei man durch
Kühlung dafür sorgt, daß die Temperatur der Mischung 20° nicht
übersteigt. Die klare Lösung wird 15 Minuten bei 20° aufbewahrt,
wobei eine leichte Trübung eintritt. Beim Übersättigen mit verdünnter
Salzsäure entweicht viel Kohlensäure. Wird die Flüssigkeit jetzt ausgeäthert und der Äther im Vakuum verdampft, so bleibt ein schwach
gelber, krystallinischer Rückstand. Ausbeute 1,3 g oder 88% der
Theorie.

Zur Analyse wurde zweimal in Äther gelöst und mit Petroläther
gefällt.

0,1500 g Sbst. (bei 20° und 1 mm über P_2O_5 getrocknet): 0,3612 g CO_2,
0,0900 g H_2O. — 0,1009 g Sbst.: 7,45 ccm N über 33 proz. KOH (16°, 763 mm).

$C_9H_{11}O_2N$ (165,10).   Ber. C 65,41, H 6,72, N 8,49.
Gef. „ 65,67, „ 6,71, „ 8,66.

Die Substanz schmilzt bei 52,5—53° zu einer farblosen Flüssigkeit, die beim Abkühlen wieder krystallinisch erstarrt. Sie ist leicht
löslich in Wasser, Aceton, Alkohol, Äther und heißem Ligroin, ziemlich schwer löslich in Petroläther und kaltem Ligroin. Beim Erkalten
krystallisiert sie daraus in mikroskopischen, farblosen, derben Formen.
Die gleiche Krystallform zeigt sie, wenn sie aus Äther mit Petroläther
gefällt wird.

Anilid der Carbomethoxy-glykolsäure, $C_6H_5.NH.CO.CH_2.O.CO_2.CH_3$.

4 g Carbomethoxy-glykolylchlorid, verdünnt mit 20 ccm absolutem
Äther, werden unter Kühlung in eine Lösung von 10 g Anilin in 70 ccm
Äther eingetropft. Unter heftiger Reaktion fällt eine weiße, krystallinische Masse aus, die abfiltriert, zuerst mit Äther und dann mit Wasser
gewaschen wird. Hierbei geht das Anilinchlorhydrat in Lösung, und es
bleiben etwa 2 g krystallisiertes Anilid zurück. Weitere 2,5 g des Körpers lassen sich aus der ätherischen Mutterlauge gewinnen, indem man
diese durch Schütteln mit verdünnter Salzsäure vom Anilin befreit
und eindampft. Die Gesamtausbeute beträgt somit 4,5 g oder 82%

der Theorie. Aus Essigester und Ligroin umkrystallisiert, schmilzt die Substanz bei 101—102°.

0,1506 g Sbst. (im Vakuumexsiccator über P_2O_5 getrocknet): 0,3177 g CO_2, 0,0728 g H_2O. — 0,1432 g Sbst.: 8,3 ccm N über 33proz. KOH (19°, 760 mm).

$C_{10}H_{11}O_4N$ (209,10).   Ber. C 57,39, H 5,30, N 6,70.
Gef. ,, 57,54, ,, 5,41, ,, 6,69.

Das Anilid löst sich sehr schwer in kaltem Wasser, leichter in heißem. Beim Erkalten fällt es erst als Öl, erstarrt aber bald zu Nadeln oder langen, sehr dünnen Säulen. Schöner krystallisiert es aus warmem Alkohol, worin es sehr leicht löslich ist, bei starkem Abkühlen. Leicht löslich in kaltem Aceton, warmem Essigäther, schwerer in Äther, sehr schwer in Petroläther, verhältnismäßig leicht in heißem Ligroin.

Verwandlung von Carbomethoxy-glykolsäure-anilid in Glykolsäure-phenylurethan.

Carbomethoxy-glykolsäure-anilid wird unter Schütteln in der für 1 Mol. berechneten Menge n-Natronlauge gelöst und 10 Minuten bei Zimmertemperatur aufbewahrt. Säuert man nun mit Salzsäure an, so tritt keine Kohlensäureentwicklung ein, sondern es fällt in fast quantitativer Ausbeute Glykolsäure-phenylurethan krystallinisch aus.

Für die Analyse wurde aus ätherischer Lösung durch Petroläther gefällt.

0,1514 g Sbst. (bei 78° und 1 mm über P_2O_5 getrocknet): 0,3081 g CO_2, 0,0632 g H_2O.

$C_9H_9O_4N$ (195,08).   Ber. C 55,36, H 4,65.
Gef. ,, 55,50, ,, 4,67.

Unser Präparat schmolz gegen 142° (korr. 143°) unter Gasentwicklung und zeigte auch in seinen übrigen Eigenschaften die größte Ähnlichkeit mit den Angaben von Lambling über Glykolsäure-phenylurethan[1]). Zur weiteren Charakterisierung haben wir den noch unbekannten

Methylester

dargestellt.

Zu dem Zweck wurden 0,5 g trockene Substanz mit einer ätherischen Lösung von Diazomethan (aus 2 ccm Nitrosomethylurethan) übergossen, wobei sie sofort unter Stickstoffentwicklung in Lösung ging. Der beim Verdunsten des Äthers bleibende Rückstand ließ sich leicht aus Äther-Petroläther krystallisieren.

0,1608 g Sbst. (bei 20° und 1 mm über P_2O_5 getrocknet): 0,3385 g CO_2, 0,0774 g H_2O.

$C_{10}H_{11}O_4N$ (209,10).   Ber. C 57,39, H 5,30.
Gef. ,, 57,41, ,, 5,39.

---

[1]) Bl. [3] **19**, 773 [1898]; [3] **27**, 444 [1902].

Der Ester schmilzt bei 73,5—74° und gleicht im allgemeinen dem von Lambling beschriebenen, aber niedriger schmelzenden Äthylester. Aus Methylalkohol krystallisiert er in farblosen, dünnen, manchmal büschelförmig verwachsenen Säulen. In kaltem Wasser ist er sehr schwer löslich, beim Erwärmen damit schmilzt er und löst sich in der Siedehitze in ziemlich erheblicher Menge. Beim Erkalten fällt er erst als Öl, das nach einiger Zeit zu Nadeln oder dünnen Säulen erstarrt. In Methyl-, Äthylalkohol und Äther ist er schon in der Kälte leicht löslich und unterscheidet sich dadurch sowie durch den niedrigeren Schmelzpunkt von dem isomeren Anilid der Carbomethoxy-glykolsäure (Schmelzpunkt 101—102°). In kalter Natronlauge löst er sich beim Schütteln ziemlich rasch, und beim Übersättigen mit Salzsäure fällt eine krystallinische Säure, welche die Eigenschaften des Glykolsäurephenylurethans zeigt.

Für die endgültige Identifizierung haben wir denselben Ester aus Glykolsäure-methylester und Phenylisocyanat nach der allgemeinen Vorschrift von Lambling[1]) bereitet.

5 g glykolsaures Methyl und 6,5 g Phenylisocyanat wurden 20 Minuten auf 130—140° erhitzt. Beim Erkalten krystallisierte die Masse. Sie wurde erst aus Äther-Petroläther und zur völligen Reinigung aus wenig warmem Methylalkohol umkrystallisiert.

0,1400 g Sbst. (bei 56° und 1 mm über P_2O_5 getrocknet): 0,2942 g CO_2, 0,0652 g H_2O. — 0,1549 g Sbst.: 9,2 ccm N über 33 proz. KOH (16°, 758 mm).

$C_{10}H_{11}O_4N$ (209,10). Ber. C 57,39, H 5,30, N 6,70.
Gef. ,, 57,31, ,, 5,21, ,, 6,92.

Das Präparat schmolz bei 72,5—73° und zeigte ganz die Eigenschaften des vorherigen Methylesters. Ein Gemisch aus gleichen Teilen beider Präparate schmolz auch bei 72,5—73°. Wir zweifeln deshalb nicht an ihrer Identität.

Carbomethoxy-benzoylcarbinol, $C_6H_5.CO.CH_2.O.CO_2.CH_3$.

8 g Carbomethoxy-glykolylchlorid werden in 40 ccm Benzol (thiophenfrei) gelöst und die Lösung zum Gefrieren abgekühlt. Hierzu gibt man in kleinen Portionen 14 g (2 Mol.) fein gepulvertes, trockenes Aluminiumchlorid (eisenfrei, aus reinem Aluminiumgrieß im Chlorwasserstoffstrom dargestellt). Das Aluminiumchlorid reagiert unter Wärmeentwicklung und bildet einen zähen Schleim, der allmählich, während sich die Mischung auf Zimmertemperatur erwärmt, in Lösung geht. Salzsäureentwicklung tritt zunächst nicht ein. Erst beim Zugeben der letzten 1,5 g Aluminiumchlorid entweicht eine kleine Menge

---

[1]) Bl. [3] **19**, 771 [1898].

Salzsäuregas, und die Lösung färbt sich schwach gelb. Kühlt man jetzt mit Eiswasser ab, so erstarrt die vorher klare Lösung zu einem dicken Brei von rhombenartigen Plättchen. Diese lassen sich aus warmem Benzol umkrystallisieren und enthalten Aluminium, Chlor und organische Substanz. An der Luft verlieren sie leicht Salzsäure. Von Wasser werden sie momentan unter Wärmeentwicklung und Bildung des gesuchten Ketons zersetzt.

Zur Darstellung des letzteren braucht man das Additionsprodukt nicht zu isolieren, sondern nach halbstündigem Stehen bei Zimmertemperatur wird die ganze Masse mit Eiswasser und verdünnter Salzsäure zersetzt und ausgeäthert. Die Äther-Benzolschicht wird mit Bicarbonatlösung und Wasser gewaschen und im Vakuum zur Trockne verdampft. Der rein weiße, schön krystallisierte Rückstand betrug nach dem Trocknen im Vakuumexsiccator 8 g oder 78,5% der Theorie.

Zur Analyse wurde in Benzol gelöst, durch Petroläther abgeschieden und im Vakuumexsiccator über Phosphorpentoxyd getrocknet.

0,1523 g Sbst.: 0,3455 g CO_2, 0,0688 g H_2O.

$C_{10}H_{10}O_4$ (194,08).   Ber. C 61,83, H 5,19.
Gef. ,, 61,87, ,, 5,06.

Die Substanz schmilzt bei 48—49°. Sie ist selbst in heißem Wasser schwer löslich und fällt beim Erkalten zunächst als Öl. In Chloroform und Benzol ist sie leicht löslich, auch in Äther und Alkohol, besonders bei gelindem Erwärmen. Aus der alkoholischen Lösung scheidet sie sich beim starken Abkühlen rasch in derben, wenig charakteristischen Krystallen ab. In Petroläther sehr wenig löslich. Wird von heißem Ligroin in verhältnismäßig großer Menge aufgenommen, fällt beim Erkalten erst ölig, krystallisiert aber bald, jedoch ebenfalls in wenig charakteristischen Formen.

Zur Überführung in das freie Benzoylcarbinol[1]) wurden 2 g Carbomethoxyverbindung in 10 ccm Aceton gelöst und mit 20,6 ccm n-Natronlauge (2 Mol.) versetzt. Nachdem die Flüssigkeit 15 Minuten bei Zimmertemperatur gestanden hatte, wurde mit Salzsäure übersättigt, wobei reichlich Kohlensäure entwich, und ausgeäthert. Der Ätherrückstand (1,4 g) krystallisierte sofort. Da das Präparat noch schwach gelb gefärbt war, so haben wir es wieder in Äther gelöst, mit trockener Tierkohle gekocht, das Filtrat verdampft und den Rückstand bei 56° und 1 mm Druck sublimiert.

0,1303 g Sbst.: 0,3382 g CO_2, 0,0700 g H_2O.

$C_8H_8O_2$ (136,06).   Ber. C 70,56, H 5,93.
Gef. ,, 70,79, ,, 6,01.

---

[1]) Zincke, Liebigs Annal. d. Chem. **216**, 306 [1883].

Die Substanz zeigte in bezug auf Schmelzpunkt, Löslichkeit, Reduktionsvermögen völlige Übereinstimmung mit Benzoylcarbinol, das aus Acetophenon dargestellt war.

Carbomethoxy-milchsäure, $CH_3.O.CO.O.CH(CH_3).COOH$.

Als Ausgangsmaterial benutzten wir die käufliche Milchsäure vom spezifischen Gewicht 1,21, die der Vorschrift des Deutschen Arzneibuches (editio V) entspricht. Sie enthält nur etwa 75% Säure und außerdem ziemlich viel Milchsäureanhydrid. Zur Reinigung haben wir sie nach der Vorschrift von Krafft[1]) im Hochvakuum fraktioniert.

10 g der destillierten Säure werden in 60 ccm trockenem Chloroform gelöst und dreimal unter Kühlung durch Eis-Kochsalzgemisch mit je 10,5 g (1 Mol.) chlorkohlensaurem Methyl und 13,4 g (1 Mol.) Dimethylanilin versetzt. Nach Zugabe des dritten Moleküls bleibt die grün gefärbte, klare Lösung 1 Stunde bei 0° stehen. Dann wird mit 60 ccm Chloroform verdünnt, mit überschüssiger verdünnter Salzsäure unter Zugabe von Eis ausgeschüttelt und die filtrierte Chloroformlösung im Vakuum eingedampft. Der ölige Rückstand wird in 15 ccm Aceton gelöst und mit 30 ccm 24proz. Kaliumbicarbonatlösung versetzt, bis keine Kohlensäure mehr entweicht. Nachdem die nicht sauren Produkte durch Ausäthern entfernt sind, wird die wässerige Lösung angesäuert, ausgeäthert, der Äther mit Natriumsulfat getrocknet, verdampft und der Rückstand bei 0,1—0,2 mm Druck aus einem Bade von 100—110° destilliert. Die reine Substanz ist ein wasserhelles, dickes Öl, und die Ausbeute betrug 6;5 g oder 40% der Theorie.

0,1307 g Sbst.: 0,1950 g CO_2, 0,0647 g H_2O.

$C_5H_8O_5$ (148,06).   Ber. C 40,52, H 5,45.
Gef. ,, 40,69, ,, 5,54.

Die Säure ist in Wasser und den gewöhnlichen organischen Solvenzien leicht löslich. Beim längeren Stehen bilden sich blätterige Krystalle, aber die Krystallisation bleibt unvollständig, woraus man schließen kann, daß das Präparat nicht einheitlich ist. Es drehte in wässeriger Lösung stark nach rechts. Wir sind aber überzeugt, daß es auch reichliche Mengen des optischen Antipoden enthielt, denn die käufliche Milchsäure, die wir als Ausgangsmaterial benutzten, war ebenfalls ein optisch-aktives Gemisch der beiden Stereoisomeren[2]). Wir haben es aber ohne Bedenken benutzt, weil es uns nur darauf ankam, zu zeigen, daß die Carbomethoxylierung bei der Milchsäure ebensogut vonstatten geht wie bei der Glykolsäure.

[1]) F. Krafft und W. A. Dyes, Berichte d. d. chem. Gesellsch. 28, 2589 [1895].
[2]) Vgl. Mc Kenzie, Journ. of the Chem. Soc. 87, 1375 [1905]; Chem. Centralblatt 1905, II, 1527.

Chlorid der Carbomethoxy-milchsäure,
$CH_3.O.CO.O.CH(CH_3).CO.Cl.$

10 g Carbomethoxy-milchsäure werden mit 12 g Thionylchlorid (1,5 Mol.) 15 Minuten auf dem Wasserbade am Rückflußkühler gekocht und dann der Überschuß an Thionylchlorid bei 15—20 mm Druck aus einem Bade von 40—50° größtenteils abdestilliert. Die Substanz selbst destilliert bei 0,14 mm Druck aus einem Bade von 45—55°. Die Ausbeute an analysenreiner Substanz betrug 9,5 g oder 85% der Theorie.

0,1832 g Sbst.: 0,2421 g CO_2, 0,0698 g H_2O. — 0,2701 g Sbst.: 0,2329 g AgCl (nach Carius).

$C_5H_7O_4Cl$ (166,51).   Ber. C 36,03, H 4,24, Cl 21,30.
Gef. ,, 36,04, ,, 4,26, ,, 21,33.

$d_4^{19} = 1,249$, der Siedepunkt liegt unter 0,2—0,3 mm Druck bei ungefähr 47—48°. Die Substanz ist leicht löslich in den üblichen organischen Solvenzien; gegen Wasser verhält sie sich wie das Chlorid der Carbomethoxy-glykolsäure.

Einwirkung von Alkali auf Carbomethoxy-mandelsäureanilid.

2 g Carbomethoxy-mandelsäureanilid, das wir früher[1] als Anilinverbindung der Carbomethoxy-mandelsäure beschrieben haben, werden in 25 ccm warmem Methylalkohol gelöst, rasch abgekühlt und mit 2 ccm 10 n-Natronlauge (ca. 3 Mol.) versetzt. Die Mischung erwärmt sich wenig. Verdünnt man nach zwei Minuten mit viel kaltem Wasser, so fällt eine krystallinische Substanz aus (0,4 g), die nach dem Umkrystallisieren aus heißem Alkohol den Schmelzpunkt 151—152° (korr.), sowie die Zusammensetzung $C_{14}H_{13}O_2N$ hat und auch in bezug auf Krystallform, Löslichkeit und Mischschmelzpunkt völlige Übereinstimmung mit dem von Bischoff und Walden[2] beschriebenen Anilid der Mandelsäure zeigt.

0,1492 g Sbst. (bei 78° und 15 mm Druck über P_2O_5 getrocknet): 0,4038 g CO_2, 0,0800 g H_2O.

$C_{14}H_{13}O_2N$ (227,11).   Ber. C 73,97, H 5,77.
Gef. ,, 73,81, ,, 6,00.

Die vom Mandelsäureanilid abfiltrierte alkalische Lösung wird zunächst ausgeäthert, um den Rest des Anilids zu entfernen, und dann mit Salzsäure übersättigt. Dabei fällt ein Öl, das sich leicht ausäthern läßt. Beim Verdampfen des Äthers bleibt ein krystallinischer Rückstand (1,1 g). Dieses Produkt ist identisch mit dem von Lambling

---

[1] Berichte d. d. chem. Gesellsch. **46**, 2662 [1913]. (*S. 244.*)
[2] Liebigs Annal. d. Chem. **279**, 123 [1894].

beschriebenen Mandelsäure-phenylurethan[1]). Nach dem Umlösen aus Äther-Petroläther, wobei spindelförmige oder rhombenähnliche, mikroskopische Krystalle entstanden, schmolz es bei 147—149° (korr.) unter Gasentwicklung und entsprach auch sonst der Beschreibung von Lambling.

0,1378 g Sbst. (bei 20° und 1 mm Druck über P_2O_5 getrocknet): 0,3353 g CO_2, 0,0621 g H_2O. — 0,1731 g Sbst.: 7,85 ccm N (18°, 762,5 mm, 33 proz. Kalilauge).

$C_{15}H_{13}O_4N$ (271,11).   Ber. C 66,39, H 4,83, N 5,17.
Gef. ,, 66,36, ,, 5,04, ,, 5,27.

Was die gleichzeitige Entstehung des Mandelsäureanilids bei unserem Versuche betrifft, so würde sie am einfachsten so erfolgen können, daß durch Verseifung der Estergruppe zuerst die Säure,

$$C_6H_5.NH.CO.CH(C_6H_5).O.COOH,$$

entsteht, die entweder direkt oder beim Ansäuern Kohlensäure verliert.

Es besteht aber auch die andre Möglichkeit, daß unter dem Einfluß des Alkalis zuerst das Diketodiphenyl-tetrahydrooxazol,

$$
\begin{array}{c}
C_6H_5.N\!\!-\!\!CO\\
OC\quad CH.C_6H_5,\\
O
\end{array}
$$

gebildet und nachträglich der Oxazolring an zwei verschiedenen Stellen durch Addition von Wasser aufgespalten wird, wobei einerseits als Hauptprodukt das Phenylurethan der Mandelsäure, andrerseits unter Abspaltung von Kohlensäure das Anilid der Mandelsäure entsteht. Für die letzte Auffassung spricht u. a. die Beobachtung von Lambling, daß bei der Verseifung vom Phenylurethan des Mandelsäureäthylesters neben dem Phenylurethan der Mandelsäure auch Mandelsäureanilid gebildet wird[2]).

Die beiden isomeren Substanzen, Phenylurethan des Mandelsäureesters und Anilid der Carbalkyloxy-mandelsäure, liefern also bei der Verseifung ganz die gleichen Produkte. Das deutet entschieden auf die Bildung ein und desselben Zwischenproduktes hin.

---

[1]) Bl. [3] **19**, 776 [1898].
[2]) Bl. [3] **19**, 775 [1898].

19. Emil Fischer und A. Refik Kadisadé: Verwendung der acetylierten Phenolcarbonsäuren für die Synthese von Depsiden.

Berichte der deutschen chemischen Gesellschaft **52**, 72 [1919].

(Eingegangen am 11. November 1918.)

Nachdem für die Synthese der Digallussäure[1]) die Tricarbomethoxy-verbindungen durch die Acetylderivate ersetzt waren, durfte man erwarten, daß auch für die Bereitung der einfacheren Depside die acetylierten Phenolcarbonsäuren den gleichen Dienst leisten würden. Das ist in der Tat der Fall, wie die nachfolgenden Beobachtungen bei den Derivaten der p-Oxybenzoesäure beweisen. Die Synthese verläuft ganz nach dem alten Schema, und die Zwischenprodukte haben sogar mit den früher beschriebenen Carbomethoxykörpern auch äußerlich große Ähnlichkeit. So erhebliche Vorteile wie bei der Bereitung der Digallussäure bieten aber die Acetylkörper hier nicht.

Das als Ausgangsmaterial dienende Acetyl-p-oxybenzoyl-chlorid, $CH_3.CO.O.C_6H_4.CO.Cl$, ist zwar schon in einem Patent der Firma J. D. Riedel[2]) erwähnt (Schmp. 30°, Sdp.$_{12}$ 161 bis 162°), aber so kurz, daß eine Ergänzung der Angaben zweckmäßig erscheint.

Fügt man zur Aufschlämmung von 50 g gepulverter Acetyl-p-oxy-benzoesäure[3]) in 100 ccm Tetrachlorkohlenstoff 57 g (fast 1 Mol.) frisches gepulvertes Phosphorpentachlorid, so tritt bei dauerndem Schütteln bald farblose Lösung ein. Nach dem Verdampfen von Lösungsmittel und Oxychlorid geht das Acetyl-p-oxybenzoylchlorid unter 11—12 mm Druck fast ohne Rückstand und konstant nicht bei 161°, sondern bei 145—146° (Quecksilber ganz im Dampf) als farblose Flüssigkeit über, die rasch in zentimeterlangen, farblosen Nadeln oder Prismen vom Schmelzpunkt 29° erstarrt. Ausbeute fast theoretisch.

0,2192 g Sbst.: 0,1560 g AgCl.

$C_9H_7O_3Cl$ (198,56).   Ber. Cl 17,86.   Gef. Cl 17,61.

Das Chlorid löst sich leicht in Äther, Essigäther, Chloroform, Benzol und Tetrachlorkohlenstoff.

---

[1]) Vgl. Berichte d. d. chem. Gesellsch. **51**, 45 [1918]. (*S. 432.*)
[2]) Chem. Centralblatt **1910**, II, 516.
[3]) Klepl, Journ. f. prakt. Chem. [2] **28**, 211 [1883].

Acetyl-p-oxybenzoyl-p-oxybenzoesäure,

$CH_3.CO.O.C_6H_4.CO.O.C_6H_4.COOH$.

Zur Lösung von 3,6 g krystallwasserhaltiger p-Oxybenzoesäure in 24 ccm n-Natronlauge (1 Mol.) und 10 ccm Wasser fügt man nach guter Kühlung und unter dauerndem starken Schütteln im Laufe von $^1/_2$ Stunde eine Lösung von 5,2 g Acetyl-p-oxybenzoylchlorid (1,1 Mol.) in 50 ccm trocknem Äther und 23 ccm n-Natronlauge abwechselnd in je fünf Portionen. Dabei scheidet sich sehr bald ein starker krystallinischer Niederschlag ab, der zum großen Teil aus dem Natriumsalz des Kuppelungsproduktes besteht. Er wird abgesaugt, mit Äther gewaschen und dann zur Zerlegung des Natriumsalzes auf der Maschine einige Zeit mit Salzsäure geschüttelt. Nach dem Absaugen beträgt seine Menge etwa 6,3 g. Er wird am besten direkt auf das freie Didepsid verarbeitet. Will man aber daraus den reinen Acetylkörper gewinnen, so kocht man die getrocknete Masse mit Essigäther aus und konzentriert den Auszug, wobei sich die Acetyl-p-oxybenzoyl-p-oxybenzoesäure in farblosen, mikroskopischen Nadeln abscheidet. Ihre Menge betrug aber nur etwa 2,5 g.

0,1532 g Sbst. (bei 100° und 15 mm getr.): 0,3610 g CO_2, 0,0582 g H_2O.

$C_{16}H_{12}O_6$ (300,18).   Ber. C 63,99, H 4,03.

Gef. ,, 64,28, ,, 4,25.

Aus der wässerigen Mutterlauge des obenerwähnten Natriumsalzes erhält man durch Ansäuern noch 0,8 g Acetylkörper, der nach einmaliger Krystallisation aus Essigäther rein ist.

0,1592 g Sbst.: 0,3736 g CO_2, 0,0596 g H_2O.

Gef. C 64,02, H 4,19.

Die Acetylverbindung schmilzt bei raschem Erhitzen nach vorheriger Sinterung bei 221—223° (korr.) zu einer farblosen Flüssigkeit. Sie bildet mikroskopische, flache Nadeln oder längliche Krystallblätter. Sie löst sich ziemlich leicht in warmem Alkohol, Aceton, Chloroform, Benzol, Äther und besonders in warmem Essigäther. Sie ist offenbar identisch mit dem Acetylderivat, das Klepl[1]) aus dem Didepsid durch Essigsäureanhydrid erhielt und für das er Schmelzpunkt 216,5 angibt.

Für die Umwandlung in die

p-Oxybenzoyl-p-oxybenzoesäure,

$HO.C_6H_4.CO.O.C_6H_4.COOH$,

ist es nicht notwendig, von reinem Acetylkörper auszugehen. Vielmehr kann man das Gemisch direkt verarbeiten, das bei Einwirkung von

---

[1]) Journ. f. prakt. Chem. [2] **28**, 210 [1883].

Salzsäure auf die bei der Kupplung abgeschiedenen schwer löslichen Produkte entsteht.

3 g davon werden gut gepulvert, in 110 ccm warmem Aceton suspendiert, auf 15° abgekühlt, mit 30 ccm n-Ammoniak versetzt und der entstehende starke Niederschlag durch Zusatz von etwa 30 ccm Wasser wieder in Lösung gebracht. Man bewahrt 4—5 Stunden bei 18° auf, verdünnt dann mit viel Wasser und übersättigt mit Salzsäure. Die Menge des farblosen voluminösen Niederschlages beträgt 2,36 g. Verarbeitet man die ganzen bei der Darstellung des Acetylkörpers erhaltenen Produkte in dieser Weise, so erhält man etwa 5,5 g Depsid, entsprechend 92% der Theorie.

Das Depsid wurde in der früher angegebenen Weise gereinigt.

0,1550 g Sbst. (bei 100° und 11 mm über P_2O_5 getrocknet): 0,3703 g CO_2; 0,0530 g H_2O.

$$C_{14}H_{10}O_5 \ (258,15). \quad \text{Ber. C } 65,10, \ \text{H } 3,90.$$
$$\text{Gef. ,, } 65,17, \ \text{,, } 3,83.$$

Zersetzungspunkt gegen 270° (unkorr.). Auch die übrigen Eigenschaften entsprechen den früheren Angaben[1]).

Acetyl-di-(p-oxybenzoyl)-p-oxybenzoesäure,

$CH_3.CO.O.C_6H_4.CO.O.C_6H_4.CO.O.C_6H_4.COOH$.

Wird die stark gekühlte Lösung von 5 g p-Oxybenzoyl-p-oxybenzoesäure in 77 ccm $^n/_2$-Natronlauge mit einer ebenfalls gekühlten Lösung von 4 g Acetyl-p-oxybenzoylchlorid (1 Mol.) in 50 ccm trockenem Äther kräftig geschüttelt, so scheidet sich bald das Kupplungsprodukt als Natriumverbindung ab und zum Schluß ist die Flüssigkeit in einen Brei verwandelt. Nach $^3/_4$ Stunden wird abgesaugt, mit Äther gewaschen und mit verdünnter Salzsäure gründlich verrieben, um das Natriumsalz zu zerlegen. Ausbeute 7,1 g oder 87% der Theorie. Die Substanz ist in den meisten gebräuchlichen Lösungsmitteln auch in der Hitze sehr schwer löslich. Recht geeignet zum Umlösen ist warmer Malonester, von dem man etwa die 25fache Menge braucht. Daraus scheidet sich die Verbindung beim raschen Abkühlen in Nadeln, beim langsamen Erkalten in hübschen, mikroskopischen, langgestreckten, schiefen Platten ab, die nach dem Absaugen, Waschen mit Alkohol und Trocknen im Exsiccator folgende Zahlen gaben:

0,1518 g Sbst.: 0,3674 g CO_2, 0,0519 g H_2O.

$$C_{23}H_{16}O_8 \ (420,25). \quad \text{Ber. C } 65,70, \ \text{H } 3,84.$$
$$\text{Gef. ,, } 66,03, \ \text{,, } 3,83.$$

---

[1]) E. Fischer, Berichte d. d. chem. Gesellsch. **42**, 217 [1909] (*S. 83*); und Klepl, Journ. f. prakt. Chem. [2] **28**, 208 [1883].

Schmelzpunkt beim raschen Erhitzen gegen 247—248° (korr. 253 bis 254°) unter Zersetzung. Die Substanz ist schon von Klepl[1]) aus dem Tridepsid durch Essigsäureanhydrid dargestellt worden. Er gibt als Schmelzpunkt 230° an, hat aber offenbar sehr langsam erhitzt, denn Fischer und Freudenberg[2]), die seinen Versuch wiederholten, fanden 250° (korr. 256°) als Schmelz- und Zersetzungspunkt.

Der Körper ist schwer löslich in heißem Alkohol und Essigäther, etwas leichter in heißem Aceton und in Eisessig, aus dem er sich beim langsamen Erkalten in Nädelchen oder langen mikroskopischen Blättern abscheidet. Viel leichter löst er sich in heißem Amylalkohol, Amylacetat, Isobornylacetat, vor allem aber in heißem Malonester und Diäthylmalonester.

Die Verwandlung des Acetylkörpers in das freie Tridepsid, die

Di-(p-oxybenzoyl)-p-oxybenzoesäure,

$HO.C_6H_4.CO.O.C_6H_4.CO.O.C_6H_4.COOH$,

läßt sich auf dieselbe Art wie bei der Carboäthoxyverbindung[3]) ausführen.

Man löst 2 g Acetylkörper in 40 ccm Pyridin, fügt dazu erst 80 ccm Aceton und dann eine Lösung von $2^1/_2$ ccm wässerigem Ammoniak von 25% Gehalt in 80 ccm Aceton. Der hierbei entstehende Niederschlag verschwindet auf Zusatz von 80 ccm Wasser nach kurzer Zeit völlig. Man bewahrt noch $1^1/_2$ Stunden bei Zimmertemperatur auf, verdünnt dann mit viel Wasser und säuert mit Essigsäure an. Der ausfallende flockige Niederschlag wird abgesaugt, mit Wasser gewaschen und nach dem Trocknen bei 100° und 11 mm in 250 ccm kochendem Aceton gelöst. Beim Kühlen in Kältemischung entsteht rasch eine starke Krystallisation farbloser mikroskopischer Nadeln. Ausbeute 1,2 g oder 66% der Theorie.

Zur Analyse wurde noch zweimal aus Aceton krystallisiert und bei 100° und 15 mm getrocknet.

0,1512 g Sbst.: 0,3703 g CO_2, 0,0511 g H_2O.

$C_{21}H_{14}O_7$ (378,22).   Ber. C 66,65, H 3,73.
Gef. ,, 66,81, ,, 3,78.

Schmelzpunkt wie früher angegeben[4]) bei raschem Erhitzen gegen 300° (korr.), nachdem schon vorher die Zersetzung begonnen hat.

---

[1]) Journ. f. prakt. Chem. [2] **28**, 208 [1883].
[2]) Liebigs Annal. d. Chem. **372**, 39 [1910]. (*S. 107.*)
[3]) E. Fischer und K. Freudenberg, ebenda S. 38. (*S. 106.*)
[4]) E. Fischer und K. Freudenberg, ebenda S. 39. (*S. 107.*)

$$\text{Triacetylgalloyl-}p\text{-oxybenzoesäure,}$$
$$(CH_3.CO.O)_3C_6H_2.CO.O.C_6H_4.COOH.$$

Zur gut gekühlten Lösung von 2,5 g krystallwasserhaltiger p-Oxy-benzoesäure in 16 ccm n-Natronlauge (1 Mol.) und 5 ccm Wasser gibt man während $^3/_4$ Stunden abwechselnd in je 5 Portionen die Lösung von 5,5 g Triacetylgallussäurechlorid (1,1 Mol.) in 200 ccm trockenem Äther und 17 ccm n-Natronlauge unter beständigem kräftigen Schütteln. Die wässerige Schicht gibt schließlich auf Zusatz von ver-dünnter Salzsäure einen öligen Niederschlag, der bald krystallinisch er-starrt. Nach dem Waschen mit Wasser beträgt seine Menge etwa 5,1 g. Man löst in der gleichen Menge warmem Alkohol und kühlt rasch wieder in Kältemischung. Ausbeute 3,9 g oder 58% der Theorie.

Zur Analyse wurde nochmals aus Alkohol krystallisiert und bei 100° und 11 mm über Phosphorpentoxyd getrocknet.

0,1609 g Sbst.: 0,3388 g CO_2, 0,0572 g H_2O. — 0,1101 g Sbst eines anderen Präparates: 0,2318 g CO_2, 0,0410 g H_2O.

$C_{20}H_{16}O_{10}$ (416,23). Ber. C 57,68,　　　H 3,88.
　　　　　　　　　　Gef. ,, 57,44, 57,44, ,, 3,98, 4,17.

Die Säure bildet mikroskopische, vielfach übereinandergelagerte Blättchen, die nach geringem Sintern bei 172—173° (korr.) schmelzen. Leicht löslich in Chloroform, Essigäther, Aceton und warmem Alkohol, viel schwerer in Benzol und Äther und fast gar nicht in Wasser.

Die Überführung des Acetylkörpers in

$$\text{Galloyl-}p\text{-oxybenzoesäure,}\quad (HO)_3C_6H_2.CO.O.C_6H_4.COOH,$$

kann sowohl durch Ammoniak in der Kälte als auch durch Erwärmen mit Eisessig-Salzsäure vorgenommen werden. Da die ammoniakalische Verseifung ganz ähnlich verläuft, wie es früher für die Carbomethoxy-verbindung beschrieben wurde[1]), soll hier nur die saure Aufspaltung beschrieben werden.

Zur Lösung von 2 g Acetylkörper in 5 ccm warmem Eisessig werden unter Erwärmen auf dem lebhaft siedenden Wasserbad 4 ccm 5 n-Salzsäure in mehreren Portionen innerhalb weniger Minuten zu-gefügt. Bei weiterem Erhitzen erfolgt nach etwa 15 Minuten starke Krystallisation mikroskopischer, dünner, ganz farbloser Nadeln. Nach weiteren 15 Minuten kühlt man in Eis und filtriert, nachdem noch 5 ccm Wasser zugefügt sind. Ausbeute 1,03 g, entsprechend 74% der Theorie.

---

[1]) E. Fischer, Berichte d. d. chem. Gesellsch. **41**, 2888 [1908]. (*S. 77.*)

Zur Analyse wurde aus einem Gemisch von 2 Teilen Aceton und 3 Teilen Wasser krystallisiert. Beim Stehen schieden sich 1—2 mm lange, schräg abgeschnittene Tafeln ab, deren Zersetzungspunkt (260° korr.) und andere Eigenschaften ganz den früheren Angaben entsprachen. Sie enthielten Krystallwasser. Eine Probe ergab bei 110° und 15 mm einen Verlust von 7,42%, also etwas niedriger als früher gefunden war (8,3—9,1%).

0,1616 g Sbst.: 0,3423 g CO_2, 0,0492 g H_2O.

$C_{14}H_{10}O_7$ (290,15).   Ber. C 57,92, H 3,47.

Gef. ,, 57,79, ,, 3,41.

20. Emil Fischer und Karl Freudenberg: Über das Tannin und die Synthese ähnlicher Stoffe I.

Berichte der deutschen chemischen Gesellschaft **45**, 915 [1912].

(Eingegangen am 28. März 1912.)

Über die chemische Natur der Galläpfelgerbsäure haben die Ansichten im Laufe der Zeit stark gewechselt. Adolf Strecker[1] kam auf Grund ausgedehnter Versuche zu dem Schluß, daß Tannin eine Verbindung von Zucker und Gallussäure sei, für die er die Formel $C_{27}H_{22}O_{17}$ ableitete. Das würde einer Kombination von 3 Gallussäure und 1 Glucose entsprechen. Als es später gelang[2], aus der Gallussäure zuerst durch salpetersaures Silber oder Arsensäure und dann auch durch Phosphoroxychlorid[3] eine leimfällende Substanz zu gewinnen, erklärte H. Schiff[3] diese für den wesentlichen Bestandteil des Tannins, stellte dafür die Formel $C_{14}H_{10}O_9$ auf und nannte sie Digallussäure. Diese Formel war zwar schon von Mulder lange vorher für das Tannin befürwortet, aber von Strecker bekämpft worden. Der Befund Streckers bezüglich der Bildung von Glucose aus Tannin wurde später von verschiedenen Beobachtern, z. B. H. Pottevin[4], der die Hydrolyse durch die Enzyme des Aspergillus niger bewirkte, bestätigt. Allerdings schwankten die Resultate bezüglich der Menge des Zuckers recht erheblich. Da ferner die Bildung des Zuckers von anderer Seite gänzlich bestritten wurde, so hat sich die Ansicht von Schiff so sehr behauptet, daß in den Lehrbüchern das Tannin bis in die neuere Zeit ziemlich allgemein als Digallussäure figurierte. Im Widerspruch damit stand allerdings die optische Aktivität des Tannins, die von C. Scheibler, van Tieghem, Flavitzky, Günther beobachtet[5] und von letzterem auch als Einwand gegen die Formel von Schiff be-

---

[1] Liebigs Annal. d. Chem. **81**, 248 [1852]; **90**, 328 [1854].

[2] J. Löwe, Jahresber. f. Chemie **1867**, 446; **1868**, 559.

[3] H. Schiff, Berichte d. d. chem Gesellsch. **4**, 232, 967 [1871]; Liebigs Annal. d. Chem. **170**, 143 [1873]; Berichte d. d. chem. Gesellsch. **12**, 33 [1879].

[4] Compt. rend. **132**, 704 [1901].

[5] Vgl. Geschichtliches von E. v. Lippmann, Berichte d. d. chem. Gesellsch. **42**, 4678 [1909].

nutzt wurde. Es hat zwar nicht an Versuchen gefehlt, diese theoretische Schwierigkeit zu beseitigen [1]), aber die Bestimmung des Molekulargewichtes und ferner die sorgfältigen Beobachtungen von P. Walden[2]) über das elektrische Leitvermögen, die Lichtabsorption und das Verhalten gegen Arsensäure hatten doch unzweideutig gezeigt, daß Tannin und Schiffs Digallussäure verschieden sind. Daran hat sich auch nichts geändert durch die Auffindung der ersten krystallisierten Digallussäure[3]), für die wir die Formel einer p-Galloylgallussäure sehr wahrscheinlich gemacht haben. Da die der neuesten Zeit angehörige Annahme von M. Nierenstein, daß Tannin im wesentlichen ein Gemenge von Digallussäure und optisch-aktivem Leukotannin sei, ebensowenig mit den zuvor erwähnten Beobachtungen über geringe Acidität und Molekulargewicht in Einklang gebracht werden kann, so haben wir eine abermalige Untersuchung des Gerbstoffs in bezug auf den Zuckergehalt unternommen. Dabei hat sich ergeben, daß Tannin auch nach sorgfältigster Reinigung bei der Hydrolyse mit Schwefelsäure 7—8% Traubenzucker liefert, und daß diese Zahl jedenfalls noch etwas zu klein ist, weil durch die Hydrolyse und die Isolierung Verluste entstehen. Die Menge des Zuckers ist allerdings geringer, als Strecker (15—22%) und Pottevin (13,5%) gefunden haben. Ob das durch die verschiedene Beschaffenheit des Materials oder durch die Methode der Isolierung der Glucose zu erklären ist, lassen wir unentschieden.

Wir haben aber den Eindruck erhalten, daß das nach dem später angegebenen Verfahren gereinigte Tannin, dessen Drehungsvermögen ziemlich konstant bleibt, wenn auch nicht ganz einheitlich, so doch im wesentlichen eine Verbindung der Glucose ist. Wir denken dabei nicht an ein gewöhnliches Glucosid der Gallussäure oder der Digallussäure, denn dafür ist die Menge des Zuckers viel zu gering; wir glauben vielmehr, daß die Alkoholgruppen des Zuckers zur esterartigen Bindung der Säure dienen. Bekanntlich nimmt die Glucose 5 Acetyl und 5 Benzoyl auf, und das Pentacetat ist sogar in zwei isomeren Formen bekannt. Sie würde also auch imstande sein, 5 Mol. Gallussäure oder Digallussäure zu fixieren, und solche Verbindungen würden kein Carboxyl enthalten, sondern nur durch das Vorhandensein der vielen Phenolgruppen und vielleicht auch durch den Einfluß des Zuckerrestes einen schwach sauren Charakter haben.

---

[1]) Vgl. Dekker, Berichte d. d. chem. Gesellsch. **39**, 2497 [1906] und Nierenstein, Berichte d. d. chem. Gesellsch. **41**, 77 [1908]; **42**, 1122 [1909]; **43**, 628 [1910].

[2]) Berichte d. d. chem. Gesellsch. **30**, 3151 [1897]; **31**, 3167 [1898].

[3]) E. Fischer, Berichte d. d. chem. Gesellsch. **41**, 2890 [1908] (*S. 78*); ferner E. Fischer und K. Freudenberg, Liebigs Annal. d. Chem. **384**, 225 [1911]. (*S. 129.*)

Eine Verbindung von 1 Mol. Glucose mit 5 Mol. Digallussäure müßte bei der Hydrolyse 10,6% Zucker und 100% Gallussäure infolge der Wasseraufnahme liefern.

Das Molekulargewicht einer solchen Pentadigalloylglucose,

$$C_6H_7O_6[C_6H_2(OH)_3 . CO . O . C_6H_2 (OH)_2 . CO]_5 = C_{76}H_{52}O_{46},$$

wäre 1700,4. Allerdings besteht auch die Möglichkeit, daß 1 Mol. Digallussäure mit dem Zucker glucosidartig, d. h. durch eine Phenolgruppe, und die übrigen vier esterartig verbunden sind. Wir halten das aber für weniger wahrscheinlich. Jedenfalls würde die Formel einer Pentadigalloylglucose mit allen bisherigen Beobachtungen über optische Aktivität, Molekulargewicht, geringe Acidität und mit den nachfolgend beschriebenen Resultaten der Hydrolyse und Analyse ziemlich gut übereinstimmen. Selbstverständlich beziehen sich unsere Schlüsse immer nur auf den Hauptbestandteil des Tannins, denn es gibt bisher keinerlei Beweis für dessen Homogenität, und für manche Handelsprodukte glauben wir als sicher annehmen zu können, daß sie andere Stoffe, z. B. Gallussäure, in wechselnder Menge enthalten.

Da die Tanninliteratur so reich an verunglückten Spekulationen ist, so würden wir Bedenken tragen, diese Betrachtungen zu veröffentlichen, wenn sie nicht eine starke Stütze in den Resultaten der Synthese hätten. Es ist uns nämlich gelungen, aus Traubenzucker und Gallussäure künstlich einen Stoff zu bereiten, der zwar nicht mit dem Tannin identisch ist, aber damit in bezug auf optische Aktivität, geringe Acidität, Leimfällung, Eisenfärbung, Alkaloidfällung, Löslichkeitsverhältnisse, Geschmack die größte Ähnlichkeit zeigt. Für die Bereitung dieses Körpers haben wir Traubenzucker mit Tricarbomethoxy-galloylchlorid kombiniert. Die Reaktion läßt sich zwar nicht, wie beim Benzoylchlorid, in wässerig-alkalischer Lösung ausführen, weil dann Verseifung der Carbomethoxygruppen eintritt; dagegen gelingt die Kupplung leicht beim Schütteln von Traubenzucker mit einer Chloroformlösung von Tricarbomethoxy-galloylchlorid bei Anwesenheit von Chinolin. Das gereinigte Präparat enthält wahrscheinlich fünf Tricarbomethoxy-galloylgruppen. Durch vorsichtige Verseifung mit Alkali gelingt es, die Carbomethoxygruppen daraus völlig zu entfernen. So resultiert dann ein künstlicher Gerbstoff, der wahrscheinlich Pentagalloyl-glucose ist. Das Verfahren läßt sich ebensogut bei anderen Phenolcarbonsäuren anwenden. Wir haben es einstweilen geprüft für die p-Oxybenzoesäure, werden es später aber auch auf Salicylsäure, Protocatechu-, Vanillin-, Kaffeesäure usw. übertragen. Daß an Stelle der Glucose andere Zucker treten können, ist wohl selbstverständlich; wir haben uns ferner durch Versuche mit α-Methylglucosid überzeugt, daß seine Hydroxyle dieselbe Verbindungsfähigkeit besitzen.

Zum Beweis, daß auch die mehrwertigen Alkohole in den Bereich der Reaktion gehören, haben wir noch das Glycerin mit der Gallussäure kombiniert.

Durch diese Resultate ist der Synthese ein großes Gebiet erschlossen, und wir zweifeln nicht daran, daß die neue Erkenntnis auch für das Studium vieler anderer Gerbstoffe sich als fruchtbar erweisen wird.

So haben wir uns bereits durch die Hydrolyse mit Schwefelsäure überzeugt, daß der einzige krystallisierte Gerbstoff der Tanninklasse, die Chebulinsäure der Myrobalanen, deren Homogenität viel sicherer ist als diejenige des Tannins, ebenfalls Traubenzucker[1]) enthält. Wir werden darüber aber erst in einer späteren Abhandlung genauere Angaben machen.

Vermittels der Synthese wird sich wahrscheinlich auch die spezielle Frage der Konstitution des Tannins endgültig lösen lassen. Wir werden selbst versuchen, durch Kombination von Glucose mit den Digallussäuren bzw. ihren Methylderivaten Körper herzustellen, die mit dem Tannin oder Methylotannin verglichen werden können. Ferner glauben wir hervorheben zu sollen, daß die von uns benutzten Methoden besonders geeignet sind, hochmolekulare Substanzen von bekannter Struktur zu bereiten. Die obenerwähnte Penta-[tricarbomethoxygalloyl]-glucose hat schon ein Molekulargewicht von 1810, und bei Verwendung von Di- und Trisacchariden sowie der kohlenstoffreichen Fettsäuren, z. B. der Stearin- oder Melissinsäure, wird es kaum Schwierigkeit bieten, Verbindungen mit einem Molekulargewicht von mehreren Tausend zu gewinnen. Da es sicher Interesse bietet, die Eigenschaften solcher Stoffe zu kennen, so werden wir die Versuche bald in Angriff nehmen.

Endlich dürfte der Nachweis, daß die Kohlenhydrate ähnlich dem Glycerin vom Organismus offenbar leicht mit Säuren esterartig gekuppelt werden, der Biochemie einige neue Ausblicke eröffnen, und wir halten es schon jetzt für wahrscheinlich, daß man auch im Tierreich bald solchen Kombinationen begegnen wird.

Reinigung und Elementaranalyse des Tannins.

Als Rohmaterial haben wir ausschließlich zwei Handelsprodukte, das reinste Präparat der Firma Merck (Acidum tannicum leviss. puriss.)

---

[1]) Vgl. H. Thoms, Chem. Centralblatt **1906**, I, 1829.

und die Gerbsäure „Kahlbaum“ verwandt. Letztere ist nach einer gütigen Mitteilung der Firma Kahlbaum im wesentlichen nach dem Verfahren von Rosenheim und Schidrowitz[1]) gereinigt.

Für die weitere Reinigung benutzten wir drei Methoden:

1. Extraktion mit Äther. 20 g Tannin (Merck), das im Exsiccator 8 Stunden bei 50—60° getrocknet war, wurden 6 mal mit je 400 ccm Äther, der über Natrium getrocknet war, 48 Stunden auf der Maschine geschüttelt und die Lösung jedesmal vom klebrigen Rückstand abgegossen. Die erste Fraktion gab 2,6 g, die letzte 1,4 g Rückstand. Im ganzen wurden 12 g gelöst. Für die Analyse und Hydrolyse dienten die vereinigten drei letzten Extrakte.

Das Verfahren ist langwierig, nicht besonders wirksam und deshalb auch nicht empfehlenswert. Wir führen es nur an zum Beweis, daß der im Tannin enthaltene Zucker in einer ätherlöslichen Kombination vorhanden sein muß.

2. Extraktion mit Essigäther aus der mit Alkali neutralisierten wässerigen Lösung. Das Verfahren ist kürzlich von den Herren A. G. Paniker und Stiasny[2]) auf Anregung von Herrn A. G. Perkin gefunden und beschrieben worden. Wir glauben jedoch anführen zu dürfen, daß wir es unabhängig von jenen Herren schon im Juli 1911 in folgender Form angewandt haben:

50 g Tannin (Trockengewicht; Merck oder Kahlbaum) werden im Scheidetrichter mit 50 ccm Wasser angerührt, mit Essigäther überschichtet und unter Umrühren mit so viel 2 n-Natronlauge versetzt, daß die Flüssigkeit gegen rotes Lackmuspapier eben deutlich alkalisch reagiert. Die hierzu erforderliche Menge Natronlauge wird am besten vorher durch einen kleinen Versuch mit einer wässerigen Lösung von einigen Gramm Tannin ermittelt. Jetzt haben wir schnell die Lösung 5 mal mit je 80 ccm frisch destilliertem Essigäther ausgeschüttelt, die vereinigten Auszüge 3—4 mal mit je 10 ccm Wasser gewaschen, dann unter vermindertem Druck bis zur Sirupkonsistenz eingedampft und schließlich zur völligen Entfernung des Essigäthers den Rückstand wieder in 100 ccm Wasser gelöst und abermals unter 15—20 mm Druck verdampft. Es bleibt dabei ein honiggelber Sirup, der in eine Schale gegossen und im Vakuumexsiccator schließlich über Phosphorpentoxyd getrocknet wird. So gewinnt man das Tannin als spröde, sehr helle, amorphe Masse. Die Ausbeute beträgt etwa 30 g (Trockengewicht). Trotz des erheblichen Verlustes ist das Verfahren doch empfehlenswert, weil dadurch sicher alle Gallussäure, und wie wir glauben, alle Substanzen mit freiem Carboxyl entfernt werden.

<hr>

[1]) Journ. of the Chem. Soc. **73**, 882 [1898].
[2]) Paniker und Stiasny, Journ. of the Chem. Soc. **99**, 1819 [1911].

3. **Über das Kaliumsalz.** Sie rührt her von Berzelius[1]), scheint aber in Vergessenheit geraten zu sein. Wir haben sie in folgender Form angewandt. 55,5 g Gerbsäure „Kahlbaum“ (entsprechend 50 g Trockensubstanz) wurden in 200 ccm Wasser gelöst und zu der auf 0° abgekühlten Flüssigkeit unter gutem Rühren in dünnem Strahl ungefähr 50 ccm n-Kalilauge zugegeben, bis die Flüssigkeit eben blaues Lackmuspapier nicht mehr rötete. Der hierbei entstehende dicke, farblose, flockige Niederschlag wurde abgesaugt, abgepreßt und in 60 ccm warmem Wasser gelöst. Beim Abkühlen auf 0° schied sich das Salz wieder ab. Es wurde abermals filtriert und abgepreßt, dann im Scheidetrichter mit 50 ccm n-Schwefelsäure übergossen und 3 mal mit je 100 ccm Essigäther tüchtig durchgeschüttelt. Die Verarbeitung der Essigätherauszüge geschah wie zuvor beschrieben. Die Ausbeute betrug 70% des angewandten Tannins.

Wie schon andere Beobachter, z. B. Thoms[2]), vermerkt haben, hält das Tannin hartnäckig organische Lösungsmittel zurück, die durch Erhitzen selbst im Vakuum schwer zu entfernen sind. Es ist deshalb ratsam, alle Präparate, die mit organischen Lösungsmitteln in Berührung waren, nochmals in wenig Wasser zu lösen und im Vakuumexsiccator einzutrocknen. Dabei bleibt eine bröckelige, leicht zerreibbare amorphe Masse zurück. Wird dieses Material unter 10—15 mm Druck 5—6 Stunden über Phosphorpentoxyd bei 100° getrocknet, so pflegt alles Wasser wegzugehen. Wir haben uns aber jedesmal an einer Probe überzeugt, daß unter denselben Bedingungen bei 135° im Vakuum kein Gewichtsverlust mehr eintrat. Wir bemerken, daß dieses getrocknete Tannin so hygroskopisch ist, wie auch Iljin[3]) betont hat, daß alle Wägungen unter Ausschluß der atmosphärischen Feuchtigkeit geschehen müssen.

Für die nachfolgenden Analysen dienten sechs verschiedene Präparate.

I ist aus Tannin von Merck nach der Methode 2 bereitet, II ist ebenso, aber aus Gerbsäure „Kahlbaum“ hergestellt, III ist aus Gerbsäure „Kahlbaum“ nach der dritten Methode, d. h. über das Kaliumsalz gereinigt, IV ist nicht gereinigte, aber aus Wasser umgelöste Gerbsäure „Kahlbaum“, V ist aus Merckschem Tannin nach der zuerst angeführten Methode, d. h. mit Äther, hergestellt[4]).

---

[1]) Berzelius, Jahresber. f. Chemie **7**, 250 [1827].
[2]) Berichte d. Deutsch. Pharm. Ges. **15**, 303 [1905]; Chem. Centralblatt **1906**, I, 291.
[3]) Berichte d. d. chem. Gesellsch. **44**, 3318 [1911].
[4]) Die früheren Angaben über die Zusammensetzung des Tannins sind so zahlreich, daß wir sie nicht anführen können. Wir begnügen uns deshalb damit, nur die neuesten Publikationen von Iljin (Berichte d. d. chem. Gesellsch. **44**, 3318 [1911]) und von Steinkopf und Sargarian (Berichte d. d. chem. Gesellsch. **44**, 2904 [1911]) zu erwähnen.

I. 0,1772 g Sbst.: 0,3463 g CO_2, 0,0515 g H_2O. — II. 0,1964 g Sbst.: 0,3867 g CO_2, 0,0579 g H_2O. — III. 0,1618 g Sbst.: 0,3181 g CO_2, 0,0490 g H_2O. — IV. 0,1865 g Sbst.: 0,3635 g CO_2, 0,0567 g H_2O. — V. 0,1116 g Sbst.: 0,2152 g CO_2, 0,0323 g H_2O.

	I.	II.	III.	IV.	V.
C	53,30	53,70	53,62	53,16	52,59
H	3,25	3,30	3,39	3,40	3,24

Zum Vergleich stellen wir die Werte zusammen, die sich berechnen für

	C	H
Digallussäure	52,16	3,13
Pentagalloyl-glucose	52,33	3,43
Penta-digalloyl-glucose	53,63	3,08

Die Unterschiede zwischen diesen Werten sind so gering, daß es bei den Eigenschaften des Tannins unmöglich ist, durch die Analyse allein zwischen den Formeln zu entscheiden. Immerhin ist es bemerkenswert, daß mit den am sorgfältigsten gereinigten Präparaten Werte erhalten wurden, die am besten auf Pentadigalloylglucose stimmen.

Optische Untersuchung.

Analysensubstanz I. 0,1398 g Substanz. Gesamtgewicht der wässerigen Lösung 13,950 g; $d^{20} = 1,003$, Drehung im 1-dm-Rohr bei Natriumlicht und $20°$:$0,68°$ nach rechts. Mithin $[\alpha]_D^{20} = +\,67{,}65°\,(\pm\,2°)$.

Ein anderes Präparat gleicher Darstellung gab: 0,0566 g Substanz; Gesamtgewicht der wässerigen Lösung 5,8258 g; $d^{20} = 1,006$, Drehung im 2-dm-Rohr bei $20°$ und Natriumlicht $1,37°$ nach rechts. Mithin $[\alpha]_D^{20} = +\,70{,}09°\,(\pm\,1°)$.

0,1566 g des gleichen Präparats; Gesamtgewicht der alkoholischen Lösung 1,5653 g; $d^{20} = 0,835$, Drehung im 1-dm-Rohr bei $20°$ und Natriumlicht $1,54°$ nach rechts. Mithin $[\alpha]_D^{20} = +\,18{,}43°\,(\pm\,0{,}3°)$.

Analysensubstanz III: 0,0951 g Substanz; Gesamtgewicht der wässerigen Lösung 9,257 g; $d^{20} = 1,004$, Drehung im 1-dm-Rohr bei $20°$ und Natriumlicht $0,73°$ nach rechts. Mithin $[\alpha]_D^{20} = +\,70{,}77°\,(\pm\,2°)$.

0,0499 g der gleichen Substanz; Gesamtgewicht der wässerigen Lösung 4,973 g; d = 1,004, Drehung im 1-dm-Rohr bei $18°$ und Natriumlicht $0,69°$ nach rechts. Mithin $[\alpha]_D^{18} = +\,68{,}48°\,(\pm\,2°)$.

Analysensubstanz V: 0,0893 g Substanz; Gesamtgewicht der wässerigen Lösung 9,0879 g; $d^{20} = 1,005$; Drehung im 2-dm-Rohr bei $20°$ und Natriumlicht $1,15°$ nach rechts. Mithin $[\alpha]_D^{20} = +\,58{,}23°\,(\pm\,1°)$.

Acidität des Tannins.

Walden hat die elektrische Leitfähigkeit bestimmt und viel geringer gefunden als diejenige der Digallussäure von Schiff. Andererseits haben neuerdings Paniker und Stiasny die Zersetzung des Diazoessigäthers durch Tannin untersucht[1]). Sie finden zwar, daß K erheblich kleiner ist als bei der Gallussäure, ungefähr $^1/_6$ davon, aber sie halten den Wert doch für groß genug, um die Ansicht zu bestreiten, daß Tannin kein freies Carboxyl besitze. Walden hat auch Titrierversuche mit Tannin und $^n/_{20}$-Baryt bei Gegenwart von Phenolphthalein angestellt, aber ohne entscheidendes Resultat[2]). Wir haben für diesen Zweck $^n/_{10}$-Natronlauge benutzt und so lange zur ungefähr 10—20proz. wässerigen Tanninlösung unter sorgfältigem Umrühren hinzugesetzt, bis bei der Tüpfelprobe blaues Lackmuspapier gar nicht mehr gerötet wird. Dieser Punkt läßt sich nicht scharf feststellen, und infolgedessen schwanken die Beobachtungen um etwa 10% des Gesamtwertes bei verschiedenen Versuchen, aber auf alle Fälle glauben wir doch, daß die erhaltenen Zahlen Maximalwerte für die Acidität sind. Wir fanden so für verschiedene Sorten Tannin, die nach den obenerwähnten Methoden 2 und 3 gereinigt waren, daß 1 g Trockensubstanz 5,8—6,7 ccm $^n/_{10}$-Natronlauge verbrauchte. Für eine ungereinigte Probe Mercksches Tannin betrug die Zahl 10—10,5 ccm. Zum Vergleich führen wir an: Pyrogallol 1 ccm, Gallussäure 58—60 ccm, krystallisierte Diprotocatechusäure 35,4 ccm und krystallisierte Digallussäure[3]) 33,5 ccm, während zur Neutralisation des Carboxyls nach der Berechnung nötig sind für Gallussäure 58,8 ccm, für Diprotocatechusäure 34,5 ccm und für Digallussäure 31,1 ccm.

Nach diesen Resultaten würde die Acidität des Tannins nur ungefähr $^1/_{10}$ von derjenigen der Gallussäure sein.

Hydrolyse des Tannins.

Schon Strecker hat beobachtet, daß die Spaltung des Tannins durch verdünnte Säuren bei 100° recht langsam vonstatten geht. Nach unseren Erfahrungen ist bei Anwendung von 5proz. Schwefelsäure der Prozeß erst nach 60—70 Stunden fast beendet. Für den Nachweis und die Bestimmung des Zuckers entfernte Strecker Gallussäure und Gerbstoff durch Bleicarbonat und -acetat. Um gleichzeitig Gallussäure und Zucker zu bestimmen, haben wir sein Verfahren in folgender Weise modifiziert.

Eine Tanninmenge, die 10 g Trockensubstanz entspricht, wird mit 100 ccm 5proz. Schwefelsäure in einem Kolben aus Jenaer Resistenzglas mit langem Luftkühler in siedendem Wasser erhitzt. Nach einigen

---

[1]) Journ. of the Chem. Soc. **99**, 1819 [1911].
[2]) Berichte d. d. chem. Gesellsch. **31**, 3171 [1898].
[3]) E. Fischer und K. Freudenberg, Liebigs Annal. d. Chem. **384**, 225 [1911]. (*S. 129.*)

Stunden beginnt die von Anfang an hellbraune Flüssigkeit sich dunkler zu färben und ist zu Ende der Operation ganz undurchsichtig. Bleibt die abgekühlte Lösung jetzt 12 Stunden im Eisschrank, so scheidet sich der größere Teil der Gallussäure als tiefdunkle Krystallmasse ab. Aus dem wesentlich helleren Filtrat fällt man nun in der Hitze die Schwefelsäure genau durch eine heiße Lösung von Bariumhydroxyd, wobei jeder Überschuß der Base zu vermeiden ist. Das stark eingeengte Filtrat gibt eine zweite Krystallisation von Gallussäure. Um letztere möglichst vollständig zu gewinnen, wird die konzentrierte Mutterlauge dreimal mit je 30 ccm Essigäther ausgeschüttelt. Der mit etwas Wasser sorgfältig gewaschene Essigäther hinterläßt beim Verdampfen einen Sirup; wird dieser mit wenig warmem Wasser aufgenommen, so entsteht beim längeren Stehen in der Kälte eine dritte Krystallisation von Gallussäure. Die Mutterlauge gibt beim Ausäthern und späteren Umkrystallisieren des Extraktes eine vierte, sehr kleine Krystallisation. Die vereinigten vier Krystallisationen wurden ohne weitere Reinigung an der Luft getrocknet und als Gallussäure + 1 Mol. Wasser in Rechnung gestellt.

Der Zucker befindet sich in der ersten, mit Essigäther behandelten Mutterlauge und dem Waschwasser, mit dem der Essigätherauszug behandelt war. Beide werden vereinigt, die Flüssigkeit (10—15 ccm) ist noch braun gefärbt. Sie wird mit 1 g reinstem Bleicarbonat 15 Minuten aufgekocht, dann unter weiterem Kochen abwechselnd mit kleinen Mengen einer konzentrierten, wässerigen, heißen Lösung von einfach basischem Bleiacetat und mit wenig Bleicarbonat versetzt, bis die Flüssigkeit gegen Lackmus neutral reagiert. Man leitet nun bis zum Erkalten der Flüssigkeit Kohlensäure ein, saugt ab und wäscht mit warmem Wasser. Das klare, wenig gefärbte Filtrat ist frei von Gerbstoff, enthält aber eine kleine Menge Blei. Es wird unter Erwärmen mit Schwefelwasserstoff behandelt und das farblose Filtrat durch Kochen von Schwefelwasserstoff befreit. Diese Flüssigkeit wurde direkt polarimetrisch und durch Titration mit Fehlingscher Lösung untersucht. Zur Kontrolle haben wir den Zucker noch gravimetrisch bestimmt, indem wir die Lösung unter geringem Druck verdampften, nach Zusatz von Wasser abermals verdampften und in einem gewogenen Schälchen unter Benutzung eines mäßig erwärmten Sandbades im Vakuumexsiccator bis zum konstanten Gewicht trockneten. Der Zucker wurde dabei als gelbe, seltener als fast farblose, spröde, amorphe Masse gewonnen. In einem aliquoten Teil haben wir noch den Gehalt an Asche, der von den Glasgefäßen herrührte und meist recht gering war, ermittelt.

Die drei Bestimmungsmethoden ergaben untereinander etwas abweichende Werte. Das ist leicht erklärlich. Denn bekanntlich wird der

Traubenzucker beim langen Erhitzen mit verdünnten Säuren teilweise in Produkte von anderem Reduktions- und Drehungsvermögen verwandelt. Bei dem gravimetrischen Verfahren ist außerdem noch zu berücksichtigen, daß die völlige Trocknung amorpher Massen im Exsiccator äußerst schwierig ist. Daß es sich beim Zucker hauptsächlich um d-Glucose handelt, haben wir festgestellt durch die Gär- und Osazonprobe. Das Osazon zeigte den Zersetzungspunkt sowie die anderen äußeren Eigenschaften des Phenylglucosazons.

0,1562 g Sbst.: 0,3449 g CO_2, 0,0886 g H_2O. — 0,1561 g Sbst.: 20,3 ccm N (14°, 769 mm).

$C_{18}H_{22}O_4N_4$ (358,22).   Ber. C 60,30, H 6,19, N 15,64.
Gef. „ 60,22, „ 6,35, „ 15,51.

Wenn bei kürzerem Erhitzen die Hydrolyse unvollständig geblieben ist, so findet sich neben Gallussäure und Zucker in der Flüssigkeit noch ein dunkel gefärbtes Produkt von gerbstoffähnlichem Charakter. Es geht zum Teil in den Essigäther über, zum anderen Teil findet es sich im Bleiniederschlag. Die im Essigäther enthaltene Menge findet sich schließlich in den letzten Mutterlaugen, die nach dem Auskrystallisieren der Gallussäure bleiben. Sie hinterlassen beim Verdampfen eine pechschwarze spröde Masse, die noch stark Leimlösung fällt. Um den anderen, im Bleiniederschlag enthaltenen Teil derselben Substanz zu gewinnen, wird der Niederschlag in warmem Wasser suspendiert, durch einen mäßigen Überschuß von Schwefelsäure zerlegt, in dem Filtrat die Schwefelsäure genau durch Barytwasser gefällt und die Mutterlauge ganz eingedampft. In der folgenden Tabelle ist dieses schlecht definierbare Produkt als Gerbstoffrest aufgeführt.

Um uns über die Fehler der Methode zu unterrichten, haben wir noch einige willkürlich hergestellte Gemische von reinem Traubenzucker und Gallussäure genau auf die gleiche Art mit verdünnter Schwefelsäure erhitzt, aber die Zeitdauer ungefähr halb so lang gewählt in der Erwägung, daß ja aus dem Tannin die beiden Spaltprodukte erst allmählich entstehen.

Auch hier war die zurückgewonnene Gallussäure ebenso dunkel gefärbt, wie die aus Tannin erhaltene. Diese Kontrollversuche zeigen, daß die quantitativen Resultate keinen Anspruch auf große Genauigkeit haben. Insbesondere sind die Verluste an Zucker relativ groß. Aber sie genügen, um ein ungefähres Bild von der Bedeutung der Zahlen zu geben, die beim Tannin resultieren.

Die meisten in der Tabelle angeführten Versuche sind mit der Gerbsäure „Kahlbaum" angestellt. Ferner wurden die vier Tanninsorten untersucht, die wir selbst aus käuflichen Präparaten hergestellt und nach den früher beschriebenen Methoden gereinigt hatten.

Endlich haben wir noch ein Tannin „Kahlbaum" ebenso wie Strecker mit 11 proz. Schwefelsäure gespalten, wobei auf 10 g trocknes Tannin auch 100 ccm der Säure angewandt wurden, aber die Erhitzung auf 100° nur 24 Stunden dauerte. Das Resultat war im wesentlichen das gleiche wie beim 70 stündigem Erhitzen mit 5 proz. Säure. Dagegen ist die Menge des Zuckers viel geringer, als die von Strecker gefundene.

Benutztes Material	Dauer der Hydrolyse Stdn.	Gallussäure wasserfrei %	Gerbstoff-rest %	Glucose in Prozenten				Summa %
				Polari-metrisch	Titri-metrisch	Gravi-metrisch	Durch-schnitt	
Gerbsäure „Kahlbaum"	5					0,5	0,5	
	20					1,1	1,1	
	24	80,2	13	1,3	2,2	2,5	2,0	95,2
	45	90,4	3,9	4,6	3,8	4,7	4,4	98,7
	60	88,7	1,5	5,8	6,9	7,6	6,8	97,0
	72	93,7	1,5	7,3	7,5	9,0	7,9	103,1
	87	90,9		5,0	6,4	7,9	6,4	97,3
Tannin Merck	0			0	0			
	8					2,6	2,6	
	24	87,2				4,9	4,9	
	72	94	1	5,3	7,4	8,3	7,0	102
Tannin Merck nach Reinigungs-methode 1	8			3	4		3,5	
Tannin Merck nach Reinigungs-methode 2	18	72,7	22,2			3,2	3,2	98,1
	72	93,6		5,9	6,0	8,4	6,8	100,4
Gerbsäure „Kahlbaum" nach Reinigungsmethode 2	24	81,2	18	3,1	3,1	3,3	3,2	102,4
Gerbsäure „Kahlbaum" nach Reinigungsmethode 3	51	92,1	3,8	7,5	6,8	7,6	7,3	103,2
Gerbsäure „Kahlbaum" mit 11 proz. Schwefelsäure	24	94,3		4,6	6,8	7,3	6,2	100,5
Gemisch von 95,2% wasserfr. Gallussäure 4,8% Glucose	24	90,2				3,7	3,7	93,9
91,8% wasserfr. Gallussäure 8,2% Glucose	30	86,8	1,3	4,0	3,8	5,1	4,3	92,4
86,6% wasserfr. Gallussäure 13,4% Glucose	30	85,0		7,8	9,1	10,3	9,1	94,1

Darstellung des Tricarbomethoxy-galloylchlorids.

Für die nachfolgenden Versuche waren größere Mengen des Chlorids nötig, und da von seiner Beschaffenheit die Reinheit der neuen

18*

Produkte abhängig ist, so haben wir das frühere Verfahren[1]) in folgender Weise modifiziert:

260 g möglichst reine, trockne und fein zerriebene Tricarbomethoxy-gallussäure werden mit 200 g frischem, rasch gepulvertem Phosphorpentachlorid unter Ausschluß von Feuchtigkeit erst geschüttelt und später auf dem Wasserbad erwärmt, bis ein klares, gelbbraunes Öl neben etwas unverändertem Pentachlorid entstanden ist. Man verdampft nun unter 10—15 mm aus einem Bade von 40—50° und löst den festen, krystallinischen Rückstand unter Erwärmen in 260 g trockenem Kohlenstofftetrachlorid.

Die Lösung wird von dem unveränderten Phosphorpentachlorid abgegossen und einige Stunden in einer Eis-Kochsalzmischung gekühlt. Die ausgeschiedenen Krystalle werden abgesaugt und entweder mit einem Gemisch von 30 ccm Kohlenstofftetrachlorid und 10 ccm Petroläther gewaschen oder noch besser hydraulisch abgepreßt. Ausbeute etwa 220 g. Man löst diese wieder in 220 g heißem Kohlenstofftetrachlorid, fügt wenig trockene Tierkohle zu und kühlt die heiß filtrierte Flüssigkeit durch eine Kältemischung. Die Krystalle werden in der gleichen Weise wie zuvor behandelt. Ausbeute etwa 200 g.

Den Schmelzpunkt fanden wir 5° höher als früher, d. h. bei 91 bis 92° (korr.). Das Präparat ist völlig weiß, bildet verhältnismäßig große Krystalle und ist bei Ausschluß von Feuchtigkeit lange haltbar.

Penta-[tricarbomethoxy-galloyl]-glucose.

In einer starkwandigen Standflasche werden 10 g gebeutelte und scharf getrocknete α-Glucose übergossen mit einer Lösung von 106 g Tricarbomethoxy-galloylchlorid ($5\frac{1}{4}$ Mol.) in 150 ccm Chloroform, das über Phosphorpentoxyd destilliert war. Dazu fügt man 37,7 g scharf getrocknetes Chinolin ($5\frac{1}{4}$ Mol.) und schüttelt zunächst mit der Hand. Um die anfangs eintretende schwache Erwärmung zu verhindern, kühlt man durch Eiswasser. Nach etwa 1 Stunde bringt man die Flasche auf die Maschine und schüttelt bei Zimmertemperatur. Ist der Zucker fein genug gepulvert, so geht er im Lauf von 24 Stunden völlig in Lösung. Man läßt dann noch 24 Stunden bei gewöhnlicher Temperatur stehen. Die Flüssigkeit ist zum Schluß hellgelb gefärbt und ziemlich zähflüssig. Sie wird mit 50 ccm Chloroform verdünnt und unter Umschütteln mit Methylalkohol bis zur bleibenden Trübung versetzt. Diese Mischung gießt man in dünnem Strahl unter starkem mechanischen Rühren in 1500 ccm Methylalkohol. Dabei fällt das Kupplungsprodukt zunächst als flockige Masse aus, die sich aber bald in einen zähen Kuchen

---

[1]) E. Fischer, Berichte d. d. chem. Gesellsch. **41**, 2886 [1908]. (*S. 74.*)

verwandelt. Man dekantiert die überstehende Flüssigkeit möglichst
bald, verrührt den Rückstand mit 300 ccm Methylalkohol und schüttelt
das Gemisch einige Stunden, bis die zähe Masse größtenteils fest geworden und in der Flüssigkeit als feines Pulver suspendiert ist. Werden
die am Boden liegenden größeren Stücke nochmals mit frischem Methylalkohol verrieben, so verwandeln sie sich auch ziemlich rasch in feines
Pulver. Dieses wird schließlich abgesogen, mit Äther gewaschen und an
der Luft getrocknet. Ausbeute etwa 75 g.

Das Produkt ist ein lockeres, völlig farbloses, aber amorphes
Pulver. Es enthält noch etwas Chlor und außerdem Chinolin, das
man beim Kochen einer Probe mit Alkali leicht am Geruch erkennt.
Um dieses zu entfernen, löst man die ganze Menge in 300 ccm Chloro-
form und schüttelt mehrmals mit je 75 ccm 10 proz. Schwefelsäure. Die
Chloroformlösung wird nochmals mit Wasser gewaschen und unter
Umrühren in viel Petroläther eingegossen. Das gefällte Produkt ist
wieder ein weißes Pulver, diesmal aber frei von Chinolin und Chlor.
Alle Versuche, es zu krystallisieren, blieben bisher erfolglos. Wir haben
es deshalb direkt für die Analyse benutzt, nachdem es unter 15 mm
Druck bei 75° über Phosphorpentoxyd bis zur Gewichtskonstanz getrocknet war. Die erhaltenen Zahlen stimmen mit den für die Formel
einer Penta-[tricarbomethoxy-galloyl]-glucose ($C_{71}H_{62}O_{56}$) berechneten Zahlen so gut überein, wie man es bei der Beschaffenheit des
Produktes nur verlangen kann. Trotzdem hat die Analyse keine entscheidende Bedeutung, weil sich für eine Tetra-[tricarbomethoxy-
galloyl]-glucose, $C_{58}H_{52}O_{46}$, sehr ähnliche Werte berechnen.

0,1521 g Sbst.: 0,2636 g CO_2, 0,0453 g H_2O.

$C_{71}H_{62}O_{56}$ (1810,5). Ber. C 47,06, H 3,45.
$C_{58}H_{52}O_{46}$ (1484,4). ,, ,, 46,89, ,, 3,53.
Gef. ,, 47,27, ,, 3,33.

Wir haben deshalb noch die Menge der Kohlensäure bestimmt,
die bei der Verseifung der Carbomethoxygruppen durch Alkali frei wird.

Zu dem Zwecke wurde die abgewogene Menge Substanz in einem
Fraktionierkölbchen, das mit Tropftrichter und Gaszuleitungsrohr ver-
bunden war, in Aceton gelöst, der Apparat mit Wasserstoff gefüllt,
dann eine 10 proz. wässerige Natronlauge, die frisch aus Natrium be-
reitet und kohlensäurefrei war, in erheblichem Überschuß zugefügt, die
Flüssigkeit gelinde erwärmt und schließlich im Wasserstoffstrom bis zur
völligen Verjagung des Acetons unter vermindertem Druck eingedampft.
Nachdem nun der Fraktionierkolben mit einem kleinen Rohr, das mit
Chlorcalcium und Phosphorsäureanhydrid beschickt war, und einem
Kaliapparat verbunden war, wurde durch den Tropftrichter überschüssige,

verdünnte Schwefelsäure eingebracht und die Kohlensäure in der üblichen Weise aus der Flüssigkeit in den Kaliapparat übergeführt. Zum Schluß war es noch nötig, den im Kaliapparat befindlichen Wasserstoff durch trockne, kohlensäurefreie Luft zu ersetzen. Das Verfahren scheint uns für alle ähnlichen Fälle anwendbar[1]).

Leider hat das Resultat in unserem speziellen Falle auch keine entscheidende Bedeutung, denn die Menge der Kohlensäure, die aus der Penta-[tricarbomethoxy-galloyl]-glucose und dem Tetraderivat entstehen kann, ist auch nicht wesentlich verschieden, und der von uns gefundene Wert steht in der Mitte der beiden berechneten.

0,2350 g Sbst.: 0,0848 g CO_2.

$C_{71}H_{62}O_{56}$ (15 Mol. CO_2).   Ber. CO_2 36,45.

$C_{58}H_{52}O_{46}$ (12 Mol. CO_2).   Ber. CO_2 35,57.   Gef. CO_2 36,09.

Die Bestimmung des leicht abspaltbaren Methyls nach Zeisel würde noch weniger entscheidend sein.

Nach den analytischen Befunden und der Beschaffenheit des Präparates sind wir also nicht in der Lage, die oben angewandte Formel sicher zu beweisen. Wir glauben aber doch sagen zu können, namentlich auch mit Rücksicht auf die Eigenschaften der daraus entstehenden Galloylglucose, daß es der Hauptmenge nach die Pentaverbindung ist.

Diese kann geradeso wie die Pentacetylglucose in zwei isomeren Formen existieren. Nun hat Behrend[2]) nachgewiesen, daß beim Acetylieren mit Essigsäureanhydrid und Pyridin die α-Glucose überwiegend α-Pentacetat und die β-Glucose fast quantitativ β-Acetat liefert. Wenn bei dem von uns angewandten Verfahren dieselben Beziehungen bestehen, so müßte unser Produkt, da wir von der α-Glucose ausgegangen sind, auch im wesentlichen aus α-Verbindung bestehen, und dasselbe würde für alle die nachfolgend beschriebenen Glucosederivate gelten.

---

[1]) Daniel und M. Nierenstein (Berichte d. d. chem. Gesellsch. **44**, 701 [1911]), die sich in neuerer Zeit auch mit den Carbomethoxyderivaten der Phenolcarbonsäuren beschäftigten und die Ermittlung der abspaltbaren Kohlensäure für die Bestimmung der Phenolgruppen benutzen wollen, haben die Verseifung der Carbomethoxygruppen durch Pyridin ausgeführt. Es scheint uns aber bequemer und sicherer, die Abspaltung der Kohlensäure durch Alkali zu bewerkstelligen. Für den Zweck, den Daniel und Nierenstein im Auge haben, ist übrigens das Verfahren sicherlich nicht allgemein brauchbar, denn die Carbomethoxylierung geht bei den Phenolcarbonsäuren mit *ortho*-ständigem Carboxyl in wäßrig-alkalischer Lösung nur unvollständig vonstatten, und selbst bei der Carbomethoxylierung nach F. Hofmann unter Mitwirkung von tertiären organischen Basen stellen sich in einzelnen Fällen, wie später an der Pyrogallolcarbonsäure gezeigt werden soll, Schwierigkeiten ein.

[2]) Liebigs Annal. d. Chem. **331**, 359 [1904]; **353**, 109 [1907].

Ob dieser Schluß berechtigt ist, wird sich durch die Übertragung unserer Versuche auf die β-Glucose prüfen lassen[1].

Was die äußeren Eigenschaften der Penta-[tricarbomethoxy-galloyl]-glucose anbetrifft, so hat sie als gänzlich amorphe Substanz keinen bestimmten Schmelzpunkt. Im Capillarrohr beginnt sie gegen 90° zu sintern, wird dann allmählich durchsichtig und fängt, ohne flüssig zu werden, gegen 130° an, langsam Gas zu entwickeln.

Sie ist unlöslich in Wasser, recht schwer löslich in Methylalkohol, Äthylalkohol, Äther, Tetrachlorkohlenstoff und namentlich in Ligroin. Dagegen löst sie sich leicht in Aceton, Essigäther, Chloroform und Acetylentetrachlorid. Mit Benzol übergossen, wird sie zuerst klebrig und löst sich erst beim längeren Umschütteln. Die Lösung in Aceton gibt mit Eisenchlorid keine Färbung.

Für die optische Untersuchung wurde die Lösung in Acetylentetrachlorid benutzt.

0,097 g Substanz; Gesamtgewicht der Lösung 2,959 g, $d^{20} = 1,564$, Drehung im 1-dm-Rohr bei 20° und Natriumlicht 1,76° nach rechts. Mithin $[\alpha]_D^{20} = +\,34,34°\ (\pm\,0,4°)$.

Das Drehungsvermögen war übrigens bei verschiedenen Präparaten nicht ganz gleich.

Pentagalloyl-glucose.

15 g gereinigte Carbomethoxyverbindung werden in 75 ccm frisch destilliertem Aceton gelöst und im Wasserstoffstrom mit 132 ccm 2 n-Natronlauge (32 Mol.) langsam versetzt. Durch Kühlung sorgt man dafür, daß dabei die Temperatur 20° nicht übersteigt. Die anfangs klare Lösung trübt sich nach einigen Minuten, wird aber nach Zusatz von 30—40 ccm Wasser wieder klar. Die Temperatur soll andauernd 20° betragen. Nachdem die Lösung von jetzt an noch $^1/_2$ Stunde gestanden hat, wird mit 51 ccm 5 n-Schwefelsäure angesäuert, das Aceton unter geringem Druck bei gewöhnlicher Temperatur verjagt und die hellgelbe Flüssigkeit mit so viel verdünnter Natronlauge versetzt, bis die Farbe wieder in Braunrot umzuschlagen beginnt. Nun wird die schwach saure Flüssigkeit bei 35—40° unter 15—20 mm zur Trockne eingedampft und der harzige Rückstand so lange mit Essigäther bei gewöhnlicher Temperatur behandelt, bis aller Gerbstoff gelöst ist und die Salze fein suspendiert sind. Dazu ist es nötig, den Essigäther öfter abzugießen (im ganzen wurden 300 ccm gebraucht) und die Lösung durch

---

[1] Wir haben auch die Benzoylierung der α-Glucose unter denselben Bedingungen in Angriff genommen und bereits ein Produkt erhalten, das sich von der bekannten Pentabenzoylglucose namentlich durch das viel größere Drehungsvermögen unterscheidet.

Umschütteln mit kleinen Granaten zu beschleunigen. Die filtrierte Essigätherlösung wird mit dem gleichen Volumen absolutem Äther versetzt und ein geringer, stark gefärbter Niederschlag abfiltriert. Das hellgelbe Filtrat verdampft man unter vermindertem Druck, löst den Rückstand in 30 ccm Wasser und engt auf die Hälfte ein. Diese wässerige Lösung des Gerbstoffes ist durch einen sehr geringen milchigen Niederschlag getrübt, der vielleicht durch Spuren von Chinolin verursacht ist. Sie wird in ein Schälchen gespült und im Vakuumexsiccator über Chlorcalcium, zuletzt im gelind erwärmten Sandbad über Phosphorpentoxyd getrocknet.

Der Rückstand ist eine gelbe, leicht zerreibbare amorphe Masse. Die Ausbeute betrug etwa 5,7 g oder **73%** der Theorie.

Zur Reinigung haben wir das Produkt in der 5fachen Menge Wasser bei gewöhnlicher Temperatur gelöst, die Flüssigkeit durch halbstündiges Schütteln mit wenig Tierkohle geklärt und das Filtrat unter geringem Druck auf etwa 15 ccm eingeengt. Dann wurde die Galloylglucose genau so wie das Tannin bei der Reinigungsmethode 2 durch Ausschütteln der neutralisierten Lösung mit Essigäther isoliert. Ausbeute 3,8 g. Das Produkt war hellgelb. Zur Analyse wurde es fein zerrieben und bei 100° unter 10—15 mm Druck bis zur Gewichtskonstanz etwa 6 Stunden getrocknet. Die gefundenen Zahlen stimmen ziemlich gut auf die Formel einer Pentagalloylglucose, $C_{41}H_{32}O_{26}$.

0,1701 g Sbst.: 0,3274 g CO_2, 0,0576 g H_2O. — 0,1949 g Sbst.: 0,3745 g CO_2, 0,0640 g H_2O.

$C_{41}H_{32}O_{26}$ (940,26).   Ber. C 52,33,   H 3,43.
                          Gef. ,, 52,49, 52,41,   ,, 3,79, 3,67.

Aber wir müssen auch hier wieder bemerken, daß die für Tetragalloylglucose, $C_{34}H_{28}O_{22}$, berechneten Zahlen sehr ähnlich sind.

Trotzdem glauben wir nach allen vorliegenden Beobachtungen, daß das Präparat im wesentlichen Pentagalloyl-glucose ist.

Die Drehung wurde ebenso wie beim Tannin in etwa 1 proz. wässeriger Lösung bestimmt. 0,0311 g Substanz; Gesamtgewicht der Lösung 2,9713 g; $d^{20} = 1,004$, Drehung im 1-dm-Rohr bei 20° und Natriumlicht $+ 0,33°$ nach rechts. Mithin $[\alpha]_D^{20} = + 31,4°$ $(\pm 2°)$.

Ein anderes Präparat gab folgende Werte: 0,0544 g Substanz; Gesamtgewicht der wässerigen Lösung 2,478 g; $d^{20} = 1,009$, Drehung im 1-dm-Rohr bei 20° und Natriumlicht $+ 0,79°$ nach rechts. Mithin $[\alpha]_D^{20} = + 35,7°$ $(\pm 1°)$.

Drehung in Alkohol. 0,036 g Substanz; Gesamtgewicht der Lösung 1,6024 g; $d^{20} = 0,785$. Drehung im 1-dm-Rohr bei 20° und Natriumlicht 0,78° nach rechts. Mithin $[\alpha]_D^{20} = + 44,4°$ $(\pm 1°)$.

In trocknem Zustand erweicht es oberhalb 150° und zersetzt sich von 160° ab unter langsamer Gasentwicklung. Tannin (nach Reinigungsmethode 3) zeigt die gleiche Erscheinung etwa 70° höher.

In den übrigen äußeren Eigenschaften ist die Galloylglucose dem Tannin zum Verwechseln ähnlich. Zum Vergleich führen wir folgende Beobachtungen an.

Der Geschmack ist stark adstringierend und bitter, aber nicht sauer.

In Wasser ist sie leicht löslich, und die nicht zu verdünnte Lösung trübt sich beim Abkühlen auf 0° milchig, genau so wie sorgfältig gereinigtes Tannin. Sie gibt ferner mit wenig n-Kalilauge einen starken Niederschlag, der wiederum von der entsprechenden Tanninfällung nicht zu unterscheiden ist.

Die 1proz. wässerige Lösung der Galloylglucose wird durch das gleiche Volumen 5 n-Salzsäure bei gewöhnlicher Temperatur getrübt, und beim Abkühlen auf 0° entsteht ein reichlicher, sehr feiner, amorpher Niederschlag.

Die 1proz. wässerige Lösung fällt Leimlösung ungefähr ebenso stark wie das Tannin bei gleicher Konzentration.

In Alkohol ist die Galloylglucose ebenfalls leicht löslich und gibt in dieser Flüssigkeit mit Kaliumacetat ebenso wie Tannin eine starke weiße Fällung.

Versetzt man die 20proz. alkoholische Lösung von Galloylglucose mit dem gleichen Volumen einer 10proz. alkoholischen Arsensäurelösung, so gesteht die Flüssigkeit in einigen Sekunden zu einer klaren, steifen Gallerte. Beim Tannin tritt diese Erscheinung nach der Beobachtung von Walden[1]) schon bei halb so konzentrierten Lösungen ein.

Die Ähnlichkeit der Galloylglucose mit dem Tannin erstreckt sich ferner auf die Löslichkeit in den sonstigen organischen Solvenzien, ausgenommen Äther, in dem es sich in der Wärme viel leichter als Tannin löst, ferner auf die Färbung mit Eisenchlorid und endlich auf die Fällungen mit wässerigen Lösungen von Pyridin, Brucin, Chininacetat und Chinolinacetat. Ein kleiner Unterschied ergibt sich dagegen in der Acidität. Sie ist bei der Galloylglucose etwas größer. Wir fanden sie unter den für Tannin früher angegebenen Bedingungen zwischen 9 und 13 ccm $^n/_{10}$-Natronlauge für 1 g Substanz. Die Zahlen lassen an Genauigkeit zu wünschen übrig, weil die Versuche mit sehr kleinen Mengen angestellt werden mußten.

Die Hydrolyse wurde genau wie beim Tannin, aber nur mit je 1 g Substanz ausgeführt. Dadurch erklärt sich der erhebliche Verlust. Aber die Zahlen genügen doch zum Beweise, daß die Spaltung hier ungefähr in gleicher Art wie beim Tannin vonstatten geht.

---

[1]) Berichte d. d. chem. Gesellsch. **31**, 3173 [1898].

Dauer der Hydrolyse in Stunden	Gallussäure wasserfrei %	Gerbstoff- rest %	Glucose in Prozenten				Summe
			polari- metrisch	titri- metrisch	gravi- metrisch	Durch- schnitt	
6	39	30	0,9	1,1—1,4		1,1	70
72	72	5	5,5	6,6	7,5	6,5	83,5

Das aus dem Zucker dargestellte Phenylglucosazon zeigte den gewöhnlichen Schmelz- bzw. Zersetzungspunkt.

Penta-[p-carbomethoxy-oxybenzoyl]-glucose.

1 g fein gesiebte Glucose, 7,2 g p-Carbomethoxy-oxybenzoylchlorid (6 Mol.), 4,3 g Chinolin (6 Mol.) und 5 ccm Chloroform werden nach anfänglicher Kühlung 22 Stunden bei gewöhnlicher Temperatur geschüttelt.

Die klare, hellgelbe Flüssigkeit bleibt noch 12 Stunden stehen, wird dann mit 20 ccm Chloroform verdünnt und zur Entfernung des Chinolins 5 mal mit je 20 ccm 10 proz. Schwefelsäure durchgeschüttelt. Nachdem noch mit Wasser gewaschen ist, versetzt man die Chloroformlösung jetzt mit etwa 100 ccm Ligroin, wobei ein weißes, zähes Harz fällt. Dieses wird nach Abgießen der Mutterlauge zunächst nochmals mit Ligroin, dann mehrmals mit etwa 20 ccm Methylalkohol zuerst in der Kälte und später in gelinder Wärme sorgfältig verrührt. Schließlich wiederholt man diese Operation erst mit Wasser von 40° und dann von 60°. Das Produkt ist eine farblose, bei gewöhnlicher Temperatur harte, leicht zerreibbare Masse.

Zur Reinigung haben wir diese 5 g in 30 ccm Essigäther gelöst, mit 30 ccm Äther verdünnt, die etwas trübe Lösung mit Tierkohle geklärt, dann mit 10 proz. Schwefelsäure wiederholt ausgeschüttelt und schließlich mit Wasser sorgfältig gewaschen. Nachdem die Lösung nun auf etwa $^{1}/_{3}$ eingeengt war, fiel beim Eingießen in überschüssigen Petroläther ein flockiger Niederschlag aus. Er wurde mit Methylalkohol erst in der Kälte, dann unter gelinder Erwärmung durchgearbeitet und diese Behandlung schließlich mit warmem Wasser wiederholt. Das beim Erkalten sofort erstarrende Produkt wurde gut zerrieben und mit Wasser gewaschen.

Zur Analyse war 3 Stunden bei 56° unter 10—15 mm Druck über Phosphorpentoxyd getrocknet.

0,1522 g Sbst.: 0,3200 g CO_2, 0,0518 g H_2O.
$C_{51}H_{42}O_{26}$ (1070,34). Ber. C 57,18, H 3,96.
Gef. ,, 57,34, ,, 3,81.

Auch hier ist der Unterschied von der Tetra-[carbomethoxy-oxybenzoyl]-verbindung gering, denn die Formel $C_{42}H_{36}O_{22}$ (892,29) verlangt:

C 56,48, H 4,07 .

Für die optische Untersuchung diente die Lösung in Acetylentetrachlorid. 0,0892 g Substanz; Gesamtgewicht der Lösung 4,2525 g, $d^{20} = 1,582$; Drehung im 1-dm-Rohr bei $20°$ und Natriumlicht $3,32°$ nach rechts. Mithin $[\alpha]_D^{20} = + 100,00°$ $(\pm 0,7°)$.

Die Substanz löst sich leicht in Chloroform, Aceton, Essigäther und Benzol, schwer in Äther, heißem Alkohol und Methylalkohol, äußerst schwer in heißem Ligroin. In Wasser ist sie praktisch unlöslich.

Penta-[p-oxybenzoyl]-glucose.

Zur Lösung von 5 g Carbomethoxyverbindung in 50 ccm Aceton fügt man 30 ccm 2 n-Natronlauge und hält die Temperatur genau bei $20°$. Es bilden sich zwei Schichten, die sich bei kräftigem Schütteln in etwa 15 Minuten mischen, während ein krystallinischer Niederschlag von Natriumsalzen entsteht. Diese werden nach Abgießen der Flüssigkeit in 50 ccm Wasser gelöst, der Mutterlauge wieder zugefügt und die klare Mischung noch 45 Minuten bei $20°$ gehalten. Jetzt wird mit Schwefelsäure schwach übersättigt und das Aceton unter sehr geringem Druck bei gewöhnlicher Temperatur verjagt. Hierbei fällt die in Wasser sehr schwer lösliche Oxybenzoyl-glucose als harzige Masse aus. Sie wird mit etwa 30 ccm Äther aufgenommen, die Lösung mit verdünnter Schwefelsäure und dann mit Wasser gut gewaschen, schließlich mit Natriumsulfat getrocknet und mit Petroläther bis zur bleibenden Trübung versetzt. Gießt man jetzt die Mischung unter Rühren in 300 ccm Petroläther, so fällt das Produkt in kaum gelben, leichten Flocken aus. Ausbeute 2,25 g oder 62% der Theorie.

Zur Analyse wurde unter 10—15 mm Druck über Phosphorpentoxyd erst bei $99°$, dann bei $106°$ bis zum konstanten Gewicht getrocknet. Ein letzter, ganz geringer Gewichtsverlust trat ein, als die Temperatur auf $135°$ gesteigert wurde; hierbei begann die Masse etwas zu sintern.

0,1739 g Sbst.: 0,3999 g CO_2, 0,0664 g H_2O.
$C_{41}H_{23}O_{16}$ (780,26). Ber. C 63,06, H 4,13.
Gef. ,, 62,72, ,, 4,28.

Die Analyse spricht hier deutlich für die Formel der Penta-oxybenzoyl-glucose, denn die Tetra-oxybenzoyl-glucose verlangt merklich weniger Kohlenstoff.

$C_{34}H_{28}O_{14}$ (660,22). Ber. C 61,80, H 4,27.

Zur Bestimmung der Drehung wurden 0,0855 g der zur Analyse getrockneten Substanz in Alkohol gelöst. Gesamtgewicht der Lösung 1,6575 g, $d^{20} = 0,811$, Drehung im 1-dm-Rohr bei $20°$ und Natriumlicht $5,20°$ nach rechts. Mithin $[\alpha]_D^{20} = + 124,3°$ $(\pm 0,4°)$.

Ein anderes Präparat gab: 0,0861 g Substanz; Gesamtgewicht der alkoholischen Lösung 1,7257 g; $d^{12} = 0,8157$; Drehung im 1-dm-Rohr bei 12° und Natriumlicht 5,24° nach rechts. Mithin $[\alpha]_D^{12} = + 128,8°$ ($\pm$ 0,4°).

Die Substanz löst sich leicht in Methylalkohol, Alkohol, Amylalkohol, Aceton, Eisessig, Essigäther, in der Kälte etwas schwerer in Äther, sehr schwer in heißem Chloroform, Benzol und Wasser.

Von verdünntem Alkali wird sie in der Kälte mit gelber Farbe gelöst und durch Kohlensäure wieder als amorpher, flockiger Niederschlag gefällt.

Tetra-[tricarbomethoxy-galloyl]-α-methylglucosid.

1 g fein gepulvertes, trocknes α-Methylglucosid, 8,4 g Tricarbomethoxy-galloylchlorid (4,5 Mol.), 2,9 g Chinolin und 5 ccm Chloroform wurden geschüttelt. Bereits nach wenigen Stunden war Lösung eingetreten; das Gemisch blieb noch 14 Stunden bei gewöhnlicher Temperatur stehen. Nach Verdünnen mit 15 ccm Chloroform wurde es genau wie Penta-[p-carbomethoxy-oxybenzoyl]-glucose aufgearbeitet und lieferte 6,7 g eines rein weißen, chinolinfreien Produktes.

Zur Analyse war unter 10—15 mm bei 76° über Phosphorpentoxyd getrocknet.

0,1608 g Sbst.: 0,2768 g CO_2, 0,0507 g H_2O.

$C_{58}H_{54}O_{46}$ (1498,43).   Ber. C 47,25, H 3,63.

Gef. ,, 46,95, ,, 3,53.

Die Analyse ist hier allerdings wenig maßgebend, da Tri-[tricarbomethoxy-galloyl]-methylglucosid, $C_{46}H_{44}O_{36}$ (1172,35), fast die gleichen Werte verlangt:

C 47,08, H 3,78.

In den äußeren Eigenschaften ist die Substanz der Carbomethoxygalloyl-glucose sehr ähnlich.

Die Drehung wurde in Acetylentetrachlorid bestimmt. 0,1977 g Substanz; Gesamtgewicht der Lösung 3,2377 g; $d^{20} = 1,577$; Drehung im 1-dm-Rohr bei 20° und Natriumlicht 4,69° nach rechts. Mithin $[\alpha]_D^{20} = + 48,70$ ($\pm$ 0,2°).

Tetragalloyl-α-methylglucosid.

10 g Carbomethoxyverbindung wurden genau wie Penta-[tricarbomethoxy-galloyl]-glucose verseift, zum Schluß aber die fast neutrale, wässerige Lösung nicht zur Trockne gebracht, sondern nur auf etwa

10 ccm konzentriert und mit insgesamt 300 ccm Essigäther in mehreren Portionen ausgeschüttelt. Dieser Auszug wurde mit wenig Wasser, dann mit wenig verdünnter Schwefelsäure und schließlich wieder mit Wasser bis zum Verschwinden der Schwefelsäurereaktion gewaschen. Die fast farblose Essigätherlösung wurde unter vermindertem Druck verdampft, der zurückbleibende Sirup in 20 ccm Wasser gelöst, dieses auf die Hälfte eingeengt und der hellgelbe Sirup im Vakuumexsiccator getrocknet. Ausbeute 3,7 g oder 69% der Theorie. Das Produkt war eine sehr helle, amorphe Masse. Es löste sich in Wasser mit sehr geringer Trübung, die aber durch Tierkohle leicht zu entfernen war.

Für die Analyse war bei 106° und 10—15 mm Druck über Phosphorpentoxyd getrocknet.

$$0{,}1864 \text{ g Sbst.}: 0{,}3600 \text{ g } CO_2, \ 0{,}0686 \text{ g } H_2O.$$

$$C_{35}H_{30}O_{22} \ (802{,}24). \quad \text{Ber. C } 52{,}35, \text{ H } 3{,}77.$$
$$\text{Gef. ,, } 52{,}67, \text{ ,, } 4{,}12.$$

Die Drehung wurde in Wasser bestimmt. 0,076 g Substanz; Gesamtgewicht der Lösung 1,8048 g; $d^{20} = 1{,}017$; Drehung bei 20° und Natriumlicht 1,13° nach rechts. Mithin $[\alpha]_D^{20} = +26{,}39°$ ($\pm 0{,}5°$).

In trocknem Zustand erweicht das Tetragalloyl-methylglucosid von etwa 130° an und zersetzt sich von 140° ab unter langsamer Gasentwicklung.

Mit Arsensäure zeigt es bei genügender Konzentration der alkoholischen Lösung die bei der Pentagalloyl-glucose beschriebene Erscheinung.

In Geschmack, sämtlichen Fällungserscheinungen und der Löslichkeit gleicht es sehr der Pentagalloyl-glucose.

Tri-[tricarbomethoxy-galloyl]-glycerin.

Zu einer Mischung von 1 g wasserfreiem und unter 10—15 mm destilliertem Glycerin und 4,5 g Chinolin ($3\frac{1}{4}$ Mol.) fügt man die Lösung von 12,7 g Tricarbomethoxy-galloylchlorid ($3\frac{1}{3}$ Mol.) in 20 ccm Chloroform. Nach anfänglicher Kühlung wird 14 Stunden auf der Maschine bei gewöhnlicher Temperatur geschüttelt.

Die hellgelbe Lösung wurde zur Entfernung des Chinolins genau so verarbeitet, wie bei Penta-[p-carbomethoxy-oxybenzoyl]-glucose angegeben ist. Ausbeute 9,4 g oder 81% der Theorie. Das Produkt war eine farblose, spröde Masse, die ohne weitere Reinigung zur Analyse bei 56° unter 10—15 mm über Phosphorpentoxyd getrocknet wurde. Dabei fing es schon an, schwach zu sintern.

0,1587 g Sbst.: 0,2765 g CO_2, 0,0543 g H_2O.

$C_{42}H_{38}O_{33}$ (1070,29). Ber. C 47,09, H 3,58.

Gef. ,, 47,52, ,, 3,83.

Die Substanz unterscheidet sich von dem Glucosederivat durch die leichtere Schmelzbarkeit, gleicht ihr aber in den Löslichkeitsverhältnissen.

Durch Verseifung mit Alkali in Acetonlösung haben wir daraus ein Präparat erhalten, das wahrscheinlich Trigalloylglycerin ist und der Galloylglucose in vieler Beziehung, namentlich in den zahlreichen Fällungsreaktionen, außerordentlich gleicht. Wir hoffen, darüber bald entscheidende Angaben machen zu können.

21. Emil Fischer und Karl Freudenberg: Über das Tannin und die Synthese ähnlicher Stoffe. II.

Berichte der deutschen chemischen Gesellschaft **45**, 2709 [1912].

(Eingegangen am 12. August 1912.)

In der ersten Abhandlung[1]) haben wir gezeigt, daß das Tannin ein Derivat des Traubenzuckers ist und der synthetisch erhaltenen Pentagalloylglucose in vieler Beziehung gleicht. Aus dem Mengenverhältnis, in dem Glucose und Gallussäure bei der Hydrolyse entstehen, haben wir ferner den Schluß gezogen, daß der Hauptbestandteil des Tannins wahrscheinlich eine Verbindung von Glucose mit 5 Mol. Digallussäure sei. Als bestes Mittel, diese Ansicht zu prüfen, erschien uns die Synthese.

Nach der Theorie sind zwei Digallussäuren möglich, von denen bisher nur die *para*-Verbindung in reinem Zustand synthetisch erhalten wurde[2]), während Nierenstein die krystallisierte *meta*-Verbindung aus dem Carbäthoxytannin erhalten haben will[3]).

Ihre esterartige Kuppelung mit dem Traubenzucker wäre nach den heutigen Methoden wohl möglich, aber immerhin recht schwierig.

Viel einfacher gestaltet sich die Aufgabe für die vollständig methylierten Digallussäuren, da man hier eine glatte Bildung des Säurechlorids erwarten darf.

Von Herzig[4]) und seinen Mitarbeitern ist das vollständig methylierte Tannin entdeckt und als Methylotannin beschrieben worden. Er hat auch gezeigt, daß daraus bei der Hydrolyse Trimethylgallussäure und die unsymmetrische 3,4-Dimethyl-gallussäure entstehen. Es schien deshalb angezeigt, für die Synthese des Methylo-

---

[1]) Berichte d. d. chem. Gesellsch. **45**, 915 [1912]. (*S. 265.*)

[2]) Berichte d. d. chem. Gesellsch. **41**, 2890 [1908] und Liebigs Annal. d. Chem. **384**, 242 [1911]. (*S. 78 u. S. 141.*) *Die Verbindung ist später als m-Digallussäure erkannt worden. Vgl. S. 307 u. S. 432 ff.*

[3]) Berichte d. d. chem. Gesellsch. **43**, 628 [1910].

[4]) Berichte d. d. chem. Gesellsch. **38**, 989 [1905] und Monatsh. **30**, 543 [1909].

tannins die unsymmetrische **Pentamethyl-digallussäure** von der Formel:

$$(CH_3O)_3C_6H_2 \cdot CO \cdot O \cdot \overset{\displaystyle H\ \ CO_2H}{\underset{\displaystyle CH_3\dot{O}\ \ \dot{O}CH_3}{\left\langle\right\rangle}} H$$

zuerst anzuwenden. Der Ester dieser Säure ist bereits von F. Mauthner[1]) synthetisch erhalten worden. Er war aber für unsere Versuche nicht brauchbar, weil er sich nicht in Chlorid verwandeln läßt und voraussichtlich auch nur schwer zu Pentamethyldigallussäure verseift werden kann. Wir haben dehalb die Säure selber in der gewöhnlichen Weise durch Verkuppelung von **Trimethyl-galloylchlorid** mit **3,4-Dimethyläther-gallussäure** in alkalischer Lösung bereitet. Die unsymmetrische **Pentamethyl-digallussäure** läßt sich leicht in ihr gut krystallisierendes **Chlorid** verwandeln.

Dieses wurde genau in derselben Weise wie früher das **Tricarbomethoxy-galloylchlorid** mit **Glucose** bei Gegenwart von Chinolin gekuppelt.

Da uns Parallelversuche mit Benzoylchlorid und Zimtsäurechlorid gelehrt hatten, daß α- und β-Glucose bei dieser Reaktion verschiedene stereoisomere Produkte liefern, so war es nötig, auch bei den Versuchen mit Pentamethyl-digalloylchlorid die beiden Formen der Glucose anzuwehden. In beiden Fällen haben wir Produkte erhalten, die nach der Entstehungsweise, nach den Resultaten der Elementaranalyse und den sonstigen Eigenschaften Verbindungen von **Glucose** mit 5 Mol. **Pentamethyl-digallussäure** sein können, deren amorphe Beschaffenheit aber die sichere Feststellung der Zusammensetzung sehr erschwert.

Ferner haben wir durch die optische Prüfung der verschiedenen Fraktionen, die sich aus Lösungsmitteln erhalten lassen, feststellen können, daß in beiden Fällen die Produkte Gemische, und wie wir zufügen können, wahrscheinlich Gemische von Stereoisomeren sind.

Die α-Glucose liefert zunächst ein Präparat, dessen Drehungsvermögen in Acetylentetrachlorid $[\alpha]_D$ etwa $+28°$ ist. Durch wiederholtes Umlösen aus heißem Alkohol oder aus Aceton und Methylalkohol ging das Drehungsvermögen herab bis auf etwa $[\alpha]_D + 14°$.

Bei der β-Glucose war das Drehungsvermögen des Präparates in Acetylentetrachlorid ursprünglich $[\alpha]_{\overline{D}} + 19,5°$ und ließ sich durch wiederholtes Umlösen auf $[\alpha]_D + 8,7°$ erniedrigen.

Von besonderem Interesse ist nun der Vergleich mit dem Methylotannin. Herzig fand für seine Präparate nach wiederholtem Umlösen das Drehungsvermögen in Benzol $[\alpha]_D + 9,6°$ bis 10,7°.

---

[1]) Journ. f. prakt. Chem. [2] **85**, 310 [1912].

Wir haben ein Tannin aus chinesischen Zackengallen (von der Firma E. Schering) nach der Essigäthermethode (Methode 2) gereinigt und durch Diazomethan in Methylotannin verwandelt. Dieses Präparat zeigte anfangs in Acetylentetrachlorid $[\alpha]_D^{26} + 14°$ und nach wiederholtem Umlösen $[\alpha]_D^{21} + 10,6°$. In Benzol war die Drehung etwas kleiner, d. h. für das Endprodukt $[\alpha]_D^{21} + 9°$.

Offenbar ist also auch das Methylotannin kein ganz einheitlicher Körper, ebensowenig, wie man das vom Tannin selbst, auch nach sorgfältiger Reinigung, behaupten kann.

Es ist nicht unwahrscheinlich, daß es sich auch hier um Gemische von Derivaten der α- und β-Glucose handelt. Aber selbstverständlich sind auch noch andere Möglichkeiten vorhanden, die bei unseren synthetischen Methylprodukten zum Teil ausgeschlossen erscheinen.

Das Resultat unserer Untersuchung können wir dahin zusammenfassen:

1. Das aus Pentamethyl-digalloylchlorid und Glucose entstehende Präparat ist ein Gemisch, wahrscheinlich von zwei stereoisomeren Penta-[pentamethyl-*m*-digalloyl]-glucosen, deren Mengenverhältnis schwankt, je nachdem man von der α- oder β-Glucose ausgeht.

2. Das Produkt zeigt so große Ähnlichkeit mit dem ebenfalls als Gemisch zu betrachtenden Methylotannin, daß kein Grund vorliegt, sie als wesentlich verschieden anzusehen. Andererseits aber läßt sich auch kein endgültiger Beweis für die Indentität führen.

3. Unsere Vermutung, daß ein wesentlicher Bestandteil des Tannins Penta-digalloyl-glucose sei, ist durch die neuen Beobachtungen noch wahrscheinlicher geworden.

Wir beabsichtigen, auf die gleiche Art die Pentamethyl-*p*-digallussäure, deren Ester ebenfalls schon von Mauthner dargestellt wurde, mit Glucose zu kuppeln, um den Einfluß der Strukturisomerie auf die Eigenschaften des Produkts kennenzulernen.

Für die zuvor erwähnte Synthese waren größere Mengen von Trimethyl- und unsymmetrischer Dimethyl-gallussäure nötig. Erstere ist leicht zu bereiten nach dem Verfahren von Graebe und Martz[1]). Dagegen bietet die Darstellung der letzteren nach den bisher bekannten Methoden Schwierigkeiten. Wir haben deshalb ein besseres Verfahren gesucht und auf folgendem Wege gefunden.

Die Gallussäure läßt sich in wässerig-alkalischer Lösung partiell carbomethoxylieren. Verwendet man nur 1 Mol. Chlorkohlensäuremethylester, so entsteht in erheblicher Menge die unsymmetrische Monocarbomethoxy-gallussäure, die auch ohne besondere Mühe

---

[1]) Liebigs Annal. d. Chem. **340**, 219 [1905].

im reinen Zustand isoliert wurde. Wird diese mit Diazomethan behandelt, so bildet sich der Ester einer völlig methylierten Carbomethoxy-gallussäure, aus dem durch Verseifung leicht die reine unsymmetrische 3,4-Dimethyläther-gallussäure erhalten wird.

Läßt man 2 Mol. Chlorkohlensäuremethylester auf Gallussäure einwirken, so resultiert als Hauptprodukt die schon bekannte symmetrische 3,5-Carbomethoxy-gallussäure, und diese Darstellungsweise ist bequemer als die früher beschriebene partielle Verseifung der Tricarbomethoxy-gallussäure.

Aus den Beobachtungen geht hervor, daß die Acylierung der Gallussäure zuerst nicht in der *para-*, sondern in der *meta-*Stellung, wenn auch nicht ausschließlich, so doch überwiegend stattfindet.

Wir glauben deshalb, daß auch die Synthese der unsymmetrischen Digallussäure durch Kuppelung von Tricarbomethoxy-galloylchlorid und Gallussäure gelingen wird. Bei einem vorläufigen Versuch haben wir zwar das Hauptprodukt noch nicht im reinen Zustand isoliert, dafür aber ein Nebenprodukt, das in Wasser schwer löslich ist und leicht krystallisiert, gewonnen. Nach den Analysen und der Acidität ist es eine Trigallussäure und, wie wir vermuten, die symmetrische 3,5-Bisgalloyl-gallussäure.

In der ersten Mitteilung haben wir die Chebulinsäure besprochen, die nach unserer Beobachtung ebenfalls Traubenzucker enthält, und dazu bemerkt, daß sie der einzige krystallisierte Gerbstoff der Tanninklasse sei.

Wir glaubten damals, daß das Hamamelitannin, welches auch schön krystallisiert, nicht hierher gehöre, denn F. Grüttner[1]), der den Gerbstoff auf Veranlassung des Pharmakologen R. Böhm in Leipzig genau untersuchte, konnte bei der Hydrolyse keinen Zucker finden. Der Güte des Herrn Böhm verdanken wir eine reichliche Menge des krystallisierten Stoffes, und die Hydrolyse mit verdünnter Schwefelsäure hat uns eine erhebliche Quantität eines Zuckers geliefert. Dieser ist allerdings keine Glucose. Insofern hat Grüttner recht. Er dreht nach links und ist gegen heiße Mineralsäuren viel empfindlicher als der Traubenzucker und die anderen Aldohexosen. Es bedarf einer größeren Untersuchung, um seine Konstitution festzustellen. Wir werden deshalb erst später genauere Angaben darüber machen.

Dasselbe gilt von unseren weiteren Versuchen, hochmolekulare Substanzen aus Zuckern, Glucosiden oder mehrwertigen Alkoholen durch esterartige Kuppelung mit kohlenstoffreichen Säuren zu bereiten. Wir wollen hier nur bemerken, daß die Kombination des Chlorids

---

[1]) Archiv d. Pharmacie **236**, 278 [1898].

der Tribenzoyl-gallussäure mit Glucose und Mannit keine besonderen Schwierigkeiten bietet, und daß die Produkte wahrscheinlich schon ein Molekulargewicht von nahezu 3000 besitzen.

Unsere erste Mitteilung über das Tannin hat verschiedene andere Publikationen zur Folge gehabt, die z. T. in Widerspruch mit unseren Resultaten stehen. So haben die Herren R. J. Manning und M. Nierenstein[1]) angegeben, daß das Tannin der Firma Schering bei der Hydrolyse mit Alkali keinen Zucker geliefert habe, und sie folgern daraus, daß man „nicht von jeweiligen Zuckerbefunden auf den allgemeinen Glucosidcharakter des Tannins schließen" dürfe. Sie führen als Stütze dieser Ansicht noch die Erfahrungen von Herzig und Renner an, die bei der Hydrolyse des Methylotannins keinen Zucker gefunden haben sollen. Das Irrtümliche ihrer Schlußfolgerung ist bereits von Feist[2]) und Herzig[3]) betont worden, die mit vollem Recht darauf hinweisen, daß man bei der Hydrolyse mit Alkali nicht die Bildung von Traubenzucker erwarten darf. Ebenso verfehlt ist der Hinweis der Herren Manning und Nierenstein auf eine frühere Publikation von R. J. Manning, der einen Pentaäthylester des Pentagalloylglykosids aus Tannin bereitet haben will. Wir haben diese Arbeit von Manning, die uns wohl bekannt war, nicht erwähnt, weil wir die Beobachtung für falsch halten mußten und somit auch den darauf gegründeten Spekulationen keinen Wert beilegen konnten.

Inzwischen haben sich die Herren Manning und Nierenstein selbst davon überzeugt, daß bei der Veresterung des Tannins Gallussäureäthylester entsteht.

Ferner ist in einer Arbeit von H. C. Biddle und W. P. Kelley[4]) noch ausführlich der Beweis für die Unrichtigkeit der Beobachtungen von Manning geliefert worden.

Mehr Beachtung verdient eine Publikation von K. Feist über das Tannin[5]). Herr Feist hat das Verdienst, zuerst eine krystallisierte Verbindung von Gallussäure und Glucose aus türkischen Galläpfeln isoliert zu haben, die er Glucogallussäure nannte. Er vermutet, daß sie ein richtiges Glucosid oder dessen Lacton sei[6]). Dieser Körper ist aber verschieden von dem Hauptbestandteil des Tannins, welchen wir für unsere Versuche benutzt haben. Insbesondere muß er, wofern sein Name richtig gewählt ist, bei dem zweiten von uns

[1]) Berichte d. d. chem. Gesellsch. **45**, 1546 [1912].
[2]) Ebenda S. 1494 [1912].
[3]) Ebenda S. 1986 [1912].
[4]) Journ. of the Americ. Chem. Soc. **34**, 918 [1912].
[5]) Berichte d. d. chem. Gesellsch. **45**, 1493 [1912].
[6]) Chem. Centralblatt **1908**, II, 1352; Chemiker-Zeitung **32**, 918 [1908].

meist angewandten Reinigungsverfahren, wo das Tannin aus schwach alkalischer Lösung durch Essigäther extrahiert wird, gänzlich entfernt werden. Auch bei der Reinigung des Tannins über das Kaliumsalz ist, wenn die Fällung wiederholt wird, die Entfernung der Glucogallussäure sehr wahrscheinlich.

Die von Herrn Feist angedeutete Möglichkeit, daß unsere Resultate wegen der Anwesenheit von Glucogallussäure in unseren Präparaten an Beweiskraft verlören, können wir deshalb nicht anerkennen.

Herr Feist hat ferner die Ansicht geäußert, daß Tannin aus türkischen Galläpfeln eine Kombination von Glucogallussäure mit zwei esterartig gebundenen Molekülen Gallussäure sei. Für die von uns untersuchten Tannine des Handels ist diese Meinung wohl schon durch die Tatsachen überholt; denn wir fanden hier die Menge der Gallussäure viel größer. Außerdem scheinen uns die synthetischen Erfahrungen dafür zu sprechen, daß in dem Tannin keine wahre Glucosidgruppe, sondern nur esterartige Bindungen zwischen der Glucose und der Gallussäure bzw. Digallussäure vorhanden sind.

Wie wollen übrigens gestehen, daß wir sehr gern die Glucogallussäure mit unserer synthetischen Pentagalloylglucose verglichen hätten. Aber die vor 4 Jahren von Herrn Feist gemachte Publikation ist so knapp gehalten, daß es mühsam ist, das von ihm beschriebene Präparat darzustellen. Wir möchten deshalb an Herrn Feist die Bitte richten, durch ausführlichere Beschreibung seiner Versuche den Fachgenossen die Benutzung seiner Resultate zu erleichtern.

Endlich hat noch Herr Herzig in jüngster Zeit weitere Angaben über Methylotannin[1]) gemacht. Wir begrüßen sie mit Freude, nicht allein, weil die Resultate mit unseren Beobachtungen in Einklang stehen, sondern auch, weil wir davon eine Förderung unserer eigenen Untersuchung erfahren haben.

Die in unserer ersten Mitteilung beschriebenen Versuche waren mit verschiedenen Sorten von käuflichem Tannin ausgeführt. Über die Herkunft der für ihre Darstellung benutzten Gallen konnten wir keine Auskunft geben, da in den Fabriken meist Gemische verschiedener Gallen verarbeitet werden.

Dem freundlichen Entgegenkommen der Chemischen Fabrik auf Aktien (vorm. E. Schering) in Berlin verdanken wir jetzt verschiedene Sorten von Tannin, die in ihrem Laboratorium eigens aus ganz einheitlichem Material dargestellt wurden.

Wir haben zunächst ein Tannin aus China-Galläpfeln (Zacken) nach der Essigäthermethode gereinigt. Das mit 70% Ausbeute erhaltene

---

[1]) Monatsh. 33, 843 [1912], Sonderabdruck.

Präparat zeigte in einprozentiger wässeriger Lösung $[\alpha]_D^{26} + 73°\ (\pm 2°)$ und die gleiche Acidität wie die früher beschriebenen gereinigten Tannine. Auch das daraus gewonnene Methylotannin entsprach im wesentlichen den Angaben von Herzig, der Handelsware benutzte.

Neue Darstellung der 3,5-Dicarbomethoxy-gallussäure.

10 g wasserhaltige Gallussäure werden im Wasserstoffstrom in 75 ccm Aceton und 88 ccm n-Natronlauge gelöst. Dazu bringt man bei 0° die Lösung von 3,4 g Chlorkohlensäuremethylester in 25 ccm Aceton, dann 35,6 ccm Natronlauge und sofort das gleiche Chlorid-Acetongemisch und wiederholt diese Zugabe von Lauge und Chlorid noch einmal. Das Chlorid wird momentan verbraucht, und die homogene Lösung reagiert neutral. Sie wird mit 5,3 ccm 5 n-Schwefelsäure versetzt und unter stark vermindertem Druck bei 20—30° auf etwa 100 ccm eingeengt.

Das ausgeschiedene Öl krystallisiert nach einigen Stunden vollständig. Ausbeute 10,3 g. Zur Entfernung der Tricarbomethoxygallussäure wird die fein gepulverte Masse mit 20 ccm Benzol aufgekocht, etwas abgekühlt, mit dem gleichen Volumen kaltem Benzol verdünnt und abgesaugt. Der Rückstand (7 g) wird in 14 ccm Methylalkohol gelöst, die Flüssigkit durch Zentrifugieren geklärt und mit 40 ccm Wasser versetzt. Bei langsamem Abkühlen auf 0° erhält man nach einiger Zeit gestreckte Spieße und Prismen vom Zersetzungspunkt 185° (korr.). Die Ausbeute an diesem schon recht reinen Produkt betrug 5,55 g oder 36% der Theorie.

Zur Analyse wurde in der $1^{1}/_{2}$fachen Gewichtsmenge Aceton kalt gelöst, mit 10 Teilen Wasser versetzt und die ausgeschiedenen Krystalle nochmals auf die gleiche Weise umkrystallisiert; dadurch erhielten wir die Säure in schönen Prismen bis zu mehreren Millimetern Länge.

0,1585 g Sbst.: (bei 100° und 15 mm Druck 1 Stunde getrocknet): 0,2691 g CO_2, 0,0510 g H_2O.

$C_{11}H_{10}O_9$ (286,08).   Ber. C 46,14, H 3,52.
Gef. ,, 46,30, ,, 3,60.

Dieses Präparat ist noch etwas reiner als die früher beschriebenen[1]), denn es gibt in kalt bereiteter, alkoholisch-wässeriger Lösung mit Eisenchlorid keine Grünfärbung mehr, sondern nur eine schwache Braunfärbung. Auch der Schmelz- bzw. Zersetzungspunkt war etwa 7° höher; wir fanden ihn bei raschem Erhitzen bei 186—187° (korr.)

---

[1]) Berichte d. d. chem. Gesellsch. **41**, 2885 [1908] (*S. 73*); Liebigs Annal. d. Chem. **384**, 240 [1911]. (*S. 140.*)

unter Gasentwicklung. Ein Gemisch des alten, bei 180° schmelzenden und des neuen Präparats schmolz bei 182°. Endlich haben wir noch das neue Präparat nach der Vorschrift von E. Fischer und O. Pfeffer[1]) in 4-Monomethyläther-gallussäure übergeführt. 1,4 g Säure gaben 1,48 g des Methylesters der 3,4,5-Trioxybenzol-4-methyläther-3,5-dicarbomethoxy-1-carbonsäure, der nach dem Umkrystallisieren aus Ligroin bei 70°, also 3° höher als das Präparat von Fischer und Pfeffer, schmolz. Die daraus gewonnene 4-Monomethyläther-gallussäure gab mit Eisenchlorid eine rein braune Färbung. Sie schmolz in Übereinstimmung mit früheren Beobachtungen bei 240° (korr. 245°) ohne Gasentwicklung[2]) zur braunen Flüssigkeit, erstarrte beim Erkalten krystallinisch und schmolz dann wieder bei derselben Temperatur. Trotzdem kann man den Schmelzpunkt nicht als ganz scharf ansehen, denn schon von 225° an macht sich eine schwache Sinterung bemerkbar.

3-Monocarbomethoxy-gallussäure.

200 g krystallwasserhaltige Gallussäure werden in einer Woulff-schen Flasche, durch die ein Wasserstoffstrom geht, mit 400 ccm Aceton übergossen und durch Zusatz von 532 ccm 4 n-Natronlauge (2 Mol.) völlig in Lösung gebracht, wobei sich die Flüssigkeit in zwei Schichten trennt. Nachdem jetzt auf —5° abgekühlt ist, läßt man unter Schütteln eine Lösung von 82 ccm Chlorkohlensäuremethylester (100 g) in 150 ccm Aceton rasch zufließen. Dabei entsteht eine homogene Flüssigkeit, die Temperatur steigt auf etwa 20°, und die Reaktion wird schwach sauer. Man fügt 5 ccm Salzsäure vom spez. Gew. 1,19 zu und verdampft unter vermindertem Druck aus einem Bade, dessen Temperatur 30—40° beträgt, auf 700 ccm, um den größeren Teil des Acetons zu entfernen. Jetzt versetzt man mit 80 ccm Salzsäure (spez. Gew. 1,19), um alle Natriumsalze zu zerlegen, und überläßt die Flüssigkeit 18 Stunden bei 0° der Krystallisation. Die scharf abgesaugte, fast farblose Masse enthält noch unveränderte Gallussäure und höher carbomethoxylierte Produkte.

Um erstere zu entfernen, schüttelt man das noch feuchte Rohprodukt mit 1¹/₂ l Wasser 2 Stunden bei etwa 25° auf der Maschine, saugt ab und wiederholt diesen Prozeß nochmals. Die scharf abgesaugten feinen Nadeln färben jetzt eine verdünnte alkoholische Eisenchloridlösung olivgrün. Ausbeute an lufttrockener Substanz etwa 120 g. Um die höher carbomethoxylierten Körper zu entfernen, haben wir in 600 ccm

---

[1]) Liebigs Annal. d. Chem. **389**, 211 [1912]. (*S. 153.*)
[2]) In der Abhandlung von Fischer und Pfeffer ist durch ein Versehen Gasentwicklung angegeben.

Aceton unter Zusatz einiger Kubikzentimeter Wasser heiß gelöst und in 1 l Chloroform eingegossen, wobei sofort Krystallisation stattfand.

Nach vierstündigem Stehen bei 0° wurden die feinen Nadeln abgesaugt und mit Chloroform gewaschen (76 g). Die unter vermindertem Druck auf das halbe Volum eingeengte Mutterlauge gab bei zweitägigem Stehen im Eisschrank eine zweite Krystallisation von 11 g. Die Gesamtausbeute von 87 g entspricht 36% der Theorie.

Dieses Produkt schmilzt gegen 204° (korr. 207°) unter starker Gasentwicklung und ist für die weitere Verarbeitung rein genug.

Zur Analyse haben wir nochmals in folgender Weise umkrystallisiert: 10 g wurden mit 20 ccm Methylalkohol übergossen, durch Zusatz von 30 ccm kochendem Wasser in Lösung gebracht und sofort mit 70 ccm kaltem Wasser vermischt. Die ausgeschiedenen feinen Nädelchen, welche unter dem Mikroskop als dünne Prismen erscheinen, wurden erst im Vakuumexsiccator und dann 1 Stunde bei 100° und 15 mm Druck getrocknet.

0,1498 g Sbst.: 0,2603 g CO_2, 0,0506 g H_2O.

$C_9H_8O_7$ (228,06).   Ber. C 47,36, H 3,54.

Gef. ,, 47,39, ,, 3,78.

Die analysierte Substanz schmolz gegen 206° (korr. 209°) unter starker Gasentwicklung, also erheblich niedriger als die Gallussäure. Sie ist in Wasser weniger löslich als diese. Nach einer approximativen Bestimmung verlangt sie ungefähr 7—8 Teile kochendes Wasser und ungefähr 200 Teile Wasser von 20°, während bei Gallussäure ungefähr 80 Teile von 20° nötig sind. Ein weiterer Unterschied zeigt sich in der Färbung durch Eisenchlorid in verdünnter alkoholischer Lösung. Die Carbomethoxyverbindung gibt dabei ähnlich der Protocatechusäure eine schön grüne, nur etwas ins Blau spielende Farbe, während Gallussäure eine stark blaue Färbung zeigt. Gegen wässeriges Cyankalium verhält sich die Säure ähnlich wie Gallussäure.

3, 4, 5 - Trioxybenzol-3, 4 - dimethyläther - 1 - carbonsäure
(m, p-Dimethyläther der Gallussäure).

Man löst 10 g 3-Monocarbomethoxy-gallussäure in 30 ccm heißem Methylalkohol, verdünnt mit etwa dem gleichen Volumen Äther, kühlt auf 0° ab und leitet Diazomethan ein, das aus etwa 33 ccm Nitrosomethylurethanlösung von Kahlbaum bereitet wird. Die Flüssigkeit muß zum Schluß noch deutlich gelb gefärbt sein. Nach einstündigem Stehen bei 0° wird sie zum Sirup eingedampft. Dieser besteht wohl zum allergrößten Teil aus dem Methylester der Carbomethoxy-dimethylgallussäure. Da er nicht krystallisierte, so haben wir ihn direkt in 15 ccm

Alkohol gelöst und langsam mit 100 ccm heißer 2 n-Natronlauge versetzt. Dabei entsteht eine klare, schwach rotbraune Lösung, die eine halbe Stunde auf 100° erhitzt wird. Übersättigt man jetzt mit starker Salzsäure, so beginnt sofort die Krystallisation von fast farblosen Nadeln, die nach mehrstündigem Stehen in der Kälte abgesaugt, mit kaltem Wasser gewaschen und bei 100° getrocknet werden. Ausbeute etwa 8 g. Sie wurden zunächst im Soxhlet-Apparat mit etwa 150 ccm Chloroform, worin sie recht schwer löslich ist, extrahiert. Im unteren Kolben scheidet sie sich direkt in Nädelchen ab, die schon fast den richtigen Schmelzpunkt haben. Da es uns für die späteren Operationen auf ein möglichst reines Material ankam, so haben wir noch weiter erst aus 10 Volumteilen heißem Essigäther und dann nochmals aus 20 Teilen kochendem Wasser unter Zusatz von wenig Tierkohle umkrystallisiert.

0,1500 g Sbst. (bei 100° getr.): 0,3000 g CO_2, 0,0667 g H_2O.

$C_9H_{10}O_5$ (198,08).   Ber. C 54,50,   H 5,09.
Gef. ,, 54,55,   ,, 4,98.

Das Präparat schmolz bei 192—193° (korr. 194—195°), nachdem aber schon von 180° (korr. 182°) an eine schwache Sinterung zu beobachten war. Herzig und Pollak fanden den Schmelzpunkt 189—192°. In der Hoffnung, einen ganz konstanten Schmelzpunkt zu erhalten, haben wir die Säure durch Kochen der wässerigen Lösung mit Cadmiumcarbonat in das Cadmiumsalz verwandelt und dieses zweimal aus heißem Wasser umkrystallisiert, wobei es glänzende, viereckige Blättchen bildet. Die aus dem Salz zurückgewonnene Säure fing dann gegen 185° (korr. 187°) an zu sintern und schmolz bei $192^1/_2$—$193^1/_2$° (korr. 195—196°) zu einer klaren Flüssigkeit.

Eine ähnliche Unsicherheit im Schmelzpunkt zeigt sich übrigens auch bei anderen Methylderivaten der Gallussäure, z. B. der Syringasäure, die nach unserer Beobachtung von 195° (korr. 198°) an sintert und bei 204—205° (korr. 207—208°) schmilzt. Eine Mischprobe unserer Säure mit Syringasäure zeigte übrigens eine starke Schmelzpunktsdepression.

Pentamethyl-*m*-digallussäure.

Die für die Synthese nötige Trimethyl-gallussäure haben wir nach der Vorschrift von Graebe und Martz[1] dargestellt und eine Ausbeute von 86% der Theorie erhalten. Die etwas später angegebene

---

[1] Liebigs Annal. d. Chem. **340**, 219 [1905].

Modifikation der Methode von W. H. Perkin und C. Weizmann[1]) scheint uns keinen Vorzug zu haben. Das Chlorid der Säure wurde nach Perkin und Weizmann dargestellt, nach der Destillation hydraulisch abgepreßt und zur völligen Reinigung aus der gleichen Gewichtsmenge warmem Tetrachlorkohlenstoff unter Anwendung einer Kältemischung umkrystallisiert und abermals gepreßt. Das ganz farblose, schön krystallisierte Präparat schmolz bei 80°, also ein wenig höher wie die Entdecker angeben (78°).

Für die Kuppelung wurden 10 g (1 Mol.) 3, 4 - Dimethyläther-gallussäure, deren Reinheit durch die Analyse kontrolliert war, in 53,4 ccm 2 n-Natronlauge (2,1 Mol.) und 30 ccm Aceton gelöst, dann auf —10° abgekühlt und eine Lösung von 13 g Trimethyl-galloyl-chlorid (1,1 Mol.) in 50 ccm Aceton zugefügt. Die Reaktion geht sofort vonstatten. Nach 5 Minuten verdünnt man mit dem gleichen Volumen Wasser, wobei schon eine geringe Menge eines krystallisierten Körpers ausfällt. Verjagt man nun das Aceton unter geringem Druck bei gewöhnlicher Temperatur, so vermehren sich die Krystalle. Sie werden schließlich abfiltriert. Ihre Menge schwankte bei verschiedenen Versuchen zwischen 0,9 und 1,6 g. Schmelzpunkt 159—160°. Sie wurden nicht näher untersucht, vielleicht sind sie das Anhydrid der Trimethylgallussäure. Das ganz schwach alkalische oder neutrale Filtrat wird mit 500 ccm Wasser verdünnt und langsam unter Umrühren in 1100 ccm $^n/_{10}$-Salzsäure bei gewöhnlicher Temperatur eingegossen. Hierbei fällt das in Wasser unlösliche Kuppelungsprodukt als voluminöser Niederschlag aus, der aus äußerst feinen Nädelchen besteht. Ausbeute 18 g oder 91 % der Theorie, berechnet auf die Dimethylgallussäure. Zur Reinigung wird aus Essigäther am besten im Soxhlet-Apparat umgelöst. Bei rascher Krystallisation entstehen mikroskopische, glitzernde Würfel oder Täfelchen. Beim langsamen Erkalten einer nicht zu konzentrierten Lösung erhält man glasglänzende Platten, die mehrere Millimeter dick und meistens verwachsen sind.

0,1529 g Sbst. (bei 100° und 15 mm getr.): 0,3260 g CO_2, 0,0725 g H_2O. — 0,1500 g Sbst. (bei 100° und 15 mm getr.): 0,3209 g CO_2, 0,0701 g H_2O.

$C_{19}H_{20}O_9$ (392,16).   Ber. C 58,14,   H 5,14.
Gef. ,, 58,15, 58,35, ,, 5,31, 5,23.

Die Säure schmilzt bei 192—193° (korr. 194—195°) zu einer farblosen Flüssigkeit. Sie ist in Wasser fast unlöslich und auch in Ligroin äußerst schwer löslich. Leicht wird sie von kaltem Pyridin, von heißem Eisessig und kochendem Chloroform, schwerer von heißem Essigäther, Alkohol und Benzol aufgenommen. Von Alkalien, Alkalibicarbonat und Ammoniak wird sie in der Kälte rasch gelöst.

---

[1]) Journ. of the Chem. Soc. **89**, 1655 [1906].

Pentamethyl-*m*-digalloylchlorid,

$(CH_3O)_3C_6H_2.CO.O.C_6H_2(CH_3O)_2.CO.Cl.$

Vermischt man 25 g reine Pentamethyldigallussäure mit 16 g frischem Phosphorpentachlorid in einem Fraktionierkölbchen und fügt einige Kubikzentimeter trockenes Chloroform zu, so tritt bald Reaktion ein. Durch Erwärmen auf dem Wasserbade geht die Säure völlig in Lösung. während etwas Phosphorpentachlorid unverbraucht bleibt. Man verdampft das Phosphoroxychlorid unter geringem Druck schließlich aus einem Bade von 80° und löst das zurückbleibende Öl in 20 ccm heißem, trockenem Kohlenstofftetrachlorid. Die durch Glaswolle vom unverbrauchten Phosphorpentachlorid abfiltrierte Lösung scheidet beim Abkühlen in einer Kältemischung einen dicken Brei mikroskopischer Täfelchen aus. Sie werden rasch abgesaugt, mit einem Gemisch gleicher Volumen Kohlenstofftetrachlorid und Ligroin gewaschen und im Vakuumexsiccator über Phosphorpentoxyd und Parafin getrocknet. Ausbeute 17 g; die Verarbeitung der Mutterlauge gab noch 2 g.

Zur Analyse wurde nochmals aus Kohlenstofftetrachlorid umkrystallisiert.

0,1627 g Sbst. (bei 78° und 15 mm getr.): 0,3297 g CO_2, 0,0660 g H_2O. — 0,3901 g Sbst. (bei 78° und 15 mm getr.): 0,1415 g AgCl.

$C_{19}H_{19}O_8Cl$ (410,61).   Ber. C 55,53, H 4,66, Cl 8,64.

Gef. ,, 55,27, ,, 4,54, ,, 8,94.

Das Chlorid sintert etwas über 100° und schmilzt bei 109—110° (korr. 110—111°) zur klaren Flüssigkeit.

Löst man 1 g des Chlorids in 15 ccm warmem, trockenem Methylalkohol, so scheidet sich beim Erkalten sofort der Methylester der Pentamethyl-digallussäure in farblosen, mikroskopischen Prismen, die meist sternförmig verwachsen sind, ab.

Zur Analyse wurden nochmals aus warmem Methylalkohol umkrystallisiert, wobei meist rosettenförmig verwachsene Spieße entstanden.

0,1201 g Sbst.: 0,2607 g CO_2, 0,0570 g H_2O.

$C_{20}H_{22}O_9$ (406,18).   Ber. C 59,09, H 5,46.

Gef. ,, 59,20, ,, 5,31.

Schmelzpunkt 128—129° (korr. 129—130°), während F. Mauthner[1]) 127—128° fand. Da auch sonst die Eigenschaften unseres Präparats mit den Angaben von Mauthner übereinstimmen, so zweifeln wir nicht an der Identität.

---

[1]) Journ. f. prakt. Chem. [2] **85**, 310 [1912].

Verbindung der α-Glucose mit Pentamethyl-m-digallussäure.
(Penta-[pentamethyl-m-digalloyl]-glucose?)

5 g analysenreines Pentamethyl-digalloylchlorid (6 Mol.) und 0,37 g fein zerriebene, gebeutelte und scharf getrocknete α-Glucose (1 Mol.) wurden übergossen mit 8 ccm Chloroform, das erst mit Kaliumcarbonat getrocknet und dann noch über Phosphorpentoxyd destilliert war. Das Chlorid ging sofort in Lösung. Wir fügten dann 1,6 g Chinolin (6 Mol.) zu, das durch Bariumoxyd bei 100° getrocknet und unter vermindertem Druck destilliert war. Der Zucker reagierte wegen seiner geringen Löslichkeit nur langsam, deshalb wurde sofort auf der Maschine bei 22--25° geschüttelt. Nach 7 Stunden war der Zucker erst teilweise, nach 19 Stunden aber völlig gelöst, und die anfangs farblose Flüssigkeit hatte eine schwache Gelbfärbung angenommen. Zur Vervollständigung der Reaktion wurde sie noch 48 Stunden bei derselben Temperatur aufbewahrt. Dann haben wir mit trockenem Methylalkohol bis zur bleibenden Trübung verdünnt, das Gemisch in 700 ccm käuflichen Methylalkohol unter Umrühren eingegossen, den farblosen flockigen Niederschlag abgesaugt und mit Methylalkohol gewaschen. Nach dem Trocknen im Vakuumexsiccator betrug die Ausbeute 3,6 g oder 85% der Theorie, berechnet auf den angewandten Zucker.

Zur Analyse wurde 1 g des Präparats zweimal aus je 200 ccm heißem Methylalkohol durch Abkühlen auf Zimmertemperatur umgelöst, wobei die Menge auf 0,5 g zurückging, und schließlich bei 100° und 15 mm Druck über Phosphorpentoxyd getrocknet (Analyse I).

Zur Analyse II diente das weiter gereinigte Präparat von $[\alpha]_D^{21} = 14,3°$ (in Acetylentetrachlorid).

I. 0,1754 g Sbst.: 0,3779 g CO_2, 0,0763 g H_2O. — II. 0,1691 g Sbst.: 0,3658 g CO_2, 0,0754 g H_2O.

Penta-[pentamethyldigalloyl]-glucose, $C_{101}H_{102}O_{46}$ (2050,82). Ber. C 59,10, H 5,01.
Tetra-[pentamethyldigalloyl]-glucose, $C_{82}H_{84}O_{36}$ (1676,68).   ,,   ,, 58,69,   ,, 5,05.
Gef. I.   ,, 58,76,   ,, 4,87.
,, II.   ,, 59,00,   ,, 4,99.

Die für Kohlenstoff gefundenen Zahlen liegen in der Mitte zwischen den Werten, die für Pentaacyl- und Tetraacylglucose berechnet sind. Der Unterschied zwischen ihnen ist übrigens so gering, daß die Analyse unmöglich eine Entscheidung geben kann. Wenn wir trotzdem die Pentaacylformel für die wahrscheinlichere halten, so geschieht es mit Rücksicht auf die Erfahrungen, die bei der Benzoylierung und der Cinnamoylierung unter den gleichen Bedingungen gemacht wurden, denn hier entstehen krystallinische Substanzen, die nach der Analyse zweifellos 5 Acyle enthalten.

Das Präparat war leicht löslich in Chloroform, Aceton, Acetylentetrachlorid, Benzol und Pyridin, dagegen sehr schwer in kaltem Alkohol, Methylalkohol und Äther, so gut wie unlöslich in Wasser. Der Schmelzpunkt war unkonstant, entsprechend .der amorphen Natur. Das Sintern begann bei 125°, und gegen 135° bildeten sich klare Tröpfchen, die erst bei weiterem Erhitzen zusammenflossen.

Maßgebender für die Beurteilung des Präparats ist die optische Untersuchung. Sie zeigt unzweifelhaft, daß es sich um ein Gemisch wahrscheinlich von Stereoisomeren handelt. Für das analysierte Präparat I war in 3proz. Benzollösung $[\alpha]_D^{25} = +15{,}1°$, und das aus den Mutterlaugen isolierte Produkt zeigte in Benzol $[\alpha]_D^{23} = +28{,}1°$, während das ursprüngliche Präparat, aus dem die Analysensubstanz durch Umlösen bereitet wurde, in Benzol $[\alpha]_D^{24} = +21{,}7°$ hatte. Zum Vergleich führen wir an, daß Herzig für Methylotannin in 2 proz. Benzollösung $[\alpha]_D = 9{,}6$—$10{,}7°$ fand.

Wir haben noch einen zweiten Versuch angestellt, durch systematische Umlösung das Rohprodukt in seine Bestandteile zu zerlegen, und die einzelnen Fraktionen optisch untersucht in einer Lösung von Acetylentetrachlorid, das wegen seiner geringen Flüchtigkeit für Mikropolarisation bequemer ist als Benzol. 3 g Rohprodukt wurden in 8 ccm kaltem Aceton gelöst, von einem geringen krystallinischen Rückstand abfiltriert, mit Methylalkohol bis zur bleibenden Trübung verdünnt und dann unter Umrühren in 200 ccm Methylalkohol eingegossen. Der hierbei entstehende Niederschlag wurde nach einigem Stehen in Kältemischung abgesaugt und noch zweimal derselben Behandlung unterworfen. Ausbeute 2,5 g, $[\alpha]_D^{24} = +28{,}8°$ (6proz. Lösung in Acetylentetrachlorid).

Nachdem die Umlösung noch dreimal in derselben Weise wiederholt war, wobei aber der Methylalkohol auf Zimmertemperatur gehalten wurde, betrug die Ausbeute 1,96 g und $[\alpha]_D^{23} = +23{,}8°$ (6proz. Acetylentetrachloridlösung). Jetzt wurde noch dreimal aus je 100 ccm und schließlich noch dreimal aus je 200 ccm heißem Äthylalkohol umgelöst, wobei die Menge auf 1,2 g zurückging; dann war $[\alpha]_D^{24} = +18{,}1°$ (5,8proz. Lösung in Acetylentetrachlorid).

Nach dreimaliger Wiederholung des Prozesses mit je 200 ccm Alkohol wurde erhalten: 1 g Substanz von $[\alpha]_D^{21} = +14{,}3°$ (5,9 proz. Lösung in Acetylentetrachlorid).

Wie groß der Einfluß der Lösungsmittel ist, zeigen die folgenden Bestimmungen, für die das gleiche Präparat diente:

$$[\alpha]_D^{20} = +19{,}3° \quad (10{,}5\text{proz. Lösung Pyridin}),$$

$$[\alpha]_D^{21} = +8{,}6° \quad (8{,}5\text{proz. Lösung in Benzol}).$$

Verbindung der β-Glucose mit Pentamethyl-m-digallussäure.

Die β-Glucose wurde nach der Vorschrift von Behrend[1] hergestellt und nach dem Verreiben und Beuteln im Vakuumexsiccator über Phosphorpentoxyd aufbewahrt, bis der Geruch nach Pyridin verschwunden war. Bei der Kuppelung mit dem Pentamethyl-digalloylchlorid, die geradeso wie bei der α-Glucose geschah, war der Zucker schon nach 7 Stunden gelöst. Die Flüssigkeit blieb noch 2 Tage bei gewöhnlicher Temperatur stehen, wurde dann bis zur beginnenden Trübung mit Methylalkohol verdünnt und in 400 ccm Methylalkohol eingegossen. Den flockigen amorphen Niederschlag haben wir abgesaugt und in 10 ccm kaltem Aceton gelöst. Hierbei blieb ein krystallisierter Rückstand (0,5 g), der nicht näher untersucht wurde, von dem wir aber vermuten, daß er das Anhydrid der Pentamethyl-digallussäure, entstanden durch Spuren von Wasser, ist.

Die Acetonlösung wurde dann in 300 ccm Methylalkohol eingegossen. Ausbeute 2,75 g oder 65% der Theorie, berechnet auf den Zucker. $[\alpha]_D^{25} = +19,5°$ (6proz. Lösung in Acetylentetrachlorid).

Das Produkt wurde zweimal aus je 400 ccm heißem Methylalkohol durch Abkühlen auf Zimmertemperatur umgelöst, dann in 3 ccm Aceton heiß gelöst, mit einigen Kubikzentimetern heißem Methylalkohol bis zur beginnenden Trübung versetzt, in 250 ccm heißen Methylalkohol eingegossen und nach Erkalten auf gewöhnliche Temperatur abgesaugt. Dieser Prozeß wurde noch einmal wiederholt. Es resultierten 1,25 g einer Substanz von ähnlichen Löslichkeitsverhältnissen wie bei dem Derivat der α-Glucose. Zur Analyse wurde 2 Stunden bei 107° und 15 mm Druck über Phosphorpentoxyd getrocknet.

0,1492 g Sbst.: 0,3247 g CO_2, 0,0676 g H_2O.

$C_{101}H_{102}O_{46}$ (2050,82). Ber. C 59,10, H 5,01.
Gef. ,, 59,35, ,, 5,07.

Beim Erhitzen verhält sich die Substanz wie die α-Verbindung. $[\alpha]_D^{21} = +10,4°$ (5,9proz. Lösung in Acetylentetrachlorid).

Durch erneutes zweimaliges Umlösen nach der gleichen Methode ging das Gewicht auf 0,85 g und $[\alpha]_D^{21}$ auf $+8,7°$ (5,9proz. Lösung in Acetylentetrachlorid) zurück. In Pyridin zeigte dieses Präparat $[\alpha]_D^{20} = +10,3°$ (8proz. Lösung). Voraussichtlich wird der letzte Wert durch häufig wiederholtes Umlösen sich noch mehr erniedrigen.

Methylotannin.

Zum Vergleich mit unseren synthetischen Produkten haben wir es nach dem Verfahren von Herzig aus dem in der Einleitung er-

---

[1] Liebigs Annal. d. Chem. **353**, 107 [1907].

wähnten Tannin der Firma Sche ri ng (aus chinesischen Zackengallen) nach der Reinigung durch die Essigäthermethode (Methode 2) dargestellt. 3 g Tannin, das bei 15 mm Druck und 100° über Phosphorpentoxyd getrocknet war, wurde in 20 ccm trockenem Methylalkohol und etwas Äther gelöst und die Flüssigkeit mit Diazomethan aus etwa 13 ccm Nitrosomethylurethan bei 0° gesättigt so daß sie noch 3 Stunden nachher gelb gefärbt war. Sie wurde jetzt eingeengt, um den Äther zu verjagen, und in 500 ccm Wasser gegossen. Nach einigen Stunden war der harzige Niederschlag erstarrt. Ausbeute 3,57 g. Nach dem Trocknen im Vakuumexsiccator zeigte das Rohprodukt $[\alpha]_D^{24} = +14,1°$ (6,5 proz. Lösung in Acetylentetrachlorid). Der Rest des Präparats (3,35 g) wurde in 8 ccm Aceton kalt gelöst, mit Methylalkohol bis zur bleibenden Trübung verdünnt, dann in 100 ccm Methylalkohol eingegossen, durch Kältemischung gekühlt und der Niederschlag nach einiger Zeit abgesaugt. Dieser Vorgang wurde noch dreimal in derselben Weise wiederholt und dann noch zweimal ausgeführt, mit dem Unterschied, daß nicht durch Kältemischung, sondern nur auf gewöhnliche Temperatur abgekühlt war. Ausbeute 0,8 g. $[\alpha]_D^{23} = +11,9°$ (6 proz. Lösung in Acetylentetrachlorid). Dieses Präparat wurde zweimal aus je 50 ccm heißem Äthylalkohol durch Kühlung auf gewöhnliche Temperatur umgelöst. Erhalten 0,58 g. $[\alpha]_D^{23} = +10,6°$ (6 proz. Lösung in Acetylentetrachlorid). Der letzte Wert blieb bei noch zweimaligem Umlösen aus Alkohol konstant.

Dieses Endpräparat diente für die Analyse und die folgenden optischen Bestimmungen.

0,1613 g Sbst. (bei 100° und 15 mm über Phosphorpentoxyd 4 Stunden getr.): 0,3467 g CO_2, 0,0703 g H_2O.

Gef. C 58,62, H 4,88.

Die gefundenen Werte sind fast identisch mit denjenigen, die bei den synthetischen Präparaten erhalten wurden und stimmen auch im wesentlichen überein mit den Analysen von Herzig (C 58,59—59,13, H 5,06—5,34).

Drehung in Pyridin (10 proz. Lösung) $[\alpha]_D^{22} = +14,2°$,

Drehung in Benzol (8 proz. Lösung) $[\alpha]_D^{21} = +9,0°$.

Das Präparat erweichte im Capillarrohr von 120° an und war bei 130° zu einer klaren, zähen Flüssigkeit geschmolzen.

Benzoylierung der Glucose.

Der Traubenzucker ist bisher nur nach dem Schotten-Baumannschen Verfahren in wässerig-alkalischer Lösung benzoyliert worden[1]). Dabei entsteht ein Produkt, aus dem durch sehr häufiges Umkrystallisieren eine Pentabenzoyl-glucose von annähernd konstantem Schmelzpunkt isoliert wurde. Für ein Präparat, das nach dieser Methode dargestellt war und dessen Schmelzpunkt 186—188° (korr.) nach vorheriger Sinterung beobachtet wurde, fanden E. Fischer und B. Helferich[2]) in Chloroformlösung $[\alpha]_D^{20} = +25,4°$. Die Ausbeute war wenig befriedigend (etwa 15% der Theorie für das hochschmelzende Produkt).

Bei Benutzung der Chinolinmethode erhält man verschiedene Produkte aus α- und β-Glucose. Letztere gibt ein Präparat, das nahezu dieselbe Drehung zeigte wie die zuvor erwähnte Pentabenzoylglucose, während die aus α-Glucose erhaltene Verbindung viel stärker drehte, $[\alpha]_D = +107,6°$. Trotzdem ist es auch hier sehr schwierig, Präparate von konstantem Schmelzpunkt zu bekommen.

α-Pentabenzoyl-glucose.

5 g fein gepulverte, trockene α-Glucose wurden mit einer auf Zimmertemperatur abgekühlten Mischung von 75 ccm trockenem Chloroform, 20 g trockenem Chinolin (5,6 Mol.) und 21,5 g Benzoylchlorid (5,5 Mol.) auf der Maschine geschüttelt. Nach 20 Stunden war völlige Lösung eingetreten. Die Flüssigkeit blieb noch 24 Stunden bei Zimmertemperatur stehen und wurde dann zur Entfernung des Chinolins wiederholt mit verdünnter Schwefelsäure und schließlich mit Wasser ausgeschüttelt. Der beim Verdampfen der Chloroformlösung bleibende Sirup wurde mit 400 ccm Petroläther versetzt und das ausgeschiedene dicke Öl in 200 ccm heißem Alkohol gelöst. Beim längeren Stehen im Eisschrank fielen kleine Nädelchen aus. Ausbeute 11 g oder 57% der Theorie. Das Präparat, das noch eine Spur Chinolin enthielt, zeigte in Chloroform $[\alpha]_D^{20} = +106,1°$. Zur Reinigung wurde mehrmals aus heißem Alkohol umkrystallisiert, wobei die Menge auf 7 g zurückging.

0,1589 g Sbst.: 0,4096 g CO_2, 0,0662 g H_2O.

$C_{41}H_{32}O_{11}$ (700,26).   Ber. C 70,26, H 4,61.

Gef. ,, 70,30, ,, 4,66.

0,3855 g Sbst. Gesamtgewicht der Chloroformlösung 4,1440 g. $d_4^{25} = 1,458$. Drehung im 1-dm-Rohr bei 25° und Natriumlicht 14,59° nach rechts. Mithin $[\alpha]_D^{25} +107,6°$.

---

[1]) Skraup, Monatsh. **10**, 395 [1889] und Panormoff, Chem. Centralblatt **1891**, II, 853.

[2]) Liebigs Annal. d. Chem. **383**, 88 [1911] und Dissertation von B. Helferich, Berlin 1911.

Das Präparat zeigte aber noch einen recht unscharfen Schmelzpunkt. Im Capillarrohr begann es gegen 145° zu sintern, war bei 157° zu einem dicken Sirup geschmolzen, der aber erst ungefähr 20° höher zu einer Flüssigkeit mit deutlichem Meniskus zusammenfloß. Danach könnte es zweifelhaft erscheinen, daß die Substanz schon ganz homogen war. Ähnliche Beobachtungen haben übrigens neuerdings Biddle und Kelley[1]) bei reinen Präparaten von Äthylgallat gemacht. Wir verweisen ferner auf die Erfahrungen bei manchen Glyceriden[2]).

β-Pentabenzoyl-glucose.

Beim Schütteln von 5 g β-Glucose mit der gleichen Mischung aus Chloroform, Chinolin und Benzoylchlorid bei Zimmertemperatur war schon nach 4 Stunden Lösung eingetreten, und beim Stehen fielen farblose Nadeln aus, welche schließlich die Flüssigkeit breiartig erfüllten. Nach 20stündigem Stehen wurde mit 150 ccm Alkohol verdünnt, der aus glänzenden Nadeln bestehende Niederschlag abgesaugt und mit Alkohol gewaschen. Ausbeute 13 g oder 67% der Theorie. Das Präparat begann gegen 155° zu sintern und war bei 180° geschmolzen.

Zur Analyse wurde mehrmals aus heißem Essigäther umkrystallisiert und bei 100° unter 20 mm getrocknet.

0,2045 g Sbst.: 0,5285 g CO_2, 0,0846 g H_2O.

$C_{41}H_{32}O_{11}$ (700,26). Ber. C 70,26, H 4,61.
Gef. ,, 70,48, ,, 4,63.

0,2862 g Sbst. (viermal aus Essigester umkrystallisiert). Gesamtgewicht der Lösung in Chloroform 4,5102 g. Drehung im 1-dm-Rohr bei 24° und Natriumlicht 2,20° nach rechts. $d_4^{24} = 1,462$. Mithin $[\alpha]_D^{24} = +23,71°$.

Zwei weitere Präparate gaben + 23,52° und 24,03°.

Auch hier war der Schmelzpunkt trotz häufig wiederholten Umkrystallisierens nicht scharf. Schon gegen 155° begann schwache Sinterung, aber erst bei 187° (korr.) schmolz die Substanz völlig. Wir zweifeln nicht daran, daß das Präparat im wesentlichen identisch war mit der bekannten Pentabenzoyl-glucose vom Schmelzpunkt 186—188° (korr.), die annähernd dasselbe Drehungsvermögen besitzt.

Schönere Produkte gibt die Cinnamoylierung des Traubenzuckers. Nach Versuchen, die Herr Rudolf Oetker auf unsere Veranlassung ausgeführt hat, liefert die α-Glucose nach obigem Ver-

---

[1]) Journ. of the Americ. Chem. Soc. **34**, 921 [1912].
[2]) S. Literatur bei Meyer-Jacobson, Lehrbuch d. organ. Chem. (2. Aufl.) Band I, 2. Teil, S. 134.

fahren in guter Ausbeute eine schön krystallisierende Penta-cinnamoylverbindung vom Schmelzpunkt 225—226° (korr.) und $[\alpha]_D$ ungefähr $+196°$ (in Chloroformlösung).

Unter denselben Bedingungen entsteht aus β-Glucose eine ebenfalls hübsch krystallisierende, isomere Verbindung, die bei 191° (korr.) zum dicken Sirup und 10° höher zu einer Flüssigkeit mit deutlichem Meniskus zusammenfließt und in Chloroformlösung $[\alpha]_D - 4{,}6°$ hat.

Endlich können wir noch anführen, daß nach vorläufigen Versuchen der Rohrzucker nach demselben Verfahren in ein amorphes Oktabenzoylderivat verwandelt wird, und daß er sich auch mit Zimtsäure kuppeln läßt.

Schließlich sagen wir Herrn Dr. B. Helferich für die wertvolle Hilfe, die er uns bei obigen Versuchen geleistet hat, besten Dank.

22. Emil Fischer und Karl Freudenberg: Über das Tannin und die Synthese ähnlicher Stoffe III. Hochmolekulare Verbindungen.

Berichte der deutschen chemischen Gesellschaft **46**, 1116 [1913].

(Eingegangen am 22. März 1913.)

In der zweiten Mitteilung[1]) wurden Versuche zur Synthese des Methylotannins beschrieben. Aus Pentamethyl-m-digalloylchlorid und Glucose bei Gegenwart von Chinolin entsteht ein Produkt, das wir für Penta-[pentamethyl-m-digalloyl]-glucose halten und das große Ähnlichkeit mit dem von Herzig entdeckten Methylotannin zeigt. Da aber diese Körper nicht krystallisieren und auch nicht als ganz einheitliche Individuen gelten können, so war eine sichere Identifizierung unmöglich. Unsere Bemühungen mußten deshalb auf die Synthese des Tannins selbst, oder besser gesagt seines wesentlichen Bestandteils, gerichtet bleiben. Dafür scheint in erster Linie der Besitz von größeren Mengen m-Digallussäure nötig zu sein, und wir haben zunächst eine Methode für deren Gewinnung ausgearbeitet. Nach verschiedenen vergeblichen Anläufen sind wir auf folgendem Weg zum Ziel gelangt. Bekanntlich lassen sich die mehrwertigen Phenole mit benachbarten OH-Gruppen, z. B. Brenzcatechin und Pyrogallol, durch Phosgen bei Gegenwart von Alkali oder Pyridin in intramolekulare Carbonate verwandeln[2]). Diese Reaktion haben wir auf die Gallussäure übertragen und dabei eine krystallisierte Verbindung $C_8H_4O_6$ gewonnen, die wir „Carbonylo-gallussäure" (Oxy-3-[oxo-methylendioxy]-4, 5-benzoesäure) nennen und die zweifellos die Struktur

$$CO\!\!<^O_O\!\!>C_6H_2(OH).COOH$$

hat, denn sie zeigt folgende Umwandlungen: Durch Kochen mit Methylalkohol entsteht m-Carbomethoxygallussäure, ferner wird sie durch Diazomethan in den Methylester einer Carbonylomethyläthergallussäure (Methoxy-3-[oxo-methylendioxy]-4, 5-benzoesäure-methylester) verwandelt,

---

[1]) Berichte d. d. chem. Gesellsch. **45**, 2709 [1912]. (*S. 287.*)
[2]) Vgl. A. Einhorn, Liebigs Annal. d. Chem. **300**, 141 [1898] und A. Einhorn, Berichte d. d. chem. Gesellsch. **37**, 106 [1904].

der bei der Verseifung *m*-Methyläthergallussäure liefert. Die Carbonylo-gallussäure, welche offenbar der von G. Barger durch Oxydation von Piperonylsäure erhaltenen 3,4-Carbonylo-dioxybenzoesäure[1]) entspricht, ist nun für die Synthese der *m*-Digallussäure ein bequemes Material. Sie läßt sich nämlich mit dem Tricarbomethoxygalloylchlorid direkt in alkalischer Lösung kuppeln, und durch nachträgliche Abspaltung der Kohlensäuregruppen entsteht in befriedigender Ausbeute *m*-Digallussäure, die hübsch krystallisiert und verhältnismäßig leicht zu reinigen ist. Ihre Struktur haben wir noch geprüft durch die Behandlung mit Diazomethan, wobei der schon bekannte Methylester der Pentamethyl-*m*-digallussäure entsteht.

Unsere Versuche, die Säure zu carbomethoxylieren, dann das Chlorid zu bereiten und daraus mit Traubenzucker eine Penta-*m*-digalloylglucose herzustellen, die vielleicht mit dem Hauptbestandteil des Tannins identisch ist, werden wegen der heiklen Eigenschaften dieser Stoffe noch längere Zeit in Anspruch nehmen.

Die früher beschriebene krystallisierte Digallussäure[2]) schien nach der Synthese aus der 3,5-Dicarbomethoxy-gallussäure und dem Tricarbomethoxy-galloylchlorid die *para*-Verbindung zu sein. Wir haben aber ausdrücklich bei ihrer Beschreibung betont, daß der Beweis für ihre Struktur noch nicht erbracht sei. Unser neues Präparat ist nun der alten Substanz so ähnlich, daß wir die Verschiedenheit nicht für wahrscheinlich halten. Wir werden auf diese Frage zurückkommen, wenn die vollständige Methylierung des alten Präparats mit größeren Mengen durchgeführt ist, denn im Gegensatz zur Synthese halten wir die Methylierung für die entscheidende Probe auf die Struktur.

Unter dem Namen *m*-Digallussäure hat M. Nierenstein ein Produkt beschrieben, das er aus dem Carbäthoxy-tannin durch Verseifen mit Pyridin erhielt[3]). Die Eigenschaften unserer Säure weichen in mancher Beziehung so sehr von Nierensteins Beschreibung ab, daß wir die beiden Präparate für verschieden halten müssen. Da die Struktur unseres Produktes durch die Methylierung festgestellt ist, so können wir also der Ansicht von Nierenstein über die Struktur seiner Säure nicht beipflichten.

Bei der Herstellung der Pentamethyl-*m*-digallussäure aus Trimethylgalloylchlorid und *m*, *p*-Dimethylgallussäure sind wir früher[4]) einem

---

[1]) Chem. Centralblatt **1908**, I, 1689.
[2]) E. Fischer, Berichte d. d. chem. Gesellsch. **41**, 2890 [1908] (*S. 78*); E. Fischer und K. Freudenberg, Liebigs Annal. d. Chem. **384**, 225 [1911]. (*S. 141.*)
[3]) Berichte d. d. chem. Gesellsch. **43**, 628 [1910].
[4]) Berichte d. d. chem. Gesellsch. **45**, 2718 [1912]. (*S. 296.*)

Nebenprodukt begegnet, das in die Klasse der Säureanhydride zu gehören schien. Um seine Struktur aufzuklären, haben wir das Anhydrid der Trimethyl-gallussäure und das gemischte Anhydrid der Trimethyl-gallussäure mit der Pentamethyl-*m*-digallussäure nach dem allgemeinen Verfahren des D. R. P. 117 267 (Knoll & Co. 1899) dargestellt. Dabei hat sich ergeben, daß das früher beobachtete Produkt identisch mit dem zweiten, gemischten Anhydrid ist. Die Bildung solcher Anhydride findet bei der üblichen Darstellung der Didepside in wässerig-alkalischer Lösung meist nur in untergeordnetem Maße statt, und sie lassen sich von den einfachen Kupplungsprodukten, welche sauer sind, leicht durch Alkalicarbonat trennen. Viel unbequemer kann die Entstehung der Anhydride bei der Kuppelung von Zucker mit Säurechloriden in Gegenwart von Chinolin werden, man muß deshalb bei dieser Operation besondere Aufmerksamkeit auf völlige Trockenheit der Materialien verwenden, denn bei Abwesenheit von Wasser können die Säureanhydride nicht entstehen.

Schon in der ersten Mitteilung[1]) haben wir darauf aufmerksam gemacht, daß die von uns zum Aufbau tanninähnlicher Körper benützten Methoden für die Synthese hochmolekularer Stoffe dienen können, und später haben wir erwähnt, daß die Tribenzoylgallussäure für diesen Zweck besonders geeignet erscheine. Die Versuche sind inzwischen mit recht befriedigendem Erfolge ausgeführt worden. Das Chlorid der Tribenzoylgallussäure reagiert bei Gegenwart von Chinolin leicht auf Mannit und liefert ein Produkt, das wir für den neutralen Ester, d. h. Hexa-[tribenzoyl-galloyl]-mannit mit dem Molekulargewicht 2967 halten. Bei der Analyse dieser und ähnlicher Substanzen haben wir es als großen Übelstand empfunden, daß die Differenzen für Kohlenstoff und Wasserstoff nicht mehr groß genug sind, um mit Sicherheit die Anzahl der Acylgruppen, d. h. die wirkliche Zusammensetzung der Verbindung, festzustellen. Es schien deshalb ratsam, dem Molekül eine halogenhaltige Gruppe einzuverleiben, um in dem Prozentgehalt an Halogen einen Maßstab für die Anzahl der eintretenden Acyle und zugleich für die Molekulargröße des Endprodukts zu erhalten.

Diese Bedingungen schienen erfüllt zu sein in dem Glucosid des Tribromphenols[2]). In der Tat nimmt dasselbe leicht viermal das Radikal der Tribenzoyl-gallussäure auf, und es entsteht das Tetra-(tribenzoyl-galloyl)-tribromphenol-glucosid, dessen Zusammensetzung und Molekulargröße 2349 durch die Bestimmung des Broms kontrolliert werden konnte. Um noch höher zu kommen, haben

<hr>

[1]) Berichte d. d. chem. Gesellsch. **45**, 918 [1912]. (*S. 268.*)
[2]) E. Fischer und H. Strauß, ebenda S. 2472 [1912].

wir dann das Maltosid des Tribromphenols aus Acetochlormaltose und Tribromphenol dargestellt; aber leider ist es bisher nicht geglückt, das Präparat rein zu erhalten, weil es nicht krystallisierte. Da es aber für die weiteren Synthesen notwendig erschien, von ganz reinen Materialien auszugehen, so haben wir einen anderen Weg gesucht und das Ziel erreicht bei den Osazonen. Nachdem Vorversuche gezeigt hatten, daß das gewöhnliche Phenylglucosazon vier Benzoyle aufnimmt, haben wir das p-Jodphenyl-maltosazon aus Maltoson und p-Jodphenylhydrazin dargestellt. Es ist ein hübsch krystallisierender Stoff, der sich leicht in reinem Zustand gewinnen läßt. Seine Kuppelung mit Tribenzoyl-galloylchlorid bei Gegenwart von Chinolin geht nun recht glatt vonstatten, und es resultiert ein Hepta-(tribenzoyl-galloyl)-p-jodphenyl-maltosazon.

Dieses ist zwar wie alle diese hochmolekularen Stoffe amorph; aber es besitzt doch sonst so schöne Eigenschaften und hat bei der Analyse besonders auch in bezug auf den Halogengehalt so gutstimmende Werte gegeben, daß wir kein Bedenken tragen, es als einen reinen oder nahezu reinen Stoff anzusehen. Die Struktur ergibt sich aus der Synthese, und als Molekulargewicht berechnet sich für $C_{220}H_{142}O_{58}N_4J_2$ der Wert 4021. Es übertrifft also erheblich an Molekulargröße alle bisher synthetisch gewonnenen Produkte von wohldefinierter Individualität und bekannter Struktur. Um dieses Urteil zu rechtfertigen, verweisen wir auf Richters Lexikon der Kohlenstoffverbindungen (3. Aufl.), wo am Ende des 4. Bandes die hochmolekularen Substanzen zusammengestellt sind. Wir glauben aber bei dieser Gelegenheit der klassischen Versuche von M. Berthelot gedenken zu müssen, der schon um die Mitte des vorigen Jahrhunderts in der Esterbildung eine bequeme Reaktion zur Bereitung hochmolekularer Stoffe aus mehrwertigen Alkoholen und hohen Fettsäuren, z. B. aus Mannit und Stearinsäure, erkannte. Allerdings war bei dem von ihm angewandten Verfahren, das hohe Temperatur erfordert, die Gewinnung einheitlicher Produkte gewiß sehr viel schwerer, und die kompliziertesten der von ihm beschriebenen Stoffe, z. B. das Hexastearat des Mannitans, sind deshalb später nicht als einheitliche Individuen anerkannt worden. Diese Mängel werden durch die verfeinerten Methoden der Jetztzeit beseitigt, und dadurch ist die Esterbildung als brauchbarste Reaktion für den Aufbau von Riesenmolekülen rehabilitiert.

Die von uns dargestellten neuen Stoffe dürften ein geeignetes Material für die Bearbeitung mancher Fragen der Molekularphysik sein[1]), und wir haben selbst die kryoskopische Methode der Mole-

---

[1]) Vgl. H. Crompton, Proceedings of the Chem. Soc. **28**, 193 [1912].

kulargewichtsbestimmung bei ihnen geprüft. Als Lösungsmittel wurde Bromoform gewählt, welches eine so hohe Konstante und einen so bequemen Schmelzpunkt hat, daß die Versuche mit dem gewöhnlichen Beckmannschen Apparat ausgeführt werden konnten. Die Resultate sind über Erwarten befriedigend ausgefallen. Denn bei drei Versuchen ergaben sich für den höchstmolekularen Stoff mit Molekulargewicht 4021 die Werte 3737, 3278, 3493, im Mittel also 3503. Die Abweichung von dem auf chemischem Wege abgeleiteten Molekulargewicht ist also prozentisch nicht größer, als man sie auch bei viel einfacheren krystallisierten Stoffen öfters beobachtet.

Carbonylo-gallussäure (Oxy-3-[oxo-methylendioxy]-4,5-benzoesäure), $OC{<}{O \atop O}{>}C_6H_2(OH).COOH$.

Ähnlich der von Einhorn beschriebenen Bereitung des Brenzcatechincarbonats läßt sich die Gallussäure mit Phosgen in alkalischer Lösung kuppeln. Wie haben es dabei vorteilhaft gefunden, als Lösungsmittel noch Aceton zuzusetzen, ferner ist es nötig, während der Operation die Luft auszuschließen. Wir bedienen uns deshalb des beistehenden Apparates:

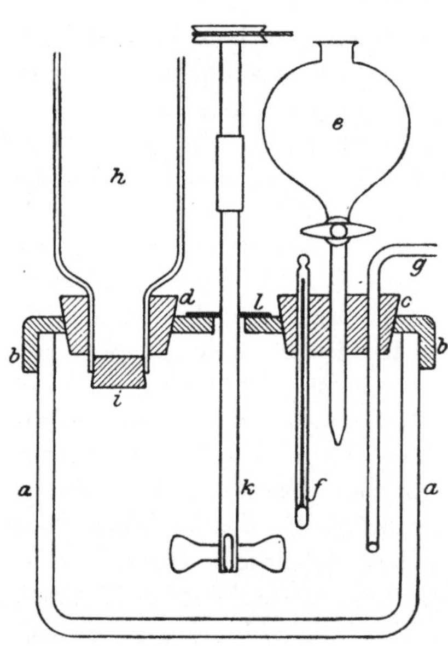

a ist ein zylindrisches Glasgefäß (sog. Filterstutzen) von 3 l Inhalt, bedeckt mit einer Bleiplatte *b*, die ziemlich locker aufgelegt und deren Rand mit Glaserkitt gedichtet ist. Durch die Bleiplatte gehen 2 Gummistopfen *c* und *d*; der erste trägt den Tropftrichter *e*, das Thermometer *f* und das Gaszuleitungsrohr *g*, das für die Zuführung von Wasserstoff dient. Durch den zweiten Kautschukstopfen reicht das Glasgefäß *h*, das unten durch einen Korkstopfen *i* verschlossen ist. *k* ist ein Rührer, der durch eine kleine Turbine bewegt wird; *l* besteht aus einigen Schichten angefeuchteten Filtrierpapiers, die einen genügenden Abschluß der Luft bilden. Der zugeführte Wasserstoff, bzw. die verdrängte Luft können durch die am Rührer befindliche Öffnung leicht entweichen.

Man bringt nun in das Gefäß *a* eine Lösung von 100 g krystallwasserhaltiger Gallussäure in 500 ccm Aceton, verdrängt die Luft durch Wasserstoff und fügt durch den Tropftrichter 800 ccm 2 n-Natronlauge (3 Mol.) zu, wodurch in der Flüssigkeit 2 Schichten entstehen. Nachdem diese durch Einstellen des Gefäßes in eine Kältemischung auf —5° abgekühlt ist, bringt man in das Gefäß *h* 360 ccm der käuflichen 20proz. Lösung von Phosgen in Toluol, aus der man vorher durch mehrstündiges Schütteln mit Quecksilber Spuren von freiem Chlor entfernt hat. Nachdem nun die Flüssigkeit durch den Rührer in starke Bewegung gesetzt ist, stößt man mit einem Glasstab den Stopfen *i* hinab. Die Phosgenlösung mischt sich mit der unteren Flüssigkeit rasch zu einer Emulsion, in der der chemische Vorgang schnell vonstatten geht. Man erkennt das an dem Umschlag der Farbe von Rotbraun in Hellbraun und dem Übergang der Reaktion von alkalisch in schwach sauer. Die gesamte Flüssigkeit, die jetzt nicht mehr gegen Luft empfindlich ist, wird sofort dreimal mit je 500 ccm Petroläther, dem etwas Äther zugesetzt ist, im Scheidetrichter ausgeschüttelt, um das Toluol und einen Teil des Acetons zu entfernen. Dann versetzt man die abgelassene trübe wässerige Lösung mit 45 ccm 12 n-Salzsäure und kühlt in einer Kältemischung. Nach kurzer Zeit beginnt die Krystallisation des Gallussäure-carbonats, das bei gut gelungener Operation völlig farblos ist. Es wird nach etwa einer Stunde abgesaugt, mit Wasser gewaschen. hydraulisch stark abgepreßt und sofort im Vakuumexsiccator über Phosphorpentoxyd getrocknet.

Die zuvor beschriebenen Operationen sollen möglichst rasch ausgeführt werden, da die Substanz schon bei längerer Berührung mit Wasser kleine Mengen Gallussäure zurückbildet. Die Ausbeute schwankte zwischen 50 und 60 g und stieg im besten Falle auf 62 g oder 60% der Theorie, berechnet auf wasserhaltige Gallussäure. Das Rohprodukt gibt bei gut verlaufener Operation in verdünnter alkoholischer Lösung mit wenig Eisenchlorid eine äußerst schwache Grünfärbung. 1 g des Rohprodukts soll nach dem Anreiben mit 0,2 ccm Wasser sich in 4 ccm Aceton völlig lösen; dann ist es für die später beschriebenen Operationen direkt brauchbar; findet sich aber bei dieser Probe ein schwer löslicher Körper, was zuweilen der Fall ist, so muß das Rohprodukt mit Aceton unter Zusatz von wenig Wasser ausgezogen, das Filtrat unter geringem Druck bei gewöhnlicher Temperatur eingeengt und mit Eiswasser gefällt werden.

Zur Analyse wurde in etwa der sechsfachen Menge kaltem Aceton gelöst, diese Lösung bei gewöhnlicher Temperatur unter vermindertem Druck bis zur beginnenden Krystallisation eingeengt und unter Zusatz von Essigäther der Krystallisation überlassen. Schließlich wurde nochmals in Aceton gelöst, mit Wasser ausgeschieden und im Vakuumexsiccator über Phosphorpentoxyd getrocknet. Das Präparat verlor dann bei 78° und 15 mm nicht mehr an Gewicht.

0,1682 g Sbst.: 0,3016 g CO_2, 0,0328 g H_2O.

$C_8H_4O_6$ (196,03).   Ber. C 48,97 H 2,06.

Gef. ,, 48,90, ,, 2,18.

Die Substanz schmilzt im Capillarrohr unter starker Gasentwicklung gegen 225° (korr.). Sie ist in kaltem Wasser sehr schwer löslich, in heißem Wasser löst sie sich unter Gasentwicklung und Rückverwandlung in Gallussäure. Diese Umwandlung findet auch statt, wenn man die Säure mit Wasser übergossen mehrere Tage bei gewöhnlicher Temperatur stehen läßt. In Äther und Essigäther löst sie sich sehr schwer, in Chloroform, Benzol und Petroläther ist sie fast unlöslich; in Methyl- und Äthylalkohol löst sie sich in der Kälte ziemlich langsam und, wie schon erwähnt, gibt diese Lösung mit Eisenchlorid nur eine ganz schwache Färbung; aber schon nach $^1/_2$ stündigem Stehen wird die Färbung durch Eisenchlorid stärker. Viel rascher geht diese Veränderung durch Alkohole in der Wärme vor sich, und dabei bildet sich Carboalkyloxy-gallussäure. Wir haben die Reaktion genauer beim Methylalkohol untersucht.

2 g des Carbonats wurden mit 10 ccm Methylalkohol 5 Minuten gekocht, dann in 20 ccm Eiswasser gegossen, mit einer Spur Monocarbomethoxy-gallussäure geimpft und 24 Stunden im Eisschrank aufbewahrt. Erhalten 1,2 g farblose Nadeln. Zur Analyse wurde bei 100° 2 Stunden getrocknet.

0,1492 g Sbst.: 0,2586 g CO_2, 0,0476 g H_2O.

$C_9H_8O_7$ (228,06).   Ber. C 47,36, H 3,54.

Gef. ,, 47,27, ,, 3,57.

Das Präparat zeigt in bezug auf Zersetzungspunkt, Löslichkeit, Krystallform und Färbung durch Eisenchlorid so große Ähnlichkeit mit der früher von uns beschriebenen 3 - Monocarbomethoxy-gallussäure[1]), daß wir sie für identisch halten. Seine Bildung aus der Carbonylo-gallussäure entspricht der Umwandlung von Brenzcatechin-carbonat in Brenzcatechin-kohlensäureäthylester[2]).

Methylierung der Carbonylo-gallussäure.

Methylester der 3, 4-Carbonylo-5-methyläther-gallussäure (Methoxy-3-[oxo-methylendioxy]-4, 5-benzoesäure-methylester),

$$OC{<}{\overset{O}{\underset{O}{}}}{>}C_6H_2(OCH_3) . CO_2CH_3 .$$

---

[1]) Berichte d. d. chem. Gesellsch. **45**, 2716 [1912]. (*S. 294*.)
[2]) Einhorn, Liebigs Annal. d. Chem. **300**, 141 [1898].

3 g fein gepulverte Carbonylo-gallussäure werden in 100 ccm Chloroform suspendiert und Diazomethan (aus 7 ccm käuflicher Nitroso-methylurethanlösung) in die Flüssigkeit hineindestilliert. Dabei entsteht bald eine klare gelbe Lösung, die noch 15 Minuten stehen bleibt und dann unter vermindertem Druck bei gewöhnlicher Temperatur auf wenige Kubikzentimeter eingeengt wird, wobei die gelbe Farbe fast verschwindet. Auf Zusatz von 20 ccm Tetrachlorkohlenstoff krystallisieren farblose, mit bloßem Auge erkennbare, lange Nadeln; man engt bei 20° auf etwa 15 ccm ein und läßt in einer Kältemischung krystallisieren. Ausbeute 2,82 g; die Mutterlauge gab beim Einengen noch 0,44 g (zusammen 95% der Theorie). Zur Analyse wurde 1 g aus 30 ccm warmem Tetrachlorkohlenstoff umkrystallisiert. Lange Nadeln, die bei 133° (korr. 134°) zu einer klaren Flüssigkeit schmelzen.

0,1514 g Sbst. (bei 78° und 15 mm getr.): 0,2982 g CO_2, 0,0526 g H_2O.
$C_{10}H_8O_6$ (224,06). Ber. C 53,56, H 3,60.
Gef. ,, 53,72, ,, 3,89.

Der Ester löst sich leicht in Alkohol und Chloroform, ziemlich schwer in Äther, sehr wenig in kaltem Tetrachlorkohlenstoff und Petroläther. In siedendem Wasser löst er sich in einigen Minuten unter starker Gasentwicklung; beim Erkalten bilden sich langsam rhomben-ähnliche Krystalle, die in alkoholischer Lösung eine starke blaugrüne Eisenchloridreaktion geben. Wahrscheinlich handelt es sich um 3 - Me-thyläther-gallussäure-methylester.

Neue Darstellung der 3 - Methyläther-gallussäure.

Der zuvor beschriebene Methylester der Carbonylo-methyläther-gallussäure wird in der 15 fachen Menge kochendem Wasser gelöst, wobei er unter Kohlensäureentwicklung die eben erwähnte Umwandlung erleidet. Man verdampft dann etwa auf ein Drittel, überschichtet die abgekühlte Flüssigkeit zur Absperrung der Luft mit Petroläther und fügt 2 n-Natronlauge (5 ccm auf 1 g ursprünglich angewandten Esters) hinzu. Wird die mit Petroläther aufgefüllte und verkorkte Flasche 1—2 Tage bei 25° aufbewahrt, so ist die Verseifung beendet. Nach Abgießen des Petroläthers übersättigt man sofort mit 5 n-Salzsäure, wobei die Methyläthergallussäure alsbald in feinen, farblosen Nädelchen krystallisiert, die nach 1 stündigem Stehen in der Kälte abgesaugt werden. Ausbeute 90—95% der Theorie. Durch Umkrystallisieren aus etwa der 13 fachen Menge heißem Wasser unter Anwendung von Tierkohle erhält man schöne, farblose, mikroskopische Nadeln, die bei 100° zur Analyse getrocknet wurden.

0,1491 g Sbst.: 0,2844 g CO_2, 0,0590 g H_2O.

$C_8H_8O_5$ (184,06.)   Ber. C 52,16, H 4,38.
Gef. „ 52,02, „ 4,43.

Das Präparat gab geradeso wie die von W. Vogl[1]) beschriebene Verbindung mit Eisenchlorid in wässeriger Lösung eine tief bläulichschwarze Färbung, während in alkoholischer Lösung die Färbung grünlichblau ist. Dagegen haben wir auch einige Abweichungen gefunden. So war unser Präparat ganz farblos, während Vogl eine schwach gelblichweiße Färbung beobachtete. Ferner gibt Vogl an, daß mit Barytwasser im Gegensatz zu Gallussäure keine Färbung entstehe. Wir fanden, daß die wässerige Lösung der Säure mit viel Barytwasser im ersten Moment eine bläuliche Färbung gibt, die aber so rasch verschwindet, daß sie übersehen werden kann. Am meisten weichen unsere Beobachtungen ab in bezug auf den Schmelzpunkt. Vogl gibt 199—200° (unkorr.) an. Wir fanden, daß der Schmelzpunkt nicht konstant ist, weil gleichzeitig Zersetzung stattfindet. Unser Präparat schmolz beim raschen Erhitzen im Capillarrohr unter Gasentwicklung gegen 220° (korr.), aber in allen solchen Fällen schwankt der Zersetzungspunkt mit der Art des Erhitzens. Trotz dieser Abweichungen halten wir die Verbindung von Vogl mit der unsrigen für identisch. Als Unterschied von der Gallussäure führen wir noch an das Verhalten gegen Cyankalium, welches in wässeriger Lösung mit unserem Präparat keine Färbung gab. Ebenso groß ist die Verschiedenheit von der 4-Methyläthergallussäure, die mit Eisenchlorid eine rein braune Färbung gibt und bei 245° (korr.) ohne Gasentwicklung schmilzt, nachdem vorher allerdings schon Sinterung stattgefunden hat[2]). Unsere neue Darstellung der *m*-Methyläthergallussäure ist sicherlich viel einfacher als die von Vogl beschriebene und liefert offenbar auch ein reineres Produkt.

m-Digallussäure.

Die Kuppelung des Tricarbomethoxy-galloylchlorids mit der Carbonylogallussäure und die nachträgliche Abspaltung der Kohlensäuregruppen haben wir unmittelbar hintereinander ohne Isolierung der Zwischenprodukte ausgeführt. Da zur Erzielung einer befriedigenden Ausbeute mancherlei Vorsichtsmaßregeln erforderlich sind, so scheint uns eine ausführliche Beschreibung des Versuches nötig.

37,8 g Tricarbomethoxy-galloylchlorid werden in 150 ccm trockenem, reinem Aceton aus Bisulfit gelöst und die Flüssigkeit

---

[1]) Monatsh. **20**, 397 [1899].

[2]) Vgl. E. Fischer und K. Freudenberg, Berichte d. d. chem. Gesellsch. **45**, 2715 [1912]. (*S. 294.*)

in 6 gleiche Teile geteilt, ferner stellt man bereit 1 l n-Natronlauge, die in einem 2-l-Kolben mit Wasserstoff gesättigt und auf 10° abgekühlt ist. Jetzt werden 10 g fein gesiebte Carbonylogallussäure in einem Erlenmeyer-Kolben von $^1/_2$ l Inhalt mit 20 ccm reinem Aceton übergossen, das Gefäß durch eine Kältemischung gekühlt und die Säure durch rasches Zutropfen von 48 ccm n-Kalilauge unter gleichzeitigem Turbinieren fast vollständig in Lösung gebracht. Wenn die Temperatur der Flüssigkeit auf —5° gesunken ist, fügt man sofort, ehe Krystallisation einsetzt, 20 ccm kalte n-Kalilauge und unmittelbar hinterher eine Portion Chloridlösung (6,3 g Tricarbomethoxy-galloylchlorid in 25 ccm Aceton) zu. Unter starkem Rühren läßt man die durch die Reaktion erhöhte Temperatur wieder unter 0° herabgehen und gießt jetzt 17 ccm n-Kalilauge und sofort die zweite Chloridlösung zu. Nach einigen Minuten werden nochmals 17 ccm Kalilauge und die dritte Portion Chlorid eingegossen.

Es resultiert eine hellgelbe, neutrale Lösung, die durch eine geringe Abscheidung von harziger Materie getrübt ist. Während sie filtriert wird, wiederholt man die ganze Kupplung mit neuen 10 g Carbonylogallussäure in der gleichen Weise. Die vereinigten Filtrate läßt man nun in die zuvor bereitgestellte n-Natronlauge (1 l), durch die dauernd ein Wasserstoffstrom geht, einfließen. Die zuerst entstehende Trübung löst sich sofort wieder, und die Temperatur steigt auf 20°, bei welcher die Flüssigkeit 40 Minuten gehalten wird. Man versetzt dann, immer noch unter Ausschluß von Luft, mit 95 ccm 12 n-Salzsäure. Unter starker Kohlensäureentwicklung färbt sich die zuvor rotbraune Lösung hellgelb; sie ist jetzt unempfindlich gegen Luft und wird in einen 3-l-Scheidetrichter gegossen, der 400 g reines Chlornatrium enthält. Nun wird dreimal mit je 250 ccm Essigäther gründlich ausgeschüttelt, der abgehobene Extrakt mit konzentrierter Kochsalzlösung gewaschen und filtriert. Die extrahierte wässerige Lösung muß Kongopapier noch bläuen.

Die Essigätherlösung wird unter vermindertem Druck zum dicken Sirup eingedampft, dieser mit 250 ccm Wasser versetzt und von neuem im Vakuum eingeengt, bis aller Essigäther verjagt ist. Nun kocht man die honiggelbe wässerige Lösung kurze Zeit mit etwas Tierkohle, filtriert, ergänzt das Filtrat wieder auf 250 ccm und kühlt rasch auf Zimmertemperatur. Zumal beim Impfen beginnt die Krystallisation sehr bald, und in einigen Stunden bilden die farblosen, winzigen Nädelchen einen dicken Brei. Man stellt noch eine Stunde in Eis, saugt ab und bringt in den Vakuumexsiccator. Die Operation läßt sich bis zu diesem Punkt in einem Tag gut ausführen. Ausbeute 16,4 g; die auf ein Drittel eingeengte Mutterlauge lieferte noch 6,5 g.

Das Rohprodukt wird in der 15fachen Menge kochendem Wasser gelöst, mit Tierkohle geklärt und nach der Filtration mit weiteren 25 Teilen Wasser versetzt. Bei Zimmertemperatur krystallisieren farblose, mikroskopische, ziemlich dicke Nadeln, die vielfach zu Aggregaten vereinigt sind. Die Mutterlauge gibt beim Einengen unter vermindertem Druck eine zweite, aber ziemlich kleine Krystallisation. Da diese etwas Gallussäure enthalten kann, so wird sie mit der 40fachen Menge kaltem Wasser ausgezogen und der Rückstand aus 40 Teilen Wasser unter Benutzung von Tierkohle umkrystallisiert. Diese Verarbeitung der Mutterlaugen wird fortgesetzt, solange sie lohnend ist. Die Gesamtausbeute an reinem Produkt beträgt etwa 17 g oder 45% der Theorie bei Berücksichtigung des Krystallwassers; bei kleineren Versuchen stieg die Ausbeute über 50%. Die lufttrockene Digallussäure verlor bei 15 mm Druck und 100° über Phosphorpentoxyd 15—16% an Gewicht; für 3 Mol. Wasser berechnen sich 14,4%, für 4 Mol. 18,3%.

0,1528 g trockene Sbst.: 0,2932 g CO_2, 0,0422 g H_2O. — 0,1669 g trockene Sbst.: 0,3187 g CO_2, 0,0474 g H_2O.

$C_{14}H_{10}O_9$ (322,08).   Ber. C 52,16,   H 3,13.
                      Gef. ,, 52,33, 52,08, ,, 3,09, 3,18.

Die trockene Säure sintert von 260° (korr.) an und schmilzt gegen 271° (280° korr.) unter Zersetzung. Sie löst sich ziemlich leicht in Methylalkohol, Äthylalkohol und Aceton, verhältnismäßig schwer in Äther und Eisessig selbst in der Wärme. In kaltem Wasser ist sie recht schwer löslich. Wir haben die Löslichkeit durch 15stündiges Schütteln mit einer ungenügenden Menge Wasser in einem Porzellangefäß im Thermostaten bei 25° bestimmt und 1:860 gefunden. Zum praktischen Auflösen haben wir gewöhnlich 12—15 Teile kochendes Wasser gebraucht. Die wässerige Lösung fällt Leimlösung und Chininacetat. Mit Eisenchlorid gibt sie eine starke schwarzblaue Färbung. Versetzt man die 1—2proz. wässerige Lösung der Digallussäure mit dem gleichen Volumen 3proz. wässeriger Cyankaliumlösung, so zeigt sich nach etwa 10 Sekunden eine schöne, helle Rosafärbung, die zwar schwächer ist als die entsprechende der Gallussäure, aber wie diese beim Stehen verschwindet und beim Schütteln wiederkehrt.

Beim 6stündigen Kochen mit der 40fachen Menge einer etwa 1proz. Wasserstoffsuperoxydlösung trat eine dunkelbraune Färbung ein, aber kein Niederschlag. Bei gleicher Verwendung von 10proz. Wasserstoffsuperoxydlösung wurde eine klare, farblose Flüssigkeit erhalten.

Über ihr Verhältnis zum alten Präparat von krystallisierter Digallussäure haben wir uns oben schon geäußert.

Methylierung der m-Digallussäure mit Diazomethan.

0,5 g entwässerte und fein gepulverte m-Digallussäure wurde in 20 ccm reinem Chloroform suspendiert und unter Eiskühlung Diazomethan (aus 2,5 ccm käuflicher Nitrosomethylurethanlösung) zudestilliert. Dabei findet Lösung statt mit gelber Farbe wegen des überschüssigen Diazomethans. Man läßt bei gewöhnlicher Temperatur 10—15 Minuten stehen, verdunstet dann unter geringem Druck zum Sirup, versetzt diesen mit 5 ccm reinem Methylalkohol und impft mit einem Kryställchen von Pentamethyl-m-digallussäure-methyl-ester. Sofort beginnt die Krystallisation, und der Niederschlag wird nach etwa einer Stunde abgesaugt. Ausbeute 0,4 g; die Mutterlauge gibt nur noch geringe Krystallisation; Gesamtausbeute etwa 65% der Theorie. Einmaliges Umkrystallisieren aus Methylalkohol genügt zur völligen Reinigung.

0,1613 g Sbst.: 0,3491 g CO_2, 0,0783 g H_2O.

$C_{20}H_{22}O_2$ (406,18).   Ber. C 59,09, H 5,46.

Gef. ,, 59,03, ,, 5,43.

Das Präparat zeigte keinen Unterschied von dem früher beschriebenen, aus dem Chlorid der Pentamethyl-m-digallussäure dargestellten Produkt[1]); es zeigte wie jenes den von Mauthner angegebenen Schmelzpunkt 127—128°, und auch die Mischprobe mit unserem alten Präparat gab keine Depression. Wir erblicken in dem Versuch den Beweis, daß unsere Digallussäure wirklich die *meta*-Verbindung ist.

Pentacetyl-m-digallussäure.

Beim Erhitzen von 1 g entwässerter m-Digallussäure mit 20 ccm frisch destilliertem Essigsäureanhydrid auf 100° trat beim häufigen Schütteln in $1/_2$ Stunde Lösung ein. Die Flüssigkeit wurde noch weitere 15 Minuten auf 100° erhitzt und dann unter stark vermindertem Druck aus dem Wasserbad abdestilliert. Der zurückbleibende Sirup enthielt außer etwas Essigsäureanhydrid noch andere in Alkali unlösliche Produkte, wahrscheinlich das gemischte Anhydrid von Acetyl-digallussäure und Essigsäure. Um diese zu zerstören, wurde der Sirup in 6 ccm Aceton gelöst, mit 6 ccm einer kalt gesättigten Lösung von Kaliumbicarbonat versetzt und etwa 10 Minuten geschüttelt, bis eine klare Mischung entstanden war. Nach dem Verdünnen mit Wasser fiel auf Zusatz von überschüssiger Salzsäure ein Öl aus, das nach einigen Stunden

---

[1]) Berichte d. d. chem. Gesellsch. **45**, 2720 [1912]. (*S. 298.*)

krystallinisch erstarrte. Ausbeute 1,58 g oder 95% der Theorie. Das Produkt wurde in 160 ccm heißem Toluol gelöst und schied sich beim Erkalten größtenteils in feinen, meist sternförmigen Nädelchen aus. Diese wurden nochmals aus 2 ccm warmem Eisessig umkrystallisiert, der dicke Brei von feinen, biegsamen Nadeln mit einigen Kubikzentimetern Äther angerührt, abgesaugt und für die Analyse bei 100° und 15—20 mm über Phosphorpentoxyd mehrere Stunden getrocknet.

0,1496 g Sbst.: 0,2963 g CO_2, 0,0490 g H_2O.

$C_{24}H_{20}O_{14}$ (532,16).   Ber. C 54,12, H 3,79.
Gef. ,, 54,02, ,, 3,67.

Die Säure sintert von etwa 184° an und schmilzt bei 191—192° (korr. 193—194°) zu einer klaren Flüssigkeit, während Triacetylgallussäure nach den Angaben der Literatur bei 169—170° schmilzt und 1,4% weniger Kohlenstoff enthält. Sie löst sich in kaltem Methyl- und Äthylalkohol in der Wärme leicht, in der Kälte schwerer; von Chloroform, Essigäther und Aceton wird sie leicht, von kaltem Eisessig und Äther recht schwer gelöst. In Wasser und Petroläther ist sie nahezu unlöslich; leicht wird sie von Natriumbicarbonatlösung aufgenommen. Der Versuch, die entsprechende Pentabenzoylverbindung durch Behandlung von m-Digallussäure mit Pyridin und Benzoylchlorid zu gewinnen, ist uns bisher nicht gelungen; denn das Hauptprodukt der Reaktion war in kaltem Alkali unlöslich.

Vergleich unserer m-Digallussäure mit Nierensteins gleichnamiger Substanz.

Wir stellen die Verschiedenheiten in folgender Tabelle zusammen:

	Unsere Beobachtungen	Nierensteins Angaben
Sinterung	von 260° (korr.) an	von 214° an
Schmelzpunkt unter Zersetzung	gegen 271° (unkorr.)	268—270°
Pentacetylderivat, Schmelzpunkt	191—192° (unkorr.)	211—214°
Kochen mit Wasserstoffsuperoxyd	kein Niederschlag	Niederschlag von Ellagsäure
Färbung mit Cyankaliumlösung	Eintritt innerhalb 10 Sekunden	erst nach einigem Stehen, wobei Hydrolyse zu Gallussäure angenommen wird

Um unsere durch diese Abweichungen hervorgerufenen Zweifel an der Struktur der Nierensteinschen Verbindung zu prüfen, haben wir noch versucht, diese nach seiner allerdings sehr knapp gehaltenen Vorschrift aus Ta n ni n darzustellen. Das ist uns leider bisher nicht gelungen.

Anhydrid der Trimethyl-gallussäure.

5 g Trimethyl-galloylchlorid, 4,6 g Trimethyl-gallussäure und 3 g reines trockenes Chinolin wurden in 25 ccm trockenem Chloroform gelöst, die Mischung 3 Stunden bei gewöhnlicher Temperatur aufbewahrt und dann in 500 ccm Alkohol eingegossen. Sofort schied sich das Anhydrid in mikroskopischen, farblosen Nadeln ab, die nach $^1/_2$ Stunde abgesaugt wurden. Ausbeute 7,45 g oder 85% der Theorie. Sie wurden aus heißem Benzol umkrystallisiert und zur Analyse bei 100° und 15 mm über Phosphorpentoxyd getrocknet.

0,1574 g Sbst.: 0,3406 g CO_2, 0,0776 g H_2O.

$C_{20}H_{22}O_9$ (406,18).   Ber. C 59,09, H 5,46.
Gef. ,, 59,02, ,, 5,52.

Das Anhydrid, welches isomer ist mit dem Methylester der beiden Pentamethyl-digallussäuren, schmilzt bei 160—161° (korr.). Es krystallisiert aus heißem Eisessig in zentimeterlangen Nadeln, es ist unlöslich in Wasser und Alkalibicarbonatlösung. Auch gegen Alkalien ist es wegen seiner geringen Löslichkeit verhältnismäßig beständig.

Gemischtes Anhydrid der Trimethyl-gallussäure und der Pentamethyl-*m*-digallussäure.

0,5 g Pentamethyl-*m*-digallussäure wurden in 5 ccm trockenem Chloroform gelöst, 0,29 g Trimethyl-galloylchlorid und 0,18 g Chinolin zugefügt, die klare Mischung 2 Stunden bei gewöhnlicher Temperatur aufbewahrt und dann in 180 ccm Alkohol eingegossen, wobei das Anhydrid in feinen Nädelchen ausfiel. Ausbeute 90% der Theorie. Zur Reinigung wurde nochmals in heißem Benzol gelöst, mit viel Äther gefällt und für die Analyse bei 100° und 15 mm über Phosphorpentoxyd getrocknet.

0,1361 g Sbst.: 0,2963 g CO_2, 0,0618 g H_2O.

$C_{29}H_{30}O_{13}$ (586,24).   Ber. C 59,36, H 5,16.
Gef. ,, 59,37, ,, 5,08.

Die Substanz schmilzt bei 165—166° (korr.), also nur einige Grade höher als das Anhydrid der Trimethylgallussäure, mit dem sie auch in der prozentischen Zusammensetzung und der Löslichkeit große Ähnlichkeit hat. Dagegen zeigte die Mischprobe beider Substanzen eine erhebliche Depression des Schmelzpunktes. Wie schon erwähnt, konnte dies gemischte Anhydrid identifiziert werden mit einem Körper, den wir früher bei der Synthese der Pentamethyl-*m*-digallussäure[1]) in kleiner Menge als Nebenprodukt erhielten. Der damals beobachtete Schmelzpunkt von 159—160° ließ sich durch Umkrystallisieren noch um 3° erhöhen und die Mischprobe mit dem jetzigen Präparat ergab keine Depression. Auch die Analyse des alten Präparates, die wir früher nicht ausgeführt hatten, bestätigt die Annahme der Identität.

0,1413 g Sbst.: 0,3068 g CO_2, 0,0657 g H_2O.

$C_{29}H_{30}O_{13}$ (586,24).   Ber. C 59,36, H 5,16.
Gef. ,, 59,22, ,, 5,20.

Die Entstehung des Körpers bei der Synthese der Pentamethyl-*m*-digallussäure ist auch leicht erklärlich durch die Annahme, daß die Pentamethyl-digallussäure in der alkalischen Lösung in weitere Wechselwirkung mit Trimethyl-galloylchlorid tritt. Daß solche Anhydride überhaupt in wässerig-alkalischer Lösung entstehen können, ist bedingt durch ihre verhältnismäßig große Beständigkeit gegen wässerige Alkalien.

Pentamethyl-*p*-digallussäure[2]).

Sie entsteht aus dem Chlorid der Trimethyl-gallussäure und der Syringasäure ganz auf die gleiche Art, wie es für die isomere Pentamethyl-*m*-digallussäure beschrieben wurde[3]). Ausbeute 75% der Theorie. Als Nebenprodukt wurde hier ein ähnlicher anhydridartiger Körper beobachtet wie bei der Pentamethyl-*m*-digallussäure; wir haben aber seine Zusammensetzung nicht festgestellt. Zum Umlösen empfiehlt sich Aceton und Wasser oder Chloroform. Die Säure bildet dann mikroskopische, meist viereckige, rhomboederähnliche Blättchen.

0,1332 g Sbst. (bei 15 mm und 100° getrocknet): 0,2850 g CO_2, 0,0633 g H_2O.

$C_{19}H_{20}O_9$ (392,16).   Ber. C 58,14, H 5,15.
Gef. ,, 58,35, ,, 5,32.

Die Säure schmolz bei 218—219° (korr. 221—222°).

Methylester. Er wurde mit Diazomethan bereitet, um jede tiefergreifende Zersetzung zu vermeiden. Zu dem Zweck haben wir 1 g Säure in 20 ccm Chloroform gelöst und eine ätherische Diazomethanlösung zugefügt. Die stark gelbe Flüssigkeit blieb nach Beendigung der Gasentwicklung noch 15 Minuten stehen, dann wurde sie unter geringem Druck verdunstet und der zurückbleibende Sirup mit

---

[1]) Berichte d. d. chem. Gesellsch. **45**, 2718 [1912]. (*S. 297.*)

[2]) Ich habe die Verbindung zuerst durch Herrn Richard Lepsius darstellen lassen, und sie ist auch in dessen Inaugural-Dissertation, Berlin 1911. S. 44, beschrieben.   E. Fischer.

[3]) Berichte d. d. chem. Gesellsch. **45**, 2718 [1912]. (*S. 296.*)

10 ccm Methylalkohol übergossen. Dabei verwandelt sich der Ester in dünne, lange Prismen. Sie wurden nochmals aus heißem Methylalkohol umkrystallisiert, wobei gewöhnlich dickere, rhomboederähnliche Krystalle entstehen.

0,1504 g Sbst. (bei 100° getrocknet): 0,3244 g CO_2, 0,0752 g H_2O.

$C_{20}H_{22}O_9$ (406,18).   Ber. C 59,09, H 5,46.
Gef. ,, 58,82, ,, 5,60.

Der Ester schmolz bei 170—171° (korr. 172—173°), während Mauthner[1]) 169—170° gefunden hat.

Tribenzoyl-gallussäurechlorid, $(C_6H_5CO_2)_3C_6H_2 . COCl$.

Die Chlorierung der Tribenzoyl-gallussäure muß mit einiger Vorsicht geschehen; denn sowohl bei Anwendung von Phosphorpentachlorid wie von Thionylchlorid entsteht beim Erwärmen auf dem Wasserbade ein Produkt, das 1—2% Chlor zu viel enthält und durch Krystallisation schwer zu reinigen ist. Wie es scheint, handelt es sich um Beimengung einer Substanz, die Chlor am Benzolkern enthält. Diese Schwierigkeit wird durch folgende Vorschrift beseitigt:

20 g fein gepulverte reine Tribenzoyl-gallussäure vom Schmelzpunkt 191—192° (korr.)[2]) und 8,8 g Phosphorpentachlorid werden in einer Stöpselflasche bei Zimmertemperatur mit 120 ccm trockenem Chloroform übergossen und unter zeitweiligem Öffnen des Gefäßes eine halbe Stunde geschüttelt, bis alles oder doch fast alles in Lösung gegangen ist. Die wenn nötig rasch filtrierte Flüssigkeit wird sofort unter vermindertem Druck bei Zimmertemperatur eingedampft. Der zurückbleibende farblose Sirup erstarrt nach kurzer Zeit zu schönen, breiten, weißen Nadeln. Sie werden scharf abgepreßt, mit wenig Tetrachlorkohlenstoff kalt angerührt, wieder abgepreßt und schließlich aus 30 ccm Tetrachlorkohlenstoff umkrystallisiert. Luftfeuchtigkeit ist bei allen diesen Operationen möglichst fernzuhalten. Die Ausbeute an reinem Produkt beträgt etwa 15 g.

Zur Analyse wurde bei 15—20 mm Druck und 100° über Phosphorpentoxyd getrocknet.

0,1772 g Sbst.: 0,4330 g CO_2, 0,0566 g H_2O. — 0,1630 g Sbst.: 0,3995 g CO_2, 0,0512 g H_2O. — 0,2515 g Sbst.: 0,0732 g AgCl (mit Kalk). — 0,2327 g Sbst.: 0,0683 g AgCl (mit Kalk).

$C_{28}H_{17}O_7Cl$ (500,60).   Ber. C 67,12,   H 3,42,   Cl 7,08.
Gef. ,, 66,64, 66,84, ,, 3,57, 3,51, ,, 7,20, 7,26.

---

[1]) Journ. f. prakt. Chem. [2] **84**, 142 [1911].
[2]) Vgl. Einhorn und Hollandt, Liebigs Annal. d. Chem. **301**, 110 [1898]

Die Substanz schmilzt bei 124—126° (korr.). Sie löst sich leicht in Chloroform, Aceton, Benzol und Essigester, ziemlich schwer in Alkohol und recht schwer in Äther und Petroläther.

Tribenzoyl-gallussäureäthylester.

Er entsteht durch Einwirkung von Alkohol auf das Chlorid. Löst man 2 g des letzteren in 10 ccm heißem absoluten Alkohol, so fällt nach einiger Zeit aus der erkalteten Flüssigkeit ein farbloser Sirup. Er wurde nach einigen Stunden durch Erwärmen wieder gelöst, und aus dieser Flüssigkeit schied sich beim Abkühlen und Reiben der Ester krystallinisch ab. Ausbeute 1,7 g. Zur Reinigung wurde aus der 20-fachen Menge heißem Alkohol und nochmals aus der gleichen Menge heißem Ligroin (Siedepunkt 90—100°) umkrystallisiert und die feinen, büschelförmig vereinigten Nadeln im Vakuumexsiccator getrocknet.

$$0,1507 \text{ g Sbst.}: 0,3891 \text{ g } CO_2, \ 0,0592 \text{ g } H_2O.$$

$$C_{30}H_{22}O_8 \ (510,18). \quad \text{Ber. C } 70,56, \ H \ 4,35.$$
$$\text{Gef. ,, } 70,42, \ ,, \ 4,40.$$

Der Ester schmilzt bei 126—128° (korr.). Er ist in Aceton, Benzol, Chloroform und Essigester sehr leicht löslich, etwas schwerer in Tetrachlorkohlenstoff, ziemlich schwer in Alkohol und Äther, sehr schwer in Petroläther.

[Tribenzoyl-gallussäure]-anhydrid, $[(C_6H_5CO_2)_3C_6H_2.CO]_2.O$.

1,8 g Tribenzoyl-gallussäure wurden mit einer Lösung von 2 g Tribenzoyl-galloylchlorid und 0,55 g trockenem Chinolin in 10 ccm trockenen Chloroform geschüttelt. Nach 5 Stunden war völlige Lösung eingetreten. Die Flüssigkeit wurde noch 24 Stunden bei Zimmertemperatur aufbewahrt, dann unter Umschütteln langsam mit 50 ccm absolutem Alkohol versetzt. Das Anhydrid fiel dabei in breiten, manchmal sternförmig verwachsenen Nädelchen aus. Die Ausbeute war nahezu quantitativ. Zur Reinigung wurde aus Chloroform und Alkohol, dann noch einmal aus Benzollösung mit Alkohol gefällt, dabei krystallisiert es langsam in geraden Nädelchen. Zur Analyse war bei 15—20 mm Druck und 78° über Phosphorpentoxyd getrocknet.

$$0,1644 \text{ g Sbst.}: 0,4280 \text{ g } CO_2, \ 0,0549 \text{ g } H_2O.$$

$$C_{56}H_{34}O_{15} \ (946,27). \quad \text{Ber. C } 71,02, \ H \ 3,62.$$
$$\text{Gef. ,, } 71,00, \ ,, \ 3,74.$$

Der Körper schmilzt bei 195—196° (korr.) nach geringem Sintern. Mit der freien Säure gemischt, schmilzt er schon unter 180°. Mit Eisenchlorid gibt er in Acetonlösung keine Färbung. Er löst sich leicht in Benzol, Aceton, Chloroform, schwer in Alkohol und Äther und sehr schwer in Petroläther.

Gegen Alkohol ist das Anhydrid beständiger als einfache Körper dieser Klasse, denn es läßt sich aus heißem Alkohol umkrystallisieren. Dagegen wird es durch mehrstündiges Kochen mit Alkohol zersetzt.

Tetra-(tribenzoyl-galloyl)-tribromphenol-glucosid,

$(C_{28}H_{17}O_7)_4C_6H_7O_6 \cdot C_6H_2Br_3$.

Es wurden 5,08 g Tribenzoyl-galloylchlorid (5 Mol.) und 1,32 g sorgfältig getrocknetes Chinolin (5 Mol.) in 15 ccm trockenem, alkoholfreiem Chloroform gelöst, dann 1 g (1 Mol.) Tribromphenol-glucosid[1]) zugefügt und geschüttelt, bis nach etwa 30 Stunden das Glucosid klar gelöst war. Die Flüssigkeit blieb noch 4 Tage bei Zimmertemperatur stehen. Durch Eingießen in 200 ccm absoluten Alkohol wurde nun das Kuppelungsprodukt isoliert und zur Reinigung 6 mal aus der Lösung in etwa 15 ccm Aceton durch Eingießen in etwa 120 ccm absoluten Alkohol gefällt. Die Ausbeute betrug 3 g. Zur Analyse und optischen Bestimmung wurde bei 15—20 mm Druck über Phosphorpentoxyd zunächst bei Zimmertemperatur, dann bei 78° mehrere Stunden getrocknet. Die Substanz verlor jetzt bei 100° unter gleichen Bedingungen nicht mehr an Gewicht.

0,1499 g Sbst.: 0,3485 g CO_2, 0,0466 g H_2O. — 0,1812 g Sbst.: 0,0446 g AgBr (nach Carius). — 0,2124 g Sbst.: 0,0497 g AgBr (mit Kalk).

$C_{124}H_{77}O_{34}Br_3$ (2349,4).   Ber. C 63,34, H 3,30, Br 10,21.
Gef. „ 63,41, „ 3,48, „ 10,47, 9,96.

I. 0,2094 g Sbst., Gesamtgewicht der Lösung in Acetylentetrachlorid 2,0299 g, $d_4^{20} = 1,588$, Drehung im $^1/_2$-dm-Rohr bei 20° für Natriumlicht 2,54° nach links. Mithin $[\alpha]_D^{20} = -31,01°$.

Ein Präparat anderer Darstellung, das 12 mal umgefällt war, zeigte annähernd das gleiche Drehungsvermögen:

II. 0,2361 g Sbst., 2,5054 g Gesamtgewicht, $d_4^{20} = 1,574$, Drehung für Natriumlicht bei 20° im 1-dm-Rohr 4,54° nach links. Mithin $[\alpha]_D^{20} = -30,61°$.

Die Substanz ist ein amorphes weißes Pulver, in Wasser unlöslich, in Äther, Alkohol und Ligroin sehr schwer, in Benzol, Aceton, Essigester, Chloroform und Acetylentetrachlorid leicht löslich. Beim Erhitzen im Capillarrohr beginnt sie gegen 130° zu sintern und ist gegen 155° zu einem durchsichtigen Sirup geschmolzen.

---

[1]) E. Fischer und H. Strauß, Berichte d. d. chem. Gesellsch. **45**, 2472 [1912].

21*

Hexa-(tribenzoyl-galloyl)-mannit, $(C_{28}H_{17}O_7)_6C_6H_8O_6$.

0,26 g gebeutelter und sorgfältig getrockneter Mannit (1 Mol.) wurden bei 36—37° mit einer Lösung von 5 g Tribenzoyl-galloylchlorid (7 Mol.) und 2,6 g trockenem Chinolin in 15 ccm trockenem, reinem Chloroform geschüttelt, bis nach 24 Stunden klare Lösung eingetreten war, und die Flüssigkeit dann noch 3 Tage bei Zimmertemperatur aufbewahrt. Beim Eingießen in 120 ccm Alkohol fiel der Hexa-(tribenzoyl-galloyl)-mannit als farblose Masse aus. Er wurde durch zwölfmaliges Fällen aus Acetonlösung mit Alkohol gereinigt und bei 15—20 mm Druck über Phosphorpentoxyd erst bei Zimmertemperatur, dann bei 78° getrocknet.

0,1229 g Sbst.: 0,3180 g CO_2, 0,0404 g H_2O.

$C_{174}H_{110}O_{48}$ (2967). Ber. C 70,38, H 3,73.
Gef. „ 70,57, „ 3,68.

I. 0,2396 g Sbst., Gesamgewicht der Lösung in Acetylentetrachlorid 2,4770 g, $d_4^{20} = 1,562$, Drehung im 1-dm-Rohr bei 20° für Natriumlicht 2,88° nach rechts. Mithin $[\alpha]_D^{20} = +19,06°$.

II. 0,2417 g Sbst., (nur 10 mal umgefällt), 2,6330 g Gesamtgewicht. $d_4^{20} = 1,565$, Drehung für Natriumlicht bei 20° im 1-dm-Rohr 2,82° nach rechts. Mithin $[\alpha]_D^{20} = +19,63°$.

Die Substanz ist ein in Wasser, Alkohol, Äther und Ligroin sehr schwer, in Benzol, Essigester, Aceton, Chloroform und Acetylentetrachlorid leicht lösliches amorphes Pulver. Beim Erhitzen im Capillarrohr beginnt es gegen 125° zu sintern und ist gegen 150° zu durchsichtigen Tröpfchen geschmolzen.

Tetrabenzoyl-phenylglucosazon, $(C_6H_5.CO)_4C_6H_6O_4(N_2H.C_6H_5)_2$.

1 g fein zerriebenes und sorgfältig getrocknetes reines Phenylglucosazon wurde mit einer Lösung von 3,15 g Benzoylchlorid (8 Mol.) und 6,3 g trockenem Chinolin in 15 ccm trockenem Chloroform bei gewöhnlicher Temperatur 48 Stunden geschüttelt, bis klare Lösung eingetreten war. Die rote Flüssigkeit blieb noch 24 Stunden bei Zimmertemperatur stehen. Dann wurde zur Entfernung des Chinolins zweimal mit 5 n-Salzsäure ausgeschüttelt, mit Wasser gewaschen, mit Chlorcalcium kurz getrocknet und mit 220 ccm Petroläther versetzt. Das Benzoylglucosazon fiel dabei als fester, gelber, amorpher Niederschlag. Zur Reinigung wurde in Äther gelöst, von einem geringen Rückstand abfiltriert, mit Petroläther wieder gefällt, dies noch einmal wiederholt und das Produkt bei 15—20 mm Druck über Phosphorpentoxyd erst bei Zimmertemperatur, dann 2 Stunden bei 78° getrocknet.

0,1505 g Sbst.: 0,3950 g CO_2, 0,0680 g H_2O. — 0,1698 g Sbst.: 11,0 ccm N (18°, 764 mm) (33 proz. KOH).

$C_{46}H_{38}O_8N_4$ (774,34).   Ber. C 71,29, H 4,95, N 7,24.
Gef. ,, 71,58, ,, 5,06, ,, 7,54.

I. 0,2724 g Sbst., Gesamtgewicht der Lösung in Acetylentetrachlorid 2,9546 g, $d_4^{20} = 1{,}550$, Drehung im $^1/_2$-dm-Rohr bei 20° für Auerlicht 0,83° nach links. Mithin $[\alpha]^{20} = -11{,}54°$.

II. 0,1268 g Sbst., (noch zweimal aus Äther mit Petroäther gefällt), 1,3578 g Gesamtgewicht, $d_4^{20} = 1{,}550$, Drehung wie oben 0,88° nach links. Mithin $[\alpha]^{20} = -12{,}16°$.

Die Substanz ist ein gelbes amorphes Pulver, leicht löslich in Aceton, Benzol, Chloroform und Äther, etwas schwerer in Alkohol, unlöslich in Wasser. Im Capillarrohr erhitzt, beginnt sie gegen 100° zu sintern, ist gegen 130° geschmolzen und beginnt gegen 140° sich unter Gasentwicklung zu zersetzen.

p-Jodphenylmaltosazon, $C_{12}H_{20}O_9 \cdot (N_2H \cdot C_6H_4J)_2$.

Zu einer Lösung von 6 g Maltoson[1]) in 15 ccm Wasser gibt man eine noch warme Lösung von 9 g p-Jodphenylhydrazin[2]) in 50 ccm Alkohol. Die Flüssigkeit färbt sich rasch gelb, und nach 3stündigem Aufbewahren im Brutraum beginnt beim Reiben die Krystallisation des Osazons in gelben Nädelchen. Man läßt noch 15 Stunden bei 35—40° stehen, saugt den Niederschlag ab, wäscht mit Alkohol nach und bringt ihn durch Aufkochen mit 80 ccm verdünnten Alkohol (von ca. 60%) und Zusatz von 600 ccm heißem absolutem Alkohol in Lösung. Beim Erkalten krystallisiert das Osazon in gelben Nädelchen. Es wurde noch einmal auf die gleiche Weise umkrystallisiert und unter vermindertem Druck erst im Exsiccator bei Zimmertemperatur, dann bei 78° bis zur Konstanz getrocknet. Ausbeute 4 g.

0,1731 g Sbst.: 0,2348 g CO_2, 0,0650 g H_2O. — 0,1464 g Sbst.: 0,0886 g AgJ. — 0,1499 g Sbst.: 9,3 ccm N (17°, 762 mm über 33 proz. KOH).

$C_{24}H_{30}O_9N_4J_2$ (772,12).   Ber. C 37,30, H 3,92, N 7,26, J 32,87.
Gef. ,, 36,99, ,, 4,20, ,, 7,24, ,, 32,71.

Bei ziemlich raschem Erhitzen im Capillarrohr schmilzt das Osazon nach geringem Sintern bei 208° (korr.) unter Zersetzung. Doch ist, wie bei allen Osazonen, der Schmelzpunkt sehr von der Art des Erhitzens abhängig. In Wasser und den gewöhnlichen organischen Lösungsmitteln ist es schwer löslich, ziemlich leicht in warmem 60proz. Alkohol, sehr leicht in Pyridin.

---

[1]) E. Fischer und E. F. Armstrong, Berichte d. d. chem. Gesellsch. **35**, 3141 [1902] und E. Fischer, Berichte d. d. chem. Gesellsch. **44**, 1903 [1911].
[2]) A. Neufeld, Liebigs Annal. d. Chem. **248**, 98 [1888].

Zur optischen Bestimmung diente eine etwa 5proz. Lösung in Pyridin, die hellgelb und für Natriumlicht gut durchlässig war. Die Drehung bleibt beim Aufbewahren der Lösung nicht konstant, sondern nimmt erst rasch, dann allmählich langsamer ab, und die Farbe der Lösung geht langsam in Hellrot über. Nach 3 Tagen schien die Drehung einen Endwert erreicht zu haben, doch war dann die Lösung für Natriumlicht undurchsichtig geworden und konnte nicht weiter beobachtet werden.

I. 0,1159 g Sbst., Gesamtgewicht der Lösung 2,3533 g, $d_4^{20} = 1,004$, Drehung im 1-dm-Rohr für Natriumlicht bei 20° 15 Minuten nach dem Auflösen 4,10° nach rechts, nach 24 Stunden 3,39° nach rechts, nach 48 Stunden 3,40° nach rechts. Mithin $[\alpha]_D^{20} = + 82,92°$ nach 15 Minuten, $= + 68,56°$ nach 24 Stunden, $= + 68,76°$ nach 48 Stunden.

II. 0,0916 g Sbst., Gesamtgewicht der Lösung 1,8535 g, $d_4^{20} = 1,004$, Drehung im 1-dm-Rohr für Natriumlicht bei 20° 8 Minuten nach dem Auflösen 4,14° nach rechts, nach 32 Stunden 3,30° nach rechts, nach 48 Stunden 3,28° nach rechts. Mithin $[\alpha]_D^{20} = + 83,44°$ nach 8 Minuten, $= + 66,51°$ nach 32 Stunden, $= + 66,11°$ nach 48 Stunden.

Hepta-(tribenzoyl-galloyl)-*p*-jodphenyl-maltosazon,
$$[C_{28}H_{17}O_7]_7 C_{12}H_{13}O_9(N_2H . C_6H_4J)_2 .$$

0,857 g *p*-Jodphenylmaltosazon (1 Mol.) wurden mit einer Lösung von 5 g Tribenzoyl-galloylchlorid (9 Mol.) und 2,6 g trockenem Chinolin (18 Mol.) in 10 ccm trockenem Chloroform bei Zimmertemperatur etwa 1 Stunde geschüttelt, bis das Osazon klar gelöst war, und die Lösung 3 Tage bei Zimmertemperatur aufbewahrt. Der weitere Verlauf der Synthese ließ sich optisch verfolgen. Nach 2 Stunden betrug für weißes Licht im $^1/_2$-dm-Rohr die Drehung +2,06°, nach 25 Stunden —0, 23°, nach 42 Stunden —0,42°, nach 65 Stunden —0,39°. Die Konstanz der Drehung war ein Zeichen für die Beendigung der Reaktion. Durch Eingießen in 120 ccm Alkohol wurde das Produkt isoliert, durch 5 maliges Fällen der Acetonlösung mit Alkohol gereinigt und bei 15 bis 20 mm Druck über Phosphorpentoxyd erst bei gewöhnlicher Temperatur, dann bei 78° getrocknet.

0,1715 g Sbst.: 0,4125 g CO_2, 0,0564 g H_2O. — 0,2300 g Sbst.: 0,0270 g J Ag. — 0,2300 g Sbst.: 2,8 ccm N (18°, 760 mm) (33 proz. KOH). — 0,1486 g Sbst. (dreimal umgefällt, von einer anderen Portion): 0,3586 g CO_2, 0,0491 g H_2O.

$C_{220}H_{142}O_{58}N_4J_2$ (4021).   Ber. C 65,66,   H 3,56,   N 1,39, J 6,31.
                Gef. ,, 65,60, 65,81, ,, 3,68, 3,70, ,, 1,41, ,, 6,35.

I. 0,2268 g Sbst. (fünfmal umgefällt), 2,4320 g Gesamtgewicht der Lösung in Acetylentetrachlorid, $d_4^{20} = 1,569$, Drehung im 1-dm-Rohr bei 20° für Auerlicht, das durch eine Bichromatlösung filtriert war, 1,25° nach links. Mithin $[\alpha]^{20} = -8,54°$.

II. 0,3045 g Sbst. (dreimal umgefällt), Gesamtgewicht der Lösung 3,2724 g, $d_4^{20} = 1,569$, Drehung wie oben, 1,23° nach links. Mithin $[\alpha]^{20} = -8,43°$.

III. 0,2274 g Sbst. (von einer anderen Portion, dreimal umgefällt), 2,4573 g Gesamtgewicht, $d_4^{20} = 1,569$, Drehung wie oben 1,27° nach links. Mithin $[\alpha]^{20} = -8,75°$.

Die Substanz ist ein amorphes hellgelbes Pulver, sehr schwer löslich in Alkohol und Ligroin, leicht in Aceton, Chloroform und Benzol. Im Capillarrohr beginnt sie gegen 145° zu sintern und ist gegen 160° zu einer roten Flüssigkeit geschmolzen.

Kryoskopie der hochmolekularen Stoffe.

Das Bromoform ist als kryoskopisches Lösungsmittel von G. Ampolla und C. Mannelli[1]) eingeführt worden. Für normal wirkende Substanzen leiten sie als Konstante der molekularen Erniedrigung den mittleren Wert 144 ab. Wie haben das Bromoform der Firma Kahlbaum nach sorgfältiger Reinigung benutzt und aus fünf Bestimmungen mit Naphthalin den Mittelwert 143 gefunden, der für die nachstehenden Berechnungen benutzt wurde.

Da die meisten unserer Substanzen amorph waren und solche bekanntlich häufig Lösungsmittel hartnäckig zurückhalten, so wurde auf die Trocknung der Präparate besondere Sorgfalt verwandt. Denn selbst ein sehr geringer Gehalt an Lösungsmittel, z. B. Alkohol oder Aceton, würde gerade hier einen verhältnismäßig sehr großen Fehler hervorrufen. Es wurde deshalb stets unter einem Druck von 15—20 mm über Phosphorpentoxyd bei 78° bis zur Gewichtskonstanz getrocknet. Durch besondere Versuche überzeugten wir uns noch bei allen Substanzen, daß auch bei 100° und 15 mm keine Gewichtsabnahme eintrat. Bei der höchstmolekularen, dem Hepta-(tribenzoylgalloyl)-p-jodphenylmaltosazon wurde die Temperatur sogar auf 130° bei 15 mm gesteigert, wobei es im Laufe von 2 Stunden zu einem braunen Harz zusammensinterte, ohne aber an Gewicht zu verlieren. Eine vollkommene Garantie für die Austreibung des Lösungsmittels ist natürlich auch durch diese Beobachtungen nicht gegeben, und wir halten es für möglich, daß der stets zu klein gefundene Wert für das Molekulargewicht durch einen sehr kleinen Rest des Lösungsmittels bedingt ist. Wir glauben aber nicht, daß der Fehler groß genug sein könnte, um unsere Beobachtungen wertlos zu machen. Vielmehr

---

[1]) Gaz. chim. **25**, II, 91 [1895].

scheinen uns die Resultate dafür zu sprechen, daß die Raoultschen Gesetze einen größeren Geltungsbereich haben, als man bisher anzunehmen geneigt war. Um so mehr aber halten wir es für wünschenswert, daß sie durch andere Methoden der Molekulargewichtsbestimmung kontrolliert werden.

Anhydrid der Tribenzoyl-gallussäure (krystallisiert).

Gewicht des Lösungsmittels: 48,78 g.

Angewandte Substanz	0,4135	0,7888	1,2728
Depression	0,131	0,242	0,380
Molekulargewicht	925,4	955,6	982,0

Mittelwert 954.   Ber. 946.

Tetra-(tribenzoyl-galloyl)-tribromphenol-glucosid.

Gewicht des Lösungsmittels: 49,51 g.

Angewandte Substanz	0,2567	0,5731	0,8570
Depression	0,038	0,079	0,120
Molekulargewicht	1951	2095	2063

Mittelwert: 2036.   Ber. 2349.

Hexa-(tribenzoyl-galloyl)-mannit.

Gewicht des Lösungsmittels: 47,79 g.

Angewandte Substanz	0,4596	0,8656	1,2004
Depression	0,049	0,092	0,132
Molekulargewicht	2806	2815	2721

Mittelwert: 2781.   Ber. 2967.

Hepta-(tribenzoyl-galloyl)-p-jodphenyl-maltosazon.

Gewicht des Lösungsmittels: 47,72 g.

Angewandte Substanz	0,6236	1,3894	2,1800
Depression	0,050	0,127	0,187
Molekulargewicht	3737	3278	3493

Mittelwert: 3503.   Ber. 4021.

Schließlich ist es uns eine angenehme Pflicht, Herrn Dr. Burkhard Helferich, der die hochmolekularen Stoffe bearbeitet hat, für seine vortreffliche Hilfe besten Dank zu sagen.

23. Emil Fischer und Karl Freudenberg: Über das Tannin und die Synthese ähnlicher Stoffe. IV.

Berichte der deutschen chemischen Gesellschaft **47**, 2485 [1914].

(Eingegangen am 21. Juli 1914.)

Schon in der ersten Mitteilung[1]) haben wir die Frage aufgeworfen, ob die Verschiedenheit unserer Resultate von denjenigen Streckers und Pottevins in bezug auf die Menge des im Tannin enthaltenen Zuckers durch die Verschiedenheit des Materials bedingt sei. Es war uns damals aber nicht möglich, Auskunft darüber zu bekommen, ob das von uns benutzte Handelstannin aus chinesischen Zackengallen oder aus vorderasiatischen (türkischen) Gallen oder aus dem Gemisch von beiden hergestellt sei. Später[2]) konnten wir den Nachweis liefern, daß unsere Angaben vollständig auf ein ausschließlich aus chinesischen Zackengallen hergestelltes Präparat passen. Inzwischen hatte K. Feist[3]) in einer kurzen Notiz darauf aufmerksam gemacht, daß er aus türkischem Tannin ein krystallisiertes Glucosid der Gallussäure, die sog. Glucogallussäure, isoliert und bereits im Jahre 1908 kurz beschrieben habe[4]). Bald nachher[5]) publizierte er eine ausführliche Abhandlung über die Glucogallussäure, die in chinesischen Gallen nicht gefunden wurde. Er machte ferner auf den Unterschied des sog. türkischen und chinesischen Tannins aufmerksam, der sich sowohl in dem Drehungsvermögen wie auch in den Eigenschaften der durch Diazomethan entstehenden Methylderivate kundgab. Feist hat mit dieser Betonung der Verschiedenheit von türkischem und chinesischem Tannin jedenfalls recht. Wir erkennen das um so lieber an, als wir seinen sonstigen Beobachtungen und Schlüssen bezüglich der Konstitution des Tannins keine Bedeutung beimessen können. Neuerdings ist eine lange Abhandlung von Feist und Haun: „Vergleichende Untersuchungen über die Konstitution des Tannins aus türkischen und chinesischen Gall-

---

[1]) Berichte d. d. chem. Gesellsch. **45**, 916 [1912]. (*S. 265.*)
[2]) Ebenda S. 2714 [1912]. (*S. 292.*)
[3]) Ebenda S. 1493 [1912].
[4]) Chem. Centralblatt **1908**, II, 1352; Chemiker-Zeitung **32**, 918 [1908].
[5]) Archiv d. Pharmacie **250**, 668 [1912].

äpfeln"[1]) erschienen, deren experimentellen Inhalt wir im nachfolgenden besprechen werden. Schon vor ihrem Erscheinen waren wir mit der Untersuchung des türkischen Tannins beschäftigt, wie eine kurze Bemerkung vom Oktober 1913[2]) über sein Drehungsvermögen und die Menge des daraus abspaltbaren Zuckers beweist. Wir haben das Material für diese Versuche selbst aus dunklen Aleppogallen bereitet, die von der Firma Caesar & Loretz in Halle a. S. bezogen waren. Über ihre Echtheit und ihre unzweifelhafte Abstammung von Quercus infectoria verdanken wir Herrn Prof. Dr. Gilg vom hiesigen Botanischen Museum ein fachmännisches Urteil[3]).

Alle älteren Betrachtungen von Feist über das Tannin beruhen auf der Entdeckung der Glucogallussäure. Diese sollte ursprünglich, wie ja auch ihr Name sagt, ein Glucosid der Gallussäure sein, das aber beim Trocknen in Anhydrid übergehen sollte, denn die beiden, übrigens stark voneinander abweichenden Elementaranalysen näherten sich der Formel $C_{13}H_{14}O_9$. Als etwas später[4]) eine richtige Glucosidogallussäure synthetisch dargestellt war und ganz andere Eigenschaften zeigte, änderte Feist die Formel in $C_{13}H_{16}O_{10}$ und erklärte die Substanz für Monogalloylglucose, für die sogar eine ausführliche Strukturformel aufgestellt wurde. Die jetzt von Feist und Haun angeführten Elementaranalysen:

$$C_{13}H_{16}O_{10}. \quad \text{Ber. C } 46,99, \qquad \text{H } 4,85.$$
$$\text{Gef. ,, } 46,5,\ 47,4, \qquad \text{,, } 3,9,\ 4,2,$$

zeigen im Wasserstoff so starke Abweichung von der Berechnung, daß man keinen großen Wert darauf legen kann. Aber auch die Eigenschaften stimmen schlecht zu einer Galloylglucose, denn sie ist eine ausgesprochene Säure, die sich mit Alkali als einbasische Säure titrieren läßt, was bisher bei keinem esterartigen Derivat der Phenolcarbonsäuren beobachtet wurde.

Wir haben uns übrigens durch einen besonderen Versuch nochmals überzeugt, daß Gallussäureäthylester bei der Titration mit Alkali sich wie Pyrogallol selbst verhält; die Lösung von 1 g Ester in 5 ccm Wasser von 40—50°, die sauer reagierte, wurde mit 1 ccm $^n/_{10}$-Natronlauge versetzt und war jetzt deutlich alkalisch.

Noch unverständlicher sind die Angaben von Feist und Haun über die Zusammensetzung der mit Diazomethan dargestellten me-

---

[1]) Archiv d. Pharmacie **251**, 468 [1913].

[2]) E. Fischer, Berichte d. d. chem. Gesellsch. **46**, 3281 [1913]. (*S. 31.*)

[3]) Die frühere Annahme der Botaniker, daß die türkischen Aleppogallen von Quercus lusitanica abstammen, was auch Herr Feist noch angibt, ist nach dem Urteil des Herrn Prof. Gilg nicht mehr haltbar.

[4]) E. Fischer und H. Strauß, Berichte d. d. chem. Gesellsch. **45**, 3773 [1912]. (*S. 421.*)

thylierten Glucogallussäure, von der sie auf Grund ihrer Molekulargewichts- und Methoxylbestimmungen annehmen, daß nicht allein die Phenolhydroxyle, sondern auch die 4 Hydroxyle des Zuckerrestes methyliert seien[1]). Das widerspricht allen bisherigen Erfahrungen[2]) über die Methylierung von Glucosiden mit Diazomethan.

Um alle diese Zweifel an der Feistschen Glucogallussäure prüfen zu können, haben wir ihre Darstellung aus türkischem Tannin versucht, aber ohne Erfolg. Das Produkt, das wir erhielten, war ein Gemisch von Gallussäure und Tannin. Die Eigenschaften der ersten sind allerdings durch das Tannin etwas verdeckt, aber es gelingt durch Krystallisation aus Wasser, sie völlig zu reinigen. Es ist natürlich immer sehr gewagt, auf Grund eines negativen Befundes ein positives Resultat zu bestreiten, und in diesem besonderen Falle sind die Angaben von Feist über die Hydrolyse der Glucogallussäure, bei der ungefähr gleiche Mengen Glucose und Gallussäure entstehen sollen, so bestimmt, daß wir früher auch an die Existenz der Verbindung geglaubt haben. Aber angesichts unseres Mißerfolges in der Isolierung der Glucogallussäure müssen wir jetzt den oben angeführten Zweifeln bezüglich der Zusammensetzung und der Natur des Feistschen Produktes großes Gewicht beilegen.

. Das in den türkischen Galläpfeln enthaltene Tannin haben wir ebenso wie früher das aus chinesischen Gallen gewonnene Präparat nach der Essigäthermethode gereinigt und der Hydrolyse mit Schwefelsäure unterworfen und dabei wesentlich mehr Glucose und weniger Gallussäure gefunden. Das steht im allgemeinen in Einklang mit den Resultaten von Feist, wenn auch unsere Zahlen von den seinigen abweichen. Was aber Herr Feist nicht erwähnt hat, ist die Anwesenheit von Ellagsäure. Sie befindet sich im türkischen Tannin zum Teil vielleicht im freien Zustand, zum anderen Teil aber als wasserlösliche Verbindung, vielleicht als Glucosid. Dadurch werden ältere Beobachtungen von Chevreul[3]), Braconnot[4]), Strecker[5]), van Tieghem[6])

---

[1]) Archiv d. Pharmacie **251**, 508 [1913]; vgl. ebenda S. 490ff.

[2]) Vgl. Herzig und Schönbach, Monatsh. **33**, 673 [1912]. Wir haben uns ferner noch durch einen eigenen Versuch überzeugt, daß α - Methylglucosid, in Methylalkohol gelöst und mit einem erheblichen Überschuß von Diazomethon versetzt, nach dreistündigem Stehen bei Zimmertemperatur unverändert war. Nachdem die Lösung unter vermindertem Druck verdampft war, blieb ein völlig krystallinischer Rückstand, aus dem durch einmaliges Umkrystallisieren aus Alkohol reines α-Methylglucosid in ausgezeichneter Ausbeute gewonnen wurde.

[3]) Annal. d. chim. et d. phys. **9**, 329 [1818].

[4]) Ebenda S. 181 [1818].

[5]) Liebigs Annal. d. Chem. **90**, 328 [1854].

[6]) Ann. d. scienc. nat. [5] Botanique **8**, 212 [1867].

und anderen bestätigt, die, wie auch Feist schon betont hat, nur türkisches Tannin unter Händen hatten. Neu ist bei unserem Versuche die Beobachtung, daß das Ellagsäurederivat auch in dem nach der Essigäthermethode gereinigten Präparat enthalten ist und eine Verunreinigung darstellt, die keineswegs vernachlässigt werden darf. Dagegen haben wir in dem chinesischen Tannin keine Ellagsäure gefunden. Daraus geht hervor, daß die Ellagsäure bei der Hydrolyse des türkischen Tannins nicht, wie Strecker anzunehmen scheint, durch einen Oxydationsprozeß aus Gallussäure entsteht, sondern als wasserlösliches Derivat schon zuvor vorhanden ist, und daß chinesisches Tannin einheitlicher ist als das türkische, was auch mit anderen Beobachtungen bei den Methyloderivaten übereinstimmt. Da in dem türkischen Tannin die Menge der Glucose im Verhältnis zur Gallussäure mehr als $1\frac{1}{2}$ fach so groß von uns gefunden wurde als im chinesischen Präparat, so kam uns der Gedanke, daß es vielleicht als wesentlichen Bestandteil eine Pentagalloylglucose enthalte, und wir haben deshalb einen sorgfältigen Vergleich mit unserem synthetischen Präparat angestellt. Hierfür schien uns zunächst die Bereitung einer isomeren Pentagalloylglucose aus β-Glucose als Ausgangsmaterial nötig. Zu dem Zweck wurde reine β-Glucose mit dem Chlorid der Tricarbomethoxygallussäure gekuppelt. Das Präparat ist dem früher beschriebenen Produkt aus α-Glucose sehr ähnlich, unterscheidet sich aber deutlich durch die viel geringere Rechtsdrehung. Dieser Unterschied verschwand indessen fast völlig bei der Abspaltung der Carbomethoxygruppen durch kaltes Alkali; mit anderen Worten: die auf diesem neuen Wege erhaltene Galloylglucose war auch in optischer Beziehung der früheren Pentagalloylglucose so ähnlich, daß man sie im wesentlichen für identisch halten muß. Dies Resultat könnte durch eine isomerisierende Wirkung des Alkalis herbeigeführt werden. Wir müssen aber noch auf eine andere Deutung hinweisen, die durch die bisher vorliegenden Beobachtungen jedenfalls nicht ganz ausgeschlossen ist. Neben der Abspaltung der Carbomethoxygruppen könnte durch die Wirkung des Alkalis auch eine teilweise Abspaltung von Galloylgruppen erfolgen. In den vollständig acylierten Zuckern ist nun das eine endständige Säureradikal am lockersten gebunden, denn es wird durch Halogenwasserstoff bei weitem am leichtesten abgespalten, wie die glatte Bildung der Acetohalogenglucosen aus Pentaacetylgucose beweist. Wenn diese Galloylgruppe nun auch durch die Wirkung des Alkalis losgelöst würde, so wäre der Unterschied von α- und β-Glucosederivat beseitigt und die beiden isomeren Penta-tricarbomethoxy-galloylderivate müßten dann dasselbe Verseifungsprodukt, d. h. Tetragalloylglucose, liefern. Wir haben schon früher die Frage erörtert, als es sich nur um das Derivat der α-Glucose handelte, ob der künstliche Gerbstoff im wesentlichen Penta- oder Tetragalloylglucose sei. Die Analyse kann darüber nicht entscheiden, wir haben aber aus der Analogie mit anderen synthetischen Produkten, z. B. dem Glucosederivat der p-Oxybenzoesäure, den Schluß gezogen, daß auch das Gallussäurederivat wahrscheinlich Pentagalloylglucose sei. Wir geben auch heute noch dieser Auffassung den Vorzug, glaubten aber mit Rücksicht auf die zuvor angeführte Beobachtung die Frage nochmals aufrollen zu müssen.

Wir haben dann die Versuche ausgedehnt auf die völlig methylierten Derivate und zunächst synthetisch aus α- bzw. β-Glucose durch Kupplung mit Trimethyl-galloylchlorid beide Penta-[trimethyl-galloyl]-glucosen bereitet. Nach dem Ursprung können sie als α- und β-Verbindung unterschieden werden. Letztere konnte trotz ihres hohen Molekulargewichts (1150) krystallisiert gewonnen werden und ist aller Wahrscheinlichkeit nach ein einheitlicher Stoff. Sie ist der erste synthetische Körper der Tanningruppe, der krystallisiert. Man darf aber wohl hoffen, daß er nicht lange der einzige bleiben wird, und daß mit der Gewinnung krystallisierter Präparate auch in dieser Gruppe die experimentellen Vergleichsmethoden und theoretischen Schlüsse eine ähnliche Sicherheit gewinnen werden wie in den einfacheren Kapiteln der organischen Chemie. Die α-Verbindung, welche sich von dem krystallisierten Isomeren durch die viel höhere Drehung in Acetylentetrachlorid unterscheidet, ist bisher amorph geblieben, und wir müssen hier ebenso wie früher in ähnlichen Fällen bemerken, daß sie wahrscheinlich noch ein Gemisch von viel α-Verbindung mit wenig β-Verbindung ist.

Ferner wurde das türkische Tannin mit Diazomethan behandelt, was schon Feist und Haun getan haben. Daß dabei ein einheitliches Präparat entstehe, war nach dem Vorhergesagten und auch nach den Beobachtungen jener Herren nicht zu erwarten. Die Hydrolyse des Produktes durch Alkali schien uns aber bis zum gewissen Grade für die Prüfung der Frage geeignet zu sein, ob die Gallussäure teilweise in der Form von Digalloyl vorhanden sei. Setzt man nämlich mit Herzig die völlige Methylierung aller Phenolgruppen durch das Diazomethan voraus, so würde bei der Hydrolyse des Methylkörpers nur Trimethylgallussäure entstehen können, wenn es sich ausschließlich um ursprüngliche Galloylgruppen handelt. Sind dagegen Digalloylgruppen vorhanden, oder ist ein anderes Derivat der Gallussäure zugegen, in welchem ein Phenolhydroxyl festgelegt ist, so muß man, wie auch Herzig schon verschiedentlich erwähnt hat, bei der Hydrolyse die Entstehung von Dimethylgallussäure erwarten. In Wirklichkeit erhielten wir nun bei der Hydrolyse neben Trimethylgallussäure auch m,p-Dimethylgallussäure, aber ihre Menge war im Vergleich zu der ersteren sehr viel geringer, als sie Herzig und Renner bei ihrem Methylotannin aus Handelstannin von Merck (offenbar zum größeren Teil aus chinesischen Gallen herstammend) gefunden haben.

Das Resultat unserer Versuche ist also im wesentlichen folgendes:

1. Türkisches Tannin, nach der Reinigung durch die Essigäthermethode, ist weniger einheitlich als das gleiche Tannin aus chinesischen Gallen, denn es enthält Ellagsäure in Form einer in Wasser leicht löslichen Verbindung.

2. Das türkische Tannin enthält den größten Teil der Gallussäure gebunden an Zucker als Galloylgruppe, nur ein kleiner Teil erscheint nach der Methylierung und Spaltung mit Alkali als m, p-Dimethylgallussäure. Dadurch wird die Anwesenheit von m-Digalloylgruppen wahrscheinlch.

3. Das Mengenverhältnis von Gallussäure zum Zucker ist erheblich geringer als im chinesischen Tannin. Nach einer rohen Schätzung treffen auf 1 Mol. Glucose etwa 5—6 Mol. Gallussäure.

4. Für die Existenz der Glucogallussäure und die Anwesenheit von Di- und Trigalloylglucose, welche Feist geneigt ist, ebenfalls als Bestandteil des türkischen Tannins anzunehmen, haben wir keine Anhaltspunkte gefunden; wohl aber ist in türkischen Gallen (Aleppogallen) freie Gallussäure vorhanden.

5. Das Methylierungsprodukt des türkischen Tannins ist ebenso wie dieses ein schwer definierbares Gemisch. Der Vergleich mit den synthetischen, aus α- und β-Glucose bereiteten Penta-[trimethylgalloyl]-glucosen hat deshalb zu keinem Resultat geführt. Von dem krystallinischen Produkt, das Feist und Haun bei der Methylierung des türkischen Tannins erhielten, haben wir bei sorgfältiger Ausführung der Operation nichts beobachtet.

6. Von den beiden synthetischen Penta-[trimethylgalloyl]-glucosen ist die β-Verbindung krystallisiert erhalten worden.

Untersuchung von Aleppogallen.

Wir haben zunächst das gleiche Verfahren angewandt, welches Feist und Haun zur Isolierung der Glucogallussäure empfehlen: Extraktion zuerst mit Chloroform bzw. Benzol, um Fett u. dgl. zu entfernen, und dann Extraktion mit Äther. Wir fanden aber, daß das Resultat das gleiche bleibt, wenn man von vormherein mit Äther extrahiert und den Ätherrückstand hinterher mit Chloroform behandelt. Dies Verfahren wollen wir zuerst beschreiben.

350 g gemahlene (Körner ungefähr von $\frac{1}{4}$ mm Durchmesser) und im Vakuumexsiccator über Phosphorpentoxyd bei 1 mm Druck mehrere

Tage bei 20° getrocknete[1]) Aleppogallen von Quercus infectoria, bezogen von Caesar und Loretz in Halle a. S., wurden im Soxhlet-apparat mit reinem, über Natrium getrocknetem Äther 48 Stunden unter Ausschluß der Luftfeuchtigkeit extrahiert und der Äther schließlich verjagt. Beim sorgfältigen Verreiben des Rückstandes mit Chloroform, das Fett und Farbstoff aufnimmt, blieben 9 g eines hellen Pulvers zurück. Diese Masse haben wir in verschiedenen Portionen nach Feists Angaben in Aceton gelöst und unter einer Glocke neben Chloroform aufbewahrt. Dabei trat, genau wie Feist es angibt, erst Abscheidung einer zähen Masse ein, und die abgegossene Mutterlauge gab dann eine Krystallisation. Die amorphe Masse wurde wieder in der gleichen Weise behandelt und durch systematische Wiederholung dieser Operation eine Trennung bewerkstelligt, wobei schließlich aus 3 g Rohmaterial 1,35 g krystallinische Substanz und 1,4 g amorphe Masse erhalten wurden. Die krystallinische Masse war zum größteren Teil Gallussäure. Für die völlige Reinigung der Gallussäure auf einfachem Wege kennen wir kein anderes Mittel als Krystallisation aus Wasser. Feist vermeidet zwar Wasser sorgfältig. Wir vermögen aber nicht einzusehen, wie ein Körper von der Natur der Glucogallussäure, für dessen Hydrolyse vielstündiges Kochen mit Schwefelsäure nötig ist, durch rasches Umkrystallisieren aus Wasser geschädigt werden könnte. Wir haben deshalb zur Reinigung der Gallussäure zunächst aus warmem Wasser umkrystallisiert, wobei 70% des krystallinischen Körpers zurückgewonnen wurden. Dieses schon ziemlich reine Präparat wurde nochmals aus wenig Wasser unter Zusatz von etwas Tierkohle umgelöst und war dann reine Gallussäure. Sie enthielt 9,86% Krystallwasser (ber. 9,58), verhielt sich beim Erhitzen im Capillarrohr genau so wie Gallussäure, gab die Reaktion mit Cyankalium usw. Die von der Gallussäure getrennte amorphe Substanz, aus der nichts Krystallisiertes mehr gewonnen werden konnte, zeigte die Reaktionen des Tannins, z. B. starke Fällung von Leimlösung, Ausfällung durch Säuren aus ihrer wässerigen Lösung, Bildung einer Gallerte mit Arsensäure in alkoholischer Lösung.

Die Isolierung eines Produkts von den Eigenschaften der Glucogallussäure ist uns also nicht gelungen. Da Feist und Haun die Gallen wochenlang mit Äther extrahierten, so haben auch wir der ersten 48stündigen Extraktion eine neue 70stündige folgen lassen. Der beim Verdampfen des Äthers hinterbleibende Rückstand betrug hier 15 g, aus dem wir keine krystallinische Substanz mehr isolieren konnten. Das Produkt zeigte alle Reaktionen des Tannins. Um in diesem Präparat auf Glucogallussäure zu prüfen, haben wir es einer

---

[1]) Unter diesen Bedingungen verloren die Gallen etwas mehr Wasser (10,7%) als im Dampfschrank bei gewöhnlichem Druck (9,7%).

16stündigen Hydrolyse durch die 10fache Menge n-Schwefelsäure unterworfen und dabei nur 5—6% Zucker erhalten. Damit ist erwiesen, daß irgendwelche erheblichen Mengen von Glucogallussäure, die ja ungefähr zur Hälfte aus Traubenzucker bestehen soll, nicht zugegen sein konnten. Die Menge des Zuckers war auch geringer, als sie bei dem Tannin aus türkischen Gallen gefunden wurde, weil die Dauer der Hydrolyse für die Zersetzung des Tannins nicht ausreicht.

Wir haben dann dieselben Gallen noch weiter in der gleichen Art mit Äther extrahiert und festgestellt, daß jedesmal in 24 Stunden 4—5 g einer Masse extrahiert wurden, aus der nichts Krystallinisches isoliert werden konnte und die alle Reaktionen des Tannins gab.

Beim zweiten Versuch wurden 275 g derselben Aleppogallen, die vorher ebenso getrocknet waren, mit Chloroform im Soxhletapparat mehrere Stunden extrahiert, wobei außer Fett und Farbstoff nur Spuren von Gallussäure in Lösung gingen. Dann wurde das Chloroform durch Äther verdrängt und nun 4 Stunden mit frischem Äther weiter im Soxhlet extrahiert. Beim Verdampfen der gesamten ätherhaltigen Lösung inklusive der Menge, die zur Verdrängung des Chloroforms nötig war, blieben 5 g zurück, die zum größeren Teil aus Gallussäure bestanden und nur wenig Tannin enthielten. Die Extraktion mit Äther wurde dann 120 Stunden fortgesetzt und in diesem Präparat der Zuckergehalt durch 16stündige Hydrolyse festgestellt. Er war noch geringer als bei dem zuvor erwähnten Versuch.

Die obigen 5 g wurden mit 40 ccm kaltem Wasser geschüttelt und der ungelöste Rückstand (1,7 g), der augenscheinlich ziemlich reine Gallussäure war, mit 17 ccm n-Schwefelsäure 16 Stunden auf 100° erhitzt. Durch bloße Krystallisation wurden 90% an wasserfreier Gallussäure zurückgewonnen. Die auf die übliche Weise ausgeführte Prüfung auf Zucker gab ein völlig negatives Resultat. Auch das Filtrat von den 1,7 g (40 ccm) wurde in gleicher Weise hydrolysiert und gab auf die in Lösung gegangenen 3,3 g weniger als 3% Zucker.

Bei einem dritten Extraktionsversuch, der ganz genau nach Feist und Haun ausgeführt war, wurde aus 350 g Gallen ebenfalls als krystallisiertes Produkt nur Gallussäure (3,2 g roh und 1,7 g rein) erhalten.

(Gef. Krystallwasser 9,67, 9,60. Ber. 9,58. Gef. C 49,44, H 3,61. Ber. f. $C_7H_6O_5$. C 49,40, H 3,56.)

Tannin aus Aleppogallen.

Zur Darstellung haben wir ausschließlich die mehrere Tage in der zuvor beschriebenen Weise mit Äther extrahierten Gallen benutzt. Man könnte das Tannin auch mit Wasser auslaugen und aus der eingeengten Lösung direkt mit Essigäther extrahieren. Um aber dem Einwand zu begegnen, daß hierbei Komplikationen durch fermentative Prozesse eintreten könnten, haben wir nach dem Vorgang von Feist zuerst je 50 g im Soxhletapparat mit Aceton extrahiert. Nach der ersten und nach der zweiten Stunde wurde frisches Aceton in den Extraktionsapparat eingefüllt, um allzulanges Erhitzen des Extrakts zu vermeiden. In den folgenden 4 Stunden ging nur wenig mehr in Lösung. Das Gewicht der extrahierten Gallen betrug nur noch 16,5 g. Die sehr dunkle Acetonlösung wurde unter geringem Druck zum Sirup eingeengt, der Rückstand mit 50 ccm Wasser versetzt, dann weiter eingeengt, bis alles Aceton verjagt war, nun mit 1,5 g Natriumbicarbonat versetzt, das sich beim Schütteln löste, und dann 5 mal mit je 100 ccm Essigäther ausgeschüttelt. Dabei wird die braune, trübe, wässerige Lösung wieder dünnflüssig, reagiert zum Schluß alkalisch und enthält meist einen schön gelben Niederschlag von ellagsaurem Natrium. Durch Übersättigen mit Salzsäure wurde es samt dem in Lösung gebliebenen Teil zersetzt und gab 0,33 g Ellagsäure. Ob diese im freien Zustand im Tannin enthalten ist, läßt sich nicht sicher sagen, da sie ja auch durch die verschiedenen Manipulationen aus einer Verbindung entstehen könnte. Daß eine solche noch im türkischen Tannin enthalten ist, wird später dargelegt werden. Die vereinigten hellgelben Essigätherauszüge werden filtriert, 2 mal mit je 5 ccm Wasser gewaschen und unter geringem Druck zum Sirup eingeengt. Diesen löst man in Wasser, engt wieder ein, bis aller Essigäther verjagt ist, verdünnt dann mit Wasser auf 600 ccm, klärt mit wenig Tierkohle bei Zimmertemperatur und verdampft das Filtrat unter geringem Druck und zuletzt im Vakuumexsiccator über Phosphorpentoxyd. Wir erhielten so 22—23 g einer amorphen, leicht zerreiblichen, honiggelben Masse. Man sieht daraus, daß die Essigäthermethode auch in bezug auf Ausbeute befriedigende Resultate liefert. Wir haben auch bei unseren früheren Versuchen der Reinigung von Handelstannin oder von Tannin, das ausschließlich aus chinesischen Zackengallen hergestellt war, eine Ausbeute von 60% angegeben[1]) und heben das hier besonders hervor, weil Feist und Haun uns ganz ungerechtfertigterweise den Vorwurf gemacht haben, daß wir zu unseren Analysen „nur einen ganz kleinen Teil des als Ausgangsmaterial dienenden Handelstannins benutzt, das übrige aber vernachlässigt hätten".

Dieses Präparat wurde direkt für die Analyse verwendet, nachdem es bei 15—20 mm und 130° über Phosphorpentoxyd getrocknet war.

0,1767 g Sbst.: 0,3400 g CO_2, 0,0556 g H_2O.

Gef. C 52,48, H 3,52.

[1]) Berichte d. d. chem. Gesellsch. **45**, 920 [1912]. (*S. 269.*)

Eine zweite Probe von Tannin, die auf dieselbe Weise aus von E. Merck bezogenen türkischen Gallen (Gallae halepenses Ph. G. V. pulvis subtilis), deren Abkunft wir aber botanisch nicht kontrollieren lassen konnten, gewonnen war, gab fast die gleichen Zahlen: Gef. C 52,56, H 3,57. Das stimmt recht gut überein mit den Analysen von A. Strecker[1]), der im Mittel C 52,3 und H 3,7 gefunden hat. Natürlich sagen diese Zahlen bei einem amorphen Körper wie dem Tannin nicht viel, aber sie zeigen doch eine Abweichung von den Analysen des chinesischen Tannins sowohl im Kohlenstoff wie im Wasserstoff, die einige Beachtung verdient. Wir wollen bei dieser Gelegenheit nochmals betonen, daß es durchaus nötig ist, Tannin, das hartnäckig organische Lösungsmittel zurückhält, vor der Analyse in Wasser zu lösen und dann wieder einzudunsten bzw. zu trocknen. Diese Maßregel ist schon von Strecker angewandt, später von Löwe[2]), Biginelli[3]) und neuerdings von Iljin[4]) wieder benutzt, aber doch von manchen Autoren, die sich mit der Elementaranalyse des Tannins beschäftigten, vernachlässigt worden.

Sehr groß sind die Unterschiede zwischen türkischem und chinesischem Tannin in optischer Beziehung, wenn man wässerige Lösung benutzt. Für obiges Präparat fanden wir in 7,5proz. Lösung $[\alpha]_D^{17} = + 2{,}5°$, und in 1proz. Lösung war das Drehungsvermögen ungefähr dasselbe.

Ein anderes, aus denselben Aleppogallen dargestelltes Präparat gab sowohl in 7- wie in 1proz. Lösung $[\alpha]_D^{20}$ ungefähr $+ 5°$. Bei einem Präparat, welches aus den von Merck bezogenen Aleppogallen dargestellt war, betrug das Drehungsvermögen in ungefähr 3proz. Lösung $[\alpha]_D^{20} = + 4{,}4°$. Die früher flüchtig erwähnte schwache Linksdrehung[5]) von türkischem Tannin ist später niemals mehr beobachtet worden. Für chinesisches Tannin (nach der Essigäthermethode gereinigt) haben wir früher in 1proz. wässeriger Lösung $[\alpha]_D$ bis zu $+ 73°$ (± 2) gefunden[6]).

Der bekannte Einfluß des Lösungsmittels auf das Drehungsvermögen zeigt sich auch beim türkischen Tannin. So fanden wir für das oben an erster Stelle genannte Präparat aus Aleppogallen in 12proz. Acetonlösung $[\alpha]_D^{14} = + 23{,}2°$ und bei zwei anderen Präparaten in 9- und 10proz. Lösung $+ 24{,}2°$.

---

[1]) Liebigs Annal. d. Chem. **90**, 328 [1854].
[2]) Fresenius Zeitschr. f. analyt. Chem. **11**, 365 [1872].
[3]) Rend. Soc. chim. Ital. **1911**.
[4]) Berichte d. d. chem. Gesellsch. **47**, 985 [1914].
[5]) Ebenda **46**, 3281 [1913]. (*S. 31.*)
[6]) Ebenda **45**, 2714 [1912]. (*S. 292.*)

Feist[1]) hat bei der geringeren Konzentration von 5% in Aceton einen etwas größeren Wert (+ 28,6) gefunden. Für die wässerige Lösung gibt er zuerst den auffallend hohen Wert + 31,8°, aber in einer späteren Mitteilung[2]) + $6^2/_3$° an.

Offenbar kann man auf alle diese Zahlen keinen großen Wert legen, da nicht allein das türkische Tannin selbst ein Gemisch ist, sondern auch seine Lösungen nicht homogen sind, wie dies neuerdings von Navassart[3]) in einer ausführlichen Studie über das gewöhnliche Handelstannin gezeigt wurde.

Hydrolyse des türkischen Tannins.

Sie wurde genau nach der in der ersten Abhandlung beschriebenen Methode ausgeführt. Zum Vergleich haben wir nochmals ein Tannin, welches ausschließlich aus chinesischen Zackengallen bereitet und nach der Essigäthermethode gereinigt war, derselben Operation unterworfen. Die Resultate sind in der kleinen Tabelle zusammengestellt.

| Benutztes Material | Dauer des Erhitzens mit der 10fachen Menge n-Schwefelsäure Stunden | Gallussäure, wasserfrei % | Ellagsäure % | Gerbstoffrest % | Glucose in Prozenten | | | | Summe |
					Polarimetrisch	Titrimetrisch	Gravimetrisch	Durchschnitt	
Tannin aus Aleppogallen von Caesar und Loretz nach der Essigäthermethode gereinigt, drei verschiedene Präparate	70	84,8 82,7 81,8	3,8 2,7 3,1	2 3,9 4,1	11,3 12,4 12,6	10,8 13,5 14,0	12,4 14,4 14,9	11,5 13,4 13,8	102 103 103
Tannin aus chinesischen Zackengallen, nach der Essigäthermethode gereinigt	72	---	---	---	7,5	7,4	8,2	7,7	---
Gemisch von 71% wasserfreier Gallussäure, 20% Glucose, 9% Ellagsäure	40 (gekocht)	---	8,1	---	---	---	---	---	---

Beim chinesischen Tannin ist die Menge der Gallussäure nicht bestimmt, weil darüber die früheren Versuche genügend Auskunft geben. Wir haben uns aber davon überzeugt, daß die hier entstehende Gallussäure keine nachweisbare Menge von Ellagsäure enthielt.

<hr>

1) Archiv d. Pharmacie **250**, 680 [1912].
2) Ebenda **251**, 524 [1913].
3) Kolloidchem. Beihefte **5**, 301 [1914].

22*

Zum Nachweis der Ellagsäure in der durch Hydrolyse entstandenen rohen Gallussäure wurde diese mit der 100 fachen Menge kaltem Wasser geschüttelt, der Rückstand abfiltriert, getrocknet und mit wenig kaltem Pyridin ausgelaugt, wobei die dunklen Verunreinigungen in Lösung gehen. Die zurückbleibende Ellagsäure wird zur Entfernung des Pyridins mehrmals mit Wasser verdampft und dann bei 120° getrocknet. Die in der Tabelle angegebene Menge Gallussäure ist die Differenz zwischen der rohen Gallussäure und der darin gefundenen Ellagsäure. Um zu prüfen, ob die Ellagsäure teilweise bei der langdauernden Hydrolyse zerstört wird, haben wir noch ein Gemisch von Gallussäure, Zucker, Ellagsäure und n-Schwefelsäure 40 Stunden am Rückflußkühler gekocht und 90% der Ellagsäure unverändert wieder gefunden. Wir bemerken noch, daß wir die Probe auf Ellagsäure sehr oft und bei verschiedenen Sorten türkischen Tannins stets mit positivem Erfolg ausgeführt haben. Zu beachten ist, daß die Ellagsäure bei der Hydrolyse sehr bald auftritt. Als 2,5 g türkisches Tannin (nach der Essigäthermethode gereinigt) mit 25 ccm n-Schwefelsäure 2 Stunden im siedenden Wasserbad erhitzt waren, hatte ihre Abscheidung schon begonnen, und ihre Menge vermehrte sich, als die Flüssigkeit jetzt 24 Stunden bei Zimmertemperatur stehen blieb. Diese leichte Abspaltung würde gut zu der Hypothese passen, daß die Ellagsäure als richtiges Glucosid vorhanden ist. Um dem Einwand zu begegnen, daß die Ellagsäure vielleicht durch die Gegenwart des Tannins in Wasser leicht löslich werde, haben wir die fein gepulverte Säure mit dem 500 fachen Gewicht einer 20 proz. wässerigen Lösung von chinesischem Tannin $^{1}/_{2}$ Stunde im Wasserbad erwärmt, konnten aber dadurch keine Lösung erzielen.

Zur Reinigung wurde die rohe, noch dunkel gefärbte Ellagsäure aus heißem Pyridin unter Zusatz von wenig Tierkohle umgelöst. Beim Erkalten krystallisieren farblose, meist zentrisch vereinigte mikroskopische Prismen der schon bekannten Pyridinverbindung, die sich in Berührung mit Wasser gelb färben. Sie wurden mit n-Salzsäure in gelinder Wärme behandelt und das krystallinische, schwach gelbe Pulver für die Analyse an der Luft getrocknet.

0,1616 g Sbst. verloren bei 100° und 0,4 mm über Phosphorpentoxyd 0,0174 g. $C_{14}H_6O_8 + 2 H_2O$ (338,08). Ber. H_2O 10,66. Gef. H_2O 10,77. — 0,1442 g wasserfreie Sbst.: 0,2925 g CO_2, 0,0286 g H_2O.

$C_{14}H_6O_8$ (302,05).　　Ber. C 55,62, H 2,02.
　　　　　　　　　　　　　Gef. ,, 55,32, ,, 2,22.

Auch die Färbungen mit Salpetersäure und Eisenchlorid bestätigten das Vorliegen von Ellagsäure.

Methylierung des türkischen Tannins.

Zur Methylierung des gewöhnlichen Tannins haben Herzig und seine Mitarbeiter eine ätherische Suspension mit einer ätherischen Diazomethanlösung behandelt. Um die Methylierung sicher zu Ende zu führen, glaubten wir eine Lösung des Tannins anwenden zu sollen. An Stelle des Methylalkohols, der früher bei der Methylierung des chinesischen Tannins diente[1]), haben wir jetzt Aceton benutzt. Zu einer eiskalten Lösung von 5 g scharf getrocknetem Tannin in 20 ccm getrocknetem Aceton wird so viel einer ätherischen Lösung von Diazomethan zugetropft, bis die Flüssigkeit dauernd gelb gefärbt ist. Diese Lösung bleibt 3 Stunden bei gewöhnlicher Temperatur stehen und muß dann noch unverbrauchtes Diazomethan enthalten. Man zerstört nun den Überschuß des Diazomethans durch einige Tropfen Eisessig und fällt sofort mit viel Petroläther. Der harzige Niederschlag wird beim Verreiben mit frischem Petroläther schnell fest. Zur Entfernung der organischen Lösungsmittel wird er mit siedendem Wasser übergossen, bis alles geschmolzen ist, und tüchtig durchgearbeitet. Nach Entfernung des heißen Wassers erstarrt die Masse sofort beim Erkalten. Sie wird unter frischem Wasser fein zerrieben und das Erhitzen mit Wasser usw. nochmals wiederholt. Schließlich resultiert ein amorphes, schwach gelbliches Pulver. Ausbeute 5,5—5,8 g.

Zur Analyse wurde bei 100° und 0,3 mm über Phosphorpentoxyd getrocknet. Es verdient bemerkt zu werden, daß die Analyse des Methylotannins mit besonderer Sorgfalt auszuführen ist, weil sonst ein erhebliches Defizit im Kohlenstoff (1—2%) und im Wasserstoff entstehen kann.

$$0{,}1604 \text{ g Sbst.}: 0{,}3429 \text{ g } CO_2,\ 0{,}0758 \text{ g } H_2O.$$
$$\text{Gef. C } 58{,}30,\ H\ 5{,}29.$$

0,0781 g Substanz. Gesamtgewicht der Lösung in Acetylentetrachlorid 1,7767 g. Drehung im 1-dm-Rohr für Natriumlicht 0,92° nach rechts. $d = 1{,}56$. Mithin $[\alpha]_D = +13{,}4°$. Zwei weitere Präparate gaben bei der gleichen Konzentration $+13{,}2$ und $+13{,}6°$.

Dieses Präparat wurde für die später beschriebene alkalische Hydrolyse verwendet. Ein anderer Teil desselben wurde in wenig heißem Aceton gelöst, mit so viel heißem Alkohol vermischt, daß noch keine Füllung eintrat, und in viel kalten Alkohol eingegossen. Als der so erhaltene Niederschlag nochmals in der gleichen Weise behandelt wurde, fiel die Substanz in Flocken aus, die abgesaugt und dann durch mehrmalige Behandlung mit heißem Wasser von organischen Lösungsmitteln befreit wurden. Das Gewicht war auf die Hälfte bis ein Drittel zurückgegangen.

---

[1]) Berichte d. d. chem. Gesellsch. **45**, 2723 [1912]. (*S. 302.*)

Gef. C 58,35, H 5,28.

„   „ 58,15, „ 5,05 (andere Darstellung).

0,0788 g Substanz. Gesamtgewicht der Lösung in Acetylentetrachlorid 2,3348 g. $d^{17} = 1,59$. Drehung im 1-dm-Rohr 0,60° nach rechts. Mithin $[\alpha]_D = + 11,2°$ ($\pm$ 0,3). Das zweite Präparat ergab + 12,2°.

Obschon das Präparat beim Umlösen also keine wesentliche Änderung der Zusammensetzung oder des Drehungsvermögens erfuhr, ist es zweifellos ein Gemisch; denn es läßt sich durch Tetrachlorkohlenstoff in einen leicht und einen recht schwer löslichen Teil zerlegen.

3,5 g wurden 5 Stunden mit 50 ccm Tetrachlorkohlenstoff bei 26° geschüttelt, wobei eine schwach gelbe, durchsichtige, zähe Masse zurückblieb. Die Lösung hinterließ beim Verdampfen im Vakuum eine hellgelbe, spröde, blasige Masse, die nach dem Trocknen bei 76° und 0,2 mm 1,03 g betrug. Diese Menge war in Tetrachlorkohlenstoff leicht löslich; denn es genügten 15 ccm, um sie in der Kälte in wenigen Minuten völlig aufzunehmen. Das Drehungsvermögen in Acetylentetrachlorid war in 4proz. Lösung $[\alpha]_D^{23} = + 14,7°$, also wenig größer, als beim ursprünglichen Gemisch. Da dieses Präparat sowohl in der Zusammensetzung wie im Drehungsvermögen und der Löslichkeit sich der reinen, später beschriebenen Penta-[trimethylgalloyl]-glucose näherte, so haben wir versucht, es aus Benzol durch Einimpfen von Krystallen zur Krystallisation zu bringen. Das ist aber bisher nicht gelungen. Der im Tetrachlorkohlenstoff unlösliche Teil des methylierten türkischen Tannins (ungefähr $^2/_3$ des Rohprodukts) ist jedenfalls etwas ganz anderes als die Penta-[trimethylgalloyl]-glucose. Der Unterschied in der Löslichkeit gegenüber Tetrachlorkohlenstoff ist von ganz anderer Größenordnung als die verschiedene Löslichkeit des Präparates in Äther und Alkohol, die Feist und Haun bei ihrem Methylpräparat aus türkischem Tannin zur Fraktionierung benutzt haben.

Infolge dieser Erfahrungen haben wir auch das Methylotannin aus chinesischen Gallen mit Tetrachlorkohlenstoff geprüft. Es zeigt aber ein ganz anderes Verhalten, denn es löst sich darin leicht und vollständig.

Aus besonderen Gründen haben wir auch die Methylierung des türkischen Tannins in methylalkoholischer Lösung geprüft und das Diazomethan im Überschuß 24 Stunden bei Zimmertemperatur einwirken lassen. Als das Rohprodukt aus Methylalkohol ungelöst war, schied sich aus den Mutterlaugen beim längeren Stehen eine teilweise krystallinische Masse ab, die an das von Feist und Haun erwähnte krystallinische Produkt erinnerte. Ihre Menge war gering, und wegen der schwierigen Reinigung wurde sie nicht genau untersucht. Wir haben aber den Eindruck gehabt, daß der krystallinische Körper kein methyliertes

Tannin, sondern ein Produkt tiefergehender Zersetzung, vielleicht der Methylester der Trimethyläthergallussäure, war.

Hydrolyse des Methylotannins aus türkischen Gallen.

3 g des nicht umgelösten Methylkörpers wurden mit 6 g 25proz. methylalkoholischer Kalilauge übergossen, wobei unter schwacher Erwärmung teilweise Lösung stattfand. Auf Zusatz von 6 ccm Methylalkohol und einiger Tropfen Wasser entstand eine klare, dunkelbraune Flüssigkeit, die 48 Stunden stehen blieb.

Dann wurde mit Methylalkohol verdünnt, von einem geringen tiefbraunen Niederschlag abfiltriert, unter vermindertem Druck zum Sirup eingeengt und dieser mit 50 ccm Wasser aufgenommen. Beim Übersättigen mit Schwefelsäure entstand ein schwach gefärbter, krystallinischer, mit wenig Harz durchsetzter Niederschlag. Die eingeengte Mutterlauge gab eine zweite, weniger reine Krystallisation. Gesamtausbeute 2,35 g. Die Mutterlauge wurde schließlich ausgeäthert und der Ätherrückstand mit einigen Kubikzentimetern eines Gemisches von gleichem Volumen Chloroform und Tetrachlorkohlenstoff ausgelaugt. Der Rückstand war Dimethylgallussäure, in Lösung gingen Trimethylgallussäure und ein in wässerigem Bicarbonat unlösliches Harz. Die krystallinische Hauptfällung (2,35 g) wurde ebenfalls mit dem Gemisch von Chloroform und Tetrachlorkohlenstoff (50 ccm) ausgelaugt, wobei wieder Dimethylgallussäure (0,19 g) zurückblieb. Die auf 15 ccm eingeengte Mutterlauge gab eine starke Krystallisation von Trimethylgallussäure mit wenig Dimethylgallussäure. Zur völligen Reinigung der Trimethylsäure wurde in wenig Aceton gelöst und mit 50 ccm kaltem Wasser gefällt. Nach einmaligem Umkrystallisieren aus heißem Wasser unter Zusatz von Tierkohle war dann die Trimethylgallussäure rein.

Die Dimethylgallussäure wurde aus Chloroform und schließlich aus wenig heißem Wasser unter Zusatz von Tierkohle umkrystallisiert und zeigte dann den richtigen Schmelzpunkt und Mischschmelzpunkt.

Durch Verarbeitung aller Mutterlaugen konnten isoliert werden:

1,95 g Trimethylgallussäure,

0,32 g *m, p*-Dimethylgallussäure,

0,2 g langsam krystallisierende, bicarbonat-unlösliche Substanz.

Daß die Dimethylgallussäure von Feist nicht beobachtet wurde, erklärt sich aus der Schwierigkeit ihrer Isolierung, für die wir die obige Trennungsmethode ausfindig machen mußten. Ihre Menge betrug nur etwa $1/_6$ der Trimethylsäure und war also sehr viel geringer, als sie von Herzig und seinen Mitarbeitern durch Hydrolyse des Methylotannins aus Handelstannin gefunden wurde.

Die schwefelsaure wässerige Mutterlauge, aus der die methylierten Gallussäuren ganz entfernt waren, reduzierte die Fehlingsche Lösung stark.

α-Penta-[trimethyl-galloyl]-glucose.

13,8 g Trimethyl-galloylchlorid (6 Mol.) werden mit 20 ccm trocknem Chloroform übergossen und nach kräftiger Kühlung eine ebenfalls gekühlte Lösung von 8 g Chinolin (etwas mehr als 6 Mol.) in 15 ccm Chloroform zugegeben. Dabei entsteht eine gelbe, klare Lösung. Nach abermaliger Kühlung werden noch 1,8 g gebeutelte, wasserfreie α-Glucose (1 Mol.) zugefügt und das Ganze unter Ausschluß der Luftfeuchtigkeit bei Zimmertemperatur auf der Maschine geschüttelt. Nach 2 bis $2^1/_2$ Stunden ist klare Lösung eingetreten. Man bewahrt diese 2—3 Tage auf, versetzt dann mit 100 ccm trocknem Methylalkohol, engt bei Zimmertemperatur im Vakuum auf etwa ein Drittel ein und wiederholt dieses nach Zugabe von 100 ccm Methylalkohol. Schließlich wird wieder mit 80 ccm Methylalkohol versetzt und die klare hellrote Lösung unter Umrühren in ein Gemisch von 1 l Wasser und 150 ccm 5 n-Salzsäure gegossen. Dabei scheidet sich das Reaktionsprodukt in fast farblosen, amorphen Flocken ab, die abgesaugt und häufig mit Wasser gewaschen werden. Nach dem Trocknen werden sie viermal in 100—120 ccm reinem Methylalkohol warm gelöst und durch Abkühlen in einer Kältemischung wieder gefällt. Nach dem Trocknen im Hochvakuum über Phosphorpentoxyd bei Zimmertemperatur wog die farblose, amorphe Masse 9,3 g.

Zur Analyse wurde bei 56° und 0,2 mm getrocknet, wobei nur geringer Gewichtsverlust eintrat.

0,1288 g Sbst.: 0,2777 g CO_2, 0,0633 g H_2O.
$C_{56}H_{62}O_{26}$ (1150,50). Ber. C 58,41, H 5,43.
Gef. ,, 58,80, ,, 5,50.

Zur optischen Untersuchung diente die Lösung in Acetylentetrachlorid. 0,1813 g Substanz. Gesamtgewicht der Lösung 5,4299 g. $d_4^{18} = 1,582$. Drehung im 1-dm-Rohr bei 18° für Natriumlicht 3,59° nach rechts. Mithin $[\alpha]_D^{18} = + 67,96°$.

Nun wurde das Präparat noch dreimal aus je 100 ccm Methylalkohol umgelöst. 7,7 g.

0,1403 g Substanz. Gesamtgewicht der Lösung 4,3316 g. $d_4^{19} = 1,5825$. Drehung im 1-dm-Rohr bei 19° für Natriumlicht 3,59° nach rechts. Mithin $[\alpha]_D^{19} = + 70,04°$.

Krystallisationsversuche waren bisher erfolglos. Die Substanz sintert ab 90° in wachsendem Maße und geht unscharf gegen 98—99°

in eine farblose, klare, zähe Masse über. Sie löst sich leicht in kaltem Aceton, Essigäther, Benzol, Chloroform, Tetrachlorkohlenstoff und heißem Alkohol, viel schwerer in kaltem Alkohol. Eine wässerig-alkoholische Lösung, die mit Alkali versetzt ist, reduziert die Fehlingsche Lösung beim Kochen.

<h3 style="text-align:center">β-Penta-[trimethyl-galloyl]-glucose.</h3>

Die angewandte β-Glucose war nach Behrend[1] hergestellt. Die Behandlung mit Trimethyl-galloylchlorid und Chinolin geschah genau so wie bei der α-Verbindung. Der Zucker war schon nach einstündigem Schütteln des Gemisches gelöst. Die Lösung blieb 48 Stunden bei gewöhnlicher Temperatur stehen und wurde dann genau so verarbeitet wie bei der α-Verbindung. Ausbeute an Rohprodukt fast quantitativ. Es enthält eine kleine Menge von Trimethylgallussäuremethylester. Zur Reinigung wurde zweimal in je 300 ccm warmem Methylalkohol gelöst und durch Abkühlen mit Eiskochsalz gefällt, abgesaugt und mit eiskaltem Methylalkohol gewaschen. Dieselbe Operation wurde dann noch zweimal mit je 200 ccm Methylalkohol wiederholt und das Produkt schließlich im Hochvakuum über Phosphorpentoxyd getrocknet. Ausbeute 19 g aus 3,6 g Glucose.

0,1529 g Sbst. (bei 1 mm und 56° über Phosphorpentoxyd getrocknet): 0,3262 g CO_2, 0,0752 g H_2O. — 0,1507 g Sbst. (anderer Darstellung): 0,3207 g CO_2, 0,0754 g H_2O.

$C_{56}H_{62}O_{26}$ (1150,50).   Ber. C 58,41,   H 5,43.
Gef. ,, 58,17, 58,04,   ,, 5,50, 5,60.

Für die 4proz. Lösung in Acetylentetrachlorid war $[\alpha]_D^{20} = + 18,8°$ und bei einem anderen Präparat $+ 18,5°$. Durch weiteres mehrmaliges Umlösen aus Methylalkohol wurde das Drehungsvermögen kaum geändert.

Durch langsames Verdunsten einer benzolischen Lösung gelang es, Krystalle zu erhalten, und mit ihrer Hilfe war es dann möglich, weitere Mengen rasch zu krystallisieren. Zu dem Zweck wurden 3 g des viermal aus Methylalkohol umgelösten Rohprodukts in 30 ccm Benzol bei Zimmertemperatur gelöst, mit Petroläther bis zur bleibenden schwachen Trübung versetzt, dann Impfkrystalle eingetragen und im Eisschrank aufbewahrt. Nach kurzer Zeit begann die Abscheidung mikroskopischer, meist kugelförmig vereinigter Nadeln, die sich rasch vermehrten. In halbstündigen Intervallen wurden dann immer einige Kubikzentimeter Petroläther zugefügt, einige Minuten bei Zimmertemperatur aufbewahrt und wiederum in den Eisschrank gestellt. Auf diese Weise gelang es,

---

[1] Liebigs Annal. d. Chem. **353**, 107 [1907].

die Abscheidung· amorpher Substanz zu verhindern und eine völlige Krystallisation zu erzielen. Als im ganzen 60 ccm Petroläther zugefügt waren, wurde abgesaugt, die Masse von neuem in 25 ccm Benzol gelöst und auf dieselbe Art zur Krystallisation gebracht. Dieses Präparat zeigte in Acetylentetrachloridlösung $[\alpha]_D^{24} = + 17,09°$. Nach weiterem zweimaligen Umkrystallisieren war das Drehungsvermögen $[\alpha]_D^{23} = + 17,18°$, also kaum geändert, und die Ausbeute betrug 1,8 g, also 60% des angewandten amorphen Präparates. Wir heben das hervor, weil diese verhältnismäßig recht gute Ausbeute in Verbindung mit der geringen Veränderung des Drehungsvermögens beweist, daß das amorphe Produkt schon ziemlich rein war.

Für die Analyse wurde das krystallisierte Präparat ebenso wie das amorphe bei 56° und 0,2 mm getrocknet, wobei aber kaum eine Gewichtsabnahme der lufttrocknen Substanz eintrat.

0,1361 g Sbst.: 0,2910 g CO_2, 0,0686 g H_2O.

$C_{56}H_{62}O_{26}$ (1150,50).   Ber. C 58,41, H 5,43.
Gef. ,, 58,31, ,, 5,64.

Im Gegensatz zu dem amorphen Präparat hat die krystallisierte Substanz einen scharfen Schmelzpunkt; denn im Capillarrohr findet erst bei 132° Sintern statt, und bei 133—134° (korr.) verwandelt sie sich in eine klare, aber zähe Flüssigkeit, die beim weiteren Erhitzen allmählich dünnflüssiger wird. Sie löst sich leicht in kaltem Aceton, Essigäther, Benzol, Chloroform und Tetrachlorkohlenstoff, erheblich schwerer in kaltem Alkohol und Äther.

Das Molekulargewicht wurde, wie früher[1]) bei den hochmolekulären Substanzen, durch Gefrierpunktserniedrigung der Lösung in Bromoform bestimmt.

Gewicht des Lösungsmittels 64,34 g.

Angewandte Substanz	0,2282 g	0,4290 g	0,8068 g	0,9607 g
Depression	0,050	0,095	0,174	0,191
Molekulargewicht	1014	1004	1030	1118

Mittelwert 1041.   Berechnet 1150,5.

β-Penta-[tricarbomethoxy-galloyl]-glucose.

1 g scharf getrocknete und gebeutelte β-Glucose, die noch nach Pyridin roch, wurde zu einer auf 0° abgekühlten Mischung von 10,6 g Tricarbomethoxy-galloylchlorid, in 15 ccm trocknem Chloroform gelöst, und 3,8 g trocknem, frisch destilliertem Chinolin gegeben und bei 0° geschüttelt. Nach 30 Minuten war klare Lösung eingetreten. Diese wurde nach 15stündigem Aufbewahren bei gewöhnlicher Temperatur mit trocknem Methylalkohol bis zur Trübung versetzt und

---

[1]) Berichte d. d. chem. Gesellsch. **46**, 1136 [1913]. (*S. 327.*)

unter starkem Rühren in dünnem Strahl in 150 ccm trocknen Methyl-alkohol eingegossen. Der flockige, bald zusammenbackende Nieder-schlag verwandelte sich bei zweimaligem Verreiben mit je 30 ccm Methyl-alkohol in ein feines Pulver. Ausbeute 7,5 g. Nach dem Absaugen und Waschen mit Äther zeigte es noch den Geruch des Pyridins. Es wurde deshalb mit 50 ccm Chloroform aufgenommen, dreimal mit je 15 ccm 10proz. Schwefelsäure aufgeschüttelt und zweimal mit Wasser ge-waschen. Nach dem Eingießen in viel Petroläther war es ganz frei von Pyridin, Chinolin und Chlor.

Die Substanz ist schwer löslich in Methyl-, Äthyl-, Amylalkohol, Petroläther, Tetrachlorkohlenstoff, Äther, leicht löslich in Essigäther, Aceton, Benzol, Acetylentetrachlorid.

0,1389 g Sbst. (bei 78° und 0,8 mm Druck getrocknet): 0,2394 g CO_2, 0,0431 g H_2O.

$$C_{71}H_{62}O_{56} \ (1810,5). \quad \text{Ber. C } 47,06, \ \text{H } 3,45.$$
$$C_{58}H_{52}O_{46} \ (1484,4). \quad \quad \text{,, \ ,, } 46,89, \ \text{,, } 3,53.$$
$$\text{Gef. ,, } 47,01, \ \text{,, } 3,47.$$

Drehung in Acetylentetrachlorid:

$$[\alpha]_D^{15} = \frac{+0,43° \times 3,7877}{1 \times 1,582 \times 0,1688} = +6,10°$$

$$[\alpha]_D^{20} = \frac{+0,47° \times 3,4016}{1 \times 1,580 \times 0,1662} = +6,09°$$

Das Drehungsvermögen war also hier viel schwächer als bei der isomeren, aus α-Glucose dargestellten Substanz ($[\alpha]_D + 34,3°$ in Ace-tylentetrachlorid)[1]).

Die Verseifung zur Galloylglucose wurde genau so wie bei der α-Verbindung[2]) ausgeführt und direkt von dem Rohprodukt nach dem Trocknen bei 100° und 15 mm das Drehungsvermögen in wässeriger Lösung bestimmt.

$$[\alpha]_D^{20} = \frac{+0,60° \times 3,4730}{1 \times 1,005 \times 0,0862} = +24,05°.$$

Zur Reinigung diente nun die Essigäthermethode.

0,1237 g Sbst. (bei 106° und 15 mm über P_2O_5 getrocknet): 0,2370 g CO_2 0,0432 g H_2O.

$$C_{41}H_{32}O_{26} \ (940,26). \quad \text{Ber. C } 52,33, \ \text{H } 3,43.$$
$$\text{Gef. ,, } 52,25, \ \text{,, } 3,91.$$

$$[\alpha]_D^{19} = \frac{+1,07° \times 2,2367}{1 \times 1,008 \times 0,079} = +29,98° \ \text{(in Wasser)}.$$

[1]) Berichte d. d. chem. Gesellsch. **45**, 926 [1912]. (*S. 276*.)
[2]) Ebenda S. **929** [1912]. (*S. 279.*)

Da die früher aus α-Glucose bereiteten Präparate $+$ 31,4 und 35,7 zeigten, da ferner für die Lösungen in Aceton eine ähnliche Übereinstimmung der Drehung vorhanden war, da endlich auch in den äußeren Eigenschaften kein Unterschied bemerkbar war, so bleibt nichts anderes übrig, als die Galloylglucose aus α- und β-Glucose im wesentlichen für identisch zu halten, während die Carbomethoxyverbindungen durch das Drehungsvermögen als verschieden gekennzeichnet sind.

Vor kurzem hat Leo F. Iljin[1]) die interessante Beobachtung mitgeteilt, daß aus Handelstannin durch partielle Fällung mit Blei- oder Zinkacetat zwei verschiedene Präparate hergestellt werden können, von denen das eine eine sehr viel größere Rechtsdrehung (bis $+$ 137,8°) als das bisher bekannte höchstdrehende Tanninpräparat zeigt. Obschon das Drehungsvermögen des Tannins in der wässerigen kolloidalen Lösung sehr von der Konzentration und wahrscheinlich auch dem Grade der Dispersion abhängt[2]) und deshalb kein unzweideutiges Kennzeichen für den Grad der Reinheit ist, so scheint uns doch der Schluß des Herrn Iljin, daß das käufliche Tannin ein Gemisch sei, durchaus berechtigt zu sein. Auch wir haben das Tannin des Handels oder auch das ausschließlich aus chinesischen Zackengallen bereitete Präparat, selbst nach der Reinigung durch die Essigäthermethode, niemals für einen chemisch einheitlichen Stoff erklärt, sondern öfters auf die Möglichkeit hingewiesen, daß es ein Gemenge sei. Selbst für die synthetischen Produkte mußten wir immer betonen, daß sie wahrscheinlich Gemische von Stereoisomeren seien, und die oben angeführten Versuche über das Drehungsvermögen der amorphen und der krystallinischen β-Penta-[trimethyl-galloyl]-glucose haben diese Ansicht bestätigt.

Um Mißverständnissen vorzubeugen, bemerken wir aber ausdrücklich, daß dadurch die Schlüsse, die wir generell bezüglich der Natur des chinesischen Tannins sowie der von uns synthetisch dargestellten Körper gezogen haben, nicht wesentlich berührt werden.

An obigen Versuchen haben auch meine Assistenten, die Herren Dr. Ernst Pfähler und Dr. Max Bergmann, teilgenommen. Während der erste die β-Penta-[tricarbomethoxy-galloyl]-glucose und ihre Verseifung bearbeitete, hat letzterer nicht allein alle Versuche über das türkische Tannin wiederholt, sondern auch die beiden Penta-[trimethyl-galloyl]-glucosen dargestellt und die β-Verbindung krystallisiert erhalten. Ich sage beiden Herren für ihre wertvolle Hilfe besten Dank.

E. Fischer.

---

[1]) Berichte d. d. chem. Gesellsch. **47**, 985 [1914].
[2]) Vgl. Navassart, Kolloidchem. Beihefte **5**, 301 [1914].

24. Emil Fischer und Max Bergmann: Über das Tannin und die Synthese ähnlicher Stoffe. V.[1])

Berichte der deutschen chemischen Gesellschaft **51**, 1760 [1918].

(Eingegangen am 30. September 1918.)

Die früher wiederholt ausgesprochene Vermutung, daß das sog. „Chinesische Tannin", welches aus Zackengallen gewonnen wird, als wesentlichen Bestandteil eine Penta-digalloyl-glucose enthält, konnte bisher experimentell nicht geprüft werden; denn die Synthese eines solchen Stoffes aus Zucker und Digallussäure war an den schlechten Eigenschaften der Carbomethoxyverbindungen gescheitert[2]). Inzwischen ist es uns gelungen, die Pentacetylverbindungen der *m*- und der *p*-Digallussäure sowie die dazugehörigen Chloride als hübsch krystallisierende und deshalb leicht zu reinigende Stoffe zu gewinnen[3]). Wir haben nun diese Chloride sowohl mit α- wie mit β-Glucose bei Gegenwart von Chinolin gekuppelt und Substanzen erhalten, die allerdings amorph sind, aber nach der Entstehungsweise und den übrigen Eigenschaften wohl als Penta-(pentacetyl-digalloyl)-glucosen angesehen werden dürfen. Durch vorsichtige Verseifung mit Alkali bei 0° lassen sich daraus alle Acetylgruppen entfernen. Die dabei entstehenden Produkte sind, wie zu erwarten war, ausgesprochene Gerbstoffe der Tanninklasse. Wir haben den Vorgang nur bei der *m*-Verbindung ausführlicher untersucht, weil bei der Verseifung der *p*-Verbindung höchstwahrscheinlich die gleiche Wanderung von Galloylgruppen stattfinden würde, die früher für die Pentacetyl-*p*-digallussäure festgestellt wurde[4]). Die Verbindungen der *m*-Digallussäure mit α- und β-Glucose unterscheiden sich namentlich durch das Drehungsvermögen ziemlich stark.

So schwer es auch ist, die Zusammensetzung solcher komplizierter amorpher Körper sicher festzustellen, so glauben wir doch aus Analogie-

---

[1]) Frühere Abhandlungen: Berichte d. d. chem. Gesellsch. **45**, 915 und 2709 [1912], (*S. 265* und *S. 287*); **46**, 1116 [1913], (*S. 306*) und **47**, 2485 [1914]. (*S. 329.*)

[2]) E. Fischer, ebenda **46**, 3280 [1913]. (*S. 31.*)

[3]) Ebenda **51**, 45 [1918]. (*S. 432.*)

[4]) E. Fischer, M. Bergmann und W. Lipschitz, ebenda **51**, 45 [1918]. (*S. 432.*)

gründen annehmen zu dürfen, daß die beiden Präparate in der Hauptmenge aus Penta-(m-digalloyl)-α-glucose und Penta-(m-digalloyl)-β-glucose bestehen. Wir werden sie dementsprechend später bezeichnen, selbstverständlich mit dem Vorbehalt, daß wir sie nicht als einheitliche Stoffe ansehen. Es ist im Gegenteil ziemlich sicher, daß sie gegenseitig wechselnde Quantitäten des anderen Isomeren enthalten; denn an einfacheren Beispielen konnte nachgewiesen werden, daß die Acylierung der Glucose mit Säurechlorid und Chinolin stets mit einer teilweisen Isomerisation des Zuckers verbunden ist. Wie weit diese geht, hängt ab von der Dauer der Operation und wahrscheinlich auch von der Natur des Säureradikals.

Die eben erwähnte Penta-(m-digalloyl)-β-glucose ist nun nach passender Reinigung in der Löslichkeit, in den allgemeinen Eigenschaften der Gerbstoffe, in der Reaktion mit Arsensäurelösung und im Drehungsvermögen der Lösungen mit organischen Solvenzien dem „chinesischen Tannin" außerordentlich ähnlich. Sie gibt auch bei der totalen Hydrolyse mit Schwefelsäure ungefähr das gleiche Mengenverhältnis von Zucker und Gallussäure. Endlich ist ihr durch Diazomethan darstellbares Methylderivat dem Methylotannin recht ähnlich. Nur im Drehungsvermögen der wässerigen Lösung wurde ein ziemlich großer Unterschied beobachtet. Da es sich hier aber um kolloidale Lösungen handelt, bei denen nicht allein die Dispersität, sondern zugleich auch das Drehungsvermögen durch geringe Einflüsse bekanntlich stark verändert werden können, so genügt der Unterschied wohl nicht, um eine wesentliche Verschiedenheit von künstlichem und natürlichem Präparat zu beweisen und die Richtigkeit der ursprünglichen Hypothese zu widerlegen. Allerdings halten wir auch das Gegenteil, das heißt den Beweis der Hypothese, noch keineswegs für erreicht, und so lange man es, wie bisher, nur mit amorphen Substanzen zu tun hat, scheint diese Aufgabe mit den jetzigen Hilfsmitteln der Wissenschaft auch nicht völlig lösbar zu sein.

Unter dem Namen „Pentagalloyl-glucose" ist früher das tanninartige Präparat beschrieben worden, das aus der entsprechenden Carbomethoxyverbindung (Penta-[tricarbomethoxy-galloyl]-glucose) durch Verseifung mit Alkali gewonnen war. Auffallenderweise hatten aber die beiden isomeren Carbomethoxy-galloylderivate der α- und β-Glucose unter diesen Bedingungen eine Galloylglucose von fast gleichem Drehungsvermögen und auch sonst gleichen Eigenschaften geliefert. Dieses Resultat ist früher ausführlich diskutiert[1]) und auf zwei Möglichkeiten hingewiesen worden: Entweder Isomerisierung durch die Wirkung des Alkalis oder Abspaltung einer Galloylgruppe an derjenigen Stelle des

---

[1]) E. Fischer und K. Freudenberg, Berichte d. d. chem. Gesellsch. **47**, 2488 [1914]. (*S. 332.*)

Glucosemoleküls, durch welche die Isomerie von α- und β-Glucose bedingt ist. Wir haben jetzt die Erscheinung bei den entsprechenden Acetylverbindungen, also den beiden Penta-(triacetyl-galloyl)-glucosen studiert. Als ihre Verseifung nicht bei gewöhnlicher Temperatur, sondern bei 0° durchgeführt wurde, unterschieden sich die Präparate schon recht deutlich durch das Drehungsvermögen. Noch besser gestaltete sich das Resultat, als an Stelle von freiem Alkali sein Acetat bei höherer Temperatur zur Anwendung kam. Dadurch wird ebenfalls eine vollständige Ablösung der Acetyle erreicht, aber aus α- und β-Glucosederivat entstehen verschiedene Galloylglucosen, die im Drehungsvermögen stark differieren, und in denen wir deshalb glauben, als Hauptprodukte die beiden Pentagalloyl-derivate der α- und β-Glucose annehmen zu dürfen.

Um diesen Schluß weiter zu prüfen, haben wir noch die Verbindungen der Acetyl-p-oxybenzoesäure mit den beiden Glucosen in der üblichen Weise dargestellt und ihre Verseifung mit Alkali untersucht. Die rohen Penta-(acetyl-p-oxybenzoyl)-glucosen sind amorphe Stoffe und offenbar Gemische, denn bei der α-Verbindung gelang uns die Krystallisation, und das Präparat zeigte ein erheblich größeres Drehungsvermögen als die amorphe Masse. Die Verseifung mit Alkali bei 0° geht bei diesen Acetylkörpern offenbar ziemlich glatt vonstatten, ohne Abspaltung von Oxybenzoesäure und ohne wesentliche Isomerisation; denn die aus dem krystallisierten Acetylderivat gewonnene Penta-[p-oxybenzoyl]-α-glucose zeigte nicht allein bei der Elementaranalyse die der Pentaverbindung genau entsprechende Zusammensetzung, sondern gab auch bei der Reacetylierung wieder in sehr guter Ausbeute die reine Penta-[acetyl-p-oxybenzoyl]-α-glucose. Dieses Resultat ist ganz eindeutig und macht es sehr wahrscheinlich, daß auch die obenerwähnten, mit Alkaliacetat erhaltenen Galloylglucosen in der Hauptmenge wirklich die Pentaverbindungen sind.

Nach den allgemeinen Methoden der teilweisen Acylierung des Traubenzuckers wurden früher mit Benutzung seiner Acetonverbindungen eine Trigalloyl- und eine Monogalloyl-glucose dargestellt[1]). Auf ganz anderem Wege haben wir jetzt eine zweite Monogalloyl-glucose bereitet, die leicht krystallisiert und auch andere bemerkenswerte Eigenschaften hat. Ihre Heptacetylverbindung entsteht aus Acetobromglucose und dem Silbersalz der Triacetylgallussäure nach folgender Gleichung:

$$(AcO)_4C_6H_7OBr + AgCO_2 . C_6 H_2(OAc)_3$$
$$= AgBr + (AcO)_4C_6H_7O . O . CO . C_6H_2(OAc)_3 .$$

---

[1]) E. Fischer und M. Bergmann, Sitzungsber. d. Akad. d. Wiss. z. Berlin **1916**, 570 und Berichte d. d. chem. Gesellsch. **51**, 298 [1918]. (S. *487*.)

Noch leichter wird sie aus Tetracetyl-glucose und dem Chlorid der Triacetyl-gallussäure bei Gegenwart von Chinolin erhalten. Das erste Verfahren haben schon G. Zemplén und E. D. László zur Darstellung der entsprechenden Benzoyl-tetracetyl-glucose benutzt und auch auf die Salicylsäure ausgedehnt[1]). Wir sind aber einen Schritt weiter gegangen und haben die Bedingungen ermittelt, unter denen durch Verseifung sämtliche Acetylgruppen entfernt werden können, ohne daß die Galloylgruppe vom Zucker abgespalten wird.

Für die Isolierung der so entstehenden Galloylglucose hat das unlösliche Bleisalz gute Dienste geleistet. Wir haben uns ferner überzeugt, daß die neue Galloylglucose durch Reacetylierung mit Essigsäureanhydrid und Pyridin in die ursprüngliche Acetylverbindung zurückverwandelt wird. Damit ist der Beweis geliefert, daß bei der teilweisen Verseifung keine Verschiebung der Galloylgruppe stattfindet. Diese Beobachtungen genügen, um die Struktur der neuen Galloylglucose abzuleiten. Der Heptacetylverbindung kann man ohne Bedenken die Formel I geben, und für die Galloylglucose folgt daraus die Formel III:

$$
\begin{array}{ccc}
\text{CH.O.CO.C}_6\text{H}_2\text{(OAc)}_3 & \text{CH.O.CO.C}_6\text{H}_2\text{(OH)}_3 & \text{CH.O.CO.C}_6\text{H}_2\text{(OH)}_3 \\
\text{CH.OAc} & \text{CH.OAc} & \text{CH.OH} \\
\text{CH.OAc} & \text{CH.OAc} & \text{CH.OH} \\
\text{CH} & \text{CH} & \text{CH} \\
\text{CH.OAc} & \text{CH.OAc} & \text{CH.OH} \\
\text{CH}_2\text{.OAc} & \text{CH}_2\text{.OAc} & \text{CH}_2\text{.OH}
\end{array}
$$

1-Triacetylgalloyl-tetracetyl-glucose.	1-Galloyl-2,3,5,6-tetracetyl-glucose.	1-Galloyl-glucose.
I.	II.	III.

Die Abspaltung der 7 Acetyle erfolgt übrigens sukzessive, und es ist uns gelungen, 2 Zwischenprodukte zu isolieren. Das eine wurde nicht ganz rein erhalten; es ist aber in der Hauptmenge eine Galloyl-tetracetyl-glucose, der wohl Formel II zukommt, da erfahrungsgemäß von der Gallussäure die Acetyle viel leichter abgespalten werden als von dem Zucker. Das zweite Zwischenprodukt ist eine Galloyl-monoacetyl-glucose, bei der die Stellung des Acetyls am Zucker noch unbekannt ist.

Die Synthese der neuen Galloylglucose entspricht der Bereitung der β-Alkylglucoside aus Acetobromglucose und Alkoholen oder Phenolen. Es war deshalb von vornherein wahrscheinlich, daß auch die

---

[1]) Berichte d. d. chem. Gesellsch. **48**, 915 [1915]; vgl. auch P. Karrer, ebenda **50**, 833 [1917].

Galloylverbindung der β-Reihe angehört. Dafür spricht in der Tat das optische Verhalten, denn sie dreht ziemlich stark nach links. Ferner wird sie von Emulsin unter ähnlichen Bedingungen wie die Alkylglucoside hydrolysiert, und wenn man die entstehende Gallussäure durch Zusatz von Calciumcarbonat neutralisiert, so wird die Spaltung sogar fast quantitativ. Mancher wird geneigt sein, darin eine vollkommene Analogie mit der enzymatischen Spaltung der gewöhnlichen Glucoside zu sehen. Da aber das Emulsin ein Gemisch verschiedener Enzyme ist, so besteht noch die Möglichkeit, daß die Abspaltung des Galloyls von einem besonderen Enzym, etwa einer Esterase, bewirkt wird. Die Entscheidung der Frage, welches Enzym die Hydrolyse der 1-Galloylglucose verursacht, erfordert eine besondere Untersuchung, die wir bisher nicht unternehmen konnten.

Die neue Galloylglucose ist das erste Monoacylderivat des Traubenzuckers, dessen Struktur feststeht, und kann deshalb einen systematischen Namen erhalten. Man könnte es Galloyl-β-glucosid nennen und dadurch von allen isomeren Monogalloylglucosen unterscheiden. Wir ziehen es aber vor, den Namen Galloylglucose bzw. Glucosegalloat beizubehalten und die Stellung der Galloylgruppe durch die Zahl 1 anzuzeigen. Wir werden also in Zukunft die Substanz mit 1-Galloyl-β-glucose (β-Glucose-1-galloat) bezeichnen[1]).

---

[1]) Der Notwendigkeit, bei Glucosederivaten die einzelnen Kohlenstoffatome der Glucose zu unterscheiden, haben schon Irvine und seine Mitarbeiter (Journ. of the Chem. Soc. **103**, 564 [1913]) bei den Methylderivaten Rechnung getragen und als Indices die griechischen Buchstaben in folgender Weise:

$$\overset{\zeta}{CH_2(OH)} \cdot \overset{\varepsilon}{CH(OH)} \cdot \overset{\delta}{CH} \cdot \overset{\gamma}{CH(OH)} \cdot \overset{\beta}{CH(OH)} \cdot \overset{\alpha}{CH(OH)}$$
$$\underset{O}{\underline{\hspace{6em}}}$$

benutzt. Da aber dieselben Buchstaben zur Unterscheidung der stereoisomeren Glucosen und Glucoside längst in Gebrauch sind, so entstehen Namen wie β, γ-Dimethyl-α-glucose, die mißverständlich sind. Herr Irvine hat selbst auf diesen Übelstand hingewiesen und in einer kurzen Notiz über „The nomenclature of sugar derivatives" (Proc. Chem. Soc. **29**, 69 [1913]) den Vorschlag gemacht, die Kohlenstoffatome des Zuckers durch die Zahlen 1—6 zu unterscheiden. Er verzichtete aber auf die praktische Anwendung dieses Vorschlages; denn in all seinen Abhandlungen über die Methylglucosen ist die Stellung der Methylgruppe immer durch griechische Buchstaben bezeichnet. Wahrscheinlich ist das geschehen zugunsten des allgemeinen Grundsatzes, daß bei offenen Ketten nicht die Zahlen, sondern nur die griechischen Buchstaben zur Bezeichnung von Strukturisomerie angewandt werden sollen. Auch wir sind der Ansicht, daß man diesem Grundsatze möglichst folgen sollte. Aber das darf nicht so weit gehen, daß zweideutige Namen entstehen wie bei den obenerwähnten methylierten Glucosen. Da man nun die eingebürgerten Namen α- und β-Glucose, α-, β- und γ-Glucosid vorläufig nicht ändern kann, ohne die größte Verwirrung herbeizuführen, so ziehen wir eine ge-

Bei der älteren Galloylglucose, die wir vorläufig durch (I) markieren, ist die Struktur schwerer zu beurteilen, weil die Struktur der Diacetonglucose, aus der sie bereitet wird, auch noch nicht mit voller Sicherheit festgestellt wurde. Allerdings hat Irvine für die entsprechende Methylglucose die 6-Stellung des Methyls wahrscheinlich gemacht. Aber die Übertragung dieser Ansicht auf die Galloylverbindung scheint uns nicht ohne weiteres zulässig zu sein, da eine Verschiebung des Acyls bei den verschiedenen Operationen der Synthese nicht ausgeschlossen ist. Wir halten deshalb noch eine besondere Untersuchung über diesen Punkt für notwendig.

Die Strukturformel, die wir der 1-Galloylglucose beilegen, wurde schon von Herrn Feist[1]) für eine Substanz in Anspruch genommen, die er aus dem türkischen Tannin erhalten haben will, deren Existenz aber nach den Erfahrungen von E. Fischer und K. Freudenberg recht zweifelhaft geworden ist[2]). Wir können jetzt sagen, daß die Meinung von Feist über die Konstitution seiner angeblichen krystallisierten Verbindung von Glucose und Gallussäure sicherlich unrichtig ist; denn unser synthetisches Produkt hat, ganz abgesehen von dem total verschiedenen Drehungsvermögen, auch ganz andere Löslichkeiten als das Feistsche Präparat und ist vor allem von jenem durch den außerordentlich leichten Zerfall in die Komponenten ausgezeichnet.

Dagegen zeigte unser Präparat in Zersetzungspunkt, Löslichkeitsverhältnissen, Art der Krystallisation, Eisenchloridfärbung, Geschmack, Nichtfällbarkeit durch Gelatine die größte Ähnlichkeit mit dem interessanten Glucogallin, das E. Gilson 1902 aus dem chinesischen Rhabarber isoliert und genau beschrieben hat[3]). Es ist in der Tat mit unserem synthetischen Körper identisch. Da der Entdecker genaue Angaben über die von Stöber bestimmte Krystallform machte, so

wisse Inkonsequenz der Nomenklatur bei den Zuckerderivaten vor und werden deshalb die Acylderivate bezeichnen nach dem Schema:

$$\overset{6}{CH_2}(OH) . \overset{5}{CH}(OH) . \overset{4}{CH} . \overset{3}{CH}(OH) . \overset{2}{CH}(OH) . \overset{1}{CH}(OH) .$$
$$\underbrace{}_{O}$$

Wir haben geglaubt, diese Nomenklaturfrage mit Herrn Paul Jacobson, der durch die Redaktion des Beilsteinschen Handbuchs wohl den besten Überblick über die organische Chemie und die Bedürfnisse ihrer Nomenklatur hat, besprechen zu sollen. Auch er ist der Ansicht, daß in der Zuckergruppe die Bezeichnung der Kohlenstoffatome mit Zahlen als das kleinere Übel gelten müsse, solange man die griechischen Buchstaben für die Bezeichnung der stereoisomeren Zucker nicht entbehren kann.

[1]) Archiv d. Pharmacie **251**, 468 [1913].

[2]) Berichte d. d. chem. Gesellsch. **47**, 2485 [1914]. (*S. 329*.)

[3]) E. Gilson, Bull. Acad. roy. méd. de Belgique [4] **16**, 827 [1902]; Compt. rend. **136**, 385 [1903].

haben wir zunächst Herrn Paul v. Groth in München unser Präparat geschickt und ihn gebeten, dasselbe krystallographisch zu untersuchen.

Herr v. Groth hatte die Güte, uns mitzuteilen, daß die von Herrn Dr. L. Weber auf seine Veranlassung ausgeführten Messungen in der Tat bei dem synthetischen Körper dieselbe Krystallform wie bei dem Glucogallin[1]) ergeben haben. Die genauen Angaben, die wir ihm verdanken, sind später bei der Einzelbeschreibung der 1-Galloylglucose angeführt. Schließlich war es uns auch noch möglich, einen direkten Vergleich beider Stoffe auszuführen. Denn Herr Dr. J. J. Ph. Valeton, Professor der Chemie an der Universität Gent, war so liebenswürdig, uns eine Probe des Originalpräparates des in Gent verstorbenen Herrn Prof. E. Gilson zur Verfügung zu stellen, wofür wir ihm auch hier besten Dank sagen. Auch hierbei hat sich die völlige Gleichheit beider Stoffe ergeben.

Der durch die Synthese gelieferte Beweis, daß das natürliche Glucogallin eine 1-Acylglucose ist, verdient in mancher Beziehung Interesse; denn derartige natürliche Stoffe waren bisher mit Sicherheit nicht bekannt. Die natürlichen Tannine enthalten zwar auch eine ähnliche Gruppe, sind aber zugleich mehrfach acylierte Derivate des Zuckers.

Das Verfahren, durch welches die 1-Galloylglucose aus ihrer Heptacetylverbindung gewonnen wurde, wird sich voraussichtlich auch auf die Benzoyltetracetylglucose und ähnliche Stoffe anwenden lassen. Wir beabsichtigen, selbst diese Verallgemeinerung der Methode auszuarbeiten; denn die 1-Monoacylderivate des Traubenzuckers, die den typischen Alkylglucosiden so ähnlich konstruiert sind, dürften in der Natur nicht selten vorkommen und deshalb mehr als ihre Isomeren das Interesse der Biologen verdienen. Wir haben für den Zweck bereits die Benzoyl- und die Acetylsalicoylverbindung aus der Tetracetylglucose durch Behandlung mit Benzoylchlorid bzw. Acetylsalicoylchlorid und Chinolin bereitet. Durch vorsichtige Verseifung werden sich daraus voraussichtlich die 1-Benzoyl- und 1-Salicoylglucose bereiten lassen.

Penta-(digalloyl)-glucosen.

Chlorid der Pentacetyl-*m*-digallussäure. Übergießt man 10 g scharf getrocknete, gepulverte Pentacetyl-*m*-digallussäure[2]) mit 50 ccm reinem, trocknem Chloroform und fügt dazu 5 g rasch gepulvertes Phosphorpentachlorid, so geht die Säure beim Umschütteln schnell unter geringer Selbsterwärmung in Lösung. Diese wird noch 1 Stunde unter öfterem Umschütteln bei Zimmertemperatur aufbewahrt, dann

---

[1]) Bull. Acad. roy. méd. de Belgique [4] **16**, 842 [1902].
[2]) Berichte d. d. chem. Gesellsch. **51**, 62 [1918]. (*S. 450.*)

von geringen Mengen ungelösten Pentachlorids abgegossen und unter vermindertem Druck aus einem Bade von 40—45° verdampft. Dabei bleibt eine farblose, harte Krystallmasse. Zur Reinigung wird sie in der 20—25fachen Menge kochendem, trocknem Benzol gelöst, aus dem sie beim Abkühlen und Reiben rasch wieder krystallisiert. Ausbeute nach mehrstündigem Stehen im Eisschrank 9,7 g oder 94% der Theorie.

Zur Analyse wurde bei 100° und 5 mm getrocknet, wobei nur geringer Gewichtsverlust eintrat.

0,1527 g Sbst.: 0,2912 g CO_2, 0,0481 g H_2O. — 0,3200 g Sbst.: 0,0856 g AgCl. — 0,2627 g Sbst. (anderer Darstellung): 0,0686 g AgCl. — 0,2866 g Sbst. (anderer Darstellung): 0,0721 g AgCl.

$C_{24}H_{19}O_{13}Cl$ (550,74).   Ber. C 52,31, H 3,48, Cl. 6,44.
Gef. ,, 52,01, ,, 3,52, ,, 6,61, 6,46, 6,22.

Das Chlorid schmilzt bei 180° (korr.), nachdem kurz vorher Sinterung eingetreten ist. Es bildet meist sechsseitige Platten oder derbere, flächenreiche Formen. Ziemlich leicht löslich in warmem Chloroform, recht schwer in kaltem Benzol und fast gar nicht in Petroläther.

Um das Chlorid sicher als Abkömmling der Pentacetyl-*m*-digallussäure zu kennzeichnen, haben wir es in den schon bekannten Methylester verwandelt:

1 g des Chlorids wurde in 10 ccm warmem, trocknem Chloroform gelöst und zu der auf Zimmertemperatur abgekühlten Flüssigkeit 10 ccm trockner Methylalkohol und 0,3 g Chinolin gegeben. Als nach 3 Stunden unter vermindertem Druck verdampft wurde, erstarrte der Rückstand bald krystallinisch. Er wurde mit 10 ccm Methylalkohol verrieben und dann durch Lösen in Aceton und Fällen mit wenig Wasser gereinigt. Ausbeute 0,85 g oder 87% der Theorie. Das Präparat schmolz ebenso wie der aus Pentacetyl-*m*-digallussäure mit Diazomethan erhaltene Ester[1]) bei 167—168° (korr.), und einen ähnlichen Punkt fanden wir für das Gemisch beider Präparate.

Wenn man bei der Darstellung des Esters aus dem Chlorid kein Chinolin anwendet, so erhält man ein etwas unreineres Präparat, dessen Schmelzpunkt mehrere Grad zu niedrig ist, wahrscheinlich weil die freiwerdende Salzsäure sekundäre Veränderungen hervorruft.

Penta-(pentacetyl-*m*-digalloyl)-β-glucose [β-Glucosepenta-(pentacetyl-*m*-digalloat)],
$[(CH_3.CO.O)_3C_6H_2.CO.O.(CH_3.CO.O)_2C_6H_2.CO]_5C_6H_7O_6$.

Ein Gemisch von 1,25 g scharf getrockneter und fein gepulverter β-Glucose und 20,6 g Pentacetyl-*m*-digalloylchlorid (5,4 Mol.) wurden

---

[1]) Vgl. Berichte d. d. chem. Gesellsch. **51**, 63 [1918]. (*S. 451.*)

mit 25 ccm reinem, trocknem Chloroform und 6,5 g trocknem Chinolin
bei 10—15° auf der Maschine geschüttelt. Nach 24 Stunden war der
größte Teil gelöst und nach einem weiteren Tag der Zucker bis auf
Spuren verschwunden. Nachdem die Lösung noch weitere 2 Tage gestanden hatte, wurde mit Chloroform verdünnt, durch Schütteln mit
stark verdünnter Schwefelsäure das Chinolin entfernt, dann wiederholt
mit Wasser gewaschen und das Chloroform unter vermindertem Druck
abdestilliert. Die zurückbleibende farblose, blättrig - spröde Masse
wurde viermal in 50 ccm warmem Chloroform gelöst und durch Eingießen in 250 ccm stark gekühlten Methylalkohol wieder abgeschieden.
Die völlig farblose, flockige Masse wurde sofort im Vakuumexsiccator
und dann bei 100° und 2 mm getrocknet. Sie bildet ein lockeres Pulver,
das beim Reiben stark elektrisch wird. Ausbeute 16,7 g oder 87% der
Theorie.

$$0{,}1559 \text{ g Sbst.}: 0{,}3136 \text{ g } CO_2,\ 0{,}0535 \text{ g } H_2O.$$
$$C_{126}H_{102}O_{71}\ (2751{,}45).\ \text{Ber. C } 54{,}98,\ H\ 3{,}74.$$
$$\text{Gef. ,, } 54{,}86,\ ,,\ 3{,}84.$$

$$[\alpha]_D^{18} = \frac{+0{,}53° \times 6{,}5861}{2 \times 1{,}591 \times 0{,}2892} = +3{,}79° \text{ (in Acetylentetrachlorid)}.$$

Ein anderes Präparat zeigte:

$$[\alpha]_D^{15} = \frac{+0{,}34° \times 7{,}2210}{2 \times 1{,}595 \times 0{,}2965} = +2{,}60° \text{ (in Acetylentetrachlorid)}.$$

Für die Bestimmung der Acetylgruppen haben wir das
folgende Verfahren angewandt, das für acetylierte Tannine nach unseren Erfahrungen empfohlen werden kann.

0,4431 g wurden in 50 ccm reinem Aceton gelöst und im Wasserstoffstrom unter Umschütteln bei 20° erst mit 25 ccm n-Natronlauge und
nach einigen Minuten mit 60 ccm Wasser versetzt. Zum Schluß war eine
klare gelbrote Lösung entstanden. Sie wurde noch 1 Stunde bei Zimmertemperatur aufbewahrt, dann mit Phosphorsäure stark angesäuert und
nun die wässerige Flüssigkeit in einem rasch wirkenden Extraktionsapparat erschöpfend mit reinem Äther extrahiert. Die ätherische
Flüssigkeit wurde unter Zusatz von 200 ccm Wasser aus einem Bade,
das zum Schluß auf 140° erhitzt war, destilliert und diese Operation
noch 2—3 mal nach Zugabe von 150 ccm Wasser wiederholt, bis keine
Säure mehr überging. Selbstverständlich haben wir uns überzeugt, daß
das verwendete Aceton und der Äther unter denselben Bedingungen
kein saures Destillat gaben. Zur Neutralisation des gesamten Destillates
waren 40,36 ccm $^n/_{10}$-Natronlauge nötig. Das entspricht 39,19% Acetyl,
während sich 39,1% Acetyl für $C_{76}H_{27}O_{46}(C_2H_3O)_{25}$ (2751,45) berechnen.

Die Penta-(pentacetyl-digalloyl)-β-glucose ist leicht löslich in Chloroform, Essigäther und Aceton, ziemlich schwer selbst in warmem Benzol und besonders in Alkohol und Methylalkohol. Die Acetonlösung gibt mit Eisenchlorid keine bemerkenswerte Färbung.

Penta-(pentacetyl-p-digalloyl)-β-glucose: In ähnlicher Weise haben wir das Chlorid der Pentacetyl-p-digallussäure mit β-Glucose gekuppelt und das Reaktionsprodukt nach Entfernung des Chinolins durch viermalige Fällung der Chloroformlösung mittels Methylalkohols gereinigt. Ausbeute 95% der Theorie.

0,2054 g Sbst. (bei 100° und 2 mm getr.): 0,4114 g CO_2, 0,0702 g H_2O.

Gef. C 54,63, H 3,82.

$$[\alpha]_D^{23} = \frac{+0,11° \times 2,2719}{1 \times 1,586 \times 0,1021} = +1,54° \text{ (in Acetylentetrachlorid).}$$

Die Verbindung zeigt in der Löslichkeit und den übrigen Eigenschaften so große Ähnlichkeit mit dem zuvor beschriebenen Derivat der m-Digallussäure, daß eine analytische Unterscheidung kaum möglich ist. Auf ihre Verschiedenheit schließen wir nur aus der Synthese.

Penta-(m-digalloyl)-β-glucose [β-Glucosepenta-(m-digalloat)].

Die Lösung von 5 g getrocknetem Acetylkörper in 45 ccm Aceton wurde auf 0° abgekühlt und bei dieser Temperatur im Wasserstoffstrom unter dauerndem Umschütteln im Lauf einer Viertelstunde 72 ccm n-Natronlauge (40 Mol.) zugetropft. Dabei entstand nach vorübergehender Entmischung eine klare, gelbrote oder rote Lösung, die schließlich noch mit 20 ccm Wasser versetzt und dann 3 Stunden bei 0° aufbewahrt wurde. Die nun mit verdünnter Schwefelsäure übersättigte und dadurch fast völlig entfärbte Flüssigkeit wurde 3—4 mal mit je 50 ccm Essigäther ausgeschüttelt, die vereinigten Auszüge 2 mal mit je 5 ccm Wasser gewaschen und der Essigäther unter vermindertem Druck verdampft. Dabei blieb ein honigartiger Sirup, der sich bald in eine schwach gelbbraune, spröde, blasige Masse verwandelte.

Sie wurde über das Kaliumsalz gereinigt. Dafür lösten wir in 100 ccm absolutem Alkohol und gaben dazu 25—30 ccm einer 20 proz. alkoholischen Lösung von Kaliumacetat. Der ausfallende dicke, kaum gefärbte Niederschlag ließ sich gut absaugen. Er wurde nochmals mit 50 ccm Alkohol verrieben und scharf abgesaugt, dann mit 15 ccm Wasser verrieben, mit Schwefelsäure schwach angesäuert und der in Freiheit gesetzte Gerbstoff mehrmals mit Essigäther ausgezogen. Nachdem die Essigätherlösung (100—120 ccm) filtriert und 3 mal sorgfältig mit je 5 ccm Wasser gewaschen war, wurde sie unter vermindertem Druck verdampft, der Rückstand zur Entfernung von etwas Essigsäure mehrmals in warmem Wasser gelöst und wieder unter vermindertem Druck verdampft. Der so gewonnene Gerbstoff war wieder eine schwach braune, ganz amorphe spröde Masse. Ausbeute etwa 2,5 g oder 80% der Theorie.

Durch eine besondere Untersuchung haben wir uns überzeugt, daß die Acetylgruppen völlig entfernt waren; denn die Menge von Säure, die nach dem früher beschriebenen Verfahren der Acetylbestimmung in dem Präparat gefunden wurde, war äußerst gering. Sie entsprach $^1/_6$—$^1/_9$ Molekül Essigsäure, berechnet auf das hohe Molekül des Gerbstoffs.

Zur Analyse wurde bei 110° und 1 mm über Phosphorpentoxyd getrocknet.

0,1913 g Sbst.: 0,3761 g CO_2, 0,0568 g H_2O. — 0,1565 g Sbst. (anderes Präparat) 0,3085 g CO_2, 0,0455 g H_2O.

$C_{76}H_{52}O_{46}$ (1700,8). Ber. C 53,65, H 3,08.
Gef. ,, 53,62, 53,76, ,, 3,32, 3,25.

$$[\alpha]_D^{17} = \frac{+1,42° \times 1,2660}{1 \times 0,830 \times 0,1198} = +18,08° \text{ (in Alkohol)},$$

$$[\alpha]_D^{18} = \frac{+1,42° \times 1,3895}{1 \times 0,841 \times 0,1405} = +16,7° \text{ (in Aceton)}.$$

Ein anderes Präparat ergab:

$$[\alpha]_D^{19} = \frac{+1,43° \times 1,6452}{1 \times 0,833 \times 0,1621} = +17,4° \text{ (in Alkohol)}.$$

In verdünnterer Lösung war:

$$[\alpha]_D^{18} = \frac{+0,33° \times 2,9886}{1 \times 0,790 \times 0,0699} = +17,9° \text{ (in Alkohol)}.$$

Nach 24 Stunden war die Drehung auf $[\alpha]_D^{16} = 18,4°$ gestiegen.

Das Präparat ist in physikalischer Beziehung nicht einheitlich, denn es enthält einen in kaltem Wasser recht schwer löslichen Teil, den wir auf folgende Weise entfernt haben:

0,5 g wurden in 50 ccm Wasser bei 40—50° gelöst und langsam abgekühlt. Bei 27° begann eine leichte Trübung, die bei etwa 22° stark wurde. Bei 18° wurde filtriert und so lange durch ein und dasselbe Faltenfilter gegossen, bis ein ganz klares Filtrat erhalten wurde. Es wurde dann unter vermindertem Druck, zuletzt im Vakuumexsiccator über Phosphorpentoxyd, verdampft. Erhalten 0,35 g.

$$[\alpha]_D^{17} = \frac{+1{,}19° \times 0{,}7800}{1 \times 0{,}835 \times 0{,}0744} = +14{,}9° \text{ (in Alkohol, ca. 10 proz. Lösung)},$$

$$[\alpha]_D^{18} = \frac{+0{,}30° \times 2{,}0519}{1 \times 0{,}800 \times 0{,}0552} = +13{,}9° \text{ (in Alkohol, ca. 3 proz. Lösung)},$$

$$[\alpha]_D^{18} = \frac{+0{,}57° \times 0{,}9450}{0{,}5 \times 0{,}845 \times 0{,}0975} = +13{,}1° \text{ (in Aceton)}.$$

Wie man sieht, ist das Drehungsvermögen bei Anwendung organischer Lösungsmittel durch die Reinigung etwas verändert worden. Dagegen gleicht jetzt das Präparat bezüglich der Löslichkeit in kaltem Wasser dem chinesischen Tannin viel mehr, und man kann auch damit ohne Schwierigkeit eine optische Untersuchung in wässeriger Lösung bei gewöhnlicher Temperatur ausführen. Diese ergab:

$$[\alpha]_D^{18} = \frac{+0{,}44° \times 2{,}3021}{1 \times 1{,}003 \times 0{,}0239} = +42{,}3° \text{ (in Wasser)}.$$

Zum Vergleich in bezug auf das Drehungsvermögen haben wir ein natürliches Tannin herangezogen, das aus der Gerbsäure Marke „Kahlbaum" durch Reinigung nach der Essigäthermethode bereitet war. Wir fanden dafür $[\alpha]_D^{22} = +12{,}9°$ (in Aceton) und $[\alpha]_D^{20} = +17{,}6°$ (in Alkohol).

Für ein natürliches Tannin, das von der Firma E. Merck bezogen und nach der Essigäthermethode gereinigt war, fanden E. Fischer und Freudenberg $[\alpha]_D^{20} = +18{,}4°$ (in Alkohol). Auch dieser Wert ist der oben für das künstliche Präparat, namentlich vor der Reinigung durch Abkühlen der wässerigen Lösung, gegebenen Zahl sehr ähnlich.

Im übrigen ist die Pentadigalloyl-β-glucose von dem chinesischen Tannin kaum zu unterscheiden. Je nach der Art der Abscheidung bildet sie ein schwach hellbraunes, lockeres, ganz amorphes Pulver oder eine kompaktere, honiggelbbraune, spröde Masse. Der Geschmack der wässerigen Lösung ist kräftig bitter und adstringierend. Die Färbung mit Eisenchlorid und der dicke Niederschlag beim Zusammenbringen mit Leimlösung, ferner die milchigen Fällungen mit wässerigen Lösungen von Pyridin, von Brucin-, Chinin- und Chinolinacetat gleichen praktisch ganz den Reaktionen des Naturproduktes.

Versetzt man eine 10 proz. Lösung der Pentadigalloyl-β-glucose in absolutem Alkohol mit dem gleichen Volumen einer 10 proz. alkoholischen Arsensäurelösung, so erstarrt das Gemisch nach wenigen Minuten zu einer dicken, klaren Gallerte. Dieselbe Erscheinung tritt augenblicklich oder nach wenigen Sekunden ein, wenn eine 20- bzw. 15 proz. Lösung des Gerbstoffs zur Anwendung kommt, während sie bei der 7—8 proz. Lösung erst nach einigen Stunden erfolgt. Der synthetische Gerbstoff zeigt mithin die Reaktion fast ebenso stark wie das natürliche Tannin, dessen 10 proz. Lösung auch fast augenblicklich gerinnt nach dem Mischen mit dem gleichen Volumen Arsensäure, während seine 6 proz. Lösung nach 6—7 Minuten die Gallertbildung zeigt.

Schließlich haben wir die Pentadigalloylglucose mit 5 proz. Schwefelsäure auf die mehrfach[1]) beschriebene Weise hydrolysiert. Zum Vergleich führen wir in der untenstehenden Tabelle die Mengen der gefundenen Spaltprodukte neben den Werten auf, die früher für Gerbsäure „Kahlbaum"[2]), Tannin „Merck"[3]) und ein anderes Tanninpräparat aus chinesischen Zackengallen[4]) erhalten waren.

Benutztes Material	Dauer des Erhitzens mit der 10 fachen Menge Schwefelsäure Std.	Gallussäure, wasserfrei %	Glucose in Prozenten				Summe %
			Polarimetrisch	Titrimetrisch	Gravimetrisch	Durchschnitt	
Penta-(*m*-digalloyl)-β-glucose	72	93,5	7,2	7,8	9,2	8,1	101,6
Gerbsäure „Kahlbaum"	72	93,7	7,3	7,5	9,0	7,9	103,1
Tannin „Merck"	72	94	5,3	7,4	8,3	7,0	102,0
Dasselbe, nach der Essigäthermethode gereinigt		93,6	5,9	6,0	8,4	6,8	100,4
Tannin aus chinesischen Zackengallen	72	—	7,5	7,4	8,2	7,7	—

Wie man sieht, ergibt das synthetische Präparat bei der Hydrolyse annähernd dieselben Mengen von Glucose und Gallussäure wie das chinesische Tannin.

Methylierung der Penta-(*m*-digalloyl)-β-glucose.

2 g wurden in 40 ccm trocknem Aceton gelöst, mit einem Überschuß einer ätherischen Diazomethanlösung versetzt und 2—3 Stunden aufbewahrt, bis eine verdampfte Probe mit Eisenchlorid in acetonischer Lösung keine Färbung mehr gab. Dann wurde unter vermindertem Druck zur Trockne verdampft, der kaum gefärbte blasige Rückstand mit 7 ccm Aceton aufgenommen, mit Methylalkohol bis zur Trübung versetzt und unter Umschütteln in 100 ccm stark gekühlten Methyl-

<hr>

[1]) E. Fischer und K. Freudenberg, Berichte d. d. chem. Gesellsch. **45**, 922 [1912] (*S. 272*); **47**, 2495 [1914] (*S. 339*); E. Fischer und M. Bergmann, ebenda **51**, 316 [1918]. (*S. 505.*)

[2]) Ebenda **45**, 925 [1912]. (*S. 275.*)

[3]) Ebenda.

[4]) Ebenda **47**, 2495 [1914]. (*S. 339.*)

alkohol eingegossen. Hierbei fiel der größte Teil des Methylderivats in farblosen Flocken aus. Ausbeute 1,55 g. Weitere 0,3 g wurden aus der Mutterlauge durch Zusatz von viel Wasser erhalten.

0,1453 g Sbst. (bei 100° und 11 mm getr.): 0,3145 g CO_2, 0,0652 g H_2O.
Gef. C 59,03, H 5,02.

Für eine Penta-(pentamethyl-digalloyl)-glucose (2050,82) berechnen sich 59,10% C und 5,01% H; für das methylierte Tannin aus chinesischen Zackengallen waren früher[1]) 58,62% C und 4,88% H gefunden, während Herzig und Tscherne[2]) für ihr Methylotannin 58,59—59,13% C und 5,06—5,34% H feststellten.

Die optische Untersuchung unseres synthetischen Präparats ergab:

in Benzol $[\alpha]_D^{17} = +13,5°$ (8proz. Lösung),
in Pyridin $[\alpha]_D^{18} = +19,1°$ (10proz. Lösung),
in Acetylentetrachlorid $[\alpha]_D^{18} = +17,2°$ (6proz. Lösung).

Unter analogen Bedingungen war früher[3]) gefunden für:

	in Benzol	in Pyridin	in Acetylentetra-chlorid
Methylotannin, Rohprodukt . .	—	—	+ 14,1°
Methylotannin, umgefällt . . .	+ 9,0°	+ 14,2°	+ 10,6 °
Verbindung aus α-Glucose und Pentamethyl-*m*-digallussäure, Rohprodukt	+ 21,7°	—	von + 28,8° abnehmend bis + 14,3°
Dasselbe, wiederholt umgefällt .	+ 15,1° + 8,6°	+ 19,3°	
Verbindung aus β-Glucose und Pentamethyl-*m*-digallussäure, Rohprodukt	—	—	von + 19,5° abnehmend bis + 8,7°
Dasselbe, wiederholt umgefällt .	—	+ 10,3°	

Die Tabelle zeigt deutlich, daß alle früheren Präparate nicht einheitlich waren, und dasselbe Urteil haben wir für die neuen synthetischen Stoffe schon abgegeben. Immerhin zeigt der Vergleich der synthetischen Stoffe mit dem Methylderivat des natürlichen chinesischen Tannins, daß es sich sehr gut um recht ähnliche Substanzen handeln kann.

Acetylierung der Penta-(*m*-digalloyl)-β-glucose: 0,6 g scharf getrockneter Gerbstoff wurden mit einem Gemisch von 1,8 g Essigsäureanhydrid und 1,8 g Pyridin auf der Maschine bis zur klaren Lösung

[1]) Berichte d. d. chem. Gesellsch. **45**, 2723 [1912]. (*S. 302.*)
[2]) Ebenda **38**, 989 [1905].
[3]) Ebenda **45**, 2723 [1912]. (*S. 299, S. 301 u. S. 302.*)

geschüttelt und dann noch 3 Tage bei Zimmertemperatur aufbewahrt. Beim Eingießen in ein Gemisch von verdünnter Schwefelsäure und Eis schied sich ein hellbraunes Öl ab, das bald dick und über Nacht hart und zerreiblich wurde. Nach dem Absaugen und Waschen mit Wasser wurde in 3 ccm Chloroform gelöst und durch Eingießen in 30 ccm stark gekühlten Methylalkohol wieder abgeschieden. Dabei wurden 0,55 g eines kaum gefärbten amorphen Pulvers erhalten.

0,2168 g Sbst. (bei 100° und 15 mm getr.): 0,4322 g CO_2, 0,0751 g H_2O. — 0,1478 g Sbst. (anderes Präparat): 0,2946 g CO_2, 0,0528 g H_2O.

$C_{126}H_{102}O_{71}$ (2751,45).   Ber. C 54,98,   H 3,74.
Gef. ,, 54,37, 54,36, ,, 3,88, 4,00.

$$[\alpha]_D^{17} = \frac{+0,28° \times 1,7760}{0,5 \times 1,590 \times 0,0670} = +9,3° \text{ (in Acetylentetrachlorid).}$$

Ein anderes Präparat, das 5 Tage mit Essigsäureanhydrid und Pyridin behandelt war, zeigte $[\alpha]_D = +16,5°$ (in Acetylentetrachlorid).

Bei der Verseifung der Penta-(pentacetyl-digalloyl)-β-glucose zum Gerbstoff und der nachfolgenden Reacetylierung des letzteren findet also offenbar eine gewisse Veränderung statt. Sie macht sich schon etwas bemerkbar bei der Elementaranalyse, wo ungefähr 0,6% Kohlenstoff zu wenig gefunden wurden. Noch stärker tritt sie hervor im Drehungsvermögen, das von etwa $+3°$ im einen Versuch auf $+9,3°$ und bei dem zweiten, länger dauernden Versuch auf $+16,5°$ gestiegen war. Vielleicht hängt das mit einer Isomerisation des β-Glucose- in das α-Glucosederivat zusammen.

Penta - (pentacetyl-*m*-digalloyl) - α - glucose [α - Glucose-
penta - (pentacetyl-*m*-digalloat)],
[$(CH_3.CO.O)_3C_6H_2.CO.O.(CH_3.CO.O)_2C_6H_2.CO]_5C_6H_7O_6$.

Ihre Bereitung aus reinem, wasserfreiem Traubenzucker entspricht ganz der eben beschriebenen Darstellung des β-Isomeren. Der Traubenzucker muß dabei möglichst fein zerrieben und gebeutelt zur Anwendung kommen, sonst beansprucht seine Lösung zu lange Zeit. Die Ausbeute an gereinigtem Kuppelungsprodukt betrug mehr als 90% der Theorie.

0,1850 g Sbst. (bei 100° und 4 mm getr.): 0,3723 g CO_2, 0,0605 g H_2O.

$C_{126}H_{102}O_{71}$ (2751,45). Ber. C 54,98, H 3,74.
Gef. ,, 54,88, ,, 3,66.

Für die Bestimmung der Acetylgruppen wurden 0,3478 g auf die bei der β-Verbindung beschriebene Weise mit überschüssigem Alkali in acetonisch-wässeriger Lösung verseift, nach dem Ansäuern mit Phosphorsäure die Essigsäure mit Äther extrahiert und mit Wasser destilliert. Das Destillat verbrauchte bis zur Rötung von Phenol-phthalein 31,97 ccm $^n/_{10}$-Natronlauge, entsprechend 39,54% Acetyl, während sich für $C_{76}H_{27}O_{46}(C_2H_3O)_{25}$ (2751,45) 39,1% berechnen.

$$[\alpha]_D^{16} = \frac{+2,12° \times 1,7612}{1 \times 1,589 \times 0,0762} = +30,8° \text{ (in Acetylentetrachlorid).}$$

Andere Präparate zeigten $[\alpha]_D = +27,7°$ und $+25,5°$.

Das Drehungsvermögen ist also hier erheblich stärker als bei dem isomeren Derivat der β-Glucose, und das Schwanken der Werte bei den einzelnen Präparaten deutet auch hier wieder darauf hin, daß kleinere und wechselnde Mengen des β-Isomeren beigemischt sind.

Leicht löslich in Chloroform, Aceton und Essigäther, ziemlich schwer in Benzol, selbst in der Wärme und nur recht wenig in warmem Alkohol und Methylalkohol. Keine Färbung mit Eisenchlorid in ace-tonischer Lösung. Die Verbindung konnte bisher ebenso wie das β-Iso-mere nur in amorphem Zustande erhalten werden.

Penta-(pentacetyl-p-digalloyl)-α-glucose. Ein genau ebenso dargestelltes Präparat aus dem Chlorid der Pentacetyl-p-digallus-säure und α-Glucose ergab:

0,1708 g Sbst. (bei 100° und 2 mm getr.): 0,3424 g CO_2, 0,0584 g H_2O.

$C_{126}H_{102}O_{71}$ (2751,45). Ber. C 54,98, H 3,74.
Gef. ,, 54,67, ,, 3,83.

$$[\alpha]_D^{22} = \frac{+2,20° \times 1,8768}{1 \times 1,580 \times 0,0836} = +31,3° \text{ (in Acetylentetrachlorid).}$$

Man sieht, daß das Drehungsvermögen auch hier für m- und p-Digallussäurederivat fast gleich ist, und da auch in den sonstigen Eigenschaften kein deutlicher Unterschied zu bemerken war, so liegen hier die Verhältnisse also ganz ähnlich wie bei den Verbindungen der β-Glucose mit der Pentacetyl-m- und Pentacetyl-p-digallussäure.

Penta-(m-digalloyl)-α-glucose [α-Glucose penta-(m-digalloat)].

Sie wurde aus der Acetylverbindung genau so dargestellt wie das Derivat der β-Glucose und ebenfalls über das Kaliumsalz gereinigt. Das Präparat war auch hier ein sehr schwach hellbraunes, amorphes Pulver, bei dem wir einen deutlichen Unterschied von der β-Verbindung nur im Drehungsvermögen beobachtet haben. Ausbeute 65% der Theorie.

Zur Analyse wurde bei 110° und 1 mm getrocknet.

0,1537 g Sbst.: 0,3013 g CO_2, 0,0450 g H_2O.

$C_{76}H_{52}O_{46}$ (1700,8).   Ber. C 53,64, H 3,08.
Gef. ,, 53,47, ,, 3,28.

$$[\alpha]_D^{18} = \frac{+3,37° \times 1,7977}{1 \times 0,828 \times 0,1573} = +46,5° \text{ (in Alkohol)}.$$

Andere Präparate zeigten, entsprechend dem geringeren Drehungsvermögen der als Ausgangsmaterial dienenden Acetylkörper, in alkoholischer Lösung nur $[\alpha]_D = +36,1°$ und $+38,7°$. Das zuletzt genannte Präparat gab ferner:

$$[\alpha]_D^{20} = \frac{+1,71° \times 1,6715}{0,5 \times 0,838 \times 0,1664} = +41,0° \text{ (in Aceton)}.$$

Die warm bereitete, 1 proz. wässerige Lösung trübte sich schon
beim Abkühlen auf 35°, und bei geringem weiteren Abkühlen erfolgte
ziemlich starke, milchig-ölige Ausscheidung. Um ihre Menge zu bestimmen und um die leichter löslichen Anteile mit der gereinigten
β-Verbindung und mit dem chinesischen Tannin vergleichen zu können,
haben wir 1 g des zuletzt beschriebenen Präparates in 100 ccm warmem
Wasser gelöst, auf 18° abgekühlt und die getrübte Flüssigkeit so lange
immer wieder durch eine Faltenfilter gegossen, bis schließlich ein ganz
klares, nahezu farbloses Filtrat erhalten wurde. Wir haben es bei
11 mm aus einem Bad von 35—40° und zuletzt im Vakuumexsiccator
zur Trockne verdampft. Gewicht des schwach bräunlichen Rückstandes
(bei 100° und 11 mm getrocknet): 0,62 g.

$$[\alpha]_D^{18} = \frac{+0,44° \times 1,9169}{1 \times 1,003 \times 0,0192} = +43,8° \text{ (in Wasser)},$$

$$[\alpha]_D^{18} = \frac{+0,76° \times 1,5641}{1 \times 0,803 \times 0,0413} = +35,8° \text{ (in Alkohol)},$$

$$[\alpha]_D^{18} = \frac{+1,39° \times 0,8736}{0,5 \times 0,831 \times 0,0728} = +40,1° \text{ (in Aceton)}.$$

Beachtenswert ist die Tatsache, daß das Drehungsvermögen der
wässerigen Lösung nahezu übereinstimmt mit dem der β-Verbindung,
für die $[\alpha]_D = +42,3°$ (in Wasser) gefunden war, während das natürliche chinesische Tannin $[\alpha]_D = $ etwa $+70°$ zeigte. In Alkohol und
Aceton ist das Drehungsvermögen der beiden synthetischen Penta-
digalloyl-glucosen dagegen recht verschieden. In den übrigen Eigenschaften gleicht die Penta-*m*-digalloyl-α-glucose so sehr der β-Ver-
bindung, daß wir auf die ausführliche Beschreibung verzichten
können.

Acetylierung des chinesischen Tannins.

Zur Anwendung kamen drei gereinigte Tanninpräparate. Das eine war aus dem besten Handelsprodukt der Firma Merck durch Extraktion der durch Alkali neutralisierten wässerigen Lösung mit Essigäther bereitet. Es zeigte in Wasser $[\alpha]_D = +73°$ und wird im nachfolgenden als Tannin I bezeichnet. Das zweite, später Tannin II genannt ($[\alpha]_D = +71,4°$), war auf die gleiche Art aus der Gerbsäure „Kahlbaum" hergestellt. Das dritte Tannin III mit $[\alpha]_D = +70,9°$ war aus Gerbsäure „Kahlbaum" mittels des Kaliumsalzes gewonnen. Alle drei Präparate wurden bei 100° und 11 mm über Phosphorpentoxyd getrocknet.

6 g gereinigtes Tannin wurden mit 25 ccm frisch destilliertem Essigsäureanhydrid und derselben Menge getrocknetem Pyridin bei 15—20° auf der Maschine geschüttelt. Nach 24 Stunden war klare Lösung eingetreten. Sie wurde noch 3 Tage bei Zimmertemperatur aufbewahrt und dann in dünnem Strahl in mit Eis versetzte, überschüssige, verdünnte Schwefelsäure eingegossen. Dabei fiel ein schwach gelbbraunes, zähes Öl aus, das beim Verreiben langsam fest und bröcklig wurde, so daß es nach einigen Stunden abgesaugt werden konnte. Das Präparat gab in acetonischer Lösung mit etwas Eisenchlorid keine Grünfärbung mehr. Es wurde nach dem Trocknen in 40 ccm Chloroform gelöst und in 250 ccm stark gekühlten Methylalkohol in dünnem Strahl und unter Umrühren eingegossen. Dabei fiel die Acetylverbindung in farblosen Flocken aus. Ausbeute nach dem Trocknen bei 100° und 11 mm etwa 9 g.

0,1416 g Sbst.: 0,2847 g CO_2, 0,0491 g H_2O. — 0,1619 g Sbst.: 0,3257 g CO_2, 0,0566 g H_2O.

Gef. C 54,83, 54,87, H 3,88, 3,91.

Für eine Penta-(pentacetyldigalloyl)-glucose:

$$C_{126}H_{102}O_{71} \ (2751,45). \quad \text{Ber. C } 54,98, \text{ H } 3,74.$$

Da aber ein geringerer oder größerer Gehalt von Acetyl auf die elementare Zusammensetzung nur von geringem Einfluß ist, so haben wir die Elementaranalyse durch Acetylbestimmungen ergänzt.

0,8981 g Substanz (bereitet aus Tannin III) wurden auf die vorher beschriebene Weise mit Alkali in acetonisch-wässeriger Lösung verseift, die gebildete Essigsäure nach 1 Stunde aus der mit Phosphorsäure angesäuerten Lösung erschöpfend mit Äther extrahiert und dann mit Wasser übergetrieben. Das Destillat verbrauchte bis zur Rötung von Phenolphthalein 8,20 ccm n-Natronlauge. Das entspricht 39,27% Acetyl.

Bei einer zweiten Bestimmung wurden auf 0,1807 g Substanz (bereits aus Tannin I) 16,33 ccm $^n/_{10}$-Alkali verbraucht, entsprechend 38,89% Acetyl. Eine dritte Bestimmung mit einer Substanz, die aus

Tannin II erhalten war, ergab 39,50% Acetyl. Für eine Penta-(pentacetyl-digalloyl)-glucose (2751,45) berechnen sich 39,10% Acetyl.

Zur optischen Untersuchung diente die Lösung des Acetyltannins in Acetylentetrachlorid. Ein Präparat, das durch Acetylieren des obigen Tannins I erhalten war, ergab:

$$[\alpha]_D^{18} = \frac{+\,0{,}70° \times 6{,}7714}{2 \times 1{,}596 \times 0{,}2712} = +\,5{,}58°.$$

Für ein Präparat aus Tannin II war:

$$[\alpha]_D^{18} = \frac{+\,0{,}53° \times 6{,}3524}{2 \times 1{,}586 \times 0{,}2890} = +\,3{,}70°,$$

und für zwei Präparate aus Tannin III:

$$[\alpha]_D^{16} = \frac{+\,0{,}43° \times 6{,}7624}{2 \times 1{,}595 \times 0{,}2810} = +\,3{,}2° \text{ und}$$

$$[\alpha]_D^{18} = \frac{+\,0{,}48° \times 6{,}5764}{2 \times 1{,}590 \times 0{,}2794} = +\,3{,}55°.$$

Man sieht, daß auch diese Zahlen sehr nahe übereinstimmen mit den Werten, die für die synthetische Penta-(pentacetyl-*m*-digalloyl)-β-glucose gefunden wurden.

Verseifung des Acetyltannins mit Alkali: Für den Versuch diente ein Präparat, das aus Tannin II hergestellt war. Die Verseifung wurde in derselben Weise ausgeführt wie bei den synthetischen Penta-(pentacetyl-digalloyl)-glucosen. Aus 10 g Acetylkörper wurden etwas mehr als 5 g eines hellbraunen Gerbstoffs gewonnen, der dieselbe Zusammensetzung hatte wie das ursprüngliche Tannin.

0,1650 g Sbst. (bei 110° und 1 mm über P_2O_5 getr.): 0,3238 g CO_2, 0,0504 g H_2O.

Gef. C 53,52, H 3,42.

Dagegen zeigte sich ein Unterschied im Drehungsvermögen, wie aus folgender Zusammenstellung ersichtlich ist:

	Ursprüngliches Tannin: $[\alpha]_D$	Regeneriertes Tannin: $[\alpha]_D$
Drehung in Alkohol:	+ 17,6°	+ 18,3°
,, ,, Aceton:	+ 12,9°	+ 17,3°
,, ,, Wasser:	+ 71,4°	+ 40,3°

Die Differenz in wässeriger Lösung ist ja recht erheblich, aber wir können ihr aus früher erörterten Gründen keine große Bedeutung beilegen, da die Lösungen kolloidal sind. Die Differenzen in Alkohol und Aceton können auf verschiedene Weise entstehen. Entweder beschränkt

sich die Wirkung des Alkalis nicht allein auf die Loslösung der Acetylgruppen, sondern bewirkt auch noch andere Veränderungen, oder es
wird durch die verschiedenen Operationen der Acetylierung und Re-
generierung eine Verschiebung im Verhältnis der im ursprünglichen
Tannin miteinander gemischten Substanzen herbeigeführt. Denn es ist
von uns oft genug betont worden, daß wir alle die natürlichen Tannine
keineswegs für einheitliche chemische Individuen halten.

Schließlich führen wir zum Vergleich noch die Drehungszahlen
der beiden synthetischen Penta-digalloyl-glucosen an.

	Penta-*m*-digalloyl-α-glucose:	Penta-*m*-digalloyl-β-glucose:
Drehung in Alkohol:	$+ 36{-}46{,}5°$	$+ 13{,}9{-}18{,}1°$
,, ,, Aceton:	$+ 40{-}42°$	$+ 13{,}1{-}16{,}7°$
,, ,, Wasser:	$+ 43{,}8°$	$+ 42{,}3°$

Pentagalloyl-glucosen.

Penta-(triacetyl-galloyl)-α-glucose [α-Glucose-penta-
(triacetyl-galloat], $[(CH_3CO.O)_3C_6H_2.CO]_5C_6H_7O_6$.

3,6 g gebeutelte und scharf getrocknete α-Glucose wurden mit
38 g Triacetyl-gallussäurechlorid (6 Mol.), 18 g trockenem Chinolin (etwa
7 Mol.) und 50 ccm trockenem Chloroform bei 18° auf der Maschine geschüttelt. Nach etwa 4 Stunden war eine klare, goldgelb gefärbte
Lösung entstanden, die noch 2—3 Tage bei der gleichen Temperatur
stehen blieb. Zur Entfernung des Chinolins wurde sie jetzt mehrmals
mit verdünnter Schwefelsäure, dann mit Wasser gewaschen und schließlich in 300 ccm stark gekühlten Methylalkohol unter Umschütteln in
dünnem Strahl eingegossen. Dabei fiel das Reaktionsprodukt teils
flockig, teils in klebrigen Massen aus, die schnell ganz hart wurden.
Nach einigem Aufbewahren in Kältemischung wurde abgesaugt, in
50 ccm Chloroform gelöst und die Reinigung durch Eingießen in Methylalkohol einmal wiederholt. Ausbeute nach dem Trocknen bei 78° und
0,1 mm über 90% der Theorie.

0,2108 g Sbst.: 0,4190 g CO_2, 0,0770 g H_2O.

$C_{71}H_{62}O_{41}$ (1570,85). Ber. C 54,26, H 3,98.

Gef. ,, 54,21, ,, 4,09.

$$[\alpha]_D^{24} = \frac{+ 3{,}17° \times 3{,}3993}{1 \times 1{,}585 \times 0{,}1495} = + 45{,}5° \text{ (in Acetylentetrachlosid)}.$$

Andere Präparate ergaben:

$$[\alpha]_D^{22} = \frac{+ 2{,}98° \times 3{,}5846}{1 \times 1{,}587 \times 0{,}1574} = + 42{,}7°,$$

$$[\alpha]_D^{16} = \frac{+ 3{,}20° \times 3{,}4785}{1 \times 1{,}591 \times 0{,}1490} = + 46{,}95°.$$

Amorphe, zerreibliche Masse, der meist eine gelbliche oder rötlichgelbe Färbung anhaftet. Leicht löslich in Chloroform, Aceton, Essigäther und Acetylentetrachlorid, viel schwerer in Benzol, Äther, Alkohol
und Methylalkohol und fast unlöslich in Petroläther und Wasser. Die
Acetonlösung gibt mit Eisenchlorid keine bemerkenswerte Färbung.

Pentagalloyl-α-glucose [α-Glucose-pentagalloat], $[(HO)_3C_6H_2.CO]_5C_6H_7O_6$.

Wenn die Lösung von 10 g Acetylverbindung in 200 ccm Aceton
mit einer Lösung von 15 g krystallisiertem, wasserhaltigem Natriumacetat in 95—100 ccm Wasser versetzt wird, tritt keine oder höchstens
ganz geringe Entmischung ein. Beim Erhitzen im Bad von 65—70°
kommt die Flüssigkeit in gelindes Sieden. Nach 25 Minuten werden
abermals 15 g Natriumacetat, die in 75 ccm Wasser gelöst sind, zugegeben und, falls Entmischung eintritt, etwas Aceton zugefügt. Um
die bei der Hydrolyse gebildete Essigsäure abzustumpfen, gibt man
nach weiteren 60 Minuten zu der sorgfältig mit Eis gekühlten Flüssigkeit unter Umschütteln 24 ccm n-Natronlauge. Die Lösung, welche
jetzt amphoter gegen Lackmus reagiert, wird mit 100 ccm Wasser verdünnt, wieder bei 65—70° aufbewahrt und weiterhin in Zwischenräumen
von $1\frac{1}{2}$ Stunden immer unter guter Eiskühlung und Umschütteln mit 22,
mit 20 und schließlich mit 15 ccm n-Natronlauge versetzt. Zum Schluß
wird noch 1 Stunde auf 70° erwärmt. Bis hierher führt man alle Operationen nach Möglichkeit im Wasserstoffstrom aus. Beim Stehen über
Nacht scheiden sich geringe Mengen einer dunkelbraunen, flockigen
Substanz ab, die nicht näher untersucht wurde. Das Filtrat wird mit
80 ccm n-Schwefelsäure versetzt und unter stark vermindertem Druck
aus einem Bad von 40° auf etwa 100 ccm eingedampft. Jetzt fügt man
5 n-Schwefelsäure bis zur stark sauren Reaktion auf Kongo zu, schüttelt
die Flüssigkeit sofort zweimal mit je 200 ccm Essigäther aus und wäscht
die vereinigten Auszüge zweimal mit 10 ccm Wasser. Beim Verdampfen
des Essigäthers unter vermindertem Druck bleibt eine schwach braune,
spröde Masse, die noch erhebliche Mengen von Essigsäure enthält. Sie
wird darum vier- bisfünfmal in 200 ccm warmem Wasser gelöst und
wieder unter geringem Druck verdampft. Schließlich nimmt man mit
10 ccm heißem Wasser auf, versetzt nach guter Kühlung mit starker
Kaliumbicarbonatlösung, bis Lackmus kaum mehr gerötet wird, schüttelt
viermal mit 50 ccm Essigäther und wäscht die vereinigten Auszüge
dreimal sorgfältig mit je 3—4 ccm Wasser. Nach Verjagen des Essigäthers, Lösen in Wasser und abermaligem Eindampfen zur Trockne
erhält man eine amorphe, spröde, hellbraune Masse. Ihre Menge be-

trug nach dem Trocknen bei $100°$ und 11 mm über Phosphorpentoxyd etwa 5 g, entsprechend 83% der Theorie.

$$0,1934 \text{ g Sbst.}: 0,3689 \text{ g } CO_2, \ 0,0643 \text{ g } H_2O.$$
$$C_{41}H_{32}O_{26} \ (940,26). \quad \text{Ber. C } 52,33, \ \text{H } 3,43.$$
$$\text{Gef. ,, } 52,02, \ ,, \ 3,72.$$

Die optische Untersuchung in alkoholischer Lösung ergab bei verschiedenen Präparaten in $2^1/_2$ proz. Lösung:

$$[\alpha]_D^{18} = \frac{+1,32° \times 1,9400}{1 \times 0,787 \times 0,0426} = +76,4° \text{ (in Alkohol)},$$

$$[\alpha]_D^{20} = \frac{+1,74° \times 2,0094}{1 \times 0,794 \times 0,0572} = +77,0° \quad ,, \qquad ,,$$

$$[\alpha]_D^{18} = \frac{+1,46° \times 2,4000}{1 \times 0,791 \times 0,0580} = +76,4° \quad ,, \qquad ,,$$

$$[\alpha]_D^{18} = \frac{+0,73° \times 2,0525}{0,5 \times 0,790 \times 0,0465} = +81,5° \quad ,, \qquad ,,$$

Zwei Präparate, die nach einem etwas abweichenden Verfahren (unter Anwendung von weniger Alkali) bereitet waren, zeigten in alkoholischer Lösung noch wesentlich höhere Drehungen ($[\alpha]_D = +95,4°$ und $108,8°$). Wir verzichten aber darauf, sie näher zu beschreiben, da wir nicht sicher sind, ob bei ihnen alles Acetyl entfernt war.

Für die wässerige Lösung war bei verschiedenen Präparaten:

$$[\alpha]_D^{18} = \frac{+0,66° \times 2,6450}{1 \times 1,005 \times 0,0261} = +66,5° \text{ (in Wasser)},$$

$$[\alpha]_D^{23} = \frac{+0,68° \times 2,5577}{1 \times 1,003 \times 0,0265} = +65,4° \quad ,, \qquad ,,$$

Die neue Pentagalloyl-α-glucose unterscheidet sich also durch die wesentlich höhere Drehung in wässeriger und alkoholischer Lösung von dem Präparat, das vor mehreren Jahren durch alkalische Verseifung der Penta-(tricarbomethoxy-galloyl)-α-glucose bei gewöhnlicher Temperatur erhalten war[1]). Letzteres zeigte nämlich $[\alpha]_D = +30,0°$ bis $+35,7°$ (in Wasser) und $+44,4°$ (in Alkohol).

Im übrigen besteht zwischen dem alten und dem neuen Präparat die größte Ähnlichkeit. Das gilt besonders für den stark adstringierenden und bitteren Geschmack, die Löslichkeit in Wasser und Alkohol, die Bildung von Niederschlägen in wässeriger Lösung mit Leimlösung,

---

[1]) E. Fischer und K. Freudenberg, Berichte d. d. chem. Gesellsch. **45** 929 [1912] und **47**, 2503 [1914]. (*S. 279 u. S. 347.*)

mit Pyridin, Brucin-, Chinin- und Chinolinacetat, die Färbung mit Eisenschlorid.

Die 11—12proz. alkoholische Lösung des neuen Präparats gab nach dem Mischen mit dem gleichen Volumen 10proz. alkoholischer Arsensäurelösung innerhalb 2—3 Minuten eine steife Gallerte, und dieselbe Erscheinung trat noch bei der 8proz. Lösung nach längerer Zeit ein.

Methylierung der Pentagalloyl-α-glucose: Die Lösung von 2 g in 50 ccm trocknem Aceton wurde unter starker Kühlung langsam mit einem erheblichen Überschuß einer ätherischen Diazomethanlösung versetzt und dann 3 Stunden bei 10—15° aufbewahrt.

Nach dem Verjagen des unverbrauchten Diazomethans und der Lösungsmittel unter vermindertem Druck blieb ein zäher, schwach brauner Sirup. Er wurde mit 25 ccm warmem Methylalkohol aufgenommen. Beim Abkühlen durch Kältemischung erfolgte erst starke, milchige Ausscheidung, die bald erstarrte. Da sie bei Zimmertemperatur rasch wieder ölig wurde, mußte sie, um beträchtliche Verluste zu vermeiden, möglichst schnell abgesaugt und wieder vom Filter entfernt werden. Infolgedessen war die Ausbeute nur 1,2 g. Das Präparat, das mit Eisenchlorid in acetonischer oder alkoholischer Lösung keine Färbung gab, wurde sofort im Vakuum über Schwefelsäure getrocknet und war dann eine etwas gelbbraune, blasige, spröde Masse.

Zur Analyse wurde noch bei 100° und 11 mm getrocknet, wobei die Substanz zusammenschmolz.

0,1464 g Sbst.: 0,3122 g CO_2, 0,0730 g H_2O.

$C_{56}H_{62}O_{26}$ (1150,78).   Ber. C 58,42, H 5,43.
Gef. ,, 58,16, ,, 5,58.

$$[\alpha]_D^{15} = \frac{+\,1{,}78° \times 1{,}8068}{0{,}5 \times 1{,}584 \times 0{,}0606} = +\,67{,}01° \quad \text{(in Acetylentetrachlorid)}.$$

Für die Penta-[trimethylgalloyl]-α-glucose, die aus α-Glucose und Trimethyl-galloylchlorid entsteht, wurde früher[1]) bei der gleichen Konzentration $[\alpha]_D^{18} = +\,68{,}0°$ und $+\,70{,}0°$ gefunden.

Reacetylierung der Pentagalloyl-α-glucose: Sie wurde ausgeführt, um zu sehen, ob der ursprüngliche Acetylkörper wieder entsteht. Das scheint in der Tat der Fall zu sein.

1 g scharf getrocknete Substanz ging beim Schütteln mit einem Gemisch von 6 ccm trocknem Pyridin und 6 ccm Essigsäureanhydrid unter geringer Erwärmung innerhalb einiger Minuten mit schwach brauner Farbe in Lösung. Diese wurde 3—4 Tage bei Zimmertemperatur aufbewahrt und dann in überschüssige, mit Eis versetzte, stark ver-

---

[1]) Berichte d. d. chem. Gesellsch. **47**, 2500 [1914]. (*S. 344.*)

dünnte Schwefelsäure eingegossen. Das ausfallende hellbraune, dicke
Öl wurde beim öfteren Verreiben mit der Flüssigkeit in einigen Stunden
hart und bröcklig. Nach dem Absaugen, Waschen mit Wasser und
Trocknen wurde in 3—4 ccm Chloroform gelöst und in 18 ccm stark
gekühlten Methylalkohol in dünnem Strahl eingegossen. Ausbeute nach
dem Absaugen und Trocknen bei 100° und 15 mm 1,4 g. Das ganz
schwach braune Präparat gab in acetonischer Lösung mit Eisenchlorid
keine Färbung.

0,1614 g Sbst. (bei 100° und 20 mm getrocknet): 0,3214 g CO_2, 0,0606 g H_2O.

$C_{71}H_{62}O_{41}$ (1570,85).   Ber. C 54,26, H 3,98.
Gef. „ 54,32, „ 4 20.

$$[\alpha]_D^{20} = \frac{+2,93° \times 2,1312}{1 \times 1,588 \times 0,0910} = +43,2° \text{ (in Acetylentetrachlorid).}$$

Der ursprüngliche Acetylkörper hatte $[\alpha]_D = +42,7°$. In einem
zweiten Fall hatte die ursprüngliche Acetylverbindung $46,95°$, und nach
Verseifung mit Natriumacetat und Reacetylierung der gebildeten
Pentagalloylglucose war $[\alpha]_D^{18} = +51,2°$.

Penta-(triacetyl-galloyl)-β-glucose [β-Glucose-penta-
(triacetyl-galloat)], $[(CH_3.CO.O)_3C_6H_2.CO]_5C_6H_7O_6$.

Beim Schütteln von 3,6 g scharf getrockneter β-Glucose mit 38 g
Triacetyl-galloylchlorid (6 Mol.), 18 g trocknem Chinolin (7 Mol.) und
60 ccm trocknem Chloroform entsteht innerhalb 3 Stunden eine klare,
meist schwach gelb gefärbte Lösung, deren Färbung allmählich stärker
wird. Sie wird genau so wie bei der α-Verbindung verarbeitet. Die
Ausbeute an chinolin- und halogenfreiem Produkt betrug auch hier
etwa 90% der Theorie.

0,2195 g Sbst. (bei 56° und 0,5 mm über P_2O_5 getrocknet): 0,4367 g CO_2,
0,0800 g H_2O.

$C_{71}H_{62}O_{41}$ (1570,85).   Ber. C 54,26, H 3,98.
Gef. „ 54,26, „ 4,08.

$$[\alpha]_D^{22} = \frac{+0,40° \times 2,6760}{1 \times 1,582 \times 0,1205} = +5,61° \text{ (in Acetylentetrachlorid).}$$

Ein anderes Präparat gab:

$$[\alpha]_D^{22} = \frac{+0,27° \times 3,4963}{1 \times 1,585 \times 0,1457} = +4,1°.$$

Die Substanz ist schwach gelb gefärbt und amorph, läßt sich leicht
pulverisieren und wird beim Reiben elektrisch. In den Löslichkeits-

verhältnissen und im chemischen Verhalten ist sie der α-Verbindung sehr ähnlich.

Pentagalloyl-β-glucose [β-Glucose-pentagalloat],

$[(HO)_3C_6H_2 . CO]_5 C_6H_7O_6$.

Ihre Bereitung durch Verseifung des Acetylkörpers mit Natrium-acetat in acetonisch-wässeriger Lösung bei 70° vollzieht sich ebenfalls genau so wie bei der α-Verbindung. Ausbeute aus 10 g Acetylkörper etwa 5 g Pentagalloyl-glucose, entsprechend 85% der Theorie.

Dieses Rohpodukt ist noch keineswegs rein, wie schon die optische Untersuchung zeigte. Denn bei drei verschiedenen Präparaten betrug $[\alpha]_D$ in alkoholischer Lösung $+21,1°$, $+23,2°$ und $+25,4°$. In der Tat enthält es einen in Wasser schwer löslichen Teil, der auch die Bestimmung des Drehungsvermögens in wässeriger Lösung sehr erschwert. Um diesen zu entfernen, haben wir in der 100 fachen Menge warmem Wasser gelöst, auf 18° abgekühlt und den hierbei entstehenden flockigen Niederschlag nach einstündigem Stehen abfiltriert. Die Lösung wurde dann unter stark vermindertem Druck, zuletzt im Vakuumexsiccator, verdampft. Die Menge des Gerbstoffs ging dabei auf $^3/_4$ zurück, aber das so gewonnene Präparat war nun in Wasser leicht löslich (selbstverständlich kolloidal).

0,1676 g Sbst. (bei 100° und 11 mm über P_2O_5 getrocknet): 0,3200 g CO_2, 0,0567 g H_2O.

$C_{41}H_{32}O_{26}$ (940,46).   Ber. C 52,33, H 3,43.

Gef. ,, 52,06, ,, 3,78.

$$[\alpha]_D^{18} = \frac{+0,41° \times 1,5995}{1 \times 0,787 \times 0,0373} = +23,3° \text{ (in Alkohol).}$$

Für die 10 proz. wässerige Lösung war:

$$[\alpha]_D^{18} = \frac{+0,72° \times 1,8483}{0,5 \times 1,028 \times 0,1898} = +13,6° \text{ (in Wasser)}$$

und in 1 proz. Lösung:

$$[\alpha]_D^{18} = \frac{+0,13° \times 2,2917}{1 \times 1,004 \times 0,0227} = +13,1° \text{ (in Wasser).}$$

Die Pentagalloyl-β-glucose schmeckt adstringierend und stark bitter. Sie löst sich leicht und rasch in Wasser, ebenso in Alkohol, und die nicht zu verdünnte wässerige Lösung trübt sich beim Abkühlen auf 0° durch eine milchige oder flockige Ausscheidung. Im übrigen zeigt sie alle die bekannten Fällungsreaktionen des Tannins gerade so, wie es früher für die mit Alkali gewonnene sog. Pentagalloyl-glucose beschrieben worden ist.

Die Hydrolyse mit n-Schwefelsäure, die mit 2,5 g ausgeführt wurde, gab nach 72stündigem Erhitzen auf 100°:

Gallussäure, wasserfrei %	Restgerbstoff %	Glucose in Prozenten				Summe
		polari-metrisch	titri-metrisch	gravi-metrisch	Durch-schnitt	
79,8	5	9,5	9,0	10,2	9,6	94,4

Man sieht aus diesen Zahlen, daß, wie zu erwarten war, die Menge des Zuckers um einige Prozent größer und diejenige der Gallussäure erheblich kleiner ist als beim chinesischen Tannin.

Jedenfalls entspricht das Ergebnis der Hydrolyse hier noch etwas mehr der wirklichen Zusammensetzung des Gerbstoffs, als es bei der früheren Hydrolyse der mit Alkali hergestellten Pentagalloylglucose[1] der Fall war.

Methylierung der Pentagalloyl-β-glucose: Bei der totalen Methylierung des Gerbstoffs war eine Penta-(trimethylgalloyl)-β-glucose zu erwarten, die früher synthetisch aus Trimethyl-gallussäure-chlorid und β-Glucose bereitet wurde und sogar krystallisiert erhalten werden konnte. Der Versuch hat in der Tat einen Stoff ergeben, der in den äußeren Eigenschaften und dem Drehungsvermögen dem früheren Präparat sehr ähnelt. Aber die Krystallisation ist uns leider auch bei Impfung mit dem alten Präparat nicht gelungen, so daß von einer sicheren Identifizierung auch hier keine Rede sein kann.

Die Methylierung wurde mit 2 g Substanz auf die übliche Weise in acetonisch-ätherischer Lösung mittels Diazomethans bei Zimmertemperatur ausgeführt. Nach 3—4 Stunden wurde zur Trockne verdampft und der Rückstand, der mit Eisenchlorid in methylalkoholischer Lösung keine Färbung mehr gab, aus 25 ccm Methylalkohol unter Anwendung einer Kältemischung umgelöst. Ausbeute 1,6 g.

0,1617 g Sbst. (bei 100° und 11 mm getrocknet, wobei völlige Sinterung eintrat): 0,3441 g CO_2, 0,0784 g H_2O.

Gef. C 58,04, H 5,42.

Für die amorphe Penta-(trimethylgalloyl)-β-glucose war früher[2] 58,04% C und 5,60% H gefunden, während sich für $C_{56}H_{62}O_{26}$ (1150,78) 58,42% C und 5,43% H berechnen.

$$[\alpha]_D^{10} = \frac{+1,11° \times 2,4985}{1 \times 1,5848 \times 0,1032} = +16,9° \text{ (in Acetylentetrachlorid).}$$

[1] E. Fischer und K. Freudenberg, Berichte d. d. chem. Gesellsch. **45**, 931 [1912]. (*S. 281.*)

[2] Ebenda **47**, 5201 [1914]. (*S. 345.*)

Eine andere Probe, die $5^1/_2$ Stunden mit überschüssigem Diazomethan behandelt und wie oben verarbeitet, aber im ganzen dreimal aus Methylalkohol umgelöst war, zeigte:

$$[\alpha]_D^{18} = \frac{+ 1,17° \times 2,8232}{1 \times 1,585 \times 0,1129} = + 18,5° \text{ (in Acetylentetrachlorid)}.$$

Beide Drehungswerte stimmen recht gut überein mit dem Drehungsvermögen der krystallisierten Penta-(trimethylgalloyl)-β-glucose, deren 4proz. Lösung in Acetylentetrachlorid $[\alpha]_D^{23} = + 17,2°$ hatte[1]).

Reacetylierung der Pentagalloyl-β-glucose. Sie liefert ebenfalls ein Präparat, das der ursprünglichen Acetylverbindung besonders im Drehungsvermögen sehr ähnlich ist.

0,5 g scharf getrocknete Substanz lösten sich rasch beim Schütteln mit einem Gemisch von 3 ccm Essigsäureanhydrid und 3 ccm trocknem Pyridin. Nach 3 Tagen wurde in überschüssige, mit Eis versetzte 2 n-Schwefelsäure gegossen. Das abgeschiedene Öl erstarrte allmählich. Nach 24 Stunden wurde abgesaugt, mit Wasser gewaschen, nach dem Trocknen in $1^1/_2$ ccm Chloroform gelöst und durch Eingießen in 10 ccm stark gekühlten Methylalkohol wieder abgeschieden. Ausbeute 0,55 g.

0,1556 g Sbst. (bei 100° und 11 mm über P_2O_5 getrocknet): 0,3099 g CO_2, 0,0379 g H_2O.

$C_{71}H_{62}O_{41}$ (1570,85).   Ber. C 54,26, H 3,98.
Gef. ,, 54,32, ,, 4,16.

$$[\alpha]_D^{17} = \frac{+ 0,25° \times 2,9484}{0,5 \times 1,583 \times 0,1368} = + 6,8° \text{ (in Acetylentetrachlorid)}.$$

Für Penta-(triacetyl-galloyl)-β-glucose sind oben die Werte $[\alpha]_D^{22} = + 4,1°$ und $5,61°$ angegeben.

Verseifung der beiden Penta - (triacetyl - galloyl) - glucosen mit Alkali.

Bei der Verseifung von α- und β-Penta-(tricarbomethoxy-galloyl)-glucose mit Alkali bei gewöhnlicher Temperatur wurde früher praktisch derselbe Gerbstoff erhalten. Bei den Acetylkörpern ist das Resultat etwas anders, wenn die Verseifung bei 0° ausgeführt wird. Es entstehen dann aus α- und β-Verbindung Substanzen, die sich deutlich durch das Drehungsvermögen unterscheiden, aber nicht so sehr wie die oben beschriebenen Präparate, die mit Natriumacetat bereitet wurden.

5 g Penta-(triacetyl-galloyl)-glucose (α- oder β-Verbindung) wurden in 50 ccm Aceton gelöst und bei 0° unter Umschütteln im Laufe einer Viertelstunde tropfenweise mit 80 ccm n-Natronlauge (25 Mol.) und

---

[1]) A. a. O,

dann mit 25 ccm Wasser versetzt. Nachdem 3 Stunden bei 0° aufbewahrt war, wurde mit verdünnter Schwefelsäure übersättigt, nochmals mit 50 ccm Essigäther ausgeschüttelt, der Essigäther zweimal mit je 10 ccm Wasser sorgfältig gewaschen und unter vermindertem Druck verdampft. Der schwach gefärbte Rückstand enthielt noch viel Essigsäure. Um diese zu entfernen, haben wir mehrmals in lauwarmem Wasser gelöst und wieder verdampft, nachdem die wässerige Lösung nötigenfalls von etwas schwerer löslicher Substanz filtriert war.

Zur Reinigung wurde in wenig Wasser gelöst, mit Bicarbonat nahezu neutralisiert und mit Essigäther wiederholt ausgeschüttelt. Nach Verdampfen des Essigäthers, Aufnahme in Wasser und abermaligem Verdampfen blieben etwa 2,5 g einer schwach gelbbraunen, leicht zerreiblichen, amorphen Masse.

0,1945 g Sbst. (bei 100° und 20 mm getr.): 0,3740 g CO_2, 0,0663 g H_2O.
Pentagalloyl-glucose, $C_{41}H_{32}O_{26}$ (940,26).   Ber. C 52,33, H. 3,43.
Tetragalloyl-glucose, $C_{34}H_{28}O_{22}$ (788,21).   ,,   ,, 51,77, ,, 3,58.
Gef. ,, 52,44, ,, 3,81.

Für das aus der Carbomethoxyverbindung bei alkalischer Verseifung erhaltene Präparat hatten E. Fischer und Freudenberg C 52,49 und H 3,79 bzw. C 52,41 und H 3,67 gefunden[1]).

Präparat aus dem α-Acetylkörper:

$$[\alpha]_D^{15} = \frac{+0,83° \times 2,7753}{1 \times 0,780 \times 0,0584} = +50,6° \text{ (in Alkohol)}.$$

$$[\alpha]_D^{16} = \frac{+0,38° \times 2,8883}{0,5 \times 1,009 \times 0,0632} = +34,4° \text{ (in Wasser)}.$$

Präparat aus dem β-Acetylkörper:

$$[\alpha]_D^{23} = \frac{+0,50° \times 2,9196}{1 \times 0,775 \times 0,0635} = +29,7° \text{ (in Alkohol)},$$

$$[\alpha]_D^{23} = \frac{+0,50° \times 2,5230}{1 \times 1,007 \times 0,0596} = +21,0° \text{ (in Wasser)}.$$

Die Abspaltung der Acetylgruppen war vollständig, denn die Präparate gaben bei weiterer Hydrolyse nur Spuren von Essigsäure, die höchstens $1/5$ Mol. Acetyl betrugen, während der ursprüngliche Gehalt 15 Mol. war.

Penta-(p-oxybenzoyl)-glucosen.

Ihre Synthese ist derjenigen der Galloylkörper nachgebildet. Wie in der Einleitung schon erwähnt, gelang es aber hier, durch Kupp-

---

[1]) Berichte d. d. chem. Gesellsch. **45**, 930 [1912]. (S. *280*.)

lung der α-Glucose mit Acetyl-p-oxybenzoylchlorid eine krystallisierte Substanz zu erhalten.

Penta-(acetyl-p-oxybenzoyl)-α-glucose   [α-Glucose-penta-(acetyl-p-oxybenzoat)], $(CH_3.CO.O.C_6H_4.CO)_5C_6H_7O_6$.

Werden 5 g scharf getrocknete und gebeutelte α-Glucose mit 33 g Acetyl-p-oxybenzoylchlorid (6 Mol.), 22 g Chinolin (6 Mol.) und 30 ccm trocknem Chloroform auf der Maschine bei Zimmertemperatur geschüttelt, so tritt in 2—3 Stunden klare gelbe Lösung ein. Sie wird noch 3 Tage aufbewahrt, wobei häufig eine orangerote Färbung eintritt, dann mit etwas Chloroform verdünnt, zweimal mit überschüssiger, stark verdünnter Schwefelsäure und zweimal sorgfältig mit Wasser gewaschen. Gießt man jetzt die Flüssigkeit, deren Volumen 150—175 ccm beträgt, in dünnem Strahl in 750 ccm Petroläther, so fällt eine orangegefärbte zähe Masse aus. Sie wird bei 15° dreimal gründlich mit je 50 ccm Methylalkohol verrieben. Hierbei ist höhere Temperatur sorgfältig zu vermeiden, weil sonst Zersetzung, wahrscheinlich unter teilweiser Abspaltung von Acetylgruppen, eintreten kann. Sie wird dabei zuerst konsistenter und zuletzt hart und bröckelig. Den Methylalkohol entfernt man am Schluß durch Verreiben mit Wasser. Die Ausbeute beträgt etwa 20—22 g, entsprechend 72—79% der Theorie.

Um aus dem Rohprodukt Krystalle zu erhalten, wird es in 40 ccm kaltem Essigäther gelöst und mit etwa 100 ccm Methylalkohol bis zur beginnenden Trübung versetzt. Beim Stehen und häufigen Reiben, besonders wenn geimpft werden kann, beginnt bald die Krystallisation feiner, gebogener Nädelchen, und wenn im Laufe mehrerer Stunden weitere 100—150 ccm Methylalkohol unter häufigem Reiben zugegeben werden, entsteht schließlich ein ziemlich dicker Krystallbrei. Zur völligen Reinigung des Präparats muß die Operation noch ein- bis zweimal wiederholt werden. Dabei geht die Menge auf 12—13 g zurück.

Wie die nachfolgenden Elementaranalysen zeigen, ist die Zusammensetzung des Rohproduktes und des reinen krystallisierten Präparates nicht verschieden.

0,1514 g amorphes Rohprodukt (bei 100° und 1 mm über P_2O_5 getr.): 0,3426 g CO_2, 0,0565 g H_2O. — 0,1520 g krystallisierte Sbst.: 0,3444 g CO_2, 0,0580 g H_2O.

$C_{51}H_{42}O_{21}$ (990,34).   Ber. C 61,80,   H 4,28.
Gef. ,, 61,71, 61,79,   ,, 4,18, 4,27.

Das krystallisierte Analysenpräparat zeigte:

$$[\alpha]_D^{17} = \frac{+\,16,92° \times 2,4010}{1 \times 1,562 \times 0,2090} = +\,124,5° \text{ (in Acetylentetrachlorid).}$$

Nach nochmaliger Krystallisation aus der Mischung von Essig-äther mit Methylalkohol war:

$$[\alpha]_D^{16} = \frac{+\,7,36° \times 1,8686}{0,5 \times 1,575 \times 0,1401} = +\,124,7° \text{ (in Acetylentetrachlorid).}$$

Da bei dem amorphen Rohprodukt die Drehung nur $[\alpha]_D^{18} = +\,90°$ betrug, während die elementare Zusammensetzung die gleiche war, so enthielt es offenbar erhebliche Mengen des viel schwächer drehenden β-Isomeren. Das stimmt überein mit den anderen Erfahrungen über die Acylierung der Glucosen.

Die reine, krystallisierte Substanz schmilzt bei 158—159° (korr.) zu einer zähen, farblosen Flüssigkeit, nachdem 2° vorher Sinterung eingetreten ist. Sie löst sich leicht in Chloroform, Aceton und Essig-äther, schwerer in Benzol, recht schwer in Äther, warmem Alkohol und Methylalkohol; fast unlöslich in Petroläther und so gut wie gar nicht in Wasser.

Penta-(p-oxybenzoyl)-α-glucose [α-Glucose-penta-(p-oxy-benzoat)], $C_6H_7O_6(CO.C_6H_4.OH)_5$.

Ihre Darstellung verläuft ähnlich wie bei der Carbomethoxyver-bindung[1]).

2,5 g krystallisiertes Acetat ($[\alpha]_D = +\,124,5°$) werden in 30 ccm Aceton gelöst und zu der gut gekühlten Flüssigkeit 20 ccm n-Natron-lauge im Laufe von wenigen Minuten unter dauerndem Schütteln ein-getropft, so daß die Temperatur immer etwas unter 0° bleibt. Man bewahrt noch 3 Stunden bei dieser Temperatur auf, neutralisiert dann mit Schwefelsäure, verjagt das Aceton unter geringem Druck und nimmt die abgeschiedene Oxybenzoylglucose mit 15 ccm Äther auf. Versetzt man nach dem Trocknen durch Natriumsulfat mit Petroläther bis zur Trübung und gießt in dünnem Strahl unter Umschütteln in 150 ccm Petroläther, so fällt die Oxybenzoylglucose in farblosen Flocken aus. Ausbeute an getrockneter Substanz 1,62 g, entsprechend 82% der Theorie.

Zur Analyse wurde die exsiccatortrockne Substanz bei 130° und 1 mm auf konstantes Gewicht gebracht. Hierbei fand noch keine Sinterung statt.

0,1072 g Sbst.: 0,2477 g CO_2, 0,0414 g H_2O.

$C_{41}H_{32}O_{16}$ (780,46). Ber. C 63,06, H 4,13.
Gef. ,, 63,02, ,, 4,31.

---

[1]) E. Fischer und K. Freudenberg, Berichte d. d. chem. Gesellsch. **45**, 933 [1912]. (*S. 283.*)

$$[\alpha]_D^{18} = \frac{+\,6{,}81° \times 1{,}7830}{1 \times 0{,}812 \times 0{,}0915} = +\,163{,}4° \quad \text{(in Alkohol)}.$$

Ein anderes Präparat gab:

$$[\alpha]_D^{18} = \frac{+\,6{,}29° \times 1{,}4670}{1 \times 0{,}810 \times 0{,}0706} = +\,161{,}4°.$$

Das Drehungsvermögen ist hier erheblich größer als bei dem früheren Präparat aus der Carbomethoxyverbindung ($[\alpha]_D = +\,124{,}3°$ und $+\,128{,}8°$). Das erklärt sich leicht aus der Verwendung der krystallisierten Acetylverbindung, die man als einheitliches Produkt betrachten darf. Beachtenswert ist auch hier das Resultat der Elementaranalyse, die recht gut auf eine Penta-(oxybenzoyl)-verbindung stimmt, während eine Tetra-(oxybenzoyl)-glucose (660,39) nur 61,81 % C enthalten würde.

Es ist uns bisher leider nicht gelungen, die Penta-(p-oxybenzoyl)-α-glucose zu krystallisieren. Sie bildet eine farblose oder höchstens ganz schwach gelb gefärbte, pulverige oder auch blätterige Masse, löst sich leicht in Methyl-, Äthyl- und Amylalkohol, Aceton, Eisessig und Essigäther, auch ziemlich leicht in Äther, dagegen viel schwerer in Chloroform und nur sehr schwer in Benzol und besonders in Wasser.

Reacetylierung der Penta-(p-oxybenzoyl)-α-glucose. Sie liefert mit ausgezeichneter Ausbeute die reine krystallisierte Acetylverbindung zurück.

0,8 g scharf getrocknete Oxybenzoylglucose wurden mit 2 ccm reinem Essigsäureanhydrid übergossen, wobei schon größtenteils Lösung eintrat, und dann unter Eiskühlung noch 0,5 g trocknes Pyridin zugefügt. Beim Umschütteln erfolgte sehr rasch völlige Lösung, die nach 24stündigem Stehen bei Zimmertemperatur in 25 ccm eiskalte n-Schwefelsäure eingegossen wurde. Das ausfallende dicke, ganz farblose Öl wurde schnell zähflüssig und bald hart und bröckelig. Nach sorgfältigem Waschen mit Wasser und Trocknen an der Luft wurde es mit 0,8 ccm warmem Essigäther behandelt. Dabei trat erst größtenteils Lösung ein, beim Reiben und Erkalten entstand aber rasch ein ziemlich dicker Brei mikroskopischer langer Nadeln, die sich noch erheblich vermehrten, als allmählich 5 ccm Methylalkohol zugegeben wurden.

Nach einigem Stehen bei 0° wurde abgesaugt und die schneeweiße Masse erst auf Ton, dann bei 100° und 15 mm getrocknet. Ausbeute 0,97 g oder 95% der Theorie. Schmelzpunkt 158—159° (korr.).

$$[\alpha]_D^{18} = \frac{+\,15{,}82° \times 2{,}6300}{1 \times 1{,}565 \times 0{,}2156} = +\,123{,}3° \quad \text{(in Acetylentetrachlorid)}.$$

Das sind fast genau die gleichen Zahlen, die vorher für unser reinstes Präparat der Penta-(acetyl-oxybenzoyl)-α-glucose angegeben wurden.

Aus dem Ergebnis der Reacetylierung schließen wir, daß die Penta-(p-oxybenzoyl)-α-glucose trotz ihrer amorphen Beschaffenheit als ein fast reines Präparat angesehen werden darf.

Penta-(acetyl-p-oxybenzoyl)-β-glucose [β-Glucose-
penta-(acetyl-p-oxybenzoat)].

Die Darstellung entspricht ganz derjenigen der α-Verbindung. Die β-Glucose braucht, da sie sich leichter als der Traubenzucker löst, nicht besonders gebeutelt zu werden. Aus 5 g β-Glucose wurden 24,0 g Acetylkörper erhalten, entsprechend 87% der Theorie.

0,1544 g Sbst. (bei 100° und 1 mm über P_2O_5 getrocknet): 0,3517 g CO_2, 0,0587 g H_2O.

$C_{51}H_{42}O_{21}$ (990,34). Ber. C 61,80, H 4,28.
Gef. ,, 62,12, ,, 4,25.

$$[\alpha]_D^{17} = \frac{+\,1,76° \times 3,0018}{1 \times 1,574 \times 0,2068} = +\,16,23° \text{ (in Acetylentetrachlorid).}$$

Amorphe, spröde Masse. Leicht löslich in Chloroform, Benzol, Essigäther und Aceton, schwerer in Äther, viel schwerer in kaltem Alkohol und Methylalkohol, fast gar nicht in Petroläther und in Wasser.

Die Krystallisation ist hier nicht gelungen. Wir glauben deshalb nicht, daß das Präparat einheitlich, sondern vielmehr auch ein Gemisch von viel β-Verbindung mit erheblich weniger α-Verbindung ist.

Penta-(p-oxybenzoyl)-β-glucose [β-Glucose-penta-
(p-oxybenzoat)].

Die Verseifung wurde ebenfalls wie bei der α-Verbindung ausgeführt. Die Ausbeute betrug auch hier 85—90% der Theorie.

0,1173 g Sbst. (bei 130° und 1 mm über P_2O_5 getrocknet): 0,2701 g CO_2, 0,0450 g H_2O.

$C_{41}H_{32}O_{16}$ (780,46). Ber. C 63,06, H 4,13.
Gef. ,, 62,80, ,, 4,29.

$$[\alpha]_D^{17} = \frac{+\,0,80° \times 2,1353}{1 \times 0,814 \times 0,1113} = +\,18,86° \text{ (in Alkohol).}$$

Das kaum gefärbte, blättrig amorphe Präparat löst sich leicht in Alkohol, Methylalkohol, Aceton, Eisessig und Essigäther, auch reichlich in Äther, viel schwerer in Chloroform, sehr schwer in Benzol und vor allem Wasser. Es gleicht also darin weitgehend der isomeren α-Verbindung.

Was die Reinheit betrifft, so gilt hier dasselbe, was wir von der β-Acetylverbindung gesagt haben. Wir halten das Präparat, ebenso wie jene, für ein Gemisch von viel β-Verbindung mit wenig α-Körper.

1-Monogalloyl-β-glucose (β-Glucose-1-galloat).

Wie früher schon bemerkt, wurde ihre Heptacetylverbindung einerseits aus Acetobromglucose und dem Silbersalz der Triacetyl-gallussäure und andererseits durch Einwirkung von Triacetyl-galloylchlorid auf 2, 3, 5, 6-Tetracetyl-glucose bei Gegenwart von Chinolin erhalten.

Das zweite Verfahren ist wegen der besseren Ausbeute praktisch vorzuziehen.

Silbersalz der Triacetyl-gallussäure. Die frühere, sehr kurze Beschreibung[1]) bedarf für die praktische Darstellung größerer Mengen einer Ergänzung:

60 g wasserfreie Triacetyl-gallussäure oder eine entsprechende Menge Hydrat werden mit 1 l Wasser übergossen und durch vorsichtigen, allmählichen Zusatz einer wässerigen Kaliumbicarbonatlösung nahezu in Lösung gebracht, dann filtriert und mit einer verdünnten kalten Lösung von 30 g Silbernitrat (etwas weniger als 1 Mol.) versetzt. Dabei entsteht ein dicker, schneeweißer, aber nicht deutlich krystallinischer Niederschlag. Überschüssiges Silber ist bei der Fällung zu vermeiden. Der Niederschlag bleibt erst 1 Stunde im Dunkeln stehen, wobei er dichter wird. Er wird dann scharf abgesaugt, mit kaltem Wasser sorgfältig gewaschen und erst bei 11 mm und 18° über Phosphorpentoxyd, dann bei 56° und 2 mm getrocknet. Ausbeute etwa 65 g. Bei diesen Operationen soll sich das Salz nur wenig färben.

0,2750 g Sbst.: 0,0724 g Ag.

$C_{13}H_{11}O_8Ag$ (403,03). Ber. Ag 26,77. Gef. Ag 26,33.

1-(Triacetyl-galloyl)-2, 3, 5, 6-tetracetyl-glucose aus Acetobromglucose und triacetyl-gallussaurem Silber,
$(CH_3.CO.O)_3C_6H_2.CO.O.C_6H_7O(O.CO.CH_3)_4$.

68 g triacetyl-gallussaures Silber werden mit 50 g Acetobromglucose und 600 ccm trocknem Benzol 5 Minuten auf dem Dampfbad zum Sieden erhitzt, abgekühlt, mit etwa der gleichen Menge Essigäther verdünnt und von den Silbersalzen abgesaugt. Die klare, wenig gefärbte Lösung hinterläßt beim Verdampfen unter vermindertem Druck einen schwach gelben, zähflüssigen Rückstand, der manchmal von selber

<hr>

[1]) E. Fischer und M. Bergmann, Berichte d. d. chem. Gesellsch. **51**, 54 [1918]. (*S. 441.*)

krystallisiert. Vorteilhafter ist es, das nicht abzuwarten, sondern gleich in 150 ccm warmem Benzol zu lösen. Beim Abkühlen beginnt bald die Krystallisation mikroskopischer Nadeln oder Prismen, deren Menge im Eisschrank ziemlich rasch zunimmt. Nach 24 Stunden wird abgesaugt, mit etwas kaltem Benzol gewaschen und zweimal aus 100 ccm Methylalkohol durch rasches Lösen in der Wärme und ebenfalls rasches Abkühlen auf 0° umkrystallisiert und dann sofort im Vakuumexsiccator getrocknet[1]). Ausbeute an Rohprodukt 55—60 g und an reinem Präparat etwa 38 g oder 50% der Theorie.

Die lufttrockne Substanz nahm bei 76° und 0,2 mm über Phosphorpentoxyd kaum mehr an Gewicht ab.

0,1676 g Sbst.: 0,3174 g CO_2, 0,0716 g H_2O. — 0,1714 g Sbst. (andere Darstellung): 0,3252 g CO_2, 0,0743 g H_2O.

$C_{27}H_{30}O_{17}$ (626,38). Ber. C 51,74,   H 4,83.
Gef. ,, 51,65, 51,75, ,, 4,78, 4,85.

Zur Bestimmung der Acetylgruppen wurden 0,4574 g in 25 ccm reinem Aceton gelöst und dazu bei 18° im Wasserstoffstrom während einiger Minuten erst 30 ccm n-Natronlauge und dann 20 ccm Wasser unter Umschütteln zugetropft. Nach zweistündigem Stehen wurde mit Phosphorsäure übersättigt und dann die Essigsäure in der früher beschriebenen Weise erst mit Äther extrahiert, destilliert und schließlich titriert. Verbraucht wurden 51,55 ccm $^n/_{10}$-Natronlauge.

$C_{13}H_9O_{10}(CH_3.CO)_7$ (626,24). Ber. $CH_3.CO$ 48,09. Gef. $CH_3.CO$ 48,49.

Zur optischen Untersuchung diente ein zweimal aus Methylalkohol krystallisiertes Präparat:

$$[\alpha]_D^{22} = \frac{-\,2,48° \times 1,6105}{1 \times 1,5730 \times 0,1035} = -\,24,5° \text{ (in Acetylentetrachlorid).}$$

Nach nochmaliger Krystallisation aus Methylalkohol war:

$$[\alpha]_D^{23} = \frac{-\,2,53° \times 1,6843}{1 \times 1,5740 \times 0,1119} = -\,24,2°,$$

---

[1]) Es ist nicht allein hier, sondern in allen ähnlichen Fällen ratsam, das Umlösen aus Methylaklohol rasch auszuführen und auch den anhaftenden Methylalkohol hinterher schnell zu entfernen, weil die Gefahr besteht, daß durch Alkoholyse ein Teil der Acetylgruppen abgespalten wird. Man merkt das im vorliegenden Falle sehr rasch daran, daß Präparate, die ohne Befolgung der Vorsichtsmaßregel dargestellt sind, einen zu niedrigen Schmelzpunkt zeigen. Besonders groß wird die Gefahr der teilweisen Abspaltung von Acetyl durch den Methylalkohol, wenn noch Säuren auch nur in kleiner Menge zugegen sind. Über die leichte Verseifung der Triacetylgallussäure und ihrer Derivate durch Methylalkohol und wenig Salzsäure in der Kälte haben wir besondere Versuche angestellt, die später mitgeteilt werden sollen.

und nach abermaliger Krystallisation:

$$[\alpha]_D^{23} = \frac{-2{,}46° \times 1{,}6680}{1 \times 1{,}5730 \times 0{,}1069} = -24{,}4°.$$

Die (Triacetyl-galloyl)-tetracetyl-glucose schmilzt nach geringem Sintern bei 125—126° (korr.). Sie krystallisiert aus Benzol in mikroskopischen Nädelchen und aus Methylalkohol in langen, dünnen, viereckigen Blättchen, die oft übereinandergelagert und auch rosettenförmig angeordnet sind. Sie löst sich leicht in Chloroform, Aceton und Essigäther, ziemlich schwer in kaltem Benzol, Tetrachlorkohlenstoff und Methylalkohol, nur sehr schwer in Petroläther und so gut wie gar nicht in Wasser. In heißem Alkohol ist sie auch leicht löslich und fällt aus der konzentrierten Lösung als Öl, das rasch zu igelförmigen Nadelbüscheln erstarrt.

(Triacetyl-galloyl)-tetracetyl-glucose aus Tetracetyl-glucose 'und Triacetyl-galloylchlorid. Versetzt man ein Gemisch von 7 g 2, 3, 5, 6-Tetracetyl-glucose (Glucose-2, 3, 5, 6-tetracetat)[1]) und 8 g Triacetyl-galloylchlorid (fast 1,3 Mol.) mit der Lösnng von 3,5 g Chinolin (fast 1,4 Mol.) in 15 ccm trocknem Chloroform, so erfolgt beim Umschütteln rasch unter Selbsterwärmung klare farblose Lösung. Nach 1—2 Tagen wird mit etwas mehr Chloroform versetzt, erst mit verdünnter Schwefelsäure, dann mit Bicarbonatlösung und schließlich mit Wasser gewaschen und im Vakuum verdampft. Der etwas gefärbte Rückstand beginnt nach dem Aufnehmen mit 15 ccm warmem Benzol bald zu krystallisieren, und nach kurzer Zeit erstarrt die ganze Masse zu einem dicken Brei. Nach mehrstündigem Stehen im Eisschrank und Zugabe von etwas Petroläther wird abgesaugt und mit einem Gemisch von Benzol und wenig Petroläther gewaschen. Gewicht des Rohproduktes 13,8 g. Zur Reinigung genügt einmalige rasche Krystallisation aus der dreifachen Menge Methylalkohol. Ausbeute 12 g oder 95% der Theorie (auf Tetracetylglucose berechnet).

Zur Analyse war nochmals aus ·Methylalkohol krystallisiert und rasch getrocknet.

0,1458 g Sbst.: 0,2776 g CO_2, 0,0640 g H_2O.

$C_{27}H_{30}O_{17}$ (626,24). Ber. C 51,74, H 4,83.

Gef. ,, 51,93, ,, 4,91.

$$[\alpha]_D^{25} = \frac{-1{,}19° \times 1{,}8437}{0{,}5 \times 1{,}57 \times 0{,}1160} = -24{,}1° \text{ (in Acetylentetrachlorid).}$$

Schmelzpunkt 125—126° (korr.). Bei der gleichen Temperatur schmolz ein Gemisch mit dem Präparat aus Acetobromglucose und triacetyl-gallussaurem Silber.

---

[1]) E. Fischer und K. Heß, Berichte d. d. chem. Gesellsch. **45**, 914 [1912].

1-Monogalloyl-β-glucose [β-Glucose-1-monogalloat),
$C_6H_{11}O_5 \cdot O \cdot CO \cdot C_6H_2(OH)_3$.

Werden 10 g (Triacetyl-galloyl)-tetracetyl-glucose in einer Wasserstoffatmosphäre mit 200 ccm Alkohol übergossen, der bei 20° mit trocknem Ammoniakgas gesättigt ist, so tritt sehr schnell klare Lösung ein. Man leitet noch $2^1/_2$ Stunden einen mäßig schnellen Strom von Ammoniakgas durch die Flüssigkeit, bewahrt dann noch $3^1/_2$—4 Stunden bei 20° geschützt vor Luftsauerstoff auf und verdampft schließlich unter stark vermindertem Druck zum Sirup. Dieser ist ein Gemisch, das viel Acetamid enthält. Um daraus die Galloylglucose abzuscheiden, führt man sie zunächst in die Bleiverbindung über. Zu dem Zweck wird in 50 ccm Wasser gelöst und mit der Lösung von 15 g käuflichem, krystallisiertem, basisch essigsaurem Blei in 40 ccm Wasser versetzt. Während die ersten Teile davon nur eine vorübergehende Fällung erzeugen, entsteht am Schluß ein dicker gelbbrauner Niederschlag. Er wird nach dem Absaugen und Waschen mit wenig Wasser mit 200 ccm Wasser gründlich verrieben und gleichzeitig durch Einleiten von Schwefelwasserstoff zerlegt. Wenn alles Blei als Sulfid gefällt ist, saugt man ab und verdampft das farblose Filtrat sogleich unter stark vermindertem Druck aus einem Bad von 45°.

Es hinterbleibt eine etwas gelbbraun gefärbte, halbfeste Masse Wird sie mit 50 ccm Essigäther unter kräftigem Umschütteln aufgekocht, so geht ein Teil in Lösung, der hauptsächlich aus dem Monoacetat der Galloylglucose besteht. Der Rest wird völlig fest und pulverig. Er besteht hauptsächlich aus der freien Galloylglucose. Nach 24 stündigem Stehen im Eisschrank beträgt die Menge des Ungelösten etwa 2,4 g, entsprechend 42% der Theorie. Manchmal ist sie auch infolge Beimengung anderer Stoffe wesentlich höher. Zur Reinigung wird in 4 ccm warmem Wasser gelöst und auf 0° gekühlt. Besonders beim Reiben beginnt bald die Abscheidung mikroskopischer schiefer Prismen oder Tafeln, die sehr oft zu Zwillingen vereinigt sind. Sie sind jetzt nur noch hellbraun gefärbt und schon ziemlich rein. Ihre Menge beträgt dann 1,8—2,2 g. Die Ausbeute läßt sich noch etwas verbessern durch systematisches Aufarbeiten der wässerigen Mutterlauge. In ihr befindet sich ein Gemisch von Galloylglucose mit dem zuvor erwähnten Monoacetat und anderen Stoffen. Man kann sie auf Galloylglucose verarbeiten, indem man sie im Vakuum eintrocknet, mit heißem Essigäther auslaugt und den Rückstand aus Wasser krystallisiert. Auch in dem Essigätherauszug, welcher die Hauptmenge des Galloylglucose-monoacetats enthält, befindet sich noch eine geringe Menge Galloylglucose.

Zur Analyse wurde erst aus wenig Wasser krystallisiert, dann zur Entfärbung mit geringen Mengen Methylalkohol kurze Zeit ausgekocht und schließlich wieder aus Wasser krystallisiert.

Die lufttrockne Substanz enthielt Krystallwasser.

0,1669 g lufttr. Sbst. verloren bei 100° und 20 mm 0,0126 g. — 0,1636 g Sbst. (anderes Präparat) verloren 0,0126 g.

$C_{13}H_{16}O_{10} + 1^1/_2H_2O$ (359,23).   Ber. H_2O 7,52.   Gef. H_2O 7,55, 7,70.

0,1564 g getr. Sbst.: 0,2692 g CO_2, 0,0699 g H_2O. — 0,1527 g eines anderen Präparates: 0,2640 g CO_2, 0,0678 g H_2O.

$C_{13}H_{16}O_{10}$ (332,20).   Ber. C 46,98,   H 4,86.
Gef. ,, 46,95, 47,15, ,, 5,00, 4,97.

Zur optischen Untersuchung diente die wässerige Lösung der getrockneten Substanz:

$$[\alpha]_D^{18} = \frac{-0,53° \times 2,5060}{1 \times 1,004 \times 0,0517} = -25,6° \text{ (in Wasser).}$$

Ein anderes Präparat gab:

$$[\alpha]_D^{19} = \frac{-0,54° \times 2,5770}{1 \times 1,004 \times 0,0568} = -24,4° \text{ (in Wasser)}$$

und

$$[\alpha]_D^{18} = \frac{-1,02° \times 2,5590}{2 \times 1,004 \times 0,0540} = -24,1° \text{ (in Wasser).}$$

Die Bestimmungen sind nicht sehr genau wegen der großen Verdünnung der Lösung. Aber diese war durch die geringe Löslichkeit der Substanz in kaltem Wasser bedingt.

Die Galloylglucose schmilzt bei raschem Erhitzen gegen 211 bis 212° (korr. 214—215°) unter Aufschäumen zu einer braunen Flüssigkeit. Erwärmt man langsam, so tritt diese Erscheinung schon bei 202—203° (korr.) ein.

Sie schmeckt schwach bitter, aber nicht sauer. Sie löst sich ziemlich schwer in kaltem Wasser, leicht in heißem und krystallisiert daraus beim Erkalten ziemlich langsam. Aus Methylalkohol, in dem sie sich auch in der Wärme ziemlich schwer löst, krystallisiert sie nach einiger Zeit in zentrisch angeordneten kleinen Nadeln oder Prismen. Recht schwer löst sie sich in absolutem Alkohol selbst in der Wärme, ferner in Aceton und Essigäther und so gut wie gar nicht in Äther, Benzol, Chloroform und Petroläther. Dagegen wird sie von 80 proz. Alkohol in der Wärme ziemlich reichlich aufgenommen und krystallisiert daraus, wenn die Lösung nicht zu verdünnt ist, beim längeren Stehen in schönen mikroskopischen Prismen.

Die verdünnte wässerige Lösung der Galloylglucose gibt mit Eisenchlorid eine tiefblaue Färbung wie die Gallussäure. Mit Cyankalium tritt nach kurzer Zeit Gelbfärbung und dann beim Schütteln mit Luft daneben eine rötliche Färbung ein, die wohl auf vorhergehende Abspaltung von Gallussäure zurückzuführen ist. Mit wässerigen Lösungen von essigsaurem oder basisch essigsaurem Blei und von Brechweinstein entstehen amorphe Niederschläge. Dagegen gibt Gelatine auch in ziemlich konzentrierter Lösung keine Fällung. Mit Fehlingscher Lösung tritt in der Kälte sofort Braunfärbung und beim Kochen unter Zusatz von etwas Alkali starke Reduktion ein. Durch warme verdünnte Mineralsäuren wird sie sehr leicht hydrolysiert; denn beim Erhitzen mit der 50fachen Menge $^n/_3$-Schwefelsläure im Wasserbad war nach der optischen Prüfung die Spaltung schon nach 15 Minuten fast vollständig und die abgespaltene Gallussäure ließ sich leicht mit Essigäther extrahieren. Beim Erhitzen mit dem bekannten Gemisch von salzsaurem Phenylhydrazin und Natriumacetat erfolgt rasch Spaltung und Abscheidung von d-Phenylglucosazon, wie folgender Versuch zeigt:

Die Lösung von 0,10 g lufttrockner Galloylglucose, 0,3 g Phenylhydrazin-Hydrochlorid und 0,5 g essigsaurem Natrium in 2 ccm Wasser färbte sich beim Erhitzen im Wasserbad bald gelb, und schon nach 12 Minuten begann die Abscheidung büschelförmig vereinigter, schön gelber Nadeln, die sich rasch vermehrten. Nach $1^1/_2$ Stunden hatten sie sich schwach braun gefärbt, und ihre Menge betrug dann 0,048 g. Aus der Mutterlauge konnten durch weiteres Erhitzen noch 0,024 g eines stärker gefärbten Präparates gewonnen werden. Die Hauptmenge zeigte nach dem Waschen mit eiskaltem Aceton und Umkrystallisieren den Zersetzungspunkt 210° und im Alkohol-Pyridin-Gemisch nach Neuberg[1]) die Drehung des Phenylglucosazons.

In der leichten Bildung des Glucosazons gleicht unsere 1-Galloylglucose der früher beschriebenen amorphen Galloylglucose (I)[2]). Sie unterscheidet sich aber von dieser durch die Krystallisation, durch die geringe Löslichkeit in Alkohol und durch die Richtung der optischen Drehung[3]).

Noch stärker weicht unser Präparat ab von der sog. Glucogallussäure von Feist[4]), die nach rechts dreht, von Säuren schwer gespalten wird, in den Löslichkeiten dem Tannin gleichen und sich gegen Alkali wie eine einbasische Säure verhalten soll.

---

[1]) Berichte d. d. chem. Gesellsch. **32**, 3386 [1899].

[2]) **Emil Fischer** und **Max Bergmann**, Berichte d. d. chem. Gesellsch. **51**, 311 [1918]. (*S. 500.*) Vgl. auch Sitzungsber. Akad. d. Wiss. Berlin **1916**, 570; Chem. Centralblatt **1916**, II 132.

[3]) Allerdings war diese früher bei der Galloylglucose (I) in Alkohol bestimmt worden. Wir haben sie jetzt auch in 2proz. wässeriger Lösung untersucht und $[\alpha]_D = +45,8°$ gefunden.

[4]) Chemiker-Zeitung **32**, 918 [1908]; Berichte d. d. chem. Gesellsch. **45**, 1493 1912]; Archiv d. Pharmacie **250**, 668 [1912] und **251**, 468ff. [1913].

Die 1-Galloylglucose zeigt dagegen ziemlich schwache Acidität. Denn eine Lösung von 0,208 g der wasserfreien Verbindung in 10 ccm Wasser rötete Lackmuspapier nicht sehr stark, und schon ein Zusatz von 0,2—0,3 ccm $^{n}/_{10}$-Natronlauge genügte, um neutrale Reaktion auf Lackmus herbeizuführen. Bei Phenolphthalein, das Feist zur Titration seiner Glucogallussäure als Indicator benutzt hatte, war der Farbenumschlag in unserem Falle sehr verschwommen. Nach Zusatz von 4,15 ccm $^{n}/_{10}$-Lauge war eine geringe rötliche Färbung eben wahrnehmbar, bei etwa 4,8 ccm war sie schon deutlicher und bei 5,5 ccm ziemlich kräftig. Berechnet sind für 1 Mol. Alkali 6,2 ccm $^{n}/_{10}$-Alkali.

Im Verhalten gegen Alkali unterscheidet sich die Galloylglucose auch von der früher beschriebenen β-Glucosidogallussäure[1]), die zur Neutralisation gegen Lackmus 1 Mol. Alkali verbraucht. Als echtes Phenolglucosid ist letztere auch ziemlich beständig gegen Alkali und reduzierte Fehlingsche Lösung bei kurzem Kochen nicht. Sie färbt sich ferner, da sie nur noch die beiden in *meta*-Stellung befindlichen Hydroxylgruppen der Gallussäure enthält, mit Eisenchlorid braun, während die 1-Galloylglucose damit eine tiefblaue Färbung gibt.

Rückverwandlung der 1-Galloylglucose in die (Triacetyl-galloyl)-tetracetyl-glucose.

0,30 g getrocknete Galloylglucose lösten sich beim Schütteln mit 1 ccm trocknem Pyridin und 1,1 ccm Essigsäureanhydrid unter gelinder Selbsterwärmung in wenigen Minuten fast völlig auf. Nach 24 Stunden wurde in 15 ccm mit Eis versetzte 2 n-Schwefelsäure eingegossen. Das ausfallende dicke, farblose Öl erstarrte bald. Nach dem Absaugen, Waschen mit Wasser und Trocknen entsprach die Menge fast der von der Theorie geforderten. Beim raschen Krystallisieren aus 2 ccm Methylalkohol wurden fächer- und rosettenartig angeordnete flache Prismen erhalten. Ausbeute an dem schon reinen Präparat nach dem Trocknen im Vakuumexsiccator 0,48 g oder 85% der Theorie.

$$[\alpha]_{D}^{24} = \frac{-1,05° \times 2,2440}{0,5 \times 1,58 \times 0,1227} = -24,3° \text{ (in Acetylentetrachlorid).}$$

Die Substanz schmolz bei 125—126° (korr.), also bei der gleichen Temperatur wie die zuvor beschriebene (Triacetyl-galloyl)-tetracetyl-glucose, für die $[\alpha]_{D} = -24,2$ bis $-24,5°$ gefunden war. Ein Gemisch beider Präparate zeigte keine Depression des Schmelzpunktes. Auch sonst war kein Unterschied zwischen ihnen zu bemerken.

---

[1]) E. Fischer und H. Strauß, Berichte d. d. chem. Gesellsch. **45**, 3773 [1912]. (*S. 421.*)

Die Rückverwandlung in den Acetylkörper kann deshalb für die Identifizierung der 1-Galloylglucose mitbenutzt werden. Vielleicht läßt sie sich auch zur Isolierung der Galloylglucose aus komplizierten Gemischen verwerten.

Verhalten der 1-Galloylglucose gegen Enzyme.

Emulsin: Das Enzym wirkt ähnlich wie bei den β-Glucosiden, und der Vorgang läßt sich polarimetrisch verfolgen, weil das Drehungsvermögen von links nach rechts umschlägt. Verwendet man nur Galloylglucose und Emulsin, so verläuft die Spaltung, namentlich zum Schluß, sehr langsam, wahrscheinlich wegen des hemmenden Einflusses, den die frei werdende Gallussäure ausübt.

Als die Lösung von 0,073 g lufttrockner Galloylglucose in 3,5 ccm Wasser, die im $^1/_2$-dm-Rohr eine Drehung von $-0,24°$ zeigte, mit 0,02 g eines wirksamen Emulsinpräparates von Kahlbaum und wenigen Tropfen Toluol versetzt wurde, war nach einigen Stunden eine Fällung von Eiweiß entstanden, und nach 24 stündigem Stehen bei $34°$ wurde bei der optischen Prüfung im $^1/_2$-dm-Rohr eine Drehung von $+0,09°$ gefunden, die nach weiteren zwei Tagen auf $+0,15°$ und nach wiederum 24 Stunden auf $+0,18°$ gestiegen war.

Viel rascher und fast vollständig verläuft die Hydrolyse bei Zusatz von kohlensaurem Calcium.

Eine Lösung von 0,566 g entwässerter Galloylglucose in 25 ccm Wasser, die im $^1/_2$-dm-Rohr für Natriumlicht eine Drehung von $-0,27°$ zeigte, wurde mit 0,1 g Emulsin, 0,5 g reinem, gefälltem Calciumcarbonat und 1 ccm Toluol versetzt. Nach 15 stündigem Stehen bei $34°$ war die Drehung nach $+0,23°$ umgeschlagen und nahm weiterhin nicht mehr zu. Die etwas gefärbte Flüssigkeit wurde jetzt bei $0°$ mit 5 ccm 5 n-Schwefelsäure übersättigt, vom Gips abgesaugt, mit Wasser nachgespült und sofort viermal mit 25 ccm Essigäther ausgeschüttelt, um die freie Gallussäure zu isolieren. Beim Verdampfen des Essigäthers blieb sie als krystallinische, etwas braun gefärbte Masse. Ausbeute 0,27 g oder 93% der Theorie. Die durch Umkrystallisieren aus Wasser gereinigte Gallussäure wurde nicht allein durch die üblichen Reaktionen, sondern auch durch die Analyse identifiziert. (Gef. Krystallwasser 9,80%, ber. 9,58%. — Gef. C 49,20, H 3,51, ber. für $C_7H_6O_5$: C 49,40, H 3,56.)

In der wässerigen, von Gallussäure befreiten Flüssigkeit haben wir den Traubenzucker durch die Drehung, die Gärprobe und die Titration mit Fehlingscher Lösung annähernd bestimmt und 85 bis 93% der theoretischen Menge gefunden.

Unter denselben Bedingungen wird übrigens die Galloylglucose auch von Calciumcarbonat allein verändert; denn bei dreitägigem Aufbewahren der wässerigen Lösung mit überschüssigem Calciumcarbonat bei 35° unter öfterem Umschütteln war die Drehung ebenfalls von —0,27° nach +0,10° umgeschlagen, aber in diesem Falle konnte die Bildung von Gallussäure nicht nachgewiesen werden. Es findet also keine gewöhnliche Hydrolyse statt, sondern ein anderer Vorgang, der eine nähere Untersuchung verdient.

Phaseolunatase oder Linase (Dunstan und Henry[1]): Die Möglichkeit, diese Versuche auszuführen, verdanken wir der freundlichen Hilfe der Herren Prof. Dr. A. F. Holleman in Amsterdam und Direktor L. P. de Butty in Haarlem, welche uns in freundlichster Weise 1 kg der jetzt in Deutschland kaum zu beschaffenden Bohnen von Phaseolus lunatus zur Verfügung stellten.

0,02 g getrocknete Galloylglucose wurden in 1 ccm Wasser gelöst und nach Zusatz von 0,01 g Ferment und 1 Tropfen Toluol bei 34° aufbewahrt. Nach 24 Stunden war die Drehung für Natriumlicht im $^1/_2$-dm-Rohr von —0,24° auf +0,01° umgeschlagen, und nach 4 Tagen betrug sie +0,22°.

Auszug von untergäriger Hefe: Da eine Probe Galloylglucose mit frischer Hefe deutliche Entwicklung von Kohlensäure zeigte, so war es nach den früheren Erfahrungen sehr wahrscheinlich, daß in der Hefe ein Enzym enthalten ist, welches die Galloylglucose hydrolysiert. Das wird bestätigt durch folgenden Versuch:

Die Lösung von 0,3325 g lufttrockner l-Galloylglucose in 14 ccm Hefenauszug, dessen Wirksamkeit durch einen besonderen Versuch mit α-Methylglucosid kontrolliert war, wurde mit 0,33 g reinem kohlensaurem Calcium und einigen Tropfen Toluol unter häufigem Schütteln bei 34° aufbewahrt. Die Linksdrehung, welche anfangs im $^1/_2$-dm-Rohr —0,29° betrug, wurde dabei langsam geringer. Nach 24 Stunden betrug sie nur noch —0,08°, und nach 3 Tagen war eine Rechtsdrehung von 0,15° vorhanden. Die Flüssigkeit wurde jetzt mit Salzsäure angesäuert, sofort dreimal mit Essigäther ausgeschüttelt und der Essigäther im Vakuum, zuletzt über Natronkalk verdampft. Erhalten wurden 0,090 g schwach braun gefärbte Krystalle, die sich durch die große Löslichkeit in Essigäther, ferner durch das Verhalten gegen Cyankalium und Eisenchlorid, durch die saure Reaktion und die Krystallisation aus Wasser als Gallussäure erwiesen.

Ein zweiter Versuch, ohne Calciumcarbonat ausgeführt, gab im wesentlichen dasselbe Resultat.

---

[1] Dunstan und Henry, Annal. chim. et phys. [8] 10, 118 [1907]; Dunstan, Henry und Auld, Proc. Royal Soc. Ser. B 79, 315 [1907]; Armstrong und Mitarbeiter, Proc. Royal Soc. Ser. B 82, 349 [1910]; 85, 370 [1912].

Identität der 1-Galloylglucose mit dem Glucogallin.

Wie schon in der Einleitung erwähnt, stimmen unsere Beobachtungen über die Eigenschaften der 1-Galloylglucose recht gut überein mit den Angaben von E. Gilson über das Glucogallin. Das gilt auch für die Krystallform. Die Untersuchung unseres Präparates ist im Laboratorium des Herrn Paul v. Groth in München von Herrn Dr. L. Weber ausgeführt worden und hat folgendes Resultat ergeben, das uns von Herrn Groth gütigst übermittelt wurde. Wir fügen die entsprechenden Angaben von M. Stöber, der das Glucogallin gemessen hat, nach der Originalabhandlung von Gilson[1]) hinzu. Nach Ansicht des Herrn v. Groth genügt die Übereinstimmung der Beobachtungen vollkommen, um die Identität der beiden Substanzen zu beweisen.

	Dr. L. Weber fand:	M. Stöber:
Krystallsystem	Monoklin	Monoklin
Kombination	a (100) vertikal gestreift, b (010), c (001)	a = (100), b = (010), c = (001). Les faces b etc. sont lisses et brillantes, les faces a, au contraire, légèrément cannelées suivant l'axe vertical
$a : c = \beta$	103° 25′	103° 24′
Spaltbarkeit	nach b (010) vollkommen	Clivage assez parfait suivant (010)
	Ebene der optischen Achsen b (010), die 1. Mittellinie bildet mit der c-Achse 14°	Le plan des axes optiques est parallèle à (010) et la bissectrice aigue forme l'axe vertical un angle de 16°
	Scheinbarer Achsenwinkel ca. 55°	L'angle des axes optiques, mesuré dans l'air, sur les faces e, est d'environ 55° (lumière de sodium).

Die kleine Differenz in der Orientierung der 1. Mittellinie erklärt sich nach Herrn v. Groth durch die winzigen Dimensionen der von Stöber gemessenen Krystalle.

Über das Drehungsvermögen des Glucogallins, das Verhalten gegen Fermente und die Acetylierung hat der Entdecker keine Angaben gemacht. Wir haben diese Lücken ausgefüllt mit folgendem Resultat:

Für das Drehungsvermögen fanden wir in Wasser:

$$[\alpha]_D^{18} = \frac{-0{,}48° \times 1{,}9072}{1 \times 1{,}004 \times 0{,}0364} = -25{,}0°.$$

---

[1]) Bull. Acad. roy. méd. de Belgique [4] **16**, 842 [1902].

Die Acetylierung, genau in der vorher für Galloylglucose beschriebenen Weise ausgeführt, gab ein Präparat vom Schmelzpunkt 125—126° und der Drehung:

$$[\alpha]_D^{18} = \frac{-1,11° \times 1,4320}{0,5 \times 1,580 \times 0,0826} = -24,4° \text{ (in Acetylentetrachlorid)}.$$

Alle diese Beobachtungen lassen keinen Zweifel über die Gleichheit des Glucogallins mit der 1-Galloylglucose.

1-Galloyl-β-glucose-monacetat,
$(HO)_3C_6H_2.CO.O.C_6H_{10}O_4.O.CO.CH_3$.

Sie befindet sich in der Mutterlauge, die bei der Darstellung der 1-Galloylglucose durch Auskochen des Rohproduktes mit Essigäther erhalten wird. Beim langsamen Verdunsten des Essigäthers scheidet sie sich in zentrisch vereinigten, farblosen Nädelchen oder krystallinischen Krusten ab. Wenn das Lösungsmittel größtenteils verdunstet ist, bleibt ein dicker Brei. Er wird im Exsiccator möglichst getrocknet, dann mit etwa der vierfachen Menge Essigäther verrieben, abgesaugt und oberflächlich auf Ton getrocknet. Gewicht des noch etwas klebrigen Rohproduktes 2,5 g, wenn 25 g Heptacetylkörper auf Galloylglucose verarbeitet werden. Zur Reinigung wird in 5 ccm heißem Wasser gelöst. Beim Abkühlen in Eis und Reiben entsteht schnell ein dicker Brei mikroskopischer, sehr dünner, gebogener Nädelchen. Das farblose Präparat wiegt jetzt lufttrocken 1,7 g. Zur Analyse wurde nochmals auf die gleiche Art aus Wasser krystallisiert, wobei nur noch geringer Gewichtsverlust eintrat.

Die lufttrockne Substanz enthält Krystallwasser, das bei 78° und 2 mm ziemlich rasch entweicht und dessen Menge bei unseren Präparaten 10,8 und 10,9% betrug.

0,1420 g getr. Sbst.: 0,2493 g CO_2, 0,0629 g H_2O. — 0,1722 g Sbst. (anderes Präparat): 0,3041 g CO_2, 0,0746 g H_2O.

$C_{15}H_{18}O_{11}$ (374,22).   Ber. C 48,12,   H 4,85.
Gef. ,, 47,88, 48,16,   ,, 4,96, 4,85.

Maßgebender als die Analyse ist für die Ermittlung der Formel die Bestimmung des Acetyls, die in der mehrfach beschriebenen Weise ausgeführt wurde.

0,4272 g Sbst. verbrauchten 11,88 ccm $^n/_{10}$-Alkali.
$C_{13}H_{15}O_{10}.CO.CH_3$ (374,22).   Ber. $CH_3.CO$ 11,50.   Gef. $CH_3.CO$ 11,97.

$$[\alpha]_D^{18} = \frac{-0,44° \times 1,7936}{0,5 \times 0,835 \times 0,1798} = +10,5° \text{ (in Alkohol)}.$$

Ein anderes Präparat zeigte:

$$[\alpha]_D^{24} = \frac{-0,45° \times 1,1844}{0,5 \times 0,834 \times 0,1222} = +10,46° \text{ (in Alkohol)}.$$

Die Substanz hat keinen bestimmten Schmelzpunkt. Bei ziemlich schnellem Erhitzen schmilzt sie nach starkem Sintern unscharf von etwa 150° an zu einer zähen, trüben Flüssigkeit, die weiterhin dünnflüssiger wird und sich langsam braun färbt. Sie löst sich leicht in Alkohol, Methylalkohol, Aceton und warmem Wasser; ziemlich reichlich auch in warmem Essigäther und krystallisiert daraus beim Erkalten rasch in hübschen Nadelbüscheln. Schwer löslich in Äther, Benzol, Chloroform und Petroläther. Mit Eisenchlorid färbt sich die wässerige oder alkoholische Lösung dunkelblau.

<h3 style="text-align:center">1 - Galloyl-β-glucose-tetracetat (?).</h3>

Werden 10 g (Triacetyl-galloyl)-tetracetyl-glucose erst mit 30 ccm Alkohol und dann im Wasserstoffstrom bei Zimmertemperatur mit der gleichen Menge Alkohol, der vorher bei 0° mit Ammoniakgas gesättigt ist, übergossen, so tritt beim Umschütteln rasch klare, schwach gelbbraune Lösung ein, die nach 45 Minuten unter vermindertem Druck verdampft wird. Der zurückbleibende Sirup beginnt häufig nach einigem Stehen von selbst zu krytsallisieren. Sicherer tritt das ein, wenn man impfen kann. Bewahrt man dann bei 30° auf, so schreitet die Krystallisation rasch durch die ganze Masse fort. Nach längerem Stehen streicht man auf Ton oder preßt ab. Die noch etwas klebrige Masse wird in 25 ccm heißem Amylalkohol gelöst. Beim Abkühlen auf 30°, Impfen und Reiben verwandelt sich die Flüssigkeit rasch in einen Brei mikroskopischer, lanzettförmiger Nadeln, die oft igelartig vereinigt sind. Nach 24 stündigem Stehen bei Zimmertemperatur, Absaugen und Nachwaschen mit etwas Amylalkohol beträgt die Ausbeute 5,8 g oder 72% der Theorie.

Zur Analyse wurde noch zweimal aus Amylalkohol krystallisiert, erst an der Luft und dann bei 78° und 0,2 mm über Phosphorpentoxyd getrocknet.

0,1683 g Sbst.: 0,3054 g CO_2, 0,0801 g H_2O. — 0,1447 g eines anderen Präparates: 0,2641 g CO_2, 0,0674 g H_2O. — 0,1883 g Sbst.: 0,3431 g CO_2, 0,0870 g H_2O.

(Galloylglucose)-tetracetat, $C_{21}H_{24}O_{14}$ (500,30). Ber. C 50,38, H 4,83.
(Galloylglucose)-triacetat, $C_{19}H_{22}O_{13}$ (458,18).   ,,   ,, 49,77, ,, 4,83.
Gef. ,, 49,49, ,, 5,32.
,, ,, 49,78, ,, 5,21.
,, ,, 49,69, ,, 5,17.

Die Analysen stimmen besser auf ein Triacetat, dagegen zeigte die Bestimmung des Acetyls, daß hauptsächlich Tetracetat vorliegt. (Ber. für $C_{13}H_{12}O_{10}(CO.CH_3)_4$ (500,3) 34,41% Acetyl und für $C_{13}H_{13}O_{10}(CO.CH_3)_3$ (458,18) 28,17% Acetyl.   Gef. 34,3% und 32,9% Acetyl.) Offenbar handelt es sich aber um ein Gemisch, dessen Zusammensetzung wohl mit der Darstellung etwas wechselt.   Da diese Körper nur ein untergeordnetes Interesse bieten, so haben wir auf die Isolierung der reinen Substanzen verzichtet.

Unsere Präparate schmolzen gegen 136—137° und zeigten $[\alpha]_D = +38{,}7°$ und $+38{,}8°$ (in Alkohol). Leicht löslich in Alkohol, Methylalkohol, Aceton und warmem Essigäther, sehr schwer in kaltem Wasser. Färbung mit Eisenchlorid in alkoholischer Lösung wie bei Gallussäure.

Neue Bildung der 1-Benzoyl-tetracetyl-glucose, $(C_6H_5.CO)(CH_3.CO)_4C_6H_7O_6$.

Werden 3,4 g 2,3,5,6-Tetracetyl-glucose[1]) mit einem Gemisch von 2 g Benzoylchlorid ($1\frac{1}{2}$ Mol.), 1,5 g Chinolin (1,2 Mol.) und 2 ccm trocknem Chloroform übergossen, so erfolgt beim Umschütteln rasch unter geringer Erwärmung fast völlige Lösung, aber bald nachher findet starke Krystallisation statt.   Nach 24stündigem Stehen wurde in mehr Chloroform gelöst, erst mit verdünnter Salzsäure, dann mit Bicarbonatlösung einige Zeit geschüttelt, um das unveränderte Benzoylchlorid zu entfernen, und schließlich sorgfältig mit Wasser gewaschen.   Beim Verdampfen des Chloroforms blieb eine wenig gefärbte Krystallmasse, die nach einmaligem Umkrystallisieren aus 15 ccm Alkohol reine Benzoyl-tetracetyl-glucose gab.   Ausbeute 3,8 g oder 86% der Theorie.

0,1390 g Sbst.: 0,2840 g CO_2, 0,0698 g H_2O.

$C_{21}H_{24}O_{11}$ (452,30).   Ber. C 55,73, H 5,35.
Gef. ,, 55,72, ,, 5,62.

Das Präparat zeigte den Schmelzpunkt und die anderen von Zemplén und László[2]) angegebenen Eigenschaften.   Nur im Drehungsvermögen fanden wir einen kleinen Unterschied:

$$[\alpha]_D^{21} = \frac{-0{,}77° \times 3{,}6884}{1 \times 1{,}465 \times 0{,}0729} = -26{,}6° \text{ (in Chloroform)}.$$

1-(Acetylsalicoyl)-2,3,5,6-tetracetyl-glucose, $(CH_3.CO.O.C_6H_4.CO.O)C_6H_7O(O.CO.CH_3)_4$.

Werden 14 g Tetracetyl-glucose mit einem Gemisch von 8,3 g Acetyl-salicoylchlorid, 20 g trocknem Chloroform und 5,5 g Chinolin

---

1) E. Fischer und K. Heß, Berichte d. d. chem. Gesellsch. **45**, 914 [1912].
2) Ebenda **48**, 915 [1915].

übergossen und unter Eiskühlung geschüttelt, so erfolgt nach wenigen Minuten klare Lösung. Man läßt einen Tag bei gewöhnlicher Temperatur stehen, verdünnt dann mit mehr Chloroform, schüttelt erst zur Entfernung des Chinolins mit verdünnter Schwefelsäure und wäscht hinterher mehrmals mit Wasser. Beim Verdampfen unter vermindertem Druck bleibt eine zähflüssige, schwach braune Masse. Wird sie in 30 ccm heißem Benzol gelöst und wenig Petroläther zugegeben, so erfolgt beim Reiben und noch rascher beim Impfen die Abscheidung mikroskopischer, flacher Prismen, die sich bei Zugabe von mehr Petroläther und Abkühlung in einer Kältemischung rasch vermehren. Ausbeute an Rohprodukt 21,3 g. Zur Reinigung haben wir rasch in 50 ccm warmem Methylalkohol gelöst und sofort wieder in Kältemischung gekühlt. Dabei krystallisieren farblose, harte Prismen. Die Ausbeute ging allerdings stark zurück; denn sie betrug nur 14,2 g oder 69% der Theorie.

Zur Analyse wurde nochmals aus Methylalkohol umkrystallisiert, wobei der Verlust nur noch gering war, und sofort im Vakuumexsiccator getrocknet.

0,1500 g Sbst.: 0,2980 g CO_2, 0,0705 g H_2O.

$C_{23}H_{26}O_{13}$ (510,32). Ber. C 54,11, H 5,14.
Gef. ,, 54,18, ,, 5,26.

$$[\alpha]_D^{24} = \frac{-3,01° \times 1,1468}{0,5 \times 1,556 \times 0,1081} = -41,0° \text{ (in Acetylentetrachlorid).}$$

Schmelzpunkt 116—117° (korr.). Leicht löslich in Chloroform, Benzol, Essigäther und Aceton, schwerer in kaltem Alkohol, kaltem Methylalkohol, warmem Äther und besonders in Petroläther. Die alkoholische Lösung gibt mit Eisenchlorid keine bemerkenswerte Färbung.

25. Emil Fischer und Max Bergmann: Über das Tannin und die Synthese ähnlicher Stoffe. VI.

Berichte der deutschen chemischen Gesellschaft 52, 829 [1919].

(Eingegangen am 7. März 1919.)

Für die Bereitung der Galloyl- und Digalloyl-glucosen aus ihren Acetaten diente früher die Verseifung mit kaltem Alkali oder mit einer warmen Lösung von Natriumacetat. Wie in der letzten Mitteilung schon angedeutet wurde, kann sie aber auch durch Salzsäure in methylalkoholischer Lösung unter Zusatz einer mäßigen Menge von starker wässeriger Salzsäure bei gewöhnlicher Temperatur bewerkstelligt werden. Ist der Acetylkörper in Methylalkohol zu schwer löslich, so verwendet man ein Gemisch mit Aceton. Die Entfernung der Acetylgruppen gelingt auf diese Weise ebenso vollständig wie mit Alkali oder Natriumacetat, und die aus α - oder β-Glucose gewonnenen Präparate zeigen eine größere Differenz im Drehungsvermögen, sind also offenbar optisch etwas reiner als die früher beschriebenen Substanzen. Man wird deshalb das Verfahren auch in anderen Fällen, wo die zu erwartenden Körper gegen Alkali empfindlich sind, mit Vorteil verwenden können, um Acetate der Phenole und Phenolcarbonsäuren zu zerlegen. Als Beispiel dafür ist später die Verseifung der Acetyl-salicylsäure und der Triacetyl-gallussäure geschildert.

Für die Reinigung des Tannins ist schon von Berzelius das Kaliumsalz benutzt worden. Nach unseren Erfahrungen läßt es sich am bequemsten darstellen durch Vermischen der alkoholischen Lösungen von Tannin und Kaliumacetat, wobei allerdings das Präparat etwas Kaliumacetat enthält. Wir haben es auch benutzt, um die synthetisch bereiteten Penta-m-digalloylglucosen mit dem chinesischen Tannin zu vergleichen. Merkwürdigerweise ist der Metallgehalt bei den Penta-digalloyl-glucosen und Penta-galloyl-glucosen prozentig fast gleich. Die Verhältnisse werden im experimentellen Teil ausführlicher geschildert.

Das Verfahren, durch welches die 1-Galloylglucose aus dem leicht zugänglichen Heptacetat gewonnen wurde, schien anfänglich für die Bereitung von 1-Acylglucosen allgemein brauchbar zu sein. Diese Hoffnung hat sich aber nicht erfüllt. Es ist uns zwar ohne allzu große Mühe gelungen, noch das Derivat der p-Oxybenzoesäure, also die

1 - (p - Oxybenzoyl)-glucose, $HO.C_6H_4.CO.O.C_6H_{11}O_5$, darzustellen. Aber bei der Benzoylverbindung haben wir den acetylfreien Körper nicht isolieren können. Vielleicht entsteht er in kleiner Menge, aber zum größten Teil wird das Benzoyl aus der Tetracetylbenzoylglucose bei der Verseifung zugleich mit den 4 Acetylgruppen abgespalten. Dieser Unterschied zwischen Benzoyl- und Oxybenzoylverbindungen ist beachtenswert. Wahrscheinlich wird durch die Salzbildung, die an der Phenolgruppe nach der hier besonders leicht erfolgenden Ablösung des Acetyls eintritt, der verseifende Angriff der Base auf das aromatische Acyl abgeschwächt; denn nach den früheren Beobachtungen über den Einfluß der Salzbildung auf die Verseifung von Amiden und Estern durch Alkalien[1]) sind die Ester der Phenolcarbonsäuren allgemein beständiger als die neutralen Ester ihrer Methylverbindungen.

Bei dieser Gelegenheit haben wir auch die bekannte katalytische Wirkung[2]) von Natriumalkoholat auf Ester in alkoholischer Lösung benutzt. Bei der (Acetyl-p-oxybenzoyl)-tetracetyl-glucose konnten wir feststellen, daß zur völligen Entfernung der 5 Acetyle in alkoholischer Lösung 1 Mol. Natronlauge bei Zimmertemperatur genügt, und diese Bedingungen sind sogar für die Erzielung einer guten Ausbeute besonders günstig. Die Reaktion ist schon öfters zur Alkoholverdrängung und zur Darstellung von einfachen Estern aus komplizierten Stoffen, z. B. den Fetten, verwandt worden, aber nicht zur präparativen Gewinnung von Zuckern und Glucosiden aus ihren Acetaten. Wir haben es deshalb nicht für überflüssig gehalten, darüber einige Versuche anzustellen, und werden im experimentellen Teil die Bedingungen angeben, unter denen man auf diese Art Glucose aus ihrem Pentacetat oder Methylglucosid aus dem Tetracetat auf bequeme Art und mit befriedigender Ausbeute gewinnen kann. Wir glauben, daß das Verfahren in manchen ähnlichen Fällen von praktischem Nutzen sein kann.

Die mit dem Glucogallin identische 1 - Galloylglucose ist nach den verschiedenen Bildungsarten, dem optischen Drehungsvermögen und dem Verhalten gegen Emulsin als Derivat der β-Glucose anzusehen. Zweifellos existiert auch das entsprechende Derivat der α-Glucose, und wir haben Grund zu der Annahme, daß es leicht aus

---

[1]) E. Fischer, Berichte d. d. chem. Gesellsch. **31**, 3266 (1898).

[2]) Vgl. Claisen, Berichte d. d. chem. Gesellsch. **20**, 646 [1887]. — Marschall und Purdie, ebenda S. 1555 [1887], Journ. of the Chem. Soc. **53**, 391 [1888]. — Kremann, Monatsh. **26**, 783 [1905] und **29**, 23 [1908]. — Kossel und Krüger, Zeitschr. f. physiol. Chem. **15**, 321 [1891]. — Henriques, Zeitschr. f. angew. Chem. **1898**, 338. — H. Leuchs und Theodorescu, Berichte d. d. chem. Gesellsch. **43**, 1249 [1910]. — Pfannl, Monatsh. **31**, 301 [1910] und **32**, 509 [1911]. — Komnenos, ebenda **32**, 77 [1911].

der ersten durch Umlagerung gebildet wird. Wie früher schon erwähnt, verändert sich nämlich das Drehungsvermögen der 1-Galloyl-β-glucose in wässeriger Lösung beim Schütteln mit Calciumcarbonat. Viel rascher geht die Veränderung vonstatten bei Einwirkung von Natriumcarbonat oder Pyridin. Die Drehung schlägt dann von links nach rechts um und erreicht schließlich ein Maximum. Es ist uns aber nicht gelungen, die α-Galloylglucose aus dem Gemisch zu isolieren. Jedenfalls verdient die leichte Veränderung der 1-Galloylglucose durch schwache Basen im Gegensatz zu den ganz beständigen Alkylglucosiden Beachtung; denn sie erinnert an die noch viel raschere gegenseitige Verwandlung der α - und β-Glucose ineinander. Dieselbe sterische Umlagerung findet, wie wir längst vermutet haben, höchstwahrscheinlich auch bei den Pentagalloyl-glucosen statt, wenn sie aus ihren Carbomethoxy- oder Acetylverbindungen durch Alkali bei gewöhnlicher Temperatur bereitet werden. Denn unter diesen Bedingungen geben die Derivate der α - und β-Glucose das gleiche Endprodukt[1]).

Nach dem vergeblichen Anlauf zur direkten Gewinnung der 1 - Ga l - loy l - α - g l u c o s e aus der β-Verbindung haben wir einen anderen Weg eingeschlagen, der auch zu ihrer krystallisierten H e p t a c e t y l - v e r b i n d u n g geführt hat. Sie entsteht auf folgende Weise: Wird die krystallisierte Tetracetyl-β-glucose in alkoholischer Lösung lange aufbewahrt, so verwandelt sie sich in einen sirupösen Stoff, der stark nach rechts dreht[2]). Wie schon früher vermutet wurde, enthält er in erheblicher Menge die Tetracetyl-α-glucose. Nach unseren neueren Erfahrungen erfolgt die gleiche Veränderung sehr viel rascher, wenn die alkoholische Lösung unter Zusatz von Pyridin kurze Zeit gekocht wird. Dieses amorphe Präparat haben wir nun mit Triacetyl-galloylchlorid bei Gegenwart von Chinolin gekuppelt und ein Präparat erhalten, das die Zusammensetzung einer Heptacetyl-galloylglucose besitzt. Es ist aber ein Gemisch, aus dem erst durch wiederholte Krystallisation eine Substanz isoliert werden konnte, deren Drehungsvermögen bei $[\alpha]_D + 100°$ konstant blieb. Wir halten uns für berechtigt, diese als Heptacetyl-1-galloyl-α-glucose anzusehen. Wird sie in der gleichen Weise mit Ammoniak verseift, wie wir es früher für die Darstellung der 1-Galloyl-β-glucose beschrieben haben, so entsteht ein in Wasser und Alkohol leicht löslicher amorpher Stoff, der stark nach rechts dreht, ganz das Verhalten einer 1-Galloylglucose zeigt und bei der Reacetylierung wieder erhebliche Mengen der Heptacetylverbindung von $[\alpha]_D + 100°$ liefert. Wir sind deshalb überzeugt, daß in diesem Sirup große Mengen

---

[1]) E. Fischer und K. Freudenberg, Berichte d. d. chem. Gesellsch. **45**, 915 [1912] und **47**, 2485 [1914]. (*S. 265 u. S. 329.*)

[2]) E. Fischer und K. Delbrück, ebenda **42**, 2776 [1909].

von 1-Galloyl-α-glucose enthalten sind. Da aber die Krystallisation bisher nicht gelang, so ist die Bereitung der reinen 1-Galloyl-α-glucose noch ein ungelöstes Problem.

Auf dieselbe Art konnten wir aus der amorphen Tetracetylglucose die entsprechenden, leicht krystallisierenden Derivate der Benzoesäure und der p-Oxybenzoesäure, d. h. die Tetracetyl-1-benzoyl-α-glucose und die Tetracetyl-1-(acetyl-p-oxybenzoyl)-α-glucose bereiten. Die letzte haben wir dann noch benutzt, um durch vorsichtige Verseifung, ähnlich wie bei der β-Verbindung die freie 1-p-Oxybenzoyl-α-glucose zu bereiten. Leider gelang ihre Krystallisation ebenfalls nicht; infolgedessen ist bis jetzt noch keine 1-Acyl-α-glucose in reinem Zustande bekannt.

Die Galloylderivate der Zucker unterscheiden sich durch das Verhalten gegen Leimlösung. Während Penta- und Trigalloylverbindungen ähnlich den Gerbstoffen die Gelatine in wässeriger Lösung fällen, fehlt diese Eigenschaft den verschiedenen Monogalloylglucosen und der Monogalloyl-fructose. Da ähnliche Unterschiede bei den mehrwertigen Alkoholen zu erwarten waren, wurden die Derivate des Glykols, Trimethylenglykols, Glycerins, Erythrits und Mannits auf diese Eigenschaft geprüft. Sie lassen sich aus den Alkoholen leicht durch Kuppelung mit Triacetyl-galloylchlorid und nachträgliche Abspaltung der Acetylgruppen bereiten. Die Glykol- und Glycerinverbindungen sind von uns selbst und die Derivate des Trimethylenglykols, Erythrits und Mannits von Frl. Hertha von Pelchrzim auf unsere Anregung dargestellt worden.

Der Vergleich hat folgendes ergeben: Das leicht krystallisierende Äthylenglykol-digalloat ist in Wasser und Alkohol so schwer löslich, daß sich weder die Leim- noch die Arsensäureprobe ausführen läßt. Auch bei dem krystallisierenden Trimethylenglykol-digalloat ist die Leimprobe wenig charakteristisch. Dagegen findet die Gallertbildung durch Arsensäure in alkoholischer Lösung deutlich statt. Das ebenfalls krystallisierende Tetragalloat des Erythrits ist in Wasser in erheblicher Menge löslich und gibt dementsprechend die Leimfällung. Dagegen ist die alkoholische Lösung zu verdünnt für die Arsensäureprobe. Das amorphe Trigalloat des Glycerins und das ebenfalls amorphe Hexagalloat des Mannits sind in Wasser leicht löslich (kolloidal) und verhalten sich bei beiden Proben wie die Gerbstoffe.

Verseifung von acetylierten Phenolcarbonsäuren mit Methylalkohol und Salzsäure.

Acetyl-salicylsäure: Eine Lösung von 5 g in 50 ccm Methylalkohol wurde mit 5 ccm konz. wässeriger Salzsäure (D 1,19) versetzt und das Gemisch 4 Stunden bei 18° aufbewahrt. Als jetzt nach Zusatz von 100 ccm Wasser der Methylalkohol unter geringem Druck bei gewöhnlicher Temperatur zum größeren Teil verdampft wurde, schied sich die entstandene Salicylsäure vom Schmelzpunkt 155° in farblosen Nadeln aus. Ausbeute 3,2 g oder 84% der Theorie.

Triacetyl-gallussäure: Eine Mischung von 2 g krystallwasserhaltiger Triacetyl-gallussäure, 20 ccm Methylalkohol und 2 ccm Salzsäure (D 1,19) blieb 2 Stunden bei Zimmertemperatur stehen und wurde dann, ebenfalls bei Zimmertemperatur, unter geringem Druck eingedampft. Der Rückstand war Gallussäure, die nach einmaligem Umkrystallisieren aus wenig Wasser völlig rein erhalten und durch die Bestimmung des Krystallwassers und die Elementaranalyse identifiziert wurde. Ausbeute 1,02 g wasserhaltige Gallussäure oder 85% der Theorie.

Bereitung der Pentagalloyl- und Pentadigalloylglucosen aus den Acetaten durch Methylalkohol und Salzsäure.

Penta-(*m*-digalloyl)-*β*-glucose: Versetzt man die Lösung von 5 g Acetylkörper[1]) in 50 ccm Aceton bei Zimmertemperatur mit einem Gemisch von 50 ccm Methylalkohol und 7 ccm wässeriger Salzsäure (D 1,19), so erfolgt zunächst eine amorphe Fällung, die aber bei dauerndem Schütteln in etwa $^1/_2$ Stunde wieder verschwindet. Man bewahrt noch 24 Stunden bei 15—20° auf, verdünnt dann mit etwas Wasser, versetzt unter Kühlung und dauerndem Umschütteln mit 75 ccm n-Natronlauge und verdampft Aceton und Methylalkohol unter stark vermindertem Druck zum größten Teil. Dabei scheidet sich der Gerbstoff als braune, zähe Masse ab. Sie wird nach Zusatz von etwas verdünnter Schwefelsäure mit Essigäther aufgenommen, der Essigäther mehrmals mit Wasser gewaschen und unter vermindertem Druck verdampft. Da die zurückbleibende braune Masse noch eine kleine Menge Acetyl (einige Prozent der Gesamtmenge) enthält, so wird die Behandlung mit Methylalkohol und Salzsäure genau in der zuvor beschriebenen Weise einmal wiederholt. Man erhält schließlich ein amorphes Produkt vom Aussehen der Tannine, dessen Menge nach dem Trocknen bei 100° und 15 mm über Phosphorpentoxyd etwa 2,8 g beträgt. Ein Gehalt an Acetyl ließ sich durch die von uns mehrfach beschriebene quantitative Methode[2]) nicht mehr nachweisen.

0,1860 g Sbst.: 0,3648 g CO_2, 0,0557 g H_2O.

$C_{76}H_{52}O_{46}$ (1700,8). Ber. C 53,64, H 3,08.

Gef. ,, 53,51, ,, 3,35.

---

[1]) E. Fischer und M. Bergmann, Berichte d. d. chem. Gesellsch. **51**, 1768 [1918]. (*S. 356.*)

[2]) E. Fischer und M. Bergmann, ebenda.

$$[\alpha]_D^{18} = \frac{+\,0{,}21°\times 1{,}5810}{0{,}5\times 0{,}809\times 0{,}0758} = +\,10{,}8° \text{ (in Alkohol, ca. 5proz. Lös.).}$$

$$[\alpha]_D^{17} = \frac{+\,0{,}23°\times 1{,}3820}{0{,}5\times 0{,}814\times 0{,}0720} = +\,10{,}8° \text{ (in Aceton, ca. 5proz. Lösung).}$$

Unsere früheren synthetischen Präparate[1]), die aus dem Acetylkörper durch alkalische Hydrolyse bei $0°$ bereitet waren, zeigten in alkoholischer Lösung $[\alpha]_D + 17{,}9°$ ($2^1/_2$proz. Lösung), $+17{,}4°$ (10%) und nach Entfernung der in Wasser besonders schwer löslichen Anteile $+13{,}9°$ (Alkohol, 3%), $+14{,}9°$ (Alkohol, 10%) und $+13{,}1°$ (Aceton, 10%). Für gereinigtes, natürliches Tannin aus chinesischen Zackengallen betragen die entsprechenden Werte[2]) $+17{,}6°$ und $+18{,}4°$ (Alkohol, 10%) und $+12{,}9°$ (Aceton, 10%).

Im übrigen stimmt das neue Präparat mit dem früher mit Alkali bei $0°$ erhaltenen synthetischen Produkt überein. Das gilt auch von der geringen Löslichkeit in kaltem Wasser. Während beim natürlichen chinesischen Tannin auch eine ziemlich konzentrierte wässerige Lösung (10—20proz.) noch bei Zimmertemperatur klar bleibt, tritt für unseren letzten synthetischen Körper bei einem Gehalt von $0{,}2\%$ durch Abkühlen der warmen wässerigen Lösung unter $30°$ schon eine ziemlich starke milchige Trübung ein, und erst bei einem Gehalt von $0{,}1\%$ Gerbstoff bleibt die Lösung bei $20°$ klar. Sie zeigte bei $25°$ im 1-dm-Rohr eine Drehung von $+\,0{,}04°$. Das entspricht ungefähr einer spez. Drehung von $+\,21°$. Fast derselbe Wert wurde mit einer $^1/_2$proz. wässerigen Lösung des synthetischen Gerbstoffes bei $60°$ beobachtet.

Als eine 1proz. warme wässerige Lösung des künstlichen Gerbstoffs bei $18°$ durch wiederholte, recht mühsame Filtration durch Papier von der milchigen Trübung befreit war, blieb etwa $0{,}3\%$ in Lösung, und in dieser Flüssigkeit betrug dann das spezifische Drehungsvermögen ungefähr $+\,25°$.

Wie schon früher bemerkt, können wir diesen Zahlen keinen besonderen Wert beilegen, da es sich bekanntlich um kolloidale Lösungen handelt. Wir führen sie nur an, weil sich darin am deutlichsten ein gewisser Unterschied vom chinesischen Tannin zeigt.

Penta-(m-digalloyl)-α-glucose: Sie wurde aus dem Acetat mit Methylalkohol und Salzsäure genau so wie der β-Körper bereitet. Ausbeute auch hier etwa 90% der Theorie.

0,1784 g Sbst. (bei $100°$ und 11 mm über P_2O_5 getrocknet): 0,3496 g CO_2, 0,0524 g H_2O.

$C_{76}H_{52}O_{46}$ (1700,8). Ber. C 53,64, H 3,08.
Gef. ,, 53,47, ,, 3,29.

---

[1]) Berichte d. d. chem. Gesellsch. **51**, 1770, 1771 [1918]. (*S. 358 ff.*)
. [2]) Ebenda S. 1771 [1918]. (*S. 360.*)

Das Präparat enthielt keine nachweisbaren Mengen von Acetyl.

$$[\alpha]_D^{18} = \frac{+\,1{,}61{.}^{\circ} \times 2{,}2780}{1 \times 0{,}810 \times 0{,}1096} = +\,41{,}3^{\circ} \text{ (in Alkohol, 5proz. Lösung).}$$

$$[\alpha]_D^{18} = \frac{+\,0{,}88^{\circ} \times 1{,}6170}{0{,}5 \times 0{,}818 \times 0{,}0780} = +\,44{,}6^{\circ} \text{ (in Aceton, 5proz. Lösung).}$$

Die früher[1]) unter dem gleichen Namen beschriebenen Präparate, die aus dem Acetylkörper mittels Alkalis erhalten waren, zeigten in 10proz. Lösungen: $[\alpha]_D = +\,36{,}1^{\circ}$ bis $+\,36{,}5^{\circ}$ (in Alkohol) und $+\,41{,}0^{\circ}$ (in Aceton). Nach der Entfernung der schwer in Wasser löslichen Anteile war damals $[\alpha]_D + 35{,}8^{\circ}$ (in Alkohol) und $+\,40{,}1^{\circ}$ (in Aceton).

Es muß aber bei allen diesen Zahlen immer wieder darauf hingewiesen werden, daß die untersuchten Präparate in optischer Beziehung nicht einheitlich sind, weil schon in den als Ausgangsmaterial dienenden Acetylkörpern viel α-Körper mit weniger β-Derivat gemischt ist.

Die Löslichkeit in Wasser war ähnlich wie beim β-Körper. Eine warme Lösung von 0,4% Gehalt trübte sich bei 25° schon stark, während bei 0,2% Gehalt auch beim Abkühlen auf 18° nur geringe Trübung auftrat. Eine wässerige Lösung von 0,5% zeigte bei 60° eine spezifische Drehung von ungefähr $+\,46^{\circ}$, und als durch Abkühlen auf 18° und häufige Filtration die schwer löslichen Teile entfernt waren, zeigte der leichter lösliche Teil in der wässerigen Lösung eine spezifische Drehung von ungefähr $+\,51^{\circ}$.

Hydrolyse des acetylierten chinesischen Tannins mit Methylalkohol und Salzsäure. Zum Vergleich mit den synthetischen Präparaten haben wir auch das völlig acetylierte Tannin, das mit Pyridin und Essigsäureanhydrid hergestellt war, geprüft. Die hierzu verwendete „Gerbsäure Kahlbaum" war gereinigt nach der Essigäthermethode und zeigte in Alkohol $[\alpha]_D + 17{,}6^{\circ}$ und in 1proz. wässeriger Lösung $+\,71{,}4^{\circ}$. Das daraus bereitete Acetyltannin hatte $[\alpha]_D + 3{,}7^{\circ}$. Für die Verseifung wurden 5 g Acetyltannin in 50 ccm Aceton gelöst, dann mit dem Gemisch von 50 ccm Methylalkohol und 7 ccm wässeriger Salzsäure (D 1,19) versetzt, bis zur Lösung der entstehenden Fällung geschüttelt und nach 24stündigem Stehen genau so verarbeitet, wie es zuvor bei den Penta-digalloyl-glucosen beschrieben ist. Auch hier mußte die Behandlung mit Methylalkohol und Salzsäure wiederholt werden, um sicher alle Acetyle zu entfernen. Erhalten 2,9 g eines Präparates, das in allen Eigenschaften, einschließlich der Löslichkeit in

---

[1]) Berichte d. d. chem. Gesellsch. **51**, 1776 [1918]. (*S. 364.*)

Wasser, dem ursprünglichen Tannin glich, aber in Alkohol und Aceton etwas höhere Drehungen zeigte.

$$[\alpha]_D^{18} = \frac{+\,1{,}04° \times 1{,}5165}{0{,}5 \times 0{,}840 \times 0{,}1541} = +\,24{,}4° \text{ (in Alkohol, 10 proz. Lösung).}$$

$$[\alpha]_D^{18} = \frac{+\,0{,}86° \times 1{,}7955}{0{,}5 \times 0{,}840 \times 0{,}1755} = +\,20{,}95° \text{ (in Aceton, 10 proz. Lösung).}$$

Dagegen war die Drehung des regenerierten Tannins in Wasser die gleiche wie beim ursprünglichen Tannin.

$$[\alpha]_D^{18} = \frac{+\,0{,}74° \times 1{,}4510}{1 \times 1{,}003 \times 0{,}0150} = +\,71{,}4° \text{ (in Wasser),}$$

während das mit Alkali aus der Acetylverbindung erhaltene Präparat in Wasser unter ähnlichen Bedingungen nur $[\alpha]_D + 40{,}3°$ zeigte.

Pentagalloyl-glucosen. Sie wurden früher[1]) am reinsten aus den Acetylkörpern durch Hydrolyse mit Natriumacetat in wässerig-acetonischer Lösung bei 70° unter Luftabschluß bereitet. Bequemer ist die Entfernung der Acetyle mit Salzsäure in methylalkoholisch-acetonischer Lösung genau nach der Vorschrift, die zuvor für die Penta-digalloyl-verbindungen gegeben wurde. Die Ausbeute ist befriedigend, und die Produkte enthalten keine nachweisbaren Mengen Acetyl mehr. Da die Präparate ganz mit den früheren, durch Natriumacetat erhaltenen übereinstimmten, verzichten wir auf ihre genaue Beschreibung und begnügen uns mit der Anführung einiger Analysen und Drehungen.

α-Verbindung:

$$[\alpha]_D^{16} = \frac{+\,0{,}60° \times 4{,}4004}{1 \times 1{,}003 \times 0{,}0439} = +\,60° \text{ (in Wasser).}$$

$$[\alpha]_D^{16} = \frac{+\,1{,}435° \times 2{,}6750}{1 \times 0{,}788 \times 0{,}0598} = +\,81{,}5° \text{ (in Alkohol).}$$

Die früheren Präparate zeigten in Wasser $[\alpha]_D + 66°$ und in Alkohol $+\,76°$ bis $+\,81{,}5°$.

β-Verbindung:

$$[\alpha]_D^{18} = \frac{+\,0{,}15° \times 1{,}7921}{1 \times 1{,}005 \times 0{,}0179} = +\,15° \text{ (in Wasser).}$$

$$[\alpha]_D^{18} = \frac{+\,0{,}405° \times 2{,}7370}{1 \times 0{,}785 \times 0{,}0585} = +\,24° \text{ (in Alkohol).}$$

---

[1]) E. Fischer und M. Bergmann, Berichte d. d. chem. Gesellsch. **51**, 1779 ff. [1918]. (S. 368.)

Die früheren Präparate zeigten in Wasser $[\alpha]_D + 13°$ und in Alkohol $[\alpha]_D + 23,3°$.

Kaliumsalze der verschiedenen synthetischen Galloyl-glucosen und des chinesischen Tannins.

Das neutral reagierende Kaliumsalz des Tannins ist wegen seiner geringen Löslichkeit in Alkohol leicht zu isolieren. Nach unseren Beobachtungen wird es am bequemsten dargestellt durch Vermischen des Gerbstoffs mit Kaliumacetat in alkoholischer Lösung. Ist ein erheblicher Überschuß von Kaliumacetat zugegen, so hat das Salz einen konstanten Metallgehalt von ungefähr 10,3%. Es enthält aber etwas Kaliumacetat. Man stellt es am besten auf folgende Art dar:

In 50 ccm einer 5proz. alkoholischen Kaliumacetatlösung gießt man ebenfalls 50 ccm einer 5proz. alkoholischen Lösung von chinesischem Tannin bei gewöhnlicher Temperatur unter dauerndem Umrühren. Der farblose amorphe Niederschlag wird abgesaugt und zum Schluß mit Alkohol und Äther gewaschen. Das im Vakuumexsiccator über Phosphorpentoxyd getrocknete Präparat verlor bei 70° und 15 mm Druck nur wenig mehr an Gewicht und gab folgende Zahlen:

0,5011 g Sbst.: 0,1141 g K_2SO_4.

Gef. K 10,22.

Das Salz ist in warmem Wasser leicht, in kaltem Wasser ziemlich schwer löslich.

Wie schon bemerkt, enthält es etwas Essigsäure, offenbar gebunden an Kalium. Ihre Menge betrug ungefähr $^5/_6$ Mol. (0,87 g Substanz verbrauchten bei der üblichen Acetylbestimmung 4,8 ccm Lauge). Als das Präparat in der sechsfachen Menge warmen Wassers gelöst und durch Eingießen in viel Alkohol wieder gefällt war, zeigte es einen etwas niedrigeren Kaliumgehalt (9,94%). Dementsprechend war auch die Menge der Essigsäure auf die Hälfte (1,4%) gesunken. Daraus geht hervor, daß das Kaliumacetat nur locker, wahrscheinlich durch Adsorption, gebunden ist.

Für die optische Prüfung diente eine 1proz. wässerige Lösung, da bei höherer Konzentration, z. B. 2,5%, durch Abkühlen auf 20° schon starke Trübung entsteht.

$$[\alpha]_D^{18} = \frac{+ 0,46° \times 2,4850}{1 \times 1,003 \times 0,0246} = + 46,3° \text{ (in Wasser)}.$$

In der gleichen Art wurden die Kaliumsalze der beiden Pentadigalloyl-glucosen und der Pentagalloyl-β-glucose bereitet. Merkwürdigerweise hat das letzte den gleichen Kaliumgehalt.

Kaliumsalz der Pentadigalloyl-α-glucose:

$$[\alpha]_D^{19} = \frac{+\,0{,}142° \times 2{,}3950}{0{,}5 \times 1{,}001 \times 0{,}12} = +\,56{,}6° \text{ (in Wasser).}$$

0,2703 g Sbst.: 0,0622 g K_2SO_4.

Gef. K 10,33.

Kaliumsalz der Pentadigalloyl-β-glucose:

$$[\alpha]_D^{18} = \frac{+\,0{,}17° \times 2{,}9760}{1 \times 1{,}001 \times 0{,}0150} = +\,33{,}7° \text{ (in Wasser).}$$

0,2971 g Sbst.: 0,0680 g K_2SO_4.

Gef. K 10,28.

Kaliumsalz der Pentagalloyl-β-glucose:

0,2365 g Sbst.: 0,0548 g K_2SO_4. — 0,3461 g Sbst.: 0,0760 g K_2SO_4.

Gef. K 10,40, 9,85.

Das Salz ist also wohl geeignet, um künstliche Tannine von manchen anderen Stoffen zu trennen und zu reinigen, aber nicht, um die einzelnen Galloylglucosen voneinander zu unterscheiden.

Di-(triacetyl-galloyl)-äthylenglykol, $C_2H_4O_2[CO.C_6H_2(O.COCH_3)_3]_2$.

1,2 g frisch destilliertes, wasserfreies Äthylenglykol, 15 g fein gepulvertes Triacetyl-gallussäurechlorid (2,4 Mol.), 5,7 g trocknes Chinolin und 12 ccm ebenfalls trocknes Chloroform werden unter mäßiger Kühlung geschüttelt, bis eine klare Lösung entstanden ist. Sie bleibt dann bei gewöhnlicher Temperatur stehen, wobei nach einigen Stunden Krystallisation eintritt. Nach 24 Stunden löst man in mehr Chloroform, wäscht zuerst sorgfältig mit stark verdünnter Schwefelsäure, dann mit Wasser, verdampft die abgehobene Chloroformlösung unter vermindertem Druck und entfernt den Rest des Chloroforms durch Lösen in Aceton und abermaliges Verdampfen. Der krystallinische Rückstand wird in 250 ccm warmem Aceton gelöst. Bei allmählichem Zusatz von Wasser beginnt bald die Abscheidung farbloser, lanzettförmiger Blättchen. Ausbeute 10,1 g oder 84% der Theorie.

Zur Analyse war nochmals in der gleichen Weise umkrystallisiert und bei 100° und 11 mm über Phosphorpentoxyd getrocknet.

0,1559 g Sbst.: 0,3116 g CO_2, 0,0620 g H_2O.

$C_{28}H_{26}O_{16}$ (618,35). Ber. C 54,36, H 4,24.

Gef. „ 54,53, „ 4,45.

Die Substanz schmilzt nach geringem Sintern bei 172—173° (korr.). Ziemlich leicht löslich in Chloroform, zunehmend schwerer in Benzol, warmem Aceton, warmem Essigäther und heißem Alkohol.

Digalloyl-äthylenglykol, $C_2H_4O_2[CO.C_6H_2(OH)_3]_2$.

Zu einer Lösung von 6 g Acetylkörper in 75 ccm warmem Aceton werden im Wasserstoffstrom unter Umschütteln und dauernder Eiskühlung im Lauf von 10 Minuten 80 ccm n-Natronlauge (fast 8 Mol.) zugetropft, und die klare, gelbrote Flüssigkeit noch zwei Stunden bei 0° aufbewahrt. Man versetzt dann mit 80 ccm n-Schwefelsäure und etwas Wasser und verdampft das Aceton unter vermindertem Druck. Dabei fällt das Äthylenglykol-digalloat in farblosen, mikroskopischen Nadeln aus. Ausbeute etwa 2,6 g oder 73% der Theorie.

Zur Reinigung löst man in der 30fachen Menge eines Gemisches von 2 Raumteilen Wasser und 3 Teilen Aceton durch Kochen und verjagt das Aceton, wobei in der Hitze plötzlich die Krystallisation von Nadeln erfolgt.

0,1561 g Sbst.: 0,2991 g CO_2, 0,0551 g H_2O.

$C_{16}H_{14}O_{10}$ (366,19). Ber. C 52,45, H 3,85.
Gef. ,, 52,27, ,, 3,95.

Die Substanz hat keinen Schmelzpunkt. Sie zersetzt sich beim Erhitzen im Capillarrohr gegen 287° (korr.). In Wasser löst sie sich auch in der Hitze nur wenig und fällt in der Kälte wieder krystallinisch aus. Auch in Aceton, Eisessig und Alkohol ist sie selbst in der Hitze schwer löslich. Viel leichter wird sie von Gemischen dieser Solvenzien mit Wasser aufgenommen. Ein gutes Lösungsmittel ist heißes Glycerin, aus dem sie durch Wasser wieder gefällt wird. Die alkoholische Lösung gibt mit Eisenchlorid eine tiefblaue Färbung, ähnlich der Gallussäure. Mit Kaliumacetat in nicht zu verdünnter alkoholischer Lösung entsteht eine reichliche amorphe Fällung.

Das Krystallisationsvermögen der Substanz ist so groß, daß es bisher nicht gelang, einigermaßen konzentrierte oder kolloidale wässerige Lösungen herzustellen. Infolgedessen macht auch die Leimprobe Schwierigkeiten, und sie ist hier jedenfalls nicht charakteristisch. Wegen ihrer geringen Löslichkeit in absolutem Alkohol ist auch die für die Tannine charakteristische Probe mit Arsensäure nicht ausführbar.

Durch Acetylierung mit Pyridin und Essigsäureanhydrid in der früher mehrfach beschriebenen Weise läßt sich die Substanz sehr leicht und mit einer Ausbeute von etwa 90% in das Hexacetat zurückverwandeln, das durch Schmelzpunkt (172°) und Analyse identifiziert wurde.

Zur Bereitung des Digalloyl-glykols aus dem Hexacetat kann man die Verseifung statt mit Alkali auch durch Salzsäure in essigsaurer Lösung bewerkstelligen. Löst man 1 g Hexacetat in 5 ccm kochendem Eisessig, fügt 5 ccm warme 5 n-Salzsäure hinzu und erwärmt weiter auf dem lebhaft siedenden Wasserbad, so beginnt schon nach etwa 5 Minuten die Abscheidung farbloser, mikroskopischer Nadeln. Wird nach 20 Minuten abgekühlt, so beträgt die Ausbeute etwa 0,33 g oder 55% der Theorie.

0,0952 g Sbst.: 0,1821 g CO_2, 0,0335 g H_2O.

Gef. C 52,18, H 3,94.

Tri-(triacetyl-galloyl)-glycerin, $C_3H_5O_3[CO.C_6H_2(O.COCH_3)_3]_3$.

1,2 g wasserfreies, reines Glycerin wird mit 14 g Triacetyl-galloyl-chlorid, 6 g Chinolin und 20 ccm trocknem Chloroform unter gelinder Kühlung bis zur völligen Lösung geschüttelt und das klare Gemisch 48 Stunden bei gewöhnlicher Temperatur aufbewahrt. Verdünnt man dann mit mehr Chloroform, entfernt das Chinolin durch sorgfältiges Waschen mit verdünnter Schwefelsäure und Wasser und verdampft die abgehobene Chloroformlösung unter vermindertem Druck, so bleibt ein schwach gelber, zähflüssiger Rückstand, dessen Krystallisation bisher nicht gelang. Er wurde zweimal in je 50 ccm warmem Essigäther gelöst, durch Eingießen in 400 ccm Petroläther wieder gefällt, dann zweimal bei etwa 10° mit je 100 ccm Methylalkohol und schließlich mit kaltem Wasser verrieben. Die nunmehr bröcklige Masse wurde nach mehrstündigem Stehen mit frischem Wasser abgesaugt und erst im Vakuumexsiccator, später bei 78° und 11 mm über Phosphorpentoxyd getrocknet, wobei Sinterung eintrat. Das Präparat war farblos und amorph.

0,1536 g Sbst.: 0,3062 g CO_2, 0,0571 g H_2O.

$C_{42}H_{38}O_{24}$ (926,51).   Ber. C 54,43, H 4,13.

Gef. ,, 54,37, ,, 4,16.

Leicht löslich in Chloroform, Essigäther und Aceton, erheblich schwerer in kaltem Benzol, auch ziemlich leicht in heißem Alkohol, und beim Abkühlen der nicht zu verdünnten Lösung erfolgt wieder Abscheidung als Öl. Die Substanz hat also ähnliche Eigenschaften wie das früher beschriebene Tri-[tricarbomethoxy-galloyl]-glycerin[1].

---

[1] E. Fischer und K. Freudenberg, Berichte d. d. chem. Gesellsch. 45, 935 [1912]. (S. 285.)

Trigalloyl-glycerin, $C_3H_5O_3[CO.C_6H_2(OH)_3]_3$.

Zur Lösung von 4 g Acetylkörper in 30 ccm Aceton tropft man bei 0° im Wasserstoffstrom unter dauerndem Schütteln 60 ccm n-Natronlauge im Lauf von 10 Minuten. Man bewahrt noch 2 Stunden bei der gleichen Temperatur. Dann versetzt man mit 60 ccm n-Schwefelsäure und konzentriert unter vermindertem Druck. Schließlich fügt man noch etwas Schwefelsäure zu, extrahiert dreimal mit je 25 ccm Essigäther, wäscht die vereinigten Essigätherauszüge mit wenig Wasser und verjagt den Essigäther unter geringem Druck. Der amorphe, spröde, hellbraune Rückstand enthält noch Essigsäure. Um sie zu entfernen, löst man mehrmals in Wasser und verdampft wieder unter vermindertem Druck. Ausbeute sehr gut.

0,1738 g Sbst.: 0,3353 g CO_2, 0,0607 g H_2O.

$C_{24}H_{20}O_{15}$ (548,28). Ber. C 52,54, H 3,68.
Gef. ,, 52,63, ,, 3,91.

Schwach gelbbraune, amorphe, spröde, tanninartige Masse. Leicht löslich in Wasser, Alkohol, Essigäther und Aceton, erheblich in warmem Äther. Die wässerige Lösung gibt mit Eisenchlorid eine tiefblaue Tinte und einen blauschwarzen Niederschlag, mit Leimlösung eine starke Fällung, ferner Niederschläge mit Pyridin und wässerigen Lösungen von Chinolin-, Chinin- und Brucinacetat. Kaliumacetat erzeugt in alkoholischer Lösung einen starken Niederschlag. Die 20 proz. Lösung erstarrt nach Zugabe des gleichen Volumens einer 10 proz. alkoholischen Arsensäurelösung nach wenigen Sekunden zu einer klaren, steifen Gallerte.

Di-(triacetyl-galloyl)-trimethylenglykol[1]),
$C_3H_6O_2[CO.C_6H_2(O.COCH_3)_3]_2$.

1 g trocknes, reines Trimethylenglykol (aus Trimethylenbromid), 9,5 g Triacetyl-galloylchlorid, 4,3 g Chinolin und 10 ccm trocknes Chloroform werden unter mäßiger Kühlung kurze Zeit bis zur Lösung geschüttelt und das Gemisch einige Tage bei Zimmertemperatur aufbewahrt. Dann wird in üblicher Weise mit Wasser und verdünnter Schwefelsäure mehrmals gewaschen und die Chloroformlösung unter vermindertem Druck verdampft. Löst man den amorphen Rückstand in etwa 30 ccm warmem Essigäther, so erfolgt beim Abkühlen rasch die Abscheidung von lanzettförmigen Blättchen. Ausbeute 7 g oder 84% der Theorie.

0,1641 g Sbst. (bei 100° und 12 mm getr.): 0,3311 g CO_2, 0,0688 g H_2O.

$C_{29}H_{28}O_{16}$ (632,37). Ber. C 55,06, H 4,46.
Gef. ,, 55,06, ,, 4,69.

---

[1]) Diese und die folgenden Derivate des Erythrits und Mannits sind von Frl. Hertha v. Pelchrzim bearbeitet.

Schmelzpunkt 159—160°. Leicht löslich in Chloroform, auch ziemlich leicht in warmem Essigäther und warmem Benzol, schwerer in warmem Alkohol, sehr wenig in Petroläther.

Digalloyl-trimethylenglykol, $C_3H_6O_2[CO.C_6H_2(OH)_3]_2$.

Die Abspaltung der Acetylgruppen wurde hier mit Salzsäure bewerkstelligt. Versetzt man die Lösung von 1 g Acetylkörper in 2 ccm heißem Eisessig mit 4 ccm 5 n-Salzsäure und erwärmt 10 Minuten auf 90—95°, so fällt beim Erkalten das Digalloat in länglichen Blättchen aus. Ausbeute 0,5 g oder 83% der Theorie. Zur Reinigung wurde in einem Gemisch von Aceton und Wasser gelöst und durch Wegkochen des Acetons die Krystallisation bewirkt.

0,1500 g Sbst. (bei 100° und 12 mm getr.): 0,2952 g CO_2, 0,0580 g H_2O.

$C_{17}H_{16}O_{10}$ (380,22). Ber. C 53,68, H 4,24.

Gef. ,, 53,69, ,, 4,33.

Die Substanz schmilzt unter Zersetzung gegen 270°. Ziemlich leicht löslich in Aceton und warmem Alkohol, schwerer in warmem Wasser und in Essigäther, sehr schwer in Chloroform und Benzol.

Wegen der geringen Löslichkeit in kaltem Wasser gibt auch die warm bereitete wässerige Lösung nach dem Abkühlen mit Leimlösung keine charakteristische Fällung, zeigt also ein ähnliches Verhalten wie das Digalloat des Äthylenglykols. Dagegen war die Arsensäureprobe positiv; denn die 10proz. alkoholische Lösung gab mit dem gleichen Volumen einer 10proz. alkoholischen Arsensäurelösung sehr rasch eine starke Gallerte und mit Kaliumacetat einen starken Niederschlag.

Tetra-(triacetyl-galloyl)-erythrit, $C_4H_6O_4[CO.C_6H_2(O.COCH_3)_3]_4$.

1 g fein gepulverter und gebeutelter inaktiver Erythrit wird mit 11 g Triacetyl-galloylchlorid, 5 g trocknem Chinolin und 10 ccm Chloroform bis zur völligen Lösung geschüttelt, wozu mehrere Stunden nötig sind. Die Mischung bleibt noch einige Tage bei Zimmertemperatur stehen, wobei Krystallisation erfolgt. Zum Schluß löst man wieder in Chloroform und verarbeitet die Flüssigkeit wie wiederholt beschrieben. Wenn nach Verjagung des Chloroforms der Rückstand in etwa 30 ccm Aceton gelöst und mit etwa 10 ccm Wasser bis zur bleibenden Trübung versetzt wird, so erfolgt beim Reiben nach einiger Zeit die Abscheidung farbloser, biegsamer Nädelchen, die schließlich die Flüssigkeit breiartig erfüllen. Ausbeute etwa 6 g, das sind fast 60% der Theorie.

0,1361 g Sbst. (bei 100° und 12 mm getr.): 0,2703 g CO_2, 0,0484 g H_2O.

$C_{56}H_{50}O_{32}$ (1234,68). Ber. C 54,45, H 4,08.

Gef. ,, 54,18, ,, 3,98.

Die Substanz hat keinen eigentlichen Schmelzpunkt. Von etwa 165° an tritt starke Sinterung zu einer durchscheinenden Masse ein, die gegen 185° ganz klar und wenige Grad höher dünnflüssig wird. Leicht löslich in Chloroform, Aceton, Essigester, viel schwerer in Benzol und besonders in Alkohol.

Tetragalloyl-erythrit, $C_4H_6O_4[CO.C_6H_2(OH)_3]_4$.

3 g Acetat werden in 6 ccm heißem Eisessig gelöst, mit 4 ccm 5 n-Salzsäure versetzt und auf 90—95° erhitzt, bis wieder Lösung eingetreten ist. Die Flüssigkeit wird dann noch 10 Minuten auf der gleichen Temperatur gehalten und abgekühlt, wobei der Tetragalloyl-erythrit in kleinen Drusen ausfällt. Die Mutterlauge gibt bei Zusatz von Wasser eine zweite Krystallisation. Ausbeute 1,4 g oder 79% der Theorie. Zur Reinigung wird in einer Mischung von gleichen Teilen Aceton und Wasser heiß gelöst und das Aceton weggekocht, wobei Krystallisation erfolgt.

0,1533 g Sbst. (bei 100° und 12 mm getr.): 0,2946 g CO_2, 0,0511 g H_2O.

$C_{22}H_{26}O_{20}$ (730,37).   Ber. C 52,60, H 3,58.
Gef. ,, 52,43, ,, 3,73.

Die Substanz färbt sich im Capillarrohr bei raschem Erhitzen von etwa 288° braun und zersetzt sich ungefähr 20° höher völlig. In kaltem Wasser sehr schwer löslich, auch in heißem Wasser ziemlich schwer, ebenso in Alkohol und Aceton, dagegen leichter in Gemischen dieser beiden Lösungsmittel mit Wasser. Die Fällung von Gelatine ist deutlich vorhanden, wenn man die Substanz erst in warmem, verdünntem Alkohol löst, rasch abkühlt und sofort mit einer 1 proz. Leimlösung versetzt. Mit der Lösung der Substanz in reinem Wasser tritt die Erscheinung nur undeutlich hervor wegen zu großer Verdünnung. Auch die alkoholische Lösung ist für die Anstellung der Arsenprobe zu verdünnt, gibt aber mit Kaliumacetat noch eine deutliche, allerdings schwache Fällung.

Hexa-(triacetyl-galloyl)-mannit, $C_6H_8O_6[CO.C_6H_2(O.COCH_3)_3]_6$.

Beim Schütteln von 2 g gebeuteltem und getrocknetem Mannit mit 24 g Triacetyl-galloylchlorid, 10 g trocknem Chinolin und 20 ccm trocknem Chloroform tritt nach 1—2 Tagen Lösung ein. Sie wird noch 2 Tage aufbewahrt und dann in der üblichen Weise verarbeitet. Das Produkt wird durch Eingießen der Essigätherlösung in Petroläther gereinigt. Es ist amorph und klebrig, wird aber beim Verreiben mit Wasser allmählich fest und pulverig. Ausbeute sehr gut.

0,1540 g Sbst. (bei 80° und 12 mm Druck über P_2O_5 getr.): 0,3061 g CO_2, 0,0602 g H_2O.

$$C_{84}H_{74}O_{48} \ (1851,01). \quad \text{Ber. C } 54,48, \ \text{H } 4,03.$$
$$\text{Gef. ,, } 54,22, \ \text{,, } 4,37.$$

Zur Bestimmung der Acetylgruppen wurden 0,3813 g in acetonisch-wässeriger Lösung im Wasserstoffstrom mit Natronlauge verseift und nach Ansäuern mit Phosphorsäure, wie früher beschrieben, verfahren.

Verbraucht 37 ccm $^n/_{10}$-Natronlauge.

$$\text{Ber. Acetyl } 41,8. \quad \text{Gef. Acetyl } 41,7.$$

Die amorphe, pulverige, schwach braun gefärbte Substanz löst sich leicht in Aceton, Essigäther, Chloroform, schwer in Alkohol, Benzol und Äther.

Hexagalloyl-mannit, $C_6H_8O_6[CO.C_6H_2(OH)_3]_6$.

Er wurde aus der Acetylverbindung ähnlich wie die Galloylglucosen durch Verseifung mit überschüssigem Alkali in acetonisch-wässeriger Lösung durch zweistündige Einwirkung bei 0° bereitet, nach Neutralisation mit Schwefelsäure das Aceton vorsichtig verdampft, nach stärkerem Ansäuern mit Essigäther ausgeschüttelt und der Gerbstoff in der üblichen Weise von der Essigsäure befreit. Ausbeute sehr gut. Amorphe, schwach braune Masse.

0,1687 g Sbst. (bei 100° und 12 mm getr.): 0,3251 g CO_2, 0,0589 g H_2O.

$$C_{48}H_{38}O_{30} \ (1094,54). \quad \text{Ber. C } 52,65, \ \text{H } 3,49.$$
$$\text{Gef. ,, } 52,54, \ \text{;, } 3,90.$$

$$[\alpha]_D^{18} = \frac{+\,0,225° \times 1,5322}{0,5 \times 0,785 \times 0,0317} = +\,27,0° \ \text{(in Alkohol).}$$

Eine zweite Bestimmung gab $[\alpha]_D = +\,27,1°$.

Leicht löslich in Wasser, Alkohol, Aceton und Essigäther, ziemlich schwer in Äther, sehr schwer in Benzol und Chloroform. Die wässerige Lösung gibt stark die Eisenchloridreaktion sowie die Fällungen durch Leimlösung und die üblichen Alkaloidacetate. Auch die Gallertbildung mit Arsensäure sowie die Fällung durch Kaliumacetat in alkoholischer Lösung treten leicht ein.

1-(Triacetyl-galloyl)-tetracetyl-α-glucose
(Heptacetat der 1-Monogalloyl-α-glucose),
$(CH_3CO.O)_3C_6H_2.CO.O.C_6H_7O(O.COCH_3)_4$.

Wie in der Einleitung erwähnt, entsteht sie aus der rohen amorphen Tetracetyl-α-glucose, die durch Umlagerung der β-Verbindung bereitet wird, bei der Behandlung mit Chinolin und Triacetyl-galloylchlorid.

7 g krystallisierte, reine Tetracetyl-β-glucose werden in 70 ccm warmem Alkohol gelöst und nach Zusatz von 0,6 g Pyridin 20 Minuten in gelindem Sieden erhalten. Man verdampft dann unter vermindertem Druck. Um den Rest des Alkohols zu entfernen, löst man den amorphen Rückstand zweimal in 50 ccm Benzol und verdampft wiederum unter geringem Druck. Dabei bleibt eine farblose, zähe Masse, die jedenfalls zum großen Teil aus Tetracetyl-α-glucose besteht. Sie wird mit 8 g Triacetyl-galloylchlorid, 4 g trocknem Chinolin und 30 ccm trocknem Chloroform bis zur Lösung geschüttelt und dann 24 Stunden bei Zimmertemperatur aufbewahrt. Man wäscht jetzt zweimal mit überschüssiger, verdünnter Schwefelsäure und wiederholt mit Wasser. Beim Verdampfen des Chloroforms unter geringem Druck bleibt eine wenig gefärbte, sirupöse oder blasige Masse. Löst man sie in 30 ccm warmem Benzol, so beginnt in der Kälte, besonders beim Reiben, ziemlich bald die Abscheidung undeutlicher Krystalle, die nach einiger Zeit die Flüssigkeit in eine Gallerte verwandeln. Wenn diese Abscheidung nur in geringem Maße eintritt, so ist es ratsam, etwas Petroläther zuzusetzen. Die Masse wird auf der Nutsche so weit wie möglich abgesaugt und abgepreßt, dann mit einem Gemisch von Benzol und Petroläther und schließlich mit Petroläther allein gewaschen. Dabei wird sie allmählich bröckelig. Ausbeute etwa 8 g. Spezifische Drehung in Acetylentetrachlorid etwa $+ 70°$. Ist die Ausbeute durch Anwendung von mehr Petroläther größer, so ist die Drehung in der Regel kleiner.

Das Rohprodukt enthält noch ziemlich viel β-Verbindung, deren Entfernung allerdings mit erheblichem Verluste auf folgende Weise gelingt: Man löst zunächst in 12 ccm heißem Benzol, läßt in der Kälte über Nacht stehen, saugt ab und entfernt die Mutterlauge wie zuvor beschrieben. Die gleiche Operation wird nochmals wiederholt. Das so erhaltene Präparat wird in 12 ccm warmem Essigäther gelöst und dazu allmählich 6 ccm Petroläther gesetzt. Beim Reiben scheiden sich bald mikroskopische Nadeln ab, die schließlich einen ziemlich dicken Brei bilden. Sie werden nach mehrstündigem Stehen bei $0°$ abgesaugt. Ausbeute 3,2 g. Sie sind schon ziemlich reine α-Verbindung und werden durch ein- bis zweimalige Wiederholung der Krystallisation aus Essigäther und Petroläther völlig rein.

0,1535 g Sbst. (bei 100° und 11 mm getr.): 0,2904 g CO_2, 0,0671 g H_2O.
$C_{27}H_{30}O_{17}$ (626,38). Ber. C 51,74, H 4,83.
Gef. „ 51,61, „ 4,89.

$$[\alpha]_D^{18} = \frac{+ 4,97° \times 1,6236}{0,5 \times 1,5755 \times 0,1018} = + 100,6° \text{ (in Acetylentetrachlorid)}.$$

Nach nochmaliger Krystallisation war

$$[\alpha]_D^{18} = \frac{+\,4{,}84° \times 1{,}6378}{0{,}5 \times 1{,}575 \times 0{,}1007} = +\,99{,}9° \text{ (in Acetylentetrachlorid).}$$

Die (Triacetyl-galloyl)-tetracetyl-α-glucose bildet meist mikroskopische, dünne Nädelchen, die bei 158—159° (korr.) zu einer farblosen Flüssigkeit schmelzen. Sie löst sich leicht in Chloroform, Essigäther und Aceton, schwerer in kaltem Methyl- und Äthylalkohol, Benzol und Tetrachlorkohlenstoff und nur sehr wenig in Petroläther und Wasser.

Wird sie genau so wie die (Triacetyl-galloyl)-tetracetyl-β-glucose[1]) mit alkoholischem Ammoniak verseift, das Reaktionsprodukt durch Fällung mit basischem Bleiacetat und später durch Auskochen mit Essigäther gereinigt, so resultiert eine in Wasser leicht lösliche Substanz, die jedenfalls zum erheblichen Teil aus 1-Galloyl-α-glucose besteht, die aber nicht krystallisiert erhalten werden konnte. Sie dreht ziemlich stark nach rechts, unterscheidet sich von der reinen β-Verbindung (Glucogallin) durch die viel größere Löslichkeit in kaltem Wasser und Alkohol und gibt bei der Reacetylierung wieder in großer Menge die ursprüngliche (Triacetyl-galloyl)-tetracetyl-α-glucose.

1-Benzoyl-tetracetyl-α-glucose, $C_6H_5CO \cdot (CH_3CO)_4 C_6H_7O_6$.

Sie entsteht durch Einwirkung von Benzoylchlorid und Chinolin auf Tetracetyl-α-glucose. Ihre Reinigung ist aber auch recht umständlich, da das Rohprodukt noch erhebliche Mengen der β-Verbindung enthält,

7 g Tetracetyl-β-glucose werden wie zuvor beschrieben umgelagert, dann der Alkohol durch mehrmaliges Abdampfen mit Benzol sorgfältig entfernt und der Rückstand mit einem Gemisch von 3 g Benzoylchlorid, 3 g Chinolin und 15 ccm trockenem Chloroform bis zur völligen Lösung geschüttelt. Diese bleibt 24 Stunden bei Zimmertemperatur stehen, wobei etwas Benzoyl-tetracetyl-glucose auskrystallisiert. Man versetzt mit mehr Chloroform bis zur Lösung und wäscht sorgfältig mit Schwefelsäure, später mit Bicarbonat und zum Schluß mit Wasser. Nach Verjagung des Chloroforms wird der Rückstand in 6 ccm warmem Alkohol gelöst. Beim Abkühlen krystallisiert ein Gemisch von α- und β-Benzoat. Die Menge beträgt meist 7—7,5 g mit einer spezifischen Drehung von etwa $+\,45°$. Sie werden mit der fünffachen Menge Äther bei $-\,10$ bis $-\,15°$ $^1/_4$ Stunde sorgfältig ausgelaugt und der Äther verdampft. Der Rückstand krystallisiert beim Verreiben mit einigen

---

[1]) E. Fischer und M. Bergmann, Berichte d. d. chem. Gesellsch. **51**, 1794 [1918]. (*S. 384.*)

Tropfen Alkohol vollständig. Er dreht jetzt über 90° nach rechts und besteht schon zum größten Teil aus α-Verbindung. Seine Menge beträgt etwa 2,8 g. Um die letzten Anteile β-Verbindung zu entfernen, verreibt man mit der zehnfachen Menge Tetrachlorkohlenstoff bei 0° gründlich, wobei die Ausbeute auf etwa die Hälfte zurückgeht. Schließlich wird der Rückstand in wenig Essigäther gelöst, falls die Flüssigkeit gefärbt ist, mit Tierkohle gekocht und mit Petroläther versetzt, wobei lange, farblose Nädelchen ausfallen.

0,1339 g Sbst. (im Vakuumexsiccator über P_2O_5 getr.): 0,2732 g CO_2, 0,0656 g H_2O.

$$C_{21}H_{24}O_{11} \; (452,30). \quad \text{Ber. C } 55,74, \text{ H } 5,35.$$
$$\text{Gef. ,, } 55,64, \text{ ,, } 5,48.$$

$$[\alpha]_D^{18} = \frac{+\,3,31° \times 3,2450}{1 \times 1,467 \times 0,0648} = +\,113° \text{ (in Chloroform).}$$

Nach nochmaliger Krystallisation aus dem Gemisch von Essigäther und Petroläther war

$$[\alpha]_D^{18} = \frac{+\,3,25° \times 2,2290}{1 \times 1,467 \times 0,0435} = +\,113,5° \text{ (in Chloroform).}$$

Die Substanz löst sich leicht in Chloroform, Benzol, Essigäther und Aceton, schwerer in Tetrachlorkohlenstoff, sehr schwer in Petroläther und besonders in Wasser.

Der Schmelzpunkt wurde manchmal zu 60—63°, häufig aber auch 10—20° niedriger gefunden, ohne daß die Drehung der verschiedenen Präparate einen Unterschied zeigte. Wahrscheinlich handelt es sich um Dimorphie, die wir aber nicht näher studiert haben.

1-(Acetyl-p-oxybenzoyl)-tetracetyl-β-glucose, $(CH_3CO.O.C_6H_4.CO)(CH_3CO)_4C_6H_7O_6$.

Übergießt man ein Gemisch von 10 g Tetracetyl-β-glucose und 6,5 g Acetyl-p-oxybenzoylchlorid (etwa 1,1 Mol.) mit der Lösung von 4,1 g trockenem Chinolin (etwa 1,1 Mol.) in 20 ccm trockenem Chloroform, so erfolgt beim Umschütteln bald Lösung und in der Regel scheiden sich nach einigem Stehen Krystalle ab. Nach 24 stündigem Stehen bei Zimmertemperatur wird durch Zusatz von Chloroform wieder gelöst, dann in der üblichen Weise mit Schwefelsäure und Wasser gewaschen und unter vermindertem Druck verdampft. Der wenig gefärbte, krystallinische Rückstand wird in 20 ccm heißem Benzol gelöst und die beim Abkühlen eintretende Krystallisation durch Zusatz von etwas

Petroläther vervollständigt. Ausbeute 13,8 g oder 94% der Theorie. Zur völligen Reinigung löst man in der fünffachen Menge warmem Aceton und fügt allmählich die halbe Menge kaltes Wasser zu. Dabei entsteht ein dicker Brei langer, farbloser Nadeln.

0,1513 g Sbst. (bei 100° und 11 mm über P_2O_5 getr.): 0,2986 g CO_2, 0,0705 g H_2O.

$$C_{23}H_{26}O_{13} \; (510,32). \quad \text{Ber. C } 54,09, \text{ H } 5,13.$$
$$\text{Gef. ,, } 53,82, \text{ ,, } 5,21.$$

$$[\alpha]_D^{18} = \frac{-4,72° \times 2,3550}{1 \times 1,560 \times 0,2327} = -30,6° \text{ (in Acetylentetrachlorid).}$$

Schmelzpunkt 172—173° (korr.). Leicht löslich in Chloroform, Essigäther und Aceton, etwas schwerer in Benzol, viel schwerer in Alkohol und fast gar nicht in Petroläther und in Wasser.

Zur Kontrolle obiger Formel diente eine Bestimmung sämtlicher Acylgruppen. Zu dem Zweck wurde die Lösung von 0,1955 g Substanz in 10 ccm Aceton mit 25 ccm n-Natronlauge allmählich versetzt und die klare, farblose Lösung 4 Stunden bei Zimmertemperatur aufbewahrt. Nach Zusatz von 25 ccm n-Schwefelsäure wurde aufgekocht und nach dem Abkühlen mit $^n/_{10}$-Lauge und Phenolphthalein titriert. Verbraucht 23 ccm $^n/_{10}$-Lauge, berechnet für 6 Acyle (5 Acetyle und 1 Oxybenzoyl) 23 ccm $^n/_{10}$-Alkali.

1-(p-Oxybenzoyl)-β-glucose [β-Glucose-1-(p-oxybenzoat)],
$$HO.C_6H_4.CO.O.C_6H_{11}O_5.$$

Sie läßt sich aus dem Pentacetat sowohl durch Alkali wie durch Ammoniak in alkoholischer Lösung bereiten. Da im ersten Fall die Ausbeute wesentlich besser ist, soll er zuerst geschildert werden.

Verseifung des Pentacetats mit alkoholischer Natronlauge: 5 g fein gepulvertes Pentacetat werden in 50 ccm Alkohol suspendiert und dazu unter Umschütteln bei Zimmertemperatur 1 ccm wässerige 10 n-Natronlauge (etwa 1 Mol.) gefügt. Die Krystalle verschwinden rasch und an ihre Stelle tritt eine starke ölige Trübung. Gleichzeitig wird der Geruch von Essigäther wahrnehmbar. Fügt man im Laufe der nächsten halben Stunde in 5 Portionen 50 ccm Wasser zu, so erfolgt erst Abscheidung einer zähen Masse, die aber wieder in Lösung geht. Nach einer weiteren Stunde ist die Verseifung beendet. Zur Isolierung der Oxybenzoylglucose dient das Bleisalz. Man versetzt die alkalisch reagierende Flüssigkeit mit einer konzentrierten, wässerigen Lösung von 15 g Bleiacetat und fügt so lange in kleinen Portionen starkes Ammoniak zu, bis sich der starke farblose Niederschlag nicht mehr vermehrt. Jetzt wird abgesaugt, mit schwach ammoniakalischem

Wasser gewaschen, in 250 ccm Wasser suspendiert, mit Schwefelwasserstoff völlig zersetzt, nach Zugabe von 150 ccm Alkohol bis nahe zum Sieden erhitzt und filtriert. Beim Verdampfen des Filtrats unter geringem Druck erfolgt Krystallisation. Wenn auf 20 ccm eingeengt ist, bewahrt man kurze Zeit bei 0° und filtriert. Die Menge der kaum gefärbten mikroskopischen Nadeln beträgt jetzt etwa 1,65 g oder 56% der Theorie. Man krystallisiert aus 75 ccm kochendem Wasser, wobei meist hübsche flache Nadeln entstehen.

Zur Analyse wurde nochmals aus Wasser krystallisiert und bei 100° und 15 mm über Phosphorpentoxyd getrocknet.

0,1642 g Sbst.: 0,3123 g CO_2, 0,0802 g H_2O.

$C_{13}H_{16}O_8$ (300,19).   Ber. C 51,98, H 5,37.
Gef. ,, 51,90, ,, 5,45.

Die optische Bestimmung wurde in einem Gemisch von gleichen Teilen Alkohol und Wasser vorgenommen.

$$[\alpha]_D^{17} = \frac{= 0,225° \times 3,7070}{1 \times 0,9313 \times 0,0374} = -23,9°.$$

Zur Kontrolle der Formel diente die Bestimmung der Acyle: 0,2961 g wasserfreie Substanz wurden in 25 ccm n-Natronlauge gelöst, 2 Stunden damit aufbewahrt und nach Zugabe von 25 ccm n-Schwefelsäure und Aufkochen mit $^n/_{10}$-Lauge und Phenolphthalein titriert. Verbraucht 9,65 ccm $^n/_{10}$-Lauge, berechnet für 1 Oxybenzoyl 9,87 ccm.

Die *p*-Oxybenzoyl-glucose schmilzt bei ziemlich raschem Erhitzen gegen 228° (korr.) unter Braunfärbung und Aufschäumen. Sie löst sich nur wenig in Essigäther, Alkohol und Aceton, reichlicher in warmem Wasser und warmem Methylalkohol, aus dem sie sich besonders nach dem Einengen der Lösung in hübschen, mikroskopischen Nädelchen abscheidet. Viel leichter löst sie sich in Alkohol, Methylalkohol und Aceton, wenn dieselben mit Wasser verdünnt sind. Sie reduziert Fehlingsche Lösung in der Wärme stark.

Darstellung der *p*-Oxybenzoyl-glucose aus dem Pentacetat mit alkoholischem Ammoniak: Als Zwischenprodukt konnte ein Tetracetat isoliert werden.

Trägt man 5 g Pentacetat in 50 ccm absoluten Alkohol ein, der bei 0° mit trocknem Ammoniakgas gesättigt ist, so tritt beim Umschütteln völlige Lösung ein. Man bewahrt die farblose Flüssigkeit 5 Stunden im geschlossenen Gefäß bei 0° und noch 1 Stunde bei 18° und verjagt dann Ammoniak und Lösungsmittel unter geringem Druck aus einem Bade von etwa 30°. Der zähflüssige Rückstand wird in 50 ccm Wasser gelöst, auf die zuvor beschriebene Art mit essigsaurem Blei und Ammoniak gefällt, der Niederschlag mit Schwefelwasserstoff zersetzt und das Filtrat vom Schwefelblei unter stark vermindertem Druck verdampft. Als Rückstand bleibt ein Gemisch von mikroskopischen dünnen Nädelchen und etwas farblosem Sirup. Man laugt mit 30 ccm kaltem Aceton aus, schlämmt dann die Krystalle in etwa 10 ccm Wasser auf und filtriert. Ausbeute an Oxybenzoyl-glucose etwa 1 g, also niedriger als bei dem ersten Verfahren. Zur Reinigung löst man in 50 ccm kochendem Wasser.

0,1632 g Sbst. (bei 100° und 15 mm über P_2O_5 getr.): 0,3094 g CO_2, 0,0790 g H_2O.

$$C_{13}H_{16}O_8 \ (300,19). \quad \text{Ber. C } 51,98, \text{ H } 5,37.$$
$$\text{Gef. }\,,, \ 51,72, \,,, \ 5,42.$$

$$[\alpha]_D^{16} = \frac{-0,22° \times 3,6540}{1 \times 0,9315 \times 0,0364} = -23,7° \ (\text{in verdünntem Alkohol } 1:1).$$

Für die Acylbestimmung wurden 0,3819 g behandelt, wie oben beschrieben. Verbraucht 13 ccm $^n/_{10}$-Natronlauge, berechnet für 1 Acyl 12,70 ccm.

Rückverwandlung der Oxybenzoyl-β-glucose in das Pentacetat: 0,5 g wurden mit einem Gemisch von 1,5 ccm Essigsäureanhydrid und 1,5 ccm trocknem Pyridin bis zur rasch eintretenden Lösung geschüttelt. Bald begann die Krystallisation zentrisch angeordneter Nadeln. Nach mehrstündigem Stehen wurde mit Eis und stark verdünnter Schwefelsäure verrieben, abgesaugt und mit Wasser gewaschen. Ausbeute fast quantitativ.

Die Substanz wurde durch Mischschmelzpunkt mit dem ursprünglichen Pentacetat identifiziert.

Bei der oben beschriebenen Isolierung der Oxybenzoyl-glucose aus dem Rohprodukt durch Auslaugen mit kaltem Aceton geht ein Körper in Lösung, der ein Monoacetat der Oxybenzoyl-glucose zu sein scheint, schön krystallisiert und bei 177—178° (korr.) schmilzt. Die Ausbeute ist gering. Sie kann etwas gesteigert werden, wenn die Wirkung des Ammoniaks nach 4—5 Stunden unterbrochen wird. Leider haben die Analysen keine ganz scharfen Zahlen gegeben (etwa 0,3% C und 0,5% H zuviel), während die Acetylbestimmung auf 1 Mol. Essigsäure paßt. Da der Körper nur ein geringes Interesse bietet, so verzichten wir auf die genaue Beschreibung.

1-(p-Oxybenzoyl)-β-glucose-tetracetat,

$HO.C_6H_4.CO.O.C_6H_7O(O.COCH_3)_4$.

Wie zuvor erwähnt, tritt sie als Zwischenprodukt auf bei der Darstellung der Oxybenzoyl-glucose und läßt sich bei kurzer Einwirkung des alkoholischen Ammoniaks auf das Pentacetat in größerer Menge gewinnen. Löst man 5 g Pentacetat durch Schütteln in 50 ccm Alkohol, der bei 18° mit Ammoniak gesättigt ist, und verdampft nach 45 Minuten unter geringem Druck zur Trockne, so erhält man nach dem Lösen des krystallinischen Rückstandes in wenig Alkohol und Fällen mit Wasser 3 g Tetracetat, das nach ein- bis zweimaliger Krystallisation rein ist. Die lufttrockne Substanz enthält Krystallwasser, das bei 100° und 15 mm rasch entweicht.

0,1884 g Sbst. verloren 0,0070 g H_2O. — 0,3857 g Sbst. (anderes Präparat) verloren 0,0144 g H_2O.

$$C_{21}H_{24}O_{12} + H_2O \ (486,31). \quad \text{Ber. } H_2O \ 3,71.$$
$$\text{Gef. } H_2O \ 3,92, \ 3,73.$$

0,1546 g getr. Sbst.: 0,3066 g CO_2, 0,0721 g H_2O.

$$C_{21}H_{24}O_{12} \ (468,3). \quad \text{Ber. C } 53,85, \ H \ 5,16.$$
$$\text{Gef. ,, } 54,10, \ ,, \ 5,22.$$

$$[\alpha]_D^{18} = \frac{-3,18° \times 1,4310}{1 \times 0,840 \times 0,1412} = -38,4° \ (\text{in Aceton}).$$

Zur Bestimmung der Acylgruppen wurden 0,1584 g wasserfreie Substanz in 10 ccm Aceton gelöst, mit 25 ccm n-Natronlauge 2 Stunden aufbewahrt, dann mit 25 ccm n-Schwefelsäure versetzt und nach kurzem Erwärmen mit $^n/_{10}$-Lauge und Phenolphthalein titriert. Verbraucht 17,0 ccm $^n/_{10}$-Natronlauge, berechnet für 5 Acyle (4 Acetyle und 1 Oxybenzoyl) 16,9 ccm.

Schmelzpunkt 196—197° (korr.). Leicht löslich in Essigäther und Aceton, auch recht leicht in Chloroform, Alkohol und Methylalkohol, schwerer in kaltem Benzol. Nur wenig löslich in kochendem Wasser, krystallisiert daraus beim Abkühlen in mikroskopischen, flachen Formen. Fehlingsche Lösung wird stark reduziert.

Bei der Einwirkung von $1^1/_2$ Mol. alkoholischer Natronlauge lieferte das Tetracetat genau wie das Pentacetat mit guter Ausbeute (über 50%) freie Oxybenzoylglucose.

1-(Acetyl-p-oxybenzoyl)-tetracetyl-α-glucose,

$(CH_3CO.O.C_6H_4.CO).C_6H_7O_6(COCH_3)_4$.

Als Ausgangsmaterial dient die zuvor beschriebene amorphe Tetracetyl-α-glucose. 10 g davon werden mit 6,5 g Acetyl-p-oxybenzoylchlorid, 4,1 g Chinolin und 20 ccm trocknem Chloroform 24 Stunden aufbewahrt, dann Chinolin und Chloroform in der üblichen Weise entfernt und der krystallinische Rückstand durch Lösen in 20 ccm Benzol und langsamen Zusatz von Benzin umkrystallisiert. Ausbeute 14 g oder 95% der Theorie. Das Präparat ist ein Gemisch der Acetate von

α- und β-Oxybenzoyl-glucose, dessen spezifische Drehung etwa $+50°$ bis $+55°$ beträgt. Um sie zu trennen, löst man in 25—30 ccm warmem Benzol und kühlt auf Zimmertemperatur. Beim Reiben beginnt bald Krystallisation. Man saugt nach mehrstündigem Stehen ab, wäscht erst sorgfältig mit 20 ccm Benzol, das bis zum Gefrieren abgekühlt ist, und schließlich mit Benzin. Die Krystalle sind ziemlich reine β-Verbindung (2—3 g). Das Filtrat gibt bei allmählichem Zusatz von Petroläther eine sehr beträchtliche Krystallisation (9—11 g), deren Drehung etwa $+75$—$80°$ beträgt. Sie enthält aber immer noch ziemlich viel β-Verbindung, denn das Drehungsvermögen der Substanz stieg bei fünfmaliger Krystallisation aus der 15fachen Menge Tetrachlorkohlenstoff noch um $40°$. Leider ist die Reinigung mit großem Verlust verbunden, der auch durch systematische Aufarbeitung der Mutterlaugen nur teilweise wieder gutgemacht werden kann. Für die Analyse diente ein Präparat vom Schmelzpunkt 134—135° (korr.) von folgenden Löslichkeiten: Leicht in Chloroform, Benzol, Essigäther und Aceton, schwerer in Tetrachlorkohlenstoff und Alkohol, sehr schwer in Petroläther.

0,1627 g Sbst. (bei 100° und 12 mm getr.): 0,3212 g CO_2, 0,0778 g H_2O.

$C_{23}H_{26}O_{13}$ (510,32). Ber. C 54,09, H 5,13.

Gef. ,, 53,84, ,, 5,35.

$$[\alpha]_D^{18} = \frac{+8,84° \times 1,8600}{0,5 \times 1,560 \times 0,1826} = +115,4° \text{ (in Acetylentetrachlorid).}$$

Nach weiterer zweimaliger Krystallisation aus Tetrachlorkohlenstoff war $[\alpha]_D + 116°$. Ob damit der Höchstwert erreicht ist, müssen wir unentschieden lassen.

Wir haben dann noch versucht, die freie p-Oxybenzoyl-α-glucose darzustellen, und zwar mit einer Acetylverbindung von $[\alpha]_D + 112°$. Die Abspaltung der Acetylgruppen mit alkoholischer Natronlösung, die Fällung als Bleisalz und die weitere Verarbeitung geschah genau in der für die β-Verbindung beschriebenen Weise. Schließlich resultierte ein in Wasser äußerst leicht löslicher Sirup, der stark nach rechts drehte, die Fehlingsche Lösung stark reduzierte, leicht in Phenylglucosazon überging und viel Oxybenzoesäure enthielt. Seine Krystallisation ist aber ebensowenig gelungen wie die Rückverwandlung in das reine Pentacetat. Wir müssen es deshalb unentschieden lassen, ob er in der Hauptsache die 1-(p-Oxybenzoyl)-α-glucose ist.

Gewinnung von d-Glucose aus ihrem Pentacetat durch Natriumalkoholat.

Werden 1,5 g fein gepulverte β-Pentacetylglucose mit 25 ccm wasserfreiem Alkohol und 3,8 ccm $^n/_2$-Natriumäthylatlösung ($^1/_2$ Mol.)

übergossen, so geht der größere Teil schnell in Lösung. Schon nach wenigen Minuten tritt starker Geruch nach Essigäther auf und es entsteht ein etwas gefärbter amorpher Niederschlag. Das Gemisch wurde noch $^1/_2$ Stunde bis zur völligen Lösung der Pentacetylglucose geschüttelt und dann 24 Stunden bei 15—18° aufbewahrt. Zur quantitativen Bestimmung des gebilderen Äthylacetats haben wir jetzt die Mischung aus einem Bad von 18° an der Wasserstrahlpumpe destilliert und die Dämpfe in einer durch flüssige Luft gekühlten Vorlage aufgefangen. Das Destillat wurde mit Wasser und 25 ccm n-Natronlauge versetzt, 24 Stunden aufbewahrt und dann das überschüssige Alkali mit n-Schwefelsäure zurücktitriert. Zur Zersetzung des Äthylacetats waren verbraucht 18 ccm n-Natronlauge, während zur Neutralisation der 5 Acetyle 19,2 ccm nötig gewesen wären. Mithin waren mehr als 90% des Acetyls als Essigester abgespalten.

Daß ein kleiner Gehalt des Alkohols an Wasser für die Reaktion nicht schädlich ist, und daß auch noch eine erheblich kleinere Menge Alkali genügt, beweist ein zweiter Versuch, bei dem 1,5 g Pentacetylglucose mit 35 ccm Alkohol und 2,3 ccm wässeriger $^n/_3$-Natronlauge ($^1/_5$ Mol.) ebenso behandelt wurde. Auch hier waren 18 ccm Natronlauge durch das entstandene Äthylacetat neutralisiert. Als aber der zweite Versuch mit der Hälfte der dort angewandten wässerigen $^n/_3$-Natronlauge wiederholt wurde, genügten zur Neutralisation des Äthylacetats 11,6 ccm n-Natronlauge. Hier war also die Abspaltung des Acetyls als Essigäther nur unvollkommen.

Zur Gewinnung der Glucose wurden 5 g Pentacetat mit 100 ccm Alkohol und 12 ccm $^n/_2$-Natriumäthylatlösung ($^1/_2$ Mol.) 24 Stunden behandelt, dann der entstandene Niederschlag durch Zugabe von 15 ccm Wasser gelöst und das Natrium durch Zusatz der berechneten Menge n-Schwefelsäure (6 ccm) als Sulfat abgeschieden. Beim Verdampfen des Filtrats unter geringem Druck blieb ein braun gefärbter Sirup, der deutlich nach Acetessigester roch. Er wurde zunächst in wenig Wasser gelöst, im Exsiccator wieder verdunstet und der Rückstand mit Alkohol verrieben. Dabei gingen die dunklen Verunreinigungen in Lösung und die zurückgebliebene, zunächst amorphe Glucose erstarrte allmählich krystallinisch. Sie wurde durch das Drehungsvermögen, die Gärung mit Hefe und die Osazonprobe als d-Glucose gekennzeichnet. Die Ausbeute betrug 1,2 g, also etwas mehr als 50% der Theorie. Der Verlust ist wohl größtenteils durch die sekundäre Wirkung des Alkalis auf den Zucker entstanden.

Gewinnung von α-Methylglucosid aus dem Tetracetat durch Alkohol und Natriumäthylat.

Die Reaktion verlief glatter als bei der Glucose, weil das Glucosid gegen Alkali beständig ist.

3,6 g Tetracetat wurden in 50 ccm Alkohol gelöst, mit 20 ccm alkoholischer $^{\text{n}}/_4$-Natriumäthylatlösung ($^1/_2$ Mol.) versetzt und 24 Stunden bei 15° aufbewahrt. Aus der farblosen Flüssigkeit hatte sich ein Teil des entstandenen Methylglucosids (0,4 g) in glänzenden Prismen abgeschieden. Die Mutterlauge wurde zur Entfernung des Natriums mit 5 ccm n-Schwefelsäure versetzt, filtriert und unter geringem Druck auf etwa 5 ccm eingeengt. Dabei erfolgte eine zweite Krystallisation des Glucosids (1 g). Die Gesamtausbeute betrug also 75% der Theorie. Schmelzpunkt 166—167° (unkorr.). $[\alpha]_D^{18} + 157,3°$ (in Wasser).

26. Emil Fischer und Hermann Strauß: Synthese einer β-Glucosidogallussäure.

Berichte der deutschen chemischen Gesellschaft **45**, 3773 [1912].

(Eingegangen am 9. Dezember 1912.)

Im Anschluß an die kürzlich beschriebene Synthese der Glucoside von Resorcin und Phloroglucin[1]) haben wir das Derivat der Gallussäure dargestellt, um es mit dem Tannin und ähnlichen Gerbstoffen vergleichen zu können. Für die Kombination mit Acetobromglucose wurde nicht freie Gallussäure, sondern ihr Äthylester benutzt. Das entspricht den Erfahrungen bei der Synthese der Glucosidoglykolsäure[2]) und der gleichzeitig von F. Mauthner[3]) ausgeführten Synthese des Glucosids der Syringasäure. Der zuerst resultierende Tetracetylglucosido-gallussäureäthylester läßt sich durch kaltes Barytwasser völlig verseifen und die Isolierung der hübsch krystallisierenden Glucosido-gallussäure bietet keine Schwierigkeiten. Was den Namen Glucosidosäuren betrifft, so ist er von dem einen von uns vor 18 Jahren eingeführt worden, als es ihm gelang, solche Stoffe zuerst synthetisch aus Traubenzucker und Alkoholsäuren darzustellen[4]). Allerdings hatte schon F. Tiemann[5]) 9 Jahre früher für die Glucoside des Vanillins und der Vanillinsäure, die durch Abbau des Coniferins entstehen, die Namen Glucovanillin und Glucovanillinsäure vorgeschlagen, die damals sicherlich sehr zweckmäßig waren und auch jetzt noch den Vorzug der Kürze haben. Da aber verschieden konstituierte Verbindungen von Traubenzucker mit solchen Stoffen möglich sind, so ist die Bezeichnung „Gluco“ wohl nicht eindeutig genug, und wir glauben deshalb den präzisen Namen Glucosidoverbindungen für solche

---

[1]) E. Fischer und H. Strauß, Berichte d. d. chem. Gesellsch. **45**, 2476 [1912].

[2]) E. Fischer und B. Helferich, ebenda **43**, 2522 [1910]; Liebigs Annal. d. Chem. **383**, 68 [1911].

[3]) Journ. f. prakt. Chem. [2] **82**, 271 [1910].

[4]) E. Fischer und L. Beensch, Berichte d. d. chem. Gesellsch. **27**, 2484 [1894].

[5]) Ebenda **18**, 1595 [1885].

Stoffe, die wirklich in die Klasse der Glucoside gehören, vorziehen zu dürfen.

Die Glucosido-gallussäure hat die normale Zusammensetzung $C_6H_{11}O_5 . O . C_6H_2{<}{\overset{/\!/(OH)_2}{COOH}}$, sie ist einbasisch, dreht in wässeriger Lösung nach links und wird durch Emulsin sowohl selbst wie als Natriumsalz leicht in Traubenzucker und Gallussäure gespalten. Sie gleicht darin den Glucosiden der Vanillin- und Syringasäure, während die Glucosido-glykolsäure unter denselben Bedingungen merkwürdigerweise von Emulsin nicht angegriffen wird. Aus der Wirkung des Emulsins sowie aus der Bildungsweise kann man den Schluß ziehen, daß sie ein β - Glucosid ist. Die später beschriebene Färbung mit Eisenchlorid deutet darauf hin, daß die *para*-ständige Phenolgruppe der Gallussäure den Zuckerrest bindet. Wahrscheinlich läßt sich diese Frage durch Methylierung mit Diazomethan endgültig entscheiden.

Als einfache Glucoside der Gallussäure sind zwei krystallisierte Substanzen in der Literatur verzeichnet. Die eine hat E. Gilson[1]) aus dem chinesischen Rhabarber isoliert und unter dem Namen „Glucogalline‟ beschrieben. Sie zeigt mit unserem Produkt manche Ähnlichkeit, unterscheidet sich aber davon durch die geringe Löslichkeit in absolutem Alkohol und die blauschwarze Färbung mit Eisenchlorid. Leider fehlen die Angaben über das optische Verhalten und die Wirkung des Emulsins. Eine zweite krystallisierte Verbindung hat K. Feist[2]) aus den türkischen Galläpfeln gewonnen und als Glucogallussäure bezeichnet. Da sie in wässeriger Lösung nach rechts dreht, so erklärt er sie für ein α - Glucosid. Außerdem ist er der Ansicht, daß der Zuckerrest an die *m* - ständige Phenolgruppe der Gallussäure fixiert sei. Diese Substanz ist von unserer Glucosidogallussäure total verschieden. Sie enthält nach dem Trocknen 1 Molekül Wasser weniger als die unsere und wird deshalb von ihrem Entdecker als Anhydrid eines Gallussäureglucosids aufgefaßt, ferner reduziert sie stark die Fehlingsche Lösung, was unser Körper nicht tut, und endlich wird sie durch warme Säuren, wie es scheint, sehr langsam hydrolysiert, denn Feist hat mit $^n/_3$-Schwefelsäure zur völligen Hydrolyse 12 Stunden gekocht, während unser Körper unter denselben Bedingungen schon nach $^1/_2$ Stunde völlig hydrolysiert ist. Nach diesem Vergleich scheint es uns nicht ganz sicher, daß der von Herrn Feist beschriebene Körper wirklich ein einfaches Glucosid der Gallussäure ist. Denn wenn auch α-Glucoside etwas

---

[1]) Compt. rend. **136**, 386 [1903]; ferner Chem. Centralblatt **1903**, I, 882 und Bull. Acad. Med. Belg. **16**, 842 [1902].

[2]) Chemiker-Zeitung **32**, 918 [1908]; Berichte d. d. chem. Gesellsch. **45**, 1493 [1912]; Archiv d. Pharmacie **250**, 668 [1912].

langsamer hydrolysiert werden als die β -Verbindungen, und wenn man ferner die von Feist angenommene Anhydridbildung auf Rechnung der *m*-ständigen Glucosidogruppe setzen will, so zeigt doch das Verhalten gegen Fehlingsche Lösung und gegen heiße, verdünnte Schwefelsäure so erhebliche Unterschiede, daß man Bedenken tragen muß, für beide Körper eine so ähnliche Konstitution anzunehmen. Außerdem sind die Resultate der Elementaranalyse bei der Feistschen Substanz schwankend, so daß ihre empirische Zusammensetzung nicht genügend festgestellt erscheint.

Tetracetyl-Glucosido-gallussäureäthylester.

Da eine ätherische Lösung von Acetobromglucose mit der alkalischen Lösung des Gallussäureesters auch beim Schütteln zu langsam reagiert, so ist es besser, die Kupplung in acetonwässeriger Lösung auszuführen. Dieser kleine Kunstgriff wurde schon früher wiederholt für Umsetzungen der Acetobromglucose und ihrer Verwandten[1]) empfohlen. Neuerdings ist er auch von C. Mannich[2]) bei der Synthese des Morphinglucosids angewendet worden. Wir bemerken übrigens, daß unsere Versuche vor dem Erscheinen dieser Arbeit angestellt waren.

50 g wasserhaltiger Gallussäureäthylester und 80 g Acetobromglucose werden in 400 ccm kaltem Aceton gelöst und sofort 194 ccm n-Natronlauge zugefügt. Die klare, rot gefärbte Lösung bleibt in verschlossener Flasche zwei Stunden bei Zimmertemperatur stehen und wird dann unter geringem Druck ohne Erwärmung auf etwa 200 ccm eingeengt. Das ausgeschiedene, schwach gefärbte Öl wird von der wässerigen Mutterlauge getrennt und mehrmals mit kaltem Wasser gründlich gewaschen. Beim längeren Stehen unter Wasser erstarrt es größtenteils krystallinisch. Nachdem das Wasser möglichst vollständig entfernt ist und eine kleine Probe der Krystalle durch Abpressen zwischen Fließpapier von dem anhaftenden Öl befreit ist, löst man die Hauptmenge in 75 ccm warmem, absolutem Alkohol. Aus der gelblich gefärbten Flüssigkeit, die etwas nach Essigäther riecht, scheiden sich nach dem Abkühlen beim Impfen und Reiben ziemlich langsam farblose Nädelchen ab. Nachdem die Krystallisation durch Abkühlen in einer Kältemischung möglichst vervollständigt ist, wird stark abgesaugt und mit möglichst wenig eiskaltem Alkohol gewaschen. Ausbeute etwa 20 g, was nahezu 20% der Theorie entspricht. Zur Analyse wurde nochmals aus warmem Alkohol umgelöst und unter 10—15 mm bei 100° getrocknet.

---

1) E. Fischer und G. Zemplén, Berichte d. d. chem. Gesellsch. **43**, 2539 [1910]; E. Fischer und K. Heß, ebenda **45**, 914 [1912].
2) Liebigs Annal. d. Chem. **394**, 223 [1912].

0,1442 g Sbst.: 0,2751 g CO_2, 0,0706 g H_2O.

$C_{23}H_{28}O_{14}$ (528,22).   Ber. C 52,25, H 5,34.

Gef. ,, 52,03, ,, 5,48.

Die optische Bestimmung wurde in Acetylentetrachloridlösung ausgeführt.

I. 0,3114 g Substanz. Gesamtgewicht der Lösung 5,0518 g. d^{20} = 1,567. Drehung im 1-dm-Rohr bei 20° und Natriumlicht 1,03° nach links. Mithin $[\alpha]_D^{20} = -10,66°$.

II. 0,2746 g Substanz. Gesamtgewicht der Lösung 4,3626 g. d^{20} = 1,569. Drehung im 1-dm-Rohr bei 20° und Natriumlicht 1,05° nach links. Mithin $[\alpha]_D^{20} = -10,63°$.

Die Substanz schmilzt bei 180—181° (korr.) zu einer schwach braunen Flüssigkeit nach geringem vorherigen Sintern; bei höherer Temperatur zersetzt sie sich unter Schwärzung und Ausstoßung von stechenden Dämpfen. Aus heißem Wasser, worin sie nur wenig löslich ist, krystallisiert sie in feinen, manchmal büschelförmig verwachsenen Nadeln. In Aceton und heißem Alkohol ist sie sehr leicht löslich. In Äther ist sie auch beim Erwärmen schwer löslich, aber keineswegs unlöslich und krystallisiert daraus auch in Nadeln. Sie löst sich leicht in kaltem, verdünntem Alkali, wobei eine schwache rötliche Färbung eintritt.

β - Glucosido - gallussäure.

10 g gepulverte Acetylverbindung werden in eine Lösung von 30 g reinem, krystallisiertem Bariumhydroxyd in 300 ccm Wasser eingetragen und die klare, schwach gelblich gefärbte Flüssigkeit in einer verschlossenen Porzellanflasche 20 Stunden bei 37° aufbewahrt. Man fällt nun den Baryt möglichst genau mit Schwefelsäure, wobei aber jeder Überschuß der Mineralsäure zu vermeiden ist, und verdampft die filtrierte oder zentrifugierte Flüssigkeit bei 10—12 mm Druck aus einem Bade von 40—45°.

Der feste Rückstand wird in absolutem Alkohol gelöst und, wenn nötig, von einer kleinen Menge Barytsalze abfiltriert. Beim Verdunsten des Alkohols bleibt das Glucosid krystallinisch zurück. Die Ausbeute ist sehr gut. Zur völligen Reinigung wird es aus wenig Wasser umkrystallisiert, wobei farblose, vielfach zu Drusen oder Sternen verwachsene Nadeln resultieren. Die lufttrockne Substanz enthält noch Wasser, das aber schon zum größeren Teil im Vakuumexsiccator über Phosphorpentoxyd weggeht.

Zur Analyse wurde sie unter 10—15 mm Druck bei 78° getrocknet. In einem Falle wurde für das lufttrockne Präparat hierbei ein Verlust von 15,3% festgestellt. Die trockne Substanz ist etwas hygroskopisch und muß deshalb im verschlossenen Gefäß gewogen werden.

0,1628 g Sbst.: 0,2789 g CO_2, 0,0694 g H_2O.

$$C_{13}H_{16}O_{10} \ (332{,}13). \quad \text{Ber. C } 46{,}97, \text{ H } 4{,}86.$$
$$\text{Gef. ,, } 46{,}72, \text{ ,, } 4{,}77.$$

I. 0,3350 g Substanz. Gesamtgewicht der wässerigen Lösung 3,4636 g. $d^{20} = 1{,}039°$. Drehung im 1-dm-Rohr bei 20° und Natriumlicht 2,14° nach links. Mithin $[\alpha]_D^{20} = -21{,}30°$ ($\pm\,0{,}2°$).

II. 0,0534 g Substanz. Gesamtgewicht der Lösung 0,6120 g. $d^{20} = 1{,}038°$. Drehung im $\frac{1}{2}$-dm-Rohr bei 20° und Natriumlicht 1,0° nach links. Mithin $[\alpha]_D^{20} = -22{,}08°$.

III. Eine weitere Bestimmung ergab $[\alpha]_D^{20} = -22{,}26°$.

Die bei 78° im Vakuum getrocknete Substanz beginnt gegen 155° zu sintern und schmilzt gegen 193° unter Gasentwicklung zu einer braunen Flüssigkeit. Das lufttrockne wasserhaltige Präparat sintert schon gegen 80°.

In heißem Wasser ist die Glucosidosäure außerordentlich leicht löslich, krystallisiert aber beim Abkühlen verhältnismäßig leicht. Auch in Alkohol löst sie sich schon in der Kälte leicht. In Aceton ist sie auch in der Hitze ziemlich schwer löslich, krystallisiert daraus aber ziemlich langsam. In Äther ist sie selbst beim Kochen recht schwer löslich und scheidet sich beim Eindampfen der Lösung bald wieder als lockere, weiße Masse ab.

Sie schmeckt stark sauer und bedarf zur Neutralisation gegen Lackmus 1 Mol. Alkali. Die alkalische Lösung färbt sich schwach gelbrot. Die wässerige Lösung wird durch neutrales Bleiacetat nicht gefällt. Dagegen gibt sie mit einer Lösung von zweifach basischem Bleiacetat einen starken Niederschlag. Sie fällt Leimlösung nicht. Mit Cyankalium gibt sie keine Färbung, wodurch sie leicht von der Gallussäure zu unterscheiden ist. Charakteristisch ist auch das Verhalten gegen Eisenchlorid, womit sie in verdünnter wässeriger Lösung eine braunrote Färbung liefert. Sie gleicht darin der p-Methyläthergallussäure, während die m-Methyläthergallussäure noch eine dunkelblaue Farbe gibt. Diese Beobachtung deutet darauf hin, daß der Zuckerrest an die in *para*-Stellung befindliche Phenolgruppe der Gallussäure fixiert ist, während man bei dem obenerwähnten Glucogallin wegen der blauschwarzen Färbung durch Ferrisalze die *meta*-Stellung vermuten darf. Die alkalische Lösung der Glucosido-gallussäure reduziert die Fehlingsche Lösung beim kurzen Kochen so gut wie gar nicht. Verwendet man nur sehr wenig Fehlingsche Lösung, so tritt allerdings eine Verfärbung ein, aber ohne Ausscheidung von Kupferoxydul, und verwendet man etwas mehr Kupferlösung, so bleibt die Farbe ganz blau. Dadurch ist das Glucosid von den beiden Komponenten leicht zu unterscheiden. Von warmen verdünnten Mineralsäuren wird das Glucosid sehr leicht gespalten; der Verlauf der Hydrolyse läßt sich polarimetrisch bequem verfolgen, da das Glucosid nach links und der Traubenzucker nach rechts dreht.

0,196 g trocknes Glucosid wurden mit 3 ccm $^n/_3$-Schwefelsäure (1,63%) im geschlossenen Rohr im siedenden Wasser erhitzt. Nach 15 Minuten reduzierte die Flüssigkeit Fehlingsche Lösung sehr stark, gab beim Ausäthern Gallussäure und drehte im 1-dm-Rohr 1,36° nach rechts. Nach weiteren 15 Minuten betrug die Drehung 1,74° nach rechts, während für vollständige Spaltung 1,84° berechnet ist.

Hydrolyse durch Emulsin.

Sie gelingt sowohl mit der freien Säure wie mit dem Natriumsalz. Im ersten Falle findet allerdings eine starke Ausscheidung von koaguliertem Eiweiß statt. Aber dadurch wird die Wirkung des Ferments nicht aufgehoben.

1. Eine Lösung von 0,2 g Glucosid in 2 ccm Wasser wurde mit 0,1 g Emulsin aus Aprikosenkernen kurze Zeit geschüttelt, bis das Ferment fast vollständig gelöst war, und nach Zusatz von 5 Tropfen Toluol im verschlossenen Gefäß bei 37° aufbewahrt. Schon nach einigen Stunden war starke Fällung von Eiweiß eingetreten. Nach 22 Stunden reduzierte die vom koagulierten Eiweiß getrennte wässerige Lösung die 15fache Menge Fehlingscher Lösung. Die genaue Bestimmung der Reduktionskraft ist allerdings hier erschwert wegen der starken Färbung, welche die Gallussäure unter diesen Umständen gibt. Aus einem anderen Teil der hydrolysierten Lösung konnte die frei gewordene Gallussäure ausgeäthert und sowohl durch den Schmelzpunkt wie durch die Cyankaliumprobe identifiziert werden. Eine Kontrollprobe mit Glucosidogallussäure und derselben Menge Wasser und Toluol ohne Emulsin zeigte nach 24stündigem Stehen im Brutraum nur eine äußerst schwache Wirkung auf Fehlingsche Lösung, so daß also nur eine sehr geringe Hydrolyse eingetreten sein konnte.

2. Eine Lösung von 0,2 g Glucosido-gallussäure in 0,6 ccm n-Natronlauge und 1,4 ccm Wasser, die neutral reagierte, wurde mit 0,1 g desselben Emulsins wie oben nach Zusatz von 5 Tropfen Toluol 20 Stunden bei 37° aufbewahrt. Eiweißfällung war hier nicht eingetreten. Die schwach braun gefärbte Flüssigkeit reduzierte das 15fache Volumen Fehlingscher Lösung vollständig.

27. Emil Fischer und Max Bergmann: Struktur der β-Glucosidogallussäure.

Berichte der deutschen chemischen Gesellschaft **51**, 1804 [1918].

(Eingegangen am 8. Oktober 1918.)

Daß die Säure ein richtiges Phenol-β-glucosid ist, folgt nicht allein aus der Synthese, sondern stimmt auch mit den Eigenschaften völlig überein[1]). In der braunroten Färbung mit Eisenchlorid zeigt sie ferner große Ähnlichkeit mit der p-Methylgallussäure. Es wurde deshalb früher die Vermutung ausgesprochen, daß der Zuckerrest ebenfalls an die *para*-ständige Phenolgruppe der Gallussäure gebunden sei. Der endgültige Beweis für diese Ansicht ließ sich leicht führen durch Methylierung mit Diazomethan, wobei tatsächlich ein Derivat der Syringasäure (*m, m'*-Dimethyläther-gallussäure) entsteht. Aus Bequemlichkeit haben wir für den Versuch nicht die freie Glucosido-gallussäure, sondern das Tetracetat ihres Äthylesters benutzt, das zuerst bei der Synthese aus Acetobromglucose und Gallussäureäthylester entsteht. Die Methylierung führt zunächst zu einem Körper, der zweifellos das Tetracetat eines Glucosido-dimethylgallussäure-äthylesters ist. Durch Verseifung wird er verwandelt in die längst bekannte β-Glucosido-syringasäure (Gluco-syringasäure), die von Körner[2]) entdeckt und von F. Mauthner[3]) synthetisiert wurde. Als Ergänzung der früheren Angaben haben wir ihr optisches Drehungsvermögen bestimmt.

Diese Daten genügen, um für die β-Glucosidogallussäure die Strukturformel:

$$C_6H_{11}O_5\cdot O\cdot \underset{HO}{\overset{HO}{\diagonup\diagdown}}\cdot COOH$$

sicherzustellen. Man wird sie in Zukunft als p-β-Glucosido-gallussäure bezeichnen dürfen. Ihre Beziehungen zur Gluco-syringasäure machen es auch sehr wahrscheinlich, daß sie im Pflanzenreich vorkommt.

---

[1]) E. Fischer und H. Strauß, Berichte d. d. chem. Gesellsch. **45**, 3773 [1912]. (*S. 421.*)

[2]) Gaz. chim. **18**, 209 [1888].

[3]) Journ. f. prakt. Chem. [2] **82**, 271 [1910].

Tetracetat und Hexacetat des Glucosido-gallussäureäthylesters.

Die Angaben von E. Fischer und H. Strauß[1]) über die Darstellung des Tetracetats aus Acetobromglucose und Gallussäureäthylester mit Alkali in wässerig-acetonischer Lösung haben wir bestätigt
gefunden. Nur war die Ausbeute bei Anwendung von reinem Gallussäureester erheblich größer; statt 20 g erhielten wir bei Anwendung
von 50 g wasserhaltigem Gallussäureester und 80 g Acetobromglucose
34 g des noch schwach gelbbraun gefärbten Tetracetats. Das entspricht ungefähr 33% der Theorie. In der alkoholischen Mutterlauge,
aus der das Tetracetat krystallisiert ist, befinden sich acetylärmere
Derivate des Glucosido-gallussäureäthylesters, die sich nach einem
von uns schon früher angewandten Kunstgriff[2]), nämlich durch Umwandlung in ein höher acetyliertes und deshalb besser krystallisierendes Produkt, isolieren lassen. Da in dem vorliegenden Falle nicht
allein die aus dem Zuckerrest während der Synthese abgespaltenen
Acetyle wieder ersetzt werden, sondern auch noch zwei weitere
Acetyle in die beiden freien Phenolgruppen der Gallussäure eintreten,
so entsteht ein Hexacetat des Glucosido-gallussäureäthylesters, das
aus der erwähnten alkoholischen Mutterlauge in folgender Weise bereitet wird:

Man verdampft zunächst möglichst weit unter stark vermindertem
Druck aus einem Bade von 30—40°. Die hierbei bleibende rotbraune,
zähe Masse wird mit einem Gemisch von 150 g trocknem Pyridin und
180 g Essigsäureanhydrid bis zur völligen Lösung geschüttelt. Man
läßt dann noch 24 Stunden bei Zimmertemperatur stehen und gießt
unter Umrühren in ein Gemisch von Eiswasser und verdünnter Schwefelsäure. Das ausfallende dicke, rotbraune Öl wird zuerst gründlich mit
der sauren Flüssigkeit und später mit reinem Wasser durchgearbeitet.
Beim Stehen über Nacht krystallisiert es teilweise. Nach Entfernen des
Wassers wird die halbfeste Masse mit 125 ccm kaltem Alkohol verrieben.
Dabei bleibt eine beträchtliche Menge (etwa 23 g) von Triacetyl-
gallussäureäthylester[3]) zurück. Er entsteht offenbar aus dem bei
der Synthese im Überschuß verwendeten Gallussäureester. Man reinigt
ihn durch Auflösen in Aceton und allmählichem Zusatz der gleichen
Wassermenge, wobei er in rhombenähnlichen Tafeln oder auch derberen
Formen ausfällt.

---

[1]) Berichte d. d. chem. Gesellsch. **45**, 3773 [1912].
[2]) E. Fischer und M. Bergmann, ebenda **50**, 711 [1917].
[3]) Vgl. H. Schiff, Liebigs Annal. d. Chem. **163**, 216 [1872]; Ccem. Centralblatt **1914**, II 1253, Pat. der Farbenfabriken vorm. F. Baeyer & Co.

0,1480 g Sbst.: 0,3000 g CO_2, 0,0678 g H_2O.

$C_{15}H_{16}O_8$ (324,20).   Ber. C 55,54, H 4,97.

Gef. ,, 55,30, ,, 5,13.

Schmelzpunkt 138—139° (korr.), also etwas höher als die Angabe der Farbenfabriken 132—134°.

Versetzt man die alkoholische Lösung, die beim Auslaugen des rohen Triacetyl-gallussäureäthylesters entsteht, sehr langsam mit Wasser bis zur bleibenden Trübung, so beginnt bald die Abscheidung neuer mikroskopischer Prismen. Wird der Zusatz von Wasser so lange fortgesetzt, als noch Krystallisation erfolgt, so beträgt die Ausbeute schließlich etwa 15 g. Sie sind das Hexacetat des Glucosidogallussäure-äthylesters. Sie wurden für die Analyse zweimal aus acetonischer Lösung durch Wasser abgeschieden und schließlich bei 100° und 15 mm getrocknet.

0,1613 g Sbst.: 0,3127 g CO_2, 0,0795 g H_2O.

$C_{27}H_{22}O_{16}$ (612,39).   Ber. C 52,39, H 5,27.

Gef. ,, 52,89, ,, 5,51.

$$[\alpha]_D^{17} = \frac{+0,75° \times 1,5467}{0,5 \times 1,579 \times 0,0744} = -19,74° \text{ (in Acetylentetrachlorid)}.$$

Schmelzpunkt 176—177° (korr.). Sehr leicht löslich in Chloroform, etwas schwerer in Aceton, heißem Alkohol und heißem Benzol, viel schwerer in Äther und sehr wenig in Petroläther.

Dieselbe Substanz erhielten wir aus dem reinen Tetracetylglucosidogallussäureäthylester in sehr guter Ausbeute durch die gleiche Behandlung mit Essigsäureanhydrid und Pyridin. Das so gewonnene Präparat schmolz ebenfalls bei 176—177°, zeigte nach Mischung mit der vorher beschriebenen Substanz keine Depression des Schmelzpunktes und stimmte damit in Zusammensetzung und Drehungsvermögen überein.

0,1594 g Sbst.: 0,3095 g CO_2, 0,0781 g H_2O.

Gef. C 52,97, H 5,48.

$$[\alpha]_D^{18} = \frac{-1,51° \times 3,0500}{1 \times 1,5800 \times 0,1536} = -19,0° \text{ (in Acetylentetrachlorid)},$$

$$[\alpha]_D^{18} = \frac{-1,44° \times 3,1892}{1 \times 1,585 \times 0,1535} = -18,9°.$$

Wir halten diese beiden Werte der Drehung für genauer als den vorher angeführten.

Selbstverständlich kann man von diesem Hexacetat durch Verseifung auch zur Glucosido-gallussäure gelangen.

Durch die Isolierung des Hexacetats wird der Beweis geliefert, daß die ursprüngliche Kuppelung der Acetobromglucose mit dem Gallussäureäthylester noch etwas bessere Resultate gibt, als man nach der Menge des Tetracetats annehmen mußte. Denn die Gesamtausbeute an Tetra- und Hexacetat entspricht ungefähr 45% der Theorie, berechnet nach der Menge der Acetobromglucose.

Verwandlung des Tetracetats des Glucosido-gallussäureäthylesters in Glucosido-syringasäure.

2 g Tetracetat werden in 10 ccm Aceton gelöst und langsam mit einer ätherischen Lösung von überschüssigem Diazomethan versetzt. Die zuerst sehr lebhafte Stickstoffentwicklung wird später schwächer und hört nach etwa einer halben Stunde fast ganz auf. Nach 2 Stunden wird unter vermindertem Druck verdampft. Der farblose Rückstand, der aus Methylalkohol in mikroskopischen feinen Nadeln erhalten werden kann, dürfte hauptsächlich aus dem Tetracetat des Glucosyringasäureäthylesters bestehen. Wir haben aber auf seine genauere Untersuchung verzichtet und das Rohprodukt sofort in die freie Glucosyringasäure verwandelt. Zu dem Zweck löst man in 10 ccm Aceton, versetzt mit der Lösung von 12 g krystallisiertem reinen Baryt in 200 ccm Wasser und schüttelt 24 Stunden bei Zimmertemperatur in einer Porzellanflasche auf der Maschine. Jetzt wird das Aceton unter vermindertem Druck verdampft, der Baryt in der Kälte genau mit Schwefelsäure gefällt, die Flüssigkeit durch ein Membranfilter nach Zsigmondy filtriert und unter geringem Druck auf ein kleines Volumen verdampft. Hierbei scheiden sich bald schneeweiße, farblose Nadeln in beträchtlicher Menge ab. Ausbeute nach dem Trocknen an der Luft 1,25 g oder 83% der Theorie.

Die nochmals aus heißem Wasser umgelöste Substanz enthielt 2 Moleküle Krystallwasser, also die gleiche Menge, die Körner für seine Gluco-syringasäure angegeben hat.

0,2097 g lufttr. Sbst. verloren bei 100° und 15 mm 0,0194 g an Gewicht.
$C_{15}H_{20}O_{10} + 2\,H_2O$ (396,27).   Ber. H_2O 9,07.
Gef. H_2O 9,25.

0,1645 g getr. Sbst.: 0,3013 g CO_2, 0,0828 g H_2O.
$C_{15}H_{20}O_{10}$ (360,24).   Ber. C 49,99, H 5,59.
Gef. ,, 49,95, ,, 5,63.

Die lufttrockne Säure zersetzte sich bei ziemlich raschem Erhitzen gegen 225° unter Aufschäumen und Braunfärbung, während Körner 208° für langsames Erhitzen und Mauthner 208° für die wasserhaltige Substanz, aber 225° für die getrocknete angibt.

Für die optische Untersuchung diente wegen der geringen Löslichkeit der freien Säure in Wasser das Natriumsalz. Hierfür wurde die

Säure mit wenig mehr als der für 1 Mol. berechneten Menge n-Natronlauge übergossen und dann so viel Wasser zugefügt, daß der Gehalt der Lösung an Säure schließlich 10% betrug.

$$[\alpha]_D^{16} = \frac{-0{,}95° \times 1{,}5262}{0{,}5 \times 1{,}0443 \times 0{,}1527} = -18{,}18° \quad \text{(als Natriumsalz in}$$

Wasser).

Ein zweites Präparat zeigte:

$$[\alpha]_D^{14} = \frac{-1{,}91° \times 3{,}8590}{1 \times 1{,}0465 \times 0{,}3718} = -17{,}96°.$$

Zum Nachweis der Syringasäure wurden 0,5 g der Glucosidosäure mit 5 ccm n-Schwefelsäure 1 Stunde auf 100° erhitzt. Beim Abkühlen erstarrte die Flüssigkeit zu einem Brei asbestartiger Nadeln, die nach dem Umlösen aus heißem Wasser bei 208—209° (korr.) schmolzen. Bei der gleichen Temperatur schmolz ein Gemisch mit einer Probe Syringasäure, während ein Gemisch mit der m,p-Dimethylgallussäure aus Tannin schon gegen 175° zum größten Teil verflüssigt war.

0,1686 g Sbst. (bei 100° und 15 mm getr.): 0,3362 g CO_2, 0,0753 g H_2O.

$C_9H_{10}O_5$ (198,13).   Ber. C 54,52, H 5,09.

Gef. ,, 54,40, ,, 5,00.

28. Emil Fischer, Max Bergmann und Werner Lipschitz: Neue Synthese der Digallussäure und Wanderung von Acyl bei der teilweisen Verseifung acylierter Phenolcarbonsäuren[1].

Berichte der deutschen chemischen Gesellschaft **51**, 45 [1918].

(Eingegangen am 20. November 1917.)

Die krystallisierte Digallussäure wurde zuerst durch Kuppelung von Dicarbomethoxy-gallussäure mit Tricarbomethoxy-galloylchlorid und nachherige Abspaltung der Carbomethoxygruppen erhalten[2]) und nach der Synthese anfänglich für die *para*-Verbindung gehalten; denn die benutzte Dicarbomethoxygallussäure gab bei der Methylierung mit Diazomethan und nachträglichen Verseifung die *p*-Methyläthergallussäure. Die später ausgeführte Behandlung der Digallussäure mit Diazomethan lieferte aber überraschenderweise den charakteristischen Methylester der Pentamethyl-*m*-digallussäure, woraus zu schließen war, daß auch die ursprüngliche Digallussäure eine *meta*-Verbindung sei. Zum gleichen Resultate führte eine andere Synthese der Digallussäure aus Carbonylo-gallussäure und Tricarbomethoxy-galloylchlorid, wo die Verkuppelung in der *meta*-Stellung von vornherein wahrscheinlich war. In der Tat gab auch dieses Präparat bei der Wirkung von Diazomethan den charakteristischen Methylester der Pentamethyl-*m*-digallussäure[3]).

Wir haben nun eine dritte Synthese der Digallussäure ausgeführt in der Hoffnung, die noch fehlende *para*-Verbindung zu gewinnen.

---

[1]) Die nachfolgenden Versuche sind zum Teil schon vor langer Zeit ausgeführt. Ihre Beendigung war aber wegen unserer Inanspruchnahme durch Kriegsarbeiten nicht möglich, bis wir die Hilfe von Dr. Lipschitz gewannen.

E. Fischer und M. Bergmann.

[2]) E. Fischer, Berichte d. d. chem. Gesellsch. **41**, 2890 [1908] (*S. 78*); E. Fischer und K. Freudenberg, Liebigs Annal. d. Chem. **384**, 242 [1911]. (*S. 141*.)

[3]) E. Fischer und K. Freudenberg, Berichte d. d. chem. Gesellsch. **46**, 1127 [1913] (*S. 317*); vgl. ferner E. Fischer, ebenda S. 3280 [1913]. (*S. 30*.)

Dabei wurden nicht die Carbomethoxy-, sondern die Acetylderivate der Gallussäure benutzt[1]).

Aus der bekannten Triacetylgallussäure wurde zunächst durch teilweise Verseifung die Diacetylgallussäure (I) bereitet. Ebenso wie

$$C_2H_3O \cdot O$$
$$HO \cdot \langle\ \rangle \cdot COOH \quad (I)$$
$$C_2H_3O \cdot O$$

die Dicarbomethoxyverbindung enthält sie die freie Phenolgruppe in der *para*-Stellung, denn sie gibt bei der Behandlung mit Diazomethan und nachheriger totaler Verseifung *p*-Methyläther-gallussäure.

Bei der Kuppelung mit Triacetyl-galloylchlorid entsteht in ziemlich guter Ausbeute die Pentacetyl-digallussäure, die zum Unterschied von der Carbomethoxyverbindung krystallisiert und deshalb in reinem Zustand isoliert werden konnte. Es liegt vorläufig kein Grund vor, an

---

[1]) Die Verwendung des Chlorids der Triacetylgallussäure für die Synthese der Trigalloylglucose ist schon vor $1^1/_2$ Jahren beschrieben worden (E. Fischer und M. Bergmann, Sitzungsber. d. Akad. d. Wissensch., Berlin **1916**, 570, vgl. Chem. Centralblatt **1916**, II, 132 und Berichte d. d. chem. Gesellsch. **51**, 298 [1918]). (*S. 487.*)

In derselben Weise läßt sich natürlich die Pentagalloylglucose darstellen. Durch Kupplung des Triacetylgalloylchlorids mit α- und β-Glucose entstehen zunächst zwei verschiedene Penta-(triacetylgalloyl)-glucosen, die geradeso wie die entsprechenden Carbomethoxykörper bei der Verseifung mit Alkali in die gleiche Galloylglucose übergehen. Wir haben nun die Beobachtung gemacht, daß die Abspaltung der Acetylgruppen auch durch Behandlung mit einer wässerig-acetonischen Lösung von Natrium- oder Kaliumacetat bei etwa 70° erreicht werden kann, und daß unter diesen Bedingungen zwei isomere Pentagalloyl-glucosen entstehen, über die bald ausführliche Mitteilung erfolgen wird.

Die Verseifung mit Alkaliacetat dürfte deshalb bei den acylierten Phenolen allgemein dort Vorteil bieten, wo die Produkte gegen freies Alkali oder Ammoniak empfindlich sind. Sie ist in einzelnen Fällen bei aliphatischen Estern schon vor längerer Zeit von E. Seelig (Journ. f. prakt. Chem. [2] **39**, 166 [1889]) bei hoher Temperatur und von L. Claisen (Berichte d. d. chem. Gesellsch. **24**, 123, 127 [1891]) bei niederer Temperatur, ferner bei acetylierten komplizierten Phenolen von A. G. Perkin und Briggs (Journ. of the Chem. Soc. **81**, 218 1902]) angewandt worden.

Die Ablösung des Acetyls von einer Phenolgruppe geht überhaupt ebenso leicht von statten wie die Entfernung der Carbomethoxygruppe. Infolgedessen können die Chloride der acetylierten Phenolcarbonsäuren auch allgemein für die Synthese der Depside dienen. Ich habe darüber noch einige andere Versuche durch Herrn A. Refik Kadisadè anstellen lassen, bei denen die Galloyl-*p*-oxybenzoesäure und die Di-*p*-oxybenzoesäure bereitet wurden. Die Operationen gelangen ebenso gut wie bei den Carbomethoxykörpern, und die Acetylphenolcarbonsäuren haben noch den Vorzug der bequemeren Darstellung. Die Beschreibung der Zwischenprodukte wird später erfolgen.   E. Fischer.

dem normalen Verlauf der Kuppelung zu zweifeln. Wir nehmen deshalb an, daß ihr Produkt die Pentacetyl-*p*-digallussäure ist (II).

$$
\begin{array}{l}
C_2H_3O\cdot O \qquad\qquad C_2H_3O\cdot O \\[2pt]
C_2H_3O\cdot O\cdot\langle\ \rangle\cdot CO\!-\!O\cdot\langle\ \rangle\cdot COOH \qquad (II) \\[2pt]
C_2H_3O\cdot O \qquad\qquad C_2H_3O\cdot O
\end{array}
$$

$$
\begin{array}{l}
HO \\[2pt]
HO\cdot\langle\ \rangle\cdot CO\!-\!-\!O \qquad\qquad (III) \\[2pt]
HO \qquad\qquad HO\cdot\langle\ \rangle\cdot COOH \\[2pt]
\qquad\qquad\qquad\qquad HO
\end{array}
$$

Wird sie aber vorsichtig mit kaltem verdünnten Ammoniak verseift, so entsteht nicht die erwartete *p*-Digallussäure, sondern wiederum die früher stets erhaltene *meta*-Verbindung (III). Hier besteht also ein Widerspruch, der auf eine intramolekulare Verschiebung der substituierenden Gruppe hindeutet.

Um darüber größere Klarheit zu erhalten, schien es uns richtig, die Erscheinung bei einem einfacheren Beispiel zu verfolgen. Wir haben dafür die Benzoyl-gallussäure gewählt.

Aus 3, 5-Diacetyl-gallussäure entsteht durch Benzoylchlorid und Alkali eine gut krystallisierende Benzoyl-diacetyl-gallussäure und daraus durch Abspaltung der Acetylgruppen eine Benzoyl-gallussäure. Diese enthält nun ebenfalls das Benzoyl nicht, wie zu erwarten war, in *para*-Stellung, sondern in *meta*-Stellung zum Carboxyl; denn sie wird durch Diazomethan und nachherige totale Verseifung in 3, 4-Dimethyläther-gallussäure verwandelt.

In Einklang damit läßt sich die *m*-Benzoyl-gallussäure wieder acetylieren, und die so entstehende Benzoyl-diacetyl-gallussäure ist isomer mit der Säure, die als Ausgangsmaterial diente.

Offenbar findet also von der einen zur anderen Säure eine Verschiebung des Benzoyls statt, und diese tritt allem Anscheine nach ein bei der teilweisen Verseifung der ersten Benzoyl-diacetyl-gallussäure. Dabei ist es gleichgültig, ob diese Reaktion durch Alkalien oder Ammoniak in der Kälte, oder durch Erhitzen mit verdünnter Salzsäure in essigsaurer Lösung bewirkt wird. Beim Methylester der Säure liegen die Verhältnisse ebenso. Aus der ursprünglichen Benzoyl-diacetyl-gallussäure entsteht durch Diazomethan ein Ester vom Schmelzpunkt 139°. Werden dann die zwei Acetyle abgespalten und der Benzoyl-gallussäureester von neuem acetyliert, so resultiert ein isomerer Benzoyl-diacetyl-gallussäureester vom Schmelzpunkt 111°. Derselbe

Ester wird auch aus der Benzoyl-gallussäure durch Acetylierung und Veresterung erhalten.

Endlich haben wir noch die Benzoyl-gallussäure aus Carbonylogallussäure durch Einführung von Benzoyl und nachfolgende Abspaltung der Carbonylgruppe dargestellt und mit dem zuvor beschriebenen Präparat identifiziert.

Alle diese Beobachtungen stimmen überein mit der Annahme, daß die ursprüngliche Benzoyl-diacetyl-gallussäure Formel IV und die daraus entstehende Benzoyl-gallussäure Formel V hat:

$$\text{(IV)} \qquad \begin{array}{c} \text{COOH} \\ \text{CH}_3.\text{CO}.\text{O}.\underset{\text{O}.\text{CO}.\text{C}_6\text{H}_5}{\bigcirc}.\text{O}.\text{CO}.\text{CH}_3 \end{array} \longrightarrow \begin{array}{c} \text{COOH} \\ \text{HO}.\underset{\text{OH}}{\bigcirc}.\text{O}.\text{CO}.\text{C}_6\text{H}_5 \end{array} \qquad \text{(V)}$$

Bei der Entfernung der beiden Acetyle würde also das Benzoyl wandern.

Unter dieser Voraussetzung haben wir in Tafel I (S. 436) die erwähnten Körper benannt und die verschiedenen Übergänge durch Pfeile dargestellt. Tafel II (S. 347) gibt das gleiche für die Entstehung der Digallussäure aus der Diacetyl-gallussäure.

Die Bildung der Digallussäure aus Dicarbomethoxy-gallussäure ist in derselben Art zu deuten.

Um die angenommene Verschiebung des Benzoyls weiter zu prüfen, haben wir die Protocatechusäure in den Kreis der Untersuchung gezogen und das gleiche Resultat erzielt. Wie schon bekannt, wird die Dicarbomethoxy-protocatechusäure durch vorsichtige Verseifung in ein Monocarbomethoxy-derivat verwandelt, und dieses ist nach dem Resultat der Methylierung die *meta*-Verbindung[1]). Auf dieselbe Art entsteht aus der Diacetyl-protocatechusäure das *m*-Monoacetyl-derivat, das bisher nur auf kompliziertem Wege erhalten wurde[2]). Bei diesem geht die Benzoylierung ziemlich glatt vonstatten, und durch spätere Abspaltung des Acetyls entsteht eine Monobenzoyl-protocatechusäure, die wieder das Benzoyl in *meta*-Stellung enthält; denn durch Methylierung und spätere Verseifung wird sie in Isovanillinsäure (*p*-Methyläther-protocatechusäure) verwandelt.

Die gleichen Erscheinungen zeigten sich bei dem Ester der *p*-Benzoyl-*m*-acetyl-protocatechusäure. Bei vorsichtiger Verseifung mit Ammoniak verliert er nur das Acetyl, und der hierbei entstehende

---

[1]) E. Fischer und K. Freudenberg, Liebigs Annal. d. Chem. **384**, 236 [1911] (*S. 136.*)

[2]) Ciamician und Silber, Berichte d. d. chem. Gesellsch. **25**, 1477 [1892].

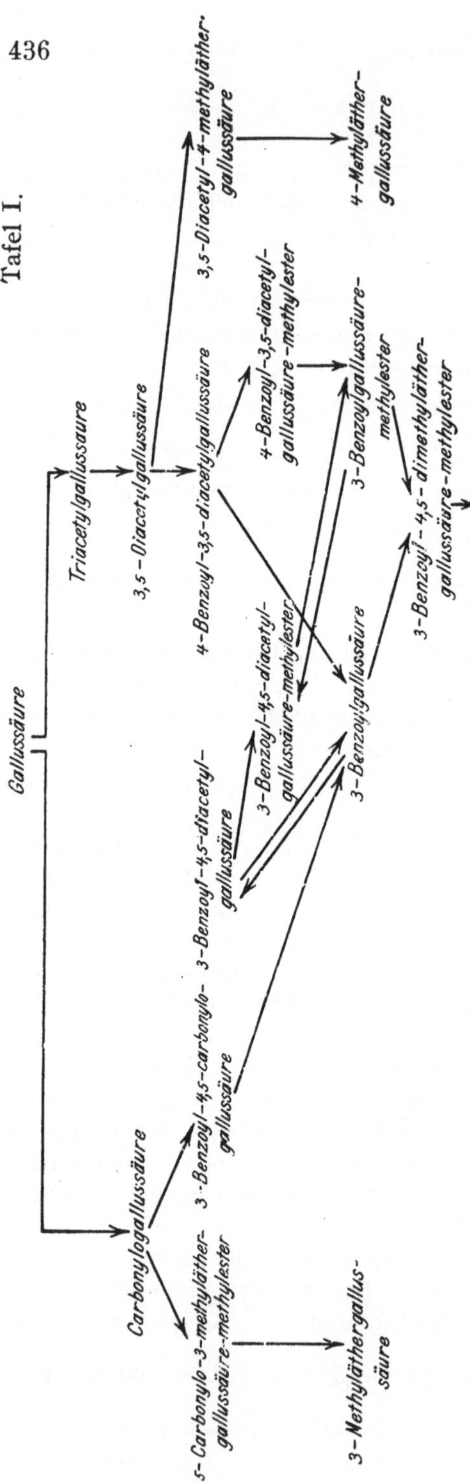

Benzoylprotocatechusäure-ester enthält wieder das Benzoyl in *meta*-Stellung; denn er wird durch Methylierung und spätere Verseifung ebenfalls in Isovanillinsäure verwandelt, und außerdem gibt er bei der Reacetylierung einen vom Ausgangsmaterial verschiedenen Benzoylacetylprotocatechusäureester.

In Tafel III (S. 437) sind diese Beobachtungen zusammengestellt.

Die Wanderung des aromatischen Acyls von einer Phenolgruppe zur anderen ist also offenbar eine allgemeinere Erscheinung; es dürfte sich lohnen, sie nicht allein bei einer größeren Zahl von Phenolcarbonsäuren, sondern auch bei anderen Phenolderivaten und bei den dreiwertigen asymmetrischen Phenolen selbst, z. B. dem Pyrogallol, zu prüfen. Dadurch wird sich wohl entscheiden lassen, ob sie, wie wahrscheinlich, von der *ortho*-Stellung der Phenolgruppen zueinander abhängig ist, und ob sie durch das Carboxyl wesentlich beeinflußt wird. Wir halten es ferner für möglich, daß sie bei den aliphatischen Oxysäuren oder den mehrwertigen Alkoholen wiederkehrt, und verweisen zunächst auf die merkwürdigen, bisher

Tafel II.

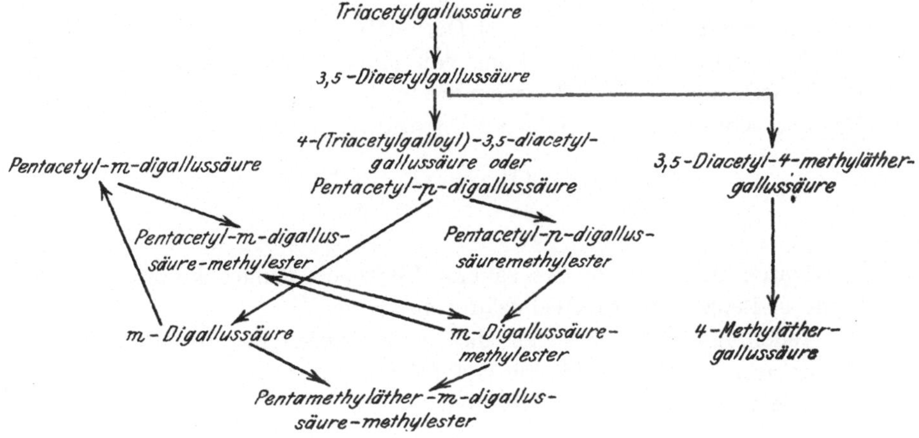

Tafel III.

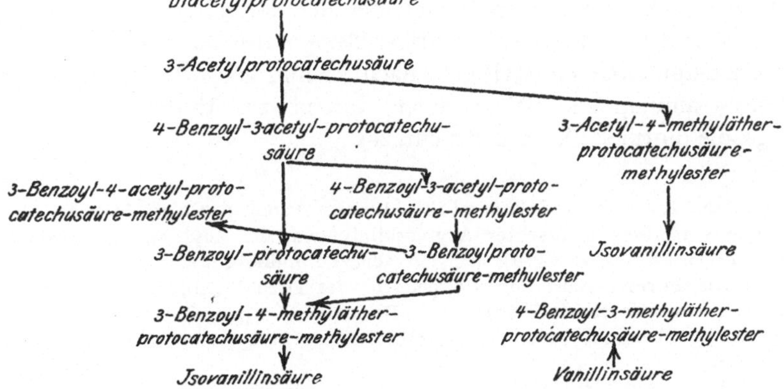

nicht erklärten Erscheinungen bei den Benzoylderivaten des Dulcits und seiner Acetonverbindungen[1]).

Der Vorgang kann vorläufig nicht als einfache intramolekulare Umlagerung bezeichnet werden, da er in unmittelbarem Zusammenhang mit der Entfernung eines anderen Acyls (des Acetyls oder Carbomethoxyls) steht. Es ist aber nicht allein möglich, sondern sogar

---

[1]) E. Fischer, Berichte d. d. chem. Gesellsch. **48**, 271 [1915]. E. Fischer und M. Bergmann, ebenda **49**, 290 [1916].

wahrscheinlich, daß er in zwei Phasen stattfindet: Erst Entfernung des leichteren Acyls und dann Umlagerung der zunächst gebildeten p-Monoacylverbindung in das m-Derivat[1]).

Will man in der Aufstellung von Hypothesen noch weiter gehen, so könnte man auch ein Zwischenprodukt annehmen, das im Falle der Protocatechusäure etwa folgende Struktur[2]) haben würde:

$$(VI) \qquad HOOC \cdot \diagup \cdot O \diagdown_{\diagup} OH \\ \diagdown \cdot O \diagup C \diagdown C_6H_5$$

Durch Aufspaltung des sauerstoffhaltigen Ringes könnte daraus leicht m-Benzoyl-protocatechusäure entstehen.

Jedenfalls läßt sich sagen, daß in den bisher untersuchten Fällen für die aromatischen Acyle ein Gefälle von der *para*-Stellung nach der *meta*-Stellung zum Carboxyl besteht.

Diese Beobachtung scheint uns neu zu sein. Allerdings weiß man längst, daß die O-Acylderivate des Acetessigesters in C-Derivate umgewandelt werden können. Noch leichter findet die Wanderung des Acyls bei den Derivaten des o-Aminophenols statt. So verwandelt sich das O-Benzoyl-o-nitrophenol bei der Reduktion in N-Benzoyl-aminophenol[3]), und das bei niedriger Temperatur darstellbare O-Carbo-äthoxy-o-aminophenol (VII) geht nach Ransom[4]) so leicht in N-Carbo-äthoxy-o-aminophenol (VIII) über, daß er zur Erklärung des Vorgangs die Formel IX in Betracht zog:

----

[1]) Vgl. Auwers und Eisenlohr, Liebigs Annal. d. Chem. **369**, 209 [1909]: Partielle Verseifung gemischter Acylverbindungen, die Acyl an Sauerstoff und Stickstoff enthalten; z. B. O-Benzoyl-N-acetyl-o-aminokresol.

[2]) Die Formel stellt den Doppelester der Orthobenzoesäure $C_6H_5 \cdot C(OH)_3$ mit einem Brenzcatechinderivat dar. Derartige Körper sind allerdings bisher ebensowenig bekannt wie die gewöhnlichen Dialkylester der Orthosäuren

$$R \cdot C \diagdown_{\diagdown OR'}^{\diagup OH} OR'.$$

Denn die Existenz der von Habermann und Brezina (Journ. f. prak. Chem. [2] **80**, 349 [1909]) angenommenen Verbindung des Äthylacetats mit Alkohol $C_2H_3O_2 \cdot C_2H_5 + C_2H_6O$, die man dahin rechnen könnte, scheint mir noch recht unsicher zu sein, da das Präparat durch Destillation gewonnen wird und seine Dampfdichte einem Gemisch von Ester und Alkohol entspricht.

Ob die Fähigkeit einzelner Ester, mit Alkohol zu krystallisieren, durch die Bildung von solchen Dialkylestern bedingt ist, läßt sich vorläufig nicht entscheiden. Es würde sich lohnen, diese Frage mit den Methoden der physikalischen Chemie zu studieren. E. Fischer.

[3]) W. Böttcher, Berichte d. d. chem. Gesellsch. **16**, 629 [1883].

[4]) Berichte d. d. chem. Gesellsch. **31**, 1055 [1898] und **33**, 199 [1900]; vgl. auch Einhorn und Pfyl, Liebigs Annal. d. Chem. **311**, 34 [1900].

$$(\text{VII}) \quad \overset{\cdot O \cdot CO_2 C_2 H_5}{\underset{\cdot NH_2}{\bigcirc}} \longrightarrow (\text{VIII}) \quad \overset{\cdot OH}{\underset{\cdot NH \cdot CO_2 C_2 H_5}{}}$$

$$(\text{IX}) \quad \overset{\cdot O-}{\underset{\cdot NH}{}} C \overset{OH}{\underset{OC_2 H_5}{}}$$

Letztere entspricht der Formel, die zuvor für das hypothetische Zwischenprodukt bei der Bildung der *m*-Benzoylprotocatechusäure angeführt wurde.

Ähnliche Wanderungen des Acyls vom Sauerstoff zum Stickstoff oder auch umgekehrt sind von Auwers[1]) und seinen Schülern bei den Derivaten des *o*-Oxybenzylamins, des *o*-Oxybenzylhydrazins, der Phenylhydrazone von *o*-Oxyaldehyden und *o*-Oxybenzylketonen, von Salicylamid[2]) usw. in großer Zahl eingehend studiert worden. Auch bei den aliphatischen Aminoalkoholen und Aminoketonen ist die Verschiebung des Acyls von Sauerstoff zu Stickstoff und umgekehrt von S. Gabriel[3]) systematisch und in Zusammenhang mit der Bildung heterocyclischer Ringe (Oxazol, Oxazolin, Pentoxazol) untersucht worden.

In allen diesen Fällen handelt es sich um die Verschiebung des Acyls vom Sauerstoff zum Kohlenstoff oder zum Stickstoff und umgekehrt. Auch ein Beispiel für die Wanderung von Stickstoff zu Stickstoff ist schon 1893 von O. Widman[4]) bei dem Acetylderivat des *o*-Aminobenzylanilins beobachtet worden.

Im Gegensatz dazu stehen bei den von uns studierten Vorgängen zwei Phenolgruppen in Wettbewerb, die sich nur in der Stellung zum Carboxyl unterscheiden. Wir haben deshalb den Eindruck, daß diese Wanderung des Acyls bisher ohne direkte Analogie ist und ein neues großes Kapitel intramolekularer Umlagerung zu werden verspricht.

Im einzelnen müssen wir noch darauf hinweisen, daß die jetzigen Erfahrungen eine neue Formulierung der früher beschriebenen Diprotocatechusäure[5]) nötig machen. Sehr wahrscheinlich ist sie nicht,

---

[1]) Liebigs Annal. d. Chem. **332**, 159 [1901]; **359**, 336; **360**, 1; **364**, 147 [1908]; **365**, 278 [1909]; **369**, 209 [1909]; Berichte d. d. chem. Gesellsch. **37**, 2249, 3903, 3905, 3929 [1904]; **38**, 3256 [1905]; **40**, 3506 [1907]; **41**, 403, 415 [1908]; **47**, 1297 [1914]; vgl. auch Paal und Bodewig, Berichte d. d. chem. Gesellsch. **25**, 2961 [1892]; Willstätter und Veraguth, Berichte d. d. chem. Gesellsch. **40**, 1432 [1907].

[2]) Titherley und Mitarbeiter, Journ. of the Chem. Soc. **87**, 1207 [1905]; **89**, 1318 [1906]; **91**, 1419 [1907]; **95**, 908 [1909]; **97**, 200 [1910]; **99**, 866 [1911]; Proceedings of the Chem. Soc. **21**, 288 [1905].

[3]) Berichte d. d. chem. Gesellsch. **22**, 2222 [1889]; **23**, 2497 [1890]; **24**, 3213 [1891]; **32**, 967 [1899]; Lieb'gs Annal. d. Chem. **409**, 305 [1915].

[4]) Journ. f. prakt. Chem. [2] **47**, 343 [1893].

[5]) E. Fischer und K. Freudenberg, Liebigs Annal. d. Chem. **384**, 226 [1911]. (*S. 130.*)

wie damals aus der Synthese geschlossen wurde, eine p-Verbindung, sondern ebenfalls ein *meta*-Derivat von folgender Struktur:

$$\text{(X)} \qquad \begin{array}{l} \text{HO} \cdot \hexagon \cdot \text{CO} \cdot \text{O} \cdot \hexagon \cdot \text{COOH} \\ \text{HO} \cdot \hexagon \qquad \text{HO} \cdot \hexagon \end{array}$$

Derivate der Gallussäure.

Triacetyl-gallussäure.

Ihre Darstellung ist wiederholt beschrieben worden[1]). Zur Bereitung größerer Mengen haben wir das folgende Verfahren als zweckmäßig erprobt.

500 g käufliche, krystallisierte Gallussäure werden mit $2\frac{1}{2}$ kg Essigsäureanhydrid übergossen und unter häufigem Umschütteln allmählich mit 50 g wasserfreiem, gekörntem Zinkchlorid versetzt. Unter Selbsterwärmung entsteht bald eine klare, etwas braun gefärbte Lösung, die man noch zwei Stunden auf dem Wasserbade erhitzt und nach dem Abkühlen in etwa 10 l kaltes Wasser einträgt. Das abgeschiedene dicke Öl beginnt nach kurzer Zeit zu erstarren. Nach 12 Stunden wird abgesaugt und mit kaltem Wasser gewaschen. Das Rohprodukt enthält Verunreinigungen, die von Bicarbonat nicht gelöst werden[2]). Man übergießt deshalb die zerkleinerte Masse mit 2—3 l Wasser und gibt so lange konzentrierte Kaliumbicarbonatlösung zu, bis keine Kohlensäureentwicklung mehr zu bemerken ist. Die filtrierte, kaum gefärbte Lösung wird sofort mit verdünnter Salzsäure versetzt, wobei die Triacetyl-gallussäure krystallinisch ausfällt. Nach dem Absaugen, Waschen mit kaltem Wasser und Trocknen unter stark vermindertem Druck über Phosphorpentoxyd bildet sie ein farbloses, lockeres Pulver und ist, wie die folgende Analyse zeigt, schon rein. Ausbeute etwa 600 g oder 76% der Theorie.

---

[1]) Vgl. besonders M. P. Sisley, Bull. de la Soc. Chim. de France [3] **11**, 562ff. [1894] und A. Reychler, Bull. de la Soc. Chim. Belgique **21**, 428 [1907]; Chem. Centralblatt **1908**, I, 1042.

[2]) Wenn bei der Acetylierung viel mehr Chlorzink, als angegeben, verwendet wird, so können aus dem in Bicarbonat unlöslichen Anteil beträchtliche Mengen einer Substanz gewonnen werden, die wir für das Anhydrid der Triacetylgallussäure halten. Um sie zu isolieren, haben wir den Rückstand von der Bicarbonatbehandlung nach dem Trocknen mehrmals mit trockenem Äther ausgekocht und die nach starkem Eindampfen des Äthers ausgeschiedenen Krystalle aus einem Gemisch von trockenem Aceton mit Petroläther umkrystallisiert.

0,2231 g Sbst. (bei 100° unter 0,2 mm getrocknet): 0,4430 g CO_2, 0,0731 g H_2O.

$C_{26}H_{22}O_{15}$ (574,18).　　Ber. C 54,35, H 3,86.

　　　　　　　　　　　　Gef. ,, 54,15, ,, 3,67.

Das Anhydrid schmilzt bei 175—176° (korr.), also nur wenig höher als die Triacetyl-gallussäure selbst.

0,1513 g Sbst. (bei 76° und 15 mm über Phosphorpentoxyd getrocknet): 0,2919 g CO_2, 0,0557 g H_2O. — 2,0133 g getrocknete Sbst. verbrauchten nach alkalischer Verseifung zur Neutralisation der abdestillierten Essigsäure 20,25 ccm n-Natronlauge.

$C_{13}H_{12}O_8$ (296,10). Ber. C 52,68, H 4,08, Acetyl 43,59.
Gef. ,, 52,62, ,, 4,12, ,, 43,27.

Den Schmelzpunkt der Triacetyl-gallussäure fanden wir in Übereinstimmung mit Reychler[1]) bei 171—172° (korr.). Die Säure löst sich leicht in Chloroform, etwas schwerer in Essigäther, Aceton, Alkohol und Eisessig, recht schwer in Benzol und Tetrachlorkohlenstoff und so gut wie gar nicht in Petroläther. Von heißem Wasser wird sie in erheblicher Menge aufgenommen und fällt beim Abkühlen der nicht zu verdünnten Lösung zum größten Teil in flächenreichen Prismen oder derberen Formen wieder aus. Beim Kochen der wässerigen Lösung wird sie langsam verseift und schließlich vollständig zu Gallussäure abgebaut. Läßt man die mit Wasser oder Tetrachlorkohlenstoff versetzte Acetonlösung der Säure langsam verdunsten, so erhält man oft gut ausgebildete, große Platten. Sie enthalten Krystallwasser, das schon an der Luft unter starker Verwitterung teilweise weggeht. Auf die Neigung, sich mit Wasser und anderen Lösungsmitteln zu verbinden, ist es auch wohl zurückzuführen, daß die wasserfreie Säure beim Übergießen mit wenig Alkohol, feuchtem Essigäther oder Aceton vorübergehend in Lösung geht, um gleich wieder in hübschen Krystallen auszufallen.

Von den Salzen der Triacetylgallussäure ist das schwer lösliche Silbersalz erwähnenswert. Wir haben es durch Umsetzung des Kaliumsalzes mit salpetersaurem Silber als farblosen, amorphen Niederschlag erhalten, der sich in Berührung mit der silberhaltigen Mutterlauge bald dunkel färbt. Die Umsetzung des Silbersalzes mit Acetobromglucose zum Heptacetylderivat einer Glucosido-gallussäure wird später geschildert werden. Das Kupfersalz erhält man in gut ausgebildeten, grünlichblauen, mikroskopischen, flächenreichen Krystallen, wenn die Lösung der Säure in der hundertfachen Menge warmem Wasser mit einer warmen Lösung von Kupferacetat versetzt wird. Das lufttrockene Salz enthält Krystallwasser. Zwei Bestimmungen ergaben bei 100° und 11 mm einen Gewichtsverlust von 4,51% und 4,37%. Beim Trocknen schlägt die grünblaue Farbe in dunkelblau um.

0,1524 g getr. Sbst.: 0,2660 g CO_2, 0,0483 g H_2O. — 0,1988 g Sbst.: 0,0241 g CuO. — 0,1964 g Sbst.: 0,0235 g CuO.

$(C_{13}H_{11}O_8)_2Cu$. Ber. C 47,72, H 3,39, Cu 9,73.
Gef. ,, 47,60, ,, 3,55, ,, 9,69, 9,56.

---

[1]) S. a. a. O.

Auf analoge Weise entsteht eine ebenfalls hübsch krystallisierende Quecksilberverbindung.

Die Triacetyl-gallussäure wird ebenso leicht verseift wie die Carbomethoxyverbindung, durch Alkalien schon in der Kälte. Je nach der Menge des Alkalis entstehen dabei acetylärmere Produkte oder freie Gallussäure. Ähnlich wirkt Ammoniak. In der Wärme genügt eine verhältnismäßig kleine Menge von Alkali zur vollständigen Verseifung.

Als z. B. 5 g Triacetyl-gallussäure in 40 ccm $n/_2$-Natronlauge (1,2 Mol.) gelöst und die Flüssigkeit eine halbe Stunde auf 95° erhitzt wurde, reagierte sie stark sauer und schied nach dem Übersättigen mit Salzsäure und guter Kühlung eine große Menge Gallussäure ab, die durch die Bestimmung des Krystallwassers und die Elementaranalyse identifiziert wurde. Ihre Menge betrug mehr als 70% der Theorie.

Auch Natriumacetat bewirkt in der Wärme rasch Verseifung.

Als 10 g Triacetyl-gallussäure mit 50 ccm Wasser und 20 g krystallisiertem, krystallwasserhaltigem Natriumacetat eine halbe Stunde auf 95° erhitzt waren, fiel auch beim Ansäuern und Abkühlen reine Gallussäure aus (75% der Theorie). Auch bei 70° findet der gleiche Vorgang statt, nur muß man dann länger erwärmen.

Diese leichte Verseifbarkeit ist nicht auf die Acetylgallussäure beschränkt, sondern wiederholt sich bei den Estern der Säure und ebenso mit kleinen Abstufungen bei den Acetylderivaten der übrigen Phenolcarbonsäuren.

Darstellung der Triacetyl-gallussäure nach der Pyridinmethode: Die völlige Acetylierung der Gallussäure gelingt auch leicht mit Pyridin und Essigsäureanhydrid.

Übergießt man z. B. 25 g getrocknete Gallussäure mit 60 g Essigsäureanhydrid und fügt langsam unter Kühlung 50 g trockenes Pyridin zu, so entsteht eine klare Lösung, die über Nacht bei gewöhnlicher Temperatur aufbewahrt wird. Man gießt dann in stark verdünnte kalte Schwefelsäure. Das ausgeschiedene Öl erstarrt bald. Es wird zweckmäßig mit Kaliumbicarbonat behandelt, wobei geringe Mengen braun gefärbter Produkte ungelöst bleiben. Beim Ansäuern fällt dann die Triacetylgallussäure aus und ist schon recht rein. Die Ausbeute betrug 86% der Theorie. Im übrigen aber hat das Verfahren keinen Vorzug vor der zuerst beschriebenen bequemeren Methode.

Chlorid der Triacetyl-gallussäure[1]).

500 g wasserfreie Triacetylgallussäure wurden mit 500 ccm Tetrachlorkohlenstoff und 400 g rasch gepulvertem Phosphorpentachlorid

---

[1]) Schon beschrieben von E. Fischer und M. Bergmann (Sitzungsber. d. Akad. d. Wissenschaften, Berlin **1916**, S. 570). Vgl. auch Chem. Centralblatt **1916**, II, 132 *und Berichte d. d. chem. Gesellsch.* **51**, *298 [1918].* (*S. 487.*)

versetzt, gut durchgeschüttelt und schließlich auf dem Wasserbad gelinde erwärmt, bis die Salzsäureentwicklung beendet und eine klare schwach braune Lösung entstanden war, die sich vom unverbrauchten, überschüssigen Pentachlorid leicht abgießen ließ und in Kältemischung zu einem dicken Brei hübscher Prismen erstarrte. Sie wurden nach Zugabe von Petroläther abgesaugt, scharf gepreßt und erst aus 1 l, dann aus 600 ccm Kohlenstofftetrachlorid umkrystallisiert und jedesmal nach einigem Stehen in Kältemischung abgesaugt. Das Chlorid war schließlich rein weiß. Ausbeute an ganz reiner Substanz etwa 475 g oder fast 90% der Theorie.

0,2614 g Sbst.: 0,1174 g AgCl.

$C_{13}H_{11}O_7Cl$ (314,5).   Ber. Cl 11,27.
Gef. Cl 11,11.

Farblose Prismen, die im Capillarrohr nach vorhergehendem Sintern bei 106—107° (korr.), schmelzen. Löst sich leicht in kaltem Chloroform und warmem Benzol, etwas schwerer in warmem Äther und ziemlich schwer in Petroläther.

3,5-Diacetyl-gallussäure.

Sie entsteht ähnlich der Dicarbomethoxy-gallussäure[1]) bei Einwirkung von 1 Mol. Natronlauge auf das Alkalisalz der Triacetyl-gallussäure bei niederer Temperatur. Natürlich verläuft die Verseifung nicht ganz einheitlich, sondern geht teilweise auch über die Diacetylverbindung hinaus. In der Tat konnten wir neben Gallussäure aus den Mutterlaugen einmal auch eine Monoacetyl-gallussäure vom Schmelzpunkt 225° (unter Zersetzung) isolieren. Wir verzichten aber auf die nähere Beschreibung ihrer Darstellung und Reinigung, da die Bedingungen derselben nicht genügend durchgearbeitet sind[2]).

250 g wasserfreie Triacetylgallussäure oder eine entsprechende Menge Hydrat werden mit 400 ccm Wasser übergossen und durch allmählichen Zusatz der eben nötigen Menge von konzentriertem, wässerigem Kaliumbicarbonat in Lösung gebracht. Zu der mit Eis-Kochsalz-

---

[1]) E. Fischer, Berichte d. d. chem. Gesellsch. **41**, 2885 [1908]; E. Fischer und K. Freudenberg, Liebigs Annal. d. Chem. **384**, 240 (1911].

[2]) Die Monoacetylgallussäure löst sich leicht in Methyl- und Äthylalkohol, wenig schwerer in Essigäther und Aceton; ferner leicht in heißem Wasser und krystallisiert aus der nicht zu verdünnten Lösung beim Abkühlen in lanzettförmigen Nadeln. Die wässerige Lösung wird durch Eisenchlorid tief blaugrün gefärbt.

0,1932 g Sbst. (bei 100° und 11 mm getrocknet): 0,3613 g CO_2, 0,0662 g H_2O. — 0,2370 g Sbst.: 0,4421 g CO_2, 0,0877 g H_2O.

$C_9H_8O_6$ (212,6).   Ber. C 50,93,   H 3,80.
Gef. „ 51,00, 50,87, „ 3,83, 4,14.

Mischung gekühlten Flüssigkeit tropft man nun unter Durchleiten von Wasserstoff und starkem Rühren im Laufe von $^3/_4$ Stunden 530 ccm gekühlte 2n-Natronlauge ($1^1/_4$ Mol.). Die Farbe der Lösung bleibt, wenn die Luft völlig abgeschlossen ist, bis zuletzt schwach grau. Man bewahrt noch $^1/_2$ Stunde bei Zimmertemperatur auf und versetzt dann die kaum mehr alkalische Flüssigkeit mit 500 ccm 5n-Salzsäure. Dabei entsteht eine milchige Fällung, die beim Reiben mit dem Glasstab bald krystallinisch erstarrt. Nach mehrstündigem Stehen im Eisschrank wird sie abgesaugt und mit etwas kaltem Wasser gewaschen. Ausbeute an lufttrockener, farbloser Substanz etwa 200 g. Sie besteht in der Hauptsache aus einem Gemisch von Diacetylgallussäure mit unverändertem Ausgangsmaterial. Um letzteres zu entfernen, übergießt man mit 500 ccm Chloroform, läßt einige Stunden unter öfterem Umschütteln stehen und saugt die ungelöste Diacetylgallussäure ab. Zur völligen Reinigung wird ein- bis zweimal in 90 ccm warmem Methylalkohol gelöst und nach Kühlung mit 260 ccm kaltem Wasser versetzt. Beim Reiben erfolgt rasch Krystallisation derber, spießiger Krystalle, die meist miteinander verwachsen sind. Nach mehrstündigem Stehen bei 0° wird abgesaugt. Ausbeute an ganz reiner, lufttrockner Substanz etwa 100 g oder 43% der Theorie.

Die lufttrockne Diacetyl-gallussäure enthält 1 Mol. Wasser, das bei 76° unter 15 mm Druck rasch entweicht.

0,2203 g Sbst. verloren 0,0151 g. — 0,2001 g Sbst. verloren 0,0133 g.

$C_{11}H_{10}O_7 + H_2O$ (272,10).   Ber. H_2O 6,62.   Gef. H_2O 6,85, 6,65.

0,1563 g getr. Sbst.: 0,2991 g CO_2, 0,0554 g H_2O. — 0,1868 g getr. Sbst. (anderes Präparat): 0,3574 g CO_2, 0,0689 g H_2O.

$C_{11}H_{10}O_7$ (254,08).   Ber. C 51,95,   H 3,97.

Gef. ,, 52,19, 52,18, ,, 3,97, 4,13.

Für die Bestimmung der Acetylgruppen wurden 1,056 g der lufttrocknen Säure mit 20 ccm n-Natronlauge eine Stunde bei 20° im Wasserstoffstrom aufbewahrt, dann überschüssige Phosphorsäure zugegeben und die Lösung aus einem Ölbad bis fast zur Trockne abdestilliert. Diese Operation wurde noch zwei- bis dreimal nach Zugabe von 20 ccm Wasser wiederholt. Das stark saure Destillat wurde unter Anwendung von Phenolphthalein mit $^n/_{10}$-Natronlauge titriert. Verbraucht wurden 77,5 ccm Lauge, während sich für zwei Acetylgruppen 77,62 ccm berechnen.

Die Diacetyl-gallussäure schmilzt im Capillarrohr nach geringem Sintern bei 174—175° (korr.), also fast bei der gleichen Temperatur wie die Triacetyl-gallussäure. Ein Gemisch beider Substanzen schmilzt aber viel niedriger. Sie gibt ebenso wie die Triacetylverbindung in alkoholischer Lösung mit Eisenchlorid keine charakteristische Färbung und mit Cyankaliumlösung nicht sofort, sondern erst allmählich Rotfärbung.

Sie löst sich sehr leicht in Alkohol und Aceton, wenig schwerer in Essigäther, dagegen nur wenig in heißem Benzol. In heißem Wasser ist sie leicht löslich und krystallisiert beim Erkalten der konzentrierten Lösung bald zum größten Teil wieder in blattähnlichen oder derberen, nicht gut ausgebildeten Formen.

Schon M. P. Sisley[1]) hat angegeben, eine Diacetyl-gallussäure vom Schmelzpunkt 162° aus der Triacetylverbindung durch bloßes Kochen der wässerigen Lösung erhalten zu haben. Die Einheitlichkeit seines Präparats ist aber von M. Nierenstein wiederholt[2]) bestritten worden. Nierenstein selbst will die Diacetyl-gallussäure dargestellt haben durch Behandlung der Triacetyl-gallussäure mit 3 Molekülen alkoholischer Ammoniaklösung. Soweit seine knappen Angaben ein Urteil zulassen, ist seine Säure, die mit Eisenchlorid eine starke, dunkelgrüne Färbung gab, verschieden von unserem Präparat.

Verwandlung der 3,5-Diacetyl-gallussäure in 4-Methyläther-3,5-diacetyl-gallussäuremethylester.

Eine Lösung von 10 g Diacetyl-gallussäure in 50 ccm trockenem Aceton wurde durch Kältemischung gekühlt und dann langsam mit einem Überschuß einer ätherischen Diazomethanlösung versetzt. Nachdem das Gemisch noch eine Stunde bei 20° aufbewahrt war, wurde unter vermindertem Druck verdampft. Der kaum gefärbte sirupöse Rückstand erstarrte rasch zu einer harten, krystallinischen Masse. Sie wurde in 50 ccm Methylalkohol gelöst, durch Zugabe der gleichen Wassermenge wieder abgeschieden und nach einigem Stehen in Eis abgesaugt. Ausbeute an dem schon ziemlich reinen Produkt 10 g entsprechend 90% der Theorie. Schließlich wurde in der doppelten Menge Essigäther gelöst, durch Zusatz von Petroläther wieder abgeschieden und so ohne nennenswerten Verlust ein analysenreines Präparat erhalten.

0,1992 g lufttr. Sbst.: 0,4036 g CO_2, 0,0889 g H_2O.

$C_{13}H_{14}O_7$ (282,11).   Ber. C 55,30, H 5,00.

Gef. ,, 55,26, ,, 4,99.

Der Ester bildet mikroskopische, langgestreckte Tafeln oder Prismen, die nach geringem Sintern bei 68—69° schmelzen. Er löst sich leicht in den meisten organischen Lösungsmitteln, auch ziemlich leicht

---

[1]) Bull. de la Soc. Chim. de France [3] 11, 562ff. [1894].

[2]) Berichte d. d. chem. Gesellsch. 40, 917 Anm. [1907]; ebenda 43, 1689 Anm. [1910].

in kaltem Alkohol, dagegen recht schwer in kaltem Wasser und in kaltem Petroläther

Verseifung zu 4-Methyläther-gallussäure: Um eine gute Ausbeute zu erhalten, ist es hier ebenso wie bei der entsprechenden Carbomethoxyverbindung[1]) nötig, die Verseifung durch Alkali bei niederer Temperatur vorzunehmen.

3 g Ester werden mit 15 ccm Methylalkohol übergossen und im Wasserstoffstrom bei 40° zu der klaren Lösung 37 ccm 2 n-Natronlauge (7 Mol.) rasch zugetropft. Nachdem die hierbei entstehende schwach braune Flüssigkeit bei der gleichen Temperatur unter ständigem Durchleiten von Wasserstoff noch 8 Stunden aufbewahrt ist, wird sie mit 18 ccm 5 n-Salzsäure versetzt und unter vermindertem Druck stark eingedampft. Hierbei scheidet sich die Methyläthergallussäure zum größeren Teil in schwach braun gefärbten mikroskopischen Nadeln ab, die nach einigem Stehen bei 0° abgesaugt werden. Ausbeute 1,45 g. Die Mutterlauge gab nach mehrmaligem Ausäthern noch 0,39 g, so daß im ganzen 1,84 g Rohprodukt erhalten wurden entsprechend 94% der Theorie. Zur Reinigung wurden beide Proben aus Wasser unter Anwendung von Tierkohle umkrystallisiert.

0,1618 g Sbst.: 0,3091 g CO_2, 0,0629 g H_2O.

$C_8H_8O_5$ (184,06).   Ber. C 52,16, H 4,38.
Gef. ,, 52,10, ,, 4,35.

Beim Erhitzen im Capillarrohr sinterte die Substanz von etwa 225° und schmolz gegen 241° (korr. 246°) zu einer braunen Flüssigkeit, in der manchmal deutliche Gasentwicklung zu bemerken war[2]). Das entspricht den Angaben über 4-Methyläther-gallussäure ebenso wie die Braunfärbung der wässerigen Lösung durch Eisenchlorid, während die 3-Methyläther-gallussäure von Vogl[3]) unter Gasentwicklung bei 220° (korr.) schmilzt und mit Eisenchlorid in wässeriger Lösung eine tief bläulichschwarze Färbung gibt.

Pentacetyl-*p*-digallussäure.

In der Literatur sind zwei Pentacetyldigallussäuren[4]) beschrieben. Sie haben mit unserem Präparat keine Ähnlichkeit, und ihre Eigenschaften geben auch keinerlei Gewähr für ihre Einheitlichkeit.

---

[1]) E. Fischer und O. Pfeffer, Liebigs Annal. d. Chem. **389**, 212 [1912]. (*S. 154.*)

[2]) Vgl. Berichte d. d. chem. Gesellsch. **45**, 2715 [1912] (*S. 294*); Liebigs Annal. d. Chem. **389**, 213 [1912]. (*S. 155.*)

[3]) Monatsh. **20**, 397 [1899]; vgl. auch E. Fischer und K. Freudenberg, Berichte d. d. chem. Gesellsch. **46**, 1124 [1913]. (*S. 314.*)

[4]) H. Schiff, Liebigs Annal. d. Chem. **170**, 65 [1873]; Böttinger, Berichte d. d. chem. Gesellsch. **17**, 1478 [1884].

Zu einer Lösung von 82 g wasserhaltiger 3,5-Diacetyl-gallussäure in 500 ccm Aceton werden unter Kühlung mit Kältemischung und starkem Turbinieren 300 ccm stark gekühlte n-Natronlauge (1 Mol.) in dünnem Strahl eingegossen. Sobald die Temperatur der Flüssigkeit auf —5° gesunken ist, läßt man unter weiterem starken Rühren aus zwei Tropf-trichtern gleichzeitig eine Lösung von 95 g Triacetylgallussäurechlorid (etwa 1 Mol.) in 400 ccm reinem trockenem Aceton und andererseits weitere 300 ccm gekühlte n-Natronlauge einlaufen. Die Zugabe der beiden Flüssigkeiten richtet man möglichst so ein, daß sie nach etwa 10 Minuten gleichzeitig beendet ist. Zum Schluß ist die Temperatur der klaren, kaum gefärbten Lösung über 0° gestiegen und ihre Reaktion neutral. Beim Verdünnen mit Wasser und Ansäuern mit 800 ccm $^n/_2$-Salzsäure fallen große Mengen eines farblosen Öls aus, das beim Reiben rasch krystallinisch erstarrt. Gewicht des Rohproduktes etwa 145 g. Nach zweimaliger Krystallisation aus 300 ccm Eisessig ist die Säure schon ziemlich rein und kann für alle weiteren Operationen be-nutzt werden. Sie schmilzt gegen 195° (korr.). Ausbeute 75 g oder 47% der Theorie. Durch weiteres Umkrystallisieren aus Eisessig läßt sich der Schmelzpunkt noch um einige Grade erhöhen.

0,1735 g Sbst. (bei 100° und 12 mm über Phosphorpentoxyd getrocknet): 0,3440 g CO_2, 0,0593 g H_2O. — 1,0012 g Sbst. verbrauchten nach alkalischer Ver-seifung zur Neutralisation der abdestillierten Essigsäure 93,7 ccm $^n/_{10}$-NaOH.

$C_{24}H_{20}O_{14}$ (532,16). Ber. C 54,12, H 3,79, Acetyl 40,43.

Gef. „ 54,08, „ 3,82, „ 40,26.

Unsere reinste Säure schmolz im Capillarrohr bei 202—203° (korr.) zu einer farblosen Flüssigkeit. Sie löst sich sehr leicht in Aceton, nur wenig schwerer in Essigäther und Chloroform. Auch in warmem Al-kohol und Methylalkohol ist sie leicht löslich und krystallisiert beim Abkühlen der nicht zu verdünnten Lösung schnell in mikroskopischen, dünnen Nädelchen. Von kaltem Eisessig wird sie auch in mäßigem Betrag gelöst, ziemlich wenig dagegen von Äther und fast gar nicht von Wasser und Petroläther. Von verdünnter Kaliumbicarbonatlösung wird sie leicht gelöst.

Statt mit Alkali läßt sich die Kuppelung der Diacetyl-gallussäure mit dem Triacetyl-gallussäurechlorid auch durch Bicarbonat bewerk-stelligen.

Man übergießt dann 11 g wasserhaltige Diacetyl-gallussäure mit 80 ccm Aceton, 40 ccm Wasser und 60 ccm einer gesättigten wässerigen Kaliumbicarbonatlösung und fügt zu der klaren Flüssigkeit unter Eis-kühlung und kräftigem Schütteln 12,5 g festes Triacetylgallussäure-chlorid. Es geht rasch unter Kohlensäureentwicklung in Lösung. Wenn diese nach 10—15 Minuten beendet ist, verdünnt man mit viel Wasser und übersättigt mit Salzsäure. Das ausfallende Öl erstarrt rasch zu einer harten Masse. Zur Reinigung muß zweimal aus Eisessig umkrystallisiert werden. Ausbeute 7 g oder 32% der Theorie. Die Operation ist etwas bequemer als die erste; wie man sieht, ist aber die Ausbeute noch etwas geringer.

Methylester: Er wird aus der Säure am bequemsten mit Diazomethan erhalten.

Zu dem Zweck übergießt man 5 g Säure mit der 10fachen Menge trocknem Aceton, wobei der größte Teil sich löst, kühlt dann in Kältemischung und versetzt allmählich mit einem mäßigen Überschuß einer ätherischen Diazomethanlösung, wobei völlige Lösung eintritt. Wird jetzt unter geringem Druck verdampft, so scheiden sich schöne, farblose Krystalle ab, und zum Schluß erstarrt die ganze Masse. Sie wird in warmem Aceton gelöst und durch Wasser wieder gefällt. Man kann auch aus viel heißem Methylalkohol umkrystallisieren. Ausbeute sehr gut.

0,1540 g lufttr. Sbst.: 0,3095 g CO_2, 0,0549 g H_2O.

$C_{25}H_{22}O_{14}$ (546,18).   Ber. C 54,93, H 4,06.

Gef. ,, 54,81, ,, 3,99.

Der Ester schmilzt bei 192—193° (korr.). Er bildet häufig millimeterlange, gut ausgebildete Prismen mit schiefen Endflächen. Er löst sich leicht in Aceton, Chloroform, warmem Essigäther und warmem Eisessig, etwas schwerer in warmem Benzol, erheblich schwerer in Alkohol und Methylalkohol und noch weniger in Äther, Petroläther und Wasser.

Man kann den Ester auch durch Methylalkohol aus dem Chlorid herstellen.

Um dieses zu gewinnen, werden 5 g Säure mit 10 ccm trockenem Chloroform aufgeschlämmt und mit 2,3 g rasch gepulvertem Phosphorpentachlorid bei gewöhnlicher Temperatur geschüttelt. Unter geringer Selbsterwärmung geht der größte Teil in Lösung. Der Rest der Säure löst sich bei gelindem Erwärmen. Wird die vom überschüssigen Pentachlorid abgegossene oder abfiltrierte Flüssigkeit unter geringem Druck verdampft, so bleibt ein krystallinischer Rückstand, der in trockenem, warmem Chloroform gelöst und durch Zusatz von Tetrachlorkohlenstoff wieder abgeschieden wird. Ausbeute etwa 4,2 g. Das Präparat schmolz bei 164—167° (korr.) und war wohl noch nicht ganz rein.

Zur Umwandlung in den Methylester schüttelt man das Chlorid mit der 15fachen Menge trockenem Methylalkohol bei Zimmertemperatur, wobei sich der Ester bald krystallinisch abscheidet. Er kann durch Umkrystallisieren leicht gereinigt werden.

0,1506 g Sbst.: 0,3040 g CO_2, 0,0535 g H_2O.

Gef. C 55,05, H 3,97.

Verwandlung der Pentacetyl-p-digallussäure in m-Digallussäure.

50 g gut gepulverte Pentacetyl-p-digallussäure werden mit 200 ccm Wasser zu einem dicken Brei angerührt und bei Ausschluß der Luft unter Eiskühlung und Umschütteln im Laufe von 10—15 Minuten mit 175 ccm 5 n-Ammoniak (8—9 Mol.) versetzt; dabei entsteht eine klare, wenig gefärbte Lösung, die noch 2 Stunden bei Zimmertemperatur aufbewahrt und dann mit verdünnter Salzsäure bis zur sauren Reaktion auf Kongofarbstoff versetzt wird. Bald beginnt die Abscheidung der Digallussäure in Form farbloser Flocken, die unter dem Mikroskop als glänzende, nicht deutlich krystallisierte Kügelchen erscheinen. Ihre Menge nimmt langsam zu, und meist scheiden sich daneben mehr oder minder beträchtliche Mengen mikroskopischer, langer Nadeln ab. Nach mehreren Stunden ist bei häufigem Rühren ein dünner Brei entstanden. Nach 24 Stunden wird abgesaugt und mit kaltem Wasser gewaschen.

Um das Produkt völlig in die krystallinische Form überzuführen, wird es mit 300 ccm Wasser zum Kochen erhitzt und noch $^1/_2$ Stunde auf dem Wasserbade aufbewahrt. Dabei gehen die kleinen Kügelchen zunächst in Lösung, und bald beginnt, häufig noch bevor alles gelöst ist, in der Hitze die Abscheidung langer Nadeln, wodurch allmählich die Masse in einen dicken Brei verwandelt wird. Nach dem Abkühlen wird abgesaugt, aus etwa $^3/_4$ l kochendem Wasser umgelöst und nach dem Absaugen nötigenfalls nochmals mit wenig Wasser erhitzt. Die lufttrockene Digallussäure enthielt ebenso wie das frühere Präparat aus Carbonylo-gallussäure[1]) wechselnde Mengen Krystallwasser (8—12%), von dem sie vor der Analyse bei 100° und 0,5 mm über Phosphorpentoxyd befreit wurde. Ausbeute an trockener Digallussäure 19—20 g oder 65% der Theorie. Das Präparat wurde noch zweimal aus heißem Wasser umgelöst.

0,1457 g Sbst.: 0,2780 g CO_2, 0,0445 g H_2O. — 0,2054 g Sbst.: 0,3927 g CO_2, 0,0573 g H_2O.

$C_{14}H_{10}O_9$ (322,08).   Ber. C 52,16,   H 3,13.
                             Gef. ,, 52,04, 52,14, ,, 3,42, 3,12.

Das Verfahren bietet in bezug auf Ausbeute und Bequemlichkeit der Operation keinen Vorzug vor den früher beschriebenen, dagegen scheint uns das Produkt reiner zu sein. Wir schließen das einerseits aus der verminderten Löslichkeit in Wasser, die wir bei 25° im Porzellangefäß 1 : 1860 und 1 : 1900 fanden, ferner aus der Reacetylierung:

---

[1]) Berichte d. d. chem. Gesellsch. **46**, 1126 [1913]. (*S. 316.*)

denn diese liefert, wie gleich beschrieben wird, rasch eine reine Penta-acetyl -*m*-digallussäure, die mit dem Ausgangsmaterial isomer ist.

Im übrigen fanden wir bezüglich der Eigenschaften der Digallus-säure die früheren Angaben durchaus bestätigt. Wir fügen noch folgende Beobachtungen hinzu. Sie löst sich in ungefähr 50—60 Teilen kochenden Wassers, und die abgekühlte Lösung gibt amorphe Nieder-schläge mit Blei-, Zink- und Kupferacetat, dagegen nicht mit Barium-acetat.

Die Methylierung mit Diazomethan, die genau so wie bei den früheren Präparaten durchgeführt wurde, ergab auch hier in guter Ausbeute reinen Methylester der Pentamethyl-*m*-digallussäure vom Schmelzpunkt 127—128° (korr.).

Acetylierung der m-Digallussäure. Pentacetyl-*m*-digallus-säure.

5 g scharf getrocknete, gepulverte *m*-Digallussäure werden mit 100 ccm frisch destilliertem Essigsäureanhydrid unter dauerndem Schütteln im Bad von 100—105° erhitzt. Dabei erfolgt im Laufe von einer Stunde vollständige Lösung. Man bewahrt sie noch eine halbe Stunde bei derselben Temperatur auf und verdampft dann den aller-größten Teil des überschüssigen Essigsäureanhydrids unter stark ver-mindertem Druck aus einem Bad von 50—55°. Der dickflüssige, farb-lose Rückstand wird jetzt in 30 ccm Aceton gelöst und unter anfänglicher kurzer Kühlung mit dem gleichen Volumen einer gesättigten, wässerigen Kaliumbicarbonatlösung während 10—15 Minuten kräftig geschüttelt, bis auf Zusatz von Wasser keine Ausscheidung mehr erfolgt. Nun wird mit Wasser verdünnt und die klare Flüssigkeit mit Salzsäure angesäuert. Dabei fällt in beträchtlicher Menge ein kaum gefärbtes Öl aus, das beim Reiben meist nach wenigen Minuten zu krystallisieren beginnt und rasch völlig erstarrt. Zur Reinigung wird mehrmals aus der dreifachen Menge Eisessig umkrystallisiert. Ausbeute an reinem Präparat 5,2 g oder 63% der Theorie.

0,1587 g Sbst. (bei 100° und 2 mm getr.): 0,3151 g CO_2, 0,0565 g H_2O. — 1,0025 g Sbst. verbrauchten nach alkalischer Verseifung zur Neutralisation der ab-destillierten Essigsäure 93,65 ccm $^n/_{10}$-NaOH.

$C_{24}H_{20}O_{14}$ (532,15).   Ber. C 54,12, H 3,79, Acetyl 40,43.
Gef. ,, 54,15, ,, 3,98, ,, 40,19.

Die reine Säure schmilzt bei 204—205° (korr.) zu einer farb-losen Flüssigkeit. Aus Eisessig krystallisiert sie in glänzenden, derben, flächenreichen Formen, während die nicht ganz reine Säure oft in wetzsteinähnlichen Krystallen auftritt und dann auch tiefer schmilzt.

Offenbar war auch das frühere Präparat vom Schmelzpunkt 193—194°
(korr.)[1] nicht ganz rein. Die Säure löst sich leicht in Chloroform, Aceton, warmem Essigäther, warmem Methyl- und Äthylalkohol, recht
schwer dagegen in heißem Benzol und fast gar nicht in Wasser und
Petroläther. Von verdünnter Kaliumbicarbonatlösung wird sie leicht
gelöst.

Methylester: Für seine Bereitung wird eine Lösung von 2 g
getrockneter Säure in 20 ccm Aceton mit so viel einer ätherischen Diazomethanlösung versetzt, daß die Flüssigkeit zum Schluß noch stark gelb
ist. Nach 15 Minuten wird unter vermindertem Druck zum Sirup verdampft, der bald freiwillig in harten, farblosen Krystallen erstarrt.
Sie werden aus etwa der 70 fachen Menge Methylalkohol umkrystallisiert oder aus der acetonischen Lösung durch allmählichen Wasserzusatz abgeschieden. Ausbeute 1,82 g oder 89% der Theorie.

Zur Analyse wurde nochmals aus Methylalkohol krystallisiert.

0,1580 g Sbst. (im Vakuumexsiccator getrocknet): 0,3173 g CO_2, 0,0582 g H_2O.

$C_{25}H_{22}O_{14}$ (546,17).   Ber. C 54,93, H 4,06.
Gef. ,, 54,77, ,, 4,12.

Der Ester schmilzt nach ganz geringem Sintern bei 167—168°
(korr.), mithin 26° niedriger als das entsprechende Derivat der p-Di-
gallussäure. Er bildet hübsche 4- oder 6 seitige, oft flächenreiche Platten.
Er löst sich leicht in Chloroform, Aceton, warmem Essigester und warmem Eisessig, auch leicht in warmem Benzol, wesentlich schwerer in
Äthyl- und Methylalkohol, recht schwer in Äther und fast gar nicht in
Wasser und Petroläther.

Verwandlung des Pentacetyl-p-digallussäure-methylesters
in m-Digallussäure-methylester.

Zu einer Lösung von 8 g Pentacetyl-p-digallussäureester in 140 ccm
Aceton werden im Wasserstoffstrom unter Eiskühlung und Schütteln
60 ccm 2,5 n-Ammoniak im Laufe von einigen Minuten zugefügt. Die
farblose Flüssigkeit bleibt noch $1^1/_2$ Stunden bei Zimmertemperatur,
wird dann mit 150 ccm Wasser verdünnt und mit stark verdünnter
Salzsäure neutralisiert. Beim Einengen der Flüssigkeit unter vermindertem Druck und einer Badtemperatur von etwa 45° scheidet sich
der freie Digallussäureester in Form igelförmig gruppierter Nädelchen
ab. Diese werden mit Essigäther ausgeschüttelt, die Essigätherlösung
erst mit 15 ccm einer 10 prozentigen wässerigen Kaliumbicarconat-
lösung und dann zwei- bis dreimal mit 5 ccm Wasser gewaschen und

---

[1] E. Fischer und K. Freudenberg, Berichte d. d. chem. Gesellsch. **46**,
1127 [1913]. (*S. 317.*)

verdampft. Nimmt man nun den farblosen, amorphen Rückstand in 14 ccm Methylalkohol auf und fügt dazu die doppelte Wassermenge, so beginnt beim Stehen in Kältemischung nach kurzer Zeit die Krystallisation büschelartig vereinigter Nädelchen, deren Menge bald so zunimmt, daß sie die Flüssigkeit breiartig erfüllen. Durch nochmalige Krystallisation entstehen kleine, oft viereckige Platten, die auch bei wiederholtem Krystallisieren ihre Form nicht mehr ändern. Sie enthalten in lufttrocknem Zustand 5,5—6,0% Krystallwasser, während sich für 1 Mol. 5,09% berechnen. Ausbeute 3,2 g oder 65% der Theorie.

0,1544 g Sbst. (bei 110° und 2 mm über P_2O_5 getr.): 0,3034 g CO_2, 0,0530 g H_2O.

$C_{15}H_{12}O_9$ (336,1).   Ber. C 53,56, H 3,60.

Gef. „ 53,59, „ 3,84.

Der wasserhaltige Ester schmilzt gegen 175° unter Aufschäumen. Er löst sich leicht in Äthyl-, Methylalkohol und Aceton, auch in Essigäther recht leicht, dagegen schwer in Chloroform, Benzol und Petroläther. In heißem Wasser löst er sich nicht unerheblich und krystallisiert daraus beim Erkalten rasch in dünnen, meist viereckigen Plättchen. In verdünnter, alkoholischer Lösung gibt er mit Eisenchlorid eine schwarzblaue Färbung. Die heiß gesättigte und rasch abgekühlte, wässerige Lösung gibt mit Leimlösung eine milchige Fällung, die sich beim Erwärmen wieder löst, ferner Fällungen mit wässerigen Lösungen von Pyridin-, Chinolin-, Brucin- und Chininacetat. Seine heiß bereitete und rasch gekühlte 35prozentige alkoholische Lösung gibt nach kurzer Zeit eine Gallerte, wenn man sie mit dem gleichen Volumen einer 10prozentigen Arsensäurelösung mischt. Hierin zeigt sich also schon eine beachtenswerte Ähnlichkeit mit den Tanninen.

Den gleichen Ester erhält man, wenn man den Pentacetyl-*m*-digallussäure-methylester der Einwirkung von Ammoniak in acetonisch-wässeriger Lösung unterwirft und das Reaktionsprodukt in der eben geschilderten Weise reinigt. Die Ausbeute beträgt auch hier 65—70% der Theorie. Wir haben im Schmelzpunkt, im Wassergehalt des lufttrocknen Präparates (5,74%), in der Zusammensetzung der getrockneten Substanz (Gef. C 53,65 und H 3,95), ferner in den Löslichkeiten, dem Verhalten gegen Eisenchlorid und gegen Alkaloide keinen Unterschied gegen das vorher beschriebene Präparat auffinden können. Dieselbe Übereinstimmung ergab sich bei der

Methylierung mit Diazomethan, denn sie führte in beiden Fällen mit recht befriedigender Ausbeute zum Methylester der Pentamethyläther-*m*-digallussäure vom Schmelzpunkt 127—128°.

Verwandlung in den Methylester der Pentacetyl-*m*-digallussäure: 0,5 g lufttrockner Digallussäure-methylester werden

unter guter Kühlung mit 1 ccm Essigsäureanhydrid und 1 ccm trocknem
Pyridin übergossen und die klare Flüssigkeit 3 Stunden bei Zimmertemperatur aufbewahrt. Durch Eiswasser wird dann ein farbloses Öl
abgeschieden, das sehr rasch krystallisiert beim Verreiben mit 10 ccm
Methylalkohol. Durch Umfällen aus acetonischer Lösung mit Wasser
erhält man gut ausgebildete, sechsseitige Tafeln vom Schmelzpunkt
167—168° (korr.), der sich nicht änderte beim Vermischen einer Probe
mit dem Methylester der Pentacetyl-*m*-digallussäure. Ausbeute 0,7 g
oder 86% der Theorie.

4-Benzoyl-3,5-diacetyl-gallussäure.

40 g krystallwasserhaltige 3,5-Diacetyl-gallussäure werden in 195
ccm reinem Aceton gelöst und unter Kühlung in Kältemischung und
Turbinieren mit 145 ccm n-Natronlauge (1 Mol.), die bis zur beginnenden Eisbildung gekühlt ist, in dünnem Strahle versetzt. Unmittelbar
darauf werden noch einmal 150 ccm gekühlte n-Natronlauge und
gleichzeitig eine eiskalte Lösung von 21 g Benzoylchlorid (1 Mol.) in
70 ccm Aceton unter dauerndem Turbinieren innerhalb 2 Minuten
hinzugefügt. Hierbei steigt die Temperatur bis gegen 4°. Zum Schluß
reagiert die Flüssigkeit nur noch schwach alkalisch und beginnt sich
zu trüben. Sie wird sofort mit 600 ccm kaltem Wasser verdünnt und
mit 5 n-Salzsäure bis zur deutlichen Blaufärbung von Kongo angesäuert.
Dabei fällt ein kaum gefärbtes, dickes Öl aus, das bald erstarrt; es
wird nach 24 stündigem Stehen im Eisschrank abgesaugt. Das Rohprodukt enthält nicht unbeträchtliche Mengen Monoacetyl-mono-
benzoyl-gallussäure vom Schmelzpunkt 174—176° (korr.), die wir
nur einmal isoliert haben und die deshalb später nicht genauer beschrieben wird. Sie läßt sich leicht durch Umlösen des Präparates aus etwa
der achtfachen Menge heißem Benzol entfernen; dabei scheidet sich
die Benzoyl-diacetyl-gallussäure in hübsch ausgebildeten Tafeln oder
Prismen ab. Ihre Menge beträgt 32,5 g oder 55% der Theorie. Nach
nochmaligem Umlösen aus 420 ccm siedendem Benzol ist die Säure
rein. Ausbeute 28 g. Sie enthält in lufttrocknem Zustande etwas
Benzol, von dem sie bei 120° und 0,3 mm befreit wurde.

0,1443 g getr. Sbst.: 0,3182 g CO_2, 0,0505 g H_2O.

$C_{18}H_{14}O_8$ (358,11).   Ber. C 60,32, H 3,94.
Gef. ,, 60,14, ,, 3,91.

Die benzolfreie Substanz beginnt allmählich von 171° an zu sin-
tern und schmilzt bei 183—184° (korr.) zu einer klaren Flüssigkeit.
Sie ist leicht löslich in Äthyl- und Methylalkohol, Aceton, Essigester,
Chloroform und Eisessig, auch leicht in warmem Äther und etwa der

13fachen Gewichtsmenge heißem Benzol, recht schwer in heißem Wasser und Tetrachlorkohlenstoff und fast gar nicht in Petroläther. Ihre alkoholische Lösung gibt mit Eisenchlorid keine Färbung. Durch Diazomethan wird sie rasch verwandelt in den

Methylester: Zu einer Lösung von 9 g benzolhaltiger 4-Benzoyl-diacetyl-gallussäure in 45 ccm trocknem Aceton wird unter Kühlung durch Eiskochsalz ätherisches Diazomethan aus 10 ccm Nitrosomethyl-urethan in der üblichen Weise destilliert. Die am Schluß stark gelbe Lösung bleibt noch 30—40 Minuten bei etwa 15° stehen und wird dann im Vakuum verdunstet. Der fast farblose Sirup erstarrt rasch. Zur Reinigung löst man in 25—30 ccm warmem Methylalkohol, aus dem beim Abkühlen hübsche, lange Nadeln ausfallen. Ausbeute an trockener, schon recht reiner Substanz etwa 7,7 g.

Nach abermaligem Umlösen aus der 10—15fachen Menge siedendem Methylalkohol ist der Ester rein. Er krystallisiert in millimeter-langen, flachen, mitunter zentrisch geordneten Prismen.

0,1648 g Sbst. (im Exsiccator getr.): 0,3696 g CO_2, 0,0656 g H_2O.

$C_{19}H_{16}O_8$ (372,13).   Ber. C 61,27, H 4,32.

Gef. ,, 61,16, ,, 4,45.

Der Ester schmilzt nach geringem Sintern bei 138—139° (korr.). Er löst sich ziemlich leicht in Chloroform, Essigester, Benzol und Aceton, etwas schwerer in heißem Methyl- und Äthylalkohol, ziemlich reichlich auch in heißem Petroläther.

Verwandlung der 4-Benzoyl-3,5-diacetyl-gallussäure in 3-Benzoyl-gallussäure.

Sie kann sowohl durch kurzes Erhitzen mit verdünnter Salzsäure in essigsaurer Lösung, wie auch durch Einwirkung von kaltem Ammoniak oder durch Behandlung mit schwach basischen Salzen, wie Natriumacetat, in der Wärme ausgeführt werden.

Am glattesten verläuft die saure Verseifung und ist deshalb für die Darstellung vorzuziehen.

Die Lösung von 12 g benzolhaltiger 4-Benzoyl-3,5-diacetyl-gallus-säure in 24 ccm warmem Eisessig wird mit 24 ccm wässeriger 5 n-Salz-säure versetzt und· die klare, farblose Flüssigkeit auf dem Wasserbad auf 85—90° erwärmt. Nach spätestens 10 Minuten beginnt die Abscheidung von glitzernden, mikroskopischen Prismen, deren Menge bei weiterem Erhitzen langsam zunimmt. Nach 30 Minuten ist die Reaktion im wesentlichen beendet. Zur Vervollständigung der Abscheidung wird einige Zeit bei 0° aufbewahrt. Ausbeute 6,75 g oder etwa 80% der Theorie. Zur völligen Reinigung genügt einmalige Krystallisation aus 50prozentiger Essigsäure, wobei charakteristische, krawattenähnliche Formen erhalten werden.

Die lufttrockene Substanz nahm bei 100° und 0,5 mm Druck kaum mehr an Gewicht ab.

0,1437 g Sbst.: 0,3224 g CO_2, 0,0494 g H_2O.

$C_{14}H_{10}O_6$ (274,08). Ber. C 61,30, H 3,68.
Gef. ,, 61,19, ,, 3,85.

Der Schmelzpunkt ist nicht konstant. Bei ziemlich raschem Erhitzen im Capillarrohr sinterte die Säure von etwa 205° an und schmolz gegen 240—242° (korr.) unter Aufschäumen und schwacher Braunfärbung. Sie löst sich leicht in Äthyl- und Methylalkohol und warmem Aceton, wenig schwerer in heißem Essigester und heißem Eisessig und schwer in Äther, Petroläther, Schwefelkohlenstoff, Benzol und Chloroform. Aus heißem Wasser, in dem sie ebenfalls nur schwer löslich ist, krystallisiert sie in Form prismatischer Nadeln. In verdünnter, alkoholischer Lösung gibt sie mit Eisenchlorid eine tief blaugrüne Färbung. Die alkoholische Lösung gibt mit Cyankalium nach wenigen Sekunden eine starke Rotfärbung.

Bildung von 3-Benzoyl-gallussäure bei Verseifung mit Ammoniak: 5 g benzolhaltige 4-Benzoyl-3,5-diacetyl-gallussäure wurden in 15 ccm Wasser aufgeschlämmt und unter Eiskühlung und Umschütteln im Wasserstoffstrom mit 20 ccm 2,5 n-Ammoniak (etwa 4 Mol.) versetzt. Die schwach gelbe, durch abgeschiedenes Benzol getrübte Lösung blieb noch $^3/_4$ Stunden unter dauerndem Durchleiten von Wasserstoff bei 18° stehen. Nun wurde Salzsäure bis zur sauren Reaktion auf Kongofarbstoff zugegeben. Das ausfallende Öl erstarrte bald, und weitere Mengen schieden sich krystallinisch aus der Flüssigkeit ab. Nach mehrstündigem Stehen bei 0° betrug ihre Menge etwa 3,6 g, die aber beim Umkrystallisieren aus warmer, 50prozentiger Essigsäure auf 1,3 g zurückgingen. Das entspricht etwa 35% der Theorie. Wahrscheinlich wird sich die Ausbeute durch Veränderung der Bedingungen vergrößern lassen. Wir haben die Säure genau mit dem zuvor beschriebenen Präparat verglichen und keinen Unterschied gefunden.

Für die Verseifung der 4-Benzoyl-3,5-diacetyl-gallussäure mit Natriumacetat haben wir 3 g mit 30 ccm Wasser und 6 g wasserhaltigem Natriumacetat auf 70° erwärmt und die bald eintretende klare Lösung 3 Stunden auf der gleichen Temperatur erhalten. Sie war zum Schluß schwach braun und reagierte stark sauer auf Lackmus. Aus der abgekühlten und angesäuerten Lösung schieden sich 1,3 g krystallinisch ab. Sie wurden erst in Essigester gelöst, mit viel Benzol wieder abgeschieden und dann aus warmer, 50prozentiger

Essigsäure umkrystallisiert. Die Ausbeute betrug dann nur noch 0,5 g. Das Produkt hatte aber die Eigenschaften der 3-Benzoyl-gallussäure. Durch Änderung der Bedingungen wird sich auch hier wohl die Ausbeute verbessern lassen.

Um die Struktur der Benzoyl-gallussäure festzustellen, haben wir sie zunächst mit Diazomethan behandelt und den hierbei entstehenden Methylester der Benzoyl-dimethyl-gallussäure durch Behandlung mit Alkali in Dimethyl-gallussäure übergeführt. Da diese identisch war mit der unsymmetrischen Dimethyl-gallussäure, so muß das Benzoyl in der *meta*-Stellung zum Carboxyl enthalten sein.

Methylester der 3-Benzoyl-4,5-dimethyl-gallussäure: Eine Lösung von 2,5 g Benzoyl-gallussäure in 40 ccm Aceton wurde mit einer ätherischen Diazomethanlösung aus 10 ccm Nitrosomethylurethan versetzt und die gelbe Flüssigkeit 2 Stunden bei Zimmertemperatur aufbewahrt. Beim Verdunsten unter vermindertem Druck blieb ein schwach gefärbter Sirup, der beim Verreiben mit 5 ccm Methylalkohol bald zu derben, schon ziemlich reinen Täfelchen erstarrte. Ausbeute 2,3 g oder 80% der Theorie. Nach wiederholter Krystallisation aus Methylalkohol unter Anwendung einer Kältemischung erhält man den reinen Ester vom Schmelzpunkt 91—92°.

$$0,1461 \text{ g lufttrockene Sbst.: } 0,3445 \text{ g } CO_2, \ 0,0663 \text{ g } H_2O.$$
$$C_{17}H_{16}O_6 \ (316,13). \quad \text{Ber. C } 64,53, \ H \ 5,10.$$
$$\text{Gef. ,, } 64,31, \ \text{,, } 5,08.$$

Der Ester löst sich leicht in Aceton, Chloroform, Essigester und Benzol, schwerer in kaltem Methyl-, Äthylalkohol und Äther und fast gar nicht in heißem Wasser. In Benzin ist er in der Wärme recht leicht, in der Kälte aber viel weniger löslich.

Verseifung des Esters zu 3,4-Dimethyläther-gallussäure. 2 g Ester wurden mit 15 ccm Methylalkohol aufgeschlämmt und im Wasserstoffstrom mit 6 ccm 5 n-Natronlauge (etwa 4 Mol.) versetzt; unter geringer Erwärmung und schwacher Färbung trat innerhalb weniger Minuten völlige Lösung ein. Diese wurde, immer noch geschützt vor Sauerstoff, 6 Stunden in einem Bade von 45—50° aufbewahrt, dann abgekühlt und mit 5 n-Salzsäure bis zur sauren Reaktion gegen Kongofarbstoff versetzt; dabei begann die Abscheidung eines Gemenges, das zum größten Teil hübsch krystallisiert war und in der Hauptsache aus Dimethyl-gallussäure und Benzoesäure bestand. Um letztere zu entfernen, wurde der getrocknete Niederschlag (2 g) mit 15 ccm Benzin (Siedepunkt 110—140°) ausgekocht und möglichst heiß abgesaugt. Zurück blieben etwa 0,95 g farbloser und schon ziemlich reiner Dimethyl-gallussäure. Aus dem Filtrat krystallisierte beim Ab-

kühlen Benzoesäure, der aber noch etwas Dimethylgallussäure beigemischt war.

Zur völligen Reinigung der Dimethyläther-gallussäure genügte ein-
bis zweimaliges Umkrystallisieren aus der 25fachen Menge siedenden
Wassers, aus dem sie sich in Form millimeterlanger, manchmal sternförmig geordneter, verzweigter Nadeln oder Prismen abschied.

0,1270 g Sbst.: 0,2530 g CO_2, 0,0586 g H_2O.

$C_9H_{10}O_5$ (198,08).   Ber. C 54,52, H 5,09.
Gef. ,, 54,33, ,, 5,16.

Sie schmolz nach geringem Sintern bei 197—198° (korr.) zu einer
klaren Flüssigkeit. Sie gab mit der 3,4-Dimethyl-gallussäure aus Methylotannin keine Schmelzpunktsdepression, wohl aber eine starke
Depression von fast 30°, als sie mit der gleichen Menge Syringasäure,
die bei 207—208° schmilzt, vermengt wurde. Von der Syringasäure
unterschied sich unser Präparat auch durch die viel geringere Färbung
mit Eisenchlorid.

Die Umwandlung der 3-Benzoyl-gallussäure in die 3,4-Dimethyl-
äther-gallussäure haben wir mit den oben angeführten verschiedenen
Präparaten ausgeführt, die aus der Benzoyl-diacetyl-gallussäure durch
Verseifung in saurer oder alkalischer Lösung hergestellt waren.

Verwandlung des 4-Benzoyl-3.5-diacetyl-gallussäure-
methylesters in 3-Benzoyl-gallussäure-methylester.

5 g Benzoyl-diacetyl-gallussäure-methylester werden in 45 ccm
Aceton gelöst und im Wasserstoffstrom unter Eiskühlung mit 20 ccm
1,5 n-Ammoniak versetzt. Man läßt die farblose Lösung noch $1^1/_4$ Stunde
bei Zimmertemperatur stehen, wobei sie hellgelb wird, verdünnt dann
mit etwa dem gleichen Volumen Wasser und neutralisiert mit stark
verdünnter Salzsäure. Wird nun bei geringem Druck stark eingeengt,
so fällt das Reaktionsprodukt krystallinisch aus. Ausbeute an lufttrockner Substanz 3,35 g oder 86% der Theorie. Zur Reinigung wird
aus der vierfachen Menge warmen Methylalkohols umgelöst, wobei flächenreiche, derbe Platten entstehen (2,9 g). Nach nochmaligem Umkrystallisieren ist der Ester rein.

0,1216 g Sbst. (bei 100° und 5 mm getrocknet, wobei aber nur geringer Gewichtsverlust eintritt): 0,2780 g CO_2, 0,0480 g H_2O.

$C_{15}H_{12}O_6$ (288,10).   Ber. C 62,48, H 4,20.
Gef. ,, 62,35, ,, 4,42.

Die trockene Substanz schmilzt nach dem Sintern nicht scharf bei
173—175° (korr.). Sie löst sich leicht in Aceton, sowie in Essigester,
Eisessig, Methyl- und Äthylalkohol in der Wärme, dagegen ziemlich

schwer in heißem Benzol und heißem Wasser. Sie bildet oft sechsseitige Platten oder hübsche Prismen mit schiefen Endflächen und derbere, flächenreiche Formen.

In alkoholischer Lösung gibt sie mit Eisenchlorid ähnlich der Benzoyl-gallussäure eine tief bläulichgrüne Färbung.

Verwandlung des Esters in 3-Benzoyl-4,5-dimethyl-gallussäure-methylester: 1 g Ester wurde in 5 ccm trocknem Aceton gelöst und mit so viel einer ätherischen Diazomethanlösung übergossen, daß die Flüssigkeit zum Schluß noch stark gelb war. Sie wurde nach 2 Stunden unter geringem Druck verdampft. Der zurückbleibende, fast farblose Sirup krystallisierte sofort beim Verreiben mit wenig trockenem Methylalkohol in derben, mikroskopischen Täfelchen. Ausbeute nach dem Abpressen auf Ton 0,89 g. Nach nochmaliger Krystallisation aus Methylalkohol war der Schmelzpunkt 91—92° und änderte sich nicht, als die Substanz mit einer Probe 3-Benzoyl-4,5-dimethyl-gallussäure-methylester gemischt wurde, der aus 3-Benzoyl-gallussäure gewonnen war. Auch sonst zeigten beide Präparate keine Verschiedenheit.

Verwandlung des Esters in 3-Benzoyl-4,5-diacetyl-gallussäure-methylester: Sie findet statt beim einstündigen Erhitzen des Benzoyl-gallussäure-methylesters mit der 10fachen Menge Essigsäureanhydrid auf 100°. Man verdampft dann das überschüssige Anhydrid unter vermindertem Druck. Beim Anreiben des sirupösen Rückstandes mit wenig Methylalkohol erhält man die sechsseitigen Tafeln des 3-Benzoyl-4,5-diacetyl-gallussäure-methylesters vom Schmelzpunkt 110—111°, dessen Entstehung bei der Veresterung der 3-Benzoyl-4,5-diacetyl-gallussäure weiter unten beschrieben wird.

Verwandlung der 3-Benzoyl-gallussäure in 3-Benzoyl-4,5-diacetyl-gallussäure.

Die Reacetylierung der Benzoyl-gallussäure gelingt sowohl beim Erhitzen mit Essigsäureanhydrid auf 100°, wie auch bei der Behandlung mit einem Gemisch von Pyridin und Essigsäureanhydrid bei gewöhnlicher Temperatur. In beiden Fällen entsteht eine Benzoyl-diacetyl-gallussäure, die mit der 4-Benzoyl-3,5-diacetyl-gallussäure isomer ist.

6 g trockene 3-Benzoyl-gallussäure werden mit 50 ccm frisch destilliertem Essigsäureanhydrid im Wasserbad erhitzt. Bei häufigem Umschütteln löst sich die Säure in 10—15 Minuten. Die klare, farblose Flüssigkeit wird noch 1 Stunde weiter erhitzt und dann unter vermindertem Druck der Hauptteil verdampft. Der kaum gefärbte, zähe Rückstand, der wahrscheinlich das gemischte Anhydrid des Gallus-

säurederivats mit Essigsäure enthält, wird in 15 ccm Aceton gelöst und mit der gleichen Menge gesättigter, wässeriger Kaliumbicarbonatlösung, anfangs unter Kühlung, kräftig geschüttelt. Nach etwa 15 Minuten ist klare Lösung eingetreten, und auf Zusatz von viel Wasser findet nur noch eine geringe Trübung statt. Wird nun mit Salzsäure angesäuert, so erfolgt fast sofort Krystallisation zentrisch geordneter, gebogener Nadeln. Man kühlt noch einige Zeit in Eis, saugt dann ab und wäscht mit Wasser. Ausbeute 7 g oder 89% der Theorie. Zur Reinigung wird erst aus 200 ccm, dann aus etwa 160 ccm heißem Benzol umkrystallisiert, wobei sich sehr feine, vielfach verfilzte Nadeln abscheiden. 5,7 g oder 73% der Theorie. Das lufttrockene Präparat verlor bei 110° und 3 mm Druck nicht an Gewicht.

0,1278 g Sbst.: 0,2824 g CO_2, 0,0490 g H_2O.

$C_{18}H_{14}O_8$ (358,11).   Ber. C 60,32, H 3,94.
Gef. „ 60,27, „ 4,29.

Die trockne Substanz schmilzt bei 177—178° (korr.) zu einer farblosen Flüssigkeit, nachdem wenige Grad vorher Sinterung eingetreten ist. Sie löst sich sehr leicht in kaltem Aceton, wenig schwerer in Essigester, Chloroform, Äther, Eisessig, kaltem Äthyl- und Methylalkohol, recht schwer in heißem Wasser und Tetrachlorkohlenstoff und fast gar nicht in Petroläther. Sie krystallisiert im allgemeinen in dünnen, gebogenen Nadeln, während die isomere 4-Benzoyl-3,5-diacetyl-gallussäure rechteckige Tafeln bildet. Von jener unterscheidet sie sich ferner durch die geringe Löslichkeit in kochendem Benzol, von dem sie etwa die 20—25fache Menge braucht. Die in der Kälte wieder abgeschiedenen Krystalle sind in lufttrocknem Zustand benzolfrei.

Durch Verseifung mit Salzsäure wird sie in 3-Benzoyl-gallussäure zurückverwandelt.

1 g Benzoyl-diacetyl-gallussäure wurde auf dem Wasserbad in 3 ccm Eisessig gelöst und mit 2 ccm 5 n-Salzsäure versetzt. Nach 5 Minuten weiterem Erhitzen begann beim Reiben Krystallisation der Benzoylgallussäure in hübschen, glänzenden Prismen. Nach 30 Minuten wurde abgekühlt und die weiße Krystallmasse abgesaugt. Ausbeute 0,69 g. Nach einmaligem Umkrystallisieren aus 50prozentiger Essigsäure war das Präparat rein und zeigte völlige Übereinstimmung mit der 3-Benzoyl-gallussäure.

Methylester. Die Lösung von 2 g 3-Benzoyl-diacetyl-gallussäure in 12 ccm trockenem Aceton wird mit einem mäßigen Überschuß von ätherischer Diazomethanlösung versetzt. Nach einer halben Stunde verdampft man unter geringem Druck. Der farblose, zähflüssige Rückstand erstarrt rasch zu warzenförmigen Krystallaggregaten. Zur Reinigung krystallisiert man zweimal aus etwa 10 ccm Methylalkohol. Ausbeute fast quantitativ.

0,1216 g Sbst.: 0,2738 g CO_2, 0,0501 g H_2O.

$C_{19}H_{16}O_8$ (372,13).   Ber. C 61,27, H 4,33.

Gef. ,, 61,41, ,, 4,61.

Der Ester schmilzt bei 110—111°. Er bildet meist hübsche, flache, langgestreckte sechsseitige Tafeln. Er löst sich leicht in Aceton, Essigester, Chloroform, Benzol, warmem Alkohol und Methylalkohol, ziemlich erheblich auch in warmem Petroläther. Bei der teilweisen Verseifung mit Ammoniak in acetonisch-wässeriger Lösung erhielten wir in recht befriedigender Ausbeute wiederum den 3-Benzoyl-gallussäuremethylester vom Schmelzpunkt 173—175° (korr.).

Die Reacetylierung der 3-Benzoyl-gallussäure mit Essigsäureanhydrid ·und Pyridin führt ebenfalls in recht befriedigender Ausbeute zur 3-Benzoyl-4,5-diacetyl-gallussäure. 1 g 3-Benzoylgallussäure wird mit 4 ccm trockenem Chloroform und 1,5 g Essigsäureanhydrid übergossen, in Eiswasser gekühlt und dazu 2 g Pyridin gefügt. Unter geringer Selbsterwärmung findet klare Lösung statt. Sie wird noch 24 Stunden bei Zimmertemperatur aufbewahrt, mit Chloroform verdünnt und mit verdünnter Salzsäure und mit Wasser gewaschen und schließlich das Chloroform unter vermindertem Druck verdampft. Der Rückstand krystallisiert sofort. Da er anhydridartige Produkte enthält, wird er in 6 ccm Aceton gelöst und in der Kälte mit dem gleichen Volumen gesättigter, wässeriger Kaliumbicarbonatlösung etwa 10 Minuten geschüttelt, bis beim Verdünnen mit viel Wasser keine Fällung mehr erfolgt. Jetzt wird mit verdünnter Salzsäure übersättigt. Das ausfallende Öl erstarrt sehr schnell krystallinisch. Es wird nach einigem Stehen abgesaugt und mit Wasser gewaschen. 1,2 g. Nach zweimaliger Krystallisation aus 25 ccm heißem Benzol erhält man 1 g reine 3-Benzoyl-4,5-diacetyl-gallussäure vom Schmelzpunkt 177° (korr.).

3-Benzoyl-4,5-carbonylo-gallussäure.

Die Carbonylo-gallussäure[1]), deren Struktur durch Methylierung festgestellt ist, nimmt leicht ein Benzoyl an der freien Phenolgruppe auf, und wir schließen aus der Synthese, daß die neue Säure das Benzoyl in *meta*-Stellung enthält. Dementsprechend zerfällt sie beim Kochen der wässerigen Lösung in Kohlensäure und 3-Benzoyl-gallussäure.

---

[1]) E. Fischer und K. Freudenberg, Berichte d. d. chem. Gesellsch. **46**, 1120 [1913]. (*S. 310.*)

5 g fein zerriebene Carbonylo-gallussäure werden in 20 ccm sorgfältig getrocknetem, destilliertem Chloroform aufgeschlämmt, mit Eiswasser gekühlt und mit 8 g Benzoylchlorid durchgeschüttelt; dann
werden in mehreren Portionen 9 g Pyridin unter starkem Schütteln
und guter Kühlung hinzugefügt, wobei die Säure schon größtenteils
in Lösung geht. Der Rest löst sich, wenn bei Zimmertemperatur
geschüttelt wird. Nach etwa einer halben Stunde beginnt die Abscheidung des neuen Körpers in farblosen Blättchen. Man läßt noch einige
Stunden bei Zimmertemperatur stehen, kühlt dann in Eis, saugt ab
und wäscht mit etwas Chloroform. Das Rohprodukt wird nach dem
Trocknen im Vakuumexsiccator in der 3—4fachen Menge siedendem
Eisessig gelöst. Beim Abkühlen fallen dünne, sechseckige Tafeln aus,
die zwei sehr stumpfwinklige Diagonalecken zeigen und vielfach über-
einander gelagert sind. Ausbeute an reinem, trockenem Produkt 4,1 g
oder 54% der Theorie.

Zur Analyse wurde nochmals aus Eisessig krystallisiert und bei
78° und 12 mm über Natronkalk getrocknet.

0,1595 g getr. Sbst.: 0,3496 g CO_2, 0,0433 g H_2O. — 0,1666 g Sbst.: 0,3668 g
CO_2, 0,0428 g H_2O.

$C_{15}H_8O_7$ (300,06). Ber. C 59,99,   H 2,69.
Gef. ,, 59,78, 60,06, ,, 3,03, 2,87.

Die Säure schmilzt beim raschen Erhitzen im Capillarrohr nach
vorhergehendem geringen Sintern unter Gasentwicklung gegen 207
bis 210° (korr.) zu einer farblosen Flüssigkeit. Sie löst sich leicht in
Aceton, warmem Essigester und warmem Eisessig, schwerer in warmem Alkohol, Chloroform, Benzol und Äther, recht schwer in Tetrachlorkohlenstoff und fast gar nicht in Petroläther und Wasser. Die
Lösung in wässerigem Bicarbonat beginnt bald sich zu zersetzen. Dasselbe Schicksal erleidet die alkoholische Lösung, besonders schnell in
der Wärme. Die reine Benzoyl-carbonylo-gallussäure wird in acetonischer Lösung durch Eisenchlorid nicht gefärbt. Dagegen gibt die Lösung in Bicarbonat mit Eisenchlorid eine schöne, tiefrote Färbung,
während die Carbonylo-gallussäure unter den gleichen Umständen blauviolett wird. Beide Färbungen verschwinden beim Ansäuern.

Verwandlung der 3-Benzoyl-4,5-carbonylo-gallussäure in
3-Benzoyl-gallussäure.

Eine Lösung von 6 g reiner, trockener Benzoyl-carbonylo-gallussäure in 75 ccm warmem Aceton wurde mit 300 ccm warmem Wasser
versetzt und die nun etwas getrübte Flüssigkeit am Rückflußkühler zu
gelindem Sieden erhitzt. Nach 10 Minuten wurden 150 ccm Wasser
zugegeben, nochmals 10 Minuten zum Sieden erhitzt und nach Ent-

fernung des Kühlers zur Vertreibung des Acetons gekocht, bis der entweichende Dampf mehr als 90° zeigte. Nach im ganzen 45 Minuten war die Operation beendet. Aus der rasch filtrierten Lösung begann schon bei geringem Abkühlen die Benzoyl-gallussäure in Form hübscher Prismen auszufallen. Nach einigen Stunden wurde die farblose Krystallmasse abgesaugt. Ausbeute 4,5 g oder 82% der Theorie. Zur Reinigung wurde in 36 ccm warmem Aceton gelöst und durch allmählichen Zusatz der dreifachen Menge Benzol unter Kühlung wieder abgeschieden (2,85 g). Weitere 0,8 g Säure ließen sich durch Einengen der Mutterlauge erhalten. Zur völligen Reinigung wurde schließlich aus der 20fachen Menge siedender, 50prozentiger Essigsäure umkrystallisiert.

0,1291 g Sbst.: 0,2890 g CO_2, 0,0430 g H_2O.

$C_{14}H_{10}O_6$ (274,08).   Ber. C 61,27, H 3,68.
Gef. ,, 61,05, ,, 3,73.

Wir haben die Säure genau verglichen mit dem Präparat, das aus Benzoyldiacetylgallussäure enthalten war, und in Schmelzpunkt, Form der Krystalle, Löslichkeit keinen Unterschied gefunden. Insbesondere gab sie auch bei der Behandlung mit Diazomethan den 3-Benzoyl-4,5-dimethyläther-gallussäure-methylester vom Schmelzpunkt 91—92°

Derivate der Protocatechusäure.

3-Acetyl-protocatechusäure.

Die als Ausgangsmaterial dienende Diacetylprotocatechusäure ist schon bekannt[1]). Sie läßt sich, genau wie es vorher bei der Triacetyl-gallussäure beschrieben ist, bequem und mit recht befriedigender Ausbeute darstellen durch Erhitzen von Protocatechusäure mit Essigsäureanhydrid und etwas Chlorzink. Nach dem Aufnehmen in Bicarbonat und Wiederausfällen mit Mineralsäure ist sie rein. Schmelzpunkt 157—158° (korr.).

Zur Umwandlung in die 3-Acetyl-protocatechusäure werden 60 g der Diacetylverbindung mit 150 ccm kaltem Wasser übergossen und durch Zusatz von etwa 100 ccm gesättigtem, wässerigem Kaliumbicarbonat in Lösung gebracht. In die mit Eiswasser gekühlte Flüssigkeit läßt man nun unter Turbinieren 250 ccm n-Natronlauge (1 Mol.) im Laufe einer Viertelstunde einlaufen und bewahrt dann bei Zimmertemperatur auf, bis sich eine Probe mit Phenolphthalein kaum mehr rot färbt, was nach 1¹/₂—2 Stunden der Fall ist. Nun wird mit Salz-

---

[1]) Herzig, Monatsh. **6**, 872 [1885]; Ciamician und Silber, Berichte d. d. chem. Gesellsch. **25**, 1476 [1892].

säure angesäuert. Das zuerst ausfallende Öl erstarrt sehr rasch krystallinisch und wird nach mehrstündigem Stehen bei 0° abgesaugt. Die Masse (42—44 g) ist in der Hauptsache ein Gemisch von Monoacetylprotocatechusäure mit unverändertem Ausgangsmaterial. Um letzteres zu entfernen, wird die getrocknete und fein gepulverte Masse erst mit 600 ccm Benzoyl und dann nochmals mit 400 ccm mehrere Minuten ausgekocht. Dabei bleiben etwa 20 g schon recht reine Monacetylverbindung ungelöst. Zur völligen Reinigung werden sie aus der 20 fachen Menge siedenden Wassers umkrystallisiert und so in Form flacher, zentrisch geordneter Prismen erhalten. Aus der benzolischen Mutterlauge werden beim Abkühlen etwa 15 g ziemlich reines Ausgangsmaterial zurückgewonnen. Setzt man ihre Menge in Rechnung, so beträgt die Ausbeute an Monacetyl-protocatechusäure etwa 54% der Theorie.

0,1421 g Sbst. (im Vakuumexsiccator getr.): 0,2862 g CO_2, 0,0572 g H_2O.

$C_9H_8O_5$ (196,06).　Ber. C 55,09, H 4,11.
Gef. ,, 54,93, ,, 4,50.

Die Säure schmilzt nach geringem Sintern bei 202—203° (korr.). Sie löst sich ziemlich leicht in Alkohol, Aceton und heißem Wasser, etwas schwerer in Essigester, sehr schwer in heißem Benzol und Chloroform.

Ihre wässerig-alkoholische Lösung gibt mit Eisenchlorid keine Färbung. Wahrscheinlich ist unsere Säure identisch mit dem von Ciamician und Silber[1]) beschriebenen Präparat vom Schmelzpunkt 197—199°.

Verwandlung in den Methylester der 3-Acetyl-4-methyläther-protocatechusäure. Zu seiner Bereitung werden 2 g 3-Acetyl-protocatechusäure in 20 ccm trockenem Aceton gelöst, mit einem mäßigen Überschuß von ätherischem Diazomethan versetzt und 2 Stunden bei Zimmertemperatur aufbewahrt. Beim Verdampfen unter vermindertem Druck hinterbleibt dann eine krystallinische Masse, die sich aus der Lösung in 5 ccm warmem Methylalkohol beim Abkühlen in dünnen, vielfach übereinandergelagerten, meist vier- oder sechsseitigen Tafeln abscheidet. Ausbeute 1,8 g oder 79% der Theorie. Nach Krystallisation aus Methylalkohol war der Ester rein. Schmelzpunkt 87—88°.

Zur Verwandlung in Isovanillinsäure wird 1 g Ester in 5 ccm warmem Alkohol gelöst und nach Zusatz von 20 ccm n-Natronlauge 2 Stunden auf dem Wasserbad erwärmt. Aus der gelb gefärbten Lösung krystallisieren beim Abkühlen und Ansäuern mit Salzsäure schmale, meist verwachsene Prismen, deren Menge nach mehrstündigem

---

[1]) Berichte d. d. chem. Gesellsch. **25**, 1477 [1892].

Stehen in Eis 0,77 g beträgt. Nach Krystallisation aus der 200fachen Menge heißem Wasser bestand das Präparat aus farblosen, langen Prismen, welche die Eigenschaften der Isovanillinsäure zeigten. Sie schmolzen bei 256—257° (korr.), während eine Probe gereinigter Vanillinsäure daneben bei 210° (korr.) schmolz. Sie brauchten bei einem approximativen Versuch von siedendem Wasser die 170—190fache Menge zur Lösung, während bei Vanillinsäure ungefähr die 40fache Menge genügte.

0,1236 g Sbst. (bei 100° und 15 mm getr.): 0,2606 g CO_2, 0,0557 g H_2O.

$C_8H_8O_4$ (168,06).   Ber. C 57,14, H 4,80.

Gef. ,, 57,50, ,, 5,04.

4-Benzoyl-3-acetyl-protocatechusäure.

Gibt man zu einer Aufschlämmung von 10 g 3-Acetyl-protocatechusäure in 40 ccm trockenem Chloroform erst 15 g Benzoylchlorid und dann unter Eiskühlung und Umschütteln in kleinen Portionen 15 g Pyridin, so entsteht rasch eine klare, schwach braun gefärbte Lösung. Sie wird über Nacht bei Zimmertemperatur aufbewahrt, dann mit Salzsäure und Wasser gewaschen und das Chloroform unter vermindertem Druck aus einem Bad von 45° möglichst vollständig verdampft. Die zurückbleibende, klare, zähflüssige Masse enthält in großer Menge Produkte vom Charakter der Säureanhydride. Um sie aufzuspalten, wird in 150 ccm Aceton gelöst, mit 50 ccm gesättigter, wässeriger Bicarbonatlösung versetzt, auf der Maschine geschüttelt und nach 1 Stunde der Zusatz des Bicarbonats wiederholt. Ferner gibt man in Zwischenräumen von 1—1½ Stunden 50—75 ccm Wasser zu, aber nur so viel, daß keine starke, ölige Fällung stattfindet. Späterhin kann man die Menge des zugefügten Wassers vergrößern, und zwar so, daß nach 8—10 Stunden das Volumen der Flüssigkeit etwa 1 l beträgt. Nötigenfalls klärt man sie dann durch Schütteln mit etwas Tierkohle. Beim Ansäuern des farblosen Filtrats mit Salzsäure fällt jetzt ein Öl aus, das rasch in feinen, gebogenen und vielfach verwachsenen Nädelchen krystallisiert. Nach mehrstündigem Stehen in Eis beträgt ihre Menge 15 g. Um die beigemengte Benzoesäure zu entfernen, wird die getrocknete Substanz mit 50 ccm eiskaltem Tetrachlorkohlenstoff kurze Zeit geschüttelt, dann abgesaugt und aus heißem Benzol umgelöst. Dabei scheidet sich die Benzoyl-acetyl-protocatechusäure in wetzsteinförmigen Nädelchen aus, welche die ganze Masse breiartig erfüllen. Ausbeute 11,2 g oder 73% der Theorie.

Zur Analyse wurde nochmals aus Benzol umkrystallisiert und bei 100° und 15 mm getrocknet.

0,1209 g Sbst.: 0,2832 g CO_2, 0,0457 g H_2O.

$C_{16}H_{12}O_6$ (300,10).   Ber. C 63,98, H 4,03.
Gef. ,, 63,88, ,, 4,23.

Die Säure schmilzt bei 154—155° (korr.) nach vorhergehendem Sintern. Sie löst sich leicht in Aceton, Essigester, warmem Benzol und Xylol, Eisessig und Chloroform, etwas schwerer in Alkohol, Äther und heißem Tetrachlorkohlenstoff.

Methylester. Eine Lösung von 5 g Säure in 20 ccm Aceton wird mit einem mäßigen Überschuß einer ätherischen Diazomethanlösung eine halbe Stunde bei Zimmertemperatur aufbewahrt, dann unter vermindertem Druck verdampft und der Rückstand aus heißem Methylalkohol krystallisiert. Er bildet schräg abgeschnittene, spießartige Prismen. Ausbeute 4,6 g oder 88% der Theorie. Nach nochmaliger Krystallisation aus Methylalkohol ist er rein.

0,1214 g Sbst. (im Vakuumexsiccator getr.): 0,2888 g CO_2, 0,0487 g H_2O.

$C_{17}H_{14}O_6$ (314,11).   Ber. C 64,95, H 4,49.
Gef. ,, 64,88, ,, 4,49.

Schmelzpunkt nach geringem Sintern bei 102—103° (korr.). Leicht löslich in Chloroform, Benzol, Essigester und Aceton, etwas schwerer in Alkohol und Äther und viel schwerer in Petroläther.

Verwandlung der 4-Benzoyl-3-acetyl-protocatechusäure in 3-Benzoyl-protocatechusäure.

5 g 4-Benzoyl-3-acetyl-protocatechusäure werden in 25 ccm heißem Eisessig gelöst und nach Zusatz von 20 ccm 5 n-Salzsäure auf dem Wasserbad erhitzt. Schon nach 5 Minuten beginnt die Abscheidung des Reaktionsproduktes. Nach 30 Minuten wird die Operation unterbrochen und auf 0° gekühlt. Ausbeute 3,7 g oder 86% der Theorie. Zur Reinigung löst man in der fünffachen Menge heißem Eisessig und fügt allmählich die 15fache Menge heißes Wasser hinzu, wobei man noch dauernd nahe am Sieden hält. Dabei scheiden sich bald aus der klaren Lösung winzige, farblose, flache Nädelchen ab, deren Menge sich noch beträchtlich vermehrt, wenn man nach mehreren Minuten langsam abkühlen läßt. Zur Analyse wurde nochmals in der gleichen Weise umkrystallisiert.

0,1591 g Sbst. (bei 100° und 11 mm getr.): 0,3780 g CO_2, 0,0542 g H_2O.

$C_{14}H_{10}O_5$ (258,08).   Ber. C 65,10, H 3,91.
Gef. ,, 64,80, ,, 3,81.

Die Säure schmilzt nach geringem Sintern bei 225—227° (korr.). Sie löst sich leicht in Alkohol und Aceton, etwas schwerer in Essigester, sehr schwer in Benzol, Chloroform und Wasser. Ihre alkoholisch-wässerige Lösung gibt mit Eisenchlorid keine charakteristische Färbung.

Methylierung. Eine Lösung von 1 g Säure in 10 ccm Aceton wird 2 Stunden mit überschüssigem ätherischen Diazomethan aufbewahrt, dann im Vakuum verdampft und der krystallinische Rückstand zweimal aus wenig Methylalkohol umkrystallisiert. Dabei scheidet sich der Methylester der 3-Benzoyl-4-methyläther-protocatechusäure in sechseckigen Tafeln vom Schmelzpunkt 101—102° ab. Ausbeute etwa 80% der Theorie.

0,1389 g Sbst.: 0,3405 g CO_2, 0,0613 g H_2O.

$C_{16}H_{14}O_5$ (286,11).   Ber. C 67,11, H 4,93.
Gef. ,, 66,88, ,, 4,94.

Leicht löslich in Aceton, Essigester, Chloroform und Benzol, schwerer in Alkohol, Methylalkohol, Äther und besonders Petroläther.

Zur Umwandlung in Isovanillinsäure wurde eine Lösung von 2 g Ester mit 40 ccm Alkohol und 40 ccm n-Natronlauge 2 Stunden auf dem Wasserbad erwärmt. Aus der abgekühlten Flüssigkeit fiel beim Ansäuern ein krystallinisches Gemisch, das zur Entfernung der Benzoesäure mit 10 ccm Tetrachlorkohlenstoff ausgekocht wurde. Der Rückstand wog nach dem Umkrystallisieren aus Wasser 0,92 g und zeigte den Schmelzpunkt 256—257° (korr.) und die anderen Eigenschaften der Isovanillinsäure.

Verwandlung des 4-Benzoyl-3-acetyl-protocatechusäuremethylesters in 3-Benzoyl-protocatechusäure-methylester.

Eine Lösung von 6 g Benzoyl-acetyl-protocatechusäure-methylester in 160 ccm Aceton wird nach Zusatz von 50 ccm 1,5 n-Ammoniak 3 Stunden bei Zimmertemperatur aufbewahrt, dann mit verdünnter Salzsäure neutralisiert unter stark vermindertem Druck auf 15—20 ccm verdampft. Das hierbei abgeschiedene Öl krystallisiert bald. Nach kurzem Stehen bei 0° wird abgesaugt und aus wenig Methylalkohol umkrystallisiert. Ausbeute 2,2 g oder 42% der Theorie.

0,1150 g Sbst. (bei 75° und 12 mm getr.): 0,2788 g CO_2, 0,0455 g H_2O.

$C_{15}H_{12}O_5$ (272,10).   Ber. C 66,15, H 4,45.
Gef. 66,12, ,, 4,43.

Der Ester schmilzt nach geringem Sintern bei 153,5—155° (korr.). Er bildet meist wohlausgebildete, sechseckige Tafeln. Er löst sich ziemlich leicht in Aceton, warmem Alkohol und Essigester, schwerer in warmem Benzol oder Chloroform und nur wenig in Petroläther.

Durch Methylierung mit Diazomethan erhielten wir in recht guter Ausbeute den Methylester der 3-Benzoyl-4-methyläther-protocatechusäure vom Schmelzpunkt 101—102°.

Reacetylierung. Sie führt zum Methylester der 3-Benzoyl-4-acetyl-protocatechusäure.

2 g 3-Benzoyl-protocatechusäure-methylester werden in 15 ccm trockenem Chloroform aufgeschlämmt, mit 2 g Essigsäureanhydrid und dann unter Eiskühlung mit 2,5 g Pyridin versetzt. Die entstandene klare, farblose Lösung wird über Nacht bei Zimmertemperatur aufbewahrt, dann mit Salzsäure und Wasser gewaschen und schließlich unter vermindertem Druck verdampft. Der zurückbleibende farblose Sirup krystallisiert besonders nach dem Impfen bald und erstarrt dabei völlig. Zur Reinigung wird er zweimal aus wenig Methylalkohol umkrystallisiert. Ausbeute nach einmaliger Krystallisation 1,2 g oder 52% der Theorie.

0,1129 g Sbst. (im Vakuumexsiccator getr.): 0,2690 g CO_2, 0,0492 g H_2O. — 0,1092 g Sbst.: 0,2614 g CO_2, 0,0448 g H_2O.

$C_{17}H_{14}O_6$ (314,11).   Ber. C 64,95,   H 4,49.
Gef. ,, 64,98, 65,29, ,, 4,99, 4,59.

Der 3-Benzoyl-4-acetylprotocatechusäuremethylester schmilzt nach geringem Sintern bei 54—55°, also viel niedriger als das vorher beschriebene Isomere vom Schmelzpunkt 103°. Er bildet oft zentrisch angeordnete, sehr lange, schmale Prismen, während das Isomere derbere, spießähnliche Formen zeigt. Er unterscheidet sich von jenem auch durch die größere Löslichkeit in Petroläther. Er löst sich ferner ziemlich leicht in Alkohol und Methylalkohol, leicht in Aceton, Äther, Benzol und besonders in Essigester und Chloroform.

Zum Vergleich mit dem zuvor benutzten Derivat der Isovanillinsäure haben wir noch den

Methylester der 4-Benzoyl-3-methyläther-protocatechusäure

dargestellt.

1 g Vanillinsäure-methylester wird in 2 ccm Chloroform aufgeschlämmt und unter Eiskühlung mit 1,1 g Benzoylchlorid und dann allmählich mit der gleichen Menge Pyridin versetzt, die klare Lösung über Nacht bei Zimmertemperatur aufbewahrt, dann mit verdünnter Salzsäure und Wasser gewaschen und verdampft. Der zurückbleibende krystallinische Rückstand wird zweimal aus wenig Methylalkohol umkrystallisiert.

0,1173 g Sbst. (bei 78° und 15 mm getr.): 0,2881 g CO_2, 0,0540 g H_2O.
$C_{16}H_{14}O_5$ (286,11).   Ber. C 67,11, H 4,93.
Gef. ,, 66,98, ,, 5,15.

Der Ester schmilzt bei 104°, also fast bei der gleichen Temperatur wie der isomere Methylester der 3-Benzoyl-4-methyläther-protocatechusäure. Ihre Mischung zeigt aber eine starke Depression des Schmelzpunktes. Er bildet zentrisch geordnete, prismatische Nadeln. Er löst sich sehr leicht in Aceton, Essigester, Chloroform und Benzol, schwerer in Äther, Äthyl- und Methylalkohol und warmem Benzin, sehr schwer in Wasser. Sehr wahrscheinlich ist er das Derivat der Benzoylvanillinsäure, die von Tiemann und Kraaz[1]) durch Oxydation von Benzoyleugenol gewonnen wurde.

---

[1]) Berichte d. d. chem. Gesellsch. **15**, 2068 [1882].

**29. Max Bergmann und Paul Dangschat: Über die *O*-Benzoyl-
derivate der *β*-Resorcylsäure und der Gentisinsäure.**

Berichte der deutschen chemischen Gesellschaft **52**, 371 [1919].

(Eingegangen am 7. Dezember 1918.)

Bei dem Versuch, die 4-Benzoyl-gallussäure aus ihrer Diacetylverbindung durch saure oder alkalische Hydrolyse zu bereiten,
erhält man, wie kürzlich E. Fischer und seine Mitarbeiter[1]) gezeigt
haben, die 3-Benzoyl-gallussäure. Der Abspaltung der beiden
Acetylgruppen folgt sofort eine Wanderung des Benzoyls vom *p*- zu
einem *m*-Hydroxyl der Gallussäure; schließlich bekommt man die
gleiche Benzoylverbindung wie aus der 3-Benzoyl-4,5-diacetylgallus-
säure:

<table>
<tr><td>4-Benzoyl-
3,5-diacetyl-
gallussäure</td><td>—— Umlagerung ——></td><td>3-Benzoyl-
gallussäure</td><td><————</td><td>3-Benzoyl-
4,5-diacetyl-.
gallussäure</td></tr>
</table>

Nach den damaligen Beobachtungen tritt dieselbe Erscheinung
ein bei der Hydrolyse der Pentacetyl-*p*-digallussäure und der Penta-
acetyl-*m*-digallussäure. In beiden Fällen erhält man als Reaktionsprodukt *m*-Digallussäure:

<table>
<tr><td>Pentacetyl-
p-digallus-
säure</td><td>—— Umlagerung ——></td><td>*m*-Digallus-
säure</td><td><————</td><td>Pentacetyl-
m-digallus-.
säure</td></tr>
</table>

Die acetylierten Monobenzoate einer einfacheren aromatischen
Säure, der Protocatechusäure (3,4-Dioxybenzoesäure), die ähnlich
der Gallussäure ihre Hydroxyle an unmittelbar benachbarten Kohlenstoffatomen des Benzolrings trägt, zeigten bei partieller Hydrolyse
dieselbe Umlagerung[2]):

---

[1]) E. Fischer, M. Bergmann und W. Lipschitz, Berichte d. d. chem.
Gesellsch. **51**, 45ff. [1918]. (*S. 432.*)

[2]) A. a. O.

<table>
<tr><td align="center">3-Acetyl-
4-benzoyl-
proto-
catechu-
säure</td><td align="center">——————→
Umlagerung</td><td align="center">3-Benzoyl-
proto-
catechu-
säure</td><td align="center">←——————</td><td align="center">3-Benzoyl-
4-acetyl-
proto- .
catechu-
säure</td></tr>
</table>

Hieran anknüpfend, haben wir auf Veranlassung von Prof. Emil Fischer die Versuche auf solche Dioxybenzoesäuren ausgedehnt, welche die Hydroxylgruppen in *meta*- oder in *para*-Stellung zueinander enthalten, um zu sehen, ob auch hier eine Wanderung von substituierenden Acylgruppen stattfindet. Als Beispiele wählten wir die β-Resorcylsäure (2,4 - Dioxy - benzoesäure) und die Gentisinsäure (2,5 - Dioxy - benzoesäure). Von beiden Säuren erhielten wir die zwei verschiedenen, nach der Theorie möglich erscheinenden Benzoylderivate, nämlich die 2-Benzoyl-β-resorcylsäure (I), die 4-Benzoyl-β-resorcylsäure (II) und andererseits die 2-Benzoyl-gentisinsäure (III) und schließlich die 5-Benzoyl-gentisinsäure (IV)

$$HO \cdot \langle\ \rangle \cdot COOH \qquad\qquad C_6H_5 \cdot CO \cdot O \cdot \langle\ \rangle \cdot COOH$$
$$O \cdot CO \cdot C_6H_5 \qquad\qquad\qquad OH$$
$$(I) \qquad\qquad\qquad\qquad\qquad (II)$$

$$HO \qquad\qquad\qquad\qquad C_6H_5 \cdot CO \cdot O$$
$$\langle\ \rangle \cdot COOH \qquad\qquad\qquad \langle\ \rangle \cdot COOH \ .$$
$$O \cdot CO \cdot C_6H_5 \qquad\qquad\qquad OH$$
$$(III) \qquad\qquad\qquad\qquad (IV)$$

Alle vier Säuren sind recht stabile Substanzen, und wir haben bisher keinerlei Beobachtung gemacht, die dafür spräche, daß die paarweise zusammengehörigen isomeren Benzoate durch Verschiebung von Benzoyl in dem einen oder anderen Sinne ineinander übergehen können.

In das gleiche Kapitel gehören folgende Tatsachen: Von der Protocatechusäure und ebenso von der Gallussäure ist nur eine Mono-carbomethoxy- und nur eine Monacetylverbindung bekannt, und beide tragen den sauren Substituenten in der gleichen Stellung, nämlich in *meta*-Stellung zum Carboxyl. Dagegen läßt sich durch partielle Verseifung der Diacetyl-β-resorcylsäure ein Monacetylderivat bereiten, das den Rest der Essigsäure in *ortho*-Stellung zum Carboxyl trägt, also an anderem Ort substituiert ist als die 4-Carbomethoxy-β-resorcylsäure von E. Fischer[1]. Analog erhielten wir eine 2-Monoacetyl-

---

[1] Berichte d. d. chem. Gesellsch. **42**, 224 [1909] (*S. 90*). Vgl. E. Fischer und Pfeffer, Liebigs Annal. d. Chem. **389**, 198 [1912]. (*S. 144.*)

gentisinsäure, die wiederum strukturell verschieden ist von der schon bekannten Monocarbomethoxy-gentisinsäure[1]).

Die Tatsache, daß bei den Derivaten der β-Resorcylsäure und der Gentisinsäure die Wanderung der Acyle ausbleibt, steht ganz in Einklang mit der früher[2]) ausgesprochenen Vermutung, daß die bei den Abkömmlingen der Gallussäure und Protocatechusäure beobachtete Umlagerung von der *ortho*-Stellung der Phenolgruppen zueinander abhängig ist und über ein cyclisches Zwischenprodukt führt.

Nun erscheinen auch die Ausführungen von E. Fischer und K. Freudenberg[3]) über die Struktur der Di-β-resorcylsäure und der Digentisinsäure in neuem Lichte. Die beiden Depside waren gewonnen durch Vereinigung von je zwei Molekülen der 4-Carbomethoxy-resorcylsäure (V) resp. der 5-Carbomethoxy-gentisinsäure (VI), wobei zunächst die zweifach carbomethoxylierten Derivate der Kuppelungsprodukte in ziemlich guter Ausbeute und scheinbar einheitlichem Zustande entstehen. Daß bei der Abspaltung der Carbomethoxygruppen oder schon vorher bei der Verkuppelung der Monocarbomethoxyverbindungen eine Wanderung von Acyl stattfindet, ist nach unseren Beobachtungen sehr unwahrscheinlich, und man kann jetzt mit erhöhter Sicherheit für die Di-β-resorcylsäure die Formel VII, für die Digentisinsäure die Formel VIII annehmen. Zur endgültigen Bestätigung wäre allerdings noch die Untersuchung der bei der Einwirkung von Diazomethan entstehenden Methylierungsprodukte notwendig.

$$CH_3O \cdot CO \cdot O \cdot \langle\ \rangle \cdot COOH \qquad\qquad \overset{\textstyle CH_3O \cdot CO \cdot O}{\langle\ \rangle \cdot COOH}$$
$$\overset{\textstyle}{OH} \qquad\qquad\qquad\qquad\qquad OH$$
$$(V) \qquad\qquad\qquad\qquad\qquad (VI)$$

$$HO \cdot \langle\ \rangle \cdot CO \cdot O \cdot \overset{\textstyle OH}{\langle\ \rangle} \qquad\qquad \overset{\textstyle HO}{\langle\ \rangle} \cdot CO \cdot O \cdot \langle\ \rangle \cdot OH$$
$$OH \qquad\quad COOH \qquad\qquad\quad OH \qquad\quad COOH$$
$$(VII) \qquad\qquad\qquad\qquad (VIII)$$

Übrigens sei daran erinnert, daß ganz ähnlich wie bei der β-Resorcylsäure die Verhältnisse bei der Orsellinsäure zu liegen scheinen, die sich von jener durch den Mehrgehalt eines Methyls in Stellung 5 des Benzolkerns unterscheidet. Auch bei ihr ist die Neigung zur Wan-

---

[1]) E. Fischer, Berichte d. d. chem. Gesellsch. **42**, 222 [1909]. (*S. 87.*)
[2]) E. Fischer und Mitarbeiter, ebenda **51**, 49 und 51 [1918]. (*S. 436 u. S. 438.*)
[3]) Liebigs Annal. d. Chem. **384**, 227 [1911]. (*S. 130.*)

derung von substituierenden Acylgruppen so gering, daß E. Fischer
und H. O. L. Fischer[1]) schon vor mehreren Jahren durch depsid-
artige Verknüpfung von zwei Molekülen je nach der Art der Synthese
zwei verschiedene Substanzen, eine o- oder eine p-Diorsellinsäure, erhalten konnten. Die p-Verbindung war identisch mit der natürlichen
Lecanorsäure.

Unser Arbeitsgang war folgender: Aus der 4-Carbomethoxy-
β-resorcylsäure bereiteten wir durch Behandlung mit Benzoylchlorid und Pyridin die Carbomethoxy-benzoyl-resorcylsäure,
und daraus durch Ammoniak die Benzoyl-resorcylsäure. Um
in ihr die Stellung der Benzoylgruppe zu bestimmen, haben wir die
oft bewährte Methode der Methylierung angewendet. Bei der Behandlung mit Diazomethan nimmt die Benzoyl-resorcylsäure zwei
Methylgruppen auf, von denen die eine ätherartig gebunden ist, während die andere das Carboxyl verestert hat. Letztere läßt sich durch
Alkali ziemlich leicht wieder entfernen; gleichzeitig wird unter geeigneten Umständen auch das Benzoyl abgespalten, und man erhält eine
Methyläther-resorcylsäure, die sich als identisch erweist mit der sogenannten p-Methoxy-salicylsäure von Tiemann und Parrisius[2]).
Ihre Struktur ist durch die Beziehung zur β-Resorcylsäure und durch
die Verschiedenheit von der o-Methyläther-β-resorcylsäure von Fischer
und Pfeffer[3]) eindeutig als die einer 4-Methyläther-β-resorcylsäure
bestimmt. In der Benzoyl-resorcylsäure ist demnach das Benzoyl in
Stellung 2 anzunehmen. Die ganze Reaktionsfolge läßt sich aus der
folgenden Tabelle I, Seite 473, ersehen, in die wir zur besseren Übersicht
auch gleich die analogen Umwandlungen der 2-Acetylresorcylsäure und
ihres Benzoylderivats aufgenommen haben, die jetzt geschildert werden sollen.

Die 2-Monoacetyl-resorcylsäure erhielten wir neben anderen
Produkten bei der Einwirkung von 1 Mol. Alkali auf Diacetyl-resorcylsäure. Daß der Essigsäurerest die angegebene Stellung im Molekül
einnimmt, wurde wieder durch Methylierung und nachfolgende
Verseifung zur 4-Methyläther-resorcylsäure festgestellt.

Die 2-Monoacetyl-resorcylsäure haben wir benzoyliert und die
entstehende 2-Acetyl-4-benzoyl-resorcylsäure durch Erhitzen
mit Salzsäure in Essigsäurelösung in die entsprechende Benzoyl-
resorcylsäure verwandelt. Sie war verschieden von der zuvor erwähnten, in ortho-Stellung zum Carboxyl benzoylierten Säure gleicher

---

[1]) Berichte d. d. chem. Gesellsch. **46**, 1138 [1913]; Sitzungsber. d. Berliner Akad.
d. Wissensch. **1913**, 507. (*S. 176.*) Berichte d. d. chem. Gesellsch. **47**, 505 [1914]. (*S. 215*).
[2]) Berichte d. d. chem. Gesellsch. **13**, 2375 [1880].
[3]) Liebigs Annal. d. Chem. **389**, 199 [1912]. (*S. 144.*)

Tabelle I.

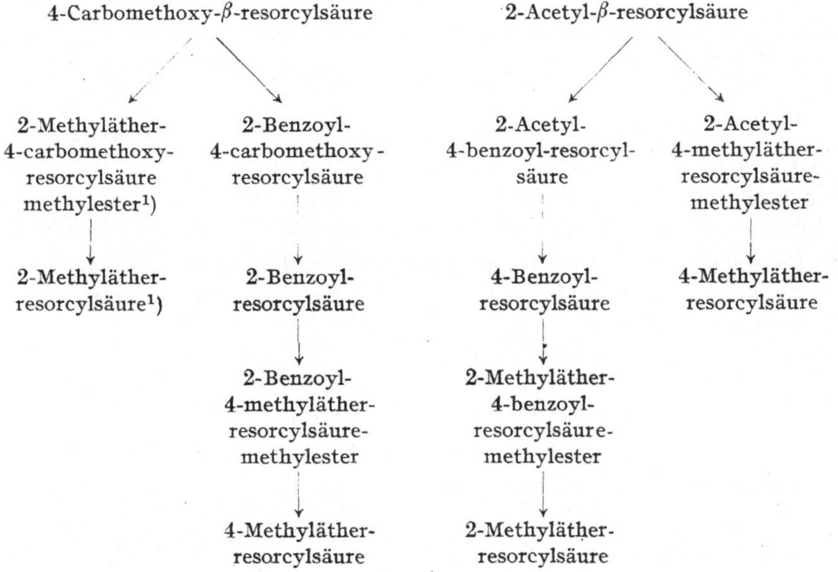

Tabelle II.

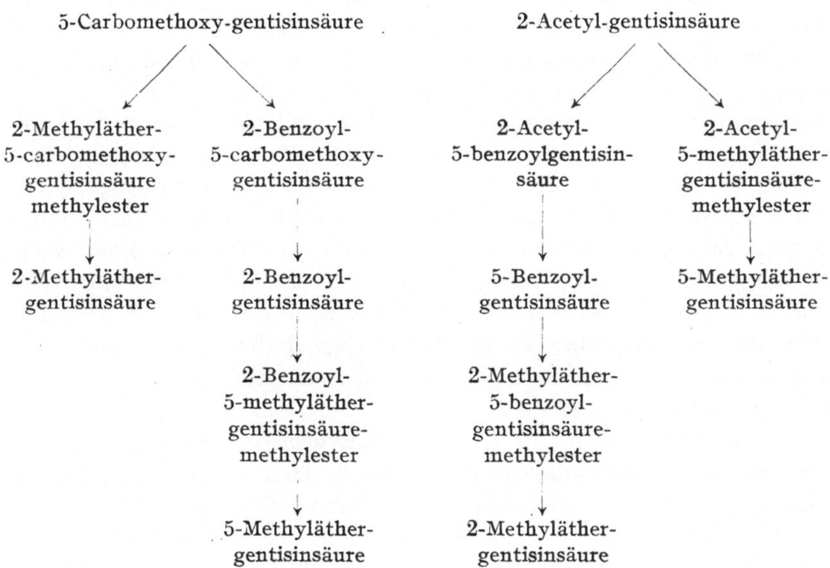

¹) E. Fischer und O. Pfeffer, Liebigs Annal. d. Chem. **389**, 205 und 206 [1912]. (*S. 149.*)

Zusammensetzung, so daß ihr die Struktur einer 4 - Benzoyl-resor-cylsäure zukommen dürfte. In Übereinstimmung mit dieser Auf-fassung lieferte sie bei sukzessiver Einwirkung von Diazomethan und Alkali die 2 - Methyläther-resorcylsäure (vgl. die Tabelle I, Seite 473).

Ganz auf die gleiche Art haben wir die 5 - Carbomethoxy-gentisinsäure und die 2 - Acetyl-gentisinsäure benzoyliert, dar-aus die 2- und die 5 - Benzoylgentisinsäuren erhalten und deren Struktur wieder durch die Umwandlung in die Methyläthersäuren sichergestellt. Um Wiederholungen zu vermeiden, sei auf die Tabelle II, Seite 473, hingewiesen, welche eine Übersicht der durchgeführten Reaktionsfolgen gibt.

2 - Benzoyl-4 - carbomethoxy-β- resorcylsäure,

$C_6H_5.CO.O.C_6H_3(O.CO.OCH_3).COOH$.

Gibt man zu einer Aufschlämmung von 10 g trockener Carbo-methoxy-resorcylsäure[1]) in 50 ccm reinem Chloroform 16,5 g Benzoyl-chlorid ($2^1/_2$ Mol.) und dann unter Umschütteln und Kühlen langsam 10,5 g wasserfreies Pyridin ($2^1/_2$ Mol.), so tritt klare Lösung ein. Sie wird über Nacht bei Zimmertemperatur aufbewahrt, dann zur Ent-fernung des Pyridins mit stark verdünnter Schwefelsäure, nachher noch mit Bicarbonat und mit Wasser gewaschen und schließlich unter geringem Druck aus einem Bad von 45° verdampft.

Der schwach gelbbraun gefärbte, zähflüssige Rückstand besteht in der Hauptsache aus säureanhydridartigen Substanzen. Um diese aufzuspalten, ist es zweckmäßig, zunächst das Chloroform durch Lösen des Rückstandes in Aceton und abermaliges Verdampfen möglichst zu entfernen Man nimmt dann wieder in 200 ccm Aceton auf, fügt 80 ccm gesättigte Kaliumbicarbonatlösung zu, wobei beträchtliche Mengen Öl und Bicarbonat ausfallen, und schüttelt auf der Maschine. Wenn die ölige Abscheidung verschwunden ist, wird in Zwischenräumen von $^1/_4$—$^1/_2$ Stunde so viel Wasser zugesetzt, daß wieder eine schwache Trübung entsteht, aber keine starke ölige Fällung stattfindet, und weiter geschüttelt. Die Zugabe von Wasser wird in gleicher Weise noch mehrmals wiederholt.

Es empfiehlt sich, die Carbomethoxygruppe nicht zu lange der Einwirkung des Kaliumbicarbonats auszusetzen. Aus diesem Grunde hielten wir es für zweckmäßig, die Spaltung nicht in einer Operation bis zum Ende durchzuführen, sondern nach einigen Stunden die noch vorhandenen anhydridartigen Produkte durch Ausäthern vom gebilde-ten Kaliumsalz der Benzoyl-carbomethoxy-resorcylsäure abzutrennen.

---

[1]) Emil Fischer, Berichte d. d. chem. Gesellsch. **42**, 224 [1909]. (*S. 90.*)

Man unterbricht dementsprechend, wenn etwa 100 ccm Wasser verbraucht sind — das ist bei Sommertemperatur nach 3—4 Stunden der Fall —, den Prozeß, dampft die Flüssigkeit unter vermindertem Druck bei niederer Temperatur stark ein, um die Hauptmenge des Acetons zu entfernen, verdünnt dann mit Wasser auf etwa $^3/_4$ l, schüttelt zweimal mit 50—100 ccm Äther aus und säuert den wässerigen. Teil mit Salzsäure an. Hierbei fällt ein Öl aus, das bald krystallinisch erstarrt und nach dem Trocknen etwa 10 g wiegt. Es besteht in der Hauptsache aus einem Gemenge von Carbomethoxy-benzoyl-resorcyl-säure und Benzoesäure. Letztere läßt sich unschwer entfernen, wenn man das getrocknete und fein gepulverte Präparat mit einem Gemisch von 30 ccm Benzol und 10 ccm Petroläther einige Zeit schüttelt. Der Rückstand von 7 g besteht dann im wesentlichen aus Carbomethoxy-benzoyl-resorcylsäure. Eine weitere beträchtliche Menge läßt sich gewinnen, wenn man die zuvor erwähnten Ätherauszüge verdampft, den Rückstand in 100 ccm Aceton löst und zur Zerlegung der Anhydride mit 40 ccm Kaliumbicarbonatlösung und Wasser auf die vorher angegebene Weise behandelt. Man erhält dann noch 4 g Carbomethoxy-benzoyl-resorcylsäure, so daß die Gesamtausbeute 11 g oder 73% der Theorie beträgt. Durch Krystallisation aus Benzol erhält man die Säure leicht rein.

Zur Analyse wurde nochmals aus Benzol umkrystallisiert und bei 100° und 15 mm Druck getrocknet.

0,1011 g Sbst.: 0,2255 g CO_2, 0,0354 g H_2O.

$C_{16}H_{12}O_7$ (316,17).   Ber. C 60,75, H 3,83.
Gef. ,, 60,85, ,, 3,92.

Die Säure schmilzt bei ziemlich raschem Erhitzen nach schwachem Sintern gegen 148—149° (korr.). Sie bildet millimeterlange, dünne Nadeln, löst sich sehr leicht in Aceton, etwas schwerer in Alkohol, Methylalkohol, Äther, Chloroform und besonders Benzol, sehr schwer in heißem Wasser und fast gar nicht in Petroläther.

2-Benzoyl-β-resorcylsäure, $C_6H_5.CO.O.C_6H_3(OH).COOH$.

10 g der eben beschriebenen Carbomethoxy-benzoyl-resorcylsäure werden in 95 ccm n-Ammoniak (3 Mol.) gelöst und 2 Stunden bei Zimmertemperatur aufbewahrt. Beim Ansäuern mit verdünnter Salzsäure fällt dann ein Öl aus, das rasch krystallisiert. Ausbeute 7,2 g oder 88% der Theorie. Zur Reinigung wird in der fünffachen Menge Methylalkohol gelöst, mit Wasser auf die Hälfte verdünnt und einige Stunden in Kältemischung aufbewahrt. Dabei erstarrt die Flüssigkeit allmählich zu einem Brei konzentrisch angeordneter Nädelchen.

Zur Analyse wurde nochmals in der gleichen Weise umkrystallisiert und bei 100° und 15 mm über Phosphorpentoxyd getrocknet.

0,1498 g Sbst.: 0,3570 g CO_2, 0,0532 g H_2O.

$C_{14}H_{10}O_5$ (258,15).   Ber. C 65,10, H 3,90.
Gef. ,, 65,02, ,, 3,97.

Die 2-Benzoyl-resorcylsäure schmilzt bei 160—161° (korr.). Sie löst sich leicht in Aceton, Alkohol und Methylalkohol, schwerer in Äther, schwer in heißem Wasser, Chloroform und heißem Benzol. Die alkoholische Lösung färbt sich mit Eisenchlorid braun; nimmt man sehr wenig Eisenchlorid, so tritt eine nicht sehr intensive, violette Farbe auf, die vielleicht von einer geringen Verunreinigung herrührt.

Methylierung der 2-Benzoyl-β-resorcylsäure und Überführung in 4-Methyläther-β-resorcylsäure.

Methylester der 4-Methyläther-2-benzoyl-β-resorcylsäure, $CH_3O.(C_6H_5.CO.O)C_6H_3(COOCH_3)$. Die Lösung von 2 g 2-Benzoyl-resorcylsäure in 10 ccm trocknem Aceton wurde mit einer ätherischen Lösung von Diazomethan aus 8 ccm Nitrosomethylurethan (großer Überschuß) unter starker Kühlung versetzt und 12 Stunden im geschlossenen Gefäß bei 25° aufbewahrt. Nach dem Verdampfen unter vermindertem Druck blieb ein zähflüssiger Rückstand, der beim Übergießen mit etwas Methylalkohol in Nadeln oder flachen Prismen krystallisierte. Ausbeute 1,6 g oder 72% der Theorie.

Zur Analyse wurde noch zweimal aus wenig Methylalkohol umkrystallisiert und im Vakuumexsiccator über Phosphorpentoxyd getrocknet.

0,1590 g Sbst.: 0,3915 g CO_2, 0,0673 g H_2O.

$C_{16}H_{14}O_5$ (286,19).   Ber. C 67,12, H 4,93.
Gef. ,, 67,17, ,, 4,74.

Schmelzpunkt 69—70°. Sehr leicht löslich in Chloroform, Benzol und Aceton, etwas schwerer in Äther, Methyl- und Äthylalkohol.

Verseifung des Esters zur 4-Methyläther-β-resorcylsäure. 2,8 g Ester wurden in 20 ccm Alkohol gelöst und mit 20 ccm 2n-Natronlauge (4 Mol.) in einem geschlossenen Gefäß 48 Stunden bei 30° aufbewahrt. Beim Ansäuern mit Salzsäure und Verdampfen des Alkohols unter vermindertem Druck fiel dann ein krystallinischer Niederschlag aus, der viel Benzoesäure enthielt. Um diese zu entfernen, wurde nach dem Trocknen mit 40 ccm Tetrachlorkohlenstoff einige Zeit geschüttelt. Der Rückstand (1 g) war nach der Krystallisation aus Wasser reine Methyläther-resorcylsäure (Gef. C 57,03, H 4,72; ber. C 57,13, H 4,80).

Die Säure schmolz bei nicht zu langsamem Erhitzen gegen 161°
(korr.) zu einer farblosen Flüssigkeit, die langsam Bläschen entwickelte.
Mit Eisenchlorid trat starke Violettfärbung ein. Auch die übrigen
Eigenschaften stimmten mit der Beschreibung überein, die Tiemann
und Parrisius[1]) für ihre *p*-Methoxy-salicylsäure angegeben haben.
Allerdings führen sie als Schmelzpunkt 154° an. Da aber die Schmelzung
unter Zersetzung erfolgt, ist die Differenz nicht weiter verwunderlich.
Die isomere 2-Methyläther-*β*-resorcylsäure schmilzt bei 182° und
färbt sich mit Eisenchlorid in alkoholischer Lösung braun.

Diacetyl-*β*-resorcylsäure, $(CH_3.CO.O)_2C_6H_3.COOH$.

50 g scharf getrocknete Resorcylsäure werden mit der fünffachen
Menge Essigsäureanhydrid und 5 g Chlorzink 3 Stunden auf dem Wasserbade erwärmt und nach dem Abkühlen unter Umrühren in ca. 1 1 Eiswasser gegossen. Das abgeschiedene Öl krystallisiert nach einigen
Stunden. Zur Reinigung wird in wässeriger Kaliumbicarbonatlösung
aufgenommen, von dem ziemlich geringen, flockigen, graubraunen
Rückstand abfiltriert und mit Salzsäure wieder gefällt. Ausbeute an
dem ganz farblosen Präparat 58 g oder 74% der Theorie.

Zur Analyse wurde zweimal aus der Lösung in Chloroform durch
Zusatz von Tetrachlorkohlenstoff abgeschieden und bei 100° und
15 mm getrocknet.

0,1519 g Sbst.: 0,3087 g CO_2, 0,0596 g H_2O.

$C_{11}H_{10}O_6$ (238,14). Ber. C 55,45, H 4,23.
Gef. ,, 55,44, ,, 4,39.

Gut ausgebildete, mikroskopische Prismen vom Schmelzpunkt
136—138° (korr.). Leicht löslich in Aceton, auch ziemlich leicht in
Essigäther und kaltem Methylalkohol, zunehmend schwerer in Alkohol,
Äther, Chloroform und Benzol, sehr schwer in Tetrachlorkohlenstoff
und besonders in Petroläther.

2-Acetyl-resorcylsäure, $CH_3.CO:O.C_6H_3(OH).COOH$.

60 g fein gepulverte Diacetyl-resorcylsäure werden mit 250 ccm
Eiswasser aufgeschlämmt und dazu bei 0° 500 ccm n-Natronlauge
(2 Mol.) im Laufe einer halben Stunde in dünnem Strahl unter gutem
Rühren eingegossen. Dann wird die klare Lösung bei Zimmertemperatur aufbewahrt, bis eine Probe mit Phenolphthalein nur noch
schwache alkalische Reaktion gibt, was nach 7—8 Stunden der Fall ist.
Beim Ansäuern mit Salzsäure fällt ein Öl aus, das bald zu krystallisieren beginnt und größtenteils aus Diacetyl-resorcylsäure besteht

---

[1]) Berichte d. d. chem. Gesellsch. **13**, 2375 [1880].

(22 g). Das Filtrat davon wird zweimal mit 150 ccm Essigester ausgeschüttelt und der Essigäther unter vermindertem Druck verdampft.
Löst man den farblosen, krystallinischen Rückstand in 100 ccm Aceton
und versetzt mit 400 ccm Benzol, so fällt die Monoacetyl-resorcylsäure
nach einiger Zeit in lanzettförmigen Blättern aus. Ausbeute 12—13 g.

Zur Analyse wurde nochmals aus acetonischer Lösung durch Benzol
abgeschieden und bei 100° und 15 mm über Paraffin getrocknet.

0,1520 g Sbst.: 0,3066 g CO_2, 0,0555 g H_2O.

$C_9H_8O_5$ (196,11).   Ber. C 55,09, H 4,11.
Gef. ,, 55,03, ,, 4,09.

Der Schmelzpunkt hängt stark von der Schnelligkeit des Erhitzens
ab. Erwärmt man ziemlich schnell, so tritt bei 167—168° (korr.)
Schmelzung unter Aufschäumen und geringer Braunfärbung ein. Die
Säure löst sich leicht in Aceton, Alkohol, Methylalkohol und heißem
Wasser, wenig schwerer in Essigäther, sehr schwer in heißem Benzol
und Chloroform. Sie bildet meist mikroskopische Prismen, manchmal
auch Nädelchen. Mit Eisenchlorid färbt sie sich braun.

Methylierung mit Diazomethan, Methylester der 2-Ace-
tyl-4-methyläther-β-resorcylsäure. Die Lösung von 2 g
Monoacetyl-resorcylsäure in überschüssigem ätherischen Diazomethan
wurde 20 Stunden bei Zimmertemperatur aufbewahrt, dann unter vermindertem Druck verdampft und der Rückstand in 15 ccm Methylalkohol gelöst. Nach Zusatz von 10 ccm Wasser und Abkühlen mit Kältemischung entstand erst eine milchige Trübung und allmählich fielen
mikroskopische Prismen aus, deren Menge nach einigen Stunden 2,1 g
betrug. Zur Analyse wurde nochmals aus dem Gemisch von Methylalkohol und Wasser umkrystallisiert und im Vakuumexsiccator über
Phosphorpentoxyd getrocknet.

0,1641 g Sbst.: 0,3556 g CO_2, 0,0786 g H_2O.

$C_{11}H_{12}O_5$ (224,15).   Ber. C 58,91, H 5,40.
Gef. ,, 59,12, ,, 5,36.

Der Ester schmolz bei 56—57°. Er war leicht löslich in den üblichen
organischen Lösungsmitteln mit Ausnahme von Petroläther, sehr schwer
in Wasser.

Unter dem Namen 2-Acetoxy-4-methoxy-benzoesäure haben D. A.
Clibbens und M. Nierenstein[1]) eine Substanz vom Schmelzpunkt
145—147° beschrieben, die in einfacher Beziehung zu dem eben beschriebenen Ester stehen sollte.

Verseifung des Esters zur 4-Methyläther-β-resorcyl-
säure: 2,2 g fein gepulverter Ester wurden mit 20 ccm 2n-Natron-

---

1) Journ. of the Chem. Soc. **107**, 1491 [1915].

lauge im geschlossenen Gefäß bei 30° aufbewahrt. Beim Schütteln erfolgte bald klare Lösung und nach 24 Stunden fiel mit Salzsäure ein krystallinischer Niederschlag (1,63 g) aus, für dessen Reinigung Krystallisieren aus heißem Wasser genügte.

Die Verbindung schmolz bei 160—161° (korr.) und erwies sich auch durch den Mischschmelzpunkt, die violette Färbung mit Eisenchlorid und die übrigen Eigenschaften als identisch mit der 4-Methyläther-resorcylsäure. Die Ausbeute war fast theoretisch.

2-Acetyl-4-benzoyl-β-resorcylsäure,

$CH_3 . CO . O . C_6H_3(O . CO . C_6H_5) . COOH$.

Bei der Bereitung dieser Verbindung aus der Monoacetyl-resorcylsäure verfuhren wir ganz ähnlich, wie es zuvor für die Benzoylierung der Carbomethoxyverbindung beschrieben ist.

10 g 2-Acetyl-resorcylsäure lösen sich klar im Gemisch von 18 g Benzoylchlorid, 10,5 g Pyridin und 50 ccm trockenem Chloroform. Nach 20 Stunden wird zur Entfernung des Pyridins mit überschüssiger Säure geschüttelt und verdampft. Den Rückstand löst man in 200 ccm Aceton, fügt 80 ccm gesättigter Bicarbonatlösung zu und nach 5 stündigem Schütteln Wasser, anfangs in kleinen, später in größeren Portionen. Nach im ganzen 8 Stunden soll das Volumen der Flüssigkeit etwa 1 l betragen.

Man verdampft jetzt die Hauptmenge des Acetons unter vermindertem Druck, klärt mit Tierkohle und säuert mit Salzsäure an. Der ausfallende krystallinische Niederschlag (12,5—13 g) wird nach dem Trocknen und Zerkleinern zur Entfernung der Benzoesäure mit einem Gemisch von 30 ccm Benzol und 10 ccm Petroläther geschüttelt und abgesaugt. Ausbeute 9 g oder 65% der Theorie. Die Säure wird in heißem Benzol gelöst, aus dem sie in zentrisch vereinigten flachen Nadeln oder Prismen ausfällt.

Zur Analyse wurde nochmals umkrystallisiert und bei 100° und 15 mm getrocknet.

0,1510 g Sbst.: 0,3543 g CO_2, 0,0553 g H_2O.

$C_{16}H_{12}O_6$ (300,18).   Ber. C 63,99, H 4,03.

Gef. ,, 64,01, ,, 4,10.

Die Säure schmilzt bei 148—149° (korr.). Sie ist leicht löslich in Aceton und Essigäther, ferner in Alkohol, Methylalkohol, Äther und warmem Chloroform, viel schwerer in Benzol und fast unlöslich in Petroläther.

4-Benzoyl-β-resorcylsäure, $C_6H_5 . CO . O . C_6H_3(OH) . COOH$.

Für ihre Bereitung aus dem Acetylkörper ist die partielle Hydrolyse durch Eisessig-Salzsäure sehr bequem.

10 g Acetyl-benzoyl-resorcylsäure werden in 50 ccm Eisessig gelöst und nach Zugabe von 40 ccm 5 n-Salzsäure auf 90—95° erhitzt. Schon nach 5—10 Minuten beginnt meist die Abscheidung der Benzoyl-resorcylsäure. Nach $^1/_2$ Stunde wird in Eiswasser gekühlt und abgesaugt. Ausbeute 7 g oder 81% der Theorie.

Zur Analyse wurde zweimal aus wenig Eisessig umkrystallisiert, wobei lanzettförmige Nadeln entstanden, und bei 100° und 15 mm getrocknet.

0,1526 g Sbst.: 0,3653 g CO_2, 0,0519 g H_2O.

$C_{14}H_{10}O_5$ (258,15).   Ber. C 65,10, H 3,90.
Gef. ,, 65,31, ,, 3,88.

Die 4-Benzoyl-resorcylsäure ist leicht löslich in Methylalkohol, Alkohol, Aceton, Äther, etwas schwerer in Chloroform und in Eisessig, viel schwerer in kaltem Benzol und besonders in Wasser, selbst in der Hitze. Mit Eisenchlorid gibt sie in alkoholischer Lösung eine violette Färbung. Sie schmilzt bei 193—194° (korr.), also fast 35° höher als die isomere 2-Benzoylresorcylsäure, die bei der Eisenchloridprobe eine braune Färbung gibt.

Methylierung mit Diazomethan. Sie führt zum Methylester der 4-Benzoyl-2-methyläther-β-resorcylsäure.

Wie ließen überschüssiges ätherisches Diazomethan 12 Stunden bei 25° auf die Acetonlösung der Benzoylverbindung einwirken und setzten die Behandlung nach Zugabe von frischem Diazomethan nochmals ebenso lange fort. Nach dem Abdampfen der Lösungsmittel hinterblieb ein zähflüssiger Rückstand, der beim Übergießen mit wenig Methylalkohol in Nadeln erstarrte. Ausbeute 90% der Theorie. Zur Analyse wurde zweimal aus Methylalkohol krystallisiert und im Vakuumexsiccator getrocknet.

0,1434 g Sbst.: 0,3531 g CO_2, 0,0644 g H_2O.

$C_{16}H_{14}O_5$ (286,19).   Ber. C 67,12, H 4,93.
Gef. ,, 67,18, ,, 5,03.

Der Ester schmilzt nicht ganz scharf bei 78—80°. Er ist in den meisten organischen Lösungsmitteln leicht löslich.

Verseifung des Esters zur 2-Methyläther-resorcylsäure. 2,8 g Ester wurden in 20 ccm Alkohol gelöst, 20 ccm 2 n-Natronlauge (4 Mol.) zugesetzt und die klare Flüssigkeit, geschützt vor Kohlensäure, bei 30° aufbewahrt. Nach 48 Stunden würde mit Salzsäure angesäuert, der Alkohol im Vakuum verdampft, der ausfallende Niederschlag nach dem Trocknen mit 40 ccm Tetrachlorkohlenstoff geschüttelt, um die Benzoesäure zu entfernen, und der Rückstand (1,0 g) aus heißem Wasser umkrystallisiert. Wir erhielten dabei schiefe viereckige Blätter,

die sich bei raschem Erhitzen gegen 187—189° (korr.) zersetzten und
bei der Elementaranalyse die für eine einfach methylierte Dioxybenzoesäure erforderliche Zusammensetzung zeigten.

Ber. C 57,13, H 4,83.
Gef. ,, 56,91, ,, 4,66.

Mit Eisenchlorid gab die Äthersäure eine rotbraune Färbung.
Das entspricht, wenn man von der kleinen Differenz von 2° im Zersetzungspunkt absieht, ganz den Angaben von E. Fischer und Pfeffer
über die 2-Methyläther-resorcylsäure, die durch Methylierung der
4-Carbomethoxy-β-resorcylsäure über den Methylester der 2-Me-
thyläther-4-carbomethoxy-resorcylsäure als Zwischenprodukt hinweg
erhalten war.

2-Benzoyl-5-carbomethoxy-gentisinsäure,
$C_6H_5.CO.O.C_6H_3(O.CO.OCH_3).COOH$.

Zu einer Aufschlämmung von 10 g trockener Carbomethoxy-gentisinsäure[1]) in 50 ccm trockenem Chloroform gibt man 14 ccm Benzoylchlorid und dann unter Eiskühlung in mehreren Portionen 10 ccm
Pyridin. Die klare Lösung wird über Nacht aufbewahrt, das Pyridin
durch Waschen mit sehr verdünnter Schwefelsäure entfernt und das
Chloroform unter vermindertem Druck bei 45° verdampft. Der zähflüssige, orangefarbige Rückstand erstarrt nach Aufnehmen mit Aceton
und abermaligem Verdampfen krystallinisch.

Wir haben ihn nicht näher untersucht, sondern die darin enthaltenen anhydridartigen Stoffe sogleich in der schon mehrfach beschriebenen Weise mittels Kaliumbicarbonat in acetonisch-wässeriger
Lösung aufgespalten.

Der Prozeß nimmt bei Sommertemperatur etwa 7—8 Stunden in
Anspruch. Man verdünnt schließlich mit Wasser auf etwa 1 Liter, filtriert
und säuert mit verdünnter Salzsäure an. Der hierbei ausfallende ölige
Niederschlag krystallisiert bald. Ausbeute 13 g.

Zur Analyse wurden zweimal aus Benzol umkrystallisiert, wobei
nur geringer Verlust eintrat, und bei 12 mm über Phosphorpentoxyd
getrocknet.

0,1622 g Sbst.: 0,3621 g CO_2, 0,0555 g H_2O.

$C_{16}H_{12}O_7$ (316,17). Ber. C 60,75, H 3,83.
Gef. ,, 60,90, ,, 3,83.

Die Säure schmilzt bei 148—149° (korr.). Sie krystallisiert aus
Benzol in langen, flachen Nadeln, löst sich leicht in Aceton und Essig-

---

[1]) E. Fischer, Berichte d. d. chem. Gesellsch. **42**, 222 [1909]. (*S. 87*.)

äther, auch ziemlich leicht in Chloroform, Alkohol und Methylalkohol, schon viel schwerer in kaltem Benzol und fast gar nicht in Petroläther.

2-Benzoyl-gentisinsäure, $C_6H_5.CO.O.C_6H_3(OH).COOH$.

10 g Carbomethoxy-benzoyl-gentisinsäure werden mit 95 ccm n-Ammoniak übergossen und die klare Lösung 1—2 Stunden aufbewahrt, bis der Ammoniakgeruch schwach geworden ist. Während dieser Zeit fällt ein Niederschlag aus, wahrscheinlich ein Ammoniumsalz. Schließlich wird mit verdünnter Salzsäure übersättigt, wobei ein rasch krystallisierendes Öl ausfällt. Ausbeute 6 g oder 81% der Theorie. Zur Reinigung löst man in Methylalkohol und scheidet die Säure durch Zusatz von Wasser wieder ab.

0,1345 g Sbst. (bei 100° und 12 mm über P_2O_5 getrocknet): 0,3200 g CO_2, 0,0474 g H_2O.

$C_{14}H_{10}O_5$ (258,15).   Ber. C 65,10, H. 3,90.
Gef. ,, 64,91, ,, 3,94.

Schmelzpunkt 211—212° (korr.). Die Säure bildet mikroskopische Krystallblätter. Sie löst sich leicht in Methyl- und Äthylalkohol, viel schwerer in Äther und nur recht schwer in heißem Wasser Beim Übergießen mit wenig Aceton geht sie erst in Lösung, aber rasch scheiden sich wieder mikroskopische Nadeln oder schmale Prismen ab. Eine ähnliche Erscheinung beobachtet man manchmal bei Anwendung von Essigäther. Mit Eisenchlorid tritt keine besondere Färbung ein.

Methylierung mit Diazomethan. 2 g getrocknete Säure wurden mit überschüssigem ätherischen Diazomethan 12 Stunden bei 25° behandelt. Nach dem Verdampfen des Äthers hinterblieb dann der **Methylester der 2-Benzoyl-5-methyläther-gentisinsäure** krystallinisch. Er wurde aus wenig Methylalkohol umkrystallisiert und die Abscheidung durch Wasserzusatz vervollständigt. Ausbeute 1,5 g.

0,1573 g Sbst. (bei 56° und 15 mm getr.): 0,3874 g CO_2, 0,0701 g H_2O.

$C_{16}H_{14}O_5$ (286,19).   Ber. C 67,12, H 4,93.
Gef. ,, 67,19, ,, 4,99.

Schmelzpunkt 106—107° (korr.). Leicht löslich in Chloroform, Benzol, Aceton und Essigäther, viel schwerer in kaltem Äther, Alkohol und besonders Methylalkohol und nur sehr wenig in Petroläther. Der Ester bildet gewöhnlich dicke, schiefe Platten von viereckigem Querschnitt, deren Flächen oft gut ausgebildet sind.

Überführung in 5-Methyläther-gentisinsäure. 1,5 g des eben beschriebenen Esters wurden in 10 ccm Alkohol gelöst, mit 10 ccm heißer 2 n-Natronlauge versetzt und der Alkohol auf dem Wasserbade verdampft. Das beim Ansäuern mit Salzsäure ausfallende Öl erstarrte rasch. Nach kurzem Stehen bei 0° wurde abgesaugt und aus Wasser umkrystallisiert. Ausbeute 0,5 g.

0,1452 g Sbst. (bei 100° und 11 mm über P_2O_5 getr.): 0,3044 g CO_2, 0,0627 g H_2O.

$$C_8H_8O_4 \ (168,10).$$

Ber. C 57,13, H 4,80.
Gef. ,, 57,19, ,, 4,83.

Der Schmelzpunkt lag, wenn nicht zu langsam erhitzt wurde, bei 145—146° (korr.), also fast bei der gleichen Temperatur, die in der Literatur für die 5-Methyläther-gentisinsäure angegeben wird[1]). Dieser glich unsere Säure auch in den übrigen Eigenschaften, von denen die tiefblaue Färbung mit Eisenchlorid besonders charakteristisch ist. Die isomere 2-Methyläther-gentisinsäure[2]) schmilzt zwar auch nur 10° höher (bei 155—156°), zeigt aber ein ganz anderes Verhalten gegen Eisenchlorid: Gelbbraunfärbung in alkoholischer und Graufärbung in wässeriger Lösung, und diese Färbungen sind lange nicht so intensiv wie in unserem Fall. Dementsprechend zeigte ein Gemisch unseres Präparates mit der 2-Methyläthersäure eine starke Erniedrigung des Schmelzpunktes.

2-Acetyl-gentisinsäure, $CH_3.CO.O.C_6H_3(OH).COOH$.

Sie wurde aus der Diacetylverbindung[3]) durch teilweise Hydrolyse mittels Ammoniak bereitet auf folgende Weise:

Zur Aufschlämmung von 60 g gepulverter Diacetyl-gentisinsäure tropft man bei 0° im Wasserstoffstrom unter dauerndem Schütteln innerhalb einer halben Stunde 500 ccm n-Ammoniak (fast 2 Mol.) und bewahrt dann die klare, gelb gefärbte Flüssigkeit noch eine Stunde bei 20° auf. Sie riecht dann nur noch ganz schwach nach Ammoniak. Beim Ansäuern mit Salzsäure fällt eine beträchtliche Menge (etwa 12 g) unveränderte Diacetylverbindung aus. Das Filtrat davon schüttelt man dreimal mit je 50 ccm Essigäther aus und verdampft den Essigäther. Der krystallinische Rückstand wird in 40 ccm Aceton gelöst. Nach Zusatz von viel Benzol scheidet sich die Monoacetylverbindung

---

[1]) Körner und Bertoni, Berichte d. d. chem. Gesellsch. **14**, 848 [1881] Ref. nach Ann. di chim. medicin. **1881**, 65; Tiemann und Müller, Berichte d. d. chem. Gesellsch. **14**, 1997 [1881].

[2]) E. Fischer u. Pfeffer, Liebigs Annal. d. Chem. **389**, 198 [1912]. (*S. 144.*)

[3]) F. v. Hemmelmeyer, Monatsh. **30**, 268 [1909]; vgl. auch A. Klemenc, Monatsh. **33**, 1247 [1912].

bei 0° und häufigem Reiben allmählich in prismenähnlichen Formen mit schiefen Endflächen ab, die häufig zwillingsartig verwachsen sind. Ausbeute nach längerem Stehen bei 0° 18—19 g. Das entspricht 45—48% der Theorie, wenn die wiedergewonnene Diacetylverbindung in Rechnung gesetzt wird. Das Präparat ist schon recht rein.

Zur Analyse wurde nochmals in derselben Weise aus der Acetonlösung mit Benzol abgeschieden und bei 100° und 15 mm über Paraffin getrocknet.

0,1550 g Sbst.: 0,3132 g CO_2, 0,0570 g H_2O.

$C_9H_8O_5$ (196,11).　　Ber. C 55,09, H 4,11.
　　　　　　　　　　　　　Gef. ,, 55,13, ,, 4,12.

Die Säure schmilzt bei 171—173° (korr.) zu einer farblosen Flüssigkeit. Sie löst sich leicht in Aceton, Essigäther, Alkohol, Methylalkohol und warmem Wasser, dagegen sehr schwer in Benzol und Chloroform. Die wässerige Lösung unserer Präparate gab mit Eisenchlorid eine schwache rötlichbraune Färbung. Vielleicht ist sie einer geringen, schwer entfernbaren Verunreinigung zuzuschreiben.

Überführung in die 5-Methyläther-gentisinsäure: Bei der Methylierung mit Diazomethan entsteht zunächst der Methylester der 2-Acetyl-5-methyläther-gentisinsäure.

Für seine Bereitung wurden 2,5 g Acetylgentisinsäure mit überschüssiger ätherischer Diazomethanlösung übergossen, die unter lebhaftem Aufschäumen entstehende stark gelbe Lösung 20 Stunden bei Zimmertemperatur aufbewahrt und dann unter vermindertem Druck verdampft. Den hinterbleibenden, öligen Ester haben wir zunächst destilliert. Er ging unter 16 mm in der Hauptsache bei 183—184° (Thermometer ganz im Dampf) über. 2,6 g. Nach dem Impfen erstarrte er rasch und völlig krystallinisch. Die nötigen Impfkrystalle wurden erhalten durch längeres Abkühlen einer Probe auf —50° und nachheriges sehr langsames Anwärmen. Schließlich wurde die Gesamtmenge in 3 ccm Methylalkohol gelöst, auf 0° abgekühlt und die krystallinische Abscheidung durch allmählichen Zusatz der gleichen Wassermenge vervollständigt.

0,1518 g Sbst.: 0,3270 g CO_2, 0,0716 g H_2O.

$C_{11}H_{12}O_5$ (224,15).　Ber. C 58,91, H 5,41.
　　　　　　　　　　　　　Gef. ,, 58,77, ,, 5,28.

Schmelzpunkt 45—46°. Leicht löslich in Chloroform, Benzol, Essigäther, Aceton, auch recht leicht in Alkohol und Methylalkohol, dagegen ziemlich schwer in Petroläther.

Für die Verseifung des Esters zur 5-Methyläther-gentisinsäure wurden 2,3 g in 10 ccm warmem Alkohol gelöst, mit

20 ccm 2 n-Natronlauge versetzt, der Alkohol auf dem Wasserbade größtenteils verdampft und die braungelbe Flüssigkeit nach dem Abkühlen mit Salzsäure angesäuert. Dabei fielen sofort hübsche mikroskopische Nadeln aus. Sie wurden, um etwa beigemengte Benzoesäure zu entfernen, erst mit etwas Tetrachlorkohlenstoff einige Zeit geschüttelt. Durch Umkrystallisieren aus Wasser ließ sich die Säure dann leicht rein erhalten vom Schmelzpunkt 145° (korr.), der sich nicht änderte nach dem Vermischen einer Probe mit der 5-Methyläther-gentisinsäure, deren Bereitung aus der 2-Benzoyl-gentisinsäure zuvor beschrieben wurde. Mit Eisenchlorid trat eine intensive rein blaue Färbung ein.

2-Acetyl-5-benzoyl-gentisinsäure,
$CH_3.CO.O.C_6H_3(O.CO.C_6H_5).COOH$.

10 g 2-Monacetyl-gentisinsäure werden mit 16,5 g Benzoylchlorid und 10,5 ccm Pyridin unter Zusatz von Chloroform benzoyliert und das als Zwischenprodukt entstehende gemischte Säureanhydrid nach dem Entfernen des Chloroforms mit Kaliumbicarbonat in acetonischwässeriger Lösung auf die mehrfach geschilderte Weise aufgespalten. Schließlich fällt beim Ansäuern mit verdünnter Salzsäure die Acetylbenzoyl-gentisinsäure als voluminöser Niederschlag farbloser gebogener mikroskopischer Nädelchen aus. Ausbeute 12,7 g, entsprechend 83% der Theorie. Sie werden aus heißem Benzol umkrystallisiert.

Zur Analyse wurde bei 100° und 12 mm getrocknet.

0,1559 g Sbst.: 0,3668 g CO_2, 0,0586 g H_2O.

$C_{16}H_{12}O_6$ (300,18).　　Ber. C 63,99, H 4,03.
Gef. ,, 64,18, ,, 4,21.

Die Säure schmilzt bei 166—167° (korr.). Sie bildet, wie erwähnt, meist mikroskopische, gebogene Nädelchen, löst sich leicht in Aceton und Essigäther, etwas schwerer in warmem Chloroform, kaltem Methyl- und Äthylalkohol, noch schwerer in Äther und besonders in heißem Benzol.

5-Benzoyl-gentisinsäure, $C_6H_5.CO.O.C_6H_3(OH).COOH$.

Die Lösung von 10 g der vorhergehenden Acetylverbindung in 50 ccm warmem Eisessig wird mit 40 ccm 5 n-Salzsäure versetzt und $^1/_2$ Stunde auf etwa 90° erhitzt. Beim Abkühlen erfolgt Krystallisation mikroskopischer Blätter. Ausbeute 6,2 g oder 72% der Theorie.

Zur Analyse wurde zweimal aus Chloroform krystallisiert.

0,1453 g Sbst.: 0,3466 g CO_2, 0,0530 g H_2O.

$C_{14}H_{10}O_5$ (258,15).　　Ber. C 65,10, H 3,90.
Gef. ,, 65,08, ,, 4,08.

Die Säure schmilzt nach vorherigem Sintern bei 178—179° (korr.). Sie löst sich leicht in Aceton, Methyl- und Äthylalkohol und ist daraus durch Wasserzusatz in mikroskopischen Nädelchen oder flachen Prismen fällbar. Sie ist ferner leicht löslich in Äther, dagegen schwerer in kaltem Benzol und kaltem Chloroform. Aus heißem Wasser, in dem sie sich etwas löst, krystallisiert sie beim Erkalten in büschelförmig vereinigten Nadeln. Die alkoholische Lösung färbt sich mit Eisenchlorid stark blauviolett. Die isomere 2-Benzoyl-gentisinsäure gibt, wie schon zuvor angegeben wurde, mit Eisenchlorid keine charakteristische Färbung und schmilzt mehr als 30° höher.

Methylierung: 2 g 5-Benzoyl-gentisinsäure ergaben bei der Methylierung mit Diazomethan 2,2 g krystallisierten Methylester der 2-Methyläther-5-benzoyl-gentisinsäure, der sich durch Umkrystallisation aus Methylalkohol leicht reinigen ließ.

0,1409 g Sbst. (im Vakuumexsiccator getr.): 0,3467 g CO_2, 0,0627 g H_2O.
$C_{16}H_{14}O_5$ (286,19).   Ber. C 67,12, H 4,93.
Gef. ,, 67,13, ,, 4,98.

Schmp. 83—84°. Leicht löslich in Chloroform, Benzol und Aceton, schwerer in Äther, Methyl- und Äthylalkohol.

Zur Umwandlung in 2-Methyläther-gentisinsäure wurde die Lösung von 1,4 g Ester in 5 ccm Alkohol mit 5 ccm warmer 2 n-Natronlauge auf dem Wasserbade erhitzt, bis der Alkohol größtenteils verdampft war. Beim Ansäuern fiel dann ein Krystallgemisch aus, das nach dem Trocknen mittels Tetrachlorkohlenstoff von der Benzoesäure befreit und aus Wasser umkrystallisiert wurde. 0,55 g oder 65% der Theorie. Schmp. 155—156° (korr.).

Mit Eisenchlorid trat in alkohlischer Lösung eine gelbbraune und in wässeriger eine graue Färbung ein. Auch sonst glich sie ganz der 2-Methyläther-gentisinsäure von Fischer und Pfeffer.

0,1231 g Sbst.: 0,2571 g CO_2, 0,0554 g H_2O.
$C_8H_8O_4$ (168,10). Ber. C 57,13, H 4,80.
Gef. ,, 56,98, ,, 5,04.

30. Emil Fischer und Max Bergmann: Über neue Galloylderivate des Traubenzuckers und ihren Vergleich mit der Chebulinsäure[1]).

Berichte der deutschen chemischen Gesellschaft **51**, 298 [1918].

(Eingegangen am 29. Dezember 1917.)

Die Methoden der teilweisen Acylierung des Traubenzuckers, die vor 2 Jahren beschrieben wurden[2]), lassen sich auch auf die Gallussäure anwenden. Aus der Monoaceton-glucose entsteht zuerst Trigalloyl-aceton-glucose und durch nachfolgende Hydrolyse die Trigalloylglucose selbst. Beide Körper verhalten sich im wesentlichen wie Gerbstoffe der Tanninklasse.

Die Einführung der Galloylgruppe kann mit Hilfe des Chlorids der Tricarbomethoxy-gallussäure in der früher für die Synthese der Pentagalloyl-glucose beschriebenen Weise ausgeführt werden[3]). Noch bessere Resultate erhält man aber mit dem Chlorid der Triacetyl-gallussäure. Wird dieses mit Aceton-glucose und Chinolin zusammengebracht, so entsteht mit recht befriedigender Ausbeute eine Tri-(triacetylgalloyl)-aceton-glucose. Durch vorsichtige Behandlung mit Alkali lassen sich dann die Acetylgruppen abspalten, und zwar geht das überraschenderweise ebenso leicht und in diesem Falle sogar wegen der größeren Löslichkeit bequemer als die Abspaltung der Carbomethoxygruppen. Wir glauben deshalb, daß auch in vielen anderen Fällen die Acetylkörper an Stelle der Carbomethoxyverbindungen zur Synthese von Depsiden, Estern u. dgl. benutzt werden können.

Die Trigalloylacetonglucose verliert beim Erwärmen mit verdünnter Schwefelsäure ziemlich schnell das Aceton und geht über in die amorphe Trigalloyl-glucose, die sich in der gleichen Art wie die anderen künstlichen Galloyl-glucosen isolieren läßt. Verwendet man bei der Synthese an Stelle von Gallussäure die Trimethyl-gallussäure, so entsteht die Tri-

---

[1]) Vorgelegt der Akad. d. Wissenschaft. Berlin am 11. Mai 1916. Siehe Sitzungsberichte 1916, 570. Vgl. Chem. Centralblatt **1916**, II 132.

[2]) E. Fischer und Ch. Rund, Berichte d. d. chem. Gesellsch. **49**, 88 [1916].

[3]) E. Fischer und K. Freudenberg, ebenda **45**, 926 [1912] und **47**, 2502 [1914]. (*S. 276 u. S. 346.*)

(trimethylgalloyl)-glucose. Wir haben uns überzeugt, daß diese noch zwei Acyle aufnehmen kann; denn sie gibt bei der Behandlung mit Chinolin und p-Brombenzoylchlorid Tri-(trimethyl-galloyl)-di-(p-brombenzoyl)-glucose. Diese Art, die noch freien Hydroxyle in komplizierten Zuckerderivaten mit Hilfe eines Halogenacyls zu zählen, dürfte auch in anderen Fällen gute Dienste leisten.

Ganz in der gleichen Weise haben wir aus der Diaceton-glucose ein Monogalloylderivat bereitet. Bei vorsichtiger Behandlung mit verdünnter Schwefelsäure verliert dieses zuerst ein Molekül Aceton, und die so entstehende Monogalloyl-monoaceton-glucose wird bei fortgesetzter Hydrolyse in Monogalloyl-glucose umgewandelt. Diese zeigt die charakteristische Reaktion der Gerbstoffe, die Leimfällung, nicht mehr, sie gibt auch die den Tanninen eigentümliche Gelatinebildung beim Zusammenbringen mit Arsensäure in alkoholischer Lösung nicht und unterscheidet sich endlich in den Löslichkeitsverhältnissen von den Polygalloylderivaten der Glucose. Sie ist aber verschieden von der krystallisierten Substanz, die Hr. K. Feist[1]) aus dem türkischen Tannin erhalten haben will, und die er als Monogalloyl-glucose glaubte auffassen zu müssen.

Die Veranlassung zu diesen Versuchen war die Vermutung, daß solche galloylarmen Derivate des Traubenzuckers auch in der Natur vorkommen, und bezüglich der Trigalloyl-glucose hatten wir sogar mit einiger Wahrscheinlichkeit angenommen, daß sie mit der Chebulinsäure entweder identisch oder isomer sein könne; denn die Chebulinsäure ist, wie schon in einer früheren Abhandlung bestimmt ausgesprochen wurde, ein Zuckerderivat, und wir werden im nachfolgenden den sicheren Beweis dafür liefern, daß aus ihr beträchtliche Mengen von Traubenzucker gewonnen werden können. Ferner schienen alle übrigen Beobachtungen, z. B. die Elementaranalysen und die Molekulargewichtsbestimmungen der trockenen Chebulinsäure selbst oder ihres Methylderivates, ziemlich gut übereinzustimmen mit der Annahme, daß die Chebulinsäure eine Trigalloyl-glucose sei. Wir haben uns aber vergeblich bemüht, den Beweis dafür zu erbringen. Zunächst ist unsere synthetische Trigalloyl-glucose in den äußeren Eigenschaften und in der Drehung total verschieden von der Chebulinsäure. Das wäre nun an sich noch nicht entscheidend, da es allein zehn strukturisomere Trigalloylglucosen[2]) gibt, deren Zahl sich noch verdoppelt, wenn man die α- und

---

[1]) Chem. Centralblatt **1908**, II, 1352; Chemiker-Zeitung **32**, 918 [1908]; Berichte d. d. chem. Gesellsch. **45**, 1493 [1912]; Archiv d. Pharmacie **250**, 668 [1912]; Feist und Haun, Archiv d. Pharmacie **251**, 468 [1913]; vgl. E. Fischer und K. Freudenberg, Berichte d. d. chem. Gesellsch. **47**, 2485 [1914].

[2]) Berechnet nach der Formel $\dfrac{5!}{3! \times 2!}$

β-Isomerie des Traubenzuckers mit berücksichtigt. Aber wir mußten uns auch überzeugen, daß die chemischen Umwandlungen des synthetischen Produktes andere sind als diejenigen des natürlichen Körpers. So wird die Trigalloyl-glucose, ähnlich der Pentagalloyl-verbindung und dem Tannin, durch dreitägiges Erhitzen mit 5proz. Schwefelsäure auf 100° fast vollkommen in Gallussäure und Glucose gespalten, während bei der Chebulinsäure unter ähnlichen Bedingungen bekanntlich noch eine große Menge eines sogenannten Spaltgerbstoffes übrigbleibt.

Ferner entsteht aus der Trigalloyl-glucose durch Diazomethan ein Körper, der sich von dem gleichen Derivat der Chebulinsäure durch das Verhalten gegen Brombenzoylchlorid und Chinolin unterscheidet. Wir müssen daraus den Schluß ziehen, daß die Chebulinsäure zwar eine Verbindung von Gallussäure und Traubenzucker ist, deren spezielle Struktur aber noch aufzuklären bleibt.

Im Anschluß an das Studium der Trigalloyl-glucose haben wir auch einige Versuche mit der kürzlich beschriebenen Tribenzoyl-glucose[1]) angestellt und besonders die Wirkung des Diazomethans geprüft. Es findet dabei eine Veränderung statt, aber es scheint keine Methylierung am Zuckerrest einzutreten; denn das Produkt reduziert noch sehr stark die Fehlingsche Lösung und nimmt auch leicht Brombenzoyl auf.

Tri-(triacetyl-galloyl)-aceton-glucose,

$[(CH_3.CO.O)_3C_6H_2.CO]_3C_6H_7O_6(C_3H_6)$.

Übergießt man 22 g scharf getrocknete Monoaceton-glucose mit 65 g Chinolin (5 Mol.), 105 g Triacetyl-gallussäurechlorid[2]) (etwa 3,3 Mol.) und 125 ccm trockenem Chloroform und schüttelt kräftig durch, so ist nach wenigen Minuten unter mäßiger Selbsterwärmung eine klare, nur wenig gelb gefärbte Lösung entstanden. Sie wird unter sorgfältigem Ausschluß der Luftfeuchtigkeit noch 5 Tage bei 50° aufbewahrt, wobei sie sich allmählich stark rotbraun färbt. Nun schüttelt man zur Entfernung des Chinolins mehrmals mit verdünnter Salzsäure und dann mit Wasser, entfernt unter vermindertem Druck das Chloroform und löst den zähflüssigen Rückstand in etwa 400 ccm heißem Methylalkohol. Beim geringen Abkühlen fällt das Reaktionsprodukt erst ölig aus, wird aber bei tieferer Temperatur fest und zerreiblich, jedoch nicht krystallinisch. Die Abscheidung wird durch Anwendung einer Kältemischung möglichst vervollständigt und die Substanz noch zweimal in der gleichen Weise aus je 300 ccm Methylalkohol umgelöst. Ausbeute nach dem Trocknen im Vakuumexsiccator 95—100 g.

---

[1]) E. Fischer und Ch. Rund, a. a. O.
[2]) Berichte d. d. chem. Gesellsch. **51**, 55 [1918].

Für die Analyse wurde bei 78° und 1 mm über P_2O_5 getrocknet.

0,1372 g Sbst.: 0,2739 g CO_2, 0,0531 g H_2O. — 0,1544 g Sbst. (anderes Präparat): 0,3092 g CO_2, 0,0623 g H_2O.

$C_{48}H_{46}O_{27}$ (1054,37). Ber. C 54,63, H 4,40.
Gef. ,, 54,45, 54,62, ,, 4,31, 4,52.

Zur optischen Untersuchung diente die Lösung in trockenem Aceton:

$$[\alpha]_D^{15} = \frac{-5,25° \times 2,7185}{1 \times 0,8330 \times 0,2575} = -66,5°.$$

Eine zweite Bestimmung mit einem anderen Präparat ergab:

$$[\alpha]_D^{20} = -66,2°.$$

Das Präparat war noch schwach rötlichgelb gefärbt. Es löst sich leicht in Aceton, Essigäther, Chloroform, wenig schwerer in heißem Benzol, ziemlich schwer in warmem Äther und nur sehr schwer in heißem Petroläther und Ligroin.

Trigalloyl-aceton-glucose, $[C_6H_2(OH)_3 . CO]_3 C_6H_7O_6(C_3H_6)$.

10 g fein gepulverter und gesiebter Acetylkörper werden mit 100 ccm Alkohol und 40 ccm Äther übergossen und dazu im Wasserstoffstrom unter dauerndem Schütteln innerhalb einiger Minuten 100 ccm 2 n-Natronlauge zugegeben. Hierbei geht die Hauptmenge mit gelbbrauner Farbe in Lösung. Durch passende gelinde Kühlung sorgt man dafür, daß die Temperatur 20° nicht übersteigt. Man gibt dann noch 100 ccm Wasser zu und schüttelt häufig, bis eine klare, homogene Lösung entstanden ist. Nach insgesamt einer Stunde wird die Flüssigkeit mit Schwefelsäure genau auf Lackmus neutralisiert und der Alkohol unter stark vermindertem Druck größtenteils abdestilliert. Hierbei scheidet sich die Trigalloyl-aceton-glucose zum Teil als hellbraun gefärbtes zähes Öl aus. Sie wird mehrmals mit Essigäther ausgeschüttelt und die vereinigten Auszüge nach sorgfältigem Waschen mit wenig Wasser unter stark vermindertem Druck verdampft. Der Rückstand ist eine nur ganz schwach bräunlich gefärbte, spröde, amorphe Masse, ähnlich dem Tannin Zur völligen Entfernung des Essigäthers wird er in nicht zu viel warmem Wasser gelöst und wiederum unter geringem Druck verdampft. Ausbeute 80% der Theorie.

0,1572 g Sbst. (bei 100° und 11 mm über P_2O_5 getrocknet): 0,3068 g CO_2, 0,0607 g H_2O. — 0,1642 g Sbst. (anderer Darstellung): 0,3210 g CO_2, 0,0631 g H_2O.

$C_{30}H_{28}O_{18}$ (676,22). Ber. C 53,24, H 4,17.
Gef. ,, 53,23, 53,32, ,, 4,32, 4,30.

Der Unterschied in den berechneten Werten zwischen dieser und der vorhergehenden Substanz ist ziemlich gering, so daß die Analyse keinen sicheren Maßstab für die Reinheit gibt. Da aber das optische Drehungsvermögen stark differiert und wir bei verschiedenen Präparaten fast übereinstimmende Werte erhielten, so glauben wir doch, daß unser Präparat ziemlich einheitlich war:

$$[\alpha]_D^{20} = \frac{-3,08° \times 2,5362}{1 \times 0,8127 \times 0,1030} = -93,32° \text{ (in trockenem Aceton).}$$

Eine zweite Bestimmung mit einem anderen Präparat ergab:

$$[\alpha]_D^{21} = -92,75°.$$

Die Trigalloyl-aceton-glucose ist bisher nur als amorphe, spröde, blätterige Masse mit einem ganz schwachen Stich ins Bräunliche erhalten worden. Sie ist ziemlich leicht löslich in warmem Wasser, und die nicht zu verdünnte Lösung scheidet bei 0° wieder einen großen Teil aus. Sie ist ferner leicht löslich in Methyl- und Äthylalkohol, Essigäther und Aceton, sehr schwer dagegen in Benzol und Chloroform. Sie gibt mit Eisenchlorid eine tiefblauviolette Färbung. Die 1 proz. wässerige Lösung gibt eine starke Fällung mit Leimlösung und starke milchige Niederschläge mit den wässerigen Lösungen von Brucin-, Chinin- und Chinolinacetat oder Pyridin. Der Geschmack ist stark adstringierend, aber nicht sauer. Die 20 proz. alkoholische Lösung mit dem gleichen Volumen 10 proz. alkoholischer Arsensäurelösung gemischt, gesteht nach $\frac{1}{2}$—1 Minute zu einer Gallerte, dagegen bleibt die 10 proz. Lösung unter gleichen Umständen stundenlang flüssig.

Trigalloyl-glucose, $[C_6H_2(OH)_3.CO]_3C_6H_9O_6$.

Für ihre Bereitung ist die Isolierung des Acetonkörpers nicht nötig. Man kann vielmehr die Acetylgruppen und das Aceton direkt hintereinander abspalten.

50 g Tri-(triacetylgalloyl)-aceton-glucose werden zuerst in der zuvor beschriebenen Weise mit Alkali behandelt, dann neutralisiert, Äther und Alkohol verjagt und nun die Flüssigkeit durch Zusatz von Wasser und Schwefelsäure auf 500 ccm verdünnt, so daß der Säuregrad halbnormal ist. Diese Lösung wird 2 Stunden auf 70°, dann noch rasch bis auf 95° erhitzt, schnell abgekühlt, mit Alkali genau gegen Lackmus neutral gemacht und mit Essigäther mehrmals ausgeschüttelt, bis die wässerige Flüssigkeit optisch inaktiv ist. Die vereinigten Auszüge werden mit wenig Wasser gewaschen, dann eine Stunde mit wenig Tierkohle auf der Maschine geschüttelt und unter vermindertem Druck verdampft. Es hinterbleibt eine spröde, etwas gefärbte, tanninartige Masse. Zur

Entfernung des Essigäthers wurde sie zweimal in Wasser gelöst und wieder unter vermindertem Druck verdampft. Ausbeute etwa 65% der Theorie.

Für die Analyse waren die Präparate bei 100° und 0,5 mm über P_2O_5 getrocknet.

0,1695 g Sbst.: 0,3163 g CO_2, 0,0581 g H_2O. — 0,1434 g Sbst. (anderes Präparat): 0,2676 g CO_2, 0,0513 g H_2O. — 0,1943 g Sbst.: 0,3653 g CO_2, 0,0693 g H_2O. — 0,1309 g Sbst.: 0,2468 g CO_2, 0,0444 g H_2O.

$C_{27}H_{24}O_{18}$ (636,19).

Ber. C 50,93,   H 3,80.
Gef. ,, 50,89, 50,89, 51,28, 51,42, ,, 3,84, 4,00, 3,99, 3,80.

Die Zahlen stimmen so gut überein, wie man es bei der amorphen Beschaffenheit des Körpers erwarten kann. Dagegen schwankt das Drehungsvermögen bei verschiedenen Präparaten für die Lösung in trockenem Aceton:

$$[\alpha]_D^{20} = \frac{-3,92° \times 3,2598}{1 \times 0,8167 \times 0,1319} = -118,6°.$$

Ein zweites Präparat gab — 107.2°, und die Drehung der Acetonlösung stieg etwas bei zweitägigem Aufbewahren. Man braucht sich über diese Schwankungen der Drehung nicht zu wundern, da mit der Abspaltung des Acetons die aldehydartige Gruppe des Traubenzuckers frei wird, die bekanntlich sehr zu Veränderungen neigt.

Die Trigalloylglucose ist ähnlich dem Tannin eine amorphe, spröde, ganz schwach gelbbraun gefärbte Masse. Sie schmeckt bitter und etwas adstringierend[1]). Sie löst sich schon in eiskaltem Wasser und unterscheidet sich dadurch von dem in der Kälte schwer löslichen chinesischen Tannin. Sie löst sich ferner leicht in Methylalkohol, Äthylalkohol, Aceton, Essigäther und Pyridin, schwerer in Äther und nur sehr schwer in Chloroform und Benzol. Die 1 proz. wässerige Lösung fällt Leimlösung sehr stark und gibt milchige oder ölige Fällungen mit Pyridin- und wässerigen Lösungen von Brucin-, Chinin- und Chinolinacetat. Wie beim Acetonkörper entsteht mit Eisenchlorid eine tiefviolette Färbung. Schon die 10 proz. alkoholische Lösung gibt mit der gleichen Menge 10 proz. alkoholischer Arsensäurelösung nach kurzer Zeit (1—2 Minuten) eine Gallerte.

Tri-(tricarbomethoxy-galloyl)-aceton-glucose,
$[(CH_3O.CO.O)_3C_6H_2CO]_3C_6H_7O_6(C_3H_6)$.

11 g scharf getrocknete Monoacetonglucose wurden mit 67 g Tricarbomethoxy-galloylchlorid (3,7 Mol.), 29 g Chinolin (4,5 Mol.) und

---

[1]) Chebulinsäure schmeckt süß (Adolphi, Archiv d. Pharmacie **230**, 684 [1892]).

50 ccm trockenem Chloroform gemischt. Beim Durchschütteln ging rasch der größere Teil in Lösung, wobei eine mäßige Erwärmung durch Eiskühlung vermindert wurde. Beim weiteren Aufbewahren bei 20° und gelegentlichem Umschütteln fand nach mehreren Stunden völlige Lösung statt. Diese war gelb und dickflüssig und trübte sich nach 1—2 Tagen. Wegen einer geringen Gasentwicklung war es nötig, die Flasche manchmal zu öffnen. Nach 8—10 Tagen wurde in 1 l stark gekühlten Methylalkohol unter Rühren in dünnem Strahl eingegossen, wobei das Reaktionsprodukt in fast farblosen, amorphen Flocken ausfiel. Ausbeute 48—53 g oder 80—90% der Theorie.

Zur Reinigung wurde zweimal in 100 ccm Chloroform gelöst und wieder in 1 l möglichst kalten Methylalkohol gegossen.

0,1608 g Sbst. (bei 78° und 0,5 mm über P_2O_5 getrocknet): 0,2830 g CO_2, 0,0568 g H_2O. — 0,1732 g Sbst.: 0,3051 g CO_2, 0,0596 g H_2O.

$C_{48}H_{46}O_{36}$ (1198,37). Ber. C 48,07,   H 3,87.
Gef. ,, 48,00, 48,04, ,, 3,94, 3,85.

Zur optischen Untersuchung diente eine Lösung in Acetylentetrachlorid:

$$[\alpha]_D^{23} = \frac{-2,98° \times 3,2194}{1 \times 1,588 \times 0,1074} = -56,25°.$$

Die Carbomethoxyverbindung ist leicht löslich in Chloroform, Essigäther und Aceton, etwas schwerer in Benzol und viel schwerer in Alkohol und Tetrachlorkohlenstoff.

Tri-(trimethyl-galloyl)-aceton-glucose,
$$[(CH_3O)_3C_6H_2.CO]_3C_6H_7O_6.(C_3H_6).$$

11 g scharf getrocknete Aceton-glucose wurden mit 42 g Trimethylgallussäurechlorid (3,6 Mol.), 32 g Chinolin (fast 5 Mol.) und 60 ccm trockenem Chloroform übergossen. Beim Schütteln erfolgte nach wenigen Minuten klare Lösung, die 5 Tage bei 50° blieb. Sie wurde dann mit Chloroform verdünnt, mit verdünnter Salzsäure und Wasser gewaschen und unter vermindertem Druck verdampft. Der ölige, gefärbte Rückstand gab nach dem Lösen in etwa 400 ccm warmem Äther beim Aufbewahren eine Krystallisation von Trimethyl-gallussäure-anhydrid (2 g)[1]. Die filtrierte Ätherlösung wurde abermals verdampft und der gelbbraune, zähflüssige Rückstand in 200 ccm warmem Methylalkohol

---

[1] Die Bildung von Säureanhydriden bei der Acylierung mit Säurechloriden und Chinolin wurde auch bei den früheren Versuchen öfters beobachtet und ist vielleicht durch Anwesenheit von etwas Wasser bedingt. Auf die Entfernung dieser Anhydride, die z. T. auffallend beständig sind, muß besondere Sorgfalt verwendet werden.   E. Fischer.

gelöst. Beim Aufbewahren der Flüssigkeit im Eisschrank schied sich das Reaktionsprodukt als gallertähnliche Masse ab, die nach 48 Stunden abgesaugt und gepreßt wurde, wobei sie ein hornähnliches Aussehen bekam. Zur Reinigung wurde sie noch zweimal in gleicher Weise aus 150 ccm Methylalkohol umgelöst und jedesmal abgepreßt. Ausbeute 31 g oder 77% der Theorie.

0,1678 g Sbst. (bei 78° und 1 mm über P_2O_5 getrocknet): 0,3576 g CO_2, 0,0865 g H_2O.

$$C_{39}H_{46}O_{18} \ (802,37). \quad \text{Ber. C } 58,33, \ \text{H } 5,78.$$
$$\text{Gef. ,, } 58,12, \ \text{,, } 5,78.$$

Zur optischen Untersuchung diente die Lösung in reinem, trockenem Aceton:

$$[\alpha]_D^{25} = \frac{-7,08° \times 2,4911}{1 \times 0,8188 \times 0,2412} = -89,30°.$$

Ein zweites Präparat ergab:

$$[\alpha]_D^{19} = \frac{-7,92° \times 3,6178}{1 \times 0,8289 \times 0,3650} = -94,71°.$$

Die Tri-(trimethyl-galloyl)-aceton-glucose bildet ein farbloses, amorphes Pulver. Sie löst sich leicht in Benzol, Essigäther, Aceton, Tetrachlorkohlenstoff, heißem Methyl- und Äthylalkohol. Die heiße alkoholische Lösung scheidet beim Abkühlen den allergrößten Teil als zähe Masse aus, die bei Eiskühlung hart und spröde wird. Die alkoholische Lösung gibt keine Färbung mit Eisenchlorid.

Tri-(trimethyl-galloyl)-glucose, $[(CH_3O)_3C_6H_2 . CO]_3C_6H_9O_6$.

10 g Acetonkörper wurden in 60 ccm Eisessig gelöst und dazu bei gewöhnlicher Temperatur 15 ccm konzentrierte, wässerige Salzsäure (D 1,19) gefügt. Die farblose klare Lösung blieb 3 Stunden bei 20° stehen. Als sie dann in viel Wasser gegossen wurde, fiel eine farblose, zähe Masse aus.. Sie wurde mit Essigäther extrahiert, nachdem zuvor die Flüssigkeit mit festem Kaliumbicarbonat neutralisiert war. Die mit Wasser gewaschene Essigätherlösung gab beim Verdampfen unter vermindertem Druck einen amorphen Rückstand, der in Methylalkohol gelöst wurde. Beim abermaligen Verdampfen unter vermindertem Druck blieb eine farblose, spröde Masse zurück. Ausbeute nahezu quantitativ.

Zur Analyse wurde bei 56° und 0,5 mm über P_2O_5 auf konstantes Gewicht gebracht.

0,1679 g Sbst.: 0,3472 g CO_2, 0,0834 g H_2O. — 0,1560 g Sbst. (anderes Präparat): 0,3235 g CO_2, 0,0785 g H_2O.

$$C_{36}H_{42}O_{18} \ (762,34). \quad \text{Ber. C } 56,67, \qquad \text{H } 5,55.$$
$$\text{Gef. ,, } 56,40, \ 56,56, \ \text{,, } 5,56, \ 5,63.$$

Die Lösung in Aceton zeigte ein ähnliches Drehungsvermögen wie diejenige der Tri-(trimethyl-galloyl)-aceton-glucose:

$$[\alpha]_D^{20} = \frac{-6{,}76^\circ \times 2{,}3067}{1 \times 0{,}8237 \times 0{,}2036} = -92{,}99^\circ$$

$$[\alpha]_D^{15} = \frac{-7{,}44^\circ \times 2{,}6573}{1 \times 0{,}8332 \times 0{,}2456} = -96{,}61^\circ.$$

Die Drehung blieb beim Aufbewahren unverändert.

Die Trimethyl-galloyl-glucose wurde bisher nur in amorphem Zustande erhalten. Sie löst sich leicht in kaltem Methylalkohol, Äthylalkohol, Benzol, Essigäther, Aceton, viel schwerer in Tetrachlorkohlenstoff und fast gar nicht in Wasser. Die wässerig-alkoholische Lösung gibt keine Färbung mit Eisenchlorid.

Zum Vergleich mit der methylierten Chebulinsäure haben wir auf die Tri-(trimethyl-galloyl)-glucose p-Brombenzoylchlorid in Gegenwart von überschüssigem Chinolin einwirken lassen. Hierbei werden zwei Brombenzoyle aufgenommen.

1,5 g Tri-(trimethyl-galloyl)-glucose (scharf getrocknet) wurden mit 1,3 g p-Brombenzoylchlorid (3 Mol.) und 1,2 g Chinolin (fast 5 Mol.) 48 Stunden auf 60—70° erwärmt, dann die in der Kälte halbfeste, braune Masse mit Chloroform gelöst, zwei mal mit verdünnter Salzsäure und mit Wasser gewaschen und das Chloroform unter vermindertem Druck verjagt. Der zähe Rückstand, der in sehr geringer Menge Krystalle ausschied, wurde erst zweimal mit 50 ccm Methylalkohol aufgekocht und nach starker Abkühlung abgesaugt. Hierbei war die Substanz schon zum großen Teil von den färbenden Verunreinigungen befreit, enthielt aber noch eine kleine Menge Brombenzoesäure-anhydrid. Um dieses zu entfernen, wurde in 15 ccm Essigäther gelöst und mit 45 ccm Petroläther bis zur dauernden Trübung versetzt. Nach einigem Stehen hatte sich eine dunkelbraune, zähe Masse abgesetzt, und die darüberstehende klare Flüssigkeit konnte abgegossen werden. Sie hinterließ beim Verdampfen unter geringem Druck eine fast farblose, blätterige, amorphe Masse, die zur Analyse bei 56° und 0,2 mm auf konstantes Gewicht gebracht wurde.

0.2012 g Sbst.: 0,0677 g AgBr.

Gef. Br 14,32.

$C_{50}H_{48}O_{20}Br_2$ (1128,22). Ber. Br 14,17.

Methylierung der Trigalloyl-glucose mit Diazomethan.

Um den Vergleich zwischen der Chebulinsäure und den künstlichen Galloyl-glucosen zu vervollständigen, haben wir die Trigalloyl-glucose der Einwirkung von Diazomethan unterworfen. Sie geht dabei über in eine Substanz, welche mit Eisenchlorid keine Färbung mehr gibt, also wahrscheinlich keine freien Phenolgruppen mehr enthält.

2 g scharf getrocknete Trigalloyl-glucose wurden in 20 ccm trockenem Aceton gelöst und unter Kühlung in Eis-Kochsalzmischung mit einer ätherischen Diazomethanlösung (aus 15 ccm Nitrosomethylurethan) langsam versetzt. Dabei fand lebhafte Stickstoffentwicklung statt. Die klare, noch stark gelb gefärbte Flüssigkeit blieb noch 5 Stunden bei 18°. Dann wurde die Hauptmenge des überschüssigen Diazomethans durch tropfenweisen Zusatz von Eisessig zerstört, die Lösung unter vermindertem Druck auf ein kleines Volumen verdampft und in dünnem Strahl in viel Petroläther eingegossen. Dabei fiel die Hauptmenge des Reaktionsproduktes als schwach gefärbte zähe Masse aus, von der sich die Mutterlauge leicht abgießen ließ. Der Rückstand wurde noch zweimal in Methylalkohol gelöst und wieder verdampft, um den Petroläther möglichst zu entfernen. Beim Aufbewahren des Rückstandes unter 12 mm Druck im schwach erwärmten Sandbad geht er schließlich in eine amorphe, spröde Masse über. Sie wurde zur Analyse bei 78° und 12 mm Druck über Phosphorpentoxyd getrocknet; dabei wurde sie wieder zähflüssig. Ausbeute 1,9 g.

0,1855 g Sbst.: 0,3910 g CO_2, 0,0983 g H_2O.

Gef. C 57,49, H 5,93.

Zur optischen Untersuchung diente die Lösung in trockenem Aceton:

$$[\alpha]_D^{18} = \frac{-0,36° \times 2,1444}{1 \times 0,8270 \times 0,1995} = -4,68°.$$

Das Präparat ist also verschieden von der vorher beschriebenen Tri-(trimethylgalloyl)-glucose, die $[\alpha]_D^{20} = -93°$ zeigte.

Es reduziert aber wie diese die Fehlingsche Lösung, enthält also offenbar noch die leicht veränderliche Gruppe des Traubenzuckers. In alkoholischer Lösung gibt es mit Eisenchlorid keine Färbung.

Um die Zahl der noch unversehrten Hydroxylgruppen festzustellen, haben wir 1 g in 3 ccm trockenem Chloroform gelöst und in der bei der Tri-(trimethyl-galloyl)-glucose beschriebenen Weise der Einwirkung von 3 Mol. p-Brombenzoylchlorid in Gegenwart von Chinolin unterworfen. Nach 3 Tagen wurde die Chloroformlösung mit verdünnter Salzsäure, dann mit Wasser gewaschen, nach Entfernung des Chloroforms der Rückstand zweimal mit 20 ccm Methylalkohol ausgekocht und durch fraktionierte Lösung in einem Gemisch von Essigäther und Petroläther (1:3) vom schwer löslichen p-Brombenzoesäure-anhydrid abgetrennt. Nach dem Verdampfen des Lösungsmittels hinterblieb eine amorphe, spröde Masse, die bei 100° und 0,1 mm auf konstantes Gewicht gebracht wurde.

0,1943 g Sbst.: 0,0766 g AgBr.

Gef. Br 16,78.

Dieses Präparat wurde einer nochmaligen Fraktionierung durch teilweise Lösung in einem Gemisch von Essigäther und Petroläther unterzogen, wobei die schwerer lösliche Hälfte verworfen wurde.

0,1812 g Sbst.: 0,0721 g AgBr.

Gef. Br 16,93.

Nach der Analyse ist es nicht wahrscheinlich, daß ein einheitlicher Körper vorliegt. Da aber die Menge des Broms größer ist als bei dem entsprechenden Körper, der aus Tri-(trimethyl-galloyl)-glucose mit Brombenzoylchlorid entsteht, so darf man annehmen, daß nach der Behandlung mit Diazomethan noch mindestens 2 Hydroxyle zur Fixierung von Brombenzoyl vorhanden sind.

(Triacetyl-galloyl)-diaceton-glucose,

$(CH_3CO.O)_3C_6H_2.CO.C_6H_7O_6(C_3H_6)_2$.

Wenn 22 g reine Diaceton-glucose und 30 g Triacetyl-gallussäurechlorid (über 1,1 Mol.) mit einer Lösung von 15 g trockenem Chinolin (fast 1,4 Mol.) in 50 ccm trockenem Chloroform kräftig geschüttelt werden, tritt schnell klare Mischung ein. Diese wird 2—3 Tage bei 60° aufbewahrt, wobei sie sich etwas bräunt, dann mit verdünnter Salzsäure und mit Wasser gewaschen und schließlich unter vermindertem Druck verdampft. Es hinterbleibt eine hellbraune, klare, fadenziehende Masse. Beim Übergießen mit 400 ccm Äther geht sie zum größten Teil in Lösung, während etwa 3,3 g hellbrauner Flocken hinterbleiben. Die filtrierte Ätherlösung wird nun 24 Stunden mit der gleichen Menge Wasser geschüttelt. Dabei bildet sich eine Emulsion, die aber durch Zusatz einer reichlichen Menge Essigäther leicht in zwei Schichten zu trennen ist. Die ätherische Flüssigkeit wird mit etwas Kaliumbicarbonatlösung, dann wieder mit Wasser gewaschen und unter vermindertem Druck verdampft. Der sirupartige Rückstand wird schließlich in 100 ccm warmem Benzol gelöst und in dünnem Strahl in einen Liter eiskalten Petroläthers gegossen. Durch nochmaliges Umfällen erhält man amorphe, farblose Flocken, die unter stark vermindertem Druck von der anhaftenden Mutterlauge befreit werden müssen, da sie sonst wieder völlig ölig werden. Ausbeute 34 g oder 75% der Theorie.

Zur Analyse wurde bei 56° und 0,5 mm auf konstantes Gewicht gebracht.

0,1548 g Sbst.: 0,3161 g CO_2, 0,0750 g H_2O. — 0,1404 g Sbst. (anderer Dar-stellung): 0,2867 g CO_2, 0,0677 g H_2O.

$C_{25}H_{30}O_{13}$ (538,24).   Ber. C 55,74,   H 5,62.
Gef. ,, 55,69, 55,69, ,, 5,42, 5,40.

Zur optischen Untersuchung wurde die Substanz in trockenem Aceton gelöst:

$$[\alpha]_D^{18} = \frac{-2,59° \times 2,3668}{1 \times 0,8246 \times 0,2467} = -30,13°.$$

Ein anderes Präparat gab:

$$[\alpha]_D^{22} = \frac{-2,45° \times 2,8171}{1 \times 0,8322 \times 0,2745} = -30,22°.$$

Die Acetylgalloyl-diaceton-glucose löst sich sehr leicht in Äther, Essigäther, Aceton, Benzol, schwerer in kaltem Alkohol und recht schwer in Ligroin und Petroläther. Ihre alkoholische Lösung gibt keine Färbung mit Eisenchlorid.

Verwendet man bei obiger Darstellung Pyridin an Stelle von Chino-lin, so entsteht ein Produkt, das nicht allein dieselben äußeren Eigen-schaften, sondern auch in Aceton dieselbe spezifische Drehung: $[\alpha]_D^{18} = -30,41°$ zeigt. Wir halten deshalb beide Präparate für iden-tisch.

Galloyl-diaceton-glucose, $(HO)_3C_6H_2.CO.C_6H_7O_6(C_3H_6)_2$.

32 g Acetylkörper wurden mit 300 ccm absolutem Alkohol und 180 ccm Äther übergossen und zu dieser Lösung im Wasserstoffstrom unter dauerndem Schütteln 240 ccm 2 n-Natronlauge im Verlauf von 10 Minuten zugegeben. Die Temperatur wurde bei etwa 18° gehalten. Dabei entstand zuerst eine trübe, gelbbraune Flüssigkeit, die sich weiter-hin aber wieder klärte. Schließlich wurden abermals im Verlauf von 10 Minuten 200 ccm Wasser zugefügt, die klare Lösung noch 40 Minuten bei 18° aufbewahrt, dann mit Schwefelsäure bis zur eben bemerkbaren sauren Reaktion auf Lackmus versetzt, wobei die Lösung nahezu völlig entfärbt wurde, und zur Entfernung des Äthers und der Hauptmenge des Alkohols unter vermindertem Druck stark eingeengt. Dabei schied sich die Galloyl-diaceton-glucose zum Teil als etwas gefärbtes Öl ab. Sie wurde durch mehrmaliges Schütteln mit Essigäther aufgenommen, die vereinigten Auszüge mit wenig Wasser gewaschen und im Vakuum ver-dampft. Schließlich hinterblieb eine schwach gelbbraun gefärbte, amorphe, spröde Masse. Sie enthielt noch Natriumverbindungen, von denen sie durch Behandlung mit Chloroform abgetrennt werden konnte. Beim Verdampfen des Chloroforms unter vermindertem Druck hinter-

blieb eine wenig gefärbte, blasige Masse. Sie wurde zur Entfernung des Chloroforms zweimal in Alkohol gelöst und im Hochvakuum über Phosphorpentoxyd wieder vom Lösungsmittel befreit. Ausbeute etwa 20 g oder 80% der Theorie.

Zur Analyse war bei 56° und 0,5 mm auf konstantes Gewicht gebracht:

0,1818 g Sbst.: 0,3678 g CO_2, 0,0955 g H_2O. — 0,1566 g Sbst. (anderer Darstellung): 0,3175 g CO_2, 0,0832 g H_2O.

$C_{19}H_{24}O_{10}$ (412,19).   Ber. C 55,31,   H 5,87.
Gef. ,, 55,18, 55,29, ,, 5,88, 5,95.

Zur optischen Untersuchung diente die Lösung in trockenem Aceton:

$$[\alpha]_D^{18} = \frac{-2,58° \times 2,1935}{1 \times 0,8327 \times 0,2071} = -33,82°.$$

Zwei weitere Bestimmungen mit anderen Präparaten ergaben:

$$[\alpha]_D^{18} = -35,04° \text{ und } -34,74°.$$

Die Galloyl-diaceton-glucose bildet eine amorphe, blätterige, spröde Masse und schmeckt stark bitter. Sie löst sich ziemlich schwer in kaltem Wasser, etwas leichter in warmem. Sie löst sich leicht in Methyl- und Äthylalkohol, Äther, Essigäther und Aceton, ziemlich schwer in Benzol. Die wässerig-alkoholische Lösung gibt mit Eisenchlorid eine tiefblaue Färbung. Sie gibt ferner in 1 proz. wässeriger Lösung mäßig starke Fällungen mit Pyridin und wässerigen Lösungen von Brucin-, Chinin- und Chinolinacetat. Mit 1 proz. Leimlösung entsteht in etwa 2 proz. Lösung eine schwache Fällung, sie ist aber nicht charakteristisch. Die 20 proz. alkoholische Lösung gibt mit der gleichen Menge 10 proz. alkoholischer Arsensäurelösung keine Gallerte. Ferner wird die alkoholische Lösung durch eine ebenfalls alkoholische Lösung von Kaliumacetat nicht gefällt.

Aus der Galloyldiacetonglucose lassen sich durch Mineralsäuren die beiden Acetonreste nacheinander abspalten.

Galloyl-monoaceton-glucose, $(HO)_3C_6H_2.CO.C_6H_9O_6(C_3H_6)$.

Zu ihrer Bereitung wurden 2 g der eben beschriebenen Diacetonverbindung mit 20 ccm Wasser auf 70° erwärmt, dann das gleiche Volumen $^n/_2$-Schwefelsäure zugesetzt und die Mischung unter möglichst kräftigem Schütteln schnell wieder im Bad von 70° erwärmt, bis klare Lösung entstanden war. Nun wurde rasch auf 0° gekühlt und mit stark verdünnter Natronlauge bis zur neutralen Reaktion auf Kongo versetzt. Die ganze Operation dauerte kaum mehr als 1 Minute.

Beim Verdampfen der klaren, farblosen Lösung unter vermindertem Druck fiel zuletzt ein Öl in reichlicher Menge aus. Es konnte durch mehrmaliges Schütteln mit Essigäther leicht vom Glaubersalz getrennt werden. Beim Verdampfen des Essigäthers hinterblieb eine kaum gefärbte, blätterige Masse, die in wenig absolutem Alkohol gelöst und unter stark vermindertem Druck über Phosphorpentoxyd wieder vom Lösungsmittel befreit wurde. Ausbeute sehr gut.

0,1529 g Sbst. (bei 78° und 12 mm über P_2O_5 getrocknet): 0,2893 g CO_2, 0,0777 g H_2O. — 0,1901 g Sbst. (anderes Präparat): 0,3631 g CO_2, 0,0932 g H_2O.

$C_{16}H_{20}O_{10}$ (372,16).   Ber. C 51,59,   H 5,42.
Gef. ,, 51,60, 52,09, ,, 5,69, 5,49.

$$[\alpha]_D^{18} = \frac{-1,68° \times 1,6637}{1 \times 0,8350 \times 0,1579} = -21,20° \text{ (in trockenem Aceton).}$$

Ein anderes Präparat gab:

$$[\alpha]_D^{20} = \frac{-1,74° \times 2,0327}{1 \times 0,8344 \times 0,2096} = -20,22°.$$

Die Galloyl-monoaceton-glucose bildet eine amorphe, spröde, farblose Masse. Sie löst sich zum Unterschied von der Diacetonverbindung leicht in Wasser, ferner leicht in Alkohol, Essigäther, Aceton, etwas schwerer in Äther und sehr schwer in Benzol. Sie schmeckt stark bitter und gibt mit Eisenchlorid eine tiefblaue Färbung. Eine 5proz. wässerige Lösung gibt mäßig starke, amorphe Fällungen mit wässerigen Lösungen von Pyridin, Chinolin-, Brucin- und Chininacetat; besonders die mit Pyridin und Brucinacetat erzeugten Niederschläge lösen sich im Überschuß des Fällungsmittels leicht wieder auf. Sie gibt ferner mit 1proz. Leimlösung einen geringen Niederschlag, der sich im Überschuß der Leimlösung wieder löst. Die Reaktion ist aber so schwach, daß sie vielleicht der reinen Substanz nicht zukommt. Die Galloyl-monoaceton-glucose gibt in alkoholischer Lösung mit essigsaurem Kalium keinen Niederschlag.

Monogalloyl-glucose, $(HO)_3C_6H_2.CO.C_6H_{11}O_6$.

Beim Erhitzen von 5 g Galloyl-diaceton-glucose mit 50 ccm $^n/_2$-Schwefelsäure im Bad von 70° und Schütteln entstand rasch eine klare, kaum gefärbte Lösung. Nach einstündigem Erhitzen auf dieselbe Temperatur wurde sie auf etwa zwei Drittel im Vakuum eingedampft, um das abgespaltene Aceton zu entfernen, dann durch Zugabe von Wasser auf das ursprüngliche Volumen ergänzt und wieder eine Stunde im Bad von 70° aufbewahrt. Nach dem Abkühlen wurde mit verdünnter Na-

tronlauge abgestumpft, bis die Flüssigkeit eben neutral auf Kongopapier reagierte. Beim Verdampfen unter 12—15 mm hinterblieb neben
Natriumsulfat ein dicker Sirup. Er wurde in sehr wenig Wasser gelöst
und dreimal mit 30 ccm Essigäther ausgeschüttelt, um etwa vorhandene
Acetonverbindungen und freie Gallussäure zu entfernen. Als nun der
Rückstand zweimal mit 50 ccm Alkohol ausgezogen und die filtrierte,
alkoholische Lösung unter geringem Druck verdampft wurde, hinterblieb eine nahezu farblose, amorphe, spröde Masse. Ausbeute etwa 3 g
oder 75% der Theorie. Da dieses Präparat nach dem Trocknen bei 76°
und 0,5 mm keine stimmenden Analysen, sondern in der Regel etwa
1% Kohlenstoff zu wenig und 1% Wasserstoff zu viel gab, so wurde
es über das Kaliumsalz gereinigt. Dieses fällt als farbloser, amorpher,
aber hübsch aussehender Niederschlag, wenn die mäßig erwärmte alkoholische Lösung mit einer alkoholischen Lösung von Kaliumacetat versetzt wird. Es läßt sich gut absaugen, mit Alkohol waschen und abpressen. Es wurde nochmals mit Alkohol verrieben, abermals abgesaugt,
im Vakuum getrocknet, dann in wenig Wasser gelöst und so lange mit
Schwefelsäure versetzt, bis die Flüssigkeit auf Kongo gerade ganz schwach
sauer reagierte. Dann wurde unter stark vermindertem Druck verdampft,
der Rückstand mit kaltem Alkohol ausgelaugt, das Filtrat im Vakuum
verdampft und abermals mit absolutem Alkohol ausgelaugt. Die alkoholische Flüssigkeit hinterließ beim Verdunsten im Vakuum die Galloyl-glucose als farblose, amorphe Masse. Sie wurde in wenig Wasser
gelöst und zur Entfernung des Alkohols im Vakuum verdunstet. Für
die Analyse wurde dieses Präparat, das frei von Asche und Schwefelsäure war, bei 76° und 12 mm getrocknet, wobei es sich in eine schau-
mige, spröde, farblose Masse verwandelte.

　　　0,1700 g Sbst.: 0,2907 g CO_2, 0,0825 g H_2O. — 0,1956 g Sbst. (anderes Präparat): 0,3334 g CO_2, 0,0928 g H_2O.

　　　$C_{13}H_{16}O_{10}$ (332,13).　　Ber. C 46,97,　　　H 4,86.
　　　　　　　　　　　　　Gef. ,, 46,64, 46,49, ,, 5,43, 5,31.

Da die gefundenen Zahlen immer noch etwas von den berechneten
Werten abweichen, hielten wir es für angezeigt, die Zusammensetzung
des Präparates durch die hydrolytische Spaltung zu kontrollieren. Für
diesen Zweck haben wir 3 g des analysierten zweiten Präparates mit
30 ccm 5 proz. Schwefelsäure im siedenden Wasserbad erhitzt und die
Spaltprodukte ähnlich wie bei der früher beschriebenen Hydrolyse des
Tannins bestimmt. An Gallussäure wurden insgesamt 1,40 g statt 1,70
erhalten und an Traubenzucker 1,51 g (Mittel aus den gut übereinstim-
menden Zahlen, die auf polarimetrischem, gravimetrischem und titri-
metrischem Wege erhalten wurden) statt 1,63 g.

Zur optischen Untersuchung diente die Lösung in absolutem Alkohol:

$$[\alpha]_D^{18} = \frac{+\,1,86° \times 2,5869}{1 \times 0,8174 \times 0,1266} = +\,46,50°.$$

Die Drehung stieg um ein geringes beim Aufbewahren.

Eine zweite Bestimmung mit einem anderen Präparat ergab:

$$[\alpha]_D^{18} = \frac{+\,1,96° \times 1,7514}{1 \times 0,8180 \times 0,0890} = +\,47,15°.$$

Die Galloyl-glucose wurde bisher nur als amorphe, farblose Masse erhalten, die sich leicht in Wasser und Alkohol, viel schwerer aber in Aceton, Essigäther und besonders Äther löst. Sie gibt mit Eisenchlorid eine tiefblaue Färbung.

Die 20proz. wässerige Lösung gibt weder mit Pyridin, Chinolin-, Chinin- und Brucinacetat noch mit 1proz. Leimlösung eine Fällung und bleibt auch auf Zusatz starker Mineralsäuren klar. Mit Cyankalium tritt höchstens spurenweise Rotfärbung ein.

Bei Anstellung der Osazonprobe in der üblichen Weise wird die Galloyl-glucose rasch gespalten, und es entsteht d-Phenylglucosazon. Als wir 0,5 g Galloyl-glucose mit 0,8 g Phenylhydrazin-Hydrochlorid, 1,2 g Natriumacetat und 3 ccm Wasser im Wasserbad erhitzten, begann schon nach 15—20 Minuten die Krystallisation der gelben Nadeln, die sich rasch vermehrten und dunkler färbten. Nach $1\,^1/_2$ Stunden wurde abgesaugt und mit heißem Wasser gewaschen. Das dunkelgefärbte Rohprodukt wurde mit eiskaltem Aceton sorgfältig verrieben, abgesaugt und umkrystallisiert. Ausbeute 0,19 g. Zersetzungspunkt gegen 210° (korr.). Es zeigte im Pyridin-Alkoholgemisch nach Neuberg die für d-Glucosazon charakteristische Drehung, ferner bei der Elementaranalyse nach Pregl N 15,80 statt 15,64%.

Wie schon erwähnt, hat K. Feist[1]) seiner sogenannten Glucogallussäure zuletzt die Formel einer Galloyl-glucose, $C_6H_5O_3.CO.O.$ $C_6H_{11}O_5$, zugeschrieben und angenommen, daß die Gallussäure mit dem Carboxyl an die aldehydartige Gruppe der Glucose gekuppelt sei. Ein solcher Körper wäre isomer mit der eben beschriebenen Monogalloyl-glucose. Ihre Übereinstimmung beschränkt sich aber darauf, daß beide mit Gelatinelösung und Alkaloidsalzen die charakteristischen Reaktionen der Tannine nicht geben. Im Gegensatz zur Gluco-gallussäure, die in der Löslichkeit dem Tannin gleichen soll, ist unsere Galloylglucose in Aceton und Essigäther ziemlich wenig löslich und wird auch

---

[1]) Archiv d. Pharmacie **251**, 483 [1913].

aus sehr konzentrierter wässeriger Lösung durch Mineralsäuren nicht gefällt. Da weiterhin Feist an seinem Präparat die für eine Galloyl-glucose auffällige Beobachtung gemacht hat, daß sie sich bei der Titration mit $n/_{10}$-Alkali und Phenolphthalein wie eine einbasische Säure verhält, so hielten wir es für angezeigt, unser Präparat auch darauf zu prüfen.

0,192 g getrocknete Galloyl-glucose (Mol.-Gew. 332) in 3,6 ccm Wasser gelöst, verbrauchten etwa 1 ccm $n/_{10}$-Natronlauge bis zur amphoteren Reaktion auf Lackmus und etwa 3,7 ccm $n/_{10}$-Natronlauge bis zur deutlich alkalischen Reaktion auf Phenolphthalein, während 5,8 ccm $n/_{10}$-Alkali äquimolekular sind. Es muß aber betont werden, daß beide Punkte recht unscharf sind. Bei 0,176 g eines anderen Präparates waren die entsprechenden Zahlen 1,1 ccm und 3.5 ccm. Nach Feist verbrauchen 0,1904 g Gluco-gallussäure (bzw. 0,2355 g) bis zur Rotfärbung des zugesetzten Phenolphthaleins 6,08 ccm $n/_{10}$-Kalilauge (bzw. 7,4 ccm).

Ähnlich wie das Monoderivat verhält sich die Trigalloylglucose (Mol.-Gew. 636). 0,244 g, in 5 ccm Wasser gelöst, verbrauchten 2,3 ccm $n/_{10}$-Natronlauge bis zur amphoteren Reaktion auf Lackmus und 8,3 ccm bis zur Rötung von Phenolphthalein, während 3,8 ccm $n/_{10}$-Alkali für 1 Molekül berechnet sind. In einem anderen Versuch verbrauchten 0,2417 g Substanz 2,1 ccm $n/_{10}$-Natronlauge bis zur amphoteren Reaktion auf Lackmus. Im Gegensatz dazu verhält sich bekanntlich die Gallussäure ausgesprochen wie eine einbasische Säure, was auch der folgende Versuch von neuem zeigt. 0,1843 g wasserhaltige Säure (Mol.-Gew. 188) verbrauchten 9,93 ccm $n/_{10}$-Natronlauge bis zur amphoteren Reaktion auf Lackmus (während sich 9,8 ccm für 1 Mol. Alkali berechnen), und wenig mehr bis zur alkalischen Reaktion auf Phenolphthalein. Dieser Punkt ist aber wegen der raschen Färbung der Lösung nicht sehr deutlich.

Chebulinsäure (Eutannin).

Die von Fridolin[1]) in den Myrobalanen entdeckte Chebulinsäure ist einer der wenigen krystallinischen Gerbstoffe, die sich von der Gallussäure ableiten. Der Entdecker hat dafür die Formel $C_{28}H_{24}O_{19} + H_2O$ aufgestellt und angegeben, daß das Krystallwasser bei 100° entweicht. Er hat ferner ermittelt, daß sie bei der Hydrolyse in 2 Mol. Gallussäure und eine neue Gerbsäure zerfällt. Zucker konnte er als Bestandteil der Chebulinsäure nicht nachweisen. Seine grundlegenden Beobachtungen wurden 1892 teils bestätigt, teils erweitert durch W. Adolphi[2]). Dieser

---

[1]) Dissertation, Dorpat 1884; Pharm. Zeitschr. f. Rußland **23**, 393ff. [1884].
[2]) Archiv d. Pharmacie **230**, 684ff. [1892].

bestimmte die spezifische Drehung in alkoholischer Lösung und fand
das Molekulargewicht nach der Siedepunktsmethode ungefähr übereinstimmend mit der Formel von Fridolin, beschrieb mehrere Salze, eine
amorphe Benzoylverbindung und stellte fest, daß bei der Hydrolyse
mit verdünnter Schwefelsäure je nach der Konzentration wechselnde
Mengen Gallussäure (50—70% rohe Säure) entstehen. Er hat dabei
ebenfalls keinen Zucker beobachtet. In neuerer Zeit hat sich H. Thoms
an der Untersuchung der Chebulinsäure beteiligt. Seine erste vorläufige
Mitteilung[1]) aus dem Jahre 1906 wurde vervollständigt durch eine
Publikation vom Jahre 1912 unter dem Titel „Über das Eutannin"[2]).
Er stellte fest, daß das unter jenem Namen bekannte Handelsprodukt
identisch mit der Chebulinsäure ist. Bei der Hydrolyse mit Alkali erhielt er ebenfalls Gallussäure und sogenannten Spaltgerbstoff. Über
die Bildung von Traubenzucker bei dieser Zersetzung haben seine Versuche kein entscheidendes Resultat ergeben. Er hält es aber für wenig
wahrscheinlich, daß Glucose in der Chebulinsäure mit Gallussäure glucosidartig verkettet ist. Thoms hat auch eine vorläufige Strukturformel
für die Chebulinsäure zur Diskussion gestellt, in der auch kein Glucoserest vorhanden ist. Eine ausführliche Untersuchung hat er endlich durch
seinen Schüler Wilhelm Richter[3]) ausführen lassen, in der viele ältere
Versuche von Fridolin und Adolphi wiederholt sind und besonders
das durch Diazomethan entstehende Methylderivat unter dem Namen
Methyl-eutannin ausführlich beschrieben ist. Richter hat ferner die
Hydrolyse durch Alkalien und Säuren von neuem untersucht. Auch
er hat keinen Traubenzucker erhalten.

Im Gegensatz hierzu fanden E. Fischer und K. Freudenberg[4]),
daß bei lang andauernder Hydrolyse der Chebulinsäure mit verdünnter
Schwefelsäure Traubenzucker gebildet wird. Dieses nur ganz kurz erwähnte Resultat wird durch die nachfolgenden ausführlichen Mitteilungen außer Zweifel gestellt und damit der endgültige Beweis geliefert,
daß die Chebulinsäure den Tanninen nahesteht.

Als Rohmaterial benutzten wir das käufliche Eutannin. Das aus
Acetonlösung durch Wasser in hübschen Nadeln abgeschiedene und an
der Luft getrocknete Präparat enthielt etwa 16,5% Wasser, das schon
beim dreistündigen Erhitzen auf 100° unter gewöhnlichem Druck bis
auf etwa 1% zurückging. Dieser letzte Rest entwich aber rasch bei
100° unter 15 mm Druck.

---

[1]) Chem. Centralblatt **1906**, I 1829.
[2]) Arbeiten aus dem Pharmazeut. Institut der Universität Berlin, **9**,
78 [1912].
[3]) a. a. O. S. 85.
[4]) Berichte d. d. chem. Gesellsch. **45**, 918 [1912]. (*S. 268.*)

0,4102 g lufttrockne Sbst. verloren bei 100° und 15 mm 0,0687 g. — 0,4195 g lufttrockne Sbst. verloren bei 100° und 15 mm 0,0694 g. — 0,3025 g lufttrockne Sbst. verloren bei 100° und 15 mm 0,0498 g.

$$\text{Gef. } H_2O \; 16{,}75, \; 16{,}54, \; 16{,}46.$$

Analyse der getrockneten Substanz:

0,1448 g Sbst.: 0,2692 g CO_2, 0,0469 g H_2O.
$$\text{Gef. C } 50{,}70, \; H \; 3{,}63.$$

Dieses Resultat stimmt sowohl mit den alten Analysen des Entdeckers Fridolin, wie auch mit den späteren Analysen von Adolphi, sowie denen von Thoms und Richter überein. Zum Vergleich stellen wir die Zahlen zusammen, die sich nach der Formel der Trigalloylglucose, $C_{27}H_{24}O_{18}$, der Formel der Chebulinsäure nach Fridolin und einer zweiten von Thoms und Richter in Erwägung gezogenen Formel berechnen:

$$C_{27}H_{24}O_{18} \; (636{,}19). \quad \text{Ber. C } 50{,}93, \; H \; 3{,}80.$$
$$C_{28}H_{24}O_{19} \; (664{,}19). \qquad ,, \quad ,, \quad 50{,}59, \quad ,, \; 3{,}64.$$
$$C_{28}H_{22}O_{19} \; (662{,}18). \qquad ,, \quad ,, \quad 50{,}74, \quad ,, \; 3{,}35.$$

Es liegt auf der Hand, daß die Analyse hier nicht entscheiden kann.

Hydrolyse der Chebulinsäure mit verdünnter Schwefelsäure.

Für jeden Versuch dienten 10 g getrocknete Chebulinsäure. Sie wurden mit 100 ccm n-Schwefelsäure behandelt und die Produkte in derselben Weise getrennt, wie es früher beim Tannin beschrieben ist.

Die Resultate sind in der nachfolgenden Tabelle zusammengestellt und zum Vergleich die Beobachtungen bei der synthetischen Trigalloylglucose zugefügt. Ferner haben wir auch einen Versuch mit 20 proz. Schwefelsäure angestellt, aber das Erhitzen auf 24 Stunden beschränkt. Die Menge der gefundenen Glucose ist hier kleiner, wahrscheinlich, weil sie teilweise durch die starke Säure zerstört wurde. Die quantitativen

Material	Dauer des Erhitzens mit der 10 fachen Menge n-H_2SO_4	Gallussäure, wasserfrei	Gerbstoffrest	Glucose in Prozenten				Summe
				polari-metrisch	titri-metrisch	gravi-metrisch	Durch-schnitt	
Chebulinsäure (bei 100° und 0,5 mm getrocknet)	72 Std.	49,8	30,0	10,0	10,8	13,8	11,5	91,3
	69 ,,	55,0	—	9,1	9,0	12,0	10,0	—
Trigalloylglucose	76 ,,	80,5	6,0	—	—	—	—	—
	74 ,,	82,0	6,0	16,0	12,0	12,4	13,1	101,1

Hydrolyse mit 20 proz. Schwefelsäure.

Material	Dauer des Erhitzens mit der 10 fachen Menge n-H_2SO_4	Gallussäure, wasserfrei	Gerbstoffrest	polari-metrisch	titri-metrisch	gravi-metrisch	Durch-schnitt	Summe
Chebulinsäure	24 Std.	46,1	43,9	6,6	6,3	7,0	6,6	96,6

Bestimmungen der Glucose sind, wie wir früher betont haben, mit einem ziemlich großen Fehler verbunden. Es kommt aber auch hier mehr auf den qualitativen Nachweis als die quantitative Ermittlung an. Zuverlässiger ist, wie auch beim Tannin schon bemerkt wurde, die Bestimmung der Gallussäure.

Man sieht aus der Tabelle, daß die Trigalloyl-glucose unter den angegebenen Bedingungen fast vollständig in Gallussäure und Zucker gespalten wird, da die Menge des Gerbstoffrestes sehr gering ist. Umgekehrt ist bei der Chebulinsäure in Übereinstimmung mit den früheren Beobachtungen von Fridolin und seinen Nachfolgern die Zerlegung auch bei Anwendung von 20proz. Schwefelsäure recht unvollständig, da die Menge der Gallussäure etwa 50%, dagegen die des Spaltgerbstoffes etwa 30% beträgt.

Daß der Zucker aus Chebulinsäure d-Glucose ist, ergibt sich aus folgenden Beobachtungen: Mit Bierhefe rasche Gärung, und die Menge der Kohlensäure entsprach ungefähr der für Traubenzucker berechneten. Das in gewöhnlicher Weise bereitete Phenylosazon schmolz nach sorgfältiger Reinigung beim raschen Erhitzen gegen 213° (korr.) unter Zersetzung, drehte in Pyridin-Alkohollösung bei der von Neuberg angegebenen Konzentration[1]) 1,28° nach links und zeigte den richtigen Stickstoffgehalt.

$$C_{18}H_{22}O_4N_4 \ (358{,}22). \quad \text{Ber. N } 15{,}64.$$
$$\text{Gef. ,, } 15{,}47,\ 15.83.$$

Endlich haben wir noch den Zucker in der üblichen Weise mit Salpetersäure zu Zuckersäure oxydiert und das saure Kaliumsalz der letzteren analysiert:

$$C_6H_9O_8K \ (248{,}17). \quad \text{Ber. K } 15{,}76.$$
$$\text{Gef. ,, } 15{,}50.$$

Einwirkung von Diazomethan auf Chebulinsäure.

Diese Reaktion ist schon von Thoms und ausführlicher von W. Richter[2]) studiert worden. Letzterer gibt an, daß zur vollständigen Methylierung wiederholte Behandlung einer acetonischen Lösung mit einer ätherischen Diazomethanlösung in der Siedehitze nötig ist. Wir haben gefunden, daß man auch in der Kälte ein Präparat erhalten kann, das keine Färbung mit Eisenchlorid mehr zeigt, und wir halten diese Operation für sicherer.

20 g sorgfältig getrocknete Chebulinsäure wurden in 100 ccm trokkenem Aceton gelöst, in der Kältemischung abgekühlt und eine äthe-

---

[1]) Berichte d. d. chem. Gesellsch. **32**, 3386 [1899].
[2]) a. a. O. S. 83 und 103ff.

rische Diazomethanlösung, die aus 50 g Nitrosomethylurethan hergestellt war, langsam zugefügt. Dabei fand starke Stickstoffentwicklung statt, und vorübergehend schied sich eine amorphe Masse ab, die sich bei wenig höherer Temperatur wieder löste. Die Flüssigkeit blieb dann 6 Stunden bei 20° stehen und war zum Schluß noch stark gelb gefärbt. Durch tropfenweisen Zusatz von Eisessig wurde das überschüssige Diazomethan zerstört und nun die Flüssigkeit sofort in 1 l Petroläther eingegossen. Hierbei entstand ein Niederschlag, der teils flockig, teils klebrig war und nach dem Abgießen der Mutterlauge und sorgfältiger Behandlung mit frischem Petroläther bald ganz bröcklig wurde. Dieses Präparat gab in alkoholischer Lösung mit Eisenchlorid noch eine ziemlich starke Grünfärbung. Es wurde deshalb nach dem Trocknen im Vakuumexsiccator von neuem in Aceton gelöst, wiederum mit einer ätherischen Diazomethanlösung aus 30 g Nitrosomethylurethan 3 Stunden bei 20° behandelt und die Lösung in der eben beschriebenen Weise verarbeitet. Ausbeute 22 g.

Die farblose, amorphe, aber ganz harte und bröcklige Substanz gab jetzt mit Eisenchlorid keine Färbung mehr. Um das organische Lösungsmittel möglichst auszutreiben, wurde mit kochendem Wasser übergossen und das hierbei entstehende Öl mit dem Wasser sorgfältig verrührt. Beim Erkalten erstarrte es wieder vollständig und wurde dann zur Analyse bei 56° und 1 mm über Phosphorpentoxyd getrocknet.

0,1517 g Sbst.: 0,3159 g CO_2, 0,0760 g H_2O. — 0,1542 g Sbst.: 0,3205 g CO_2, 0,0731 g H_2O.

Gef. C 56,79, 56,69, H 5,61, 5,30.

Richter gibt für sein methyliertes Eutannin an:

C 56,14, 56,05, H 5,35, 5,40.

Zur optischen Untersuchung haben wir die Acetonlösung verwendet:

$$[\alpha]_D^{18} = \frac{+\,5{,}18° \times 1{,}8298}{1 \times 0{,}835 \times 0{,}1888} = +\,60{,}0°.$$

Die Drehung sank beim Aufbewahren, nach 6 Stunden war

$$[\alpha]_D^{18} = +\,56{,}5°$$

Methylo-chebulinsäure und p-Brombenzoylchlorid.

4 g der zuvor beschriebenen Methylverbindung, die sorgfältig getrocknet war, wurden mit 3,5 g Chinolin und 3,5 g p-Brombenzoylchlorid versetzt und das Gemisch auf 70° erwärmt. Bald entstand eine wenig getrübte, schwach braune Lösung, die schon nach etwa einer Stunde Krystalle von salzsaurem Chinolin ausschied. Die Mischung wurde im ganzen 24 Stunden unter Feuchtigkeitsabschluß bei

70—80° aufbewahrt, dann der dicke Brei in Chloroform gelöst, wiederholt mit verdünnter Salzsäure und Wasser gewaschen und schließlich das Chloroform unter vermindertem Druck verdampft. Der dunkle, zähe Rückstand wurde in 50 ccm heißem Alkohol gelöst, durch Abkühlen in einer Kältemischung wieder abgeschieden, die amorphe Masse abgesaugt und die ganze Operation wiederholt. Als jetzt die Substanz mit einem Gemisch von gleichen Teilen Essigäther und Petroläther ausgelaugt wurde, blieb etwas p-Brombenzoesäure-anhydrid zurück. Nach dem Verdampfen des Lösungsmittels wurde nochmals aus Alkohol umgelöst. Das Produkt war schließlich ein schwach gelbes, amorphes Pulver. Ausbeute gut. Krystallisationsversuche hatten bisher keinen Erfolg.

0,2041 g Sbst.: 0,0453 g AgBr. — 0,2400 g Sbst.: 0,0502 g AgBr.
Gef. Br. 9,45, 8,90.

Man sieht daraus, daß die Menge des Broms viel geringer ist als bei den auf gleiche Art dargestellten Körpern aus Tri-(trimethyl-galloyl)-glucose oder aus der methylierten Trigalloyl-glucose. Wir haben uns mit dieser ·Feststellung begnügt, da eine weitergehende Untersuchung über die Struktur der Chebulinsäure nicht im Rahmen unserer Arbeit lag.

<h3 style="text-align:center">Rückverwandlung der Tribenzoyl-glucose in Tribenzoyl-aceton-glucose.</h3>

2 g der Verbindung von Tribenzoylglucose mit Tetrachlorkohlenstoff[1]) lösten sich klar beim Übergießen mit der 40 fachen Menge trockenen Acetons, das 1% Chlorwasserstoff enthielt. Nach 16 stündigem Stehen bei Zimmertemperatur wurde die Lösung mittels Silbercarbonats von der Salzsäure befreit, nach der Filtration unter Zusatz von etwas Silbercarbonat im Vakuum verdampft und der dicke, farblose Rückstand mit 30 ccm kochendem Ligroin aufgenommen. Aus der filtrierten Lösung fiel beim Abkühlen ein zähes Öl, das bald zu krystallisieren begann. Die Mutterlauge wurde zum nochmaligen Auskochen des Silbersalzrückstandes verwendet. Nach Stehen über Nacht im Eisschrank konnten 1,6 g einer krystallinischen, noch etwas klebrigen Masse abgesaugt werden, das sind etwa 97% der Theorie. Zur Reinigung genügte Umkrystallisieren aus einer Mischung von Äther und Petroläther, wobei die Substanz in farblosen, mikroskopischen Nadeln vom Schmp. 119—120° erhalten wurde.

0,1591 g Sbst.: 0,3957 g CO_2, 0,0776 g H_2O.
$C_{36}H_{28}O_9$ (532,22).   Ber. C 67,64, H 5,30.
Gef. ,, 67,83, ,, 5,46.

<hr>

1) E. Fischer und Ch. Rund, Berichte d. d. chem. Gesellsch. 49, 100 [1916].

Die optische Untersuchung ergab:

$$[\alpha]_D^{20} = \frac{-\,6{,}41° \times 4{,}4352}{1 \times 0{,}1983 \times 1{,}579} = -\,90{,}8°,$$

während früher — 91,9° gefunden ist.

Verhalten der Chebulinsäure gegen Aceton und Salzsäure.

Nachdem die Rückverwandlung der Tribenzoyl-glucose in den Acetonkörper so leicht gelungen war, schien es uns nicht überflüssig, auch das Verhalten der Chebulinsäure unter gleichen Bedingungen zu prüfen. Der Versuch ist aber ganz negativ ausgefallen.

5 g scharf getrocknete Chebulinsäure wurden in der 30 fachen Menge trockenen Aceton, das 1% Chlorwasserstoff enthielt, gelöst und die hellgelbe Flüssigkeit 24 Stunden bei 20° aufbewahrt. Nachdem die Salzsäure durch Schütteln mit Kupferoxydul entfernt war, wurde das Filtrat nach Zusatz von etwas Kupferoxydul unter stark vermindertem Druck verdampft. Der Rückstand wurde mit wenig Aceton ausgelaugt und die Acetonlösung mit Wasser versetzt. Bald schied sich die Chebulinsäure in hübschen Nadeln ab. Der allergrößte Teil der angewandten Chebulinsäure konnte so zurückgewonnen werden. Zur Identifizierung diente die Bestimmung des Krystallwassers und der Drehung.

0,3516 g lufttrockne Sbst. verloren bei 0,2 mm und 100° 0,0589 g an Gewicht.

Gef. H$_2$O 16,75.

Dieses getrocknete Präparat zeigte folgende Drehung:

$$[\alpha]_D^{22} = \frac{+\,0{,}41° \times 7{,}9446}{1 \times 0{,}802 \times 0{,}0675} = +\,60{,}2° \;(\text{in Aceton}).$$

Einwirkung von Diazomethan auf Tribenzoyl-glucose.

Für den Versuch dienten 3 g der Verbindung von Tribenzoyl-glucose mit Tetrachlorkohlenstoff, die durch wiederholtes Verdampfen im Vakuum erst mit Benzol, dann mit Aceton möglichst vom Tetrachlorkohlenstoff befreit waren. Der Rückstand wurde im Hochvakuum scharf getrocknet, dann in 15 ccm trockenem Aceton gelöst und nach Versetzen mit der ätherischen Diazomethanlösung aus 6 ccm Nitrosomethylurethan (großer Überschuß) 5 Stunden bei 18° aufbewahrt. Nun wurde die noch stark gelbe Lösung im Vakuum verdampft, der schwach gelbe, spröde Rückstand in Methylalkohol gelöst, wieder verdampft und zur Analyse bei 76° und 0,5 mm getrocknet. Dabei wurde die spröde, blättrige Masse wieder zähflüssig.

0,1464 g Sbst.: 0,3617 g CO_2, 0,0668 g H_2O.

Gef. C 67,38, H 5,11.

$$[\alpha]_D^{17} = \frac{-0,18° \times 2,5529}{1 \times 0,8178 \times 0,1775} = -3,20° \text{ (in Alkohol).}$$

Die Drehung stieg etwas beim Aufbewahren, nach 20 Stunden war $[\alpha]_D^{18} = -3,9°$. Unter den gleichen Bedingungen zeigt die Tribenzoyl-Tetrachlorkohlenstoffverbindung eine Anfangsdrehung von $[\alpha]_D^{20} = -75,24°$ [1]).

Das durch Einwirkung von Diazomethan erhaltene Produkt reduziert noch sehr stark Fehlingsche Lösung. Dies spricht dafür, daß die charakteristische Zuckergruppe noch erhalten ist. Versuche, das Präparat aus Tetrachlorkohlenstofflösung krystallisiert zu erhalten, hatten bisher keinen Erfolg.

Schließlich haben wir noch 1,2 g des scharf getrockneten Präparates in 2 ccm trockenem Chloroform gelöst, 72 Stunden bei 55° der Einwirkung von 1,5 g p-Brombenzoylchlorid (etwa 3 Mol.) und 1,5 g Chinolin ausgesetzt und das Reaktionsprodukt in der schon mehrfach geschilderten Weise aufgearbeitet. Dabei wurde ein amorphes Präparat erhalten, das nach dem Trocknen bei 100° und 0,1 mm 22,01% Brom enthielt.

Eine Di-(p-brombenzoyl)-tribenzoyl-glucose würde die Formel $C_{41}H_{30}O_{11}Br_2$ haben und 18,7% Brom enthalten.

Es ist schwer, sich nach diesen dürftigen Resultaten ein Bild von der Wirkung des Diazomethans zu machen. Jedenfalls zeigen unsere Beobachtungen aber, daß auch unter günstigen äußeren Bedingungen die reduzierende Gruppe der Glucose durch die Behandlung mit Diazomethan nicht in eine Methylglucosidgruppe verwandelt wird.

---

[1]) Berichte d. d. chem. Gesellsch. **49**, 101 [1916].

31. Emil Fischer und Hartmut Noth: Teilweise Acylierung der mehrwertigen Alkohole und Zucker. IV. Derivate der *d*-Glucose und *d*-Fructose (Auszug).

Berichte der deutschen chemischen Gesellschaft **51**, 348 [1918].

(Eingegangen am 29. Dezember 1917.)

(Triacetyl-galloyl)-diaceton-fructose,
$C_6H_7O_6(C_3H_6)_2[CO.C_6H_2(C_2H_3O_2)_3]$.

10 g Diaceton-fructose werden in 23 g trockenem Chloroform und 6,4 g trockenem Chinolin gelöst und nach Zusatz von 13,3 g pulverisiertem Triacetyl-galloylchlorid[1]) in verschlossener Flasche 60 Stunden auf 60° erwärmt. Jetzt wird die klare, schwach gelbliche Mischung mit 100 ccm 1 proz. Salzsäure durchgeschüttelt, die abgehobene Chloroformschicht noch mit Wasser gewaschen, dann filtriert und unter vermindertem Druck verdampft. Löst man den Rückstand in 300 ccm warmem, trockenem Äther, so bleiben etwa 2 g eines bräunlichen Pulvers zurück, das nicht näher untersucht wurde. Zur Zerstörung von Säureanhydrid, das bei der Reaktion entstehen kann, wird nun die filtrierte ätherische Lösung 20 Stunden mit der gleichen Menge Wasser auf der Maschine geschüttelt. Dabei entsteht eine Emulsion, zu deren Beseitigung man Essigäther zufügt. Die ätherische Schicht wird wiederholt mit je 100 ccm einer 2 proz. Kaliumbicarbonatlösung geschüttelt, um alle Säure zu entfernen, dann mit Wasser mehrmals gewaschen, filtriert und unter vermindertem Druck verdampft. Den zum Teil öligen Rückstand löst man in der 16 fachen Menge (400 ccm) heißem Methylalkohol. Bei längerem Stehen scheiden sich aus der kalten methylalkoholischen Lösung gut ausgebildete Prismen ab. Es ist aber zweckmäßiger, erst die methylalkoholische Lösung unter vermindertem Druck auf etwa $^1/_6$ einzuengen, wobei schon starke Krystallisation erfolgt. Bei Aufarbeitung der Mutterlauge betrug die Ausbeute 14,3 g gut krystallisierter Substanz oder 69% der Theorie.

Zur Analyse wurde dieses Produkt nochmals in etwa 20 Teilen warmem Methylalkohol gelöst und durch starkes Abkühlen krystallisiert.

---

[1]) Berichte d. d. chem. Gesellsch. **51**, 55 [1918]. (*S. 442.*)

0,1454 g Sbst. (bei 100° und 0,3 mm über Pentoxyd getr.): 0,2967 g CO_2, 0 0779 g H_2O.

$$C_{25}H_{30}O_{13} \quad (538.24). \text{ Ber. C } 55,74, \text{ H } 5,62.$$
$$\text{Gef. ,, } 55,65, \text{ ,, } 5,99.$$

Das Drehungsvermögen wurde in trockenem Aceton bestimmt:

$$\text{(Gehalt 5\%) } [\alpha]_D^{16} = \frac{-4,81° \times 2,7549}{1 \times 0,1379 \times 0,8121} = -118,33°,$$

$$\text{(Gehalt 1\%) } [\alpha]_D^{20} = \frac{-0,94° \times 2,2795}{1 \times 0,0228 \times 0,7953} = -118,17°.$$

Die Substanz zeigt geringes Sintern von 154° und schmilzt bei 157—159° (korr.). Sie ist in Wasser fast unlöslich. Aus warmem Methylalkohol und Aceton krystallisiert sie in hübschen Prismen bzw. Nadeln. Sie ist leicht löslich in Essigäther und Benzol, sehr leicht in Chloroform, ziemlich schwer dagegen in kaltem Alkohol und Äther und fast unlöslich in Petroläther.

Galloyl-diaceton-fructose, $C_6H_7O_6(C_3H_6)_2.C_7H_5O_4$.

Die Verseifung der Acetylverbindung durch Alkali muß bei Luftabschluß erfolgen. Man übergießt 15 g gepulverte Triacetylgalloyldiaceton-fructose in einem Kolben, durch den Wasserstoff geleitet wird, mit 140 ccm Alkohol und läßt, wenn alle Luft verdrängt ist, aus einem Tropftrichter binnen 10 Minuten 112 ccm 2 n-Natronlauge unter starkem Umschütteln zutropfen. Dabei tritt nur sehr geringe Erwärmung ein. Die Substanz geht binnen wenigen Minuten in Lösung, und die Farbe der Mischung schlägt von grünlichgelb über gelb in braun um. Man fügt nun 95 ccm Wasser zu und läßt eine Stunde stehen, während dauernd ein Wasserstoffstrom das Gefäß durchstreicht. Schließlich wird, auch noch im Wasserstoffstrom, mit n-Schwefelsäure gegen Lackmus neutralisiert und dann der Alkohol ohne weitere Vorsichtsmaßregeln unter geringem Druck abdestilliert. Dabei scheidet sich ein Teil der Galloyl-diaceton-fructose als bräunlicher Sirup ab. Sie wird mit Essigäther extrahiert, diese Lösung abgehoben, mit wenig Wasser gewaschen, filtriert und unter geringem Druck verdampft. Dabei bleibt ein amorpher, bräunlicher Rückstand. Übergießt man ihn mit 60 ccm Chloroform, so geht er allmählich in Lösung, aber schon nach kurzer Zeit findet die Abscheidung eines mikrokrystallinen Niederschlages statt. Wenn die ganze amorphe Masse in dieser Weise umgewandelt ist, wird der Krystallbrei scharf abgesaugt und im Vakuum getrocknet. Bei Verarbeitung der Mutterlauge betrug die Ausbeute 10,8 g oder 94% der Theorie.

Zur Reinigung wurden 9 g in 45 ccm Essigäther gelöst und die filtrierte Flüssigkeit mit 100 ccm Petroläther vermischt. Läßt man diese Flüssigkeit nach Eintragen von Impfkrystallen langsam verdunsten, so scheiden sich allmählich mikroskopische Nädelchen ab, die meist zu Aggregaten verwachsen sind.

Zur Analyse wurde bei 100° im Hochvakuum getrocknet.

0,1276 g Sbst.: 0,2590 g CO_2, 0,0692 g H_2O.

$C_{19}H_{24}O_{10}$ (412,19). Ber. C 55,31, H 5,87.
Gef. ,, 55,36, ,, 6,07.

Für die optische Untersuchung diente die Lösung in trockenem Aceton:

$$[\alpha]_D^{18} = \frac{-5,75° \times 2,2569}{1 \times 0,1130 \times 0,8131} = -141,24°,$$

$$[\alpha]_D^{15} = \frac{-5,78° \times 1,7721}{1 \times 0,0886 \times 0,8153} = -141,79°.$$

Die Substanz hat keinen konstanten Schmelzpunkt. Sie sintert im Capillarrohr aus Jenaer Glas von ungefähr 180° an und schmilzt unter gelinder Bräunung bei 199—200° (korr.). Sie schmeckt sehr bitter und schwach adstringierend. Sie löst sich leicht in Alkohol, Aceton, Essigäther, Äther, schwerer in Chloroform, Ligroin und kaltem Wasser, fast gar nicht in kaltem Benzol und Petroläther. Aus den meisten Lösungsmitteln kommt sie beim Verdunsten amorph heraus. Benzol- und Chloroformlösung gaben allerdings Nädelchen, aber sie nehmen so wenig auf, daß sie für die praktische Krystallisation nicht geeignet sind. Löst man dagegen in Äther, fügt Chloroform zu und läßt dann im Exsiccator verdunsten, so findet im Laufe von einigen Tagen reichliche Krystallisation statt. Die alkoholische Lösung gibt mit Eisenchlorid eine tiefblaue Farbe.

Monogalloyl-fructose, $C_6H_{11}O_6 \cdot CO \cdot C_6H_2(OH)_3$.

Gibt man 5 g Galloyl-diaceton-fructose zu 50 ccm $^n/_2$-Schwefelsäure von 70°, so entsteht beim Umschütteln binnen wenigen Minuten eine klare Lösung, die $1^1/_2$ Stunden bei derselben Temperatur aufbewahrt wird. Nach dem Abkühlen auf 0° wird die schwach gelbliche Lösung mit n-Natronlauge neutralisiert und unter geringem Druck verdampft. Der Rückstand wird mit lauwarmem Alkohol mehrmals ausgezogen und die filtrierte Lösung unter vermindertem Druck abermals zur Trockne gebracht. Der farblose Rückstand ist schaumig und amorph. Die Ausbeute ist sehr gut.

Zur Krystallisation wurde dieses Produkt in wenig warmem Propylalkohol gelöst, filtriert, im Vakuum bis zur Sirupkonsistenz eingeengt und an der Luft langsam verdunstet. Nach ungefähr zwei Tagen war die ganze Masse in verfilzten Nadeln krystallisiert.

Zur Analyse wurde hydraulisch abgepreßt, nochmals auf die beschriebene Weise aus Propylalkohol umkrystallisiert und wieder abgepreßt. Für die Verbrennung war bei 56° im Hochvakuum getrocknet, wobei erheblicher, aber bei verschiedenen Präparaten wechselnder Gewichtsverlust eintrat.

0,1568 g Sbst.: 0,2696 g CO_2, 0,0675 g H_2O. — 0,1960 g Sbst. (anderes Präparat): 0,3389 g CO_2, 0,0900 g H_2O.

$C_{13}H_{16}O_{10}$ (332,13).   Ber. C 46,97,   H 4,86.
Gef. ,, 46,89, 47,16, ,, 4,82, 5,14.

$$[\alpha]_D^{19} = \frac{-3,86° \times 2,2317}{1 \times 0,1054 \times 1,0169} = -80,4° \text{ (in Wasser)}.$$

Eine zweite Bestimmung gab $[\alpha]_D^{18} = -80,9°$. Mutarotation wurde nicht beobachtet.

Beim Erhitzen im Capillarrohr tritt schon bei 110° Sinterung und bei 150—155° starkes Aufschäumen ein. Die Monogalloyl-fructose löst sich leicht in Wasser, ziemlich leicht in kaltem Alkohol, Propylalkohol, Pyridin, schwer in Essigäther, Aceton, Benzol, Acetylentetrachlorid und ist in Äther, Petroläther und Chloroform fast unlöslich. Beim spontanen Eindunsten der acetonischen und wässerigen Lösungen entstehen feine Nadeln.

Die wässerige Lösung reagiert gegen Lackmus neutral. Sie schmeckt nur schwach bitter und reduziert Fehlingsche Lösung beim Erwärmen stark. Die alkoholische Lösung gibt mit einer 10proz. alkoholischen Lösung von Kaliumacetat sofort einen farblosen, amorphen Niederschlag, der beim Erwärmen zähflüssig wird. Eisenchlorid ruft in der wässerigen Lösung sehr starke Blaufärbung hervor. Eine 5 proz. wässerige Lösung gibt mit den wässerigen Lösungen von Pyridin, Chinin- und Brucinacetat oder auch einer 1proz. Leimlösung keine Fällungen.

In allen diesen Reaktionen gleicht die Monogalloyl-fructose der entsprechenden Monogalloylglucose. Sie unterscheidet sich aber von dieser durch die Gallertbildung mit Arsensäure. Versetzt man nämlich ihre 25proz. alkoholische Lösung mit der gleichen Menge einer 10proz. alkoholischen Lösung von Arsensäure, so gesteht die Mischung rasch zu einer dicken Gallerte. Auch bei Anwendung einer 10proz. Lösung der Galloylverbindung ist die Gallertbildung noch deutlich, aber das Gemisch gesteht nicht mehr. Da die Monogalloylglucose die Erscheinung nicht zeigt[1]), so ergibt sich, daß diese von kleinen Unterschieden der Zusammensetzung abhängig ist. In Einklang damit steht die Beobachtung, daß die Galloyl-diaceton-fructose die Gallertbildung auch nicht gibt. Anderseits haben wir gefunden, daß die letzte Verbindung im Gegensatz zu der Galloyl-fructose in fast 1 proz. wässeriger Lösung sowohl mit wässerigen Lösungen von Pyridin (20%) wie von Brucinacetat (10% Brucin) milchige Trübungen bildet.

---

[1]) E. Fischer und M. Bergmann, Sitzungsber. d. Berl. Akad. d. Wiss. **1916**, 571; Berichte d. d. chem. Gesellsch. **51**, 298 [1918]. (*S. 487.*)

32. Karl Freudenberg: Über Gerbstoffe. I. Hamameli-Tannin.

Berichte der deutschen chemischen Gesellschaft **52**, 177 [1919].

(Eingegangen am 31. Oktober 1918.)

Durch die Arbeiten von E. Fischer und seinen Schülern[1]) ist die Konstitution der Gerbstoffe aus den Blattgallen von Rhus semialata (Chinesisches Tannin) und den Zweiggallen von Quercus infectoria (Türkisches Tannin) durch Abbau und Synthese in allen wesentlichen Punkten aufgeklärt worden; die letzten Einzelheiten der Konstitution werden sich aber voraussichtlich noch für eine längere Zeit der Betrachtung entziehen, weil diese amorphen Naturstoffe sehr wahrscheinlich unentwirrbare Gemische einander sehr nahestehender Polygalloylglucosen sind[2]).

Bei dem von F. Grüttner[3]) beschriebenen Gerbstoff aus der Rinde von Hamamelis virginica, dem Hamameli-Tannin, stehen diese Schwierigkeiten der Forschung nicht im Wege. Denn dieser Naturstoff ist gut krystallisiert und darf als einheitlich angesehen werden. Seine Untersuchung erschien auch deshalb lohnend, weil er nach einer früheren Beobachtung[4]) einen neuartigen Zucker enthält. Daß an diesem Zucker Gallussäure haftet, ist das einzige, was bisher über die Konstitution des Gerbstoffes bekannt war.

Die Untersuchung des Hamamelitannins, die mir Exzellenz Fischer in liebenswürdiger Weise überlassen hat, wurde infolge meiner Kriegsteilnahme unterbrochen und muß nunmehr kurz nach der Wiederaufnahme der Arbeit erneut aufgeschoben werden. Ich sehe mich daher veranlaßt, die noch unvollständigen Ergebnisse schon jetzt zu veröffentlichen.

---

[1]) E. Fischer und K. Freudenberg, Berichte d. d. chem. Gesellsch. **45**, 915, 2709 [1912] (*S. 265 u. S. 287*); **46**, 1116 [1913] (*S. 306*); **47**, 2485 [1914] (*S. 329*); E. Fischer und M. Bergmann, ebenda **51**, 1760 [1918]. (*S. 349.*)

[2]) Ebenda **47**, 2504 [1914] (*S. 348*); **51**, 1779 [1918]. (*S. 368.*)

[3]) Archiv d. Pharmacie **236**, 278 [1898].

[4]) E. Fischer, Berichte d. d. chem. Gesellsch. **46**, 3282 [1913] (*S. 32*); vgl. auch Berichte d. d. chem. Gesellsch. **45**, 2712 [1912]. (*S. 290.*)

Bei der Hydrolyse mit verdünnter Schwefelsäure zeigte sich, daß die Abspaltung der Gallussäure im Hamamelitannin schneller beendet ist als bei den Galläpfeltanninen; immerhin dauert die Reaktion lange genug, um die Annahme zu rechtfertigen, daß die Gallussäure nicht in Glucosidbindung[1]) am Zucker haftet, sondern in Esterbindung wie bei den Galläpfeltanninen. Die schnellere Abspaltung erklärt sich daher, daß weniger Gallussäure mit dem Zucker verbunden ist als in den Galläpfelgerbstoffen.

Die durch Titration ermittelte geringe Acidität des Hamamelitannins läßt gleichfalls darauf schließen, daß die Carboxyle der Gallussäurereste verestert sind.

Auch die Ergebnisse der Methylierung mit Diazomethan sprechen für diese Auffassung. Aus dem Methylderivat, das wegen seiner klebrigen Beschaffenheit nicht zur weiteren Untersuchung einlud, wurde durch alkalische Hydrolyse alle im Molekül vorhandene Gallussäure in Form von Trimethyl-gallussäure gewonnen; die Phenolhydroxyle der Gallussäure sind demnach sämtlich unbesetzt, und jeder Gallussäurerest ist für sich durch sein Carboxyl an ein Hydroxyl des Zuckers gebunden.

Die lange Einwirkung der Säure verändert den Zucker bei der Hydrolyse und setzt die Ausbeute herab. Ich bin deshalb zum Abbau mit Fermenten übergegangen. Dieses Verfahren, das Scheele[2]) zuerst auf das Tannin angewendet hat, ist von van Tieghem[3]) eingehend untersucht worden. Später hat Fernbach[4]) die „Tannase" selbst hergestellt, indem er Schimmelpilze, die auf Tannin gewachsen waren, maceriert und mit Wasser ausgezogen hat. Aus der eingeengten Lösung hat er die Tannase mit Alkohol gefällt. Dieses Rohprodukt enthält Glucose, die für die hier beschriebenen Versuche entfernt werden muß.

Die Tannase löst in den Gerbstoffen die Bindung zwischen Carboxyl und Hydroxyl, das entweder aliphatisch sein kann, wie in den Zuckern, oder aromatisch, wie z. B. in der im Chinesischen Tannin enthaltenen Digallussäuregruppe. Das Ferment ist demnach als eine Esterase anzusehen[5]). Daß sich die Wirksamkeit der Tannase nicht auf die Gerbstoffe beschränkt, hat Pottevin gezeigt, der mit ihrer Hilfe

---

[1]) Über die Bezeichnung „Glucosid" siehe E. Fischer, Berichte d. d. chem. Gesellsch. **46**, 3281 [1913] Anm. (*S. 32.*)

[2]) 1786; Scheeles sämtl. Werke, Neudruck 1891, S. 401.

[3]) Ann. scienc. nat. (5) Botanique **8**, 212 [1867].

[4]) Compt. rend. **131**, 1214 [1900].

[5]) Vgl. E. Fischer und M. Bergmann, Berichte d. d. chem. Gesellsch. **51**, 1764 [1918]. (*S. 353.*)

den Phenyl- und Methylester der Salicylsäure[1]) sowie Fette[2]) gespalten hat.

Beim fermentativen Abbau von Hamameli-Tannin verschwindet die Fällungsreaktion mit Leimlösung bereits nach wenigen Tagen. Aber selbst wenn die Leimfällung bei 0° ausbleibt, ist noch nicht erwiesen, daß der Abbau beendet ist. Denn ich bin bei der Aufarbeitung der Reaktionsflüssigkeit regelmäßig auf eine amorphe Verbindung gestoßen, die keine Leimfällung mehr gibt, etwa 10—20% des angewendeten Gerbstoffes ausmacht und durch erneute Behandlung mit Tannase weiter in Gallussäure und Zucker zerfällt. Entweder handelt es sich um unvollständig abgebautes Hamameli-Tannin oder um eine rückläufige Erscheinung, einen Gleichgewichtszustand zwischen Gallussäure und Zucker einerseits und einen unter der Einwirkung der Tannase entstehenden Galloylzucker andererseits. Das Ausbleiben der Leimreaktion läßt darauf schließen, daß eine an Gallussäure arme Zuckerverbindung vorliegt, denn auch die synthetisch bereiteten Monogalloylderivate der Glucose[3]) und Fructose[4]) geben keine Leimfällung. Ich beabsichtige, die Einwirkung des Fermentes auf Zucker und Säuren näher zu untersuchen.

Aus dem fermentativen Abbau des Hamamelitannins wurde das Verhältnis von Gallussäure zu Zucker (als Hexose berechnet) wie 2 zu 1 ermittelt. Die Ergebnisse der Elementaranalyse stimmen auf eine Digalloylhexose. Damit wird die von E. Fischer und M. Bergmann[5]) ausgesprochene Vermutung bestätigt, daß in der Gruppe der tanninartigen Gerbstoffe auch partiell acylierte Zucker vorkommen.

Den Zucker des Hamameli-Tannins habe ich bis jetzt noch nicht krystallinisch erhalten. Er ist ein gelber, zäher Sirup, der in Methylalkohol und absolutem Äthylalkohol, besonders in der Wärme, leicht löslich ist. In Aceton löst er sich merklich, in kochendem Essigäther wenig. Er schmeckt sehr schwach süß und riecht beim Erhitzen nach Caramel. Er reduziert Fehlingsche Lösung etwa ebenso stark wie Glucose, aber zur Beendigung der Reduktion muß etwas länger gekocht werden als beim Traubenzucker. Der Zucker dreht 12—15° nach links und scheint nicht vergärbar zu sein; hierüber kann jedoch erst entschieden werden, wenn er in völlig reinem Zustande, ohne die bisher unvermeidlichen gefärbten Beimengungen, vorliegt. Durch die

---

[1]) Compt. rend. **131**, 1215 [1900].

[2]) Compt. rend. **132**, 704 [1901].

[3]) E. Fischer und M. Bergmann, Berichte d. d. chem. Gesellsch. **51**, 299, 1796 [1918]. (*S. 386 u. S. 488.*)

[4]) E. Fischer und H. Noth, ebenda **51**, 323 [1918]. (*S. 514.*)

[5]) Ebenda **51**, 299 [1918] (*S. 488*); vgl. auch ebenda **49**, 89 [1916].

Reaktion nach Bial mit Orcin-Salzsäure-Eisenchlorid[1]) konnte keine Pentose (bzw. Glucuronsäure) nachgewiesen werden. Die Furfurolbestimmung[2]) ergab jedoch 4,4% Pentose. Diese geringe Menge dürfte von den auch bei Hexosen — besonders Ketohexosen — beobachteten Zersetzungsprodukten herrühren. Mit Salpetersäure wurde weder Zuckernoch Schleimsäure erhalten. Dagegen wurde mit Salzsäure Lävulinsäure gewonnen und in Form des von Blaise[3]) beschriebenen, für den Nachweis kleiner Mengen der Säure sehr geeigneten Semicarbazons isoliert. Daraus darf geschlossen werden, daß der Zucker eine normale Kette von 6 Kohlenstoffatomen besitzt. Für die weitere Annahme, daß es sich um einen Zucker der Formel $C_6H_{12}O_6$, also um eine Hexose, handelt, spricht das Ergebnis der Elementaranalyse des Gerbstoffes.

Beim Erhitzen des Zuckers mit verdünnter Salzsäure und Resorcin entsteht eine granatrote Färbung (Seliwanows Reaktion auf Ketohexosen). Phenylhydrazin wirkt bei 50° im Laufe von mehreren Tagen, bei 100° in einer halben Stunde auf den Zucker ein unter Bildung brauner Schmieren, aus denen nur spärliche und nicht einheitliche Krystalle gewonnen wurden. Andere Hydrazine wirken ähnlich.

Auch bei der Titration mit Hypojodit nach dem durch Willstätter und Schudel[4]) verbesserten Verfahren von Romijn verhält sich der Zucker nicht wie ein einheitliches Präparat. 0,1 g verbrauchten 8—9 ccm $^n/_{10}$-Jodlösung; für eine Aldohexose berechnen sich 11,1 ccm, während Ketosen bei den vorgeschriebenen Reaktionsbedingungen von Hypojodit nicht angegriffen werden.

Die Konstitutionsaufklärung des Zuckers wird von der Reduktion zu den zugehörigen Hexiten zu erwarten sein. Ich hoffe, darüber berichten zu können, sobald ich über größere Mengen des kostbaren Materials verfüge als bisher. Nachdem das Abbauverfahren mittels glucosefreier Tannase nunmehr ausgearbeitet ist, wird die Untersuchung an einheitlichen Präparaten fortgesetzt werden können, und ich halte es für möglich, daß dann die eine oder andere der oben mitgeteilten Beobachtungen ein verändertes Aussehen gewinnen wird.

Versuche[5]).

Zur Darstellung des krystallinischen Gerbstoffes extrahierte Grüttner die entfettete Rinde mit Äther-Alkohol (5:1), verdampfte die Lö-

---

[1]) B. Tollens in Abderhaldens Handbuch der Biochem. Arb.-Meth. II, 97 [1910].

[2]) Ebenda, S. 133.

[3]) Bl. [3] 21, 649 [1899].

[4]) Berichte d. d. chem. Gesellsch. 51, 780 [1918].

[5]) Herrn D. Peters sage ich für seine Hilfe bei der Bereitung des Ausgangsmaterials meinen herzlichen Dank.

sungsmittel, löste den Rückstand in wenig Alkohol und versetzte mit Äther, solange noch Verunreinigungen ausfielen. Ich ziehe Aceton dem Alkohol vor. Die vorhergehende Entfettung kann bei folgender Arbeitsweise vermieden werden:

Die Rinde wird im Percolator mit Äther-Aceton (5 Vol.:1 Vol.) extrahiert, das Lösungsmittel abdestilliert, der Rückstand in wenig Aceton gelöst und mit Äther versetzt, solange noch gefärbtes Harz ausfällt. Das Filtrat wird eingeengt, mit Wasser vermischt und mit Benzol oder besser mit Petroläther ausgeschüttelt. Aus der wässerigen Schicht werden die organischen Lösungsmittel unter vermindertem Druck abdestilliert; sie wird schließlich filtriert, zur Verhütung von Schimmelbildung mit etwas Chloroform umgeschüttelt und der Krystallisation überlassen.

In anderen Fällen wurde die Rinde im Percolator mit kaltem, chloroformhaltigem Wasser extrahiert und die Flüssigkeit unter vermindertem Druck zum Sirup eingeengt. Dabei schäumte die Lösung jedesmal sehr stark. Dieser Übelstand ließ sich durch tropfenweise Zugabe von Toluol oder Xylol beheben, das aus einem Tropftrichter zufloß, der neben der Capillare durch den Gummistopfen hindurchführte. Der Destillationsrückstand wurde in Aceton gelöst, durch Zusatz von Äther von Verunreinigungen befreit und nach Entfernung der organischen Lösungsmittel aus Chloroform-Wasser umkrystallisiert.

Der Gerbstoff wird mit zunehmender Reinheit in kaltem Wasser immer schwerer löslich; gleichzeitig wächst seine Neigung, ganz oder teilweise als Gallerte auszufallen. Erst nach mehrfach wiederholter Krystallisation wird der ganze Gerbstoff in zarten, farblosen Nadeln von der Länge mehrerer Millimeter erhalten. Das lufttrockene Material enthält Krystallwasser, das bei 100° unter vermindertem Druck rasch abgegeben wird.

0,1645 g lufttrockne Sbst. verlor 0,0299 g H_2O. — 0,1346 g entwässerte Sbst.: 0,2443 g CO_2, 0,053 g H_2O.

Gefunden:	H_2O 18,18,	C 49,51,	H 4,41.
Weitere Analysenwerte sind:	,, 17,25,	,, 49,34,	,, 4,16.
	,, 17,53,	,, 49,58,	,, 4,38.
	,, 18,21,	,, 49,62,	,, 3,82.
	—	,, 48,94,	,, 4,29.
Durchschnitt:	H_2O 17,79,	C 49,40,	H 4,25.

Die Drehung in wässeriger Lösung ist wie bei den Galläpfeltanninen von der Konzentration abhängig. 0,1189 g wasserfreie Substanz, Gesamtgewicht der wässerigen Lösung 5,0606 g; $d^{23} = 1,022$;

Drehung im 1 dm-Rohr bei Natriumlicht und $23° = 0,70°$ nach rechts. Mithin $[\alpha]_D^{23}$ in 2,35proz. Lösung $= + 29,15°$ $(\pm 1°)$.

Das gleiche Präparat zeigte in 1,24proz. Lösung $[\alpha]_D^{23} = + 32.96°$ $(\pm 1,5°)$.

Bei einem anderen Präparat wurde in 1,2proz. Lösung $[\alpha]_D^{20} = + 35,62°$ $(\pm 1,5°)$ gefunden.

Grüttner beobachtete in 1,3proz. wässeriger Lösung:

$$\frac{+\,0,47\,.\,101,314}{1,314\,.\,1,01} = [\alpha]_D = + 35,8°.$$

Die Acidität des Hamameli-Tannins wurde nach dem beim Tannin beschriebenen Verfahren[1]) bestimmt. Zur Neutralisation von 1 g sind etwa 1,4 ccm $^n/_{10}$-Natronlauge nötig. Die Acidität ist demnach ähnlich wie die des Pyrogallols; ein freies Carboxyl ist im Hamamelitannin nicht enthalten. Damit steht im Einklang, daß es sich aus der neutralisierten wässerigen Lösung mit viel Essigäther ausschütteln läßt.

Methylierung. 2 g entwässertes Hamameli-Tannin wurden in 50 ccm Aceton gelöst und mit Diazomethan (aus 18,5 ccm Nitrosomethylurethan) versetzt. Nach 24 Stunden wurde die von überschüssigem Diazomethan noch gelb gefärbte Flüssigkeit durch einen Tropfen Eisessig entfärbt und unter vermindertem Druck eingeengt. Der harzige Rückstand wurde in 50 ccm Methylalkohol gelöst und mit 10 ccm n-Natronlauge bei Zimmertemperatur versetzt. Nach 24 Stunden war die Lösung noch alkalisch. Sie wurde mit 10 ccm n-Salzsäure und 50 ccm Wasser versetzt und unter vermindertem Druck eingeengt. Dabei krystallisierte Trimethyl-gallussäure aus. Die wässerige Mutterlauge wurde ausgeäthert, der Äther verjagt und das zurückbleibende Harz mehrere Tage der Krystallisation überlassen. Die abgeschiedene Trimethylgallussäure wurde mit Tetrachlorkohlenstoff gewaschen und wog zusammen mit der ersten Krystallisation 1,5 g. Dieses Rohprodukt war in einem Gemisch von gleichen Volumteilen Choroform und Tetrachlorkohlenstoff klar löslich und enthielt demnach keine Dimethylgallussäure[2]). Es wurde mehrmals aus Aceton und Wasser umkrystallisiert und zeigte danach den Schmelzpunkt der Trimethylgallussäure (170° korr., vorher Erweichen).

Zur Hydrolyse wurde mit verdünnter Schwefelsäure im Wasserbad erhitzt und die Reaktionsflüssigkeit in der beim Tannin[3]) beschriebenen Weise aufgearbeitet. Die Ergebnisse sind in der unten

---

[1]) E. Fischer und K. Freudenberg, Berichte d. d. chem. Gesellsch. **45**, 922 [1912]. (*S. 271.*)

[2]) Berichte d. d. chem. Gesellsch. **47**, 2499 [1914]. (*S. 343.*)

[3]) Berichte d. d. chem. Gesellsch. **45**, 923 [1912]. (*S. 272.*)

wiedergegebenen Tabelle zusammengestellt. Dabei ist zu bemerken, daß als „Gerbstoffrest" teils unvollständig zerlegter Gerbstoff, teils eine gefärbte, amorphe Masse zu verstehen ist, die bei der langen Einwirkung der Säure auf Zucker und Gallussäure entsteht. Der Zucker wurde nach dem Gewicht bestimmt, und zwar wurde ein aliquoter Teil der wässerigen Zuckerlösung im Schiffchen erst im Exsiccator bei gewöhnlicher Temperatur, dann im Trockenapparat unter 12 mm Druck bei 113° getrocknet. Schließlich wurde verascht und der Rückstand in Abzug gebracht.

| Angewendeter wasserfreier Gerbstoff | verdünnte Schwefelsäure | | Dauer der Hydrolyse | Gallussäure, wasserfrei | Gerbstoffrest | Zucker | Summe |
	ccm	Stärke %	Stdn.	%	%	%	%
4	80	2,5	3	nicht bestimmt	nicht bestimmt	11	—
4	40	5	9	60	,,	23	—
4	40	5	60	67	4	28	99
4	40	5	67	64	3	20	87

Das Optimum liegt vermutlich zwischen 20 und 50 Stunden; bei längerem Erhitzen wird ein erheblicher Teil des Zuckers zerstört. Beim Chinesischen Tannin ist unter den gleichen Bedingungen die günstigste Einwirkungsdauer 72 Stunden.

Bereitung der Tannase.

Die Lösung von 50 g käuflichem Tannin in 500 ccm Leitungswasser wird zur Entfernung von festgehaltenem Äther und Alkohol $^1/_4$ Stunde lebhaft gekocht, mit Leitungswasser auf 21 verdünnt, mit 50 g krystallisiertem Ammoniumsulfat, 1,5 g Dikaliumphosphat, 0,5 g Magnesiumsulfat und einigen Gramm Viehsalz versetzt und nach der Sterilisation in flachen Schalen mit Aspergillus niger geimpft. Nach etwa viertägiger Aufbewahrung im Brutschrank werden die Pilzdecken, die von der beginnenden Sporenbildung nur leicht gefärbt sein dürfen, mit Wasser abgewaschen, mit der Hand ausgepreßt, feucht gewogen, mit dem vierfachen Gewicht Aceton gründlich verrieben und nach 24 Stunden abgesaugt. Danach wird mit Aceton, dann mit Äther gewaschen und, nachdem der Äther an der Luft verdunstet ist, im Vakuumexsiccator über Phosphorpentoxyd scharf getrocknet. Das fein zerriebene, abgewogene Material wird mit der doppelten Menge toluolhaltigem Wasser angerührt und nach einigen Stunden abgesaugt. Dieser Prozeß wird noch viermal wiederholt. Die Auszüge werden unter vermindertem Druck eingeengt, bis das Gewicht etwa dem angewendeten des Pilzes gleichkommt, und mit dem fünffachen Volumen Alkohol gefällt. Nach dem Absitzen des Niederschlages wird abgegossen und zur Entfernung der in reichlicher Menge im Extrakt vorhandenen Glucose noch zweimal in der gleichen Weise umgefällt. Die Tannase wird als ein graugelbes Pulver erhalten, dessen Menge etwa den zehnten Teil des trocknen Pilzes ausmacht.

Abbau des Hamameli-Tannins mit Tannase.

Die Lösung von 1 Teil wasserfreiem Hamamelitannin in wenig heißem Wasser wird rasch abgekühlt und mit Tannaselösung versetzt, die aus $^1/_2$ Gewichtsteil Aspergillusmycel hergestellt ist. Die Flüssigkeit wird mit Wasser auf das 30fache des angewendeten Gerbstoffes verdünnt, mit Toluol überschichtet und im Brutschrank aufbewahrt. Der Verlauf der Hydrolyse läßt sich durch Vermischen eines Tropfens der Flüssigkeit mit einem Tropfen einer 1proz. Gelatinelösung verfolgen. Nach 2—3 Tagen ist selbst bei 0° keine Leimfällung mehr wahrzunehmen. Nach weiteren 8 Tagen wird unter vermindertem Druck eingeengt, die fast farblos sich abscheidende Gallussäure abgesaugt und mit wenig kaltem Wasser gewaschen. Das Filtrat wird nach der Konzentration mit Essigäther ausgeschüttelt, der Essigäther unter vermindertem Druck, zuletzt nach Zugabe von wenig Wasser, völlig verjagt und die erneut abgeschiedene Gallussäure abgesaugt. Dem Filtrat läßt sich nach der Konzentration durch Äther eine letzte Fraktion Gallussäure entziehen, die aus sehr wenig Wasser umkrystallisiert wird.

Die vereinigten Filtrate werden aufgekocht und abwechselnd mit einer heißen Lösung von einfach basischem Bleiacetat und mit aufgeschlämmtem Bleicarbonat versetzt, bis die Lösung neutral reagiert und aller Gerbstoff niedergeschlagen ist. Das Filtrat darf mit Eisenchlorid keine Schwarzfärbung geben. Es enthält Zucker, die der Tannase beigemengten Salze und etwas überschüssiges Blei. Letzteres wird durch Schwefelwasserstoff ausgefällt, das Filtrat unter vermindertem Druck zum dünnen Sirup eingeengt und dieser mit kaltem Alkohol aufgenommen. Die alkoholische Zuckerlösung wird von dem ungelösten Rückstand abfiltriert und im Vakuum eingedampft, zuletzt unter Zugabe von etwas Wasser.

Der bleihaltige Niederschlag enthält unzerlegten Gerbstoff. Er wird noch feucht in Wasser aufgerührt und in der Kälte mit verdünnter Schwefelsäure in geringem Überschuß versetzt. Der Gerbstoff geht dabei in Lösung und wird vom Bleisulfat abfiltriert. Nach Entfernung der Schwefelsäure mit Baryt wird Tannase zugesetzt und nach 8 Tagen erneut auf Gallussäure und Zucker verarbeitet. Auch hierbei bleibt noch ein sehr geringer Gerbstoffrest.

Sämtliche Gallussäurekrystallisationen werden vereinigt und an der Luft getrocknet. Da Gallussäure 1 Mol. Wasser enthält, muß sie auf wasserfreie Säure umgerechnet werden. Von den vereinigten wässerigen Zuckerlösungen wird ein aliquoter Teil erst bei Zimmertemperatur, dann bei 113° und 12 mm Druck über Phosphorpentoxyd getrocknet und daraus der Gehalt an Zucker berechnet.

In der untenstehenden Übersicht sind die Ergebnisse des abschließenden Versuchs (aus 8 g Gerbstoff) den Werten gegenübergestellt, die aus der Formel einer Di-galloyl-hexose berechnet sind. Die oben bereits mitgeteilten Durchschnittswerte der Elementaranalyse sind beigefügt.

	Gefunden	Berechnet für
	%	$C_{20}H_{20}O_{14}$ (484,26)
Gallussäure	66	70
Zucker	36	37
Gerbstoffrest.	2	—
Summe	104	107
C	49,40	49,58
H	4,25	4,16

Furfurolbestimmung[1]). 0,214 g Zucker: 0,004 g Furfurolphloroglucid. Daraus berechnen sich 0,0093 g oder 4,4% Pentose.

Lävulinsäure. Das Rohprodukt wurde nach der Vorschrift von Tollens[2]) bereitet und in wenig Wasser mit Zinkoxyd und Tierkohle aufgekocht. Das farblose Filtrat bildete in der Kälte mit Jod und Natronlauge Jodoform. Es wurde im Vakuumexsiccator zum Sirup eingedunstet und in der Kälte mit einer starken Lösung von Semicarbazid-Hydrochlorid versetzt. Nach wenigen Minuten begann die Abscheidung des Lävulinsäure-semicarbazons in verwachsenen, meist sechseckigen, derben Platten oder kurzen, in der Mitte eingeschnürten Prismen. Die Verbindung schmilzt bei 189° (korr.) unter Zersetzung. Blaise gibt 187° an. Ein aus käuflicher Lävulinsäure hergestelltes Vergleichspräparat hatte die gleichen Eigenschaften (Mischschmelzpunkt).

Das Semicarbazon scheint mir zum Nachweise kleiner Lävulinsäuremengen geeigneter als das Silbersalz oder das unbeständige Phenylhydrazon.

---

[1]) B. Tollens in Abderhaldens Handbuch der Biochem. Arb.-Meth. II, 97 [1910].

[2]) Ebenda, S. 133.

Sachregister.

Untersuchungen über Aminosäuren, Polypeptide und Proteïne.
(1899—1906.) Von **Emil Fischer.** 1906.   Preis M. 16.—; gebunden ·M. 17.50

Untersuchungen in der Puringruppe. (1882—1906.)   Von **Emil Fischer.**
1907.   Preis M. 15.—; gebunden M. 16.50

Untersuchungen über Kohlenhydrate und Fermente. (1884—1908.) Von
Emil Fischer. 1909.   Preis M. 22.—; gebunden M. 24.—

Organische Synthese und Biologie. Von **Emil Fischer.** Z w e i t e, unveränderte Auflage. 1912.   Preis M. 1.—

Neuere Erfolge und Probleme der Chemie. Experimentalvortrag, gehalten aus Anlaß der Konstituierung der Kaiser-Wilhelm-Gesellschaft zur Förderung der Wissenschaften am 11. Januar 1911 im Kultusministerium zu Berlin. Von **Emil Fischer.** 1911.   Preis M. —.80

Abwehrfermente. Das Auftreten blutfremder Substrate und Fermente im tierischen Organismus unter experimentellen, physiologischen und pathologischen Bedingungen. Von Professor Dr. **Emil Abderhalden,** Direktor des Physiologischen Instituts der Universität zu Halle a. S. V i e r t e, bedeutend erweiterte Auflage. Mit 55 Textabbildungen und 4 Tafeln. 1914.
Gebunden Preis M. 12.—

Physiologisches Praktikum. Chemische, physikalisch-chemische und physikalische Methoden. Von Professor Dr. **Emil Abderhalden,** Geheimer Medizinalrat, Direktor des Physiologischen Instituts der Universität zu Halle a. S. Z w e i t e, verbesserte und vermehrte Auflage. Mit 287 Textabbildungen. 1919.   Preis M. 16.—; gebunden M. 18.80

Neuere Anschauungen über den Bau und den Stoffwechsel der Zelle.
Von Professor Dr. **Emil Abderhalden.** Vortrag, gehalten an der 94. Jahresversammlung der Schweizerischen Naturforschenden Gesellschaft in Solothurn, 2. August 1911. Z w e i t e Auflage. 1916.   Preis M. 1.—

Synthese der Zellbausteine in Pflanze und Tier. Lösung des Problems der künstlichen Darstellung der Nahrungsstoffe. Von Professor Dr. **Emil Abderhalden,** Direktor des Physiologischen Instituts der Universität Halle a. S. 1912.   Preis M. 3.60; gebunden M. 4.40

Die Grundlagen unserer Ernährung und unseres Stoffwechsels.
Von **Emil Abderhalden,** o. ö. Professor der Physiologie an der Universität Halle a. S. D r i t t e, erweiterte und umgearbeitete Auflage. Mit 11 Textabbildungen. 1919.   Preis M. 5.60

Die einfachen Zuckerarten und die Glucoside. Von **E. Frankland Armstrong.** Autorisierte Übersetzung der zweiten englischen Auflage von **Eugen Unna.** Mit einem Vorwort von **Emil Fischer.** 1913.
Preis M. 5.—; gebunden M. 5.60

Die Polysaccharide. Von Professor Dr. **Hans Pringsheim.** 1919. Preis M. 9.—

Hierzu Teuerungszuschläge

Beilsteins Handbuch der Organischen Chemie. Vierte Auflage. Die Literatur bis 1. Januar 1910 umfassend. Herausgegeben von der Deutschen Chemischen Gesellschaft. Bearbeitet **von Bernhard Prager** und **Paul Jacobson.** Unter ständiger Mitwirkung von Paul Schmidt und Dora Stern.
Erster Band. Leitsätze für die systematische Anordnung. — Acyclische Kohlenwasserstoffe, Oxy- und Oxo-Verbindungen. 1018 Seiten. 1919.
Preis M. 60.—

Untersuchungen über die Assimilation der Kohlensäure. Aus dem chemischen Laboratorium der Bayerischen Akademie der Wissenschaften in München. Sieben Abhandlungen von **Richard Willstätter** und **Arthur Stoll.** Mit 16 Textabbildungen und einer Tafel. 1918.
Preis M. 28.—; gebunden M. 36.—

Untersuchungen über Chlorophyll. Methoden und Ergebnisse. (Aus dem Kaiser-Wilhelm-Institut für Chemie.) Von Professor Dr. **Richard Willstätter,** Mitglied des Kaiser-Wilhelm-Instituts für Chemie, und Dr. **Arthur Stoll,** Assistent des Kaiser-Wilhelm-Instituts für Chemie. Mit 16 Textabbildungen und 11 Tafeln. 1913. Preis M. 18.—; gebunden M. 20.50

Untersuchungen über das Ozon und seine Einwirkung auf organische Verbindungen. (1903—1916.) Von **Carl Dietrich Harries.** Mit 18 Textabbildungen. 1916. Preis M. 24.—; gebunden M. 27.80

Untersuchungen über die natürlichen und künstlichen Kautschukarten. Von **Carl Dietrich Harries.** Mit 9 Textabbildungen. 1919.
Preis M. 24.—; gebunden M. 34.—

Die chemische Betriebskontrolle in der Zellstoff- und Papierindustrie und anderen Zellstoff verarbeitenden Industrien. Von Dr. phil. **Carl G. Schwalbe,** Professor an der Forstakademie und Vorstand der Versuchsstation für Zellstoff- und Holz-Chemie in Eberswalde, und Dr.-Ing. **Rudolf Sieber,** Direktor der Zellstoff- und Papierfabriken Pöls in Steiermark. Mit 23 Textabbildungen. 1919. Preis M. 18.—; gebunden M. 21.—

Analyse und Konstitutionsermittlung organischer Verbindungen. Von Dr. **Hans Meyer,** o. ö. Professor der Chemie an der Deutschen Universität zu Prag. Dritte, vermehrte und umgearbeitete Auflage. 1088 Seiten. Mit 323 in den Text gedruckten Abbildungen. 1916.
Preis M. 42.—; gebunden M. 44.80

Entstehung und Ausbreitung der Alchemie. Mit einem Anhange: **Zur älteren Geschichte der Metalle.** Ein Beitrag zur Kulturgeschichte. Von Professor Dr. **Edmund O. von Lippmann,** Dr.-Ing. e. h. der Techn. Hochschule zu Dresden, Direktor der „Zuckerraffinerie Halle" in Halle a. S. 758 Seiten. 1919. Preis M. 36.—; gebunden M. 45.—